JN239954

次世代
電力システム設計論

再生可能エネルギーを活かす予測と制御の調和

井村順一・原 辰次［編著］

はじめに

2012年7月に開始した再生可能エネルギーの固定価格買取制度(Feed-In Tarif: FIT)により、太陽光発電の導入が飛躍的に加速された。また、2013年4月に打ち出された「電力システムに関する改革方針」に従い、2015年4月の電力広域的運営推進機関設立、2016年4月の小売り全面自由化開始と1時間前市場の創設、そして2018年4月のネガワット取引市場と非化石価値取引市場の創設など、さまざまな新制度が導入されてきた。今後は、発送電の法的分離や需給調整市場の創設が予定されており、電力システム改革は順調に進んでいるといってよいであろう。一方で、不確実性が高いエネルギー源である太陽光発電の導入量が増えるにつれ、そうしたエネルギー源に対しても安定で、かつ経済的な電力供給を実現する本格的な技術革新の必要性が高まってきている。とりわけ、政府が現在精力的に進めている、フィジカル世界とサイバー世界を高度に融合させた新しい社会であるSociety 5.0の実現の中でも、サイバー世界と融合したまったく新しい未来型の電力システムを構築していくことが求められている。

しかしながら、これからの電力システムは、自然環境、物理的要因、情報化社会、人間（経済）社会が入り組んだ巨大かつ複雑なシステムとなってくる。したがって、地球規模の環境問題を考慮しつつ、重要な社会インフラの一つである電力システムの在り方を定め、どのような視点で次世代の電力システムを構築していくかについて、明解な方向性を示していくことは容易ではない。電力システムを構成する各要素の性能を高めたり、新たな要素技術を開発していくことは必須ではあるが、それだけでは十分ではない。次世代の電力システムでは、こうしたさまざまな要素や各種の技術を体系的につなぎ、システム全体を見通して適切に設計することこそが最重要課題であろう。

本書は、こうした次世代電力システムのための設計理論や基礎技術についてまとめたものである。内容は、科学技術振興機構の戦略的創造研究推進事業CRESTの「分散協調型エネルギー管理システム構築のための理論及び基盤技術の創出と融合展開」領域（研究総括　藤田政之）の研究プロジェクト「太陽光発電予測に基づく調和型電力系統制御のためのシステム理論構築(HARPS)」（研究代表者　井村順一、2015年4月～2020年3月）において、電力分野、システム制御分野、気象工学分野、数理科学分野で構成された12の研究グループにより得られた研究成果に基づいている。すなわち、直近あるいは現在進行中の研究内容が主体であり、また内容も多岐に渡っているので、確立した研究分野を対象とした成書のレベルではないことはご理解いただきたい。

その一方で、HARPSが目指してきたSociety 5.0 の実現に向けてのシステム設計論の新しい枠組みの提案と構築に向けた研究の一端を、本書を通じて明確に示すこととした。そのため、著者全員で何度も会議を重ねて、すべての内容を吟味してきた。その結論が、価値（社会的・個人的等）を陽に扱う新しいシステム論としての「Cyber Physical Value System（CPVS）」の提案である。本書は、次世代電力システムに関わる個別的な重要研究課題の最近の成果を、CPVSの枠組みをベースに整理し、まとめたものである。興味ある章や節だけを読んでいただいても理解できるようにするとともに、共通の用語や記号に関しての統一を図り、全体を通しても読んでいただけるよう配慮した。また、電力システムと制御理論に関する基礎的事項を付録の形で掲載しているので、必要に応じて参照いただきたい。

なお、本書に先立ち、日刊工業新聞社より『太陽光発電のスマート基幹電源化―IoT/AIによるスマートアグリゲーションがもたらす未来の電力システム』（井村 順一、原 辰次 編著、2019年3月発刊）を次世代電力システム設計のための解説書としてまとめた。そちらも読んでいただければ、2030年以降の電力システムのあるべき姿の大枠と設計指針が容易に把握できるであろう。

本書は、HARPSに関わったすべての研究者の研究の成果をまとめたものと位置付けている。各章各節の主担当は各章の冒頭に示すが、HARPSの研究者は大学関係者、研究機関、企業を合わせて全78名（2019年10月現在）いるため、すべての名前を記載できないことをご容赦いただきたい。HARPSのホームページ（http://www.cyb.sc.e.titech.ac.jp/harps/）には、本プロジェクトに関わった学生を含むすべての研究者を記載している。また、東京工業大学の石崎孝幸氏、川口貴弘氏、電気通信大学の定本知徳氏、慶應義塾大学の井上正樹氏には、本書の編集作業でもご尽力いただいた。記して感謝する。

2019年11月

井村 順一・原 辰次

次世代電力システム設計論 －再生可能エネルギーを活かす予測と制御の調和－

CONTENTS

記法

数学記号

本書では、ベクトルや行列はベクトル $\boldsymbol{x}$ や行列 $\boldsymbol{A}$ のように太字の斜体で表記する。また、電気工学における物理量のフェーザ表示としてドット（例：$\dot{V}$）を用いる。時間微分を表す意味ではドットは用いない。また、次の数学記号を用いる。

$\mathbb{R}$	実数の集合
$\mathbb{C}$	複素数の集合
j	虚数単位
$\boldsymbol{E}_n$	n 次の単位行列（文脈から明らかな場合には次数 n は省略）
$\boldsymbol{x}^\top$	実ベクトル $\boldsymbol{x}$ の転置（実行列の転置も同様に表記）
z^*	複素数 z の共役
$:=$	右辺の既出記号による左辺の新出記号の定義
$\lvert x\rvert$	スカラ x の絶対値
$\lvert\mathcal{S}\rvert$	集合 $\mathcal{S}$ の要素数
$[\alpha,\beta]$	$\{x\in\mathbb{R}:\alpha\le x\le\beta\}$ なる閉区間
$[\alpha,\beta)$	$\{x\in\mathbb{R}:\alpha\le x<\beta\}$ なる半開区間
$\mathbb{S}^n$	各要素が集合 $\mathbb{S}$ の元である n 次元ベクトルの集合
$\mathbb{S}^{n\times m}$	各要素が集合 $\mathbb{S}$ の元である $n\times m$ 次元行列の集合
$f:\mathcal{D}\to\mathcal{R}$	定義域が $\mathcal{D}$ であり値域が $\mathcal{R}$ である関数 f
$\mathbf{diag}(x_1,\ldots,x_N)$	スカラ $x_1,\ldots,x_N$ を対角要素に持つ対角行列

ある目的関数 $J:\mathbb{R}^n\to\mathbb{R}$ に対して、その値を最小化する最適化問題を、

$$\min_{\boldsymbol{x}\in\mathcal{X}} J(\boldsymbol{x}) \qquad \text{または} \qquad \min_{\boldsymbol{x}} J(\boldsymbol{x}) \quad \text{s.t.} \quad \boldsymbol{x}\in\mathcal{X}$$

と記述する。ただし、$\mathcal{X}$ は変数 $\boldsymbol{x}$ の実行可能領域（制約条件を満たすすべての $\boldsymbol{x}$ の集合）を表す。また、その最適解を、

$$\boldsymbol{x}^\star := \arg\min_{\boldsymbol{x}\in\mathcal{X}} J(\boldsymbol{x}) \qquad \text{または} \qquad \boldsymbol{x}^\star := \arg\min_{\boldsymbol{x}} J(\boldsymbol{x}) \quad \text{s.t.} \quad \boldsymbol{x}\in\mathcal{X}$$

と表す。最大化問題も max を用いて同様に記述する。

物理量

本書では、物理量を次の記号で表す。

P	有効電力
Q	無効電力
V	電圧
I	電流
f	周波数
ω	角速度
θ および δ	偏角
t	時刻
k	離散時刻

頭字語

本書では、次の頭字語を用いる。その他の頭字語は各節で必要に応じて定義する。

太陽光	Photovoltaics：PV
蓄電池システム	Battery Energy Storage System：BESS
交流	Alternating Current：AC
直流	Direct Current：DC
充電状態	State of Charge：SOC
起動停止計画	Unit Commitment：UC
デマンドレスポンス	Demand Response：DR
独立系統運用者	Independent System Operator：ISO
経済負荷配分制御	Economic Load Dispatching Control：EDC
負荷周波数制御	Load Frequency Control：LFC
最適潮流計算	Optimal Power Flow：OPF
自動発電制御	Automatic Generation Control：AGC
系統安定化装置	Power System Stabilizer：PSS
自動電圧調整装置	Automatic Voltage Regulator：AVR
分散型電源	Distributed Energy Resource：DER
パワーコンディショナ	Power Conditioning System：PCS

1章

調和型電力システム

本章では、最初に、日本の電力システムにおける現在の太陽光発電の導入状況を紹介し、電力システム改革を簡単に概説する。そののち、太陽光発電が大量導入され、火力発電などの従来電源と調和した次世代電力システムのあるべき姿を述べる。その上で、そのための設計理論として“サイバー・フィジカル・バリューシステム”という新しい枠組みを提案し、その特徴付けを行う。最後に、次世代電力システム設計論としての研究課題について各章と対応付けて説明する。

本章の構成と執筆者は以下の通りである。

1.1 次世代電力システムのあるべき姿と研究課題（井村・原）
1.2 サイバー・フィジカル・バリューシステムの提案（井村・原）
1.3 次世代電力システム設計（井村・原）

1.1 次世代電力システムのあるべき姿と研究課題

本節では、まず、太陽光発電が導入され始めた電力システムの現況について述べ、そこから予想される2030年以降のあるべき電力システムについて述べる。

本節の構成とポイントは以下の通りである。

1.1.1 **将来の電力システムのあるべき姿**

- 太陽光発電は、電気自動車の普及とともに、その蓄電池を利用する形で増える。
- 太陽光発電が大量に導入されても、そのエネルギー量は全電力エネルギーの一部に過ぎず、火力発電機などの従来電源と調和した電力システムの実現が重要である。

1.1.2 **太陽光発電導入時の技術的課題**

- 太陽光発電の大量導入により生じる課題は、余剰電力活用、予測外れ対応、送配電網制約対応、安定度改善の四つである。
- 電力生産と電力消費の両機能を有するプロシューマ、それを集めるアグリゲータ、そして、電力市場の設計が課題の一つである。

1.1.1 将来の電力システムのあるべき姿

2012年に再生可能エネルギーの固定価格買取制度（Feed-In Tariff：FIT）が始まって以来、日本の再生可能エネルギーの導入量は増えつつある。その中でも太陽光発電の累積導入量は、図**1.1**に示すように、2012年が6.5 GW（6,500 MW）であったのに対して、2018年では48 GW（48,000 MW）まで増えてきている[1)]。2018年の内訳では、10 kW以上の非住宅用太陽光発電量の割合が大きく、全体の75%を占めた。一方で、住宅用として設置されている10 kW未満の太陽光発電システムの件数は250万件であり、太陽光発電システムの全導入件数に占める割合は80%を超えている。FITが始まった当初は年単位の導入件数が20万件～30万件であり、その後は減る一方であったが、直近2年間の傾向を見ると、1年間に12万件～13万件程度で落ち着いてきた。これは、FITにおける余剰電力の買取価格が2012年当時に比べて大きく下がってきている一方で、設置費用も下がってきていることが要因の一つであると考えられる。

2030年以降の電力システムはどのようになっていくであろうか？

太陽光発電の導入は今後も増え続けるとみられるが、これを牽引していくのは蓄電池の価

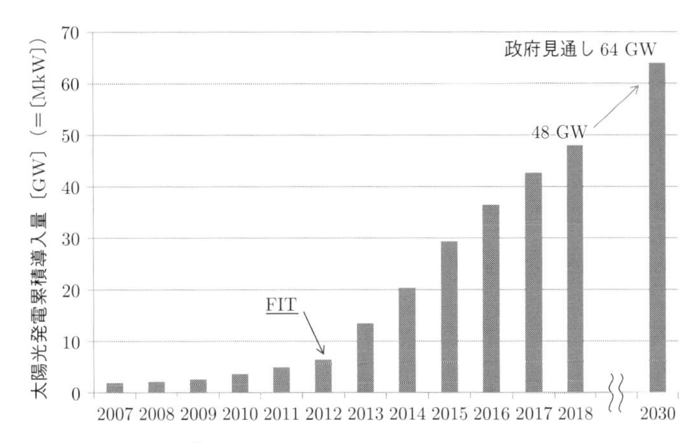

図 1.1　日本の太陽光発電の累積導入量[1]：日本の太陽光発電の累積導入量は 2012 年の FIT から増え始めた。政府見通しの 64 GW はピーク負荷の 40%、全電力エネルギー消費の 7%に相当する。

格低下と性能向上によるところが大きいであろう。特に、電気自動車とハイブリッドプラグイン電気自動車（以下、まとめて電気自動車と呼ぶ）の影響が大きいと思われる。現在の日本国内の自動車保有台数は、大型自動車も含めて約 8,100 万台である。そのうち、電気自動車の累積販売台数は 2011 年頃より増え続け、2017 年で 20 万台を超えた[2]。しかしながら、2017 年の自動車販売台数は 520 万台[3]であり、そのうち電気自動車の販売台数は約 1/100 の 5 万台にすぎない。すなわち、現在のところ、電気自動車の保有台数は増えてはいるが、蓄電池として電力システムに大きな影響を及ぼすまでには至っていない。ただし、注目すべき観点は、ハイブリッド自動車の保有台数は 2017 年現在、820 万台に達しているため、それらが電気自動車に切り替わるときが来る点と、近年 60 kWh 以上の蓄電池を搭載した電気自動車が登場している点である。このことと蓄電池性能が今後も飛躍的に向上していくことを勘案すると、2020 年代後半から 2030 年代前半にかけて、電気自動車の販売台数が飛躍的に延びる臨界点が到来するのではないかと予想できる。

自動車は、平均で 1 日の 95%以上は停止していると言われている。そうした停止中の自動車の 60%が電力系統につながっているとする。このとき、太陽光発電が現在の 6 倍である 300 GW 導入された場合、仮に全国で 1,000 GWh 以上の余剰電力が発生するとすると、60 kWh の蓄電池を積んだ 3,000 万台の電気自動車が必要となる。これは自動車 8 台中 3 台が電気自動車となる計算であり、遠い将来において可能な数字であると言えよう。

こうした想定を踏まえると、これまでは太陽光発電の発電量はメガワット級の太陽光発電システムの割合が大きかったが、2020 年以降は電気自動車の普及とともに住宅の太陽光発電量の割合が増えるであろう。各住宅の消費者が、電力生産も行うプロシューマ（プロデューサーとコンシューマの両方の機能を有する者）に変わり、標準的な住宅は電力エネルギーを自給自足することを意味する。しかしながら注意しなければいけないのは、太陽光発電が 300 GW 導入された場合でも、そのピーク値は、消費ピーク電力の 1.7 倍を超える一方で、電力エネルギー値では消費ピーク電力量の 30%にすぎない。すなわち、2050 年などの電力システムにおいても、火力発電などの従来電源も重要な役割を果たすことは間違いない。このように、太陽光発電の導入はプロシューマの出現によって電力システム構造を変えていくが、従来電源と調和した新しい電力システムを目指すことが基本である。

1.1.2 太陽光発電導入時の技術的課題

次に、太陽光発電を大量に導入する際の四つの基本的な技術的課題を簡単に述べる。

1. 日中の太陽光発電による余剰電力

太陽光発電による余剰電力を出力抑制するのではなく、最大活用することが重要である。そのために、住宅などにある電気自動車の蓄電池を活用したエネルギーシフトや、工場などの稼働時刻の変更による電力消費時刻のシフトなどに取り組む必要がある。また、この際には、住宅を束ねるアグリゲータや、そうしたさまざまな電力資源を有効に配置していく電力市場をいかに設計していくかが大きな課題である。

2. 太陽光発電予測

太陽光発電予測には、長期予測から超短期予測まで、そして、広域予測からスポット予測までさまざまにある。一般に長期予測で、かつ、ある地点でのポイント予測ほど難しい。予測誤差分布はロングテイル型となり、大外れが稀にある。そうした大外れを複数の予測技術を用いるアンサンブル予測によって予測したり、信頼度を付記した予測などの新たな技術の展開が望まれる。

3. 送電網や配電網における電力ネットワーク制約

太陽光発電は分散電源である。よって、これまでに想定していなかった電力の送電は必然であり、逆潮流が生じる。そのため、送電制約や、配電時における電圧上昇など、潮流における課題が生じる。

4. 回転機系発電出力の低下による安定度低下

太陽光発電が大量に導入されると、従来電源である火力機などの回転機系は少なくなり、電力システム全体の慣性力が低下、すなわち、システム全体の安定度が低下する。慣性力のない太陽光発電が大量に導入されても、これまでと変わらない安定度を維持する必要がある。

なお、2013 年に打ち出された「電力システムに関する改革方針」から始まった電力システムの現況までの変化、および、太陽光発電の大量導入時の技術的課題の詳細は、文献[4]などを参考にされたい。

1.2 サイバー・フィジカル・バリューシステムの提案

前節で示した技術的課題に対応するために、本書ではシステム論的なアプローチでその解決策を論じる。そこで、社会システム設計の枠組みとして、サイバー・フィジカル・バリューシステムの概念を提案し、そのシステム要件と、ネットワーク構造について述べ、電力システムの場合に適用する。

本節の構成とポイントは以下の通りである。

1.2.1 **Society 5.0 に向けた社会システム設計**

- Society 5.0 に向けた社会システム設計を考えると、「価値」を陽に取り入れた新しい学術の枠組みの構築が必要である。
- 本書では、縦横 2 重階層構造に基づく「サイバー・フィジカル・バリューシステム」を提案する。

1.2.2 **サイバー・フィジカル・バリューシステム**

- サイバー・フィジカル・バリューシステムとは、フィジカルシステムとバリューをサイバーによって結び付けるシステムをいう。
- プレイヤーや価値の多様性と、環境や予測の不確かさ、そして物理拘束がキーワードである。
- システム要件として、システムの安定性とリソース配分に加えて、多価値共最適性、調和的ロバスト性、オープン適応性が必要となる。

1.2.3 **CPVS の縦横 2 重階層構造**

- 社会システム設計の新しい枠組みとしての「縦横 2 重階層構造」を提案する。
- 縦の階層構造では「時空間分布の整合性」が、横の階層構造では「異なる物理量間の整合性」が調和を実現するキーである。

1.2.1 Society 5.0 に向けた社会システム設計

第 5 期科学技術基本計画（2016 年～2020 年）において、狩猟社会、農耕社会、工業社会、情報社会に続く未来の経済社会として、超スマート社会（Society 5.0）が提言された。これは、サイバー空間とフィジカル空間を高度に融合させることにより、地域、年齢、性別、言語などによる格差なく、多様なニーズ、潜在的なニーズにきめ細かに対応したモノやサービスを提供することで経済的発展と社会的課題の解決を両立し、人々が快適で活力に満ちた質の高い生活を送ることのできる、人間中心の社会として定義されている[5]。

Society 5.0 をシステム設計の視点で見ると、大きなポイントとして、以下の二つが挙げられる。

・IoT（Internet of Things）の時代にあって、Society 5.0 の実現に向けた社会システム設計の新しい学術的枠組みをどう構成し、そのもとでの系統的な設計手法をどう確立していくのか？

・特に、多様な「価値」（社会的・個人的）をどのように捉え、社会システム設計にどう組み込み、どう実現するのか？

IoT は、CPS（Cyber Physical System）のネットワーク版と捉えることができる。特に、対象システムを情報のネットワークだけではなく、「モノ」のネットワークとして捉える視点は、まさに物理システム（実システム）が社会に新しい価値を与える、という観点の重要性を明確にしたネーミングと言える。すなわち、フィジカル空間における多様な相互作用がもたらす効果によって、これまでになかった新しい価値が生まれることを期待していることになる。しかしながら、相互作用は必ずしもよい効果をもたらすとは限らない点に注意が必要である。特に、システムの規模が大きくなればなるほど、局所的な視点では見えない影響が、まわりまわってシステム全体に悪さを及ぼす危険が生じる可能性が高くなってくる。したがって、(1) 多様な相互作用をシステムとしてきちんと認識し、(2) 相互作用による効果に加え、それによって生じるリスクを正しく理解し、(3) それに基づいて、価値を高め、かつリスクを軽減するためのシステム設計を確立する必要がある。そのための一つの重要なキーワードは「調和」であり、最終的には、調和の取れた「モノ」の相互作用により、社会的価値（サービス）にどうつなげていくか、ということになる。

文献[4]においては、CPS の拡張として理解する IoT の世界として、「計測：実世界の情報獲得＋現状認識」、「予測：将来状態の予測と学習ループ」、「制御：意思決定＋実世界への働きかけ」の三つの機能の調和（適切な連携）の重要性を指摘している。また、システム制御の視点での社会システムの見方でキーとなるのは、(1) 知能化フィードバック構造、(2) ハイブリッド構造、(3) 2 重階層構造の三つのシステム構造である、と述べている。(1) 知能化フィードバック構造は、まさにさまざまな相互作用からなる複雑なフィードバック構造をどう捉えるべきかの視点である。(2) ハイブリッド構造は、CPS の拡張として、物理ネットワークに加えて人間ネットワークや経済ネットワークを含む実世界に対して高度なサイバーシステムをどう構築するかの視点である。この際、社会システムとしての「価値」をどう扱うかが大きな課題となってくる。(3) 2重階層構造は、系統的な社会システム設計を行うためのシステム構造に関するものである。大規模なネットワーク化されたシステムを時空間スケールによって階層的に捉える縦の階層構造と、異種のネットワーク（物理ネットワーク、人間ネットワークなどとサーバーネットワーク）の連携を表す横の階層構造の2重階層構造が提案されている。ここで重要となってくるのは、「中間層」の設計である。縦の階層構造では、上位層と下位層を適切につなげる中間層であり、「時空間分布の整合性」の視点でのシステム設計が望まれている。一方、横の階層構造では、少なくとも2層（サイバー層とフィジカル層）以上の異なる物理量を扱うシステムの調和が必要で、「物理量間の整合性」が重要な課題となっている。

本書では、特に「価値」を陽に取り扱う社会システム設計の枠組みとして、縦横2重構造をベースとした「サイバー・フィジカル・バリューシステム（Cyber-Physical-Value System：CPVS)」を提案する。

1.2.2 サイバー・フィジカル・バリューシステム

Society 5.0を実現するための取り組みとして、サービスや事業のシステム化の先導、システムの高度化、連携・統合に必要なIoTサービスプラットフォームの構築、各種の基盤技術などの競争力の維持・強化が挙げられる。具体的には、電力、ガス、熱などのエネルギーバリューチェーンをはじめ、高度道路交通システム、スマート生産システム、防災システムなどさまざまなシステムの構築が目標とされている。

これらのシステム設計に共通する事項としては、次の観点が挙げられる。

・対象は、性質が異なる多数の大規模系の集まり

・社会に価値を与えるのは、実装制約の強い物理システム

・参加するプレイヤーも、実現する価値も多様

・オープンで不確実に変化する自然環境や社会環境

超スマート社会は、自然、政治・政策、人間、物理などさまざまな要因が高度情報通信システムにつながっている、超大規模で複雑なネットワーク系である。そこでは多様なプレイ

ヤーが参加し、さまざまな物理的な制約があり、気象条件や人間の振る舞いなどの不確実さが存在する。そのもとで、システムそのものが進化したり変化したりするにもかかわらず、個々の価値から社会的な価値やシステムそのものの価値まで、多種多様な価値を実現するシステムであると言える。例えば、次世代の電力システムでは、太陽光発電や風力発電など再生可能エネルギーがさまざまな政策のもとで導入され、またスマートメータが各住宅、ビル、工場に設置され、それらが送配電網に加えて、情報ネットワークにつながっている。そこでは、この情報ネットワークをもとに、需給制御や周波数制御、エネルギーマネジメントなど、異なるレベルでの制御、そして電力市場を活用することになる。これにより、送電網や配電網の送電制約などの物理的な制約を満たしつつ、電力の安定供給と最適な電力配分に加えて、多様な価値を有するユーザーに対応したサービスを提供し、同時にCO_2削減などの社会的な価値やシステム運用コスト削減などのシステム価値を実現する。ただし、予測を活用する際には、自然や人間の振る舞いに存在する不確かさやリスクが存在することや、太陽光発電や風力発電の増加によってシステム自体の特性が変わっていくことにも対策が必要となる。

このようなシステムに対する設計論では、太陽光発電や風力発電の性能向上に関する研究など個々のシステムに着目した研究は多い。しかし、大量の太陽光発電システムが電力系統と連結することで生じる影響を論じた研究など、システム全体を総合的な観点から論じた研究は少なく、最終的に寄せ集め的なシステムになってしまっているのが現状である。このようなシステムの設計においては、まずは、設計すべきシステムを本質的に捉えてシステム設計の枠組みを明確にして、システム論的に設計するアプローチが有用であろう。

そこで、本書では、システムを定義することから始める。

さまざまな価値を有する膨大かつ多様なプレイヤーが情報、物、価値からなる大規模ネットワーク構造のもとで、多様なセンシング情報に基づいて多様な制御アクション（学習・予測・制御）が有機的に協調しあうことで所与の目的（価値）を実現するサイバー・フィジカル・システムを、サイバー・フィジカル・バリューシステム（CPVS）と呼ぶ。

CPVS には、次の四つのシステム要件が求められる。

（1）安定性とリソース配分：システム全体の安定性は言うまでもなく、エネルギー、物質、スペースなどのリソースを適切に配分する機能を有する。

（2）多価値共最適性：システム全体の価値とともに、個々のユーザーの価値などの多様な価値を適切に最適化する。

（3）調和的ロバスト性：予測の不確実さに対するリスク管理やサイバーセキュリティなどに

対して、最悪ケースでのロバスト性ではなく、調和したロバスト性を保証する。

(**4**) **オープン適応性：**システム自体の進化や環境の変化などに対して柔軟に適応することができる。

これらの要件は、電力システムの場合は、以下のように解釈できる。(1) は電力の安定供給に加えて、電力の適切な配分、(2) は CO_2 削減などの社会的価値や送電網管理などのシステム価値、個々のユーザーの価値などの全体最適化、(3) は太陽光発電予測の大外れリスク管理や個人情報漏洩などのサイバーセキュリティ、(4) は太陽光発電の大量導入によりシステムの安定度が低くなるなど、システムそのものが進化や変化することに対して、既存の電力システムを抜本的に変えることなく、局所的に対応する適応化、である。

それでは、CPVS を特徴付ける情報、物、価値からなる大規模ネットワーク構造とは、どのような構造であろうか？ 次節にて、その構造について述べる。

1.2.3 **CPVS の縦横 2 重階層構造**

文献[4]においては、図 **1.2** に示すように、CPVS のネットワーク構造として、「縦横 2 重階層構造」を提案している。ここで、縦の階層は、上から「運用層」、「集配層」、「ユーザー

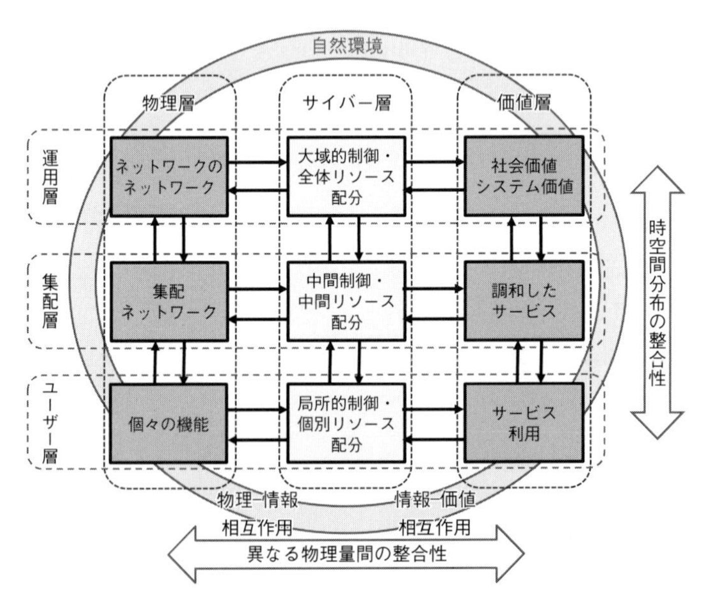

図 1.2　CPVS の縦横 2 重階層構造：「運用層」、「集配層」、「ユーザー層」の 3 階層からなる縦の階層構造と、「物理層」、「サイバー層」、「価値層」の三つの異なる層から構成される横の階層構造の 2 重階層構造が、社会システム設計を適切に行う一つの枠組みである。

層」の3階層で構成されている。一方、横の階層は、「物理層」、「サイバー層」、「価値層」の三つの異なる物理量を対象とした層で構成されている。実際の物理システムから成る物理層と、サービスなどを含む価値層を結び付けるサイバー層が横の中間層として、運用層とユーザー層を結び付ける縦の中間層として、集配層があることに注意されたい。

縦の階層構造は時空間スケールの違いに基づくもので、上位層は粗い時空間分解能（長く、広く）、下位層は密な時空間分解能（短く、狭く）となっている。したがって、階層間をつなぐためには、時空間スケールの変換（集約と分配）が必要で、時空間分布の整合性を図ることが要請される。一方、横の階層は異なる物理量の三つの層で構成されており、物理層とサイバー層の間の「物理–情報相互作用」、サイバー層と価値層の間の「情報–価値相互作用」をどのように設計するかが重要な課題である。したがって、これらの異なる物理量間の整合性をどう図るかがキーとなり、それが横の関係の調和の実現につながる。

さらに、これらの二つの整合性、「時空間分布の整合性」と「物理量間の整合性」、を考える上で忘れてはならないのは、これらを取り巻く自然環境や社会環境の存在である。異なる自然環境や社会環境では、異なる価値となり、異なる物理的制約条件が生じる。また、自然環境の変化の予測が非常に難しいケースが多々あり、このような状況下において、(1) 整合性をどのように実現していくのか、(2) そのためには、どのようなシステム構成にすべきか、(3) そのもとで、どのようにシステムを設計するのか、等々、新しい課題が多く存在する。

サイバー層は、物理層と価値層をつなぐ中間層と位置付けられるが、物理的な制約を受ける物理層と多様な価値の実現を目指す価値層とを直接つなぐのは容易ではない。そこで、サイバー層の構造について、もう少し詳しく考えてみることにする。従来のCPSにおいては価値を陽に意識していなかったので、計測・予測・制御の三つの機能によってサイバー層を構成し、それらの調和を図れば十分であった。そこで要求されるのは、自然環境の変化に対してもロバストなシステムの実現である。このことを電力システムで考えるならば、例えば需要が与えられた場合にそれを満たすように供給側をどう制御するか、という問題である。これに対して、価値を陽に考える場合は、各個人や社会全体がその目的に合わせて需要も変更し得るという状況を想定し、さまざまな価値を高めるための需給バランス制御の実現が必要となってくる。そのためには、多様な価値（社会的・個人的）を直接的に扱う層が必要となってくる。いわゆる「市場」と呼ばれているものが、これに相当すると考えられる。そこで、本書では、サイバー層は「計測・予測・制御層」と「市場層」の二つの層で構成されると考える。

このように、サイバー層が二つの層で構成されると考えると、「計測・予測・制御層」の役割は「物理層」との間の物理的相互作用に関する調和、「市場層」の役割は「価値層」との間の価値的相互作用に関する調和、という形で役割分担が明確になる。なお、両層の間は情報的相互作用による調和が要求されることになる。「計測・予測・制御層」と「物理層」をつなぐためには、物理層の状況を把握するためのセンサが必要であり、この層での最終判断を具体的に実行する（実世界に働きかけをする）アクチュエータが必要であることは言うまでもない。一方、「市場層」との関係で考えると、「市場層」から価値に見合った目標値（例えば、供給すべき量）が与えられると考えてよい。すなわち、各縦の階層ごとで考えるならば、通常のフィードバック制御系の構造として理解することができる。大きな違いは、縦の階層間の調和を実現する必要がある点である、すなわち、時空間分布の整合性を取るメカニズムをどう構築するかが最も重要な課題となる。

一方、「市場層」の役割は、さまざまなレベルでの適切なリソース（資源）の配分と捉えることができる。ここでリソースとは、市場に参加する各プレーヤーが保有する装置や資金のことである。例えば電力システムの場合は、さまざまなサイズ・タイプの発電装置、送電要素、蓄電要素に加えて、投入可能な資金も含まれる。市場に参加する各プレーヤーは、自分自身が有しているリソースを最大限生かす形で市場に参加する。物理的に異なる時空間スケールがあることに連動して、またリソースの形態が多様であることから、さまざまなタイ

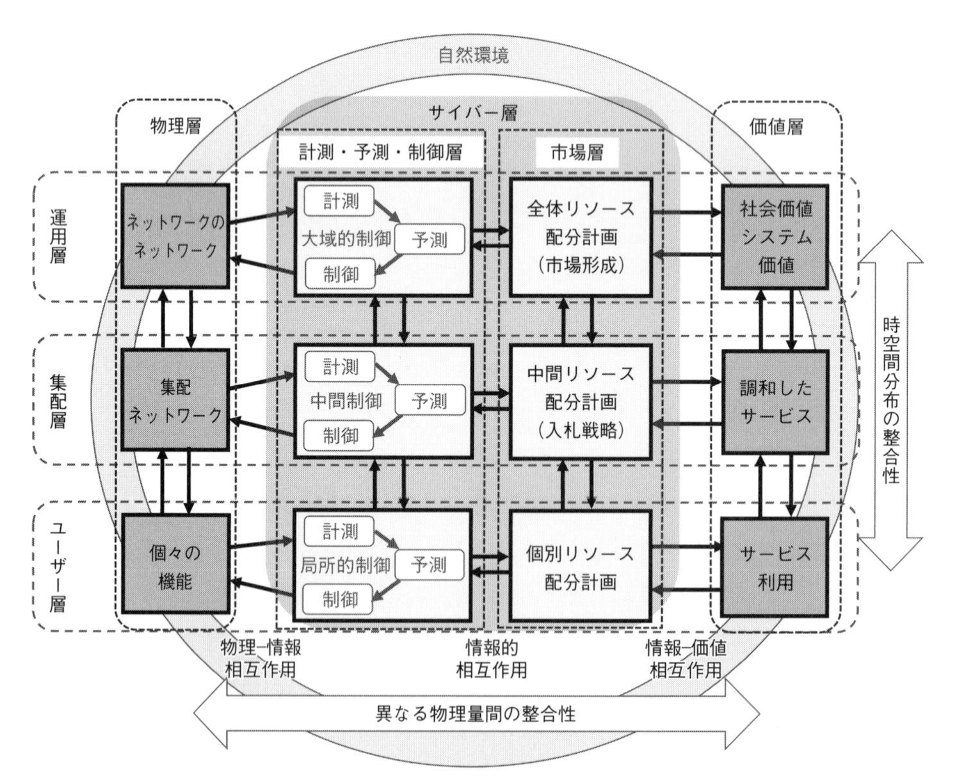

図 1.3　CPVS の縦横 2 重階層構造（詳細版）：「サイバー層」を「計測・予測・制御層」と「市場層」の 2 層に分けて CPVS の縦横 2 重階層構造を記載した。

プの市場を考える必要がある。したがって、最上位の運用層の大きな役割は、全体のリソース配分を適切に行うような「市場形成」(政策決定も含む）であり、社会価値やシステム全体の価値の視点が問われる。具体的には、社会的課題である環境・エネルギー問題（例えば、CO_2 削減や社会的コスト低減など）の観点が重要となってくる。次に、中間位置にある「集配層」(電力におけるアグリゲータは、この層のプレーヤーと位置付けられる）では、与えられた市場ルールに従って、参加する各プレーヤーがそれぞれの価値を最大化するような「入札戦略」の視点が必要となる。すなわち、さまざまな立場で参加するプレーヤーに対しての調和的サービスの提供が求められ、リスク低減も考慮した運用コストが価値の指標として重要となってくる。下位層である「ユーザー層」では、サービス利用の観点で個々の効用が最も重視される。例えば、電力システムの場合は個別エネルギーマネジメントシステム（Energy Management System：EMS、HEMS、BEMS、FEMS などがある）がこれに相当する。

1.3 次世代電力システム設計

ここでは、サイバー・フィジカル・バリューシステムを電力システム設計に適用する。まずは、縦横2重階層構造を電力システムの場合に適用する。次に、その構造を用いたシステム設計を述べるとともに、本書で述べる研究内容と章立てとの関係を示す。

本節の構成とポイントは以下の通りである。

1.3.1 **電力システムの縦横2重階層構造**
・サイバー層を計測・予測・制御層と市場層に分けて詳細化する。

1.3.2 **CPVSとしての電力システム設計へ**
・サイバー層と集配層の設計が重要である。

1.3.1 電力システムの縦横2重階層構造

前節で与えた縦横2重階層構造を電力システムの場合に適用してみよう。対応する図が、図**1.4**である。

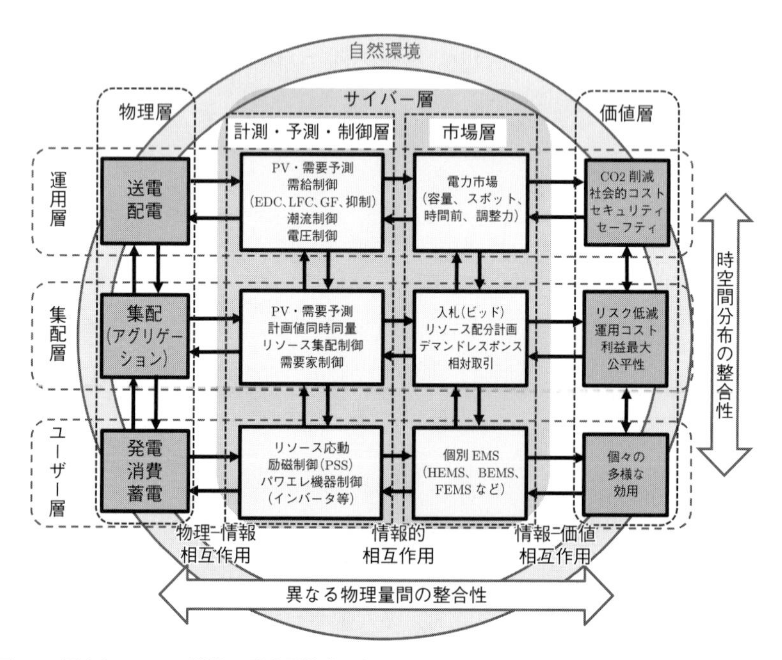

図1.4　電力システムの縦横2重階層構造：各ノードの機能を電力システムの場合に書き換えた。

物理層を機能で見てみると、階層ごとに以下のようになる。(i) 運用層が送電と配電、(ii) 集配層がアグリゲータなどによって指定される集配、(iii) ユーザー層は、大規模で多様なユーザーにより実現される発電、消費、蓄電。一方、価値層における異なるレベルでの多様な価値（社会的価値から個人的価値まで）と各階層との対応関係は以下となる。(i) 運用層が社会的価値としての CO_2 削減や社会的コスト、システム価値としてセキュリティやセーフティなどの信頼性に対応、(ii) 集配層が均し効果による不確かさのリスク低減としての価値やアグリゲータの運用コストや利益最大化、そして公平性に対応、(iii) ユーザー層が個々の多様な効用に対応する。

物理層と価値層をつなぐ機能としてのサイバー層には、計測・予測・制御層と市場層の二つの中間層を考える。計測・予測・制御層では、以下に示すように運用層からユーザー層までさまざまなタイプの制御が実行される。(i) PV・需要予測とともに、需給制御、周波数制御、潮流制御、電圧制御が運用層、(ii) PV・需要予測をもとに、アグリゲータを含むバランシンググループが、計画値同時同量や調整力の実現のために、発電機などによるリソース集配制御や多数の住宅 PV や蓄電池などを制御する需要家制御を実施する集配層、(iii) ユーザー層として、集配層からの指令値に従うリソース応動とともに、発電機内の電力系統安定化制御（Power System Stabilizer：PSS）やパワエレ機器としてのインバータ制御などがある。一方、市場層では、階層ごとに異なる機能を持ってリソースの最適配分を行う。(i) 運用層では、電力市場の形成・管理・運営を行う。(ii) 集配層において、アグリゲータを含むバランシンググループは、太陽光発電予測や電力需要予測を用いて、売買電力を集約することで予測外れリスクを減らした上でリソース配分計画（火力機起動停止計画、すなわち Unit Commitment：UC を含む）やデマンドレスポンス（Demand Response：DR）、相対取引を行い、電力市場に入札する。その際、(iii) ユーザー層における各種エネルギーマネジメントシステム（EMS）との連携が重要となってくる。

このように、このシステム構造から、横の中間層であるサイバー層をどのように構築するのか、横の中間層である集配層のアグリゲータや、それを含むバランシンググループをいかに設計するのか、について着目するべきである。

1.3.2 CPVS としての電力システム設計へ

本節では、前節で述べた CPVS としての縦横 2 重階層構造（図 **1.4** 参照）に基づいて、電力システム設計を考える。電力システム設計を、まずは「横」の層に着目して、望みとする価値（サービス）を物理層を通して実現するためのサイバー層を設計することであると捉えてみよう。次に、「縦」の層である運用層、集配層、ユーザー層ごとに、物理層と価値層をつなぐ機能を抽出し、その機能を実現するために、サイバー層である計測・予測・制御層と市場層に対して、運用層、集配層、ユーザー層ごとに、各階層間の連携関係を見据えながら設計する。ここでは、この指針に従って、各章の構成を説明することで、次世代電力システム設計について解説する。

2章では、サイバー層の中の計測・予測・制御層の「予測」に着目して、主に、運用層と集配層で利用する太陽光発電予測と電力需要予測について述べる。

次に3章では、サイバー層の中の市場層を中心に、特に3.1節で運用層における電力市場の基礎について述べたのち、縦の中間層である集配層に着目して、3.2節、3.3節の集配層におけるデマンドレスポンスを含む入札戦略や、3.4節から3.8節の太陽光発電予測の不確かさを考慮した需給計画を主とするリソース配分計画について述べる。また3.7節では、電力市場が閉じた後での火力発電機起動停止計画を扱う。これは計測・予測・制御層の制御層と市場層の両方にも関係する。

次に4章では、縦の層に着目し、まずは集配層における計測・予測・制御層を中心に、その機能を設計し、加えて、市場層との連携にも着目する。4.1節では、集配層の基本的機能であるアグリゲーションと、その対象であるプロシューマの役割について整理する。4.2節では、計測・予測・制御層の制御層のうち、集配層の観点から、特に需要家制御を中心に述べる。4.3節、4.4節では、集配層レベルで制御層と市場層の両方に着目し、需要家（プロシューマ）の需要量計画と制御について多価値最適化と需要不確かさの観点から述べる。最後に、4.5節、4.6節では、需要家制御におけるデータの扱い方として、デマンドレスポンスの実施判断や蓄電池制御での秘匿性の確保について言及する。

5章では、計測・予測・制御層の予測・制御層を中心に、主に運用層のさまざまな制御手法について述べる。まず5.1節、5.2節で、需給制御と潮流制御の基礎について、それぞれ述べる。5.3節から5.9節では、送電制約を考慮した経済負荷配分制御をはじめ、太陽光発電予測を活用した経済負荷配分制御、負荷周波数制御などの各種制御手法、さらに太陽光発電が大量に導入された系統全体の安定性に関する解析について述べる。5.10節は基本的にはユーザー層の制御層に関する内容で、太陽光発電や風力発電などの分散型電源の大量連系による系統全体の安定度の低減を改善するために、個々の分散型電源にプラグイン可能な安定化制御について解説する。

一方、6章においては、計測・予測・制御層の制御のうち、ユーザー層に属するインバータなどのパワエレ機器制御を中心に、6.1節で配電制御について述べたのちに、6.2節から6.5節で主に協調制御の観点から解説する。

最後に 7 章で、調和型システム設計に関するいくつかの試みを紹介する。まず、7.1 節で「縦方向の調和と横方向の調和」、そして「計測・予測・制御の調和」の二つの観点の重要性について述べる。そののち 7.2 節で階層間の調和、7.3 節でエージェント間の協調性、7.4 節で人の調和、7.5 節で予測と制御の調和、そして、7.6 節、7.7 節でモデルやデータ間の調和といった観点で調和型システム設計をまとめる。

参考文献・関連図書

1) 資源エネルギー庁（2017）「固定価格買取制度 2018」,〈https://www.fit-portal.go.jp/PublicInfoSummary〉（参照 2019-07-30）.

2) 一般社団法人 次世代自動車振興センター（2009）「EV 等 保有台数統計」,〈http://www.cev-pc.or.jp/tokei/hanbai.html〉（参照 2019-07-30）.

3) 自動車産業ポータル MARKLINES（2017）「自動車販売台数速報 日本 2017 年」,〈https://www.marklines.com/ja/statistics/flash_sales/salesfig_japan_2017〉（参照 2019-07-30）.

4) 井村順一，原辰次（編著）（2019）『太陽光発電のスマート基幹電源化 —IoT/AI によるスマートアグリゲーションがもたらす未来の電力システム—』，日刊工業新聞社.

5) 内閣府（2017）「科学技術イノベーション総合戦略 2017」,〈https://www8.cao.go.jp/cstp/sogosenryaku/2017.html〉（参照 2019-07-30）.

2章

太陽光発電予測と電力需要予測

本章では、PV発電予測技術と気象予報技術について述べ、予測の信頼度情報、予測の大外れ事例とその事前検知手法について解説する。また、数理モデルに基づく超短時間予測手法や、ニューラルネットワークによる需要家側の予測技術についても述べる。

本章の構成と執筆者は以下の通りである。

2.1 太陽光発電予測の基礎

本節ではPV発電予測の手法をまず示し、その入力データとなる気象予報モデルの基礎について解説する。また、予測値の信頼度情報を与える手法として、アンサンブル予測の活用がある。アンサンブル予測の基礎についても解説する。

本節の構成とポイントは以下の通りである。

2.1.1 太陽光発電への変換モデル

・電流は、日射強度に線形的に比例する。

・電圧は、ダイオードの特性や直並列抵抗の関係から非線形な特性を持つ。

・電力と日射強度とは厳密には非線形の関係にある。

2.1.2 気象予報モデル

・大気の流れを運動方程式によって記述する。

2.1.3 方程式系

・運動方程式、連続の方程式、放射伝達方程式などから数値計算で求める。

2.1.4 アンサンブル予測

・初期値アンサンブル手法は、気象予報モデルの初期値へ与える摂動の作成方法が重要である。

・アンサンブルスプレッドの大きさは、予測の不確実性の多寡を示す。

・単一の決定論的予測よりもアンサンブル平均の方が高精度である。

2.1.1 太陽光発電への変換モデル

太陽電池の等価回路は、光電効果により発生する電流である直流の定電流源と、PN接合を持つダイオード特性、回路に含む直列抵抗および並列抵抗によって表される。発電する電流は日射強度に線形的に比例する。その電流量に対して、電圧はダイオードの特性や直並列抵抗の関係から非線形であるので、日射強度に対して非線形な特性を有する。特に、日射強度が低い領域では電圧が低下する特性がある。そのため、電流と電圧の積である電力についても日射強度とは厳密には非線形の関係となる。

また、PV発電システムとして考えた場合、日射強度に依存する太陽電池の発電特性以外にも、太陽電池の温度特性、配線などの損失、パワーコンディショナの電力変換損失などさまざまな要因がある[1)]。主な発電特性に関する要素を以下に示す。

- **日射量を減じる**：日影、入射角依存性、汚れ、積雪
- **太陽電池の効率を下げる**：スペクトルミスマッチ、温度（定格からのずれ）、アニール効果、光照射効果、光劣化、低照度の非線形性
- **アレイ作成による損失**：配線抵抗ロス、配線によるミスマッチロス
- **パワーコンディショナ**：最大電力点のずれ、効率、スタンバイロス

また、PV 発電システムは定格容量が標準試験状態（日射強度 $1.0\,\mathrm{kW/m^2}$、モジュール温度 25°C、AM1.5 G）における〔kW〕で定義されている。そのため、定格容量をベースとして発電電力量を推定する場合、標準試験状態を基準として、そこからどの程度発電特性が変化しているかにより求める。日射強度との関係では、まず線形に定格容量が変化すると仮定し、その値からの変化分を損失（場合によりゲイン）として表す。冒頭の日射強度に対して太陽電池そのものの発電特性も、電圧との関係が非線形特性となることについても、低日射領域での非線形特性による損失として表すことになる。さまざまな要因を一括に表現した係数をシステム出力係数と呼ぶ。システム出力係数は、それぞれの損失が発生する前後の入出力を補正係数として表したものの積として与えられる。

日射量との関係では、それぞれの損失が日射量の関数となっているものもある。例えば、太陽電池は温度上昇によって出力が低下するが、太陽電池セル温度は気温、風速、日射量の関数で表される。また、回路に流れる電流、電圧に対して日射量が一つのパラメータとなる。

PV 発電電力量の式は、定格容量をベースとして、そこからの発電特性を表した形となっており、

$$EP(t) = K(t) \times PAS \times HA_{\mathrm{g}}(t)/GS$$

で与えられる。ここで、$EP(t)$ は PV 発電電力量〔kWh〕、$K(t)$ はシステム出力係数〔-〕、PAS は太陽電池アレイの設備容量〔kW〕、$HA_{\mathrm{g}}(t)$ は傾斜面日射量〔$\mathrm{kWh/m^2}$〕、GS は標準日射強度〔$1.0\,\mathrm{kW/m^2}$〕である。また、システム出力係数は、各損失過程（場合によってゲイン）におけるエネルギー量の入出力を補正係数として表しており（損失がない場合を 1.0）、システム全体は各補正係数の積として表す。PV 発電システムの各損失過程の補正係数を K_1 から K_m とすると、

$$K(t) = K_1(t) \cdot K_2(t) \cdot \cdots \cdot K_m(t)$$

である。この補正係数のうち直流回路損失や温度損失など、いくつかは傾斜面日射量を関数とするものもある。

また、日射量については、水平面日射量により予測値や実測値が得られることが多い。そのため、太陽電池アレイ面に入射するエネルギーとして傾斜面日射量を推定する必要がある。水平面日射量から傾斜面日射量を推定する方法はいくつか存在するが、代表的な方法として、水平面日射量を直達成分と散乱成分に分離する直散分離がある[2)]。水平面全天日射量を直散分離するモデルとしては、以下のような散乱日射を晴天指数に閾値を設けて（Erbs モデルでは三つの領域ごとに分けている）、晴天指数との回帰式で表される。

$$H_{\mathrm{d}} = F_{H_{\mathrm{d}}}(CI, H_{\mathrm{g}})$$

$$H_{\mathrm{b}} = H_{\mathrm{g}} - H_{\mathrm{d}}$$

ここで、CI は晴天指数、H_{g} は水平面全天日射量〔$\mathrm{kWh/m^2}$〕、H_{b} は水平面直達日射量〔$\mathrm{kWh/m^2}$〕、H_{d} は水平面散乱日射量〔$\mathrm{kWh/m^2}$〕であり、$F_{H_{\mathrm{d}}}$ は H_{d} の回帰式である。

その後、水平面の直達成分である水平面直達日射量から傾斜面直達日射量 HA_{b} および地表面からの反射成分の傾斜面反射日射量 HA_{r} を推定する[3)]。また、水平面の散乱成分である水平面散乱日射量から傾斜面散乱日射量 HA_{d} を推定する[4)]。それらの合計が傾斜面（全天）日射量 HA_{g} となる。これらは太陽電池アレイの設置方位や傾斜角および時間により変化する太陽の高度、入射角の関数となる。

$$HA_{\mathrm{b}} = F_{HA_{\mathrm{b}}}(H_{\mathrm{b}}, \beta_{\mathrm{t}}, \beta_{\mathrm{a}}, t)$$

$$HA_{\mathrm{d}} = F_{HA_{\mathrm{d}}}(H_{\mathrm{d}}, \beta_{\mathrm{t}}, \beta_{\mathrm{a}}, t)$$

$$HA_{\mathrm{r}} = F_{HA_{\mathrm{r}}}(H_{\mathrm{b}}, \beta_{\mathrm{t}}, t)$$

$$HA_{\mathrm{g}} = HA_{\mathrm{b}} + HA_{\mathrm{d}} + HA_{\mathrm{r}}$$

ここで、$F_{HA_{\mathrm{b}}}, F_{HA_{\mathrm{d}}}, F_{HA_{\mathrm{r}}}$ はそれぞれ、$HA_{\mathrm{b}}, HA_{\mathrm{d}}, HA_{\mathrm{r}}$ の回帰式であり、β_{t} は太陽電池アレイ傾斜角、β_{a} は太陽電池アレイ方位角である。

これらの関係を踏まえて、日射量から PV の発電電力量の変換、または予測を行う。どの程度まで厳密に計算するか、どのような手法を用いるかは、対象とするシステム（ピンポイントやエリア合計）、入手可能な設備情報、予測では何時間先の予測を行うか（Forecast horizon）に依存する。

変換誤差は、システムや時間帯（日射量の大きさや日影など）にも依存するが、日射量に関するところでは、水平面日射量の直散分離の推定誤差が大きく、その次に傾斜面散乱日射量の推定誤差が大きい。ただし、日射量に関しても、例えば、もともと水平面の散乱日射と直達日射が観測されている場合などもある。その場合は直散分離が不要であるし、傾斜面日射量が観測されていれば、これらを考慮する必要はない。また、傾斜角や方位角情報が入手できているかなどにも依存し、太陽電池アレイが単面でなく複数面有する場合などにより異なる。

発電特性は、多様な損失特性が存在するため、対象とする Forecast horizon や時間解像度、また PV システムが単一のシステムであるか、エリア合計であるかにより、どこまで精緻なモデル化を行うかが異なる。

発電特性へ与える影響は、日射の次に太陽電池モジュール温度が大きい。また、日影や積雪がある時間帯やシステムでは、相対的に影響が大きくなる。そのため、発電特性は温度による損失低下分を考慮することが多く、日影や積雪といったシステム依存性が高いものは、必要に応じて精緻なモデル化を行う必要がある。

また、日射量予測にはすでに誤差を含んでいることから、その後段の発電変換モデルを簡略化することもある。さらに、エリア合計の予測を対象とした場合は、システムの設置環境が多様性を持つため、さまざまな損失要因も平均化される均し効果がある。そのため、個別システムの発電特性を精緻化する必要は必ずしもない。この場合、気象パラメータから発電特性との関係を一括で学習するモデルを作成するなど簡略化する方法もある。

他方、短時間予測（ナウキャスト）やピンポイント予測の場合、傾斜面への変換誤差が大きく影響し、システム依存性の高い日影や積雪について、精緻なモデル化が必要となる。

PV の発電予測モデルは、図 **2.1** に示すように、日射量や温度に代表する気象データを予

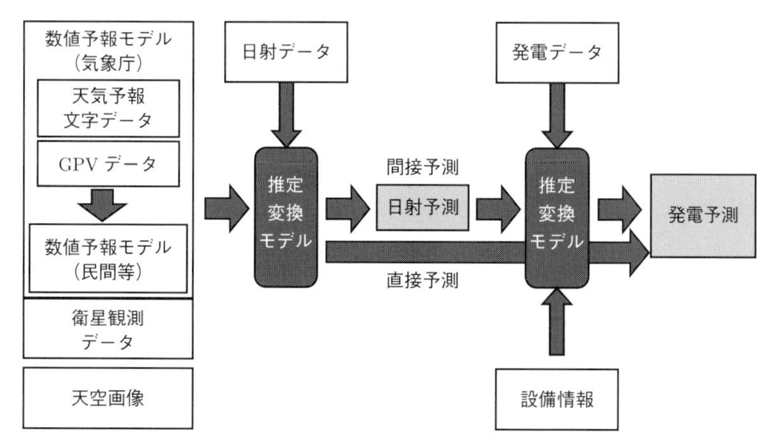

図 2.1　発電予測の基本構造：日射量や温度に代表する気象データを予測する技術と発電性能を推定する技術により構成。

測する技術と発電性能を推定する技術により構成される。そのため、入力データであるさまざまな気象予測データから、PV の変換モデルも含めて一括で発電電力量を学習しながら予測する方法もある。

2.1.2 気象予報モデル

ここでは、気象予報モデルの概要について説明する。図 **2.2** は気象予報の概念図である。気象予報モデルの入力データとして、観測データは現状の大気状態を表現するために重要な情報である。実際の大気の流れは、気圧、風（東西風、南北風）、温度（温位）などの多くの気象パラメータについて運動方程式にて記述される。

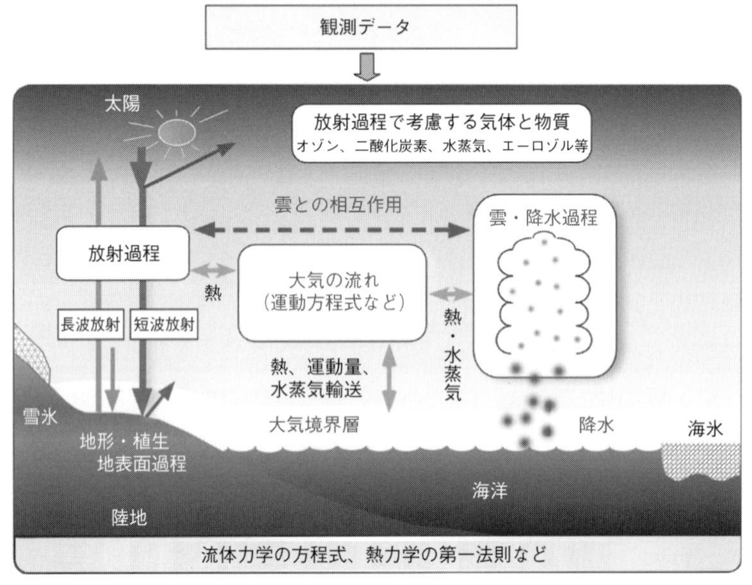

図 2.2　気象予報の概念図：文献[5)]の図に加筆したもの。気象予報モデルの入力データとして、観測データは現状の大気状態を把握するために重要な情報である。実際の大気の流れは、多くの気象パラメータについて運動方程式にて記述する。

大気中には、水蒸気が凝結すると雲が発生し、さらに雨や雪が形成され、雨滴などが成長すると、それが落下するプロセスがあるが、これを雲・降水過程で表現している。また、日射量の予測に重要な放射過程には、長波放射過程、短波放射過程があり、後者によって日射量の予測が行われる。日射量の予測には、大気組成による吸収、散乱だけでなく、雲の生成（雲の光学的厚さ）による日射量の減衰があるため、雲・降水過程との間にもつながりを持たせている。地球上には大気のほか、海洋、海氷、地形（地表面過程）があり、それぞれモデル化されており、大気の運動にも影響を与える。これらは、境界条件として与えられる。また、雲の形成には上昇流（空気塊の浮力など）があり、熱力学の方程式も同時に解く必要がある。多くの気象予報モデルは水平（東西、南北）と鉛直方向の 3 次元の格子上に構成され、それぞれの格子点で上記の運動方程式をタイムステップごとに解く。

実際に、積乱雲を予測する場合のモデル格子のイメージを図 **2.3** に示す。気象庁の現業モデルの一つにメソモデル（Meso-scale Model：MSM）があり、これは水平格子間隔が 5 km である。発達した積乱雲の水平スケールは約 10 km 程度であると仮定すると、この場合積乱雲を表現するには 2–3 格子で表現することになる。より積乱雲の表現を改善させるためにも、近年では局地モデルといった水平格子間隔が 2 km という高分解能モデルも並行して運用されている。

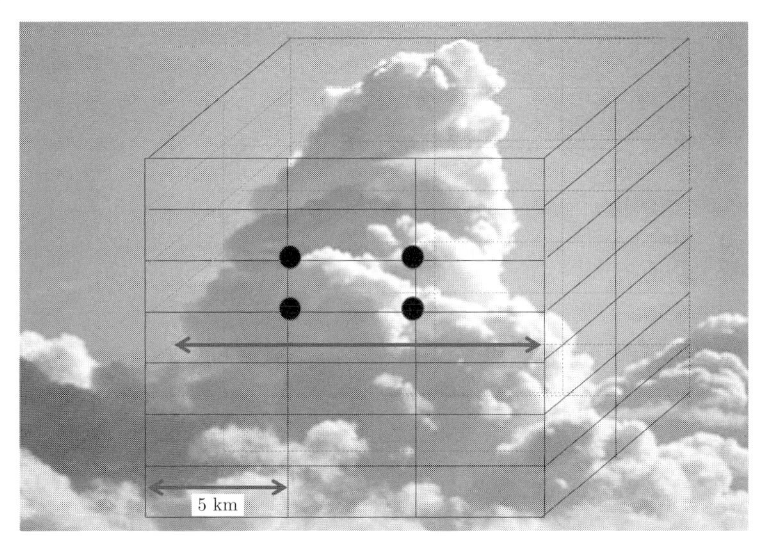

図 2.3　モデルの 3 次元格子と雲の予測のイメージ：発達した積乱雲の水平スケールは約 10 km 程度であると仮定すると、水平格子間隔が 5 km メッシュのモデルでは雲を表現するには 2–3 格子で表現することになる。

気象予報モデルおいては、運動方程式（時間に関する微分方程式）を解くが、計算機で解く場合にはこれを差分化して計算を行う。あるパラメータ ψ について将来の予測値を解く場合には、図 **2.4** のように微分方程式を差分化する。ここで、式の右辺の F は外力項を示すが、これがモデルスキームそのものであり、モデルの予測精度に影響を与える。左辺を将来の予測値 ψ_{i+1} と現在の状態 ψ_i に分けて扱う。これを式変形すると $\psi_{i+1} = F \times \Delta t + \psi_i$ となり、将来の予測が計算できる仕組みである。しかし、実際に予測すると観測値 ψ_o と予測値 ψ_{i+1} には差が生じる。これが予測誤差である。

予測誤差が生じる要因としては、まずモデルの不確かさがあり、モデルはさまざまな仮定を含んでいることに起因する。もう一つは観測データにも誤差があることが影響する。モデルの入力値として、現在の大気状態を表現するために観測データを用いるが、大気の状態を

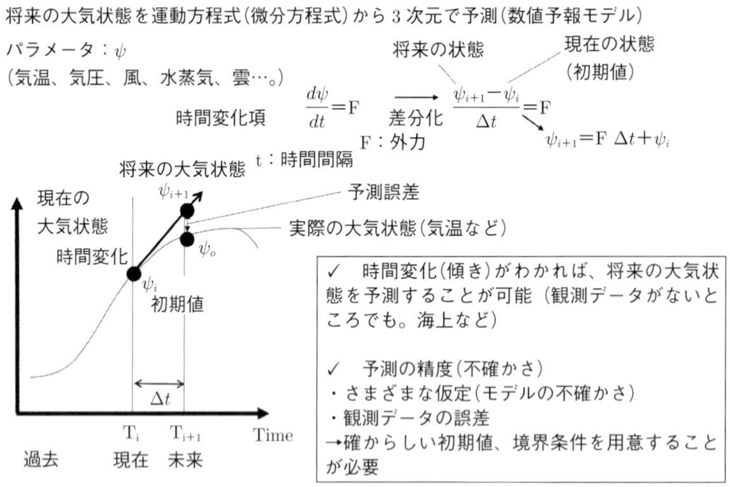

図 2.4　**運動方程式の差分化と予報のイメージ**：気象予報モデルでは、運動方程式（時間に関する微分方程式）を解き、将来の大気状況や日射量を予測する。

きめ細かに、高時間分解能でデータを取得することは難しくなる。そこで、時間・空間方向に粗いデータを取得し、モデルに取り込むことになる。計測データそのものにも観測誤差が含まれる。そのような誤差情報も、予測値に誤差を含む要因の一つと言える。

2.1.3 方程式系

基本方程式は、圧縮を考慮した Navier-Stokes の方程式である。実際に計算をするときは地形に沿った座標を用いる。ここでは、方程式系の理解をしやすくするため地形を含まない場合の基本方程式を示す。

運動方程式：

$$\frac{\partial \bar{\rho} u}{\partial t} = -\bar{\rho}(u\frac{\partial u}{\partial x} + v\frac{\partial u}{\partial y} + w\frac{\partial u}{\partial z}) - \frac{\partial p'}{\partial x} + \bar{\rho}(L_{\mathrm{s}} v - L_{\mathrm{c}} w) + D$$

$$\frac{\partial \bar{\rho} v}{\partial t} = -\bar{\rho}(u\frac{\partial v}{\partial x} + v\frac{\partial v}{\partial y} + w\frac{\partial v}{\partial z}) - \frac{\partial p'}{\partial y} - L_{\mathrm{s}} \bar{\rho} u + D$$

$$\frac{\partial \bar{\rho} w}{\partial t} = -\bar{\rho}(u\frac{\partial w}{\partial x} + v\frac{\partial w}{\partial y} + w\frac{\partial w}{\partial z}) - \frac{\partial p'}{\partial z} - \bar{\rho} B + L_{\mathrm{c}} u + D$$

ここで、L_{c}、L_{s} はそれぞれ鉛直、水平方向のコリオリ係数、B は浮力の項である（通常、気象学ではコリオリパラメータには記号 f を用いるが、本書では都合上 L とする。）。D はサブグリットスケールの乱流や数値混合の項を含んでいる。u、v、w はそれぞれ x、y、z 軸方向の風成分を示す。ρ を大気密度とすると、$\bar{\rho}$ は ρ の時間・空間平均値、ρ' は ρ の摂動成分

を示す。また、g を重力加速度として、

$$B = -g\frac{\rho'}{\bar{\rho}}$$

と定義する。

連続の方程式：

$$\frac{\partial \rho}{\partial t} + \frac{\partial \bar{\rho} u}{\partial x} + \frac{\partial \bar{\rho} v}{\partial y} + \frac{\partial \bar{\rho} w}{\partial z} = 0$$

気圧の方程式：

$$\begin{aligned}\frac{\partial p'}{\partial t} =& -(u\frac{\partial p'}{\partial x} + v\frac{\partial p'}{\partial y} + w\frac{\partial p'}{\partial z}) + \bar{\rho} g w + \bar{\rho} c_{\mathrm{s}}^2 (\frac{1}{\Theta}\frac{d\Theta}{dt} - \frac{1}{H}\frac{dH}{dt}) \\ & - \bar{\rho} c_{\mathrm{s}}^2 (\frac{\partial u}{\partial x} + \frac{\partial v}{\partial y} + \frac{\partial w}{\partial z})\end{aligned}$$

ここで、Θ は温位、c_{s} は音速、H は非断熱項を示す。

温位方程式：

$$\frac{\partial \bar{\rho} \Theta'}{\partial t} = -\bar{\rho}(u\frac{\partial \Theta'}{\partial x} + v\frac{\partial \Theta'}{\partial y} + w\frac{\partial \Theta'}{\partial z}) - \bar{\rho} w \frac{\partial \bar{\Theta}}{\partial z} + D_{\Theta} + S_{\Theta}$$

ここで、Θ' は温位の摂動成分、D_{Θ} は拡散項、S_{Θ} は非断熱項による加熱・冷却を示す。

雲物理量の方程式：

$$\frac{\partial \bar{\rho} q_{\phi}}{\partial t} = -\bar{\rho}(u\frac{\partial q_{\phi}}{\partial x} + v\frac{\partial q_{\phi}}{\partial y} + w\frac{\partial q_{\phi}}{\partial z}) + D_{q_{\phi}} + S_{q_{\phi}}$$

ここで、q_{ϕ} は水蒸気（図 **2.5** 中の Qv）、雲水（同 Qc）、雲氷（同 Qi）、雨（同 Qr）、雪（同 Qs）、霰（同 Qg）、雹（同 Qh）などの各パラメータを意味する。また、$D_{q_{\phi}}$ は乱流項、$S_{q_{\phi}}$ は凝結、蒸発、併合成長、衝突併合による変換を示す。

雲物理過程では、水蒸気、雲水、雲氷、雨、雪、霰、雹などのパラメータを計算している。個々のガスや粒子をそのまま予測計算をするのではなく、格子点ごとに上記のパラメータについて、数濃度や粒径分布を計算（予測・推定）する。図 **2.5** は雲物理過程の概念図（モデル内部での雲の表現）を示している。水蒸気が凝結して雲水を形成し、また気温が低い場合には雲氷が形成される。雲水や雲氷は衝突・併合すると大きな粒子（雨粒や雪）などへ変化するプロセスもある。雲氷や雪は温度が高くなると融けてしまうことも、モデル内で表現さ

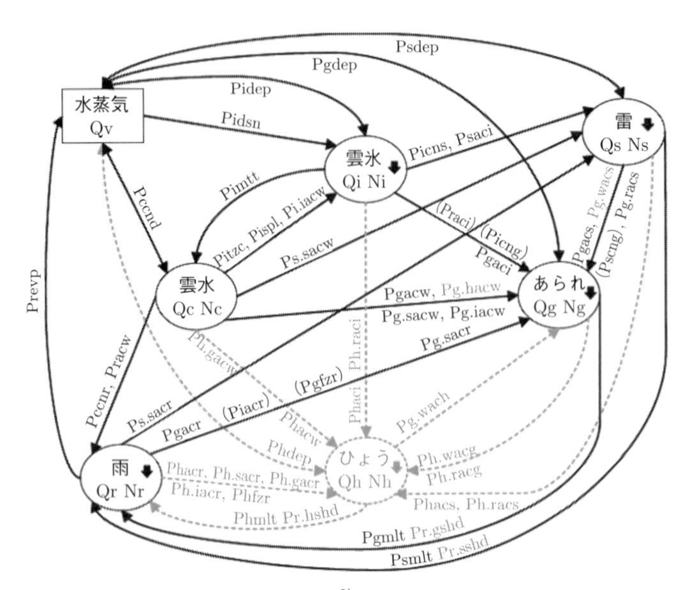

図 2.5　雲物理過程の概念図[6]：モデル内部での雲の表現。

れている（融解過程）。

放射伝達方程式：

放射過程においては、全天日射量の直達成分と散乱成分に分けて計算を行っている。輝度温度データから放射伝達方程式を用いて、日射量（気象学では下向き短波放射量（波長 $< 4\,\mu$m）という）を出力している。また、気象庁では太陽光スペクトルの透過関数の計算を 22 バンドに分割して計算を行っている。大気中にはガス成分が存在し、それによる吸収もある。放射過程においては、水蒸気、オゾン、酸素、二酸化炭素、メタン、一酸化二窒素、CFC-11、CFC-12、CFC-22、エーロゾルの各成分を考慮して計算を行っている。

放射過程は、晴天放射と雲放射に分けて計算を行っている。晴天放射過程は水蒸気、二酸化炭素、オゾンなどの気体、黄砂などのエーロゾルによる短波、長波放射の散乱、吸収、射出とそれらによる大気への加熱、冷却を取り扱っている。雲放射過程は、雲による短波、長波放射の散乱吸収、射出による大気の加熱、冷却を取り扱う過程である。雲放射過程の短波放射成分については、雲の光学特性（水雲、氷雲）、雲の光学的厚さ、一次散乱アルベド、非等方因子、鉛直方向の雲の重なり方（雲のオーバーラップ）を仮定して計算を行っている。

密度 ρ と長さ ds の気層を通過したときの放射輝度 R_ν の変化は、以下のように表せる（図 **2.6** 参照）。ただし、ν は振動数を表す添字である。

$$dR_\nu = -k_\nu R_\nu \rho ds$$

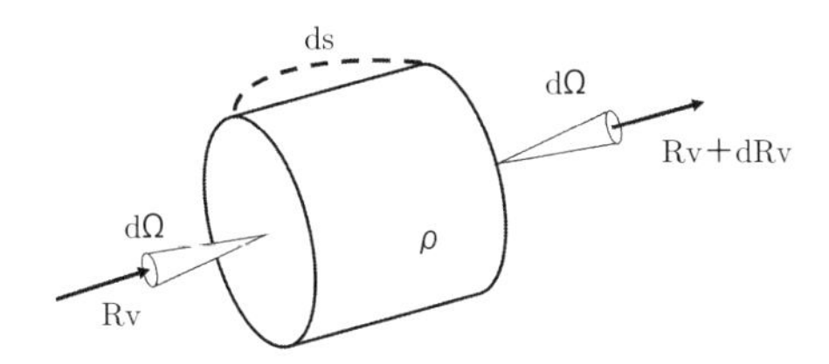

図 2.6　放射計算のイメージ：微小な気柱に放射輝度が入射し、気柱を通過する間の放射輝度の減衰を考える。

ここで、k_ν は質量消散係数（質量消散断面積）である。気柱を通過した放射輝度が dR_ν だけ吸収、散乱されたとすると、その変化量は気柱に含まれる吸収（散乱）物質の量と入射する輝度そのものに比例すると考えられる。図 **2.6** は、放射輝度 R_ν が立体角 dΩ で入射することを表す。このとき、気層内の射出と他方向からの散乱による放射輝度 R_ν の変化は、

$$dR_\nu = e_\nu \rho ds$$

と表せる。ここで、e_ν は射出係数である。上記の合計の放射伝達方程式は、

$$\frac{dR_\nu}{k_\nu \rho ds} = -R_\nu + E_\nu \tag{1}$$

で表せる。ここで、E_ν は放射源関数で、以下で定義される。

$$E_\nu := \frac{e_\nu}{k_\nu}$$

雲やエーロゾルを含む大気の光学的厚さ τ を、

$$\tau(s_1, s) = \int_s^{s_1} k_\nu \rho ds$$

と定義する。これは、s_1 を起点として s までの光学的厚さを意味する。また、

$$d\tau(s_1, s) = -k_\nu \rho ds$$

のように表すことで、s の代わりに τ で記述できる。ここで、両辺を変形すると、

$$\frac{d}{k_\nu \rho ds} = -\frac{d}{d\tau}$$

が成り立つ。これを、式 (1) の放射伝達方程式に代入すると、

$$\frac{d}{d\tau}R_\nu = R_\nu - E_\nu$$

を得る。この式は、雲やエーロゾルを含む大気の光学的厚さ τ の微分形式となっている。なお、大気放射の基礎については、文献[7)]を参照されたい。

2.1.4 アンサンブル予測

本節で述べるアンサンブル予測は、気象予報モデルを利用したものを対象とする。アンサンブル予測とは、オーケストラのような異なる楽器を演奏し、調和のとれた音楽を奏でるものと同様に、異なるシミュレーション条件で実施した複数の予測情報を利用し、単一の手法による予測（決定論的予測）より高精度な予測情報を創出すること、また複数の予測情報から確率予測を行う技術を指す。

気象モデルにおけるアンサンブル予測は古くから発展してきており、これは大気のカオス性や、気象予測手法の不確実性を考慮するために発達した技術である。気象予測手法の不確実性は、初期値、モデル本体（主に力学系）とパラメータ（物理スキーム）の不確実性に分けられ、それぞれ初期値アンサンブル・モデルアンサンブル・パラメータアンサンブルという使い分けがされている。もちろん、実際にはこれら三つのアンサンブルを複数組み合わせて利用することも多い。

特に近年、技術開発が精力的に進められているのが、初期値アンサンブルである。これは、気象モデルの初期値には誤差が含まれていることを念頭において、その誤差による初期値依存性を考慮するために利用されている。

初期値アンサンブルの説明の前に、気象モデルにおける初期値作成の基礎について述べる。初期値は過去の予測値をもとにさまざまな観測データを用いた補正が行われており、その補正方法としてデータ同化手法を用いる。現在使用されているデータ同化手法には非線形性に対応した変分法があり、近年は 4 次元変分法（4DVar）が多く現業で利用されている。また、線形性を仮定したアンサンブルカルマンフィルタ（Ensemble Kalman Filter：EnKF）も研究開発や現業へ実装が進められている。ここでは、両者の違いについて詳しくは述べない。データ同化手法の基礎に関しては、気象・海洋学分野で発展してきたデータ同化手法の基礎から応用まで網羅された文献[8)]が詳しい。また、データ同化手法はベイズ統計がもとになっているので、ベイズ統計の基礎から学べる文献[9)]も参照されたい。

気象予測は初期値の時間発展として計算される。気象モデルに用いられる初期値は、過去の予測値（第一推定値）にさまざまな観測データを同化させ、観測値に近づくように補正して作成される。これを解析値と呼ぶ。データ同化手法を用いた解析値の作成は、大きく分けて二つの誤差が考慮されている。一つは背景誤差であり、予測モデルの持つ誤差、例えば連続の式などの流体力学の基礎方程式の離散化（差分）、格子（グリッド）単位の予測計算によるサブグリッドスケールの現象の表現の限界（表現誤差）、境界条件の不確実性などに起因する。二つ目は観測誤差であり、観測の時間・空間解像度の不均一性や観測手法が持つ測定誤差がある。また、観測値を気象モデルで利用するために初期値と同じ物理量の変換、また空間的な位置の補正がある場合は空間内挿が行われるので、この変換手法（観測演算子）による誤差も含まれる。上記の誤差により、完全な解析値の作成は一般に困難である。

そこで、解析値には上記に述べた誤差が含まれることを考慮して、データ同化手法により作成した解析値に小さな摂動を与えて、異なる初期値を複数作成する。これが上述の初期値アンサンブルである。この異なる初期値を用いて、それぞれ独立に同じ時刻の予測計算を行う。このときの摂動の与え方にもさまざまな手法が提案されている。日本の気象庁では 2019 年現在、Singular Vector（SV）法が用いられており、EnKF の開発も行われている。また、世界で最も予測精度が高いとされるヨーロッパ中期予報センター（European Centre for Medium-Range Weather Forecasts：ECMWF）は、SV 法と EnKF を用いた Ensemble Data Assimilation（EDA）を使用している。上記のような摂動の与え方の違いと気象モデルの違いにより、数値予報（Numerical Weather Prediction：NWP）センターによってアンサンブル予測の結果は異なる。

摂動の与え方が異なると、その摂動の成長（予測のばらつきの度合い）も異なる。図 **2.7** は 2015 年～2017 年の 3 月における関東域の日平均日射量の予測値について、ECMWF、

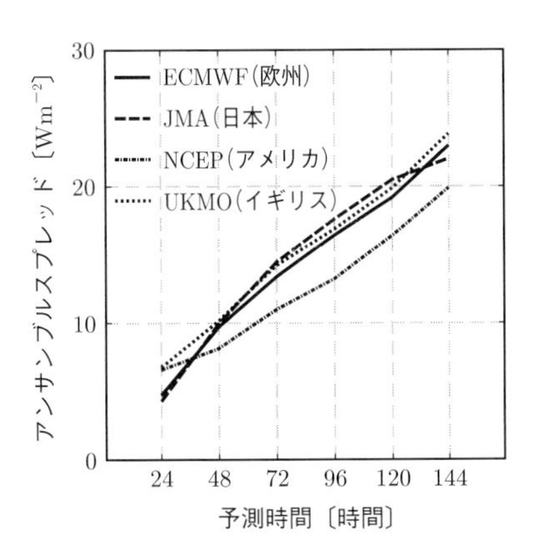

図 2.7　**予報機関ごとのアンサンブルスプレッドの成長：**各線が NWP センターごとのアンサンブルスプレッドの大きさを示す。アンサンブルスプレッドの絶対値の大きさも各センターによって異なっている。

気象庁（Japan Meteorological Agency：JMA)、アメリカ国立気象局（National Center for Environmental Prediction：NCEP)、イギリス気象庁（United Kingdom Met Office：UKMO）の四つの予報機関の全球アンサンブル予測のばらつき（以下、アンサンブルスプレッド）を予測時間ごとに整理したものである。これを見ると、アンサンブルスプレッドの絶対値も各センターによって異なる。注意点として、各センターによって日射量の系統的なバイアスを含んでいるため、センター間でのアンサンブルスプレッドの絶対値の比較には意味がなく、変化量で考えるべきである。例えば、JMA のアンサンブルスプレッドは予測時間が 24 時間から 48 時間の間の変化量についてはほかのセンターと比べて大きく、120 時間から 144 時間への変化は小さい。これは、JMA はほかのセンターと比べて、1 日～2 日先予測において摂動の成長が早く、5 日～6 日先になると成長が小さくなることを示している。これは、JMA の摂動作成方法である SV 法の特徴である。

次に、アンサンブル予測におけるもう一つの利点であるアンサンブル平均による予測精度について述べる。摂動を加えた解析値を用いたアンサンブル予測について複数の NWP センターを併用（初期値アンサンブル・モデルアンサンブル）することで単一の NWP センターのアンサンブル予測よりも予測精度が高いことが示されている。これは、アンサンブル予測の個々の予測（アンサンブルメンバー）は真値（ここでは観測値）を中心にばらつくことを仮定している。

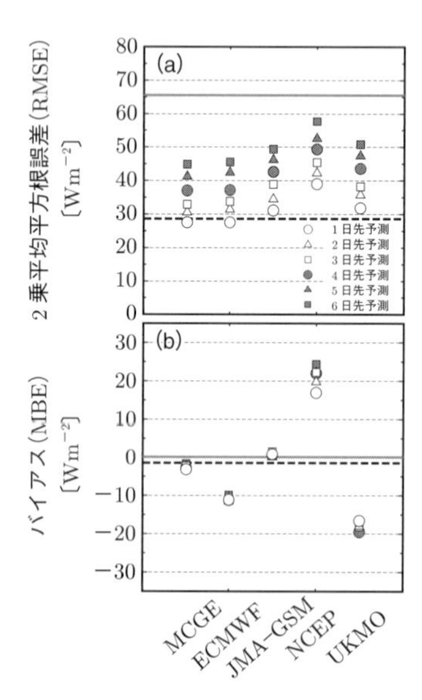

図 2.8　2015 年における関東域に平均日射量の予測誤差：（a）2 乗平均平方根誤差（RMSE）と（b）バイアス（MBE）の比較はそれぞれ 1 日～6 日先までを評価した。また、各図の黒破線は MSM の予測誤差、灰色実線は持続モデルの予測誤差を示す。

図 2.8 は関東域における日射量予測について JMA、ECMWF、UKMO、NCEP それぞれと、四つのセンターのアンサンブル平均 (マルチセンターグランドアンサンブル、Multi-Center Grand Ensemble：MCGE）の日射量の 2 乗平均平方根誤差（RMSE)、バイアス（MBE）を比較したものである。その結果、RMSE で見ると、ECMWF が単一のセンターでは最も精度が高いが、MCGE は ECMWF と同程度の精度となっている。1 日先予測は MCGE と ECMWF にはほとんど違いが見られないが、予測時間が長くなると、MCGE の方が RMSE が小さくなっていることがわかる。MBE で見ると、MCGE が最も精度が高く、RMSE で予測精度の高かった ECMWF は負バイアスが見られる。このように、単独のセンターの予測よりも複数利用することで、系統的な誤差や、極端な誤差が緩和されることにより精度が向上することが知られている。

2.2 予測区間の推定

出力予測値には必ず予測誤差を伴う。本節では、予測情報の信頼度情報として予測区間の推定を行う。その推定手法と評価結果について述べる。予測区間は滞在率が高く、かつ区間幅が狭く、予測の大外れをしないことが運用側に求められている。

本節の構成とポイントは以下の通りである。

2.2.1 **予測区間の推定手法**

・区間推定では、予測値の不確かさを表現する。

・ノンパラメトリック分布とパラメトリック分布による推定を行う。

2.2.2 **予測区間の評価**

・滞在率（実際に区間に入った実績値の割合）によって信頼度を評価する。

2.2.1 予測区間の推定手法

PV 発電予測では、決定論的な解（予測値）に加えて、その解に対して確率的な情報も重要である。統計学の問題としてみると、それぞれ、点推定と区間推定と呼ばれる。区間推定では、その予測値の不確かさを表現することができる。しかしながら、多くの予測手法では、決定論的な解しか求めないため、不確かさを表現できる情報がない。そのため、本節では決定論的な PV 発電予測手法で計算した解、区間推定の手法の開発と検証、応用事例について述べる。

区間推定の理論による信頼区間と予測区間との違いを示すことは重要である。統計学理論によるその違いを理解するため、まず単線形回帰モデルの例で説明する。単線形回帰の問題では、母数 Y は変数 X との関係を線形関係として表現する。そのモデルを作るために (y, x) という標本セットを用いて Y と X の関係を、

$$\mathbb{E}[Y|X = x] = a + sx + \mathbb{E}[\epsilon]$$

の形式でモデル化する。ここで、$\mathbb{E}[Y|X = x]$ は条件 $X = x$ による Y の期待値である。$\mathbb{E}[\epsilon]$ は誤差項の期待値で最小二乗モデルによる準正規分布に従う仮定が有効であれば、ゼロになる。さらに、a と s はそれぞれ回帰パラメータである。モデルの作成については統計学の入門書などを参照されたい。ここでは、

$$\hat{y} = \hat{a} + \hat{s}x$$

の形でモデルを作成する。ここで、$\hat{a}$ と $\hat{s}$ は a と s の推定量になり、$\hat{y}$ は各 x による y の期待値の推定量である。したがって、予測や推定の問題において、単線形回帰モデルは標本セットによる y の期待値を推定する。統計学の定義による信頼区間は、各 $\hat{y}$ から実際の PV 発電の出力の期待値 $\mathbb{E}[Y]$ を覆う区間である。しかし、PV 発電予測の問題では、各時間や説明変数などによる実際の発電電力量（以下、発電量と略す）の期待値ではなく、将来の PV 発電量が要求される。PV 発電予測の問題では、1 年間のデータに基づく 10 時の平均値の不確かさではなく、明日の 10 時の予測値の不確さが要求される。その量を表現するのは、信頼区間ではなく予測区間である。機械学習や統計的な手法では、期待値で標本値を推定するが、真値を覆う区間が求められるので、それが将来観測される標本値として扱われ、その値を覆う区間は予測区間と呼ばれる[10)]。

基本的な回帰モデルなどを用いると、予測区間が理論的に定義でき、解析的に算出可能である。一方、実際の発電データなどを用いて機械学習や非線形モデルなどを利用することによって、その区間を算出することが可能である。

そこで、ここでは、決定論的なモデルを用いた PV 発電予測に対する予測区間を算出する手法を紹介する。予測誤差の分布に関するパラメータ分布の仮定をせずに、季節、天気状況や予測の対象時間などによって、過去の予測誤差から予測区間を算出する手法である。さらに、手法の有効性を示すためにパラメータ分布の仮定と予測区間との比較を行う。その手法の開発と評価についての詳細は、文献[11)]に記載されている。

本手法では、二つの仮定が必要である。一つ目は、過去と将来の予測誤差の関連性の仮定である。過去の天気、季節、時間などと似た状況が発生した場合、その予測誤差が過去の予測誤差と類似性があると仮定する。二つ目は予測分布の仮定である。予測誤差にノンパラメトリック分布があることを仮定する。上記の二つの仮定のもと、予測誤差の分布を直近の過去データから推定する。

予測区間を算出するため、対象予測日の前日から 60 日間前までの予測誤差を用いた。そのデータセットにある入力データの事例と対象時間の入力データとの類似性をユークリッド距離により定量化する。15 分位という閾値によって、最も似ている事例を選択する。必要なデータと類似性の閾値は、予備データの分析によって決定する。続いて、選別した予測誤差の分布から予測区間を推定する。

なお、本手法を用いるにあたり、対象時間と似た事例が過去にも発生したという前提をおいている。もし過去の 60 日間に対象時間と似ている事例がなければ正確に予測区間を算出できない可能性がある。その場合、過去のデータベースを拡張することで対処することが可能である。

本手法の有用性を検討するため、日本全国に設置された 432 台の PV 発電システムの時間ごとの発電量の予測を行い、各予測値の予測区間を算出した。対象期間を 1 年間として、毎日の 5 時から 20 時までを評価した。予測区間の計算は 97.5%、95%、90%、85%という信頼度に区分した。さらに、同じ状況で三つのパラメトリック予測区間を算出する手法で計算を行い、各予測区間手法の性能を評価した。パラメトリック予測区間については、ガウシアン分布、ラプラシアン分布と双曲線分布により算出した。各予測時間に対して分布の仮定と最尤法による選別した予測誤差のデータにフィッティングする最適な分布を特定し、その分布の分位も解いた。パラメトリック手法による予測区間を算出する手法の詳細は文献[12)]にある。本節は簡単に説明をする。

ラプラシアン分布の確率密度 $p(z)$ は、

$$p(z) = \frac{1}{\sqrt{2}\sigma} e^{\frac{-|z|}{\sigma}}$$

で定義される。この分布で、最尤法を用いると、σ は過去の予測誤差の標本セットの平均絶対誤差になる。さらに、標本セットにフィッティングする分布の分位 p_{s} は、

$$p_{\mathrm{s}} = -\sigma \ln(2s)$$

によって計算できる。ガウシアン分布の場合、確率分布は

$$p(z) = \frac{1}{\sqrt{2\pi}\sigma} e^{\frac{-|z^2|}{2\sigma}}$$

であり、σ が二標本集合の二乗平均平方根誤差となる。さらに、分布の分位 p_{s} は、

$$p_{\mathrm{s}} = \sigma \Phi^{-1}(1-s)$$

のように計算できる。双曲線分布の場合、最尤法で計算された最適な分布は解析的ではなく、数値的に計算される。そのため、R 言語の「Generalized Hyperbolic」というライブラリを用いて各予測値の予測区間を算出した。

2.2.2 予測区間の評価

対象問題において、用いた予測区間の算出手法の仮定が実際の状況を反映したのち、滞在率（実際に区間に入った実績値の割合）によって信頼度を評価する。したがって、滞在率と信頼度の距離により予測区間の性能を評価できる。図 **2.9** には、432 台の PV 発電システムの 1 年間のデータによる各手法の滞在率を示す。

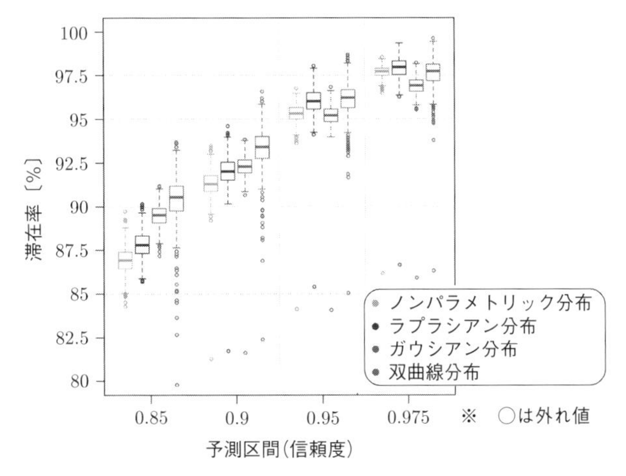

図 2.9　PV 発電予測において予測区間を算出する四つ手法の信頼度と滞在率の関係：文献[11]（ライセンスは CC BY-NC 3.0 に基づく）から引用し、著者等が日本語の加筆・修正を行った。一般的にノンパラメトリック手法の滞在率の方が、ほかの手法の滞在率より高い（信頼度が高い）。

図 **2.9** の箱髭図の中央値から、一般的にノンパラメトリック手法の滞在率の方が、ほかの手法の滞在率より高く、信頼度が高いことがわかる。例えば、信頼度が 85%の場合、滞在率の中央値（85%）と信頼度（0.85）が近いプロットをしているのが、ノンパラメトリック分布の方であり、その方が手法として性能がよいことを示している。パラメトリック手法の中ではラプラシアン分布の仮定が最もよい性能であった。一方で、85%と 90%の信頼度においては、すべての手法では滞在率が信頼度を超える傾向があった。評価している手法が 60 日間のデータのみであり、上記の傾向の一つの要因であると考えられる。

それにも関わらず、提案した手法によって、膨大なデータベースを利用せずとも、精度が高い予測区間を算出できることを確認した。PV 発電予測の問題において、高い信頼度は電力系統の運用者の観点から、PV 発電予測に誤差があったとしても、電力システムの安定性につながるため、提案手法が今後役に立つ可能性がある。

図 **2.10** は対象データに関して、予測区間の滞在率と区間の大きさの関係を示す。区間の大きさの単位はエネルギーであるので、1 年間に滞在率を達するために必要なエネルギー（電

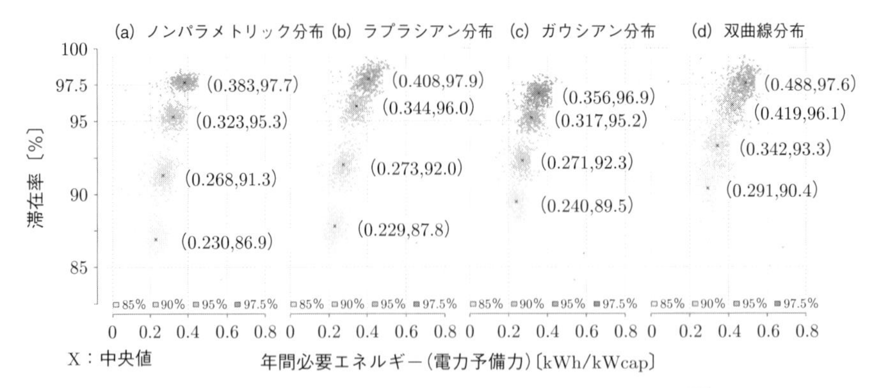

図 2.10　予測区間を算出する四つ手法の滞在率と区間の大きさ（積算値）の関係：文献[11)]（ライセンスは CC BY-NC 3.0 に基づく）から引用し、著者等が日本語の加筆・修正を行った。ノンパラメトリック手法では、より少ない電力予備力および少ない変動で滞在率を達成することが確認された。

力予備力）で各手法の区間の大きさを評価できる。図 **2.10** の結果を見ると、ラプラシアン分布では 97.9%の滞在率を達成するため 0.41 kWh/kWcap が必要だった（中央値による）。一方、ノンパラメトリック手法で 97.7%を達成するため電力予備力がラプラシアン分布の手法より 6%程度少なかった。さらに、ノンパラメトリック手法で滞在率を 86.9%から 97.7%まで増加するため、電力予備力が 66%増加した。

一方、ラプラシアン分布を用いた場合では、滞在率は 87.8%から 97.9%へ増加するため、電力予備力が 78%程度増加し、ノンパラメトリック手法ではより少ない電力予備力および少ない変動で滞在率を達成することがわかった。ガウシアン分布を用いた場合、電力予備力の変動は小さいが、97.5%の滞在率が達成できなかった。双曲線分布を用いた場合、滞在率が信頼度のすべてを上回り、予測区間の大きさが四つの手法の中で最も大きかった。

最後に、図 **2.11** の事例で、各対象時間や天気状況により各手法で算出した予測区間の性能を確認する。図 **2.11** には晴天日と曇天日の事例を挙げており、PV 発電予測において、各対象時間と天気状況による予測誤差の分布が変わることが確認できる。各条件によって予測誤差には対称分布と非対称分布がある。したがって、その特性をどの程度表現できるかで、予測区間を算出する手法を評価できる。

図 **2.11** の結果による双曲線分布を用いた手法では、晴天日と曇天日も最も性能が低かった。両方の天気状況のもと検討した手法の中で一番幅の広い予測区間を算出したことから判断できる。それに対して、ラプラシアン分布、ガウシアン分布とノンパラメトリック分布を用いた手法では、より狭い幅の予測区間を算出し、天気状況により区間の大きさも適切に推定した。一方で、日中の 12 時のように PV 発電の実績値と予測値が最高値に近づくと、予測誤差の分布は非対称になる特徴があり、ノンパラメトリック手法のみ的確にそれを表現していた。

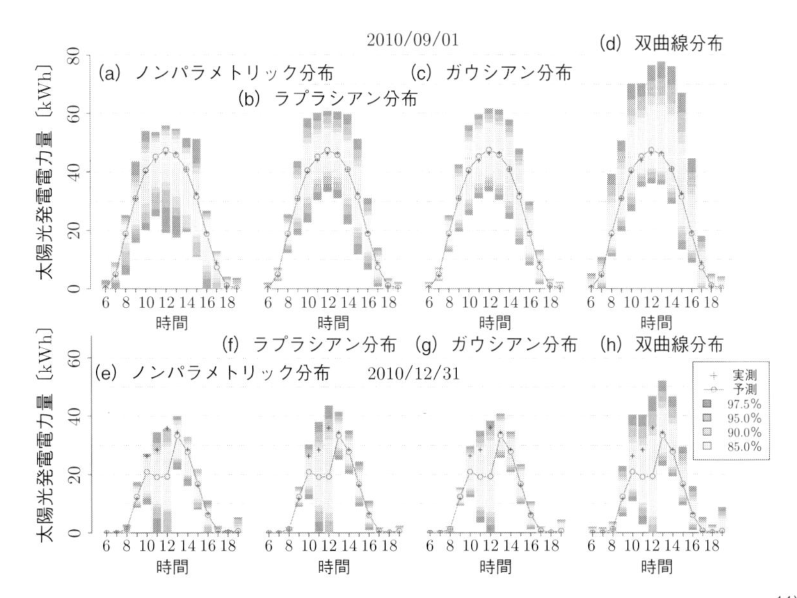

図 2.11　晴天日（上段）と曇天日（下段）の事例に対する、四つの手法による予測区間の性能比較：文献[11]（ライセンスは CC BY-NC 3.0 に基づく）から引用し、著者等が日本語の加筆・修正を行った。ラプラシアン分布、ガウス分布とノンパラメトリック分布を用いた手法では、より狭い幅の予測区間を算出し、天気状況により区間の大きさも適切に推定している。

本節では、開発した決定論的な PV 発電予測のための予測区間を算出する手法の開発と検証を紹介した。提案した手法をパラメトリック手法と比較した。試行錯誤の結果、過去 60 日間のデータで適切に予測誤差を覆える区間を算出できることがわかった。したがって、高い信頼度を少ない過去データで求められるときに有効な手法であると言える。一方、少ないデータを用いるため、低い信頼度や対象時間に似ている事例が過去 60 日にない場合、適切な予測区間を算出できない可能性があり、それが本手法の一つの欠点になる。

ノンパラメトリック分布を用いた手法について、追加した分析結果を示す。予測値は快晴時と雨天時は予測誤差が小さいことがわかっている。一方、薄曇りなどの天候のときは予測が外れることが多い。この性質を利用して、予測誤差を天候別にクラス分けし、予測区間の幅を推定する（図 **2.12** 参照）。ここでは、季節ごとにも天候が異なることも考慮して、春（3 月〜5 月）、夏（6 月〜8 月）、秋（9 月〜11 月）、冬（12 月〜2 月）と季節を定義し、過去数年分の日射量予測値（1 時間値）と予測誤差情報を用いて、さらに天候別（詳しくは晴天指数別）に誤差幅をテーブル化する方法を取る[13]。予測値から与えられた日射量と理論計算から求められる大気外日射量から予測された晴天指数を求め、そのときのテーブルを参照することで予測区間を付加する。

これにより、晴天時や曇天時は予測誤差が小さい傾向があり予測区間の幅を小さく、薄曇り時は予測誤差が大きい傾向があり予測区間の幅を大きくなるように設定できる（図 **2.13** 参

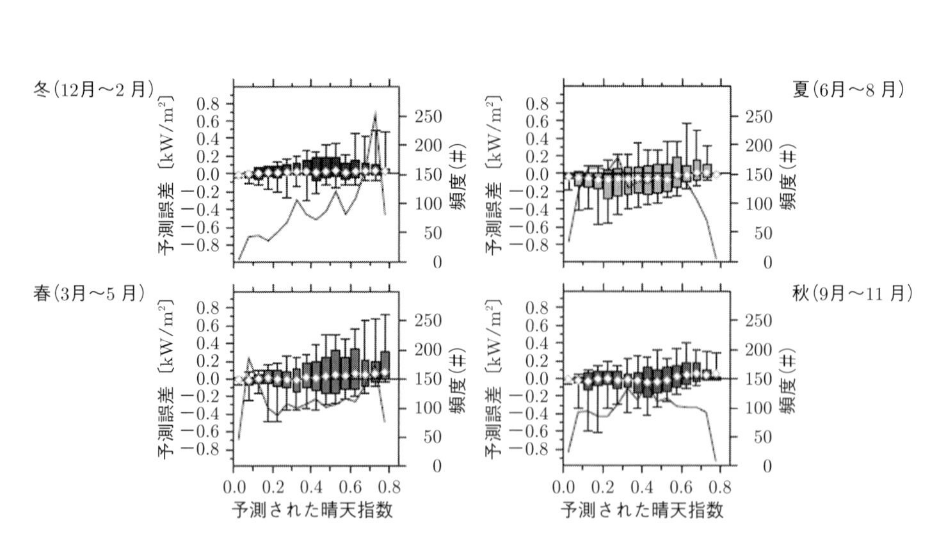

図 2.12　季節別に見た晴天指数と予測誤差の関係：2010 年度のつくばの事例。

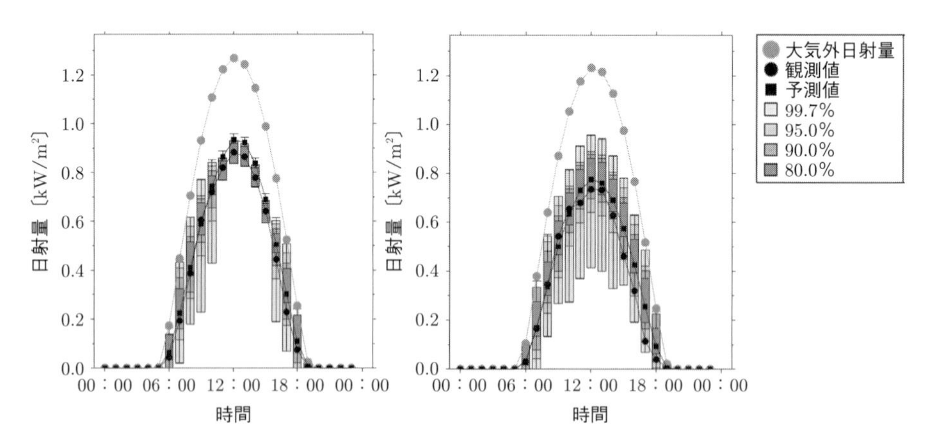

図 2.13　（左）快晴時と（右）曇天時の予測区間の幅の比較：晴天時や曇天時は予測誤差が小さい傾向があり、予測区間の幅を小さく、薄曇り時は予測誤差が大きい傾向があり、予測区間の幅を大きく表現する。

照)。過去の誤差情報によっているため、そのモデルの癖を組み込んだ予測区間の作成が可能である。ある地点のピンポイント予測は予測誤差が大きいため、予測区間の幅も広めになるが、電力エリアなどの広域で見た場合には、均し効果により予測誤差が低減するため予測区間の幅もピンポイント予測に比べて狭くなる。

一方、この手法は、モデルのスキームの更新により、予測値の誤差傾向が変化した場合には予測誤差情報のデータの蓄積が必要である。また、予測値の精度が向上した場合にも予測区間が想定よりも広めに推定される欠点もある。

2.3 予測大外れの事例

電力融通を行う上でも、日本全体で予測が大きく外れることが、最も運用上シビアなケースである。本節では、国内9電力エリアで予測が大きく外れる場合の気象状況などを分析した結果を報告する。

本節の構成とポイントは以下の通りである。

2.3.1 電力の融通と予測大外れ

・各電力エリア間の電力の融通もなされ始めている中、出力予測の大外れは電力需給のバランスを保つためには重要な課題である。

・国内9電力エリアを対象とした日射量予測の大外れの分析を実施する。

2.3.2 予測大外れ事例の抽出

・気象官署の全天日射量観測データ、気象衛星観測データを用いてMSM予測値を分析する。

・2014年から2017年の4年間の各ワースト20事例を抽出する。

2.3.3 予測大外れの事例分析

・日本列島が高気圧の西端にある場合、低気圧の通過、停滞前線、台風の接近時に大外れの傾向にある。

2.3.1 電力の融通と予測大外れ

近年、各電力管内におけるPV発電出力の予測情報は、電力システムにおいて実際に活用されつつある。各電力エリアで電力需要と供給のバランスが崩れないように、今後PV発電出力の予測はますます重要となっている。

また、2015年4月には電気事業法に基づき、電力広域的運営推進機関[14)]が発足し、各電力エリア間の電力の融通もなされ始めている。これまでは各電力エリアにおける出力予測の大外れ時の特徴について調べられてきたが[15)~17)]、日本列島全体（広域エリア）におけるPV発電出力予測の大外れが電力エリア間の電力を融通する上で最も危機的な状況と言える。最近では日射量予測の大外れをアンサンブル予測から事前予見ができないかの検討もなされている（2.4節参照）[18),19)]。本節では、北海道から九州までの沖縄電力エリアを除く9電力エリアについて、日射量予測の大外れ事例の抽出と特徴を調べた文献[20)]をもとに記載している。

2.3.2 予測大外れ事例の抽出

気象官署の全天日射量観測データに加えて、熊谷、釧路の地方気象台において実施した臨時観測データを用いた（合計 42 地点）。また、気象衛星ひまわり 8 号から推定した日射量データ（AMATERASS データ、太陽放射コンソーシアム提供[21]）も面的な日射量の分布の把握に用いた。日本付近では、2.5 分ごとに 1 km メッシュの空間解像度のプロダクトを得ることが可能である。解析に用いた MSM は気象予報モデルであり、3 時間ごとに 39 時間先までの予測を行い、日本付近を計算領域として 5 km メッシュの格子ごとに日射量予測を行っている。

大外れ事例の抽出について以下に示す。予測値は 9 電力エリア内の平均値を作成し、その予測値と観測値の差（42 地点合計値）を大気外日射量で規格化した値を予測誤差とした。検証を行った期間は 2014 年から 2017 年の 4 年間である。規格化した予測誤差の日積算値を求め、各年のワースト 20 事例を抽出した。

2.3.3 予測大外れの事例分析

2017 年における抽出した日射量予測の大外れ事例の気圧配置の特徴を調べると（**表 2.1** 参

表 2.1　2017 年の国内 9 電力エリアを対象とした日射量予測大外れ事例と地上天気状況：ワースト 20。文献[20]。

順位	年月日	日積算誤差	バイアス	天気図パターン
1	2017/7/11	0.256	-0.256	高気圧の西端
2	2017/8/28	0.145	-0.145	高気圧の西端
3	2017/8/22	0.143	-0.143	高気圧・低気圧の西端
4	2017/7/2	0.137	-0.134	停滞前線
5	2017/2/1	0.136	0.131	低気圧
6	2017/8/29	0.134	-0.134	停滞前線
7	2017/7/29	0.131	-0.131	停滞前線、台風
8	2017/3/14	0.130	0.130	複数の低気圧
9	2017/7/28	0.130	-0.130	停滞前線、台風
10	2017/5/10	0.129	0.129	低気圧
11	2017/8/5	0.127	-0.127	高気圧の西端、台風
12	2017/11/8	0.126	0.126	低気圧
13	2017/11/29	0.126	0.126	低気圧
14	2017/11/26	0.124	0.124	高気圧の西端、低気圧
15	2017/8/1	0.123	-0.120	低気圧、台風
16	2017/9/23	0.123	0.123	南岸低気圧
17	2017/2/9	0.121	0.121	複数の低気圧
18	2017/3/6	0.121	0.107	南岸低気圧
19	2017/5/25	0.117	-0.099	低気圧、停滞前線
20	2017/7/3	0.116	-0.116	高気圧の西端、停滞前線

照）、日本列島が高気圧の西端にある場合、低気圧の通過や停滞前線、台風の接近時などであった。各4年分のワースト20事例をみると、年によって天候の特徴も異なるため、毎年同じ気圧配置のパターンとは言えないものの、類似した地上気圧分布のときに日射量予測の大外れ事例が起っている傾向がある。日射量予測の大外れ時では、気圧の水平傾度が比較的弱い（気圧の等値線の間隔が比較的広い）場合が多い傾向が見られた。

具体例として、2017年で最も予測誤差が大きかった2017年7月11日（ワースト1位）の事例について調べた結果を紹介する。図**2.14**（a）は、同日9時の地上天気図を示している。日本付近は関東の東沖にある高気圧の西に位置していた。

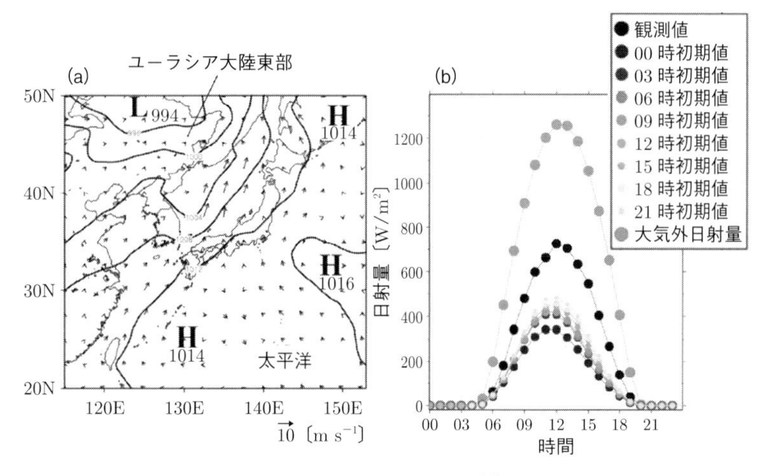

図2.14　2017年7月11日の地上天気図と日射量の実測と予測：文献[20]（ライセンスはCC BY 4.0に基づく）から引用し、著者等が日本語の加筆・修正を行った。前日予測から当日予測にかけて日射量の過小予測が広域的に生じた事例であり、電力余剰になる恐れがある。

図**2.14**（b）は同日のMSMによる日射量予測の予測値と観測値（黒丸）の時別値の時系列（9電力エリア合計値）を比較したものである。灰色丸は大気外日射量を示す。この日は、MSMの前日予測から当日予測にかけて日射量の過小予測が広域的に生じた事例である。実測値の約半分程度の日射量しか予測されなかった。予測では過小に予測されていることから、当日はPV発電出力が予測よりも過大になるため、電力の需要と供給のバランスとしては電力余剰になる恐れがある事例である。

気象衛星から得られた全天日射量の観測値（推定値）とMSMの予測値を比較した（図**2.15**参照）。観測された雲の分布に沿って、全天日射量が比較的低くなっている領域が確認（図中（a）のCとD）されている。また、予測では観測された分布に類似しているものの、雲域が広がる地域では日射量はより過小であった。雲域がある部分では光学的な雲の厚さが厚く予測されていた。

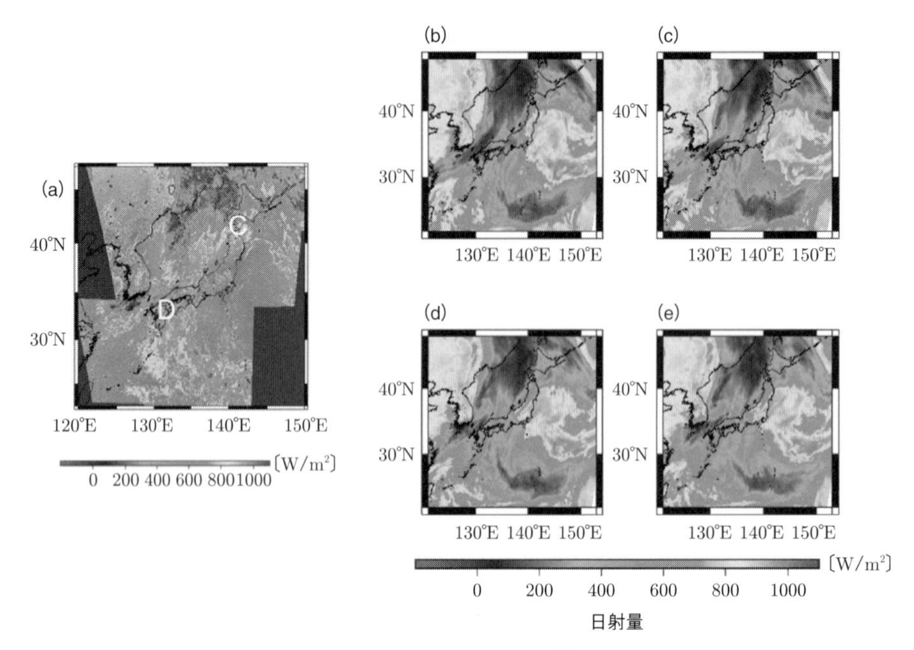

図 2.15 日射量の実測（AMATERASS データ）と MSM の予測：文献[20]（ライセンスは CC BY 4.0 に基づく）から引用し、著者等が日本語の加筆・修正を行った。予測では観測された分布に類似しているものの、雲域が広がる地域では日射量はより過小であった。

図 2.16 は 2017 年 7 月 11 日の各エリアのエリア平均日射量（1 時間値）の実測（黒丸）、前日予測、当日予測の時系列を示す。北海道、中国以外のエリアにおいては、予測値は実測の 5 割、またはそれ以下というエリアがほとんどとなっていた。東京エリアでは当日予測で実測相当まで予測が改善しているが、東北、四国、九州エリアでは当日予測でもあまり改善は見られなかった。一方、中国エリアでは実測よりもやや日射量が高めに予測されるなど、ほかのエリアとは特徴が異なっている。

エリア間の電力融通を考えた場合に、各エリアで余剰状態となるとほかのエリアに余剰分を送電しようとしても送り先に空きがない状況にもなってしまう。したがって、このような広域で予測が外れる場合の分析は、今後ますます PV 発電システムが導入される場合には重要となるであろう。

日射量予測・PV 発電出力予測の大外れを低減するためには、基礎となる気象予報モデルの日射量予測に関わるプロセス（放射過程、雲物理過程）を高度化する必要がある。日射量予測の大外れを事前に可能性として把握するには、メソアンサンブル予測の活用も検討事項である。さらに、気象庁データだけでなくほかの予報機関の予報データの活用も必要である。実用化に向けては、事前に予測が外れる可能性がある場合にアラートを発信する仕組みを検討する必要もあろう。

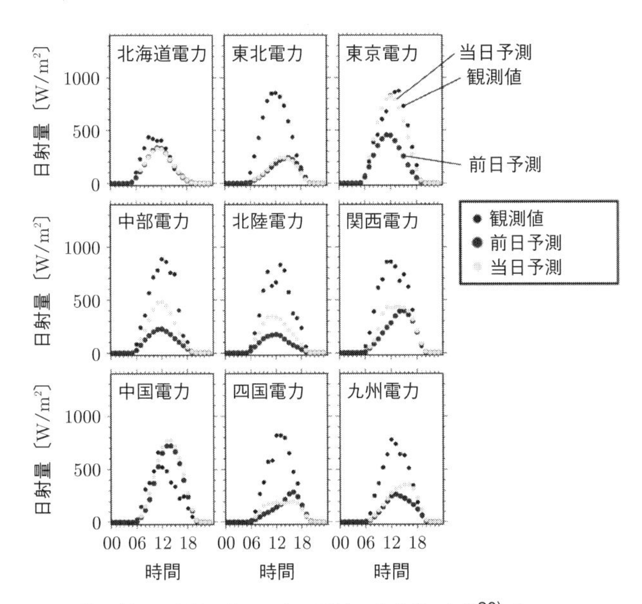

図 2.16 各エリアのエリア平均日射量の実測、前日・当日予測の時系列：文献[20]（ライセンスは CC BY 4.0 に基づく）から引用し、著者等が日本語の加筆・修正を行った。東京エリアでは当日予測で実測相当まで予測が改善しているが、東北、四国、九州エリアでは当日予測でもあまり改善は見られなかった。

2.4 予測大外れの予見手法

本節は、アンサンブルスプレッドを利用した日射量予測の大外し事前検出指標について、概要と検出力の評価をまとめたものである。

本節の構成とポイントは以下の通りである。

2.4.1 **予見性能評価の要約**

・アンサンブルスプレッドから日射量前日予測の大外しの事前検出指標を紹介する。

・四つのNWPセンターを併用することで最も高い検出力が得られる。

・最大で6日前に前日予測の大外しを検出可能である。

2.4.2 **アンサンブルスプレッドが示す予測の不確実性**

・再生可能エネルギー予測分野のアンサンブル予測の利用は限定的である。

・アンサンブル予測による予測大外し事例の事前把握が重要である。

2.4.3 **使用データと解析対象地域**

・関東平野の日平均日射量の予測を対象とする。

・四つのNWPセンター（欧・日・米・英）の1日～6日先予測まで利用する。

2.4.4 **全球アンサンブル予測と予測大外し事前検出指標**

・大外し事前検出指標は、規格化した全球アンサンブルスプレッドとする。

2.4.5 **予測大外しと予測誤差**

・MSM予測誤差と大外し事前検出指標は高相関である。

2.4.6 **予測大外し事前検出指標と予測誤差**

・大外し事前検出指標は、特に冬季でMSM予測誤差と高相関である。

2.4.7 **予測大外し検出力評価**

・検出力は上位5%の大外しで最も高い検出力である。

・マルチセンターグランドアンサンブルが唯一6日前に大外しを有意な検出力を持つ。

2.4.1 予見性能評価の要約

この指標は、個々の予測機関のアンサンブル予測が、予測の信頼度情報を含むことを利用したものである。1日～6日先のアンサンブル予測を利用し、最大6日前から翌日の日射量予測が大きく外れる事態を事前に検出できるかどうかについて評価した。

大外し検出指標は、特に冬季に予測誤差と高い相関係数を示した。今回考案した大外し検出指標による検出力を ROC カーブ（Receiver Operatorating Characteristic curve）を用いて評価した。

検出する対象は、MSM の 1 日先の日射量予測で、3 年間（2014 年～2016 年）の予測誤差の上位 10、5、1%（それぞれ誤差が大きい方から 109、54、10 日間）の日を対象とした。誤検出率 0.71（71%の確率で誤検出することを許した場合）の場合、上位 5%の大外し検出指標の的中率は、12 カ月では 90%であり、冬季 5 カ月間では 96%であった。この検出指標を、1 日～6 日先予測について評価したところ、個々の予測機関のアンサンブル予測情報だけから大外しを検出した場合よりも、今回考案した指標のように複数の予測機関を利用した場合の方が、より早い時期（最大 6 日前）でも予測が大きく外れる事態を精度よく検出できることがわかった。文献[18)]に詳細な説明があるので、個々の NWP センターの違いについてはこの文献を参照されたい。ここでは、四つの NWP センターを重み付き平均したマルチセンターグランドアンサンブルと単一の NWP センターによる予測の違いについてのみ議論する。

2.4.2 アンサンブルスプレッドが示す予測の不確実性

現在、PV 発電の出力予測に利用されている気象予報モデル（数値予報モデル）を用いた日射量予測は、領域予測と呼ばれる水平解像度が高解像度化された予測である。これは地球全体を（40-120 格子程度）で予測する全球モデルを初期値や境界値として利用している。領域予測の手順は大まかには、以下の通りである。(i) 全球モデルによる予測値から地上や衛星観測データを同化し、補正された解析値を作成する。(ii) この解析値を初期値とし、全球モデルの予測値を側面境界条件として特定の領域における高解像度予測を実施する。すなわち、領域予測の側面境界条件は、全球モデルの予測値であるので、全球モデルの持つ予測精度に大きく依存する。多くの先行研究で、数値予報モデルの予測値を入力値とする多くの物理・統計手法を用いた日射量・発電量予測モデルは一つの NWP センターの決定論的予測を利用しており、同じような誤差が生じることが多い[22)]。

これらのことから、気象モデルによる予測値の不確実性の低減や、確率予測としての利用のために、全球アンサンブル予測技術の開発が進められている[23)]。アンサンブル予測の利点の一つとして、アンサンブル予測の標準偏差であるアンサンブルスプレッド（EnsS）による予測可能性の評価がある。予測の不確実性を低減するために、アンサンブル予測が利用されているが、アンサンブル予測の利用は再生可能エネルギー分野では検討が始まったばかりである。

そこで、ここでは、四つの主要なNWPセンターの全球アンサンブル予測から求めたEnsSを指標とした、電力システムの運用上問題となり得るMSMの日射量予測の大外しの事前検出指標を提案する。ここで、前日12時におけるMSMによる東京電力エリアの平均日射量予測値の大外しを事前検出可能かについて評価した。大外しの事前検出指標には、毎日9時に配信されるアンサンブル予測を1日ごとに6日先までの予測値を利用して、何日前からMSMの前日予測の大外しを検出可能かについて評価した。

2.4.3 使用データと解析対象地域

ここで使用した日射量予測データ、精度検証用の地上観測データについて、以下にまとめる。予測値データは二つのデータセットを使用する。一つ目は、気象庁による日本域MSMであり、3時間ごとに39時間先まで予測を行っている。MSMの計算領域は日本を含む北緯20–50°、東経100–160°である（図**2.17**（a）参照）。空間解像度は5 kmであり、決定論的予測のみが実施されている。その中で、前日の12時（日本時間）における前日予測（24時間先予測値）を利用する。MSMの評価範囲は関東平野の陸面に位置する全格子平均である（図**2.17**（b）参照）。二つ目は、海外のNWPセンターにおける全球アンサンブル予測と決定論的予測である。海外のNWPセンターのアンサンブル予測データはTIGGE（The THORPEX Interactive Grand Global Ensemble）プロジェクト[23)]によってアーカイブされている。ここで使用するNWPセンターとその水平解像度、アンサンブルサイズ（メンバー数）を表**2.2**にまとめた。

アンサンブルサイズは、一つの決定論的予測と解析値に異なる摂動を与えた個々のアンサ

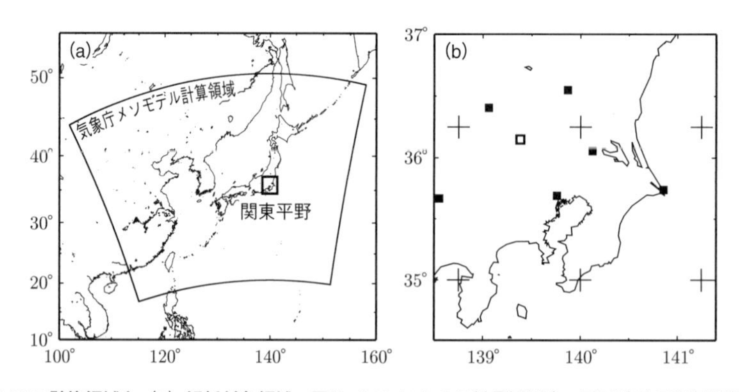

図 2.17 （a）MSM計算領域と（b）解析対象領域：■はJMAによる日射量観測点、□は臨時日射量観測地点である熊谷地方気象台、＋はTIGGEの格子の中心座標。参考：文献[18)]。

表 2.2　全球アンサンブル予測の水平解像度とアンサンブルサイズ：使用した四つの NWP センターの予測値の比較。水平解像度〔度〕は赤道域において 1 度で約 110 km である。また、中緯度（日本域を含む）の 1 度は約 100 km である。

	ECMWF	JMA	NCEP	UKMO
解像度〔km〕	40	140	110	35 × 50
解像度〔度〕	0.3° × 0.3°	1.25° × 1.25°	1.0° × 1.0°	0.3° × 0.45°
アンサンブルサイズ	51	27	21	12(24)

ンブル予測の数の合計である。NWP センターは日射量を公開している ECMWF、JMA、NCEP、UKMO の主要な四つの NWP センターの予測値を使用した。また、NWP センターによって予測時間・初期時刻・アンサンブルメンバー数が異なる。そこで、各機関が公開しているすべてのアンサンブルメンバーを使用した。ただし、それぞれの NWP センターにおいてモデルの水平解像度が異なるので、最も粗い気象庁の 1.25°（中緯度で約 125 km）に統一した。TIGGE では日射量予測値は 6 時間ごとの積算日射量でアーカイブされている。1 日〜6 日（24 時間〜144 時間）先予測を対象とし、24 時間ごとの日平均日射量について各予測値の比較を行う。すなわち、1 日先予測は 0 時間〜24 時間先、6 日先予測は 120 時間〜144 時間先の予測平均日射量である。

予測値の検証として使用する観測値は、地上観測 7 点を使用する（図 **2.17**（b）参照）。この日射量観測値は気象庁による地上観測データ 6 地点と熊谷地方気象台の臨時観測地点 1 点を含む計 7 点の平均値を東京電力エリアの平均日射量とする。

2.4.4　全球アンサンブル予測と予測大外し事前検出指標

ここでは、予測の大外しの事前検出指標について述べる。その前に、予測誤差（F_c）を、

$$F_c = \frac{G_{fcst} - G_{obs}}{ext}$$

で定義しておく。ここで、G_{fcst} は JMA-MSM の予測日射量、G_{obs} は 7 地点の日射量地上観測値である。また、ext は大気外日射量である。日射量は夏至で最大、冬至に最小の値を取るため、予測誤差にも季節性が生じる。そこで、大気外日射量で規格化することで、予測誤差における太陽高度の季節変化による影響を除外した。

次に、予測の大外し事前検出指標 LNES（the lognormal ensemble spread）について述べる。LNES はアンサンブル予測の EnsS を対数により規格化した指標である。2.1.4 項（アンサンブル予測）で述べた通り、EnsS は予測の不確実性を示すので、EnsS が高い、すなわち、予測の不確実性が大きいことは、予測を大外しする可能性が高いことを意味する。なお、四つ

の NWP センターの予測値を利用し、各 NWP センターの EnsS の平均値を取った。NWP センターごとに初期値に与える摂動の大きさは異なるため、EnsS の平均的な大きさも異なる。

また、日射量の大きさも季節変化するので、EnsS も季節性を持つ。そこで、NWP センターごとに EnsS の月平均値（NES）で規格化し、季節性と各 NWP センターのバイアスを除外する。ここでは、各 NWP センターを併用したものをマルチセンターグランドアンサンブルとし、マルチセンターグランドアンサンブルスプレッド $\mathrm{EnsS_g}$ を、

$$\mathrm{EnsS_g} = \frac{1}{N}\sum_{k=1}^{N}\frac{\mathrm{NES}_k}{\overline{\mathrm{NES}}_{m,k}}, \quad N = 4$$

と定義し、NES_k を、

$$\mathrm{NES}_k = \frac{\mathrm{EnsS}_k}{\overline{\mathrm{EnsS}}_{m,k}}$$

とする。ここで、N は使用した NWP センターの総数であり、k は個々の NWP センターの番号を示す。m は月を示す。$\overline{\mathrm{EnsS}}_{m,k}$ は NWP センターごとの月平均 EnsS であり、EnsS_k は NWP センターごとの日ごとの EnsS である。そのため、$\overline{\mathrm{NES}}_{m,k}$ は各月、各 NWP センターで規格化した EnsS を示す。

アンサンブルスプレッドは対数分布に従い、誤差は正規分布に従うと指摘されており[24)]、$\mathrm{EnsS_g}$ を対数化することで予測の大外しの予見指標とした。ここでは、四つの NWP センターを重み付き平均したマルチセンターグランドアンサンブルを MCGE（multi-center grand ensemble）と呼び、この予測の大外し事前検出指標を $\mathrm{LNES_g}$（lognormal grand ensemble spread）とする。また個々の NWP センター単独で評価した指標は LNES とする。

ここで、初期解析として対数化によって検出力が増加したため、本研究では対数化した LNES および $\mathrm{LNES_g}$ を予測の大外し事前検出指標とした。

2.4.5 予測大外しと予測誤差

次に、2015 年 10 月の 1 カ月における実際の予測誤差の絶対値（$|F_\mathrm{c}|$）と大外し事前検出指標（$\mathrm{LNES_g}$）を比較した（図 **2.18**（a）参照）。事前検出指標は 1、3、5 日前のアンサンブル予測より評価したものを示す（図 **2.18**（b）、（c）、（d）参照）。ここで、F_c に対して絶対値を使用したのは、過大評価・過小評価の関係なく、誤差の大きさとアンサンブル予測のばらつきの関係を評価するためである。$|F_\mathrm{c}|$ と事前検出指標（ピークのタイミング）はよく

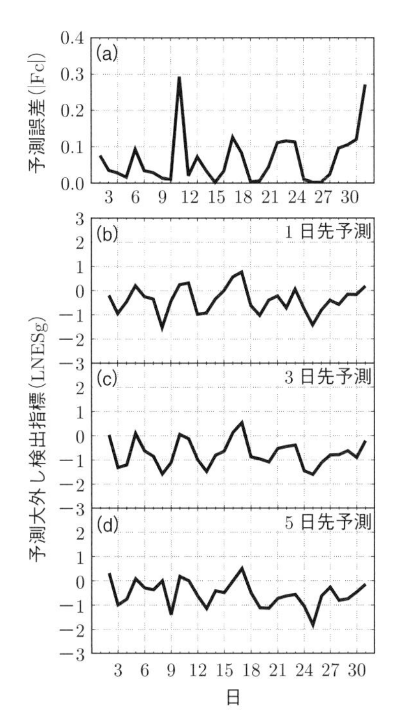

図 2.18　2015 年 10 月における（a）予測誤差の絶対値（$|\boldsymbol{F}_\mathrm{c}|$）と（b）、（c）、（d）1、3、5 日前のアンサンブル予測から評価した予測大外し事前検出指標：予測誤差は気象庁 MSM の関東平野の日平均日射量誤差の絶対値、予測大外し事前検出指標は MCGE のみ表示。$|\boldsymbol{F}_\mathrm{c}|$ と事前検出指標（ピークのタイミング）はよく一致している。参考：文献[18]。

一致しており、1、3、5 日前の $\mathrm{LNES_g}$ と $|F_\mathrm{c}|$ との相関係数はそれぞれ、0.68、0.63、0.45 である。10 月 10 日は 2015 年の最大の大外し事例である。ただし、$\mathrm{LNES_g}$ の値の大きさと $|F_\mathrm{c}|$ の大きさとは直接関係しない。

2.4.6 予測大外し事前検出指標と予測誤差

図 2.19 に、月ごとの $|F_\mathrm{c}|$ と LNES、$\mathrm{LNES_g}$ の相関係数を示す。どの予測時間でも冬季で相関が高く、夏季で低い傾向にある。5 月はほかの夏季の月と比較して相関係数は高い。95%の有意水準で抽出された月は MCGE において 10 月であった。ただし、これはデータに長期における欠損があるので、単独で評価した LNES は欠測が多い月は相関が低くなる。ただし、データがある期間を最大限利用することで、MCGE による $\mathrm{LNES_g}$ の相関係数の改善につながる。そこで、ここではデータ欠損日を除いて評価している。MCGE における 1 日～6 日先予測を利用した年間の $\mathrm{LNES_g}$ と $|F_\mathrm{c}|$ の相関係数を評価すると、予測時間が長くなるにつれて、0.40、0.39、0.38、0.35、0.32 と減少する。

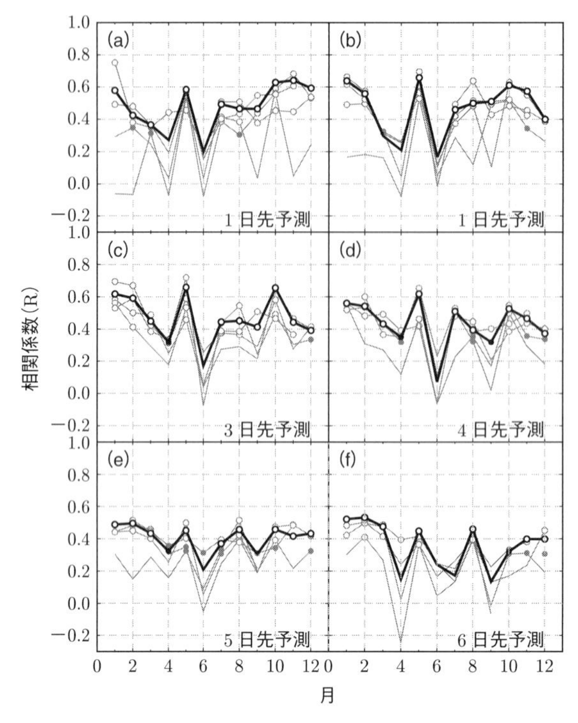

図 2.19 各月における予測誤差（$|F_c|$）と大外し事前検出指標（LNES、$LNES_g$）の相関係数：1 日〜6 日先のアンサンブル予測より評価した検出指標（a)〜(f）を示す。四つの灰色実線は単独の NWP センターにより評価した LNES、黒太線は MCGE による $LNES_g$ を示す。○は 95%、●は 90%で有意な相関がある月である。参考：文献[18]。

2.4.7 予測大外し検出力評価

解析対象期間の過去 3 年間における検出力を ROC カーブを用いて評価した（図 **2.20** 参照)。大外しの閾値を過去 3 年間における上位 10%（図 **2.20**（a)、(d))、5%（図 **2.20**（b)、(e))、1%（図 **2.20**（c)、(f)）でそれぞれで評価した。その結果、12 カ月すべて（図 **2.20** 上段）と冬季 5 カ月（図 **2.20** 下段）のすべてで各線は対角線よりも左に位置しており、ランダム予測より高い検出力があることを意味している。より ROC スコア（ROC カーブの下部の面積であり、Area Under Curve (AUC) とも表現される）の高い条件は、10% < 5% < 1%であった。

これらの結果から、LNES、$LNES_g$ は、より極端な予測誤差事例に高い検出力を持つことがわかった。上位 5%の大外しについて誤検出力を 0.71 とした場合、12 カ月すべてで検出力を評価した場合の的中率は 90%であり（図 **2.20**（b))、5 カ月で評価すると的中率は 96%となる（図 **2.20**（e))。また、12 カ月より 5 カ月のみで評価した方が ROC スコアが高い。

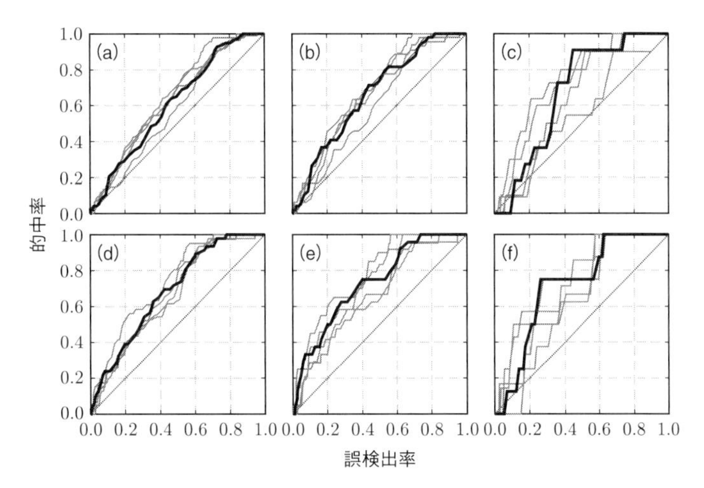

図 2.20　ROC カーブを用いた 3 年間における 1 日先のアンサンブル予測より評価した日射量予測大外し事前検出指標の検出力：上段（a）、（b）、（c）は 12 カ月すべての月を対象とした場合、下段（d）、（e）、（f）は相関係数の高い冬季 5 カ月における ROC カーブを示す。予測大外しを対象期間（3 年間）において（a）、（d）上位 10%、（b）、（e）5%、（c）、（f）1%と定義した場合の ROC カーブを示す。各線は図 2.19 と同様である。参考：文献[18]。

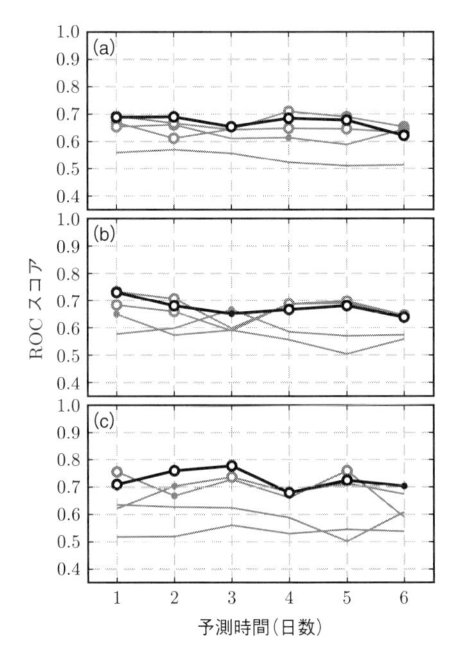

図 2.21　予測時間ごとの ROC スコア：予測大外しの閾値はそれぞれ（a）10%、（b）5%、（c）1%ごとに評価した。各線の色、○、●は図 2.19 と同様である。参考：文献[18]。

次に、予測時間による ROC スコアの変化を評価した。その結果、MCGE の ROC スコアが高いことがわかる。最も高い ROC スコアは上位 1%における MCGE の 3 日先予測より評価した $\mathrm{LNES_g}$ であった。これは、EnsS が十分にばらつく（摂動が成長する）には数日必要であることを示している。

以上から、日射量予測の大外しの事前検出は、より上位の大外しほど検出力が高いことがわかった。また、単一のNWPセンターにより求めた大外し検出指標（LNES）より、四つを併用すること（$\mathrm{LNES_g}$）で6日先予測まで有意な検出力が得られた。

2.5 超短時間時系列予測

数分から数時間の超短時間のPV発電出力の予測には、時系列予測が重要である。埋め込み定理を用いた状態空間の再構成理論を用いて、背後のダイナミクスを近似し、時系列データを用いた時系列予測についてまとめた。

本節の構成とポイントは以下の通りである。

2.5.1 超短時間時系列予測の導入

・数分から数時間の超短時間のPV発電出力の予測では、時系列予測が有力であると考えられる。

2.5.2 遅れ座標

・時系列予測の基礎理論は、力学系理論の遅れ座標である。

2.5.3 無限次元の遅れ座標

・無限次元の遅れ座標は、従来の遅れ座標に比べて、計算が高速化できるとともに、高次元のダイナミクスに対しても対応できる。

2.5.4 超短時間時系列予測間の比較

・無限次元の遅れ座標を使うと、従来の時系列予測の方法では難しかった午前中の日射量の時系列をより精度よく予測できる。

2.5.1 超短時間時系列予測の導入

数分から数時間の超短時間のPV発電出力の予測には、時系列予測が有力であると考えられている。(i) 気象の数理モデルが捉えているダイナミクスはより大局的なものであること、(ii) 気象の数理モデルを用いて短時間の気象の変化を捉えられるほど、局所的な気象の観測網が整っていないこと、などが原因であると考えられる。

このような短時間のPV発電出力の予測を行う際には、背後に高次元のダイナミクスがあり、そこから予測したい物理量が、高々1次元観測できると考える。このように考えると、力学系理論の文脈で発展してきた埋め込み定理を用いた状態空間の再構成理論[25),26)]を利用し、背後のダイナミクスを近似することで、時系列予測を構成することができる。また、この近似を重心座標の方法[27),28)]を使って、精巧に組み立てることで、予測が大きく外れそうなときには、その理由を考察することができる[29)]。この理論的結果を実データに応用し、日射量の急激な変動の可能性を確率的に予測できることを示した[29)]。

一方、高次元のダイナミクスを、素直に低次元の観測から遅れ座標を使って再構成しようとすると、再構成した状態空間がゆがむ。また、過去の値の将来の値への影響を与える時間の範囲を陽に与える必要に迫られる。加えて、何より計算量がとても多くなる。これらの問題を同時に解決する方法として、無限次元の遅れ座標という、遅れ座標の新たな拡張方法を考案した[30),31)]。この手法を用いると、日射量の短時間先の時系列予測、特に、午前中の日射量予測という大変難しい問題において、予測精度の向上に大きな貢献ができることを示した[32)]。

これらの成果の詳細を、以下で順次紹介していく。

2.5.2 遅れ座標

遅れ座標についてもう少し、数理的に詳細を記述する。設定を数理的に定義する。

観測している対象の背後に、m 次元の多様体 X 上の力学系 $\boldsymbol{\phi}: X \to X$ があるとする。時刻 k と時刻 $k+1$ の量 $\boldsymbol{x}_k$ と $\boldsymbol{x}_{k+1}$ は、それぞれ、

$$\boldsymbol{x}_{k+1} = \boldsymbol{\phi}(\boldsymbol{x}_k)$$

という関係性にあることになる。しかし、実際には、状態 $\boldsymbol{x}_k$ を直接的に観察することはできない。実際に観察できるのは、観測関数 $g: X \to \mathbf{R}$ を通して得られる $s_k = g(\boldsymbol{x}_k)$ という量である。

ここで問題となるのは、限られた1次元の観測量 s_k から背後の力学系の状態 $\boldsymbol{x}_k$ を再構成し、背後の力学系 $\boldsymbol{\phi}$ が推定できるかどうかということである。

この問題に対しては、肯定的な答えが40年ほど前に与えられている。遅れ座標という方法である[25)]。時間とともに観測できる $\{s_\tau | \tau = k, k+1, \ldots, k+d-1\}$ を並べてベクトル

$$\boldsymbol{G}(\boldsymbol{x}_k) = (s_k, s_{k+1}, \ldots, s_{k+d-1})$$

を構成する。ここで、$\boldsymbol{G}(\boldsymbol{x}_k)$ は、遅れ座標（delay coordinates）と呼ばれている。また、d は、埋め込み次元と呼ばれる量であり、このベクトルの次元に当たる。

もし、$d > 2m$ であれば、状態 $\boldsymbol{x}_k$ を与えたときに遅れ座標 $\boldsymbol{G}(\boldsymbol{x}_k)$ を返す関数 $\boldsymbol{G}$ は、1対1になる[25)]。この1対1になるというのが重要な性質である。$\boldsymbol{G}$ が X 上で1対1のとき、遅れ座標を与える $\boldsymbol{G}$ という関数に逆関数 $\boldsymbol{G}^{-1}$ が存在する。ダイアグラムで示すと図**2.22**のようになる。

$$
\begin{array}{ccc}
x_k & \overset{\boldsymbol{\phi}}{\rightarrow} & x_{k+1} \\
\downarrow G & & \downarrow G \\
G(x_k) & \overset{\tilde{\boldsymbol{\phi}}}{\rightarrow} & G(x_{k+1}).
\end{array}
$$

図 2.22 遅れ座標と力学系の関係を示すダイアグラム： 遅れ座標の次元が十分に大きく $\boldsymbol{G}$ が 1 対 1 の写像であるとき、$\boldsymbol{G}^{-1}$ が存在する。そうすると、$\tilde{\boldsymbol{\phi}} = \boldsymbol{G} \circ \boldsymbol{\phi} \circ \boldsymbol{G}^{-1}$ という合成関数を構築することができる。$\tilde{\boldsymbol{\phi}}$ は、遅れ座標 $\boldsymbol{G}(\boldsymbol{x}_k)$ から遅れ座標 $\boldsymbol{G}(\boldsymbol{x}_{k+1})$ を与える写像になっている。また、$\tilde{\boldsymbol{\phi}}$ は、$\boldsymbol{\phi}$ と等価な関数である。よって、もとの状態 $\{\boldsymbol{x}_k\}$ が観測できなくても、観測できる量 $\{\boldsymbol{s}_k\}$ からもとの力学系 $\boldsymbol{\phi}$ と等価な $\tilde{\boldsymbol{\phi}}$ が構築できる。この $\tilde{\boldsymbol{\phi}}$ を用いることで、観測できる量だけを使った時系列予測が可能になる。

よって、$\boldsymbol{G}(\boldsymbol{x}_k)$ からスタートし、$\boldsymbol{G}^{-1}$、$\boldsymbol{\phi}$、$\boldsymbol{G}$ の順に関数を当てはめて行けば、$\boldsymbol{G}(\boldsymbol{x}_k)$ を $\boldsymbol{G}(\boldsymbol{x}_{k+1})$ へと写像する $\tilde{\boldsymbol{\phi}} = \boldsymbol{G} \circ \boldsymbol{\phi} \circ \boldsymbol{G}^{-1}$ という合成関数が構成できる。この関数は、もともとの力学系 $\boldsymbol{\phi}$ と等価な関数であることから、$\boldsymbol{\phi}$ が直接的にわからなかったとしても、$\tilde{\boldsymbol{\phi}}$ を調べることで、背後の力学系 $\boldsymbol{\phi}$ を調べることができる。また、$\boldsymbol{\phi}$ と $\tilde{\boldsymbol{\phi}}$ は等価であることから、$\tilde{\boldsymbol{\phi}}$ の関数を近似することによって、遅れ座標を使って将来の観測値 s_{k+p} $(p > 0)$ を予測することが可能になる。

関数近似の最も簡単な方法は、区分定数近似である。この手法は、三つのステップにより構成される。

1. 遅れ座標 $\bar{\boldsymbol{G}}(\boldsymbol{x}_k) = (s_k, s_{k-1}, \ldots, s_{k-d+1})$ を使って状態空間を再構成する。

2. 過去の遅れ座標 $\{\bar{\boldsymbol{G}}(\boldsymbol{x}_\tau) | \tau = d, d+1, \ldots, k-p\}$ と比較し、$\bar{\boldsymbol{G}}(\boldsymbol{x}_k)$ と距離が最も近いものから $\mathbf{K}$ 個探してくる。そうして、選ばれた近傍点の時刻 τ に対応する時刻の集合を K_k とする。

3. 近傍点の p ステップ先の点の平均を取り、予測 $\hat{\boldsymbol{x}}_{k\,|\,p}$ を構成する。

$$
\frac{1}{\mathbf{K}} \sum_{\tau \in K_k} s_{\tau+p}
$$

このような単純な時系列予測でも、予測ステップ p が小さければ、よい時系列予測が構成できる。

より精緻な近似方法を用いると、時系列予測の予測精度をさらに改善することができる。例えば、最も一般的に用いられているのは、動径基底関数[33),34)]である。ここでは、重心座標[27),28)]と呼ばれる異なるアプローチを紹介する。

もともと、重心座標では、状態空間を小さな三角形に分割する（三角分割）[27)]（図 **2.23** 参照）。そして、現在着目している点 $\boldsymbol{v}$ が含まれる三角形の頂点 $\{\boldsymbol{v}_i | i = 1, 2, 3\}$ を利用して、

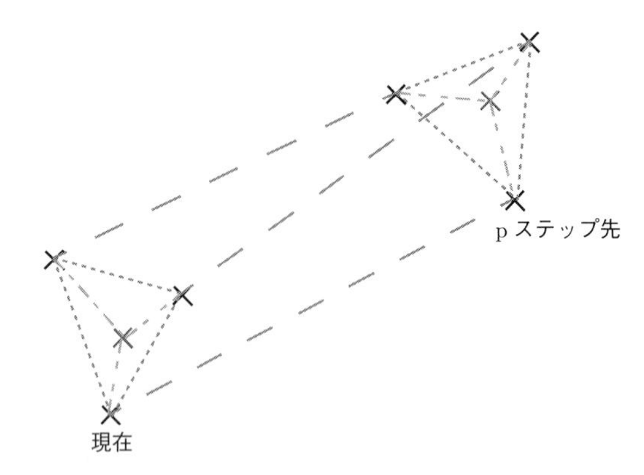

図 2.23　**重心座標の概念図**：現在の点を、その近傍点の重ね合わせとして近似する。そのとき、それぞれの近傍点に対する重み付けが決まる。$\boldsymbol{p}$ ステップ先の予測をするときには、近傍点で近似するときに求めた重み付けを使って、近傍点が $\boldsymbol{p}$ ステップ先に行く点の重み付き平均を取る。文献[28]より。

着目している点 $\boldsymbol{v}$ の座標を三角形の頂点の重ね合わせとして $\{\lambda_i|i=1,2,3\}$ を使って次のように表現する。

$$\boldsymbol{v}=\sum_{i=1}^{3}\lambda_i\boldsymbol{v}_i$$

このとき、$\{\lambda_i\}$ には、次のような制約条件が入る。

$$\sum_{i=1}^{3}\lambda_i=1,\quad 0\leq\lambda_i\leq 1\quad (i=1,2,3)$$

p ステップ先を予測したいときには、各 $\boldsymbol{v}_i$ が p ステップ先に行った点 $\tilde{\boldsymbol{\phi}}^p(\boldsymbol{v}_i)$ を用いて、

$$\hat{\boldsymbol{\phi}}^p(\boldsymbol{v})\approx\sum_{i=1}^{3}\lambda_i\tilde{\boldsymbol{\phi}}^p(\boldsymbol{v}_i)$$

のようにして予測する。もともとの重心座標は、三角分割という幾何学的な手法を用いていたため、高々 3 次元ぐらいの遅れ座標にしか用いることができないという問題点があった。

そこで、三角分割の代わりに線形計画[35]を用いて、重心座標を構成する手法を提案した。この手法では、近傍点 $\{\boldsymbol{v}_i|i=1,2,\ldots,\mathbf{K}\}$ の重ね合わせを使って、現在着目している点を表現するときに、ϵ の誤差を許すこととする。すなわち、

$$-\epsilon\leq v_l-\sum_{i=1}^{\mathbf{K}}\lambda_i v_{il}\leq\epsilon$$

である。$\{\lambda_i\}$ に関しては、先ほどと同様な次の式で示される制約条件を入れる。

$$\sum_{i=1}^{\mathbf{K}} \lambda_i = 1, \quad 0 \le \lambda_i \le 1 \quad (i \in \{1, 2, \ldots, \mathbf{K}\})$$

そして、ϵ に関する最小化問題を解く。すなわち、

$$\begin{aligned} &\min_{\epsilon} \quad \epsilon \\ &\text{s.t.} \quad -\epsilon \le v_l - \sum_{i=1}^{\mathbf{K}} \lambda_i v_{il} \le \epsilon \\ &\qquad \sum_{i=1}^{\mathbf{K}} \lambda_i = 1, \quad 0 \le \lambda_i \le 1 \end{aligned}$$

となる。この問題は、線形計画の形をしているので、さまざまなソルバーを用いて高速に解くことができる。

予測をするときは、三角分割を使うときと同様に、

$$\hat{\boldsymbol{\phi}}^p(\boldsymbol{v}) \approx \sum_{i=1}^{\mathbf{K}} \lambda_i \tilde{\boldsymbol{\phi}}^p(\boldsymbol{v}_i) \tag{2}$$

として p ステップ先の点を予測する。

このような方法を用いて、1 ステップ先予測をし、予測した値をさらに再帰的に用いることで、複数ステップ先予測を構成すると、低次元カオスの数理モデルから生成した時系列データの時系列予測が、わずか 300 点という時間点のデータを使って、図 **2.24** のように構成できる。

さらに、$\tilde{\boldsymbol{\phi}}^p$ の代わりに、p ステップ先の値の周りで、不確実さが正規分布に従って拡がっていると仮定すると、日射量の時系列予測が図 **2.25** のように構成できる。特に、この例では、4 日目に、実際の日射量があまり出ていない日があったが、求めた 95%信頼区間は、この日大きな幅を取り、実際の値を含むようになった。

図 **2.25** の例は、日射量の時系列予測において、重心座標が非常に強力であることを示すよい例である。重心座標の近似の公式[29]に着目すると、次の式で示されるように、時系列予測が大きく外れる場合は、五つの原因が考えられる。

$$\tilde{\boldsymbol{\phi}}^p(\boldsymbol{v}) \approx \hat{\boldsymbol{\phi}}^p(\boldsymbol{v}) + \frac{\partial \tilde{\boldsymbol{\phi}}^p}{\partial \boldsymbol{v}}(\boldsymbol{v})(\boldsymbol{v} - \sum_{i=1}^{\mathbf{K}} \lambda_i \boldsymbol{v}_i) + O(|\boldsymbol{v} - \boldsymbol{v}_i|^2) + \eta$$

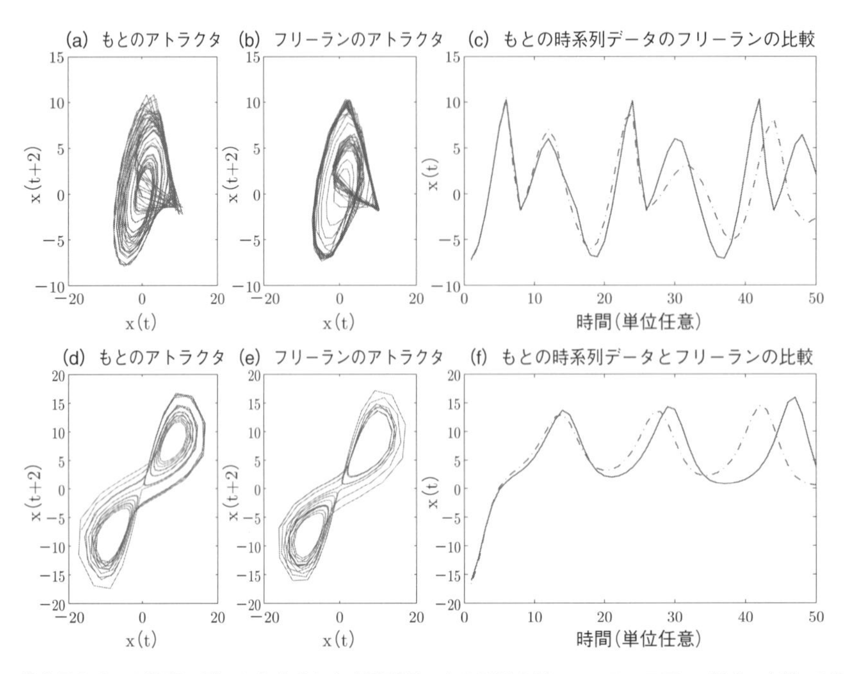

図 2.24 低次元カオスの数理モデルから生成した時系列データの予測の例： レスラーモデル（(a)〜(c)）の場合でも、ローレンツモデル（(d)〜(f)）の場合でも、もとのアトラクタ（(a)、(d)）と、時系列データから構成したフリーランのアトラクタ（(b)、(e)）はよく似た形をしている。実際に、どちらのフリーランでも、20 点目ぐらいまで、実際のデータとよく合うような複数ステップ先予測が構成できている（(c)、(f)）。文献[28]より。

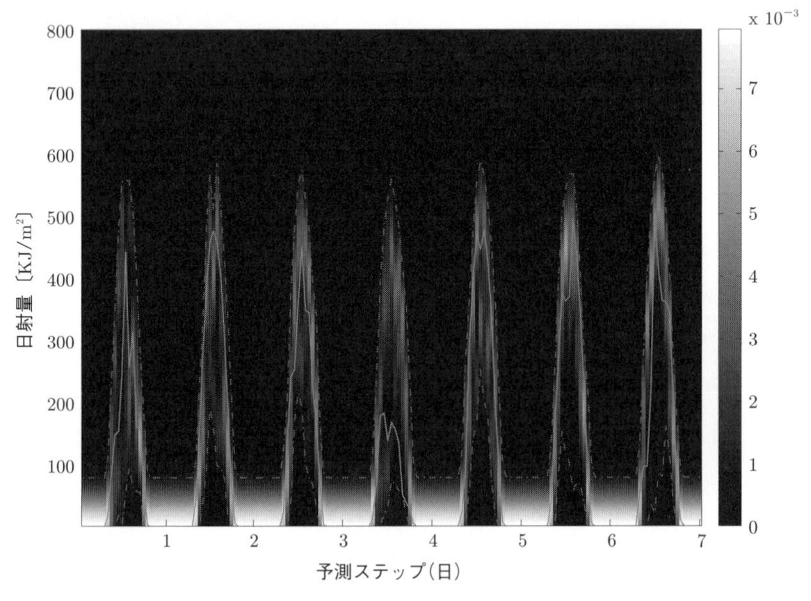

図 2.25 父島での日射量の時系列予測の例： 実践は、実際の値、一点鎖線は、95%の信頼区間を示す。グレースケールは、予測分布の密度を表す。文献[28]より。

この式は、式 (2) をテーラー展開し、いくつか項を移項して整えて、ダイナミカルノイズを考慮することで求めることができる。この式の右辺には、五つの要素がある。$\hat{\boldsymbol{\phi}}^p(\boldsymbol{v})$ は、ダイナミクスに定性的な変化が起こる場合に大きく変動する。$\frac{\partial \tilde{\boldsymbol{\phi}}^p}{\partial \boldsymbol{v}}(\boldsymbol{v})$ が大きいときには、初期値鋭敏性が高いと考えられる。$(\boldsymbol{v}-\sum_{i=1}^{\mathbf{K}} \lambda_i \boldsymbol{v}_i)$ が大きいときには、現在の点が、近傍点によってよく近似できていないと考えられる。$O(|\boldsymbol{v}-\boldsymbol{v}_i|^2)$ が大きいときには、現在着目している点と近傍点の間の距離が大きく、近似精度が悪いと考えられる。η は、ダイナミカルノイズの効果を表している。

それぞれの要素は、その性質の効果の大きさを定量的に評価することができる[29)]。よって、その定量化した各要素の強さと、その後に起こった観測変数の大きな変化の有無を関連付けて機械学習の一手法であるランダムフォレストで学習させることで、うまく予測ができないために起こり得る観測変数に大きな変化の出現する可能性を予測させることができると考えられる。

上記の手法を用いて、稚内の日射量の急激な変化を予測した（図 **2.26** 参照）。その結果、日射量の急激な上昇、または、下降が、全体のうち、3 割程度、確率の差にして 8 倍から 10 倍程度の差があるような確率予測が可能であろうという結果を得た[29)]。

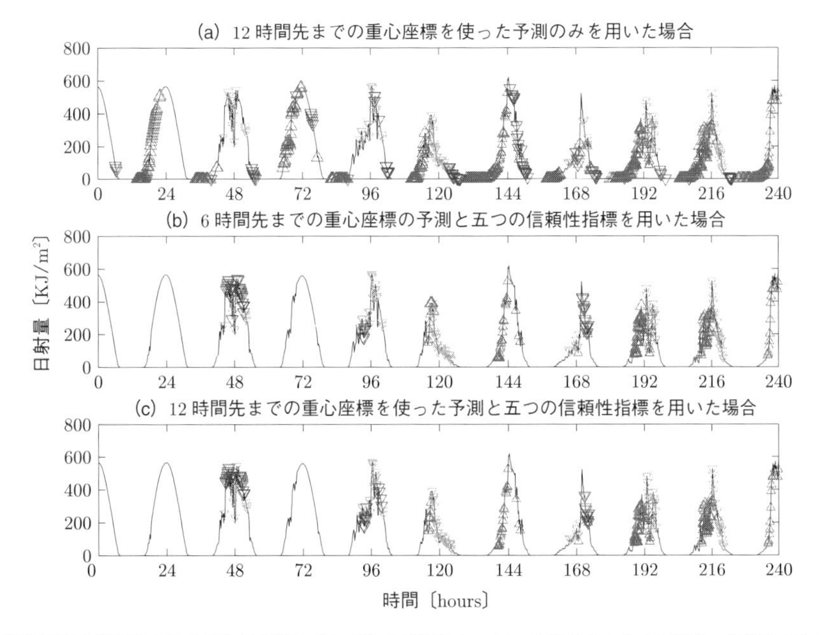

図 2.26　稚内での日射量の急激な変化の予測：それぞれの予測において、上向きの小さな三角は、実際のランプアップ、下向きの小さい三角は、実際のランプダウン、上向きの大きな三角は、予測したランプアップ、下向きの大きな三角は、予測したランプダウンを示す。また、実際の日射量の変化は、実線で示した。文献[29)]より。

2.5.3 無限次元の遅れ座標

ここまで議論してきた方法でも、日射量の急激な変化の一側面を捉えることができていると考えられる。しかし、重要な性質をうまく取り込んでいない。その性質は、気象という現象が、とても高次元の現象であるという性質である。いままでの数理的な議論を踏まえると、力学系の入っている空間の次元 m が非常に大きいという性質である。遅れ座標でこのような性質に対応するためには、遅れ座標の次元、すなわち、埋め込み次元 d を非常に大きく取らなければならない。そのように d を決めるとき、応用上、好ましくない性質が色々と出てくる。一つは、遅れ座標が高次元になると、空間がゆがむという性質である。別の性質としては、埋め込み次元の大きさまでの時間スケールの情報しか考慮できないという杓子定規的な側面がある。加えて、計算に時間がかかるという性質もある。

これらの問題を同時に克服する方法として考えたのが、無限次元の遅れ座標である。無限次元の遅れ座標 $\bar{\boldsymbol{H}}(\boldsymbol{x}_k)$ では、$0 < \zeta < 1$ となる減衰定数 ζ を用いて、時刻 k の状態 $\boldsymbol{x}_k$ と次の無限次元のベクトルを対応させる。

$$\bar{\boldsymbol{H}}(\boldsymbol{x}_k) = \left(s_k, \zeta s_{k-1}, \zeta^2 s_{k-2}, \ldots\right)$$

この ζ は、リアプノフ指数と関係する量になっている[30),31)]。よって、高次元の力学系に対して適用しても、座標空間がゆがむことを抑えられる。また、時刻 k 以下の任意の時刻の組 k_1, k_2 の間で、L_1 距離

$$d(k_1, k_2) = \sum_{l=0}^{\infty} \zeta^l |s_{k_1-l} - s_{k_2-l}|$$

が計算できていたとする。すると、その次の時刻の組に対応する距離 $d(k_1+1, k_2+1)$ は、定義式を展開すると、

$$d(k_1+1, k_2+1) = |s_{k_1+1} - s_{k_2+1}| + \zeta d(k_1, k_2)$$

の関係を満たすことがわかる。すなわち、前の時刻での距離を ζ で割引、直近の値の差の絶対値を足し込むことで、過去の距離計算を再利用して、次の時刻の組の距離を高速に求めることができる。加えて、過去の値の情報は、各時刻で ζ の割合で忘れ去られていくが、その効果は、指数関数的に減衰するものであり、ある時刻が来ると、すべて忘れ去られるという類の情報表現にはなっていない。

時系列予測をするときには、まずは、適当な値を $d(0,\tau)$ に代入して、距離計算を初期化する。そして、各時刻では、$\{d(\tau,k)|\tau=k-N,k-N+1,\ldots,k-p\}$ の値を更新して保持しておき、$\{s_\tau|\tau=k-N+1,k-N+2,\ldots,k-1\}$ の列を使って、距離が小さい方から $\mathbf{K}$ 個の時間点を探してきて、区分定数予測の要領で p ステップ先の時系列予測を構成する。

このようにして、気象のおもちゃモデルであるローレンツ 96I モデルや、ローレンツ 96II モデルの時系列データを予測させた例を示したのが、図 **2.27** である。従来の遅れ座標を使った場合に比べ、無限次元の遅れ座標を用いた場合の方が、より高い精度で時系列予測ができている。

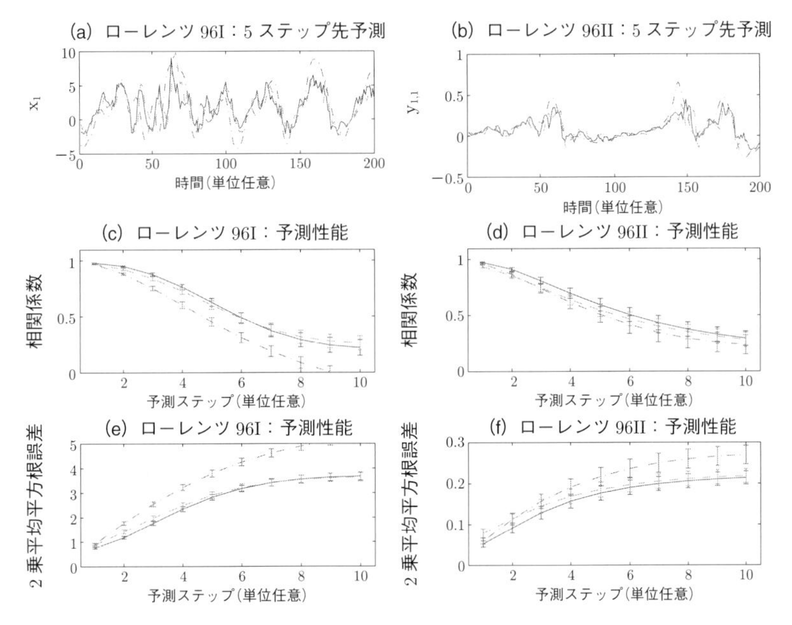

図 2.27　気象のおもちゃモデルであるローレンツ 96I モデル、ローレンツ 96II モデルから生成した時系列データを用いたの時系列予測の例： (a)、(c)、(e) がローレンツ 96I モデルの結果、(b)、(d)、(f) がローレンツ 96II モデルの結果である。(a)、(b) には、時系列の波形が、(c)、(d) には、予測した時系列と実際の時系列の間の相関係数が、(e)、(f) には、予測した時系列の精度を 2 乗平均平方根誤差がそれぞれ示されている。それぞれのパネルで、実線が無限次元の遅れ座標による予測、破線が 10 次元の普通の遅れ座標による予測である。また、(a) と (b) では、一点鎖線は、実際の時系列データ、(c)～(f) では、持続予測を示す。文献[30]より。

日照時間の時系列予測に用いた例が、図 **2.28** である。予測ステップが 1 日先に至るまでの間、無限次元の遅れ座標を用いたときの方が、持続予測や 1 日の周期性を用いた予測よりもよりよい予測ができている。

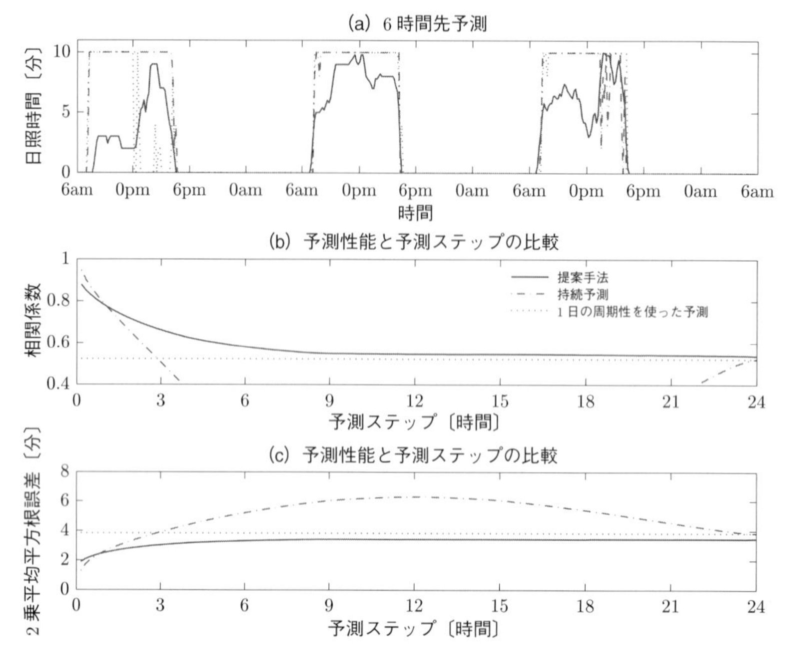

図 2.28 日照時間の時系列予測：(a) は、6 時間先予測の例、(b) は相関係数を用いた予測性能の比較、(c) は 2 乗平均平方根誤差での予測性能の比較を示す。それぞれのパネルで、実践は、無限次元の遅れ座標を用いた予測、(a) では、一点鎖線は実際の時系列、点線は、1 日の周期性を用いた予測、実線が無限次元の遅れ座標を用いた予測を示している。また、(b) と (c) では、実線は無限次元の遅れ座標の予測、一点鎖線は、持続予測、点線は、1 日の周期性を用いた予測を示す。文献[30]より。

2.5.4 超短時間時系列予測間の比較

それでは、遅れ座標と重心座標を組み合わせる方法と、無限次元の遅れ座標と区分定数予測を組み合わせる方法では、どちらが、日射量の時系列予測の効果的であるだろうか。その比較を東海地方のデータを使って行ったのが、文献[32]である。特に、午前中の日射量の時系列予測の精度で比較したのが、図 **2.29** である。午前中の日射量の時系列予測は、時系列データのみを用いる場合、非常に難しい。というのも、日の出前は夜であり、日射量は、ほとんどゼロに近い値を取り続ける。図 **2.29** では、無限次元の遅れ座標を用いる場合、時系列予測の精度が、ほかの方法を用いる場合に比べて、格段によくなっていることがわかる。これは、無限次元の遅れ座標では、長い履歴を考慮した時系列予測を構築することが可能であるため、日の出直後の予測をするのに、前日の日射量の時間的な変化の情報を効果的に用いることができているからであろうと解釈される。

PV 発電出力を大量に電力系統に取り込むために開発してきた時系列予測手法により、日射量の時系列予測技術が、ここ 5 年間に格段に進歩した。そこには、近似精度が高い予測モ

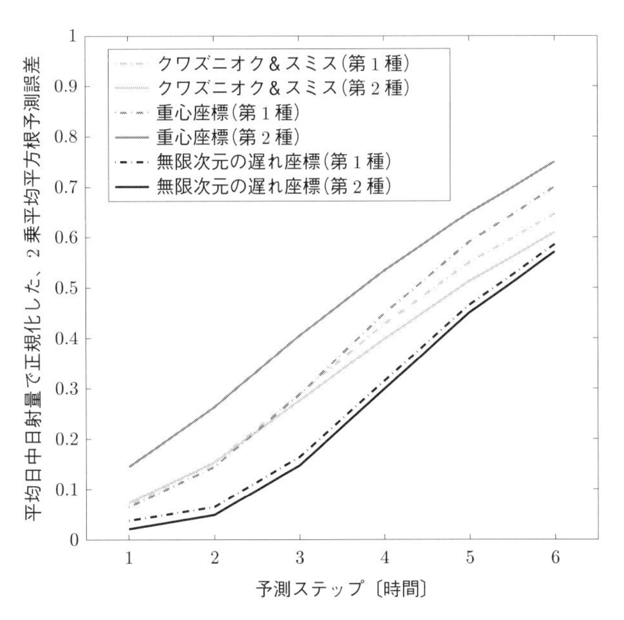

図 2.29　午前中の日射量を時系列予測したときの予測誤差の比較：予測の種類は、図の中の左上の凡例参照。ここで、第 1 種の予測は、空間平均の時系列データから空間平均を直接予測した場合。第 2 種の予測は、まず、61 個所の地点で時系列予測をそれぞれ作り、その結果の平均を取って空間平均の予測とした場合。文献[32]より。

デルを構築でき、その誤差要因の詳細を調べることができる重心座標の方法、より長い時間履歴を高速で処理することができる無限次元の遅れ座標という方法の二つの発展があった。この二つを短時間の日射量の時系列予測で単純比較すると、無限次元の遅れ座標の方が、よさそうである。

しかし、この二つの新しい方法論は、対立する方法論ではない。この二つの方法を組み合わせることが可能である。例えば、無限次元の遅れ座標により近傍点を選んでおき、その近傍点の遅れ座標で重心座標を構築することが考えられる。

時系列予測技術をさらに向上させることで、来るべき再生可能エネルギー電源の電力系統への大量導入に備えて行きたい。

2.6 電力需要予測

PV 発電システムが設置されている住宅などの需要家、すなわちプロシューマの電力需要予測は、需要家アグリゲータのエネルギーマネジメントにおいて重要な技術である。本節では、需要家群の合計電力需要、および個別住宅の電力需要予測技術についてまとめる。

本節の構成とポイントは以下の通りである。

2.6.1 電力需要予測の基礎

・住宅などの電力需要は気温との相関が高い。

・シンプルな気温応答モデルによって翌日の需要家群合計電力需要を予測する。

・機械学習によって翌日の電力需要を予測する。

2.6.2 気温応答モデルによる需要家群の電力需要予測

・需要家群の合計電力需要を気温応答需要とベース需要に分解してモデル化する。

2.6.3 ニューラルネットワークによる需要家群の電力需要予測

・機械学習の方法を用いることでも需要家群の電力需要予測が可能である。

・ヒートポンプ給湯器設置住宅を区別して扱うことにより、予測精度の向上が見込まれる。

2.6.4 決定木モデルによる個別需要家の電力需要予測

・決定木モデルによって需要家ごとに特徴的な電力需要の変動パターンを予測する。

・決定木モデルで予測した変動パターンと回帰分析から予測される日積算需要を組み合わせて、電力需要予測値を作成する。

2.6.1 電力需要予測の基礎

PV 発電システム付き住宅のようなプロシューマの電力需要は、需要の面から見ると PV なしのコンシューマとしての電力需要と大きな違いはない。すなわち、照明、空調、冷蔵庫などの連続的に運転する家電機器、および利用時のみに電力を消費する家電機器のほか、オール電化住宅では給湯需要や調理機器需要などが主な電力需要要素となる。これらの機器は主に生活時間帯に応じて利用されるため、平日の朝の支度時間、日中の家事や食事時間、夕方以降の生活時間などに大きな電力需要のピークが生じる。例えば、エアコンを部屋ごとに設置することが多い日本の空調事情においては、気温の影響を受ける空調需要が生活時間のサイクルに合わせて発生するという特徴がある。また、オール電化住宅における給湯需要は、時間帯別電気料金における安い時間帯の早朝、すなわち朝の5時や6時にピークが現れる。したがって、プロシューマの電力需要予測では、これらの特徴をうまく利用することが有効である。

電力需要と気温との相関は、電力需要予測において広く用いられる特徴である。全体的な傾向としては、空調の電力需要が少ない春季や秋季（外気温にして20°C前後の季節）が最も気温に依存する電力需要が少ない。これよりも高温、低温のいずれでも電力需要が増加するため、横軸に気温、縦軸に電力需要を取った場合、V字型の電力需要となるのが一般的である。過去の実績値からこの相関を導き出し、電力需要予測に用いることができるが、機械学習においても気温を入力変数の一つとして選択することが多い。

もう一つの電力需要の特徴は、生活パターンに応じて毎日同じような電力の使い方になることである。特に、複数軒の合計で見た場合には個別の電力需要変動が平滑化されるため、個別の需要家で見るよりも、さらになめらかな変動特性を持つ24時間のパターンとして現れる。個別の需要家（一軒の住宅）で見ると、例えば毎分の電力需要はドライヤーや電気ポットなど消費電力の大きい家電機器の利用による急峻なピークとして現れるため、これを前日などに予測することはほぼ不可能である。ただし、1時間積算値のように時間粒度を粗くしていくと、おおよその生活時間帯の中でこれらの機器が使用される傾向があるので、ある程度の予測が可能となってくる。しかし、それでも住宅一軒の電力需要予測は困難であり、外出時には電力需要が下がる、帰宅後に電力需要が立ち上がるなど、その日、その時間の行動に依存する要素が大きい。一方、10軒～20軒程度の合計となると、これらの個別の要因の影響が大きく平滑化され、先に述べたように生活パターンに応じたなめらかな変動特性を持つ電力需要パターンとして取り扱うことができるようになってくる。数百軒規模になると、ほぼ個別住宅の影響は見えなくなり、需要家群の合計電力需要として予測対象とすることが可能となる。

翌日など、将来の電力需要を予測する際の入力値としては、気温など気象データの予測値を用いるほか、曜日属性や平日・休日の区分、特異日（年末年始、5月の連休など）のフラグとしての情報なども入力変数として利用可能である。その他、前日の最高気温、過去3日の最高気温や平均気温、不快指数なども用いることが多く、これらは電力系統全体の電力需要予測などにも広く用いられる入力変数である。ただし、個別住宅の場合は過去数日暑い日が続いた後に空調負荷が増えてくる、といった傾向は少なく、そのときの気温や湿度で電力需要が変わる傾向が大きいようである。

電力需要予測として取り組まれている手法には、過去の電力需要を分析して統計的に予測する手法、同じく過去の電力需要を用いて教師あり機械学習により予測する手法などが挙げられる。気温のみに応答する電力需要を主な予測対象とする場合には、それ以外の生活パターンに依存する電力需要を持続モデル（前日や前週と同じような電力需要が明日もあるという考え）で予測することも有効である。ただし、気温のみではなく、それ以外の電力需要に影響する要因を複数個入力変数に用いる場合には、非線形な電力需要変動に対してある程度一致する予測値が得られるニューラルネットワークを用いる必要がある。

今後は、住宅用PV発電の自家消費が、蓄電池の導入とともに進んでいくと考えられる。また、ZEH（Zero Energy House）に代表される断熱性能の高い住宅における24時間集中冷暖房など、省エネかつ快適な住宅の普及とともに、電気の使い方も変わってくることが想定される。電気自動車の普及拡大もその一つであり、充電時に電力需要となるだけでなく、V2H（Vehicle to Home）やV2G（Vehicle to Grid）と呼ばれる、自動車から住宅・系統への逆潮流なども広まってくる。これらのプロシューマをアグリゲートし、時々刻々の電力エネルギーマネジメントを行う上で、電力需要予測の果たす役割はますます重要になってくるであろう。

2.6.2 気温応答モデルによる需要家群の電力需要予測

電力需要の主たる成分の一つは空調需要であり、気温と強い相関を持つ。そこで、気温の関数として電力需要を表す気温応答モデルを使用して電力需要予測を行うことができる[36)]。電力需要 L を日付（d）、時刻（t）、気温（T）の関数として、

$$L(d,t,T) = C(d,t,T)\left\{L_{\text{base}}(t) + L_T(t,T)\right\}$$

とモデル化する。ここで L_T は気温応答電力需要を、L_{base} は気温に依存しないベース電力需要を、C は休日補正係数を表す。また時間は1時間粒度を想定している。

休日補正係数 C は休日の電力需要の変化を表し、

$$C(d,t,T) = \begin{cases} 1 & (d\text{が平日の場合}) \\ l^H(t,T)/l^W(t,T) & (d\text{が休日の場合}) \end{cases}$$

としている。ここで l^H と l^W はそれぞれ、学習データの休日（Holiday）および平日（Weekday）の電力需要を時刻ごとに気温の関数として、

$$l^H(t,T) = c_2^H(t)T^2 + c_1^H(t)T + c_0^H(t)$$

$$l^W(t,T) = c_2^W(t)T^2 + c_1^W(t)T + c_0^W(t)$$

と表したものである。ここで係数 c_i^H、c_i^W、$i = \{1、2、3\}$ は学習データによって決定されるパラメータである。$C(d,t,T)$ は当該日が休日であった場合の補正であるため、L_{base} および L_T は平日の電力需要を表現するように以下で決定していく。

気温応答電力需要を決めるために、気温領域を五つに分けて

$$L(d,t,T) = \begin{cases} L(d,t,T_{\min}) & (T < T_{\min}(t)) \\ C(d,t,T)\left\{L_{\mathrm{base}}(t) + L_T^{\mathrm{l}}(t,T)\right\} & (T_{\min}(t) \le T < T_0(t) - 3) \\ C(d,t,T)\left\{L_{\mathrm{base}}(t) + L_T^{\mathrm{m}}(t,T)\right\} & (T_0(t) - 3 \le T \le T_0(t) + 3) \\ C(d,t,T)\left\{L_{\mathrm{base}}(t) + L_T^{\mathrm{h}}(t,T)\right\} & (T_0(t) + 3 < T \le T_{\max}(t)) \\ L(d,t,T_{\max}) & (T_{\max}(t) < T) \end{cases}$$

としている。ここで、L_T^{l}、L_T^{m}、L_T^{h} はそれぞれ低気温、中間気温、高気温における気温応答電力需要である。$T_{\min}$ と $T_{\max}$ はそれぞれ、学習データの最低気温および最高気温である。中間の気温を表す T_0 は平日の電力需要を表した二次曲線 l^W の頂点に対応し、$T_0 \pm 3°\mathrm{C}$ の範囲を中間気温領域とした。実際の予測では、予測気温が学習データの範囲 $T_{\min} \le T \le T_{\max}$ を逸脱する場合がある。その際、本モデルにおいて気温が $T_{\min}$ より下がったときの電力負荷は、$T = T_{\min}$ の電力負荷と同じとし定数としている。高気温の場合（$T > T_{\max}$）も同様である。これは住宅の電力需要の場合は契約電力の観点から、低気温・高気温領域で電力需要が無限に上がり続けることは考えられないためである。

ベース電力需要 $L_{\mathrm{base}}(t)$ は気温に応答しない電力需要成分を表しており、住宅共通の生活パターンが反映されたものとなる。図 **2.30** は太田市における実証実験[37)]で得られた電力需要データにおける日平均電力需要と日平均気温 T_{ave} の関係および、そこから得られた L_{base} を表している。日平均電力需要の気温依存性を見ると、$17°\mathrm{C} < T_{\mathrm{ave}} < 23°\mathrm{C}$ の領域で極小となっている。そこで、T_{ave} がこの気温領域に含めれる日を代表として抽出し、L_{base} にはここで抽出された代表日の時刻別平均値を用いる。ここから得られた $L_{\mathrm{base}}(t)$ には、在宅率の高い朝夕に大きな電力が消費される様子が反映されている。

気温領域ごとの気温応答成分は、時刻ごとに気温の二次関数によって、

$$L_T^i(t,T) = a_2^i(t)T^2 + a_1^i(t)T + a_0^i(t)$$

とモデル化する（$i = \mathrm{l、m、h}$）。合計九つの係数 a_j^i、$j = \{1、2、3\}$、$i = \{\mathrm{l、m、h}\}$ がパラメー

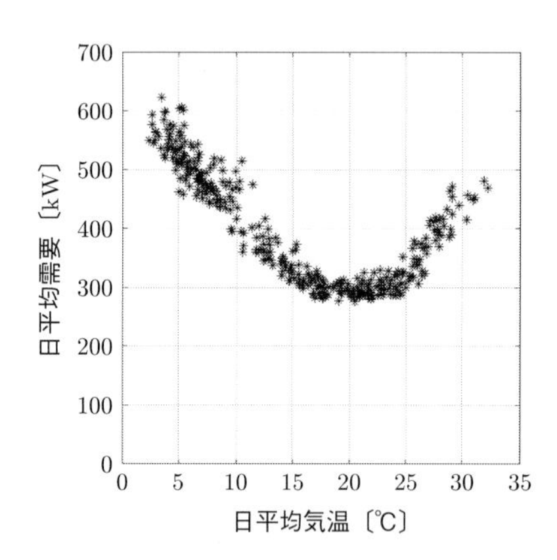

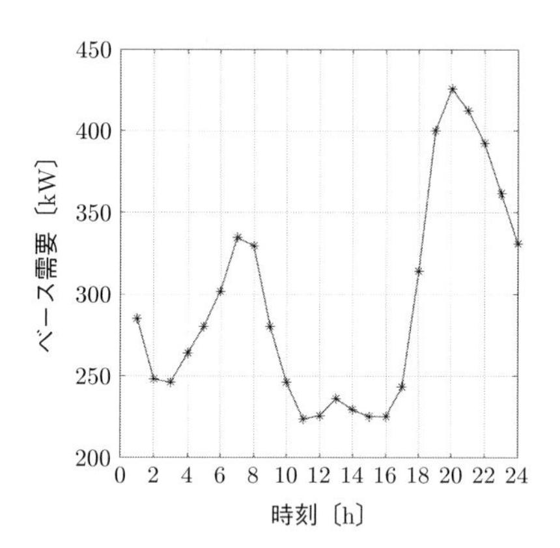

図 2.30　日平均気温と日平均電力需要の関係およびベース電力需要：日平均電力需要の日平均気温依存性は二次関数的である。極小値付近のデータを代表値として平均することでベース電力需要が得られる。

タとなり、学習データによって決定される。ここで、本モデルではシンプルな手法により L_T^{l}、L_T^{m}、L_T^{h} を独立に決めているため、気温領域の境界 $T = T_0 - 3\ {}^\circ\mathrm{C}$ および $T = T_0 + 3\ {}^\circ\mathrm{C}$ での L の連続性は保証されない。そこで、学習データをフィッティングして係数 a_j^i を決める際の領域に

$$L_T^{\mathrm{l}}(t, T):\ T_{\min} \leq T \leq T_0$$

$$L_T^{\mathrm{m}}(t, T):\ T_0 - 5 \leq T \leq T_0 + 5$$

$$L_T^{\mathrm{h}}(t, T):\ T_0 < T \leq T_{\max}$$

のように重なりを持たせ、大きな不連続性をもたない実用的な L を得ることを可能にしている。

図 2.31 は本予測モデルで作成した電力需要の例であり、平日 19 時における電力需要の気温依存性を示している。気温応答モデルはシンプルなモデルであるが、平日休日ともに電力

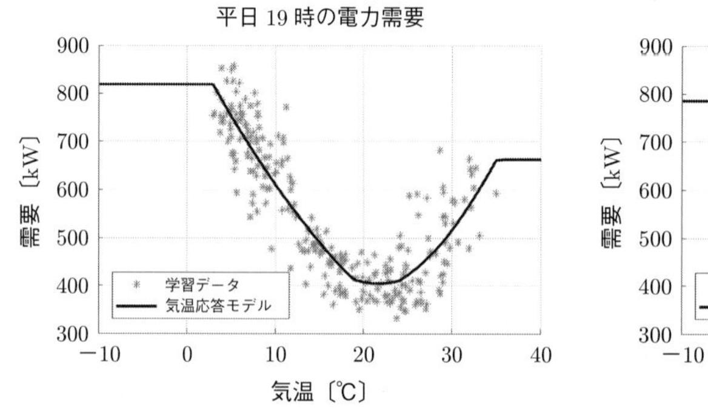

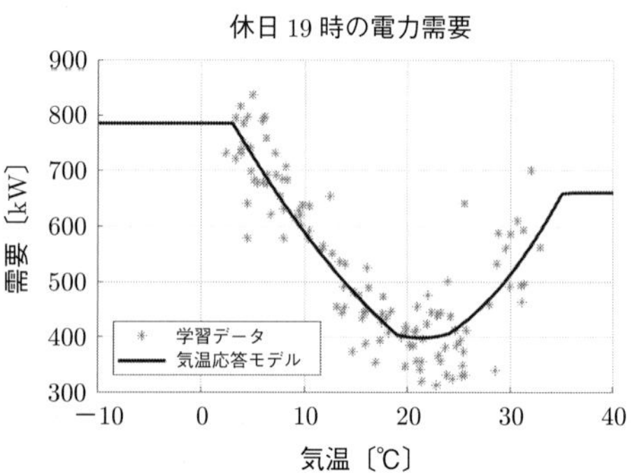

図 2.31　気温応答モデルによる電力需要：気温応答モデルでは、時刻ごとに気温の関数として電力需要がモデル化される。

需要を気温の関数としてよく説明できていることがわかる。

2.6.3 ニューラルネットワークによる需要家群の電力需要予測

前節で述べたように、需要家群としての電力需要はならし効果が働くため気温などの外的要因と強い相関を持つ。そこで、需要家群の電力需要予測を行うもう一つの事例として、ニューラルネットワーク（Neural Network：NN）を用いた手法を紹介する[38),39)]。本手法では、ヒートポンプ給湯器のある住宅とない住宅に対し、それぞれNNモデルを作成する。そして、複数の入力変数セットを用いた予測の比較、および直近の予測誤差傾向を使用した予測値の補正を行い、電力需要予測値としている。

まず、学習期間における個別住宅の電力需要データのみからヒートポンプ給湯器の有無の同定を行った。そのために春季の時刻別平均電力需要を住宅ごとに求め、この時刻別平均電力需要が、以下の三つの条件すべてを満たす住宅をヒートポンプ設置住宅とした。

条件1：朝（1時～9時）の時間帯におけるピーク電力需要が3時～6時の間にある。

条件2：条件1のピーク電力需要が同時間における住宅全体で平均した電力需要より大きい。

条件3：3時～6時の時間帯における電力需要が2時間以上、住宅平均の電力需要より大きい。

基本的な考え方は、朝方の電力需要が大きな住宅をヒートポンプ設置住宅と同定するものである。ただし、上記の3条件を適用することによって、朝の活動時間が早い生活パターンを持つ住宅、夜型の生活パターンを持つ住宅、朝だけに限らず単に電力需要の大きな住宅、が選ばれないようにしている。

住宅群全体をヒートポンプの有無により二つの群に分け、それぞれに対してNNモデルを作成した。NNの構成は中間層1層、中間層素子数を20としMATLAB上で作成されている。データセットは太田市における実証実験[37)]で得られた電力需要データを用い、学習期間は学習データセットの初日から予測日前日までとした。ただし、十分な学習期間を確保するため、予測対象日は287日目以降とした。入力層では表**2.3**に挙げられる3種類の入力値セットを使用している。これら3種類の入力値による予測は並行して行われ、予測日直近30日間の予測値を実測値と比較し平均絶対誤差率の最も小さいものを予測値として採用する。

連続して予測を進める上で、系統的な誤差傾向が生じる場合がある。このような誤差を補正するため、本手法では予測日直近30日間で生じた誤差を利用して、以下の手順で予測値の補正を行った。

表 2.3　入力変数セット：複数の入力変数セットを用いて並行して予測計算を行う。

変数	入力変数 1	入力変数 2	入力変数 3
x_1	予測気温	予測気温	予測気温
x_2	不快指数	最高気温・最低気温	前 3 日平均気温
x_3	時刻	時刻	時刻
x_4	曜日フラグ	曜日フラグ	曜日フラグ
x_5	前日の電力需要実測値	前日の電力需要実測値	前日の電力需要実測値
x_6	1 週間前の電力需要実測値	1 週間前の電力需要実測値	1 週間前の電力需要実測値

ステップ **1**：予測対象日前日までのデータを NN に学習させ、内部パラメータを決定する。

ステップ **2**：この NN を使用し、予測対象日直近 30 日間の予測値を作成する。

ステップ **3**：ステップ 2 の予測による予測誤差の平均値を、時刻ごとに計算する。

ステップ **4**：予測対象日の予測値からステップ 3 の平均誤差を引き、補正された予測値とする。

以上の手順により、ヒートポンプ給湯器ありの群およびなしの群それぞれに対して需要家群の予測値が作成され、これらを合計することで需要家群全体の電力需要予測が作成された。図 **2.32** は実際に得られた予測結果である。比較のために持続モデルを使用しており、このモデルにおいて電力需要予測は前日の電力需要をそのまま使用することで得られる。ただし、曜日による傾向の違いを再現するため、月曜日および土曜日は一週間前の値を参照している。NN から得られた予測値は持続モデルよりも定常的によい予測値を与えていることがわかる。

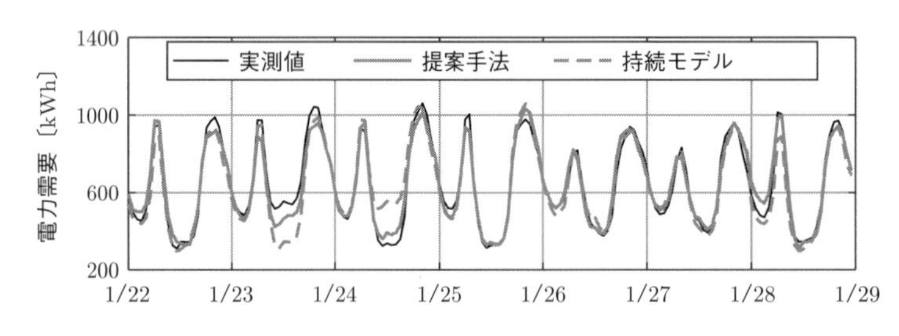

図 2.32　NN を使用した電力需要予測：NN による提案手法は持続モデルに比べて定常的によい予測値を与えている。

2.6.4　決定木モデルによる個別需要家の電力需要予測

個別需要家の電力需要は気象条件などの外的要因のほかに、生活パターンや住宅の規模のような個別要因を扱うことが重要となる。そのような個別の電力需要予測の事例として、ここでは、決定木を用いた手法を紹介する[40]。この手法では、電力需要変動のパターンが決定木モデルから、最小電力量および日積算電力量が統計的手法から予測される。さらに、電力需要予測への影響が大きい在宅・不在予測の一つとして、長期不在に対する補正が行われている。

電力需要変動パターン予測を行うため、学習期間の電力需要データ (l〔kW〕) に基づいて正規化された電力需要 $\bar{l}$ を、

$$\bar{l}(d,t) = \frac{l(d,t) - l_{\min}(d)}{l_{\max}(d) - l_{\min}(d)}$$

と作成する。ここで、$l_{\max}(d)$ と $l_{\min}(d)$ はそれぞれ当該日 d における最大電力需要および最小電力需要であり、$\bar{l}$ は $0 \leq \bar{l} \leq 1$ を満たすように正規化されている。この正規化された電力需要から変動パターンを抽出するのには、k-means によるクラスタリング手法を用いる。まず、1 日を前日 2 時から当日 8 時までの 30 時間、当日 8 時から 24 時までの 16 時間という二つの区間に分割する。この二つの区間に対してそれぞれ、$\bar{l}$ のデータをクラスタ数 2 の k-means 法でのクラスタリングを行う。その結果、二つの時間帯（$a = 1, 2$）に対して、クラスター番号 k で指定される電力需要パターンが二つずつ得られる。

各時間帯で需要家が所属するクラスタの予測には、決定木法（Decision Tree：DT）を用いた。ここでは、入力変数を、曜日、平日休日、前日の正規化電力需要（24 次元）、前日の正規化電力需要の日平均値、1 週間前の正規化電力需要（24 次元）、予測気温、予測最高気温、予測最低気温、の 54 変数とし、MATLAB 上で決定木モデルを作成している。重要変動パターンの予測にあたり、決定木モデルを使用することで、翌日のパターンが属するクラスタ番号 $k(d,a)$ が朝昼それぞれの時間領域（a）について同定される。このクラスタリング結果を用いて、電力需要パターンの予測値 $\bar{l}_{\mathrm{DT}}(t,i)$ を、

$$\bar{l}_{\mathrm{DT}}(d,t) = \frac{1}{14} \sum_{d \in D(k)} l(d,t,i)$$

とした。和を取る範囲 $D(k)$ は、予測日直近の学習データのうち当該時間帯においてクラスタ $k(d,a)$ と同定された日から、合計 14 日を選んだ。

電力需要パターン予測 $\bar{l}_{\mathrm{DT}}$ は無次元量であるので、これにスケールを持たせるために最小電力需要（$l_{\min}$）と日積算電力需要（A）の予測を行う。まず、$l_{\min}$ は持続的な統計平均から、

$$l_{\min}(d) = \left(\frac{1}{N} \sum_{n=1}^{N} l_{\min}(d-n) \right) \left(\frac{l_{\min}(d-1)}{\frac{1}{N} \sum_{n=1}^{N} l_{\min}(d-1-n)} \right)$$

とした。ここで、$l_{\mathrm{min}}(d)$ は予測値を示し、$l_{\mathrm{min}}(d-n)$ は実績値を使用する（ただし $n \geq 1$）。右辺一つ目の因子は、最小電力需要実績値の直近 N 日間の平均値であり、N は学習期間での予測結果が最適となるように選ばれている。右辺二つ目の因子は、予測日前日の予測結果を用いた補正分を表す。次に、日積算電力需要は重回帰分析から予測され、回帰式は、

$$A(d) = a_0 + a_1 A(d-1) + a_2 A(d-1)T + a_3 T + a_4 T^2$$

としている。ここで、T は気温、$A(d-1)$ は予測日前日の日積算電力需要である。

最後に、長期不在に対する補正を行った。ここでは、前日の電力需要パターンから翌日の不在が予測される場合に、日積算電力需要の予測値 A を小さくする形での補正を行う。まず、不在判定の閾値 l_{th} を、

$$l_{\mathrm{th}}(d-1) = l_{\mathrm{min}}(d-1) + 0.3 l_{\mathrm{base}}$$

とした。ここで、l_{base} は過去 20 週間の平均電力量である。予測日前日の 14 時から 24 時の間の最大電力需要を代表値とし、$\tilde{l}_{\mathrm{max}}(d-1)$ と書く。$l_{\mathrm{th}}(d-1)$ と $\tilde{l}_{\mathrm{max}}(d-1)$ を比較し、$l_{\mathrm{th}}(d-1) > \tilde{l}_{\mathrm{max}}(d-1)$ の場合に予測日を不在、$l_{\mathrm{th}}(d-1) \leq \tilde{l}_{\mathrm{max}}(d-1)$ の場合に予測日を在宅と判定する。不在と判定された場合には、日積算電力需要の予測値を $A(d) = l_{\mathrm{th}}(d-1)$ と置き換えた。

以上から、変動パターン $\bar{l}_{\mathrm{DT}}$、最小値 l_{min}、日積算値 A に対する予測が得られたので、これらを組み合わせて最終的な電力需要予測値 l_{DT} は、

$$l_{\mathrm{DT}}(d,t) = \frac{A(d) - 24 l_{\mathrm{min}}(d)}{\sum_t \bar{l}_{\mathrm{DT}}(d,t)\Delta t} \bar{l}_{\mathrm{DT}}(d,t) + l_{\mathrm{min}}(d)$$

と決定する。ここで、第一項分母の $\sum_t$ は日積算を取り、Δt は t に対応する時間幅である。

図 **2.33** は実際に予測を行い、気象要因を入力とした単純なニューラルネットワークの結果と比較したものである。9 月 30 日の電力需要パターンから 10 月 1 日の不在が予測され、予測値に反映されている様子を見ることができる。さらに、10 月 1 日夜間の振る舞いから 10 月 2 日の在宅を予測し、10 月 2 日においてもよい予測精度が保たれている。

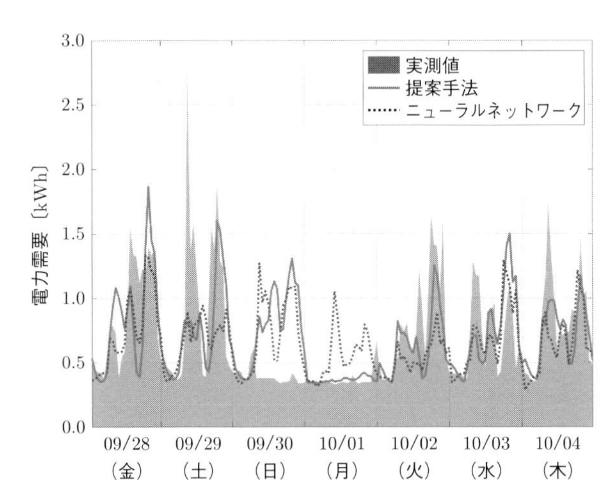

図 2.33 決定木モデルを使用した電力需要予測： 提案手法に含まれる在宅判定により 10 月 1 日および 10 月 2 日の予測精度が改善している。

参考文献・関連図書

1) 日本工業規格 (2005)「太陽光発電システムの発電電力量推定方法 (JIS C 8907)」.

2) D. Erbs et al. (1982) "Estimation of the diffuse radiation fraction for hourly, daily and monthly-average global radiation," Solar Energy, vol.28, no.4, pp.293–302.

3) 日本太陽エネルギー学会編集委員会 編 (2000)『新太陽エネルギー利用ハンドブック』, 日本太陽エネルギー学会.

4) R. Perez et al. (1990) "Modeling daylight availability and irradiance components from direct and global irradiance," Solar Energy, vol.44, no.5, pp.271–289.

5) 気象庁 (—)「数値予報とは」, 〈http://www.jma.go.jp/jma/kishou/know/whitep/1-3-1.html〉(参照 2019-06-27).

6) 気象庁予報部 編 (2008)『数値予報課報告・別冊第 54 号 気象庁非静力学モデル II —現業利用の開始とその後の発展—』気象庁.

7) 浅野正二 (2010)『大気放射学の基礎』朝倉書店.

8) 淡路敏之, 蒲地政文, 池田元美, 石川洋一 (2009)『データ同化 —観測・実験とモデルを融合するイノベーション』京都大学学術出版会.

9) 樋口知之 (2011)『予測にいかす統計モデリングの基本 —ベイズ統計入門から応用まで』講談社.

10) 森田浩 (2015)『これだけ! 実験計画法』秀和システム.

11) J. G. d. S. Fonseca Jr., H. Ohtake, T. Oozeki, and K. Ogimoto (2018) "Prediction intervals for day-ahead photovoltaic power forecasts with non-parametric and parametric distributions," Journal of Electrical Engineering and Technology, vol.13, no.4, pp.1504–1514.

12) J. G. d. S. Fonseca Jr., T. Oozeki, H. Ohtake, T. Takashima, and K. Ogimoto (2015) "On the use of maximum likelihood and input data similarity to obtain prediction intervals for forecasts of photovoltaic power generation," Journal of Electrical Engineering and Technology, vol.10, no.3, pp.1342–1348.

13) H. Ohtake, J. G. d. S. Fonseca Jr., T. Takashima, T. Oozeki, and Y. Yamada (2014) "Estimation of con dence intervals of global horizontal irradiance obtained from a weather prediction model," Energy Procedia, vol.59, pp.278–284.

14) 電力広域的運営推進機関 (—)「ホームページ」, 〈https://www.occto.or.jp/〉(参照 20191-07-16).

15) 大竹秀明, 宇野史睦, 高島工, 大関崇, J. G. d. S. Fonseca Jr., 山田芳則 (2015)「九州電力エリアを対象とした日射量予測の大外れ事例の解析」,『平成 27 年度 日本太陽エネルギー学会・日本風力エネルギー学会講演論文集』, pp.213–216.

16) 大竹秀明, 宇野史睦, 大関崇, 山田芳則 (2018)「2016 年における北陸・中部地域の日射量予測大外れ事例」,『新エネルギ—・環境研究会 電気学会研究会資料』, no.FTE-18-2, pp.7–12.

17) 大竹秀明, 宇野史睦, 山田芳則 (2016)「数値予報モデルから出力される前日日射予測の大外れ事例解析 —東日本エリア—」,『平成 28 年電気学会全国大会 講演論文集』, no.6-174, pp.285–286.

18) F. Uno, H. Ohtake, M. Matsueda, T. Oozeki, and Y. Yamada (2018) "A diagnostic for advance detection of forecast busts of regional surface solar radiation using multicenter grand ensemble forecasts," Solar Energy, vol.162, pp.196–204.

19) 産業技術総合研究所 (2018)「日本の日射量予測が大幅に外れる場合を検出する指標を考案」, 〈https://www.aist.go.jp/aist_j/new_research/2018/nr20180629/nr20180629.html〉(参照 2019-07-16).

20) H. Ohtake, F. Uno, T. Oozeki, Y. Yamada, H. Takenaka, and T. Y. Nakajima (2018) "Outlier events of solar forcasts for regional power grid in Japan using JMA mesoscale model," Energies (Special Issue Solar and Wind Energy Forecasting), vol.11(10), no.2714.

21) 太陽放射コンソーシアム (2014)「ホームページ」,〈http://www.amaterass.org/〉(参照 2019-07-16).

22) 加藤丈佳 (2015)「日射強度・風力発電出力の前日予測に関する第一回コンペ実施報告」,『平成 27 年電気学会全国大会講演論文集』, no.4-S13-7.

23) R. Swinbank, M. Kyouda, P. Buchanan, L. Frouda, T. Hamill, T. Hewson, J. Keller, M. Matsueda, J. Methven, F. Pappenbarger, M. Scheuerer, H. Titley, L. Wilson, and M. Yamaguchi (2016) "The TIGGE project and its achievements," Bullet. Am. Meteorol. Soc., vol.97, pp.49–67.

24) J. Whitaker and A. Loughe (1998) "The relationship between ensemble spread and ensemble mean skill," Mon. Weather Rev., vol.126, pp.3292–3302.

25) F. Takens (1981) "Detecting strange attractors in turbulence," Lect. Notes Math., vol.898, pp.366–381.

26) T. Sauer, J. A. Yorke, and M. Casdagli (1991) "Embedology," J. Stat. Phys., vol.65, pp.579–616.

27) A. I. Mees (1991) "Dynamical systems and tesselations: Detecting determinism in data," Int. J. Bifurcat. Chaos, vol.1, pp.777–794.

28) Y. Hirata et al. (2015) "Approximaitng high-dimensional dynamics by barycentric coordinates with linear programming," Chaos, vol.25, no.013114.

29) Y. Hirata and K. Aihara (2016) "Predicting ramps by integrating different sorts of information," Eur. Phys. J. Spec. Top., vol.225, pp.513–525.

30) Y. Hirata et al. (2015) "Parsimonious description for predicting high-dimensional dynamics," Sci. Rep., vol.5, no.15736.

31) Y. Hirata and K. Aihara (2017) "Dimensionless embedding for nonlinear time series analysis," Phys. Rev. E, vol.96, no.2032219.

32) —— (2017) "Improving time series prediction of solar irradiance after sunrise: Comparison among three methods for time series prediction," Solar Energy, vol.149, pp.294–301.

33) K. Judd and A. Mees (1995) "On selecting models for nonlinear time series," Physica D, vol.82, pp.426–444.

34) T. Nakamura, D. Kilminster, K. Judd, and A. Mees (2004) "A comparative study of model selection methods for nonlinear time series," Int. J. Bifurcat. Chaos, vol.14, pp.1129–1146.

35) J. Matoušeck and B. Gärtner (2007)『Understanding and Using Linear Programming.』, Springer-Verlag, Berlin.

36) E. Arai and Y. Ueda (2015) "Development of simple estimation model for aggregated load by using temperature data in multi-region," in Proc. of 4th ICREA, pp.772–776.

37) S. Nishikawa and K. Kato (2003) "Development research on grid interconnection of clustered photovoltaic power generation systems," in Proc. of 3rd World Conference on Photovoltaic Energy Conversion, pp.2652–2654.

38) 藤尾昴弘, 植田譲 (2016)「ニューラルネットワークを用いた翌日住宅負荷予測モデルの開発」,『平成 28 年電気学会全国大会講演論文集』, No.6, p.117.

39) —— (2017)「曜日情報を用いた住宅地域における毎時負荷と最大負荷予測」,『平成 29 年電気学会全国大会講演論文集』, No.6, p.122.

40) 藤田隆史, 植田譲 (2018)「HEMS における個別需要の行動パターン分析に基づく翌日需要電力量の予測方法」,『平成 30 年電気学会全国大会講演論文集』, No.6, p.121.

3章

アグリゲーションと電力市場

電力市場は、発電事業者から電力需要家の電力の売買を行い価値を共有する場である。しかし、電力取引には電力システムの物理的な制約を伴うため、PV 発電主力電源化時代における電力需給不確実性への対応には限界が生じる。そこで本章では、PV 大量導入時の不確実性を考慮した将来の電力市場の設計の問題と、将来の電力市場が誕生したときに市場参加者がどのように利益を最大化していくかについて論じる。

本章の構成と執筆者は以下の通りである。

3.1 電力市場の基礎（山口）
3.2 デマンドレスポンスを考慮したバランシンググループの需給計画（山口）
3.3 モデル予測制御を用いた当日デマンドレスポンス（小林）
3.4 電力プロファイル市場の設計と確率的約定方式（津村）
3.5 再生可能エネルギーの不確かさを考慮した電力市場のモデリングと解析（石崎）
3.6 機械学習による需給計画（川口）
3.7 太陽光発電出力予測更新に基づく需給計画（益田）
3.8 太陽光発電の区間予測に基づいた蓄発電需給運用計画（小池）

3.1 電力市場の基礎

PV 発電システムの大量導入により拡大する発電電力の不確実性に対し、運用に柔軟性を持つ電力需要設備、蓄電池、従来型火力電源（アクチュエータ）を活用し、電力需給バランスの維持や需給調整能力の確保を行うことが、将来の電力市場の設計（マーケットデザイン）の要件である。この要件を満たすための重要な視点は、新しい電力市場の設計と、市場参加者のストラテジーの二つである。本節では、この二つの視点で電力市場について簡単に説明を行う。

本節の構成とポイントは以下の通りである。

3.1.1 **市場ネットワーク**

・市場ネットワークは、例えば市場、市場参加者、電力系統といった構成要素が市場取引や制御指令などによって相互連結し、構成される。

・電力市場では、電力エネルギーそのものばかりでなく、電力需給のミスマッチを調整する能力である調整力も値付けされ、取引される。

・市場参加者が自己利益を最大化するために市場で行う意思決定は、市場価格により誘導される。

・適切な市場価格の設定により、電力系統全体の技術的な制約逸脱が解消される。

3.1.2 **市場とマーケットデザイン**

・電力プロファイル取引により、電力需給の不確実性の価値評価を行うことができる。

・電力プロファイル取引は、電力需給の時間的なミスマッチも解消できる可能性がある。

3.1.3 **市場参加者のストラテジー**

・DR により、電力需要を制御し利益を最大化する。

・アグリゲ ータやバランシンググループは、発電所も DR も総合的に考えた戦略を立てる。

3.1.1 市場ネットワーク

将来の電力市場を実現するための重要な視点は、「新しい電力市場の設計」と「市場参加者のストラテジー」の二つである。一つ目の新しい電力市場の設計については、以下の認識が重要である。発電と電力需要の発生タイミングの変更や交換を、不確実な PV 発電電力に合わせて実施することに対して、具体的に商品を定義し、価値評価（値付け）しなければならない。したがって、市場価格は電力需給のニーズを反映し、市場参加者全体に周知させる重要な役割を担う。二つ目の市場参加者の収益最大化戦略（ストラテジー）に関しては、新しい市場で取引が活性化するためには、市場参加者に利益をもたらし得ることが必要である。

電力市場と市場参加者は、入札と約定の情報の流れで結び付いている。加えて、それぞれが物理的な電気エネルギーの輸送システムである電力系統と相互作用を持っている。これらは「市場ネットワーク」と呼ぶべき構造を有しており、簡潔な制御システムとして表現することは容易でない。図 **3.1**、図 **3.2** は、それぞれ単純な制御システムと市場ネットワークの例である。市場ネットワークは「市場」、「市場参加者」、「電力系統」から構成されており、フィードバック部分がほかの構成要素と接続されている点が単純な制御システムと異なる。以下では、これら構成要素とその間の情報交換について説明する。

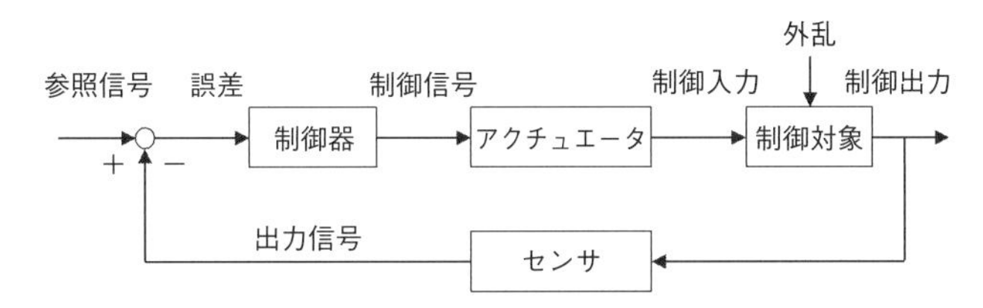

図 3.1　単純な制御システムの例：標準的なフィードバック制御システムは、制御器、アクチュエータ、制御対象、センサから構成されている。

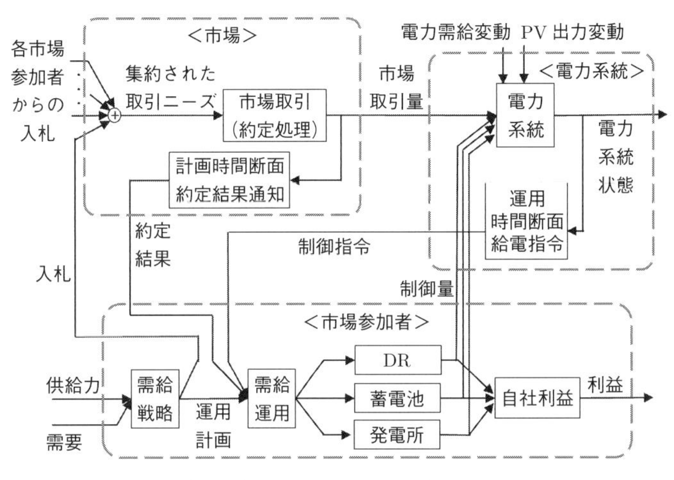

図 3.2　市場ネットワークの構成イメージ：市場ネットワークは、市場、市場参加者、電力系統から構成される。これらの構成要素は、入札や市場取引量、制御指令などで接続されており、単純な制御システムで表すことは容易でない。

表 3.1 は、さまざまな卸電力市場を整理したものである。表中の「取引するタイミング」は、売り手と買い手が契約を確定させる「約定」のタイミングである。スポット市場と時間前市場では、電力〔kW〕と時間を定めたエネルギー量〔kWh〕が取引される。需給調整市場で

表 3.1　さまざまな卸電力市場：卸電力市場を、「商品（取引するもの）」「取引するタイミング」「取引をする相手」で整理した。インバランス料金制度は、「一般送配電事業託送供給等約款料金算定規則（平成 28 年経済産業省令第 22 号）」第 27 条に基づき料金を算定するものであって、卸電力市場とは異なる。

<table>
<tr><th>市場の種類</th><th>商品</th><th>取引するタイミング</th><th>取引をする相手</th></tr>
<tr><td>スポット市場</td><td rowspan="2">30 分ごと 48 スポットにおけるエネルギー量〔kWh〕</td><td>前日</td><td rowspan="2">発電事業者、小売電気事業者、バランシンググループ、DR アグリゲータなどの間での取引</td></tr>
<tr><td>時間前市場</td><td>一時間前まで</td></tr>
<tr><td>需給調整市場</td><td>調整可能な設備容量（ΔkW）と調整に要したエネルギー量〔kWh〕</td><td>• 当日あるいはそれ以前に調整可能な設備容量ΔkW だけが取引される
• ΔkW の約定結果に基づき一般送配電事業者の給電指令により調整力〔kWh〕が使用され、事後清算する</td><td>系統運用者が買い手となり、調整可能な設備を有する事業者が売り手となる</td></tr>
<tr><td>インバランス料金制度</td><td>30 分ごとの需給計画値と実績値の差のエネルギー量〔kWh〕</td><td>30 分ごとにエネルギー量を積算し、事後清算する</td><td>系統運用者が供給し、料金を回収する</td></tr>
</table>

は、系統運用者（日本では一般送配電事業者）が、調整可能な電源などの設備を制御する権利を一定期間買い取る。現在、日本では、一次調整力、二次調整力、三次調整力という需給調整市場の商品が検討されている。商品の違いによって、制御指令を受け取ってから、何秒・何分以内に応動し、何分以上制御を維持するかという持続時間が異なる。取引される設備容量（ΔkW）は、その商品定義に沿って調整可能な設備容量である。商品定義は、例えば、二次調整力の場合は、給電指令所からの LFC 制御指令を受信し 5 分内で契約容量（ΔkW）以内の大きさの指令値に応じた制御を行い、30 分以上、その出力を維持するというものである。制御指令間隔は 0.5 秒～数十秒となっている。調整力を使用した結果生じる電力量〔kWh〕は、必要な調整力が事前にわからないため、あらかじめ取り決めることができず、事後清算をする。需給調整市場での取引されるタイミングは、欧州各国では年次、前月、前週、前日などであり、米国 ISO/RTO（Independent System Operator/ Regional Transmission Organization）では当日となっている。

3.1.2 市場とマーケットデザイン

現状の電力市場では、電力需給の前日もしくはそれより前（週単位、月単位など）の時点で、発電事業者は相対契約可能な電力の買い手を探す。具体的には、取引所に電力売り入札を行い、約定結果を受け、発電機の起動停止を含む運用を計画する。一方、小売事業者は、想定した電力需要に合わせて安価に発電をすることが可能な発電事業者と相対契約を結ぶか、取引所から電力を調達する。また、電力需給の当日においては、PV 発電出力などの不確実性を補うための当日市場が整備されている。当日市場では、あらかじめ電力市場で約定されていて、待機状態にある市場参加者の調整力を活用して、PV 発電の出力変動や、電力需要の変動を吸収できるよう、系統運用者が制御指令を出す。このように、電力市場では、受け渡し時刻が同じ電力であっても、前日市場と当日市場のように取引を行う時間帯が異なる。

図 3.2 に示した市場ネットワークのイメージにおいて、このような前日・当日市場のような時間的な構造は、市場の部分ではなく、市場参加者の部分に明示されている。すなわち、市場参加者の部分において、市場でどのような入札を行うかを決定するのは、需給戦略の立案部分であり、実際の電力の受け渡し時刻からは、まだ時間的な余裕がある。市場参加者の需給運用は、電力受け渡し時刻に近い段階で実施されるものであり、市場からの約定結果のみならず、電力系統からの制御指令を受けて決定される。市場ネットワークでは、電力系統の所有者と市場参加者は別であるため、一方のみの都合で電力系統からの制御指令を受諾したり拒否することはなく、長期的もしくは短期的な契約に基づく市場取引量に応じて、制御指令量が決定される。

このように、前日までの市場取引は、市場参加者の需給戦略の結果として決まるものであり、これに対して当日の取引は、電力系統からの制御指令の影響を受ける。制御指令は、電力系統の状態と当日制御指令に対する応答を商品とする市場での約定結果に基づく。約定結果は市場価格を含んでおり、市場参加者の利益に影響を及ぼすため、市場参加者への制御信号となる。

この部分は、将来の PV 発電出力などによる需給の不確実性を適切に補うことができるよう、日本では需給調整市場を創設する予定であり、現在詳細設計が進められている。蓄電池や電気自動車などの電力貯蔵装置が有する需給不確実性を補う能力と充放電によるピーク電力需要抑制や負荷平準化の能力に対して、どのように価値を付けるかが課題である。電力貯蔵装置がその威力を発揮するのは、ある時間帯で充電し、別の時間で放電するという電力需給の時間的なシフトを行うときである。このような時間シフトの価値は、古くは電力負荷平準化の便益として知られてきたが、電力充放電を単一時間の価値ではなく、1日などの一定期間で時系列的に捉えた電力プロファイルと呼ぶべきものの価値評価をし、市場で取引するということは十分に検討されていない。また、電力貯蔵装置は、事前に明らかな電力需要の変動ばかりでなく、そのときになるまで明らかでない不確実な需給変動へも活用できる。不確実な変動を電力貯蔵装置に吸収させるためには、電力貯蔵装置が変動に対応可能な運転余力を持っておく必要がある。具体的には、蓄電容量いっぱいまで充電（満充電）させたり、完全に放電させたりすると、余剰電力を吸収したり、電力不足を補ったりすることができない。このように、電力需給の不確実性に対応するためには、やはり一定期間での運転余力の確保が必要であり、電力プロファイルの価値評価が重要になる。

電力プロファイルが値付けされ、その市場価格が得られるようになれば、市場参加者の電力貯蔵装置を活用し、電力系統の運用制御に活用することができるようになる。3.4 節、3.5 節では、このような当日の電力需給の時間的なシフトや不確実性を取り扱うことの可能な新しい電力市場が提案されている。

3.1.3 市場参加者のストラテジー

市場ネットワークの中で、制御信号である市場価格を受け取った市場参加者は、系統運用者から見て所望の振る舞いをするのであろうか。実際には、さまざまな制約があり、パフォーマンスには限界がある。しかし、この限界はアグリゲータにより引き上げることが可能である。

先にも述べたように、市場から約定結果を受領した市場参加者は、自社発電所に加え電力貯蔵装置や DR を活用して、自社利益の最大化を試みる。しかし当然ながら、発電所や蓄電池には、設備規模に応じた出力の上下限制約や連続運転・停止などに関する制約がある。また、外部からの指令に応じて実際の電力需要を抑制したり、増加させたりする DR では、使用者のニーズにより電力需要調整ができないことも多い。例えば、会議中に照明を落とすことはできないし、真夏に小売店舗の販売スペースの空調を抑制することは難しい。

このような制約は、電力プロファイルが事前にわかっていれば、ある程度緩和できる。例えば、店舗をあらかじめ強めに冷やしておくことで、所望の時間に空調を抑制したりといった対策を取ることができる。このような対策は、需要家1軒当たりでは微々たるものに過ぎないが、多くの需要家の情報を取りまとめ、適時適所で電力需要を制御することで、需要家群全体として十分な電力需要を制御することが期待できる。

さらに、DR だけでなく、自社発電所や電力貯蔵装置も調整可能な資源と考えて、まとめて調整用分散型資源と考え、これらを取りまとめることで市場参加者としての全体で所望の制御を達成することが可能となる。このような分散型資源を取りまとめる経済主体はアグリゲータと呼ばれ、活躍が期待されている。また、アグリゲータには、こうした電力需要シフトばかりでなく、不確実性を吸収する役割も期待されている。

このように、市場参加者はアグリゲータの機能を持つことで、自社利益を確保しつつ、市場価格という制御信号に応じることで電力系統の安定した運用に貢献するできることが期待できる。ただし、この利益最大化のための市場取引戦略には、自社の分散型資源を前日と当日のそれぞれの市場にどれだけ商品として入札を行うか、という複数の市場への入札を同時に最適化しなければならないという問題を有している。3.2 節、3.3 節、3.6 節～3.8 節では、このように分散型資源を取りまとめ、市場参加者が利益を最大とする取引戦略が提案されている。

3.2 デマンドレスポンスを考慮した バランシンググループの需給計画

本節では、バランシンググループが、需給調整市場とスポット市場での取引とインバランス料金精算を考慮して、グループ内の火力発電所とDRを制御し、利益を最大化するときの経済性評価を行う。

本節の構成とポイントは以下の通りである。

3.2.1 **需給調整市場におけるバランシンググループ**

- 需給調整市場では、調整幅ΔkWと調整に要した調整分エネルギーkWhの2階建ての商品が取引される。
- バランシンググループは、電源と需要を制御して利益を最大化する。
- 需要家は、経済的なインセンティブと前日・当日の制御指令によるDRで制御される。

3.2.2 **バランシンググループの需給計画最適化問題**

- バランシンググループの需給計画は、卸スポット・小売・需給調整市場での取引と、発電コスト、DR実施コスト、インバランス料金支払いを考慮した収益を最大化することで得られる。
- 需給調整市場取引に関する運用時点における決定変数は、調整分エネルギーkWhの取引量となる。

3.2.3 **数値例**

- 2030年度は、需給調整市場kWh価格よりも、前日スポット価格の方が高いため、ΔkW価格が高くなければ調整力取引が行われず、前日スポット取引量が増加する。
- DR限界費用が低い業種は、ΔkW価格が低いとDR調整力が発生せず、DRを卸取引にすべて充てる。

3.2.1 需給調整市場におけるバランシンググループ

従来、電力の需給調整力を各エリアの一般送配電事業者が自社の電源により確保してきた。しかし、現在の電力システム改革の議論では、必要な調整力を調達するにあたり、特定電源への優遇や過大なコスト負担を回避することが重要視されてきている。こうしたことから、調整力の調達を柔軟に行うことを目的として 2016 年度から調整力の公募が開始された[1)]。今後は 2021 年を目途に調整力を市場で取引する需給調整市場の創設も予定されており[2)]、新電力などの電気事業者が調整力提供者として、需給調整に参加する機会が訪れることが期待されている。今後、需給調整市場での取引を活性化してより効率的に調整力の確保を行うためには、個々の調整力提供者の需給調整市場での取引による経済性を定量的に評価する必要がある。そこで、ここでは需給調整市場での調整力取引をモデル化し、調整力提供者となるバランシンググループの余剰を試算して、バランシンググループが需給調整市場に参加することによる経済性の評価を行う。

まず、想定する需給調整市場を設定しよう。需給調整市場での取引を評価するために、総合資源エネルギー調査会電力・ガス基本政策小委員会制度検討作業部会の資料[3)]をもとにして、需給調整市場で取引される商品の定義を行う。需給調整市場では、一般送配電事業者が調整力提供者から調整幅である「ΔkW」を事前に購入する。次に、実需給断面において（あるいは 1 時間前のゲートクローズ後において)、一般送配電事業者が調整力提供者から約定済みの ΔkW の調整幅の範囲で、「調整力 kWh」を購入する。ΔkW、調整力 kWh は、ともに正の値（上向き調整力）の場合も負の値（下向き調整力）の場合もある。需給調整市場で新電力などの調整力提供者が市場参加するにあたって、DR の活用が期待されている。DR は前日計画において計画値同時同量に算入される。加えて、DR を調整力にも活用する。この場合、発動させる量は当日にならないとわからないので、ΔkW として確保した量の分だけはあらかじめ確保しておき、DR を発動できる状態にしておく必要がある。

次に、ΔkW 市場と調整力 kWh のモデル化を行う。ΔkW は運用の前段階で確保されるべきものであるので、バランシンググループの有する発電機出力の上げしろと下げしろが ΔkW に相当するとし、

$$\sum_i P_{ik}^{\mathrm{resUP}} = \hat{P}_{ik}^{\mathrm{UP}} \quad (1)$$

$$\sum_i P_{ik}^{\mathrm{resDOWN}} = \hat{P}_{ik}^{\mathrm{DOWN}} \quad (2)$$

のようにモデル化する。ここで、P_{ik}^{resUP}、$P_{ik}^{\mathrm{resDOWN}}$ は i 番目の火力発電機の k 時刻目の出力の上げしろと下げしろである。また、$\hat{P}_{ik}^{\mathrm{UP}}$、$\hat{P}_{ik}^{\mathrm{DOWN}}$ はそれぞれ上向き、下向き調整力提供量である。

一方、調整力 kWh は、あらかじめ確保している ΔkW の量以上には提供することができないので、すべての時間帯において ΔkW の量以下となる。バランシンググループは、市場

の調整力 kWh 価格がバランシンググループの発電コストの限界費用より高い場合には上向き調整力の提供を約定させ、低い場合には下向き調整力の提供を約定させる。そして、バランシンググループが調達段階において ΔkW の約定をしている場合、運用段階において確保している分のすべての調整力を調整力 kWh として提供した方が収入は増えるため、実際に取引する調整力 kWh の量は約定している ΔkW の量と等しくなる。その結果、ΔkW と調整力 kWh との関係は、

$$\hat{P}_{ik}^{\mathrm{UP}} \Delta t = P_{ik}^{\mathrm{kWhUP}} \quad (3)$$

$$\hat{P}_{ik}^{\mathrm{DOWN}} \Delta t = P_{ik}^{\mathrm{kWhDOWN}} \quad (4)$$

と書ける。ここで、Δt は調整力 kWh 提供時間幅、P_{ik}^{kWhUP}、$P_{ik}^{\mathrm{kWhDOWN}}$ はそれぞれ上げ下げの調整力 kWh である。

続いて、インバランス発生量のモデル化について考えてみよう。バランシンググループが調整力を提供すると、その分だけ自社の調整力が減ってしまうため、インバランスが発生しやすくなる。これに対して、調整力提供量とインバランス発生量の関係を、以下のような線形の関係で与える。

$$P_k^{\mathrm{imUP}} = c^{\mathrm{imUP}} \cdot \hat{P}_{ik}^{\mathrm{UP}} + P_k^{\mathrm{imUP\_MIN}} \quad (5)$$

$$P_k^{\mathrm{imDOWN}} = c^{\mathrm{imDOWN}} \cdot \hat{P}_{ik}^{\mathrm{DOWN}} + P_k^{\mathrm{imDOWN\_MIN}} \quad (6)$$

式 (5) は上向き調整力提供量と不足インバランス発生量の関係式、式 (6) は下向き調整力と余剰インバランス発生量の関係式である。ここで、P_k^{imUP}、P_k^{imDOWN} は k 時刻目の不足インバランスと余剰インバランスであり、c^{imUP}、c^{imDOWN} は比例定数である。$P_k^{\mathrm{imUP\_MIN}}$、$P_k^{\mathrm{imDOWN\_MIN}}$ は、予測される上げ下げインバランス発生量の最小値である。

最後に、DR コスト関数のモデル化を考える。DR 実施のためのコストは需要家によりさまざまであるが、ここでは、考え方の一つとして、停電コストを準用する。ここでの停電コストは、停電により需要家に生じた損害額を指す。DR は明らかに停電とは異なるものであるが、ここでの DR コストは、その時間帯に電力を使用できなかったことにより需要家側に発生するコストであるとみなす。さらに、停電コストは、その需要家にまったく電力が供給できない状況を想定しているが、ここでは DR を技術ポテンシャルの最大まで実施した場合に、停電コストと同様のコストが生じると仮定する。加えて、この DR の最大技術ポテンシャルに対して、部分的に DR を実施した場合の DR 実施の限界費用は、線形に増加するとみなして、DR の量 $P_{\mathrm{DR},k}$ と限界費用 M の関係を以下のように仮定する。

$$M(P_{\mathrm{DR},k}) = C_{\mathrm{DR}} \cdot P_{\mathrm{DR},k} \tag{7}$$

ここで、C_{DR}〔円/MW^2〕は、比例定数である。上記の仮定において、DR 最大技術ポテンシャル $P_{\mathrm{DR},k}^{\mathrm{MAX}}$ における DR コスト F は、式(7)を DR 量で積分することで求められ、

$$\begin{aligned} F(P_{\mathrm{DR},k}^{\mathrm{MAX}}) &= \int_0^{P_{\mathrm{DR},k}^{\mathrm{MAX}}} M(P_{\mathrm{DR},k}) \cdot dP_{\mathrm{DR},k} \\ &= \int_0^{P_{\mathrm{DR},k}^{\mathrm{MAX}}} C_{\mathrm{DR}} \cdot P_{\mathrm{DR},k} \cdot dP_{\mathrm{DR},k} = \frac{1}{2} C_{\mathrm{DR}} \cdot {P_{\mathrm{DR},k}^{\mathrm{MAX}}}^2 \end{aligned} \tag{8}$$

で表される。なお、式(8)の係数 C_{DR} を決めるために、経済成長率に基づく停電コスト推計[4)]を利用することができる。DR 最大技術ポテンシャル $P_{\mathrm{DR},k}^{\mathrm{MAX}}$ における DR コスト〔円〕は、停電時にかかるコスト〔円〕とみなすことができる。したがって、停電コスト〔円/kWh〕を C_{outage} とすると、停電時にかかるコスト〔円〕は C_{outage} と $P_{\mathrm{DR},k}^{\mathrm{MAX}}$ の積で表されるので、

$$\frac{1}{2} C_{\mathrm{DR}} \cdot {P_{\mathrm{DR},k}^{\mathrm{MAX}}}^2 = C_{\mathrm{outage}} \cdot P_{\mathrm{DR},k}^{\mathrm{MAX}}$$

が成り立つ。上記の式を C_{DR} について解くと、以下を得る。

$$C_{\mathrm{DR}} = 2 \cdot \frac{C_{\mathrm{outage}}}{P_{\mathrm{DR},k}^{\mathrm{MAX}}}$$

3.2.2 バランシンググループの需給計画最適化問題

小売市場での取引、卸市場での取引、需給調整市場での取引、DR の取引、発電コストおよびインバランス料金の支払いに、式(3)、式(4)の条件を適用すると、バランシンググループ利益最大化問題は以下のように定式化できる。

$$\begin{aligned} \max J = \sum_k \sum_i \Big\{ & \rho_k^{\mathrm{R}} \cdot P_k^{\mathrm{fd}} + \rho_k^{\mathrm{W}} \cdot P_k^{\mathrm{sup}} \\ & + \left(\rho_k^{\mathrm{deltakWUP}} + \rho_k^{\mathrm{kWUP}}\right) \cdot \hat{P}_{ik}^{\mathrm{UP}} \cdot A^{\mathrm{UP}} \\ & + \left(\rho_k^{\mathrm{deltakWDOWN}} + \rho_k^{\mathrm{kWDOWN}}\right) \cdot \hat{P}_{ik}^{\mathrm{DOWN}} \cdot A^{\mathrm{DOWN}} \\ & - \rho_k^{\mathrm{W}} \cdot P_k^{\mathrm{pur}} - c_i^{\mathrm{su}} \cdot v_{ik} - c_i^{\mathrm{nl}} \cdot u_{ik} - \sum_s c_{is} \cdot P_{isk} \end{aligned} \tag{9}$$

$$-\sum_{m}\rho_{\mathrm{DR},m}\cdot p_{\mathrm{DR},mk}-\rho_k^{\mathrm{imUP}}\cdot P_k^{\mathrm{imUP}}-\rho_k^{\mathrm{imDOWN}}\cdot P_k^{\mathrm{imDOWN}}\Biggr\}$$

ここで、ρ_k^{R} は k 時刻目の小売市場での収入である小売価格、P_k^{fd} は電力需要、ρ_k^{W} は卸電力スポット価格、P_k^{sup} は卸電力市場で販売する電力、$\rho_k^{\mathrm{deltakWUP}}$、$\rho_k^{\mathrm{deltakWDOWN}}$ は上向き・下向き調整力取引の ΔkW 価格、$\hat{P}_{ik}^{\mathrm{UP}}$、$\hat{P}_{ik}^{\mathrm{DOWN}}$ は i 番目の火力発電機の k 時刻目の上向き・下向き調整力確保量、ρ_k^{kWUP}、ρ_k^{kWDOWN} は上向き・下向き調整力取引の調整力 kWh 価格、A^{UP}、A^{DOWN} は調整力取引の向きを決めるためのバイナリ変数、P_k^{pur} は卸電力市場で調達する電力、c_i^{su}、c_i^{nl} は発電機ごとの起動コストと無負荷コスト、P_{isk}、c_{is} は区分線形近似した燃料費関数の s 番目の区間の k 時刻目に対応する i 番目の発電機出力と増分燃料費、ρ_k^{imUP}、P_k^{imUP} は不足インバランス料金と量、ρ_k^{imDOWN}、P_k^{imDOWN} は余剰インバランス料金と量、$P_{\mathrm{DR},mk}$ は取引でバランシンググループが需要家から買う k 時刻目の m 番目の DR 方策に対応する量、$\rho_{\mathrm{DR},m}$ は m 番目の DR 方策に対応する価格である。v_{ik} は起動時に 1 でそれ以外で 0 となるバイナリ変数である。また、u_{ik} は運転中 1 で停止中に 0 となるバイナリ変数である。

制約条件は、公開されている米国エネルギー規制委員会の発電機起動停止計画モデル[5)]を参考に、発電機の出力上下限、ランプレート上下限、運転状態（発電機の運転状態と休止状態が同時に起こらないようにするなど）のバイナリ変数制約に加え、需給調整市場に関する等式制約（式(1)、式(2)）、インバランス発生量に関する等式制約（式(5)、式(6)）である。

上記の式(9)で表される最適化問題を解くためには、市場価格 ρ_k^{W}、$\rho_k^{\mathrm{deltakWUP}}$、$\rho_k^{\mathrm{kWUP}}$、$\rho_k^{\mathrm{deltakWDOWN}}$、$\rho_k^{\mathrm{kWDOWN}}$、$\rho_k^{\mathrm{imUP}}$、$\rho_k^{\mathrm{imDOWN}}$ を入力として与え、バランシンググループとしての市場取引戦略を立案する必要がある。

バランシンググループは、まず、市場取引をしないで需給バランスを満たす場合の限界費用と、市場全体のマクロシナリオに基づく市場価格の予測値を比較し、調整力取引の向きを決めるバイナリ変数である A^{UP} と A^{DOWN} を決定する。すなわち、市場価格よりも限界費用の方が低い場合には上向き調整力の取引を行い、限界費用の方が高い場合には下向き調整力取引を行う。次に、A^{UP} と A^{DOWN} を固定したまま、式(9)により発電機の運転と DR 実施量を決定する。これにより、同時に調整力取引量も定まる。

3.2.3 数値例

まず、ここでの数値例の計算条件を示す。

・インバランスと調整力の設定は、比例定数 c^{imUP}、c^{imDOWN} で与えられる。これらは調整力提供量とインバランス発生量の比に相当するので、2017 年度の調整力公募時における東京電力エリア全体での調整力必要量[6]と 2017 年度のインバランス発生量[7]の比を用いた。予測されるインバランス発生量の最小値 $P_k^{\mathrm{imUP\_MIN}}$、$P_k^{\mathrm{imDOWN\_MIN}}$ は、2017 年度のインバランス発生量の電力需要に対する割合を時間ごとの電力需要に乗じた値を用いた。

・代表日は冬期平日の 2017 年 1 月 20 日とし、電力需要は、一般社団法人環境共創イニシアチブの平成 23 年度エネルギー管理システム導入促進事業費補助金実績報告データ[8]に収録されている、関東の需要家 2270 件のデータより作成した。このバランシンググループが契約している総電力需要のピークは 480 MW である。

・ΔkW 価格は、発電にかかる固定費分の価格である[9]ので、経済産業省資料[10]より 2014 年度および 2030 年度のモデルプラント試算結果の石油火力発電機の資本費と運転維持費の合計値を用いて、二つのケースを設定した。高めのケースでは 19.1 円/kW、低めのケースでは 6.4 円/kW（いずれも調整力確保 1 時間あたり）とし、小売価格は、ある電力会社の従量電灯プランを参考に 19.52 円/kWh とした。

・卸電力スポット価格と調整力 kWh 価格は、マクロシナリオを計算して求めたシャドープライスを用いた。インバランス料金は、2016 年度の東京電力エリア料金単価の確報値とした[11]。

・バランシンググループの所有している発電機は、燃料種別が LNG で定格出力 200 MW の火力発電機 3 台とした。PV のシナリオは、2016 年度シナリオではバランシンググループが定格出力 30 MW の PV を所有していると想定し、2030 年度シナリオでは 30 MW の 2.6 倍に相当する 78 MW の PV を所有していると想定した。

・**表 3.2** は、利用可能な DR の需要家業種別の停電コストと、各シナリオの DR 発動可能最大量を示している。停電コストは、2016 年度の GDP と電力使用量を用いて計算した。DR 最大技術ポテンシャルは、すべての業種の DR 最大技術ポテンシャルを合計して対象期間の最低電力需要となるように設定した。DR 発動可能最大量は、需要家業種別の DR 最大技術ポテンシャルの 10%とした。負荷率の高いシナリオと低いシナリオとで、対象期間の最低電力需要および需要家業種の割合が異なるため、値には差異がある。

表 3.2　数値例における DR に関する想定：DR コストは、調整する単位電力量あたりの DR 実施コストである。ここでは、マクロ経済統計から算出される停電コストより想定した。DR 容量は、東京電力エリアの建物用途と電気設備から想定される DR 容量と総電力需要の割合から算出した。

産業種別	DR コスト〔円/kWh〕	DR 容量〔MW〕
卸・小売店舗	727.4	10.64
宿泊・飲食店	287.1	1.19
医療・福祉	793.7	2.78
運輸・配達	1664.9	0.76
学校・教育	640.9	0.02
金融	4545.7	0.0
建設	4189.2	0.0
不動産	5742.1	0.16
娯楽・サービス	527.9	2.15
研究開発	4544.4	0.03
製造	575.7	1.13
行政	4017.7	0.0
合計	–	18.87

・マクロシナリオでは、東京電力エリアの発電所を対象とした市場を想定した。PV 導入量は、経済産業省固定価格買取制度情報公開用ウェブサイトより当該前月末の導入容量を用いた。対象年度は、2016 年度と 2030 年度とした。2030 年度シナリオでは、2016 年度シナリオの発電機に、さらに原子力発電所 2 機を追加した。さらに火力発電所の燃料費を、日本エネルギー経済研究所の試算[12]を参考に、2016 年度の燃料価格と 2030 年度の燃料価格との比を、2016 年度シナリオの燃料費関数に乗じた値を使用した。2030 年の PV 導入量は、日本全国で 100 GW 導入[13]されるものと仮定し、2016 年度末の日本全国の PV 導入容量である 38.47 MW との比である 2.6 を、分析対象日時点の東京電力エリア内の PV 導入容量に乗じたものとした。電力需要は、2030 年度の時点では 2016 年度の電力需要から大きく変化することはない[9]と考え、2016 年度シナリオと同様の電力需要データを用いた。

以下では、計算結果を示し考察を行う。図 **3.3** は、冬期代表日 1 月 20 日において、需給調

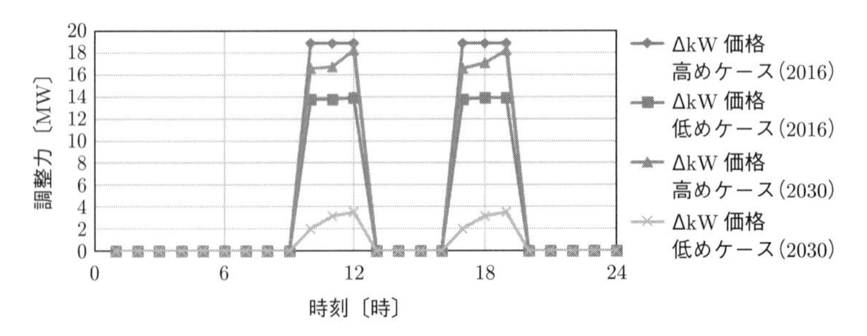

図 3.3　需給調整市場の kWh 商品として売り出される DR 量：ΔkW 価格が高ければ、前日スポット市場で売りに出さずに、需給調整市場で売り出される。2030 年度は、化石燃料価格の高騰により、需給調整市場供給量が小さくなる。

整市場の kWh 商品として売り出される DR 量である。この量は、ΔkW 価格と前日スポット市場価格の相対的な大小関係で決定される。すなわち、ΔkW 価格が高ければ、前日スポット市場で売りに出さずに、需給調整市場で売り出される。2030 年度の方が 2016 年度よりも化石燃料価格が高くなり、結果として前日スポット市場の価格も高くなるため、需給調整市場へ拠出される DR は少なくなる。

図 3.4 は、同じく冬期代表日 2030 年度 1 月 20 日における ΔkW 価格低めケースの業種別 DR 量である。業種別 DR 量は、その業種の DR 価格が安く、DR 可能量も多い場合に大きくなる。ここでは、マクロ経済的な停電コストから DR 価格を算出し、DR 可能量も業種別の電気設備の想定に基づくものである。冬期代表日であるので、いずれの業種においても、午前中から昼にかけてと夕方の電灯による電力需要ピークに合わせて DR 量が大きくなっている。これは、電力需要が大きい時間帯では、従来の火力発電所の調整力で充分な量を確保できず、DR が必要となるためである。

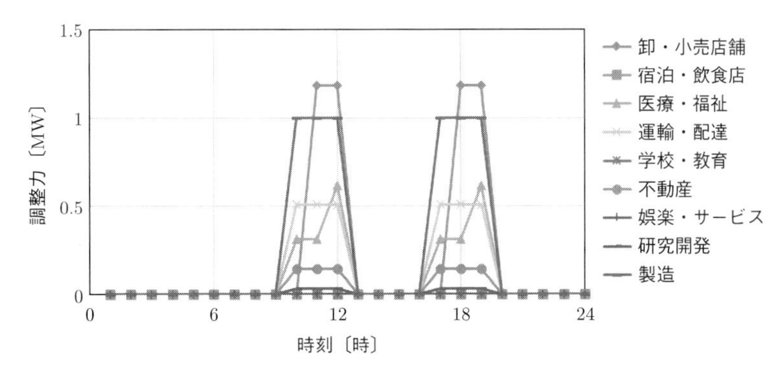

図 3.4　需給調整市場の kWh 商品として売り出される業種別 DR 量：DR 単価の低めで DR 可能な負荷の量が多い卸・小売店舗や製造業での DR 量が多く、DR 単価の高めの医療・福祉、娯楽・サービスは DR 量が少ない。その他の業種は、DR 可能な負荷の量が少ない。

3.3 モデル予測制御を用いた当日デマンドレスポンス

本節では、モデル予測制御と呼ばれる手法を用いた当日実行するDRの手法を紹介する。これは、DRの経済的価値に着目した手法であり、発電コストと電力需要予測に基づき、最適な電力使用量を求めることができる。

本節の構成とポイントは以下の通りである。

3.3.1 **デマンドレスポンス**

・エネルギー管理システムにおいて、アグリゲータ（中間層）の導入が注目されている。

・アグリゲータの重要な機能であるDRの経済的価値を明らかにすることが重要である。

3.3.2 **モデル予測制御に基づくオンラインアルゴリズム**

・前日計画の電力需要とコストに基づき、当日の電力需要を計算する。

・モデル予測制御を利用することで、計算した電力需要と実際の電力需要の誤差を考慮することができる。

3.3.3 **提案アルゴリズムの検証**

・日本卸電力取引所のデータを利用し、アルゴリズムを実装する。

・アルゴリズムを利用したときのコスト削減の効果を試算する。

3.3.4 **アルゴリズムの拡張**

・これまでに得られている提案アルゴリズムの拡張について説明する。

3.3.1 デマンドレスポンス

エネルギー管理システムを簡単化する一つの方法として、アグリゲータ（中間層）の導入が注目されている[14),15)]。この枠組みでは、需要家と電力会社が直接取引するのではなく、アグリゲータが電力会社と取引することを考えている。アグリゲータは数百程度の需要家を管理し、電力会社からの節電指令に基づき、需要家を制御する。小売り業者はアグリゲータの典型例の一つである。

アグリゲータの機能の一つとしてDRを考える。DRとは、「需給ひっ迫時に、電気料金価格の設定またはインセンティブの支払に応じて、需要家が電力の使用を抑制し電力消費パターンを変化させること」と定義される[16)]。分散型の DR や需要家の数理モデルなど、さまざまな視点から研究されている（例えば、文献[17)~22)]などを参照されたい）。DR におけるアグリゲータの位置付けを図 **3.5** に示す。電力会社からアグリゲータに節電要請があったとき、アグリゲータは要請があった節電量に応じて、需要家を制御する。DR では、例えば、エアコンの設定温度を調整することで節電を図る。節電した電力使用量（ネガワット）に応じて、電力会社はアグリゲータに報酬を支払う。さらに、アグリゲータは実績に応じて、需要家に報酬を支払う。電力会社からアグリゲータへの報酬の原資には、ピークシフトにより削減できたコストが含まれている。需給ひっ迫時は、発電機の運転などでコストがかかっている。相対的に、夜間や電力需要が低いときは低コストとなっている。低コストの時間帯に電力消費をシフトすることで、コストが削減できる。アグリゲータの位置付けを明確化するためには、その経済的な価値を明らかにすることが必要である。しかしながら、DR によるコスト削減の評価はこれまでに考えられていない。

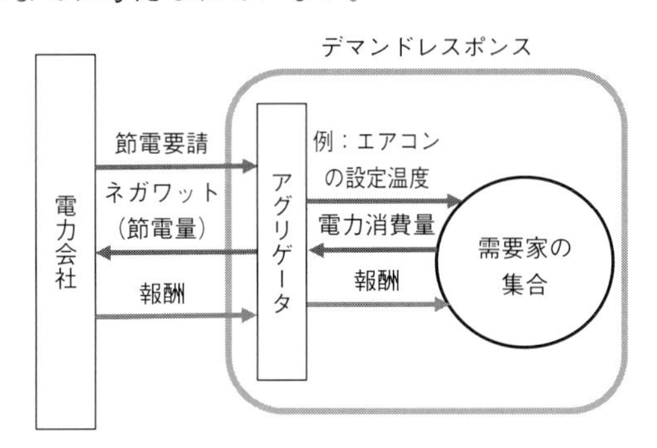

図 3.5 アグリゲータ（中間層）の位置付け：アグリゲータの導入により、電力会社は個々の需要家との取引が不要となる。

本節では、DR の経済的価値（費用対効果）を最大化するためのアルゴリズム[23)]を紹介する。さらに、計算例によりコスト削減の効果を評価する。3.2 節の手法では、発電事業者やアグリゲータをひとまとめにし、調整力の確保・供給のために発電機の上げしろや下げしろを考慮している。ここでは、調整力の確保や供給に関する技術的問題には触れず、調整力のコストのみを考えることとする。また、紹介するアルゴリズムは、モデル予測制御と呼ばれる手法に基づいている。モデル予測制御とは、将来の振る舞いを予測し、現在の戦略を決定する制御手法であり[24)]、化学プラントなどさまざまな実システムに適用されている。コスト最小化問題をある一定の時間間隔ごとに解くことで、状況に応じた最適化が可能となる。

3.3.2 モデル予測制御に基づくオンラインアルゴリズム

まず、提案アルゴリズムの概要について説明する。前日に翌日の電力需要やコスト単価（電力価格）が計算されているとする。DR によってピークシフトすることを考えるが、1 日に利用可能な電力使用量の総量は前日計画の総量とする。ピークシフトを実現するためには調整力の確保が必要であり、コストが発生するので、この点を考慮する必要もある。ここでは、適切にコストをかけることで、調整力が確保できることを想定する。その上で、ピークシフトによる利益と調整力のコストを考慮したコスト最小化手法を考える。

次に、具体的に定式化していく。1 日（0 時から 24 時）を適当な時間間隔 $k = 0, 1, \ldots, T$ で分割する。0 時から 30 分ごとに電力使用量を評価する場合、$T = 47$ となる。前日計画で得られる（予測）コスト単価と（予測）電力需要をそれぞれ $c_1(k)$、$P(k)$、$k = 0, 1, \ldots, T$ と表記する。電力需要は数百程度の需要家の総量を想定する。また、当日の DR による調整後の電力需要を $P^{\mathrm{s}}(k)$ とし、電力使用量の実績値を $P^{\mathrm{a}}(k)$ とする。

このとき、時刻 $\tau \in \{0, 1, \ldots, T\}$ で解く問題を以下に与える。

問題 3.1 前日計画のコスト単価および電力需要 $c_1(k)$、$P(k)$、$k = \tau, \tau+1, \ldots, T$、当日の電力使用量の実績値 $P^{\mathrm{a}}(k)$、$k = 0, 1, \ldots, \tau-1$、および重み c_2、c_3 が与えられているとする。このとき、制約条件

$$\sum_{k=\tau}^{T} P^{\mathrm{s}}(k) = \sum_{k=0}^{T} P(k) - \sum_{k=0}^{\tau-1} P^{\mathrm{a}}(k) \tag{10}$$

のもとで、評価関数

$$J = \sum_{k=\tau}^{T} \left\{ c_1(k) P^{\mathrm{s}}(k) + c_2 \beta(k) + c_3 \beta^2(k) \right\}$$

を最小化する

$$P^{\mathrm{s}}(k),\ \beta(k)(:= |P^{\mathrm{s}}(\tau) - P(\tau)|),\ k = \tau, \tau+1, \ldots, T$$

を求めよ。

制約条件 (10) は、1 日で利用可能な総量は前日計画の総量と同じあることを意味している。なお、時刻 τ において、右辺は定数であることに注意されたい。

評価関数 J の第 1 項は発電コストを表現している。第 2 項は DR による調整力のコストを表現しており、重み c_2 がその単価に対応する。第 1 項と第 2 項で、ピークシフトの実質的なコストを表現している。第 3 項は、調整力の振る舞いの調整項である。この項がない場合、$c_1(k)$ が最大および最小となる時刻のみで、DR を過剰に実施する非現実的な解が得られてしまう（上記の問題では、調整力 $\beta(k)$ は単価 c_2 で制約なく確保できることに注意されたい）。第 2 項と第 3 項の重みを適切に調整することで、現実的な解を得ることができる。重み c_2、c_3 は例えば、$P(k)$ と $P^{\mathrm{a}}(k)$ の誤差の累積に基づき、調整すればよい。すなわち

$$
\begin{aligned}
c_i &= c_i^1 - c_i^2 \bar{e}(\tau), \quad i = 2, 3, \\
\bar{e}(\tau) &:= \left| \sum_{k=0}^{\tau-1} P(k) - \sum_{k=0}^{\tau-1} P^{\mathrm{a}}(k) \right|
\end{aligned}
\tag{11}
$$

を用いて、各時刻 τ で調整すればよい。ここで、$c_i^1, c_i^2 \geq 0$, $i = 2, 3$ は重みである。

当日計画では、問題 3.1 を解くことで、電力需要（すなわち供給）を求める。問題 3.1 を用いたオンラインアルゴリズムを示す。

【モデル予測制御に基づくオンラインアルゴリズム】

ステップ 1： $\tau = 0$ とする。

ステップ 2： 問題 3.1 を解いて得られた $P^{\mathrm{s}}(\tau)$ に基づき、DR を実行する。

ステップ 3： $P^{\mathrm{s}}(\tau)$ の実績値 $P^{\mathrm{a}}(\tau)$ を収集する。

ステップ 4： $\tau := \tau + 1$ に更新する。$\tau < T$ のときはステップ 2 に戻る。
$\tau = T$ のときは終了する。

なお、DR が経済的価値を生む条件を $c_1(k)$ と c_2 から導出している[23]。コスト単価 $c_1(k)$ の最大値および最小値をそれぞれ $c_{1,\max}$ および $c_{1,\min}$ とする。このとき、$c_{1,\max} - c_{1,\min} > 2c_2$ を満足すれば、DR が経済的価値を生む。この条件を満足しないとき、すなわち $c_{1,\max} - c_{1,\min} \leq 2c_2$ となる場合は、$P^{\mathrm{s}}(k) = P(k)$ が最適解となり、経済的価値の観点からは DR は効果を発揮しない。この条件は、制約条件 (10) から、電力使用量をある時間で下げた分、別の時間で上げる必要があるため、調整コストが 2 回かかることに基づいている。これはシンプルな条件であるので、DR を実施する際の需要家への報酬を算出する指針などに使用することができる。

3.3.3 提案アルゴリズムの検証

実際のコストと電力需要のデータを入手することは難しい。そこで、日本卸電力取引所（JEPX）で公開されているデータを代わりに用いることとする。すなわち、前日計画で得られるコスト単価 $c_1(k)$ と電力需要 $P(k)$ は、それぞれ前日市場（スポット市場）のシステムプライスと約定量を利用することとする。ここでは、2017 年 9 月 20 日のデータを利用することとし、0 時から 30 分ごとに電力使用量を評価する（すなわち $T=47$ となる）。図 **3.6** において、点線が前日計画の電力需要 $P(k)$ である。破線は $P(k)$ にノイズを付加することで模擬した当日の電力需要の実績である。なお、ノイズは電力会社の予測と実績のデータに基づいて生成した。当日の電力需要実績の総和が前日計画の電力需要の総和を超えていることが確認できる。図 **3.7** は前日計画のコスト単価 $c_1(k)$ である。

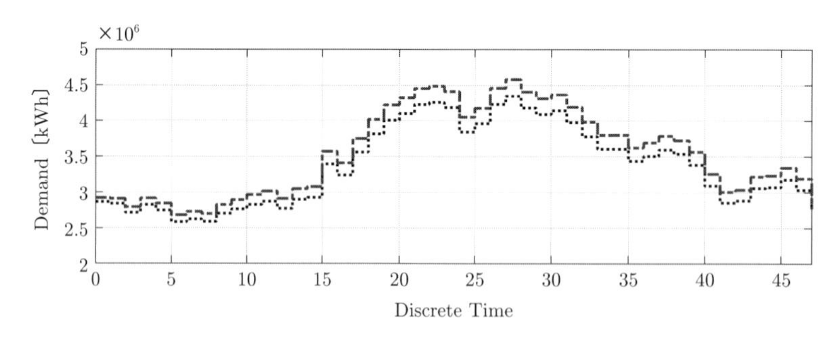

図 3.6 電力需要のデータ：点線：前日計画の電力需要 $\boldsymbol{P(k)}$。破線：DR を実施しない場合の電力需要の実績値 $\boldsymbol{P^{\mathrm{a}}(k)}$。

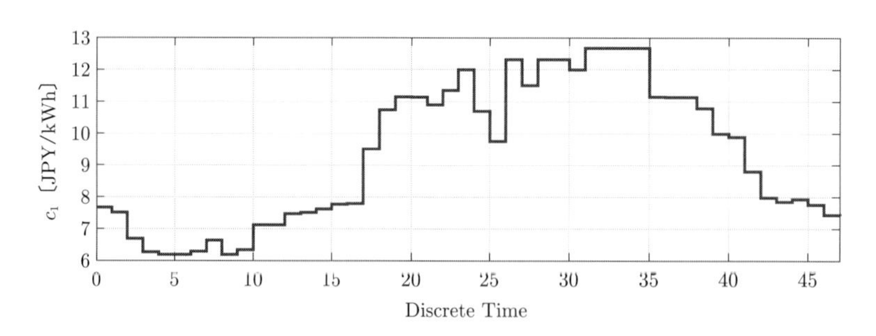

図 3.7 前日計画のコスト単価 $\boldsymbol{c_1(k)}$ のデータ：時刻 30 から時刻 35 付近でコストが高くなっている。

3.3.2 項で紹介したアルゴリズムを用いた計算結果を示す。ここで c_2^1 および c_2^2 はそれぞれ 2.0 および 1.0×10^{-8} と設定した。また c_3^1 および c_3^2 はそれぞれ 3.5×10^{-6} および 1.0×10^{-16} と設定した。図 **3.8** が電力需要、図 **3.9** が式 (11) の $\bar{e}$ を表している。図 **3.7** から時刻 30 から時刻 35 付近でコストが高いことが確認できる。このため、図 **3.8** では、この時間帯で大きく電力需要を削減している。図 **3.9** から、誤差の累積 $\bar{e}$ が時刻 25 までほぼ増加し続けてい

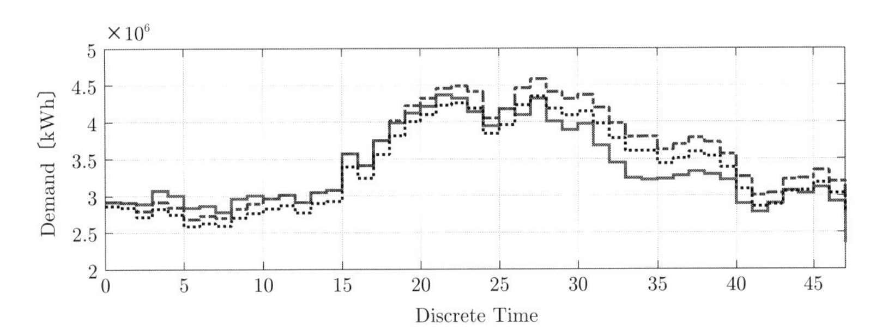

図 3.8 電力需要のデータの比較：点線：前日計画の電力需要。破線：DR を実施しない場合の電力需要の実績値。実線：3.3.2 項のアルゴリズムにより DR を実施した場合の電力需要の実績値。コストが高い時間帯で電力需要が抑制されている。

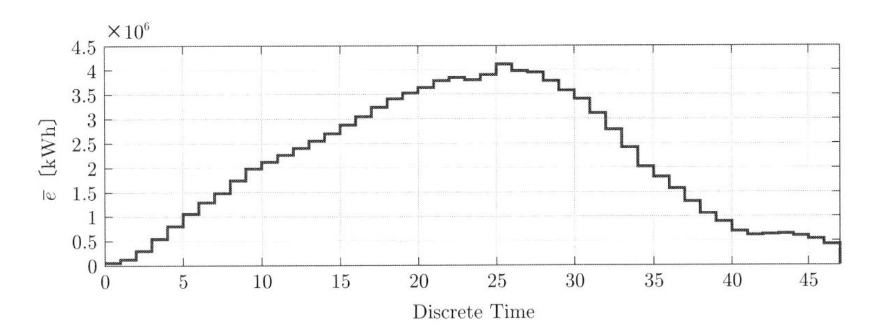

図 3.9 3.3.2 項のアルゴリズムにより DR を実施した場合の誤差の累積 $\bar{e}$：ピークシフトによる誤差が増加したのち減少する。

ることが確認できる。その後、1 日の終わりで制約条件 (10) を満足するために、誤差の累積が徐々に減少する。

最後に、DR によるコスト削減の効果を評価する。コストの指標として、

$$J_{\mathrm{total}} := \sum_{k=0}^{47} \{c_1(k)P^{\mathrm{a}}(k) + c_2\beta(k)\}$$

を定義する。DR を実施していない場合の電力需要の実績値 P^{a} は、図 **3.6** の破線で与えられているとする。このとき $J_{\mathrm{total}} = 1.6328 \times 10^9$ 円となった。DR を実施していないので、$\sum_{k=0}^{47} c_2\beta(k) = 0$ であることに注意されたい。3.3.2 項で紹介したアルゴリズムを用いた場合、電力需要の実績値 P^{a} は図 **3.8** の実線となる。このとき $J_{\mathrm{total}} = 1.5604 \times 10^9$ 円となった。したがって、削減効果は 7.24×10^7 円と試算された。

3.3.4 アルゴリズムの拡張

本節では、モデル予測制御に基づく DR のオンラインアルゴリズムを紹介した。1 日のコ

スト単価の変動に応じた、最適な電力使用量を求めることができ、アグリゲータのビジネスモデルとして有用な手法であると考えられる。ここでは、最も基本となるアルゴリズムを紹介したが、以下の拡張がすでに提案されている[23)]。状況に応じて使い分ければよい。

(1) **ピークシフトに制約を課した場合のアルゴリズム**：1日をいくつかの区間に分割し、できるだけ分割した区間内だけでピークシフトを実施する。

(2) **計算タイミングを状況に応じて可変としたアルゴリズム**：アルゴリズムにより得られた電力需要 $P^{\mathrm{s}}(k)$ と対応する実績 $P^{\mathrm{a}}(k)$ の誤差が大きいときのみ再計算を実施する。

今後の課題としては、さまざまなデータセットによる評価が挙げられる。また、UC と DR の融合も重要な課題である。

3.4 電力プロファイル市場の設計と確率的約定方式

本節では、電力の供給家、需要家が、各時間スロットごとに変化する電力の時系列（電力プロファイル）そのものを市場で取引する手法について説明する。特に、計算量軽減のためランダマイズドアルゴリズムを援用する。

本節の構成とポイントは以下の通りである。

3.4.1 電力エネルギーシフトと電力プロファイルの取引
- 自然再生エネルギーの大量導入に伴い、電力エネルギーシフトが不可欠となってきている。
- 電力エネルギーシフトのための電力プロファイルの取引が必要である。

3.4.2 電力取引の基本
- 電力需要量価格曲線と供給量価格曲線を用いて、電力取引の基本的考えを説明する。

3.4.3 電力プロファイルの取引
- 電力プロファイルの取引を行う手法の概要を説明する。

3.4.4 確率的最適化手法の適用
- 確率的最適化手法による電力プロファイル取引の課題解決法を紹介する。

3.4.5 ブラインドオークションの場合
- ブラインドオークションの場合の取引手法を紹介する。

3.4.1 電力エネルギーシフトと電力プロファイルの取引

環境問題等を解決するため、将来において自然再生エネルギーの大量導入が不可欠である。その有力な手段の一つとしてPV発電が考えられるが、その発電が日照時のみに限られるため、蓄電池を利用し、電力エネルギーを時間方向に移動しなければならない。このような移動を、（時間的）電力エネルギーシフトと呼ぶ。ここで、PV発電による電力の供給家は、一旦発電および蓄電した電力を、需要家に対して大きな自由度を持って供給することが可能である。本節では、そのような自由度を持った電力を、どのようにして市場で取引するのかを考える。

現在の電力市場の一形態であるスポット市場[25]では、1日を30分単位のスロット、すなわち48スロットに分解し、前日に各スロットごとに取引する電力量と価格を定める。これは蓄電を考えず、発電時が電力消費時であることを前提にしているからである。一方、蓄電池を介する場合は、必ずしも1スロット単位で取引する必要はなく、複数のスロットに渡る供給電力量の時系列を市場で取引することも可能となる。このような電力量の時系列を「電力プロファイル」と呼ぶことにする[26]（**図 3.10** 参照）。

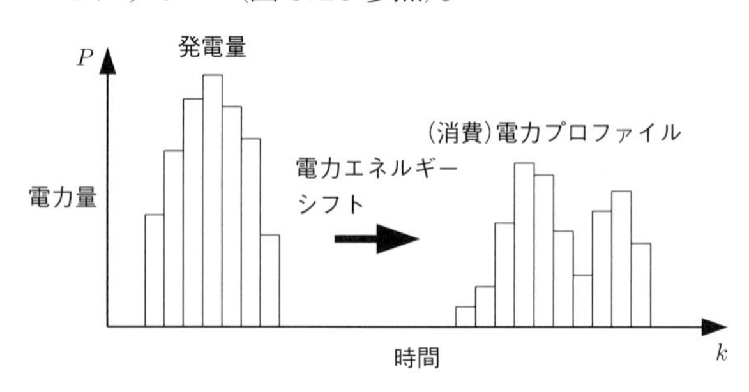

図 3.10　電力エネルギーシフトと電力プロファイル：日中のPV発電力量を蓄電池に貯め、より商品価値の高まる時間帯（例えば夕刻から夜にかけて）に求められる消費電力プロファイルで供給する。

電力プロファイルの次元は、その時系列のスロット数がNであればN次元であり、1スロットごとの取引の場合の1次元に比べて自由度が大きく、そのプロファイルによって商品価値が変わり得る。例えば、需要家の立場では、取引する電力の総量が同じでも、日照時より夜間、あるいは消費電力量の多い時間帯に多くの供給電力のある電力プロファイルは価値が高いと考えるであろう。一方、供給家の立場から見れば、そのような電力プロファイルを実現するには、夜間まで電力を蓄電しておく高容量の蓄電池を運転しなければならず、高コストとなり得る。

以上のように、電力プロファイルの一つ一つに価値が付与され、それを市場で取引することができれば、蓄電池の普及や自然再生エネルギーの大量導入が実現されるものと考えられる。また、電力プロファイルは、時間的にも先渡取引[27]や先物取引の対象になり得る。よって、リスクヘッジとしての役割を持ち、電力システム全体が破綻するリスクの低減のため、適切に扱われなければならない[28)〜30)]。しかしながら、現在のスポット市場における1スロットごとの独立した電力量取引の場合とは異なり、前述したように電力プロファイルには大きな自由度があり、そのような高自由度の商品を取引する市場のメカニズムは確立されていない。そこで本節の以降では、高自由度商品を取引する難しさと、その難しさを克服する手法を紹介する。

3.4.2 電力取引の基本

ここでは、現状のスポット市場における電力取引の仕組みについて概説する。

まずは、ある時間スロットに着目し、そこでの相対取引を考える。供給家および需要家の提示する供給量価格（単価）曲線 $P-\lambda_{\mathrm{s}}$、電力需要量価格（単価）曲線 $P-\lambda_{\mathrm{d}}$ をそれぞれ、$\lambda_{\mathrm{s}}(P)$、$\lambda_{\mathrm{d}}(P)$ とする。ここで $\lambda_{\mathrm{s}}(P)$ は厳密に単調増加関数、$\lambda_{\mathrm{d}}(P)$ は厳密に単調減少関数と仮定し、ある $P=P^{\star}$ で

$$\lambda_{\mathrm{s}}(P^{\star})=\lambda_{\mathrm{d}}(P^{\star})=\lambda^{\star} \tag{12}$$

が成り立てば（図 **3.11** 参照）、均衡解 $(P,\lambda)=(P^{\star},\lambda^{\star})$ で契約が成立する。以上が、現状の 1 スロットごとの電力取引の基本的メカニズムである。

次に、現状の複数の供給家や需要家が参加するブラインド・シングルプライスオークション型 1 日前スポット市場での取引を説明する。1 日を 30 分間隔で 48 スロットに分割し、市場では各スロットごとの取引が実施されると仮定する。各スロットを区別するインデックスを k、供給家、需要家のインデックスを i、j、それぞれの全集合を Ω_{s}、Ω_{d} とする。スロット k に対して、それぞれが入札する供給量価格曲線（厳密に単調増加関数と仮定）と電力需要量価格曲線（厳密に単調減少関数と仮定）を、

$$\lambda_{\mathrm{s}}^{i}(P;k),\ \lambda_{\mathrm{d}}^{j}(P;k) \tag{13}$$

と定義する。ここで、それぞれの逆関数を

$$P=P_{\mathrm{s}}^{i}(\lambda;k),\ P=P_{\mathrm{d}}^{j}(\lambda;k) \tag{14}$$

で表し、それらを積算した関数を、

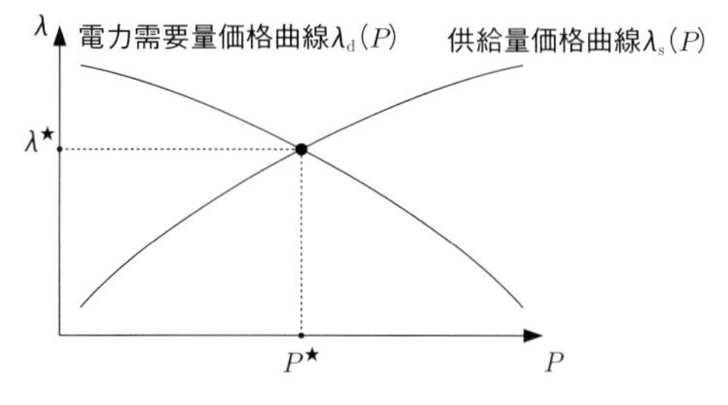

図 3.11　**供給量価格曲線と電力需要量価格曲線および均衡解**：単調増加の供給量価格曲線 $\lambda_{\mathrm{s}}(P)$ と単調減少の電力需要量価格曲線 $\lambda_{\mathrm{d}}(P)$ とが一点で交差する点が均衡解を与える。

$$P_{\mathrm{s}}(\lambda;k) := \sum_{i\in\Omega_{\mathrm{s}}} P_{\mathrm{s}}^{i}(\lambda;k) \tag{15}$$

$$P_{\mathrm{d}}(\lambda;k) := \sum_{j\in\Omega_{\mathrm{d}}} P_{\mathrm{d}}^{j}(\lambda;k) \tag{16}$$

と定義する。さらに、$P_{\mathrm{s}}(\lambda;k)$、$P_{\mathrm{d}}(\lambda;k)$ の逆関数を、

$$\lambda_{\mathrm{s}}(P_{\mathrm{s}};k),\ \lambda_{\mathrm{d}}(P_{\mathrm{d}};k) \tag{17}$$

とする。これらの $\lambda_{\mathrm{s}}(P_{\mathrm{s}};k)$、$\lambda_{\mathrm{d}}(P_{\mathrm{d}};k)$ は、それぞれ供給家の供給量価格曲線の積算、需要家の電力需要量価格曲線の積算である。これらはそれぞれ厳密に単調増加関数、厳密に単調減少関数である。そこで、ブランド・シングルプライスオークションでは、先に説明した相対取引と同様に、

$$\lambda_{\mathrm{s}}(P_{\mathrm{s}}^{\star};k) = \lambda_{\mathrm{d}}(P_{\mathrm{d}}^{\star};k) =: \lambda^{\star}$$

を満たす均衡解 $P_{\mathrm{s}}^{\star} = P_{\mathrm{d}}^{\star} = P^{\star},\ \lambda = \lambda^{\star}$ を求める。この $\lambda = \lambda^{\star}$ に対して各供給家、需要家は、$P_{\mathrm{s}}^{i}(\lambda^{\star};k)$、$P_{\mathrm{d}}^{j}(\lambda^{\star};k)$ を供給量、電力需要量として契約が成立する。

3.4.3 電力プロファイルの取引

次に、本節の主題である電力プロファイルの取引を考える。1 日あるいは適当な長さの時間ホライズンを、あるサンプリング時間間隔（例えば 30 分間隔）で複数のスロットに分割する。考慮するスロット数を N とし、消費電力プロファイルを、

$$\boldsymbol{P}[1:N] = \begin{bmatrix} P[1] & P[2] & \cdots & P[N] \end{bmatrix}^{\top}$$

とする。すなわち、$\boldsymbol{P}[1:N]$ は各 $P[k]$ に値を持つ N 次元ベクトルであり、一つの $\boldsymbol{P}[1:N]$ に対して供給者の供給量価格を定義しなければならない。$\boldsymbol{P}[1:N]$ の供給量プロファイル価格の一般的な表現は、$\boldsymbol{P}[1:N]$ の何らかの関数として、$\lambda_{\mathrm{s}}(\boldsymbol{P}[1:N])$ で与えられる。これは $\boldsymbol{P}[1:N]$ に関して非線形関数でも構わない。電力需要量価格についても、その一般的表現は $\lambda_{\mathrm{d}}(\boldsymbol{P}[1:N])$ で与えられる。

次に、電力供給家と需要家との間の取引を考える。まず、契約が成り立つ条件が、

$$\lambda_{\mathrm{s}}(\boldsymbol{P}^{\star}[1:N]) = \lambda_{\mathrm{d}}(\boldsymbol{P}^{\star}[1:N])(=: \lambda^{\star}) \tag{18}$$

で与えられることに注意する。$\boldsymbol{P}[1:N]$ の次元が N であるので、$\lambda_{\mathrm{s}}(\boldsymbol{P}[1:N])$、$\lambda_{\mathrm{d}}(\boldsymbol{P}[1:N])$ はそれぞれ N 変数関数であり、式 (18) を満たす $(\boldsymbol{P}^{\star}[1:N], \lambda^{\star})$ の集合 $\{(\boldsymbol{P}^{\star}[1:N], \lambda^{\star})\}$ は一般に $N-1$ 次元超平面 Γ となる（図 **3.12** 参照）。

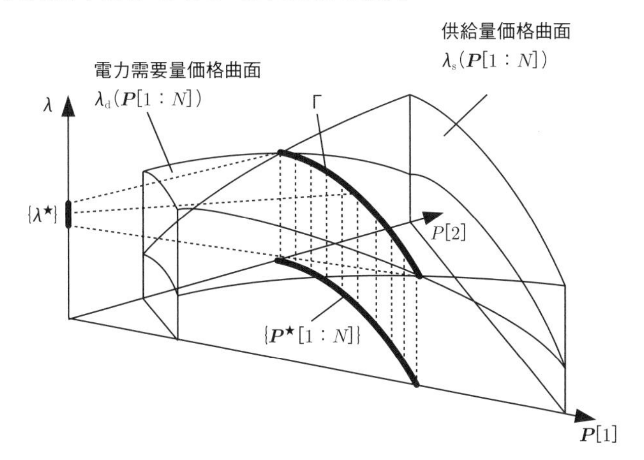

図 3.12 供給量価格曲面と電力需要量価格曲面および均衡解集合（$N = 2$ の場合）：単調増加の供給量価格曲面 $\lambda_{\mathrm{s}}(\boldsymbol{P}[1:N])$ と単調減少の電力需要量価格曲面 $\lambda_{\mathrm{d}}(\boldsymbol{P}[1:N])$ とが交差する点集合が均衡解集合を与える。

よって、取引成立の過程は、以下の二つのステップより構成される。

ステップ 1： 式 (18) を満たす $\boldsymbol{P}^{\star}[1:N]$ の集合 $\{\boldsymbol{P}^{\star}[1:N]\}$ を求める。

ステップ 2： ステップ 1 で求めた $\{\boldsymbol{P}^{\star}[1:N]\}$ の集合から、供給家と需要家との間の何らかの指針により、契約する $\boldsymbol{P}^{\star}[1:N]$ および単価 $\lambda^{\star}$ を定める。

ここで、ステップ 2 で述べた指針を考える。さまざまな指針が可能であるが、ここでは「取引電力量の総和が最も大となる $\boldsymbol{P}^{\star}[1:N]$ を選ぶ」とする。よって、それぞれのステップで解くべき問題は次となる。

$$\boldsymbol{P}^{\star}[1:N] = \arg\max_{\boldsymbol{P}[1:N]} H(\boldsymbol{P}[1:N]),\ H(\boldsymbol{P}[1:N]) := \sum_{k=1}^{N} P[k] \tag{19}$$

$$\text{s.t.}\quad \lambda_{\mathrm{s}}(\boldsymbol{P}[1:N]) = \lambda_{\mathrm{d}}(\boldsymbol{P}[1:N]) \tag{20}$$

しかしながら、上記問題は次の二つの課題を内包している。

・式 (20) を満たす $\boldsymbol{P}[1:N]$ の $N-1$ 次元の集合を、どのようにして求めるのか。

・N が大きい場合、一般に式 (19) の最大化問題の求解が困難になる。

これらの課題の解決法を以下で与える。

3.4.4 確率的最適化手法の適用

まず、

$$\mathcal{H}_1 := \{\boldsymbol{P}[1:N] \mid H(\boldsymbol{P}[1:N]) = 1\}$$

を定義する。すなわち、$\mathcal{H}_1$ は取引電力量の総和が 1 となる電力プロファイルの集合である。また、

$$\boldsymbol{P}[1:N] \in \mathcal{H}_1 \tag{21}$$

を満たす $\boldsymbol{P}[1:N]$ に対して、

$$\boldsymbol{P}[1:N,\alpha] := \alpha \times \boldsymbol{P}[1:N] \tag{22}$$

を定義する（よって式 (21) を満たす $\boldsymbol{P}[1:N]$ は $\boldsymbol{P}[1:N,1]$ とも表せる）。ここで、式 (22) の $\boldsymbol{P}[1:N,\alpha]$ について、α だけを変化させた $\boldsymbol{P}[1:N,\alpha]$ の集合は、N 次元の電力プロファイルの空間内の、式 (21) を満たす $\boldsymbol{P}[1:N]$ の方向に伸びる 1 次元の電力プロファイルの集合とみなせる。ここで、以下を仮定する。

仮定 3.1 変数 α に対して、$\lambda_{\mathrm{s}}(\boldsymbol{P}[1:N,\alpha])$ は厳密に単調増加関数であり、$\lambda_{\mathrm{d}}(\boldsymbol{P}[1:N,\alpha])$ は厳密に単調減少関数である。

この仮定により、供給家と需要家の間で式 (21) を満たす $\boldsymbol{P}[1:N]$ を一つ固定すれば、

$$\lambda_{\mathrm{s}}(\boldsymbol{P}[1:N,\alpha^\star]) = \lambda_{\mathrm{d}}(\boldsymbol{P}[1:N,\alpha^\star])(=: \lambda^\star)$$

を満たす $\alpha = \alpha^\star$ を探す問題は、3.4.2 項で説明した 1 スロット相対取引での式 (12) を満たす $P = P^\star$ を見つける問題と同一となり、その求解は容易である。ただし、$\boldsymbol{P}[1:N,1] \in \mathcal{H}_1$ は N 次元ベクトルであり、その自由度の扱いに課題が残る。この課題を解決するため、ここでは確率的最適化アルゴリズム[31)]の考えを取り入れ、$\mathcal{H}_1$ から $\boldsymbol{P}[1:N,1]$ を M 個、ランダムにサンプリングし、その M 個の $\boldsymbol{P}[1:N,\alpha]$ ごとの独立した電力取引問題を考える。より詳細には、まず集合 $\mathcal{H}_1$ において連続な測度（確率密度関数）を、

$$g(\boldsymbol{P}[1:N,1]),\ \boldsymbol{P}[1:N,1] \in \mathcal{H}_1 \tag{23}$$

と定義する。ただし、

$$\int_{\boldsymbol{P}[1:N,1]\in\mathcal{H}_1} g(\boldsymbol{P}[1:N,1])d\boldsymbol{P}[1:N,1]=1 \tag{24}$$

とする。なお $g(\boldsymbol{P}[1:N,1])$ としては一様分布とすることが多い。次に、ランダムサンプリングは、確率密度関数 $g(\boldsymbol{P}[1:N])$ に従って、独立同分布（independent and identically distributed：i.i.d）で行う。ここで、サンプリングした $\boldsymbol{P}[1:N,1]\in\mathcal{H}_1$ を、

$$\mathcal{H}_1^{\mathrm{s}} := \left\{\boldsymbol{P}^{(1)}[1:N,1],\, \boldsymbol{P}^{(2)}[1:N,1],\, \ldots,\, \boldsymbol{P}^{(M)}[1:N,1]\right\} \tag{25}$$

と表すことにすると、最適化アルゴリズムは以下となる。

$$\tilde{\boldsymbol{P}}[1:N,1] = \arg\max_{\boldsymbol{P}^{(m)}[1:N,1]\in\mathcal{H}_1^{\mathrm{s}}} \alpha \tag{26}$$

$$\text{s.t.}\quad \lambda_{\mathrm{s}}(\boldsymbol{P}^{(m)}[1:N,\alpha]) = \lambda_{\mathrm{d}}(\boldsymbol{P}^{(m)}[1:N,\alpha]) \tag{27}$$

また、上の問題の解 $\tilde{\boldsymbol{P}}[1:N,1]$ および α を用いて、求めるべき電力プロファイルが、

$$\tilde{\boldsymbol{P}}[1:N] := \tilde{\boldsymbol{P}}[1:N,\alpha] = \alpha\times\tilde{\boldsymbol{P}}[1:N,1] \tag{28}$$

と求まる。

上記のアルゴリズムにおける計算は、(i) M 個のランダムサンプリング、(ii) サンプルされた M 個の $\boldsymbol{P}^{(m)}[1:N,1]$ から式 (26) の最大値を与えるものの選択、(iii) 式 (27) を与えるスカラ変数 α の探索、の三つであり、計算量は M の 1 次多項式のオーダーである。一方、全探索による手法の計算量は N の指数オーダーとなり、それと比較して確率的最適化アルゴリズムの計算量は極めて小さい。

次に、確率的最適化アルゴリズムによる解の意義について説明する。$\boldsymbol{P}[1:N,1]$ のある集合 $\widehat{\mathcal{H}}_1\subseteq\mathcal{H}_1$ の測度を、

$$\begin{aligned}&\mathrm{Prob}\left(\left\{\boldsymbol{P}[1:N,1]\,|\,\boldsymbol{P}[1:N,1]\in\widehat{\mathcal{H}}_1\subseteq\mathcal{H}_1\right\}\right)\\&\quad:=\int_{\boldsymbol{P}[1:N,1]\in\widehat{\mathcal{H}}_1} g(\boldsymbol{P}[1:N,1])d\boldsymbol{P}[1:N,1]\end{aligned} \tag{29}$$

で与える。ここで、二つの正の数 $0<\zeta<1,\ 0<\epsilon<1$ に対して、サンプリング数 M が

$$M \geq \frac{\log \frac{1}{\zeta}}{\log \frac{1}{1-\epsilon}} \tag{30}$$

を満たすとき、

$$\mathrm{Prob}\Big(\mathrm{Prob}\Big(H\left(\boldsymbol{P}[1:N,\alpha]\right) > H(\tilde{\boldsymbol{P}}[1:N])\Big) \leq \epsilon\Big) \geq 1-\zeta$$

が成り立つ。言い換えると、「確率的最適化アルゴリズムで得られた結果 $H(\tilde{\boldsymbol{P}}[1:N])$ よりも、$H(\boldsymbol{P}[1:N,\alpha])$ の値が優れている $\boldsymbol{P}[1:N,1] \in \mathcal{H}_1$ の集合の測度が高々 ϵ で抑えられることが、確率 $1-\zeta$ 以上で確からしい」ということである。ここで、ϵ および ζ は小さな値を想定し、確率的最適化アルゴリズムで得られた結果 $\tilde{\boldsymbol{P}}[1:N]$ が、最適化の意味で適切ではない「リスク」を表す指標とする。これらの値が十分小であれば、実用上は $\tilde{\boldsymbol{P}}[1:N]$ で十分である、という考えである。

ただし、上記の手法では以下の点に注意しなければならない。例えば、リスクとして $\zeta = 10^{-3}$、$\epsilon = 10^{-3}$ とすると、式(30)は $M \geq 6.9 \times 10^3$ となり、実用的な結果を得るには大きなサンプリング数が必要となる。また、本手法の考え方では、真の最適値 $H(\boldsymbol{P}^\star[1:N])$ と $H(\tilde{\boldsymbol{P}}[1:N])$ がどの程度離れているかについては評価することができない。

3.4.5 ブラインドオークションの場合

次に、ブラインドオークションの場合の電力プロファイルの取引を考える。基本的には、1スロットの取引の場合のブラインド・シングルプライスオークションの場合と同様に扱える。式(13)に対応して、サンプリングした $\boldsymbol{P}^{(m)}[1:N,1]$ ごとに、

$$\lambda_{\mathrm{s}}^i(\boldsymbol{P}^{(m)}[1:N,\alpha]),\ \lambda_{\mathrm{d}}^j(\boldsymbol{P}^{(m)}[1:N,\alpha])$$

を定義し、以下、式(14)〜式(17)と同様の過程を経る。すなわち、上式の逆関数をそれぞれ、

$$\alpha_{\mathrm{s}}^{i(m)} = P_{\mathrm{s}}^{i(m)}(\lambda),\ \alpha_{\mathrm{d}}^{j(m)} = P_{\mathrm{d}}^{j(m)}(\lambda)$$

と定義し、それらを積算した関数を、

$$\alpha_{\mathrm{s}}^{(m)}(\lambda) := \sum_{i\in\Omega_{\mathrm{s}}} P_{\mathrm{s}}^{i(m)}(\lambda) \tag{31}$$

$$\alpha_{\rm d}^{(m)}(\lambda) := \sum_{j\in\Omega_{\rm d}} P_{\rm d}^{j(m)}(\lambda) \tag{32}$$

とする。さらに、$\alpha_{\rm s}^{(m)}(\lambda)$、$\alpha_{\rm d}^{(m)}(\lambda)$ の逆関数を、

$$\lambda_{\rm s}(\boldsymbol{P}^{(m)}[1:N,\alpha]),\ \lambda_{\rm d}(\boldsymbol{P}^{(m)}[1:N,\alpha]) \tag{33}$$

とし、式 (33) を用いて式 (27) の等式を置き換えればよい。

また、次のような拡張も考えられる。式 (31)、式 (32) での積算は、すべての供給家、需要家の集合 $\Omega_{\rm s}$、$\Omega_{\rm d}$ について総和を取る。しかし、式 (26) において最大化される α、すなわち、総電力取引量に相当する量は、サンプリングした $\boldsymbol{P}^{(m)}[1:N,1]$ の方向と供給家、需要家の部分的な集団の組み合わせによって異なることが考えられる。つまり、供給家・需要家の集団 A にとっては、あるサンプリングした $\boldsymbol{P}^{(m)}[1:N,1]$ の方向で α が最大化される（その集団 A での総電力取引量が多い）が、別の供給家・需要家の集団 B にとっては、別のサンプリングした $\boldsymbol{P}^{(n)}[1:N,1]$ の方向で α が最大化される（その集団 B での総電力取引量が多い）、という場合である。この違いを考慮すると、以下のような手順が考えられる。適当な β $(0<\beta<1)$（例えば $\beta=0.7$、つまり 70%）と基準になる λ に対して、

$$\frac{\sum_{i\in\Omega_{{\rm s}\beta}} \alpha_{\rm s}^{i(m)}(\lambda)}{\sum_{i\in\Omega_{\rm s}} \alpha_{\rm s}^{i(m)}(\lambda)} = \frac{\sum_{j\in\Omega_{{\rm d}\beta}} \alpha_{\rm d}^{j(m)}(\lambda)}{\sum_{j\in\Omega_{\rm d}} \alpha_{\rm d}^{j(m)}(\lambda)} = \beta$$

となる $\Omega_{{\rm s}\beta}$、$\Omega_{{\rm d}\beta}$ を定める。定め方は大きな $\alpha_{\rm s}^{i(m)}$、$\alpha_{\rm d}^{j(m)}$ から順に並べ、上式を満たすまで供給家 i、需要家 j を $\Omega_{{\rm s}\beta}$、$\Omega_{{\rm d}\beta}$ に追加していけばよい。これらの $\Omega_{{\rm s}\beta}$、$\Omega_{{\rm d}\beta}$ を用いて、式 (31)、式 (32) の代わりに、

$$\alpha_{\rm s}^{(m)}(\lambda) := \sum_{i\in\Omega_{{\rm s}\beta}} P_{\rm s}^{i(m)}(\lambda)$$
$$\alpha_{\rm d}^{(m)}(\lambda) := \sum_{j\in\Omega_{{\rm d}\beta}} P_{\rm d}^{j(m)}(\lambda)$$

とし、これらから式 (33) を経て、先と同様の最適化問題を解く。次に、供給家の部分集合 $\Omega_{\rm s}\backslash\Omega_{{\rm s}\beta}$、および需要家の部分集合 $\Omega_{\rm d}\backslash\Omega_{{\rm d}\beta}$ に対して上と同様の最適化問題を実行し、以下これを繰り返す。ただし、この場合、一般には各集団ごとに取引される電力価格が異なることに注意する。

本節では、電力プロファイルを市場で取引する手法について概説した。問題の本質は「高自

由度の商品をどのように取引するか」であり、ここでは確率的最適化アルゴリズムを援用することを考えた。ここでは扱わなかったが、発電量の不確かさや揺らぎ、調整力、供給家の信用度、アグリゲータの役割など、今後、電力の商品価値を左右する要素はさらに多様化し、自由度が増す傾向にある。そのような場合でも本節での基本的考え方を適用することが可能である。

3.5 再生可能エネルギーの不確かさを考慮した電力市場のモデリングと解析

本節では、各アグリゲータが自身の再エネ発電の不確かさを自らの責任として補償しなければならない、ということが規定された電力市場のモデリングと解析を行う。

本節の構成とポイントは以下の通りである。

3.5.1 凸最適化によるスポット市場の定式化

・スポット市場の精算問題は、経済負荷配分に関する凸最適化として定式化される。

・独立系統運用者は、各時間スポットで取引されるエネルギー量と精算価格を決定する。

・独立系統運用者の決定変数それぞれは、時間スポット数の次元を持つベクトルとなる。

3.5.2 アグリゲータと需給コスト関数の定式化

・各アグリゲータは、自身の再エネ発電の不確かさを自らの責任として補償する。

・確実に実現可能な需給プロファイルの集合が市場で取引可能な売買品の集合となる。

・需給コスト関数は、パラメータ化された max-min 問題により定義される。

3.5.3 数値解析結果

・蓄電池が普及した場合には、PV 発電を利用する優先順位（メリット・オーダー）は従来型発電機よりも高い。

・蓄電池が普及していない場合には、不確かな PV 発電の優先順位は必ずしも従来型発電機よりも高くはならない。

3.5.1 凸最適化によるスポット市場の定式化

まず最初に、スポット市場が経済負荷配分に関する最適化と密接な関係を持つことを説明する。簡単のため、三者の市場参加者からなる小規模な例を考えよう。ここでの市場参加者は、発電機や蓄電池、再生可能エネルギー（再エネ）などの複数のエネルギーリソースを所有するアグリゲータを想定する。また、生産・消費エネルギー量の前日計画値が取引される時間スポットは、午前と午後の総エネルギー量をまとめた 2 スポットとする。

ISO の基本的な目的は、アグリゲータ間で取引される各スポットにおける需給エネルギー量とその取引における精算価格を合理的に決定することである。例えば、表 **3.3** のように、3 者の間で需給エネルギー量の前日計画値が取引される場合を考えよう。ここで、エネルギー量の正と負は生産と消費をそれぞれ表している。各アグリゲータの需給エネルギー量や精算価格はベクトル形式で、

$$\boldsymbol{P}_1^\star = \begin{pmatrix} 150 \\ 100 \end{pmatrix}, \quad \boldsymbol{P}_2^\star = \begin{pmatrix} -250 \\ -50 \end{pmatrix}, \quad \boldsymbol{P}_3^\star = \begin{pmatrix} 100 \\ -50 \end{pmatrix}, \quad \boldsymbol{\lambda}^\star = \begin{pmatrix} 10 \\ 5 \end{pmatrix}$$

と表すことができる。これらのベクトルが ISO が合理的に定めるべき変数である。ベクトルの次元は取引が行われるスポットの数に一致する。また、取引される需給エネルギー量のベクトルは、各時刻における需給バランスの方程式として、

$$\boldsymbol{P}_1^\star + \boldsymbol{P}_2^\star + \boldsymbol{P}_3^\star = \boldsymbol{0} \tag{34}$$

を満たさなければならない。以下では、需給エネルギー量や精算価格の時系列ベクトルをそれらのプロファイルと呼ぶ。

表 3.3　市場精算の例：3 アグリゲータ、2 時間スポットでの取引

	Agg. 1（生産者）	Agg. 2（消費者）	Agg. 3（生産消費者）	精算価格
スポット 1（午前）	150〔kWh〕	−250〔kWh〕	100〔kWh〕	10〔円/kWh〕
スポット 2（午後）	100〔kWh〕	−50〔kWh〕	−50〔kWh〕	5〔円/kWh〕

この議論をアグリゲータ数と時間スポット数に関して一般化してみよう。アグリゲータのインデックス集合を $\mathcal{A}$、時間スポットのインデックス集合を $\mathcal{T}$ と表す。表 **3.3** の例では、$\mathcal{A} = \{1, 2, 3\}$ および $\mathcal{T} = \{\mathrm{AM}, \mathrm{PM}\}$ である。本節では、$(\boldsymbol{P}_\alpha^\star)_{\alpha \in \mathcal{A}}$ で表されるバランスした需給エネルギー量と $\boldsymbol{\lambda}^\star$ で表される精算価格を ISO が決定する行為を市場精算と呼ぶ。それでは、一般的な市場精算問題を多時間スポットの最適化問題として表現してみよう。まず、各アグリゲータの目的関数として、経済学における利潤の概念を導入する。精算価格 $\boldsymbol{\lambda}^\star$ のもとでのアグリゲータ α の利潤は、

$$J_\alpha(\boldsymbol{P}_\alpha^\star; \boldsymbol{\lambda}^\star) = \langle \boldsymbol{\lambda}^\star, \boldsymbol{P}_\alpha^\star \rangle - F_\alpha(\boldsymbol{P}_\alpha^\star) \tag{35}$$

で与えられる。ただし、$\langle \boldsymbol{\lambda}^\star, \boldsymbol{P}_\alpha^\star \rangle$ は $\boldsymbol{\lambda}^\star$ と $\boldsymbol{P}_\alpha^\star$ の内積であり、値が正であれば収入、負であれば支出を表す。具体的には、表 **3.3** の例において、

$$\langle \boldsymbol{\lambda}^\star, \boldsymbol{P}_1^\star \rangle = 2000, \quad \langle \boldsymbol{\lambda}^\star, \boldsymbol{P}_2^\star \rangle = -2750, \quad \langle \boldsymbol{\lambda}^\star, \boldsymbol{P}_3^\star \rangle = 750$$

となる。また、関数 F_α は、値が正であれば需給プロファイル $\boldsymbol{P}_\alpha^\star$ を実現するためのコストを表し、負であれば $\boldsymbol{P}_\alpha^\star$ を実現するためのベネフィットを表す。以下では、この F_α をアグリゲータ α の需給コスト関数と呼ぶ。需給コスト関数の具体的な定式化については、3.5.2 項で後述する。

次に、すべてのアグリゲータに関して利潤を足し上げることにより、社会的な利潤を計算してみよう。具体的には、社会的利潤は、

$$\sum_{\alpha\in\mathcal{A}} J_\alpha(\boldsymbol{P}_\alpha^\star;\boldsymbol{\lambda}^\star) = \left\langle \boldsymbol{\lambda}^\star, \sum_{\alpha\in\mathcal{A}} \boldsymbol{P}_\alpha^\star \right\rangle - \sum_{\alpha\in\mathcal{A}} F_\alpha(\boldsymbol{P}_\alpha^\star)$$

となる。この値を最大化するように市場精算を行うことがISOの社会的な目的となる。ここで注目すべき点は、式(34)の需給バランスが満たされているとき、内積項で表される社会的な収入はゼロとなることである。これは、システムの内部で金銭の受け渡しが適切に行われた結果として、外部からの収入や外部への支出がないことを意味している。したがって、需給バランスを満たしながら社会的利潤を最大化する問題は、F_α の総和として定義される社会的コストを最小化する経済負荷配分問題

$$\min_{(\boldsymbol{P}_\alpha)_{\alpha\in\mathcal{A}}} \sum_{\alpha\in\mathcal{A}} F_\alpha(\boldsymbol{P}_\alpha) \quad \text{s.t.} \quad \sum_{\alpha\in\mathcal{A}} \boldsymbol{P}_\alpha = \boldsymbol{0} \tag{36}$$

と等価であることがわかる。この議論から明らかなように、主変数の最適解 $(\boldsymbol{P}_\alpha^\star)_{\alpha\in\mathcal{A}}$ が、アグリゲータ間で取引されるべき最適な需給プロファイルとなる。さらに、式(36)の需給バランスの等式制約に対する双対変数（ラグランジュ乗数）の最適解が求めるべき精算価格に対応する。したがって、社会的最適な市場精算問題は、ラググランジュ緩和に関する強双対性[32)]が成り立つ凸最適化においては、式(36)の経済負荷配分問題と等価であることがわかる。

3.5.2 アグリゲータと需給コスト関数の定式化

3.5.1 項では、式(35)における各アグリゲータの需給コスト関数 F_α は、与えられた凸関数であることが暗黙的に想定されていた。ここでは、その需給コスト関数を合理的に定式化することを考える。以下では、記述を簡単にするため、アグリゲータのインデックス α を省略して表記する。

アグリゲータの時間スポット k における需給エネルギー量を

$$P_k = P_k^{\mathrm{gen}} - P_k^{\mathrm{load}} + P_k^{\mathrm{PV}} - P_k^{\mathrm{curt}} + \eta^{\mathrm{out}} P_k^{\mathrm{out}} - \frac{1}{\eta^{\mathrm{in}}} P_k^{\mathrm{in}}, \quad k \in \mathcal{T} \tag{37}$$

と表す。ただし、$P_k \in \mathbb{R}$ はアグリゲータ外部への供給方向を正とした需給エネルギー量、$P_k^{\mathrm{gen}} \in \mathbb{R}_+$ は従来型の発電機による発電量、$P_k^{\mathrm{load}} \in \mathbb{R}_+$ は消費量、$P_k^{\mathrm{PV}} \in \mathbb{R}_+$ と $P_k^{\mathrm{curt}} \in \mathbb{R}_+$ はそれぞれ再エネの発電量と抑制量、$P_k^{\mathrm{in}} \in \mathbb{R}_+$ と $P_k^{\mathrm{out}} \in \mathbb{R}_+$ はそれぞれ蓄電池の充電量と放電量を表す。また、η^{in} と η^{out} は 1 以下の正定数であり、それぞれ充電効率と放電効率を表す。

各変数のプロファイルは、需給プロファイル $\boldsymbol{P} = (P_k)_{k \in \mathcal{T}}$ のように、添字 k を省略した記号で表す。ここでの議論においては、消費プロファイル $\boldsymbol{P}^{\mathrm{load}}$ は不確かさのない定数ベクトルであるとする。一方で、再エネ発電プロファイル $\boldsymbol{P}^{\mathrm{PV}}$ は、シナリオ集合 $\mathcal{S}^{\mathrm{PV}}$ の中で変動する不確かな変数とする。具体的には、

$$\boldsymbol{P}^{\mathrm{PV}} \in \mathcal{S}^{\mathrm{PV}}, \quad \mathcal{S}^{\mathrm{PV}} := \{\boldsymbol{P}^{(\mathrm{PV}_1)}, \ldots, \boldsymbol{P}^{(\mathrm{PV}_m)}\} \tag{38}$$

として表現する。ここでは、m 通りのシナリオからなるシナリオ集合が、再エネ発電プロファイルの前日予測として得られていることが想定されている。

発電量プロファイル $\boldsymbol{P}^{\mathrm{gen}}$、再エネ抑制量プロファイル $\boldsymbol{P}^{\mathrm{curt}}$ および蓄電池の充放電プロファイル $\boldsymbol{P}^{\mathrm{bat}} := (\boldsymbol{P}^{\mathrm{in}}, \boldsymbol{P}^{\mathrm{out}})$ は、物理的な制約の範囲内でアグリゲータが自由に制御できる変数である。アグリゲータは、これらの可制御な変数を適切に調整することによって、再エネ発電量の不確かさを吸収し、ある望ましい需給プロファイル $\boldsymbol{P}$ を実現する。以下では、発電量と蓄電量の物理的な制約条件を、

$$\boldsymbol{P}^{\mathrm{gen}} \in \mathcal{D}^{\mathrm{gen}}, \quad \boldsymbol{P}^{\mathrm{bat}} \in \mathcal{D}^{\mathrm{bat}}$$

のように表す。ここで、$\mathcal{D}^{\mathrm{gen}}$ や $\mathcal{D}^{\mathrm{bat}}$ は発電量や蓄電量が物理的に満たされるべき制約範囲であり、$\underline{\boldsymbol{P}}^{\mathrm{gen}} \leq \boldsymbol{P}^{\mathrm{gen}} \leq \overline{\boldsymbol{P}}^{\mathrm{gen}}$ などを一般化して表すものである。また、再エネ抑制量は再エネ発電量よりも小さくなければならないため、各シナリオ $\boldsymbol{P}^{\mathrm{PV}} \in \mathcal{S}^{\mathrm{PV}}$ に対して、$\mathbf{0} \leq \boldsymbol{P}^{\mathrm{curt}} \leq \boldsymbol{P}^{\mathrm{PV}}$ が再エネ抑制量プロファイル $\boldsymbol{P}^{\mathrm{curt}}$ に関する制約条件となる。以下では、この制約条件を、

$$\boldsymbol{P}^{\mathrm{curt}} \in \mathcal{D}^{\mathrm{curt}}(\boldsymbol{P}^{\mathrm{PV}}), \quad \boldsymbol{P}^{\mathrm{PV}} \in \mathcal{S}^{\mathrm{PV}}$$

のように一般的に記述する。

さて、このアグリゲータが「ある特定の需給プロファイルを自らの売買品として市場で取引する」ためには、どのようにエネルギーリソース群を制御すべきであろうか。例えば、す

べての時間スポットで10ずつエネルギーを「売る」ことや「買う」ことは、需給プロファイルとして、$P_1 = \cdots = P_{|\mathcal{T}|} = 10$ や $P_1 = \cdots = P_{|\mathcal{T}|} = -10$ を実現することにそれぞれ対応する。ここで、再エネ発電量 $\boldsymbol{P}^{\mathrm{PV}}$ は不確かな変数であるので、このような「固定された」需給プロファイルを実現するためには、再エネシナリオ $\boldsymbol{P}^{\mathrm{PV}} \in \mathcal{S}^{\mathrm{PV}}$ の不確かさを吸収するように、可制御な変数の組である $(\boldsymbol{P}^{\mathrm{gen}}, \boldsymbol{P}^{\mathrm{bat}}, \boldsymbol{P}^{\mathrm{curt}})$ を適応的に調整しなければならないことに注意されたい。また、自身の供給能力を上回るような過大な需給プロファイルや、反対に自身の消費能力を下回るような過小（負に過大）な需給プロファイルを取引しようとしても、一部もしくは全部の再エネ発電シナリオに対して、どのように $(\boldsymbol{P}^{\mathrm{gen}}, \boldsymbol{P}^{\mathrm{bat}}, \boldsymbol{P}^{\mathrm{curt}})$ を可能な範囲で調整しても目標の $\boldsymbol{P}$ が実現できなくなってしまう。したがって、すべてのシナリオ $\boldsymbol{P}^{\mathrm{PV}} \in \mathcal{S}^{\mathrm{PV}}$ の各々に対して、式(37)を満たす可制御変数の組 $(\boldsymbol{P}^{\mathrm{gen}}, \boldsymbol{P}^{\mathrm{bat}}, \boldsymbol{P}^{\mathrm{curt}})$ が少なくとも一つは存在するような、「確実に実現可能な」需給プロファイル $\boldsymbol{P}$ の集合が、そのアグリゲータが市場で取引可能な売買品の集合となる。この確実に実現可能な需給プロファイルのみを取引することが、「各アグリゲータは自身の再エネ発電の不確かさを自らの責任として補償しなければならない」という、この市場における原則となっている。

この市場で取引可能な需給プロファイルの集合は、

$$\mathcal{P} := \left\{ \boldsymbol{P} \in \mathbb{R}^{|\mathcal{T}|} : \mathcal{F}(\boldsymbol{P}; \boldsymbol{P}^{\mathrm{PV}}) \neq \emptyset, \ \forall \boldsymbol{P}^{\mathrm{PV}} \in \mathcal{S}^{\mathrm{PV}} \right\}$$

と表せる。ただし、ある特定のシナリオ $\boldsymbol{P}^{\mathrm{PV}}$ のもとで、目標の需給プロファイル $\boldsymbol{P}$ を実現する可制御変数の組 $(\boldsymbol{P}^{\mathrm{gen}}, \boldsymbol{P}^{\mathrm{bat}}, \boldsymbol{P}^{\mathrm{curt}})$ の調整可能範囲を

$$\begin{aligned}&\mathcal{F}(\boldsymbol{P}; \boldsymbol{P}^{\mathrm{PV}}) := \\ &\left\{ (\boldsymbol{P}^{\mathrm{gen}}, \boldsymbol{P}^{\mathrm{bat}}, \boldsymbol{P}^{\mathrm{curt}}) \in \mathcal{D}^{\mathrm{gen}} \times \mathcal{D}^{\mathrm{bat}} \times \mathcal{D}^{\mathrm{curt}}(\boldsymbol{P}^{\mathrm{PV}}) : \text{式 (37) が成り立つ} \right\}\end{aligned} \tag{39}$$

と表現している。このように定義された集合 $\mathcal{P}$ は凸であることを示すことができる。

次に、$\mathcal{P}$ の元である取引可能な需給プロファイル $\boldsymbol{P}$ を実現するためのコストを考えよう。このために、発電機の発電コスト関数および蓄電池の充放電コスト関数として、

$$F^{\mathrm{gen}} : \mathcal{D}^{\mathrm{gen}} \to \mathbb{R}, \quad F^{\mathrm{bat}} : \mathcal{D}^{\mathrm{bat}} \to \mathbb{R}$$

が与えられているものとする。これらのコスト関数は、発電機の燃料費や蓄電池の劣化費などから求められるものである。このとき、需給コスト関数は次に示すように凸関数となる。

定理 3.1 凸領域 $\mathcal{D}^{\mathrm{gen}}$ および $\mathcal{D}^{\mathrm{bat}}$ において発電コスト関数 F^{gen} および充放電コスト関数

F^{bat} がそれぞれ凸関数であるならば、凸領域 $\mathcal{P}$ において、

$$F(\boldsymbol{P}) := \max_{\boldsymbol{P}^{\mathrm{PV}} \in \mathcal{S}^{\mathrm{PV}}} \min_{(\boldsymbol{P}^{\mathrm{gen}}, \boldsymbol{P}^{\mathrm{bat}}, \boldsymbol{P}^{\mathrm{curt}}) \in \mathcal{F}(\boldsymbol{P}; \boldsymbol{P}^{\mathrm{PV}})} \left\{ F^{\mathrm{gen}}(\boldsymbol{P}^{\mathrm{gen}}) + F^{\mathrm{bat}}(\boldsymbol{P}^{\mathrm{bat}}) \right\} \quad (40)$$

により定義される需給コスト関数は凸関数である。

式 (40) の右辺において、変数 $\boldsymbol{P}$ は式 (37) の等式制約に含まれる「連続値パラメータ」となっていることに注意されたい。もしパラメータ $\boldsymbol{P}$ が与えられた定数であるならば、式(40) の右辺は単独の max-min 問題、すなわち、各々の再エネ発電シナリオのもとでの凸最適化問題となる。しかしながら、$\boldsymbol{P}$ は連続値パラメータであり、その選び方は無数に存在する。これは、式 (40) の需給コスト関数は、無限個の max-min 問題によって定義されていることを意味する。定理 3.1 は、このパラメータ化された max-min 問題により定義された需給コスト関数が、その連続値パラメータに関して凸であることを示している。

この需給コスト関数の意味を、もう少し具体的に説明しよう。例として、$\boldsymbol{P} = \boldsymbol{0}$ なる需給プロファイル、すなわち、アグリゲータがすべての時間スポットにおいてその内部で需給をバランスさせる $P_1 = \cdots = P_{|\mathcal{T}|} = 0$ を実現するためのコスト $F(\boldsymbol{0})$ を計算することを考える。まず、再エネ発電のシナリオとして、その i 番目のシナリオ $\boldsymbol{P}^{(\mathrm{PV}_i)}$ が生起する場合を考えてみよう。このとき、式 (39) で定義される $\mathcal{F}(\boldsymbol{0}; \boldsymbol{P}^{(\mathrm{PV}_i)})$ は、アグリゲータ内部で需給バランスを達成するすべての $\boldsymbol{P}^{\mathrm{gen}} \in \mathcal{D}^{\mathrm{gen}}$、$\boldsymbol{P}^{\mathrm{bat}} \in \mathcal{D}^{\mathrm{bat}}$ および $\boldsymbol{P}^{\mathrm{curt}} \in \mathcal{D}^{\mathrm{curt}}(\boldsymbol{P}^{(\mathrm{PV}_i)})$ の組み合わせの集合を表す。ここで、$\mathcal{F}(\boldsymbol{0}; \boldsymbol{P}^{(\mathrm{PV}_i)}) = \emptyset$ であるとき、すなわち、シナリオ $\boldsymbol{P}^{(\mathrm{PV}_i)}$ のもとでは $\boldsymbol{P} = \boldsymbol{0}$ を実現する $(\boldsymbol{P}^{\mathrm{gen}}, \boldsymbol{P}^{\mathrm{bat}}, \boldsymbol{P}^{\mathrm{curt}})$ の組が存在しないとき、$\boldsymbol{0} \notin \mathcal{P}$ となる。これは、$\boldsymbol{P} = \boldsymbol{0}$ が確実に実現可能な需給プロファイルではないことを意味する。この場合には、コスト $F(\boldsymbol{0})$ は無限大であるとみなされる。

一般に、$\boldsymbol{0} \in \mathcal{P}$ のとき、上記の需給バランスを達成する $(\boldsymbol{P}^{\mathrm{gen}}, \boldsymbol{P}^{\mathrm{bat}}, \boldsymbol{P}^{\mathrm{curt}})$ の組み合わせは無数に存在する。すなわち、$\mathcal{F}(\boldsymbol{0}; \boldsymbol{P}^{(\mathrm{PV}_i)})$ は無限個の $(\boldsymbol{P}^{\mathrm{gen}}, \boldsymbol{P}^{\mathrm{bat}}, \boldsymbol{P}^{\mathrm{curt}})$ の集合である。それでは、これらの組み合わせの中で、発電コストと充放電コストの和を最小にするものを選択してみよう。すなわち、

$$F'(\boldsymbol{0}; \boldsymbol{P}^{(\mathrm{PV}_i)}) := \min_{(\boldsymbol{P}^{\mathrm{gen}}, \boldsymbol{P}^{\mathrm{bat}}, \boldsymbol{P}^{\mathrm{curt}}) \in \mathcal{F}(\boldsymbol{0}; \boldsymbol{P}^{(\mathrm{PV}_i)})} \left\{ F^{\mathrm{gen}}(\boldsymbol{P}^{\mathrm{gen}}) + F^{\mathrm{bat}}(\boldsymbol{P}^{\mathrm{bat}}) \right\} \quad (41)$$

なる凸最適化問題を解く。この $F'(\boldsymbol{0}; \boldsymbol{P}^{(\mathrm{PV}_i)})$ は、シナリオ $\boldsymbol{P}^{(\mathrm{PV}_i)}$ のもとで $\boldsymbol{P} = \boldsymbol{0}$ を実現するための最小コストであり、式 (40) における min 問題に対応する。ここで注目すべきは、その min 問題の解となる可制御変数の最適な組は、シナリオ $\boldsymbol{P}^{\mathrm{PV}} \in \mathcal{S}$ や需給プロファイル

$\boldsymbol{P} \in \mathcal{P}$ に依存する関数であるという点である。これは、市場で取引したい需給プロファイルを実現するために、各々の再エネシナリオに応じて、制御可能なエネルギーリソース群を最適に調整することを表現している。

最後に、各々の再エネシナリオのもとで式(41)の最小コストを計算し、その最大値（最悪値）を計算する。すなわち、

$$F(\mathbf{0}) = \max_{i \in \{1,\ldots,m\}} F'(\mathbf{0}; \boldsymbol{P}^{(\mathrm{PV}_i)})$$

を求める。これが、最悪な再エネシナリオを想定した場合における、$\boldsymbol{P} = \mathbf{0}$ を実現するための最小コストである。このような計算過程をすべての連続値パラメータ $\boldsymbol{P} \in \mathcal{P}$ について考え、その無限個の計算結果の集合体として得られる関数が、式(40)の需給コスト関数 F である。この max-min 問題に基づく計算過程は、最悪コストの最小化として、min-max 問題で定式化される通常のロバスト最適化[33]とは異なることに注意されたい。また、関数 F を閉じた関数として陽に書き下すことは一般に不可能であるが、各点の $\boldsymbol{P}$ に対してその関数値 $F(\boldsymbol{P})$ を計算することは可能である。よって、式(36)の市場精算問題を実際に解くことが可能となる。例えば、勾配法などの通常の凸最適化アルゴリズム[34]の適用が考えられる。なお、式(36)の市場精算問題は、min-max-min の形式を持つ可調型ロバスト最適化（adjustable robust optimization）と呼ばれる枠組みに位置付けられる[35]。

3.5.3 数値解析結果

ここでは、11 アグリゲータにより構成される 24 時間スポットのスポット市場を考える。アグリゲータ 1 からアグリゲータ 10 は、再エネや蓄電池などの分散型エネルギーリソース（Distributed Energy Resource：DER）を持つ DER アグリゲータとして、

$$\boldsymbol{P}_\alpha = -\boldsymbol{P}_\alpha^{\mathrm{load}} + \boldsymbol{P}_\alpha^{\mathrm{PV}} - \boldsymbol{P}_\alpha^{\mathrm{curt}} + \eta_\alpha^{\mathrm{out}} \boldsymbol{P}_\alpha^{\mathrm{out}} - \frac{1}{\eta_\alpha^{\mathrm{in}}} \boldsymbol{P}_\alpha^{\mathrm{in}}, \quad \alpha \in \mathcal{A}_{\mathrm{DER}}$$

と表現する。ただし、$\mathcal{A}_{\mathrm{DER}}$ はそれらのアグリゲータのインデックス集合である。各 DER アグリゲータの消費プロファイルは、住宅や商業施設などの典型的な消費プロファイルとして与える。例えば、アグリゲータ 1 の消費プロファイルは、図 **3.13**（a）の丸付きの線のように与える。すべての DER アグリゲータの消費プロファイルを足し上げると、図 **3.13**（b1）の点線となる。図 **3.13**（b2）や図 **3.13**（b3）の点線も同じプロファイルである。

再エネ発電シナリオとしては、それぞれの DER アグリゲータについて 10 通りの PV 発電

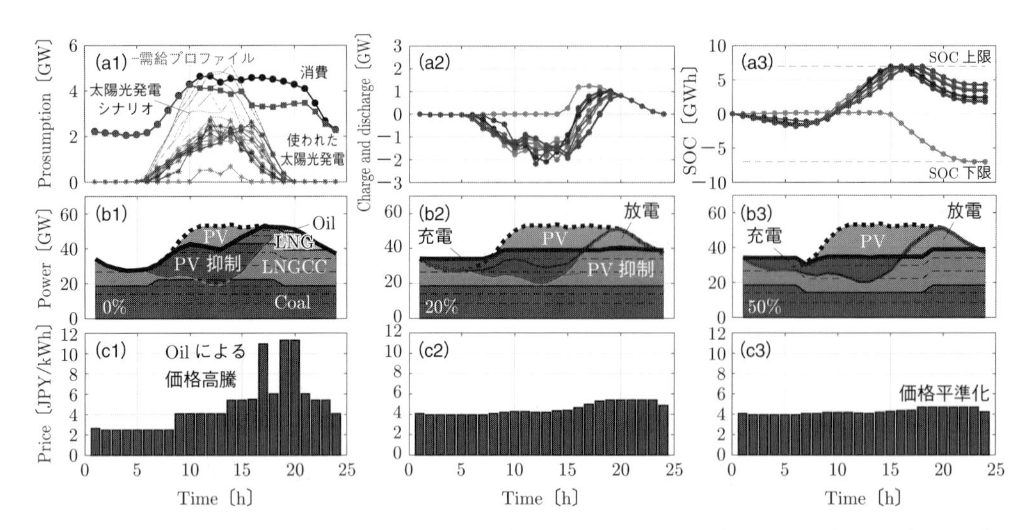

図 3.13　(a) 蓄電池普及レベル 20% の場合に得られたプロファイル。(a1) 需給プロファイル（符号反転）、消費プロファイル、PV 発電シナリオ、PV 発電抑制量プロファイル。(a2) 充放電プロファイル。(a3) SOC プロファイル。(b) 需給バランスの内訳。(c) 精算価格プロファイル。(b1)、(c1) 蓄電池普及レベル 0%。(b2)、(c2) 20%。(b3)、(c2) 50%。：蓄電池普及レベルの変化に対する精算価格や需給バランスの内訳の変化を表している。

シナリオを考える。例えば、アグリゲータ 1 の PV 発電シナリオ群は、図 **3.13**（a1）の細線で示されている。また、各 DER アグリゲータの PV 発電シナリオの平均値を足し上げ、そのプロファイルを総消費プロファイルから減じたもの、すなわち、

$$\sum_{\alpha\in\mathcal{A}_{\mathrm{DER}}}\left\{\boldsymbol{P}_\alpha^{\mathrm{load}}-\frac{1}{m}\sum_{i=1}^{m}\boldsymbol{P}_\alpha^{(\mathrm{PV}_i)}\right\}$$

を図 **3.13**（b1）の中央の点線で示す。図 **3.13**（b2）や図 **3.13**（b3）の点線も同じプロファイルである。

以下では、電力システム内の蓄電池の普及レベルを変化させて市場精算結果を解析する。具体的には、普及レベルは次のように定義する。総消費量 $\sum_{\alpha\in\mathcal{A}_{\mathrm{DER}}}\boldsymbol{P}_\alpha^{\mathrm{load}}$ は 5,700 万軒の住宅の消費量に相当する。この事実に基づき、5,700 万軒のうち r% の住宅それぞれが、インバータ容量が ±7 kW で蓄電容量が 14 kWh の蓄電池を所有しているとき、蓄電池の普及レベルが r% であると表記する。蓄電池の充放電効率は 0.95 とする。

充放電コスト関数 F_α^{bat} を次のように与える。基準値を 50% として、そこからの差分として定義された SOC の初期値を S_α^0 と表す。ここで、終端時刻の SOC が高いほど翌日にエネルギーを売却できるポテンシャルが高くなることを考慮して、各アグリゲータは終端 SOC に関して、

$$F_\alpha^{\rm bat}(\boldsymbol{P}_\alpha^{\rm bat}) = -d\left(S_\alpha^{\rm fin}(\boldsymbol{P}_\alpha^{\rm bat})\right), \quad S_\alpha^{\rm fin}(\boldsymbol{P}_\alpha^{\rm bat}) := S_\alpha^0 + \mathbb{1}^\top(\boldsymbol{P}_\alpha^{\rm in} - \boldsymbol{P}_\alpha^{\rm out})$$

なる価値評価を行うものとする。ただし、$S_\alpha^{\rm fin}$ は終端 SOC であり、$d:\mathbb{R}\to\mathbb{R}$ は

$$d(S) := \begin{cases} a_4(S-\overline{S}) + a_3\overline{S}, & \overline{S} \le S, \\ a_3 S, & 0 \le S < \overline{S}, \\ a_2 S, & \underline{S} \le S < 0, \\ a_1(S-\underline{S}) + a_2\underline{S}, & S < \underline{S} \end{cases}$$

として定義される凹関数である。この関数 $d(S)$ は、例えば、(i) 精算価格の時間平均値が a_3 から a_2 の間である場合には終端 SOC を基準値の 50% に戻す傾向にある、(ii) a_2 から a_1 の間である場合には終端 SOC を $\underline{S}$ に下げるようにエネルギーを売却する傾向にある、というような DER アグリゲータの基本的な蓄電戦略を表している。ここでの数値解析では、すべての DER アグリゲータについて、$S_\alpha^0 = 0$、$a_1 = 11$、$a_2 = 8$、$a_3 = 4$、および $a_4 = 1$ と設定する。また、$\underline{S}$ と $\overline{S}$ は、全 SOC の 37.5% と 62.5% にそれぞれ設定する。

アグリゲータ 11 は、需給プロファイルが $\boldsymbol{P}_{11} = \boldsymbol{P}_{11}^{\rm gen}$ であるような発電アグリゲータとし、表 **3.4** に示される 13 種類の発電機を所有するものとする。ここで、「持続時間」は、各発

表 3.4　発電機の容量やコスト：発電アグリゲータが所有する 13 種類の発電機

種類	発電量上限〔MW〕	燃料費〔円/kWh〕	持続時間〔時〕
Oil (A)	4,000	12.39	1
Oil (B)	5,000	11.31	1
Oil (C)	4,500	11.48	1
LNG (A)	3,000	5.48	1
LNG (B)	4,500	5.40	1
LNG (C)	2,500	6.02	1
LNGCC (A)	7,500	2.48	1
LNGCC (B)	5,000	4.07	1
LNGCC (C)	8,000	1.91	6
Coal (A)	4,500	4.23	12
Coal (B)	5,500	3.58	12
Coal (C)	8,500	1.95	12
Coal (D)	5,000	4.88	12

電機の発電量を調整する周期を表す。例えば、Coal (A) の発電量は 12 時間ごとに調整する、すなわち、昼間と夜間は同じ発電量を持続することを表す。このとき、発電コスト関数は、

$$F_{11}^{\mathrm{gen}}(\boldsymbol{P}_{11}^{\mathrm{gen}}) = \min_{(\boldsymbol{P}^{\mathrm{gen}_i})_{i\in\mathcal{I}}} \sum_{i\in\mathcal{I}} c^i \mathbb{1}^\top \boldsymbol{P}^{\mathrm{gen}_i} \quad \text{s.t.} \quad \begin{cases} \boldsymbol{P}_{11}^{\mathrm{gen}} = \sum_{i\in\mathcal{I}} \boldsymbol{P}^{\mathrm{gen}_i} \\ \boldsymbol{P}^{\mathrm{gen}_i} \in \mathcal{D}^{\mathrm{gen}_i}, \quad \forall i \in \mathcal{I} \end{cases}$$

で与えられる。ただし、c^i〔円/kWh〕と $\mathcal{D}^{\mathrm{gen}_i}$ はそれぞれ第 i 番目の発電機の燃料費と制約条件を表し、$\mathcal{I}$ は発電機のインデックス集合を表す。

以上の設定のもと、蓄電池の普及レベルを変化させて市場精算結果を解析しよう。まず、普及レベルが 20% であるときに得られたアグリゲータ 1 の各プロファイルを図 **3.13**（a1）〜図 **3.13**（a3）に示す。図 **3.13**（a1）では、符号を反転させた需給プロファイルが四角付きの実線で、PV 発電シナリオから PV 発電の抑制量プロファイルを減じたものを*印付きの実線で示している。また、各 PV 発電シナリオに対する蓄電池の充放電プロファイルと蓄電量プロファイルが図 **3.13**（a2）と図 **3.13**（a3）に示されている。これらの図から、適切な PV 発電の抑制と蓄電池充放電の調整により、PV 発電の不確かさが吸収されていることがわかる。

図 **3.13**（b1）〜図 **3.13**（b3）では、蓄電池の普及レベルを変化させて得られた電力システム全体での需給の内訳を表示している。また、図 **3.13**（c1）〜図 **3.13**（c3）は、得られた精算価格プロファイルを表示している。図 **3.13**（b1）〜図 **3.13**（b3）における太線は $\boldsymbol{P}_{11}$ である。中央の影で示された領域は、PV 発電の抑制量プロファイルの平均値についてすべての DER アグリゲータに関する総和を表す。また、図 **3.13**（b2）と図 **3.13**（b3）の中央の点線の上側にある実線は、充放電プロファイルの平均値のすべての DER アグリゲータに関する総和を表す。これらの図から、蓄電池の普及レベルが高くなることによって、PV 発電の抑制量が適切に減少していることがわかる。注目すべきは、蓄電池が普及していない場合には、PV 発電を抑制してまでも従来型の発電機による発電を増やさなければならないことである。これは、以下の二つのことを示している。

・十分な蓄電池がシステムに普及した場合には、PV 発電を利用する優先順位（メリット・オーダー）は従来型発電機よりも高くなる。

・蓄電池が普及していない場合には、PV 発電の優先順位は、その発電量の不確かさに起因して、必ずしも従来型発電機より高くはならない。

3.6 機械学習による需給計画

3.5節の議論では、ISOから見たエネルギー市場のデザインや、その解析に焦点が当てられていた。ここでは、再エネを用いるアグリゲータの観点から、スポット市場への参加を考える。そして、再エネの不確かさのもとで利益を最大化する需給計画を機械学習を用いてデータに基づき構築する方法を紹介する。

本節の構成とポイントは以下の通りである。

3.6.1 前日計画問題
- アグリゲータは、電力の受け渡しを行う前日時点で市場で売買する電力を決定する。
- アグリゲータは、前日時点で得られる情報をうまく利用して利益を最大化する。

3.6.2 機械学習による需給計画
- 再エネが正確に予測できれば、利益を最大化する計画は理論的に決定できる。
- 正確でない再エネ予測値を信じて最適化を行うと損失を被る可能性がある。
- 過去のデータを用いて需給計画法を調整する機械学習問題を定式化する。

3.6.3 機械学習による需給計画の解法
- 学習を行うためには、評価関数の勾配を求める必要がある。
- 必要な勾配は最適化問題を解くときのラグランジュ乗数を用いて計算できる。

3.6.4 シミュレーションによる検証
- 大規模なPV発電と蓄電装置を持つアグリゲータを例にシミュレーションする。
- データを十分に集めれば、アグリゲータの利益を大きくできる。

3.6.1 前日計画問題

再エネを用いるアグリゲータの観点から、スポット市場への参加を考えてみよう。本節では、アグリゲータがスポット市場で取引するプロファイルを決定することを前日計画と呼ぶ。

再エネを用いるアグリゲータが前日計画を行う際には、その翌日の再エネの量を予測し、計画をたてることが一般的である。このような前日計画を表す関数を、

$$\hat{\boldsymbol{x}} = \boldsymbol{S}(\boldsymbol{u}) \tag{42}$$

とする。ただし、$\hat{\boldsymbol{x}}$ はベクトル形式で表される需給プロファイル、$\boldsymbol{u}$ は前日計画の段階で得

られる情報のうち、アグリゲータが有用と考えるものをまとめたベクトルである。例えば、再エネ発電量の予測シナリオ（の集合）が得られるならば、そのシナリオを $\boldsymbol{u}$ とすることが自然である。また、そのほかに天気予報などの情報を $\boldsymbol{u}$ に含めてもよい。さらに、取引価格の予測値を $\boldsymbol{u}$ に含めれば、取引価格が高くなる時刻に多くの電力を売る、といった計画が可能になる。本節の目的は、アグリゲータから見た利益が最も大きくなるような関数 $\boldsymbol{S}$ の構築法について考察することである。

3.6.2 機械学習による需給計画

計画 $\boldsymbol{S}$ のよさを評価するために、エネルギー市場に参加することによって、アグリゲータが得る利潤について考えよう。アグリゲータは、電力の受け渡し当日（計画値の取引から見て翌日）になると、再エネ発電量 $\boldsymbol{P}^{\mathrm{PV}}$ が得られたもとで $\boldsymbol{P}^{\mathrm{dis}} := (\boldsymbol{P}^{\mathrm{gen}}, \boldsymbol{P}^{\mathrm{bat}}, \boldsymbol{P}^{\mathrm{curt}})$ を調整し、電力

$$\boldsymbol{x}(\boldsymbol{P}^{\mathrm{dis}} \mid \boldsymbol{P}^{\mathrm{PV}}, \boldsymbol{P}^{\mathrm{load}}) := \boldsymbol{P}^{\mathrm{gen}} - \boldsymbol{P}^{\mathrm{load}} + \boldsymbol{P}^{\mathrm{PV}} - \boldsymbol{P}^{\mathrm{curt}} + \eta^{\mathrm{out}}\boldsymbol{P}^{\mathrm{out}} - \frac{1}{\eta^{\mathrm{in}}}\boldsymbol{P}^{\mathrm{in}}$$

を生成する。式中の文字の定義や、その調整可能範囲は 3.5 節で述べた通りである。3.5 節では、前日市場における需給計画は実現可能なプロファイルの中から選ばれること、すなわち、$\hat{\boldsymbol{x}} = \boldsymbol{x}(\boldsymbol{P}^{\mathrm{dis}} \mid \boldsymbol{P}^{\mathrm{PV}}, \boldsymbol{P}^{\mathrm{load}})$ を満たす組 $(\boldsymbol{P}^{\mathrm{gen}}, \boldsymbol{P}^{\mathrm{bat}}, \boldsymbol{P}^{\mathrm{curt}})$ が必ず存在することが仮定されていた。しかし、現実には再エネ発電量には不確かさがあり、式(38)のシナリオ集合が真の再エネ発電量を含んでいるとは限らない。また、$\hat{\boldsymbol{x}}$ が計画 $\boldsymbol{S}$ によって式(42)のように生成されるとき、$\boldsymbol{S}$ の選び方によっては $\hat{\boldsymbol{x}} = \boldsymbol{x}(\boldsymbol{P}^{\mathrm{dis}} \mid \boldsymbol{P}^{\mathrm{PV}}, \boldsymbol{P}^{\mathrm{load}})$ を満たすことができない $\hat{\boldsymbol{x}}$ が生成される可能性がある。そこで、ここでは前日計画 $\hat{\boldsymbol{x}}$ と当日の需給 $\boldsymbol{x}$ を区別して考え、それらの差に対してペナルティ $F^{\mathrm{imb}}(\hat{\boldsymbol{x}} - \boldsymbol{x}(\boldsymbol{P}^{\mathrm{dis}} \mid \boldsymbol{P}^{\mathrm{PV}}, \boldsymbol{P}^{\mathrm{load}}))$ が課されるとする。このとき、アグリゲータの利潤は、

$$\begin{aligned} J(\hat{\boldsymbol{x}}, \boldsymbol{P}^{\mathrm{dis}} \mid \boldsymbol{P}^{\mathrm{PV}}, \boldsymbol{P}^{\mathrm{load}}, \boldsymbol{\lambda}) := \boldsymbol{\lambda}^{\top}\hat{\boldsymbol{x}} - F^{\mathrm{gen}}(\boldsymbol{P}^{\mathrm{gen}}) - F^{\mathrm{bat}}(\boldsymbol{P}^{\mathrm{bat}}) \\ - F^{\mathrm{imb}}(\hat{\boldsymbol{x}} - \boldsymbol{x}(\boldsymbol{P}^{\mathrm{dis}} \mid \boldsymbol{P}^{\mathrm{PV}}, \boldsymbol{P}^{\mathrm{load}})) \end{aligned} \quad (43)$$

と書くことができる。アグリゲータはエネルギー受け渡しの当日に $(\boldsymbol{P}^{\mathrm{PV}}, \boldsymbol{P}^{\mathrm{load}}, \boldsymbol{\lambda})$ が得られたもとで $(\boldsymbol{P}^{\mathrm{gen}}, \boldsymbol{P}^{\mathrm{bat}}, \boldsymbol{P}^{\mathrm{curt}})$ を調整し、利潤を最大化する。よって、最終的に得られる利潤は、

$$J^{\star}(\hat{\boldsymbol{x}} \mid \boldsymbol{P}^{\mathrm{PV}}, \boldsymbol{P}^{\mathrm{load}}, \boldsymbol{\lambda}) := \max_{\substack{\boldsymbol{P}^{\mathrm{gen}} \in \mathcal{D}^{\mathrm{gen}} \\ \boldsymbol{P}^{\mathrm{bat}} \in \mathcal{D}^{\mathrm{bat}} \\ \boldsymbol{P}^{\mathrm{curt}} \in \mathcal{D}^{\mathrm{curt}}(\boldsymbol{P}^{\mathrm{PV}})}} J(\hat{\boldsymbol{x}}, \boldsymbol{P}^{\mathrm{dis}} \mid \boldsymbol{P}^{\mathrm{PV}}, \boldsymbol{P}^{\mathrm{load}}, \boldsymbol{\lambda}) \tag{44}$$

となる。

本節のゴールは、式 (44) で定義されるアグリゲータの利益を最大化するような $\hat{\boldsymbol{x}}$ を生成する関数 $\boldsymbol{S}$ を求めることである。まず、理想的な場合として、翌日の再エネ発電量が正確に予測できる状況を考えてみよう。このとき、$\boldsymbol{u} = (\boldsymbol{P}^{\mathrm{PV}}, \boldsymbol{P}^{\mathrm{load}}, \boldsymbol{\lambda})$ とおくことができ、明らかに

$$\boldsymbol{S}_{\mathrm{ideal}}(\boldsymbol{u}) = \arg\max_{\hat{\boldsymbol{x}}} J^{\star}(\hat{\boldsymbol{x}} \mid \underbrace{\boldsymbol{P}^{\mathrm{PV}}, \boldsymbol{P}^{\mathrm{load}}, \boldsymbol{\lambda}}_{\boldsymbol{u}}) \tag{45}$$

が最適な関数 $\boldsymbol{S}$ となる。しかし、再エネ発電量 $\boldsymbol{P}^{\mathrm{PV}}$ は前日計画の際には利用不可能であるので、このような $\boldsymbol{u}$ と $\boldsymbol{S}_{\mathrm{ideal}}$ は実際には用いることができない。

この問題に対する一つの近似解法として、再エネ発電量を何らかの方法で予測し、その予測値 $\hat{\boldsymbol{P}}^{\mathrm{PV}}$ を真値 $\boldsymbol{P}^{\mathrm{PV}}$ の代わりに用いることが考えられる。具体的には、$\boldsymbol{u} = (\hat{\boldsymbol{P}}^{\mathrm{PV}}, \boldsymbol{P}^{\mathrm{load}}, \boldsymbol{\lambda})$ とし、計画関数を

$$\boldsymbol{S}_{\mathrm{pred}}(\boldsymbol{u}) = \arg\max_{\hat{\boldsymbol{x}}} J^{\star}(\hat{\boldsymbol{x}} \mid \underbrace{\hat{\boldsymbol{P}}^{\mathrm{PV}}, \boldsymbol{P}^{\mathrm{load}}, \boldsymbol{\lambda}}_{\boldsymbol{u}}) \tag{46}$$

とすることである。ただし、ここでは簡単のために $\boldsymbol{P}^{\mathrm{load}}$ や $\boldsymbol{\lambda}$ は正確に予測可能であるとした。このように、再エネの予測を行うモデルを用いて需給計画を行う方法はモデルベースの需給計画法ということができる。モデルベースの方法では、再エネの予測値 $\hat{\boldsymbol{P}}^{\mathrm{PV}}$ が十分に真値 $\boldsymbol{P}^{\mathrm{PV}}$ に近ければよい計画が生成されることが期待される。一方で、再エネの予測に誤差がある場合には、それが計画にどう影響するかは自明ではなく、再エネの予測精度が十分でない場合、大きな損失を被る可能性があるという問題点がある。再エネの予測精度を上げることで $\boldsymbol{S}_{\mathrm{pred}}$ の精度を向上するアプローチを考えることもできるが、再エネは本質的に不確かさを含んでおり、その予測精度には限界がある。モデルベースの需給計画の問題点を解決するために、ここでは、再エネの予測モデルを経由せず、直接需給計画を求めるモデルフリーの方法を提案する。

式 (44) で表される利潤は再エネ発電量 $\boldsymbol{P}^{\mathrm{PV}}$ を含んでいるので、前日計画の際にはその値を評価することはできない。一方で、過去の $(\boldsymbol{P}^{\mathrm{PV}}, \boldsymbol{P}^{\mathrm{load}}, \boldsymbol{\lambda})$ が得られたもとでは、その実績のもとでのさまざまな $\hat{\boldsymbol{x}}$ に対する利潤を計算することができる。そこで、過去の実績

$(\boldsymbol{P}^{\mathrm{PV}}, \boldsymbol{P}^{\mathrm{load}}, \boldsymbol{\lambda})$ の組に対して、利潤を評価しながら計画関数 $\boldsymbol{S}$ を調整すれば、よい計画関数 $\boldsymbol{S}$ を得ることができそうである。このように、関数 $\boldsymbol{S}$ を過去のデータを用いて自動的に調整することは一般に機械学習と呼ばれる。計画関数 $\boldsymbol{S}$ がパラメータ $\boldsymbol{\rho}$ によってパラメトライズされているとすると、$\boldsymbol{S}$ を探索する機械学習問題は次のように定式化される。

問題 3.2 N 組の $(\boldsymbol{P}^{\mathrm{PV}}, \boldsymbol{P}^{\mathrm{load}}, \boldsymbol{\lambda})$ と $\boldsymbol{u}$ が得られているとし、それらを $(\boldsymbol{P}_i^{\mathrm{PV}}, \boldsymbol{P}_i^{\mathrm{load}}, \boldsymbol{\lambda}_i)$、$\boldsymbol{u}_i$、$i = 1, \ldots, N$ と記述する。このとき、

$$\boldsymbol{\rho}^{\star} = \arg\max_{\boldsymbol{\rho}} J_{\mathrm{learn}}(\boldsymbol{\rho})$$

を求めよ。ここで、評価関数 $J_{\mathrm{learn}}(\boldsymbol{\rho})$ は

$$J_{\mathrm{learn}}(\boldsymbol{\rho}) := \frac{1}{N} \sum_{i=1}^{N} J^{\star}\big(\boldsymbol{S}(\boldsymbol{u}_i \mid \boldsymbol{\rho}) \mid \boldsymbol{P}_i^{\mathrm{PV}}, \boldsymbol{P}_i^{\mathrm{load}}, \boldsymbol{\lambda}_i\big)$$

である。

この問題は、関数 $\boldsymbol{S}$ がパラメータ $\boldsymbol{\rho}$ に関して線形であるとき、凸最適化問題となることを示すことができる[36)]。一方、$\boldsymbol{S}$ がパラメータに関して線形でないときには凸最適化とはならず、大域的最適解を見つけることは一般に困難であるが、よい局所最適解を見つければ十分であることが多い。

パラメータ $\boldsymbol{\rho}$ で特徴付けられた関数 $\boldsymbol{S}$ の一例として、ニューラルネットワークモデルや、それを多層化した深層学習モデル

$$\boldsymbol{S}(\boldsymbol{u}, \boldsymbol{\rho}) := \boldsymbol{y}^{(n_l)}(\boldsymbol{u} \mid \boldsymbol{\rho})$$

を考えることができる。ただし、n_l はネットワークの深さを表し、$j = 1, \ldots, n_l$ に対して、

$$\boldsymbol{y}^{(j)}(\boldsymbol{u} \mid \boldsymbol{\rho}) := \begin{cases} \boldsymbol{\sigma}^{(j)}(\boldsymbol{u}) & j = 1 \\ \boldsymbol{\sigma}^{(j)}\Big(\boldsymbol{W}^{(j)} \boldsymbol{y}^{(j-1)}(\boldsymbol{u}, \boldsymbol{\rho}) + \boldsymbol{b}^{(j)}\Big) & j \neq 1 \end{cases}$$

である。ただし、$\boldsymbol{\sigma}^{(j)}$ は活性化関数であり、ユーザによって事前に設定される。このとき、

$$\boldsymbol{\rho} := \Big(\boldsymbol{W}^{(2)}, \ldots, \boldsymbol{W}^{(n_l)}, \boldsymbol{b}^{(2)}, \ldots, \boldsymbol{b}^{(n_l)}\Big)$$

をうまく調整していくことが学習の目的となる。

3.6.3 機械学習による需給計画の解法

先に定式化した問題 3.2 の解 $\boldsymbol{\rho}^\star$ を実際に求める方法について考えよう。パラメータの調整のためには、損失関数 $J_{\mathrm{learn}}(\boldsymbol{\rho})$ の $\boldsymbol{\rho}$ に関する勾配 $\partial J_{\mathrm{learn}}/\partial \boldsymbol{\rho}$ を用いた勾配法がよく用いられる。微分の連鎖律から、用いる勾配は、

$$\frac{\partial J_{\mathrm{learn}}}{\partial \boldsymbol{\rho}} = \frac{1}{N}\sum_{i=1}^{N} \frac{\partial \boldsymbol{S}(\boldsymbol{u}_i \mid \boldsymbol{\rho})}{\partial \boldsymbol{\rho}} \left.\frac{\partial J^\star(\hat{\boldsymbol{x}} \mid \boldsymbol{P}_i^{\mathrm{PV}}, \boldsymbol{P}_i^{\mathrm{load}}, \boldsymbol{\lambda}_i)}{\partial \hat{\boldsymbol{x}}}\right|_{\hat{\boldsymbol{x}}=\boldsymbol{S}(\boldsymbol{u}_i \mid \boldsymbol{\rho})} \tag{47}$$

と書ける。このうち、$\partial \boldsymbol{S}/\partial \boldsymbol{\rho}$ は $\boldsymbol{S}$ のパラメトライズに依存する項であり、例えば、関数 $\boldsymbol{S}$ としてニューラルネットワークに基づくモデルを用いる場合には、誤差逆伝播法によって効率的に計算することができる。ニューラルネットワークを用いない場合でも、$\boldsymbol{S}$ に勾配が計算しやすい関数を仮定することは自然である。このことから、式(47)の勾配を求めるためには、$\partial J^\star/\partial \hat{\boldsymbol{x}}$ の計算法を与えることが重要となる。

ここでは、F^{imb} に対して具体的な関数

$$F^{\mathrm{imb}}(\boldsymbol{x} - \hat{\boldsymbol{x}}) = \boldsymbol{\gamma}^\top |\boldsymbol{x} - \hat{\boldsymbol{x}}| \tag{48}$$

を仮定して、勾配 $\partial J^\star/\partial \hat{\boldsymbol{x}}$ を計算してみよう。ここで、$\boldsymbol{\gamma}$ は誤差の単位量あたりの損失量を表したプロファイルであり、$|\boldsymbol{x} - \hat{\boldsymbol{x}}|$ は、$\boldsymbol{x} - \hat{\boldsymbol{x}}$ の要素ごとの絶対値を表す。この関数 F^{imb} を用いると、式(43)の関数 J は微分不可能な点を含む関数となる。これは都合がよくないので、最適化問題を書き換えることを考える。新たなベクトル変数 $\boldsymbol{\xi}$ を導入すると、$J^\star$ は、最適化問題

$$\max_{\boldsymbol{\xi}, \boldsymbol{P}^{\mathrm{dis}}} \quad \boldsymbol{\lambda}^\top \hat{\boldsymbol{x}} - F^{\mathrm{gen}}(\boldsymbol{P}^{\mathrm{gen}}) - F^{\mathrm{bat}}(\boldsymbol{P}^{\mathrm{bat}}) - \boldsymbol{\gamma}^\top \boldsymbol{\xi} \tag{49}$$

$$\text{s.t.} \quad \boldsymbol{P}^{\mathrm{gen}} \in \mathcal{D}^{\mathrm{gen}},\ \boldsymbol{P}^{\mathrm{bat}} \in \mathcal{D}^{\mathrm{bat}},\ \boldsymbol{P}^{\mathrm{curt}} \in \mathcal{D}^{\mathrm{curt}}(\boldsymbol{P}^{\mathrm{PV}}),$$

$$\hat{\boldsymbol{x}} - \boldsymbol{x}(\boldsymbol{P}^{\mathrm{dis}} \mid \boldsymbol{P}^{\mathrm{PV}}, \boldsymbol{P}^{\mathrm{load}}) \le \boldsymbol{\xi}, \tag{50}$$

$$-(\hat{\boldsymbol{x}} - \boldsymbol{x}(\boldsymbol{P}^{\mathrm{dis}} \mid \boldsymbol{P}^{\mathrm{PV}}, \boldsymbol{P}^{\mathrm{load}})) \le \boldsymbol{\xi}, \tag{51}$$

の最適値と一致することを示すことができる。この書き換えにより、制約条件の左辺と評価関数は $\hat{\boldsymbol{x}}$ に関して微分可能になる。このとき、適当な条件のもとで、この最適値の $\hat{\boldsymbol{x}}$ の摂動に対する感度は、ラグランジュ関数

$$L(\hat{\boldsymbol{x}}) := \boldsymbol{\lambda}^\top \hat{\boldsymbol{x}} - \boldsymbol{\gamma}^\top \boldsymbol{\xi} - F^{\mathrm{gen}}(\boldsymbol{P}^{\mathrm{gen}}) - F^{\mathrm{bat}}(\boldsymbol{P}^{\mathrm{bat}})$$
$$- (\boldsymbol{d}_+ - \boldsymbol{d}_-)^\top (\hat{\boldsymbol{x}} - \boldsymbol{x}(\boldsymbol{P}^{\mathrm{dis}} \mid \boldsymbol{P}^{\mathrm{PV}}, \boldsymbol{P}^{\mathrm{load}})) + \Delta$$

の $\hat{\boldsymbol{x}}$ に関する微分と一致する。ただし、式(50)、式(51)は要素ごとの不等式を表す。また、$\boldsymbol{d}_+$、$\boldsymbol{d}_-$ はそれぞれ、式(50)、式(51)に対するラグランジュ変数、Δ は $\hat{\boldsymbol{x}}$ に依存しない項である。したがって、勾配は、

$$\frac{\partial J^\star(\hat{\boldsymbol{x}} \mid \boldsymbol{P}_i^{\mathrm{PV}}, \boldsymbol{P}_i^{\mathrm{load}}, \boldsymbol{\lambda}_i)}{\partial \hat{\boldsymbol{x}}} = \boldsymbol{\lambda} - (\boldsymbol{d}_+ - \boldsymbol{d}_-) \tag{52}$$

と計算できることになる。これまでの議論をまとめると、関数 F^{imb} が式(48)で表されるときの問題 3.2 の解法は次の手順となる[37]。

ステップ **0**： 適当なパラメータ $\boldsymbol{\rho}$ の値を定める。

ステップ **1**： データ $\boldsymbol{u}_i$、$i = 1, \ldots, N$ を用いて $\hat{\boldsymbol{x}}_i = \boldsymbol{S}(\boldsymbol{u}_i \mid \boldsymbol{\rho})$ と勾配 $\partial \boldsymbol{S}/\partial \boldsymbol{\rho}$ を求める。

ステップ **2**： それぞれの i に対して式(49)～式(51)の最適化問題を解き、ラグランジュ変数 $\boldsymbol{d}_+$, $\boldsymbol{d}_-$ の最適値を求める。

ステップ **3**： 式(52)と $\partial \boldsymbol{S}/\partial \boldsymbol{\rho}$ から式(47)の勾配を計算し、それを用いてパラメータ $\boldsymbol{\rho}$ を更新する。パラメータ $\boldsymbol{\rho}$ が収束していなければステップ 1 に戻る。

3.6.4 シミュレーションによる検証

ここでは、再エネと蓄電池、需要家を持つアグリゲータの需給計画についてシミュレーションを行い、提案法の有用性を確かめる。本シミュレーションでは、アグリゲータは電気自動車およそ 4,000 台分相当の 160 MWh の蓄電池を持つと想定する。また、最大約 125 MWh の発電が可能な PV 発電設備を持つとする。PV 発電量の実測データ $\boldsymbol{P}^{\mathrm{PV}}$ は太陽放射コンソーシアムによって提供されている AMATERASS の日射量実測データ[38]から計算した。また、負荷の実測データ $\boldsymbol{P}^{\mathrm{load}}$ は、一般社団法人　環境共創イニシアチブが提供するエネルギーマネジメントシステムオープンデータ[8]をもとに作成した。また、取引価格のデータ $\boldsymbol{\lambda}$ は 3.5 節で述べた市場精算を行って決定した。さらに、ペナルティ料金 $\boldsymbol{\gamma}$ は $\boldsymbol{\lambda}$ の 5 倍として与えた。モデルへの入力としては $\boldsymbol{u} = (\hat{\boldsymbol{P}}^{\mathrm{PV}}, \boldsymbol{P}^{\mathrm{load}}, \boldsymbol{\lambda})$ を用いることとし、$\hat{\boldsymbol{P}}^{\mathrm{PV}}$ としては、気

象庁による日射量の予測データを用いて計算した。関数 $\boldsymbol{S}$ は 3 層のニューラルネットワークとした。データは 2016 年 4 月 1 日から 2017 年 5 月 31 日の期間で収集されたものを用いた。この期間において、47 都道府県の各地点でのデータを用いることにより、累計約 2 万日分のデータとなったが得られた。このうち、欠損を除いた累計約 1 万日分のデータを用いて学習を行った。

学習されたモデルを用いて、学習に用いたデータとは異なる日付のデータ約 1,000 件に対する需給計画を実施し、アグリゲータの利潤を計算すると、図 **3.14** となった。図では、学習に用いるデータ数をさまざまに変化させたときのアグリゲータの利潤を示している。図より、学習に用いたデータ数を増やすほどによい需給計画が得られていることがわかる。また、$\boldsymbol{u} = (\hat{\boldsymbol{P}}^{\mathrm{PV}}, \boldsymbol{P}^{\mathrm{load}}, \boldsymbol{\lambda})$ と式 (46) を用いて、モデルベースの方法により需給計画を行うと、図中の点線になる。この結果から、モデルフリーの提案法によってモデルベースの方法よりもよい需給計画が行えたことが確認できた。このことは、再エネの予測モデルに誤差がある場合には、そのモデルに基づいたモデルベースの方法よりも、直接的に需給計画を生成するモデルフリーの方法が優れていることを示唆している。このシミュレーションでは、需給計画関数 $\boldsymbol{S}$ への入力として、再エネの予測 $\hat{\boldsymbol{P}}^{\mathrm{PV}}$ を用いている。提案したモデルフリーの方法では、$\hat{\boldsymbol{P}}^{\mathrm{PV}}$ に含まれる誤差の傾向が陰に学習され、その傾向に合わせた需給計画が生成されたものと考えられる。

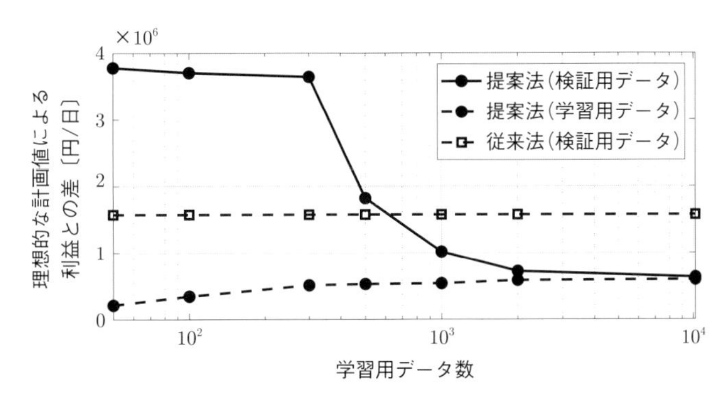

図 3.14　需給計画に対するアグリゲータの利潤： 横軸は学習に用いたデータ数を表す。縦軸は式 (45) との差を表しており、小さいほど多くの利潤があることを示す。破線は学習用データに対する結果、実線は検証用のデータに対する結果を示している。

3.7 太陽光発電出力予測更新に基づく需給計画

本節では、アグリゲータがPV発電の予測更新に基づいて日間需給計画を作成・更新する手法について述べる。提案手法およびシミュレーション結果の詳細は文献[39]を参照されたい。

本節の構成とポイントは以下の通りである。

3.7.1 **アグリゲータの需給計画**

・将来の電力系統における大規模アグリゲータの需給計画の概要を説明する。

3.7.2 **需給計画の作成と更新**

・予測に基づく大規模アグリゲータの需給計画手法を提案する。

・BESS充放電計画と火力発電UCを定式化する。

3.7.3 **シミュレーションによる検証**

・大規模系統モデルを用いてシミュレーション評価を行う。

・提案手法により供給支障・PV発電出力抑制を削減できる。

3.7.1 アグリゲータの需給計画

本節で想定するアグリゲータは、火力、水力発電といった大型の従来電源を多数所有し、かつ大容量のPV発電およびBESSも所有もしくは集約して、その制御が可能な大規模な事業者であるとする。火力発電は負荷調整電源としての電力供給と、調整力の提供（5章にて後述）を担当する。水力発電はベース電源としての電力供給と、調整力の提供を担当する。原子力発電はベース電源としての電力供給のみを担当する。PV発電は日射量に応じた発電を行い、必要に応じて出力抑制を行うことができる。BESSは、PV発電による電力余剰を充電し、発電電力を有効利用するために設置されており、調整力の提供や緊急制御への利用は考慮しない。

需給計画の目的は、日間の電力（量）の供給と調整力の確保の2点である。また、BESSは1日ごとにSOCが管理され、1日のはじめと終わりでSOCが一致することとする（日間SOC制約）。供給すべき電力需要は前日までに相対契約または市場取引（3.1節を参照）によって時間帯ごと（単位時間：1時間とする）に決定されるものとし、この電力需要に対して電力を供給するため、アグリゲータは従来電源、PV 発電、BESS による需給計画を作成する。PV 発電予測については、前日の 12 時から 6 時間ごとに当日 24 時までの 1 時間値が生成されるものとし、アグリゲータは 6 時間ごとに生成される予測に基づいて需給計画を更新する。アグリゲータが有する PV 発電出力による変動と、アグリゲータが供給する負荷需要の変動については、アグリゲータ自身で調整力を確保して需給計画・運用を行う必要があるものとする。

BESS の充放電計画および火力発電の UC の決定および修正のイメージを図 **3.15** に示す[39]。最初（図の⓪）に、前日 12 時に生成された予測情報（点矢印で示す期間）に基づいて各時間断面における発電機台数と BESS 放電電力量の条件を確認し、BESS の充放電計画（黒矢印で示す期間）と火力発電の UC（白矢印で示す期間）を実施する。その後（図の①～④)、6 時間ごとに更新されるその時点での最新の予測情報を用いて、各時間断面における PV 発電出力と 1 日の BESS 放電電力量の条件を再確認し、BESS 充放電計画と UC の修正を行う。なお、上記⓪～④では、BESS 充放電計画をまず作成（または更新）し、それに基づいて UC を作成（または更新）することとする。

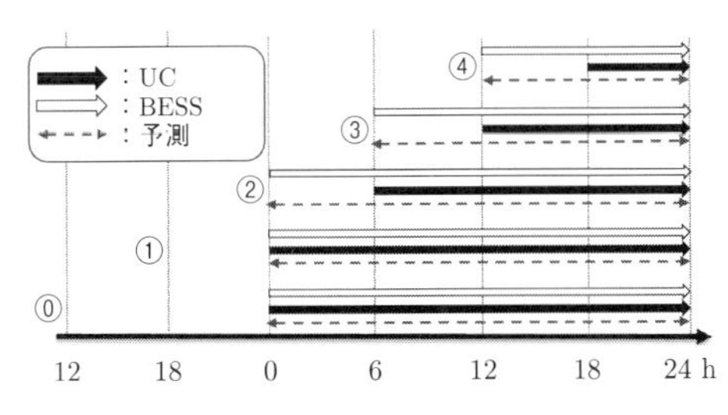

図 3.15　BESS 充放電計画と火力発電 UC の作成・更新イメージ：6 時間ごとに生成される予測情報に基づき BESS 充放電計画と火力発電 UC を作成する。

3.7.2　需給計画の作成と更新

各時間断面にて供給すべき電力需要が決まっていれば、予備力・調整力を考慮して受入可能な PV 発電出力の上限が決まる（5.1 節にて後述)。アグリゲータは、BESS 充放電計画と火力発電 UC を作成する事前に、時間断面ごとの PV 発電出力上限を確認する（以下、時刻 k における合計 PV 発電出力の上限を $P_k^{\mathrm{PV\_MAX}}$ と表記する)。原則として、この上限を超過した分の出力を BESS が充電し、充電のない時間に放電することになる。

BESS は PV 発電による余剰電力の発生が予想される場合に充電し、それ以外の時間帯で放電する。よって、時刻 k における需給バランスは、出力抑制または充電が必要な時間帯では、

$$P_k^{\mathrm{D}} = \sum_{i=1}^{N_k^{\mathrm{G}}} P_{ik}^{\mathrm{G}} + P^{\mathrm{NU}} + P^{\mathrm{H}} + (P_k^{\mathrm{PV0}} - P_k^{\mathrm{BC}} - P_k^{\mathrm{PV\_C}}) \tag{53}$$

で記述され、それ以外の時間帯では、

$$P_k^{\mathrm{D}} - P_k^{\mathrm{BD}} = \sum_{i=1}^{N_k^{\mathrm{G}}} P_{ik}^{\mathrm{G}} + P^{\mathrm{NU}} + P^{\mathrm{H}} + P_k^{\mathrm{PV0}} \tag{54}$$

で与えられる。ここで、P_k^{D} は時刻 k における合計負荷需要、N_k^{G} は時刻 k における火力発電機の運転台数、P_{ik}^{G} は時刻 k における火力発電機 i の出力、P^{NU} は原子力発電の合計出力、P^{H} は水力発電の合計出力、P_k^{PV0} は時刻 k における抑制または充電を行う前の合計 PV 発電出力、$P_k^{\mathrm{PV\_C}}$ は時刻 k における合計 PV 発電抑制電力を示す。P_k^{BC} は時刻 k における BESS の充電電力、P_k^{BD} は時刻 k における BESS の放電電力で、充放電計画の決定変数である。

式(54)を以下のように変形すると、時刻 k において BESS が放電できる電力の大きさには上限 $P_k^{\mathrm{BD\_MAX}}$ があることがわかる。

$$\begin{aligned} P_k^{\mathrm{BD}} &= P_k^{\mathrm{D}} - \left(\sum_{i=1}^{N_k^{\mathrm{G}}} P_{ik}^{\mathrm{G}} + P^{\mathrm{NU}} + P^{\mathrm{H}} + P_k^{\mathrm{PV0}} \right) \\ &\leq P_k^{\mathrm{D}} - \left(\sum_{i=1}^{N_k^{\mathrm{G}}} (P_i^{\mathrm{MIN}} + C_i^{\mathrm{LFC}}) + P^{\mathrm{NU}} + P^{\mathrm{H}} + P_k^{\mathrm{PV0}} \right) = P_k^{\mathrm{BD\_MAX}} \end{aligned} \tag{55}$$

ここで、C_i^{LFC} は火力発電機 i の調整力、P_i^{MIN} は火力発電機 i の最小出力を示す。よって、日間 SOC 制約を考慮すると、放電電力の上限を 1 日にわたって積算した電力量が放電電力量の上限となる。

3.7.1 項で示した通り、PV 発電出力の予測値が PV 発電出力上限値を超過する場合には充電を行う。まず、

$$P_k^{\mathrm{BC}} = \max\left(0, P_k^{\mathrm{PV0}} - P_k^{\mathrm{PV\_MAX}}\right) \tag{56}$$

で示すように、上限値を超過する分をすべて充電するものとして計画を作成（または更新）する。その後、計画での 1 日の充電電力量を 1 日の放電電力量の上限（式(55)の放電電力の上限の総和）と比較し、前者が後者を上回る場合は、以下のルールに従って各時刻の充電電力を修正し、抑制電力を決定する。

$$\text{if } \eta \cdot \sum_{k=1}^{T} P_k^{\mathrm{BC}} \cdot \Delta T \geq \sum_{k=1}^{T} P_k^{\mathrm{BD\_MAX}} \cdot \Delta T$$
$$\begin{cases} P_k^{\mathrm{BC}} = (P_k^{\mathrm{PV0}} - P_k^{\mathrm{PV\_MAX}}) \cdot \dfrac{\sum_{k'=1}^{T} P_{k'}^{\mathrm{BD\_MAX}} \cdot \Delta T}{\eta \cdot \sum_{k'=1}^{T} (P_{k'}^{\mathrm{PV0}} - P_{k'}^{\mathrm{PV\_MAX}}) \cdot \Delta T} \\ P_k^{\mathrm{PV\_C}} = P_k^{\mathrm{PV0}} - P_k^{\mathrm{PV\_MAX}} - P_k^{\mathrm{BC}} \end{cases} \tag{57}$$
$$(k = t^{\mathrm{s}}, t^{\mathrm{s}} + 1, \ldots, T)$$

ここで、η はBESSの充放電効率、t^{s} は計画の開始時刻、T は計画期間の終了時刻（本節では $T = 24$〔時間〕)、ΔT は単位時間（本節では $\Delta T = 1$〔時間〕）を表す。式(56)～式(57)の充電電力の決定・修正後に、目的関数

$$J^{\mathrm{BD}} = \sum_{k=t^{\mathrm{s}}}^{T} \left(P_k^{\mathrm{D}} - P_k^{\mathrm{PV}} - P_k^{\mathrm{BD}} \right)^2 \cdot \Delta T$$

を最小化する二次計画問題を解くことで放電計画を作成・修正する。ここで、J^{BD} はPV発電以外の電源による供給電力の二乗和を意味し、これを最小化することで正味の発電電力曲線を平準化し、火力発電の燃料費および起動費をできるだけ小さくすることを意図している。制約条件としては、同時充放電の禁止、日間SOC制約を考慮する。P_k^{PV} は時刻 k におけるPV発電の計画出力であり、抑制や充電が必要となる場合は抑制および充電の分を除いた出力であることに注意する。日間SOC制約は、1日の充電電力量と放電電力量が一致するという制約条件

$$\eta \cdot \sum_{k=1}^{T} P_k^{\mathrm{BC}} \cdot \Delta T = \sum_{k=1}^{T} P_k^{\mathrm{BD}} \cdot \Delta T \tag{58}$$

によって考慮する。前述した通り、6時間ごとに更新される予測に基づいてBESS充放電計画も更新する。計画期間は、**図3.15** おける⓪～②は当日0時～24時、③は6時～24時、④は12時～24時となる。③、④では、式(55)～式(58)において、更新時刻より以前の P_k^{BC}、P_k^{BD} は一つ前の計画で決定した値を定数として用いる。

BESS充放電計画を作成・更新した後、火力発電のUCを作成・更新する。UCは、

$$J^{\mathrm{G}} = \sum_{i=1}^{N} \sum_{k=1 \text{ or } t^{\mathrm{s}}+6}^{T} \left\{ u_{ik} \cdot F_{\mathrm{c},i}(P_{ik}^{\mathrm{G}}) \cdot \Delta T + u_{ik} \cdot (1 - u_{i(k-1)}) \cdot S_{\mathrm{c},i} \right\}$$

で表される目的関数の最小化を図る動的計画法によって作成または更新する。J^{G} は、計画

期間の燃料費と起動費の合計（運用費）である。ここで、$F_{c,i}$ と $S_{c,i}$ は、それぞれ火力発電機 i の燃料費関数と起動費を示す。N は火力発電機の総台数、u_{ik} は時刻 k における火力発電機 i の運転状態（$u_{ik}=0$ のとき停止、$u_{ik}=1$ のとき運転）を示す。計画期間は、図 **3.15** における⓪と①では当日 0 時〜24 時、②〜④では予測生成時刻の 6 時間後（$t^{s}+6$）から 24 時までとなる。制約条件は、運転予備力、需給の一致、発電機出力上下限、調整力、PV 発電の優先給電を考慮する。

3.7.3 シミュレーションによる検証

関東地域を想定した大規模な電源、PV 発電、BESS を有するアグリゲータを想定し、需給運用シミュレーションを実施して提案手法を評価する。**表 3.5** にアグリゲータの有する原子力、水力、火力発電の利用可能容量を示す[39]。使用する火力発電機データの詳細は文献[40]の通りで、電力系統標準モデルの拡充系統モデル[41]を参考に分類した。火力発電機は、定格出力における燃料費が安い順に起動するものとし、定格出力の 5% を調整力として利用する。水力発電は最大出力の 95% で出力一定運転し、残り 5% を調整力として利用する（揚水発電は考慮しない）。原子力発電は最大出力で出力一定運転を行うものとする。夏季（7 月 15 日〜9 月 14 日）についてはすべての発電設備が運転し、それ以外については設備の 3 分の 2 が運転しているものとする。確保すべき調整力の割合は、その時間断面における負荷需要および PV 発電出力のそれぞれ 2% とする。また、各時間断面の負荷需要の 3% を運転予備力として確保する。PV 発電の導入容量は 100 GW とする。BESS の容量は十分に大きく、充放電効率を 80%、1 日のはじめと終わりの SOC が 50% になるよう充放電するものとする。

表 3.5　アグリゲータの有する電源の利用可能容量：原子力・水力・火力発電の夏季とそれ以外の利用可能容量を示す。

種別	利用可能容量〔MW〕	
	7/15-9/14	左記以外
原子力	9,000	6,000
水力	1,200	
火力	60,850（168 機）	

シミュレーション期間は 2010 年 1 月 1 日〜12 月 31 日の 1 年間とし、アグリゲータが供給すべき負荷需要は東京電力の当該日の実績 1 時間値[42]を用いる。日射強度の実際値は地上気象官署による当該日の実測 1 時間値[43]を関東エリア 6 箇所について平均化したものを用いる。日射強度の予測値は、同 6 箇所の観測に基づいて文献[44]で提案した手法によって計算した前日 12 時から 6 時間ごとに生成された予測 1 時間値を用いる。PV 発電出力は正規化され

た日射強度（実際値、予測値）にシステム係数とPV発電導入量を乗ずることで計算する。

アグリゲータは、3.7.2項で述べた手法によってBESS充放電計画と火力発電UCを作成・更新する。当日運用では、BESSはその時点での最新の計画に従って充放電を行い、計画外の充放電は行わないものとする。同様に、火力発電機はその時点での最新のUCに従って起動停止を行い、計画外の起動停止は行わないものとする。なお、当日運用では、アグリゲータが自身の担当する負荷需要に対して運転中の火力発電機の出力を調整して需給バランスを維持するものとして、シミュレーションを実施する。したがって、運転中の火力発電機をすべて最大出力としても供給力不足となる場合は供給支障が発生し、PV発電出力の実際値（充電分を除く）がPV発電出力上限値を超過する場合はPV発電出力を抑制するとして、需給不均衡量を計算する。

シミュレーションでは、2通りのケースを想定する。ケース1（基本ケース）では、前日12時の予測に基づいてBESSの充放電計画と火力発電のUCを1回だけ作成し、計画の修正は行わない（図**3.15**の⓪のみ）。ケース2（提案ケース）では、3.7.2項で述べた提案手法に基づいて、BESSの充放電計画と火力発電のUCを6時間ごとに修正する（図**3.15**の⓪～④）。

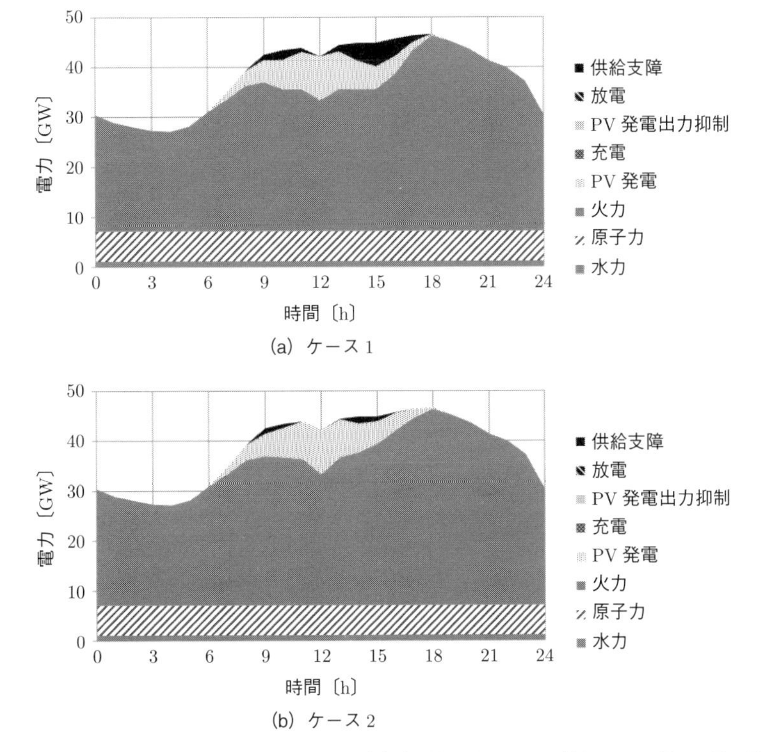

図3.16　3月24日の発電電力曲線：過大予測のため供給支障が大きくなる日の例として3月24日の日負荷曲線を示す。ケース2はケース1より供給支障が小さくなっている。

以下、典型的な2日を選び、それらのシミュレーション結果を示して考察を行う。過大予測のため供給支障電力が大きい日の例として、各ケースの3月24日の発電電力曲線を図**3.16**に示す[39]。この図では、種類ごとの発電電力、BESSの充電および放電、PV発電出力抑制、供給支障をそれぞれ分けて示す。ただし、3月24日はBESSの充放電は計画されていない。ケース2ではケース1よりも供給支障電力量が小さくなっている。これは、ケース2ではUCを修正して火力発電機の起動台数を増やすことで予備力を増加させているためである。

過小予測のため出力抑制が大きい日の例として、各ケースの8月28日の発電電力曲線を図**3.17**に示す[39]。ケース2ではケース1よりもPV発電出力抑制が小さくなっている。これは、ケース2ではBESS充放電計画を修正して充電電力を増加させているためである。以上より、本節で提案した予測更新に基づく需給計画の作成・更新手法によって、計画を更新しない場合と比べて需給不均衡を削減できることがわかった。

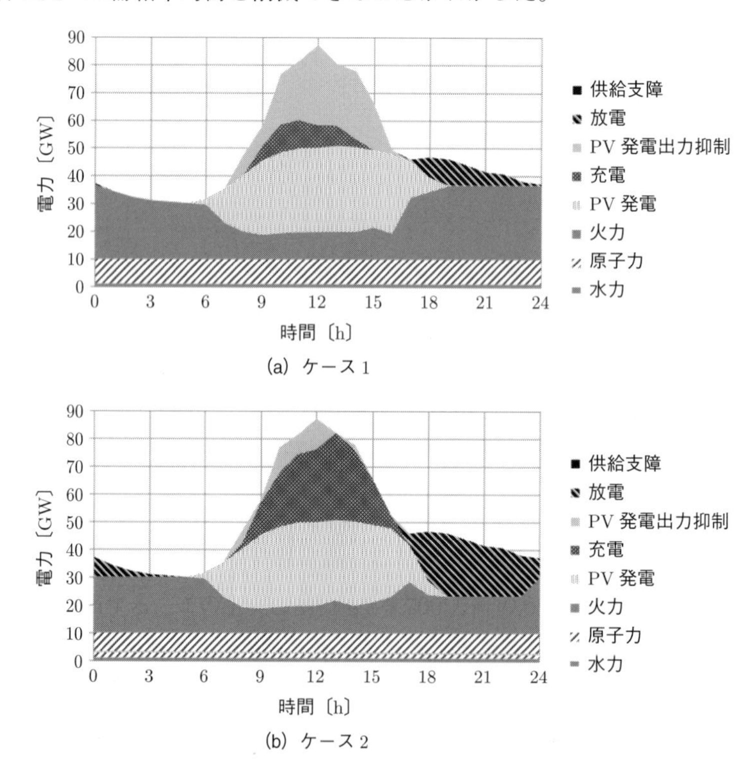

図 3.17　8月28日の発電電力曲線：過小予測のため出力抑制が大きくなる日の例として8月28日の日負荷曲線を示す。ケース2はケース1より出力抑制が小さくなっている。

3.8 太陽光発電の区間予測に基づいた蓄発電需給運用計画

経済負荷配分に着目し、信頼区間に含まれる任意の電力需要プロファイルに対して、系統者側のリソースである火力発電機と蓄電池の最適な運用計画が実現できるような計画の幅（最適な発電電力・充放電電力の幅）を厳密に求めることを考える。

本節の構成とポイントは以下の通りである。

3.8.1 **背景と目的**

・正味の電力需要予測値を信頼区間として表現する。

・不確かなパラメータに対して、最適解の取りえる領域を厳密に求める。

3.8.2 **区間二次計画問題を用いた定式化**

・制約式の係数行列が電力需要に依存し、二次計画問題の解が電力需要の関数になる。

・二次計画問題の解を用いた出力関数の取り得る範囲を求める問題として定式化する。

3.8.3 **単調性を用いたアプローチと最適解の性質**

・電力需要の変化に対して、最適な運用計画は単調に変化するかを解析する。

3.8.4 **数値シミュレーションによる検証**

・単調性パターンの情報から運用計画の幅を厳密に見積もることができる例を示す。

3.8.1 背景と目的

PV 発電設備と蓄電池が大量に導入された電力システムを想定し、火力発電機と蓄電池の前日計画問題に着目する。前日計画は電力需要や PV 発電の予測プロファイルに基づいて行

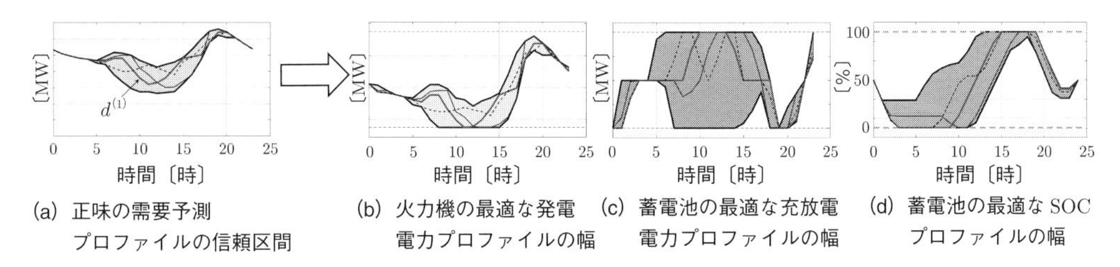

(a) 正味の需要予測プロファイルの信頼区間
(b) 火力機の最適な発電電力プロファイルの幅
(c) 蓄電池の最適な充放電電力プロファイルの幅
(d) 蓄電池の最適な SOC プロファイルの幅

図 3.18 三つの運用計画：発電電力計画、充放電電力計画、SOC 計画を幅として求める。

われるが、予測プロファイルには不確かさが含まれるため、この不確かさをどのように扱うかが重要になってくる。なお、ここでの予測プロファイルは電力需要予測からPV発電予測を引いた値、すなわち、正味の電力需要予測プロファイルを指すものとする。近年、予測プロファイルを信頼区間として表現する研究がなされている[44)]。例えば、「80% 信頼区間」というものは、その区間内に予測値が 80% の確率で当日収まるような区間を意味する。信頼区間は過去の統計データから算出することができる。

ここでは、予測プロファイルが信頼区間で与えられていること、さらに、ロバスト UC によって起動する火力発電機があらかじめ決定されていることを前提とする。このとき、本節の目的は、信頼区間に含まれる任意の正味の電力需要プロファイル（図 **3.18** (a)）に対して、系統者側のリソースである火力発電機と蓄電池の最適な運用計画が実現できるような計画の幅（図 **3.18** (b)、(c)、(d)）を厳密に求めることである。言い換えると、不確かなパラメータに対して、最適解の取りえる領域を厳密に求めることである。

ここでの運用計画は、火力発電機に対しては「発電電力計画」、蓄電池に対しては「充放電電力計画」と「SOC 計画」を指す。この幅が厳密にわかれば、最適運用には必要ない余力部分が発電電力・充放電電力・SOC に関して明らかになる。この余力部分は需給バランスとは別の用途に使うことができる。また、蓄電池を需要家などからアグリゲートすること想定した場合には、厳密な SOC 計画の幅の上限値プロファイルが最適運用を担保するためにアグリゲートすべき蓄電容量の指針となる。

3.8.2 区間二次計画問題を用いた定式化

ここでは、電力システムモデルを離散時間システムとして扱うことにする。まず、正味の電力需要プロファイルを信頼区間の中から一本選択したときに、最適な運用計画プロファイルを一本得るための最適化問題を記述する。時刻 k における電力システムにおける電力需要と PV 発電量を P_k^{load}、P_k^{PV} とおけば正味の電力需要は、

$$P_k^{\mathrm{nl}} := P_k^{\mathrm{load}} - P_k^{\mathrm{PV}}, \quad k \in \mathbb{N}[n]$$

となる。ただし、$\mathbb{N}[n] := \{1, \ldots, n\}$ とする。需給バランスを達成するために、電力システムには L 台の火力発電機と系統者側が制御可能なアグリゲートされた蓄電池が一つあると仮定する。時刻 k における l 番目の火力発電機の発電電力を P_{lk}^{gen} と表せば、需給バランス制約は、

$$P_k^{\mathrm{nl}} = \sum_{l=1}^{L} P_{lk}^{\mathrm{gen}} - (P_k^{\mathrm{in}} - P_k^{\mathrm{out}}), \quad k \in \mathbb{N}[n] \tag{59}$$

と表現できる。ただし、P_k^{in} と $P_k^{\mathrm{out}} \in \mathbb{R}$ は時刻 k における充電電力、放電電力を表す。

次に、蓄電池に関する制約を記述する。蓄電池における蓄電量のダイナミクスは、

$$P_{k+1}^{\mathrm{soc}} = P_k^{\mathrm{soc}} + \eta P_k^{\mathrm{in}} - \frac{1}{\eta} P_k^{\mathrm{out}}, \quad k \in \mathbb{N}[n] \tag{60}$$

と表せる。ただし、$P_k^{\mathrm{soc}} \in \mathbb{R}$ は蓄電池に溜まっている蓄電量を表す。$\eta \in (0,1]$ は充放電効率を表す。さらに、蓄電容量制約

$$\underline{P}^{\mathrm{soc}} \le P_k^{\mathrm{soc}} \le \overline{P}^{\mathrm{soc}}, \quad k \in \mathbb{N}[n]$$

とインバータ容量制約

$$\begin{cases} 0 \le P_k^{\mathrm{in}} \le \overline{P}^{\mathrm{in}} \\ 0 \le P_k^{\mathrm{out}} \le \overline{P}^{\mathrm{out}}, \end{cases} \quad k \in \mathbb{N}[n]$$

を課しておく。ただし、$\overline{P}^{\mathrm{soc}}$ と $\underline{P}^{\mathrm{soc}}$ は蓄電容量の上下限値であり、$\overline{P}^{\mathrm{in}}$ と $\overline{P}^{\mathrm{out}}$ はインバータ容量の上下限値を表す。さらに、蓄電池を毎日平等に使用するために、SOC に対する周期制約

$$P_{n+1}^{\mathrm{soc}} = P_1^{\mathrm{soc}}$$

を設けておく。

次に、火力発電機に関する制約を記述する。一番目から L 番目の火力発電機の発電電力に上下限制約

$$\underline{P}_l^{\mathrm{gen}} \le P_{lk}^{\mathrm{gen}} \le \overline{P}_l^{\mathrm{gen}}, \quad l \in \{1, \ldots, L\}, \quad k \in \mathbb{N}[n] \tag{61}$$

を課す。ただし、$\overline{P}_l^{\mathrm{gen}}$ と $\underline{P}_l^{\mathrm{gen}}$ は l 番目の火力発電機の発電電力の上下限の値である。

上記の制約のもと、最適運用計画問題は、目的関数

$$J(\boldsymbol{P}^{\mathrm{gen}}, \boldsymbol{P}^{\mathrm{out}}) := \sum_{k=1}^{n} \left\{ \sum_{l=1}^{L} F_{\mathrm{c},l}(P_{lk}^{\mathrm{gen}}) + S_{\mathrm{c}}(P_k^{\mathrm{out}}) \right\} \tag{62}$$

を最小にする問題として定式化できる。ただし、

$$F_{c,l}(x) := a_2^{(l)} x^2 + a_1^{(l)} x, \quad a_1^{(l)}, a_2^{(l)} \in \mathbb{R}_{\geq 0}$$
$$S_c(x) := b_2 x^2 + b_1 x, \quad b_1, b_2 \in \mathbb{R}_{\geq 0} \tag{63}$$

であり、それぞれ、l 番目の火力発電機の燃料費関数、蓄電池の蓄電劣化費を簡易的に表現している。また、決定変数は $\boldsymbol{P}^{\text{gen}} := [\boldsymbol{P}_l^{\text{gen}}]_{l \in \mathbb{N}[L]} \in \mathbb{R}^{Ln}$ と $\boldsymbol{P}^{\text{out}} := [P_k^{\text{out}}]_{k \in \mathbb{N}[n]}$、ただし、$[x_k]_{k \in \mathbb{N}[n]} := [x_1^\top, \ldots, x_n^\top]^\top$、$\boldsymbol{P}_l^{\text{gen}} := [P_{l1}^{\text{gen}}, \ldots, P_{ln}^{\text{gen}}]^\top$ である。

最適解 $\boldsymbol{P}^{\text{gen}\star}$ と $\boldsymbol{P}^{\text{out}\star}$ が求まれば、式 (59) の関係から $\boldsymbol{P}^{\text{in}\star} := [P_k^{\text{in}\star}]_{k \in \mathbb{N}[n]}$ も求まる。以上より、火力発電機の最適な発電電力計画 $\boldsymbol{P}^{\text{gen}\star}$、蓄電池の最適な充放電電力計画 $\boldsymbol{P}^{\text{io}\star} := \boldsymbol{P}^{\text{in}\star} - \boldsymbol{P}^{\text{out}\star}$ と蓄電池の最適なSOC計画 $\boldsymbol{P}^{\text{soc}\star} := \eta \boldsymbol{M} \sum_{l=1}^{L} \boldsymbol{P}_l^{\text{gen}\star} + \left(\eta - \frac{1}{\eta}\right) \boldsymbol{M} \boldsymbol{P}^{\text{out}\star} - \eta \boldsymbol{M} \boldsymbol{P}^{\text{nl}}$ が得られる。ただし、$\boldsymbol{M}$ は要素が 1 の下三角行列で、その (i, j) 要素を M_{ij} とすると、$M_{ij} = \begin{cases} 1, & i \geq j \\ 0 & i < j \end{cases}$ である。

次に、電力需要の取り得る範囲が区間として与えられている、すなわち、

$$\boldsymbol{P}^{\text{nl}} := [P_k^{\text{nl}}]_{k \in \mathbb{N}[n]} \in [\boldsymbol{P}^{\text{nl}}] := [\underline{\boldsymbol{P}}^{\text{nl}}, \overline{\boldsymbol{P}}^{\text{nl}}] \tag{64}$$

の場合を考える。$[\boldsymbol{P}^{\text{nl}}]$ は信頼区間としてみなすことができる。このとき、式(64)を満たす任意の $\boldsymbol{P}^{\text{nl}}$ に対して、式(60)から式(61)の制約のもと、式(62)の評価関数を最小にする複数の火力発電機の最適な発電電力計画の取り得る範囲 $[\boldsymbol{P}_l^{\text{gen}\star}] := [\underline{\boldsymbol{P}}_l^{\text{gen}\star}, \overline{\boldsymbol{P}}_l^{\text{gen}\star}]$, $l \in \{1, \ldots, L\}$ と、蓄電池の最適な充放電電力計画の取り得る範囲 $[\boldsymbol{P}^{\text{io}\star}] := [\underline{\boldsymbol{P}}^{\text{io}\star}, \overline{\boldsymbol{P}}^{\text{io}\star}]$ と、最適なSOC計画の取り得る範囲 $[\boldsymbol{P}^{\text{soc}\star}] := [\underline{\boldsymbol{P}}^{\text{soc}\star}, \overline{\boldsymbol{P}}^{\text{soc}\star}]$ を求める。

この問題は、式 (64) の $\boldsymbol{P}^{\text{nl}}$ が与えられたとき、二次計画問題の解

$$\boldsymbol{x}^\star(\boldsymbol{P}^{\text{nl}}) := \arg \min_{\boldsymbol{x} \in \mathbb{R}^\nu} \frac{1}{2} \boldsymbol{x}^\top \boldsymbol{H} \boldsymbol{x} - \boldsymbol{g}^\top \boldsymbol{x} \quad \text{s.t.} \quad \begin{cases} \boldsymbol{A}_{\text{in}} \boldsymbol{x} \leq \boldsymbol{b}_{\text{in}}(\boldsymbol{P}^{\text{nl}}) \\ \boldsymbol{A}_{\text{eq}} \boldsymbol{x} = \boldsymbol{b}_{\text{eq}}(\boldsymbol{P}^{\text{nl}}) \end{cases}$$

を用いた出力関数

$$\boldsymbol{z}(\boldsymbol{P}^{\text{nl}}) := \boldsymbol{F} \boldsymbol{x}^\star(\boldsymbol{P}^{\text{nl}}) + \boldsymbol{G}(\boldsymbol{P}^{\text{nl}})$$

の取り得る範囲

$$[\boldsymbol{z}] := [\underline{\boldsymbol{z}}, \overline{\boldsymbol{z}}] \subset \mathbb{R}^\nu, \quad \begin{cases} \underline{\boldsymbol{z}} := \inf \mathcal{Z} \\ \overline{\boldsymbol{z}} := \sup \mathcal{Z} \end{cases}$$

を求める問題として定式化できる。この問題を区間二次計画問題と呼ぶことにする。ただし、$\mathcal{Z} := \mathrm{im}\,\boldsymbol{z}([\boldsymbol{P}^{\mathrm{nl}}])$ であり、$\inf \mathcal{A}$ と $\sup \mathcal{A}$ は要素ごとに作用させるものとする。

3.8.3　単調性を用いたアプローチと最適解の性質

まず、パラメータ $\boldsymbol{P}^{\mathrm{nl}}$、および、出力関数 $\boldsymbol{z}(\boldsymbol{P}^{\mathrm{nl}})$ がスカラの場合において、$z(P^{\mathrm{nl}})$ の単調性について考えてみよう。もし、$z(P^{\mathrm{nl}})$ が $P^{\mathrm{nl}} \in [P^{\mathrm{nl}}]$ に関して単調増加（減少）関数でなければ、$\overline{z}$ や $\underline{z}$ をもたらすパラメータを区間 $[P^{\mathrm{nl}}]$ の中から探さなければならない。一般に、最適化問題で定義される関数 $z(P^{\mathrm{nl}})$ の全貌を陽に求めることはできないので、これは非常に難しい問題となる。一方、もし、$z(P^{\mathrm{nl}})$ が単調増加（減少）関数であれば、$\overline{z}$ と $\underline{z}$ が区間 $[P^{\mathrm{nl}}]$ の端点で求まるので、簡単に $[z]$ を得ることができる。よって、$z(P^{\mathrm{nl}})$ が単調増加（減少）関数か否かが非常に重要になる。上記は P^{nl}、および、$z(P^{\mathrm{nl}})$ がスカラの場合であるが、ベクトルの場合も同様な議論が成り立つ。

まず、ベクトル値関数に対する単調性を、以下のように定義する。

定義 3.1　区間 $[\boldsymbol{P}^{\mathrm{nl}}]$、および、関数 $\boldsymbol{z} : \mathbb{R}^n \to \mathbb{R}^m$ を考える。任意の $\boldsymbol{P}^{\mathrm{nl}} \in [\boldsymbol{P}^{\mathrm{nl}}]$ に対して、$\sigma_{ij} \dfrac{\partial z_i(\boldsymbol{P}^{\mathrm{nl}})}{\partial P_j^{\mathrm{nl}}} \geq 0$、$\forall i \in \mathbb{N}[m]$、$j \in \mathbb{N}[n]$ を満たす、$\boldsymbol{\sigma} \in \{-1, 1\}^{m \times n}$ が存在するならば、関数 $\boldsymbol{z}$ は $\boldsymbol{P}^{\mathrm{nl}}$ に関して $\boldsymbol{\sigma}$ 単調であると呼ぶ。ただし、σ_{ij} は $\boldsymbol{\sigma}$ の (i, j) 要素であり、$z_i(\cdot)$, P_i^{nl} は $\boldsymbol{z}(\cdot)$, $\boldsymbol{P}^{\mathrm{nl}}$ の i 番目の要素である。

もし仮に、関数 $\boldsymbol{z}(\boldsymbol{P}^{\mathrm{nl}})$ が $\boldsymbol{P}^{\mathrm{nl}} \in [\boldsymbol{P}^{\mathrm{nl}}]$ に関して $\boldsymbol{\sigma}$ 単調であれば、$\boldsymbol{z}(\boldsymbol{P}^{\mathrm{nl}})$ の取り得る範囲の上下限値は $\underline{\boldsymbol{z}} = [z_i(\underline{\boldsymbol{P}}^{\mathrm{nl},(i)})]_{i \in \mathbb{N}[m]}$、$\overline{\boldsymbol{z}} = [z_i(\overline{\boldsymbol{P}}^{\mathrm{nl},(i)})]_{i \in \mathbb{N}[m]}$ として求まる。ただし、

$$
\begin{aligned}
\underline{\boldsymbol{P}}^{\mathrm{nl},(i)} &:= \left[\sigma_{ij} \min\left\{\sigma_{ij} \underline{P}_j^{\mathrm{nl}}, \sigma_{ij} \overline{P}_j^{\mathrm{nl}}\right\}\right]_{j \in \mathbb{N}[n]} \\
\overline{\boldsymbol{P}}^{\mathrm{nl},(i)} &:= \left[\sigma_{ij} \max\left\{\sigma_{ij} \underline{P}_j^{\mathrm{nl}}, \sigma_{ij} \overline{P}_j^{\mathrm{nl}}\right\}\right]_{j \in \mathbb{N}[n]}
\end{aligned}
$$

であり、$\underline{P}_j^{\mathrm{nl}}$、$\overline{P}_j^{\mathrm{nl}}$ は $\underline{\boldsymbol{P}}^{\mathrm{nl}}$、$\overline{\boldsymbol{P}}^{\mathrm{nl}}$ の j 番目の要素である。$\boldsymbol{\sigma}$ は関数 $\boldsymbol{z}(\boldsymbol{P}^{\mathrm{nl}})$ の微分値の符号情報を有した行列であり、これを単調性パターンと呼ぶことにする。$\boldsymbol{P}^{\mathrm{nl}}$、および、$\boldsymbol{z}(\boldsymbol{P}^{\mathrm{nl}})$ がスカラの場合、$\boldsymbol{z}(\boldsymbol{P}^{\mathrm{nl}})$ が単調増加関数であれば、単調性パターンは 1 となり、単調減少関数であれば、-1 となる。

文献[45),46)]などの解析によって、以下の定理が明らかになっている。

定理 3.2 3.8.2 項の最適解 $\boldsymbol{P}_l^{\mathrm{gen}\star}$、$\boldsymbol{P}^{\mathrm{io}\star}$、$\boldsymbol{P}^{\mathrm{soc}\star}$ は $\boldsymbol{P}^{\mathrm{nl}}$ に関して、それぞれ、$\boldsymbol{\sigma}^{(1)}$、$\boldsymbol{\sigma}^{(2)}$、$\boldsymbol{\sigma}^{(3)}$ 単調となる。ただし、

$$\sigma_{ij}^{(1)} = 1 \quad \forall i,j,\ \sigma_{ij}^{(2)} = \begin{cases} -1, & i = j \\ 1, & i \neq j \end{cases}, \sigma_{ij}^{(3)} = \begin{cases} -1, & i \geq j \\ 1 & i < j \end{cases}$$

である。

これは、$\boldsymbol{P}_l^{\mathrm{gen}\star}$、$\boldsymbol{P}^{\mathrm{io}\star}$、$\boldsymbol{P}^{\mathrm{soc}\star}$、および、$\boldsymbol{P}^{\mathrm{nl}}$ が 3 次元の場合には単調性パターンが、

$$\boldsymbol{\sigma}^{(1)} = \begin{bmatrix} 1 & 1 & 1 \\ 1 & 1 & 1 \\ 1 & 1 & 1 \end{bmatrix}, \boldsymbol{\sigma}^{(2)} = \begin{bmatrix} -1 & 1 & 1 \\ 1 & -1 & 1 \\ 1 & 1 & -1 \end{bmatrix}, \boldsymbol{\sigma}^{(3)} = \begin{bmatrix} -1 & 1 & 1 \\ -1 & -1 & 1 \\ -1 & -1 & -1 \end{bmatrix}$$

となることを意味している。例えば、最適な SOC 計画の 1 時刻目の値の情報は $\boldsymbol{\sigma}^{(3)}$ の一行目に対応しており、この値が $[-1\ 1\ 1\,]$ であることは、最適な SOC 計画の 1 時刻目 $P_1^{\mathrm{soc}\star}$ は電力需要の 1 時刻目 P_1^{nl} に対しては負の相関を、2 時刻目 P_2^{nl} に対しては正の相関を、3 時刻目 P_3^{nl} に対しては正の相関を有していることに対応する。よって、$\overline{P_1}^{\mathrm{soc}\star}$ を通る計画値は、電力需要プロファイル $\boldsymbol{P}^{\mathrm{nl}} = [\underline{P}_1^{\mathrm{nl}},\ \overline{P}_2^{\mathrm{nl}},\ \overline{P}_3^{\mathrm{nl}}]^\top$ を用いて最適化問題を解いたときに得られる。

解析のポイントは Karush-Kuhn-Tucker 条件を用いた解の候補を導入することである。これは、不等式制約 m 本のうち何本かを等式制約に置き換えて、ほかの不等式制約は無視して解を表現したものである。さらに、単調性パターン $\boldsymbol{\sigma}^{(1)}$ を明らかにするためのポイントは出力に対して上下限制約のない仮想火力発電機を一台入れる点である。これによって、ヤコビアン（解の候補の $\boldsymbol{P}^{\mathrm{nl}}$ に対する微分値）に射影行列が現れ、射影行列の性質を使うことで、解析を進めることができる。また、$\boldsymbol{\sigma}^{(2)}$、$\boldsymbol{\sigma}^{(3)}$ を示すためには、**M**-行列（**K**-行列とも呼ぶ）[47)]や優対角行列の性質を使えばよい。

3.8.4 数値シミュレーションによる検証

東京電力管内の正味の電力需要を複数の火力発電機とアグリゲートされた蓄電池で賄うことを想定した前日計画問題の数値シミュレーション結果を紹介する。詳細設定は、以下の通りである。

表 3.6　**火力発電機の種類とパラメータ**：系統者が所有する 10 種類の火力発電機の出力上下限値と燃料費関数の係数

	インデックス $\sharp i$	出力上限値〔MW〕	出力下限値〔MW〕	$a_1^{(i)}$	$a_2^{(i)}$	台数
Coal	$\sharp$1	1,000	300	400	0.70	2
	$\sharp$2	700	105	1,300	0.16	3
	$\sharp$3	200	40	2,000	0.20	2
CC	$\sharp$4	250	63	1,400	1.66	20
	$\sharp$5	100	30	900	0.73	10
LNG	$\sharp$6	700	140	2,400	0.40	25
	$\sharp$7	200	80	2,200	2.50	7
Oil	$\sharp$8	700	175	5,000	0.38	5
	$\sharp$9	500	100	5,000	0.05	5
	$\sharp$10	250	50	4,600	1.05	15

・**火力発電機**：94 機の火力発電機が運用状態にあるものと仮定し、それらを**表 3.6** のように 10 種類に分類する。

・**蓄電池**：アグリゲートされた蓄電容量は 5 GWh とし、インバータ容量は ±1 GW とする。充放電効率 η は 0.95 とし、簡単のため式 (63) の蓄電劣化費の係数は $b_1 = b_2 = 0$ とする。なお、アグリゲートされた蓄電池は系統者側が完全に制御できるものとする。

・**電力需要・PV**：1,000 万軒がインバータ容量 1.5 kW の PV 設備を有しているものとする。**図 3.19** (a) に示すように、2010 年 5 月 1 日の実際の電力需要データと PV データを用いる。PV に関しては信頼区間として扱い、80%、90%、97.5% の三つの信頼区間を利用する。一方、電力需要に関しては一本のプロファイルとして扱う。これは、この規模の電力需要予測を考えた場合には不確かさは小さいためである。その結果、正味の電力需要は信頼区間として表現でき、**図 3.19** (b) のようになる。

ここでの目的は、正味の電力需要の三つの信頼区間に対応する最適な運用計画の幅をみつけることである。得られた結果を**図 3.19** (c) から (i) に示す。(c)～(g) は火力発電機 $\sharp$4、$\sharp$7、$\sharp$8、$\sharp$9、$\sharp$10 の最適な発電電力プロファイルの取り得る厳密な幅を示している。(h) は蓄電池の最適な充放電電力プロファイルの取り得る厳密な幅を、(i) は最適な SOC プロファイルの取り得る厳密な幅を示している。比較として、(i) に関してはモンテカルロ手法によって見積もった幅も併せて表示している。これは、正味の電力需要において 80% の信頼区間内でランダムに選んだ 10,000 本のプロファイルに対し、最適化問題を解き、その際の 10,000

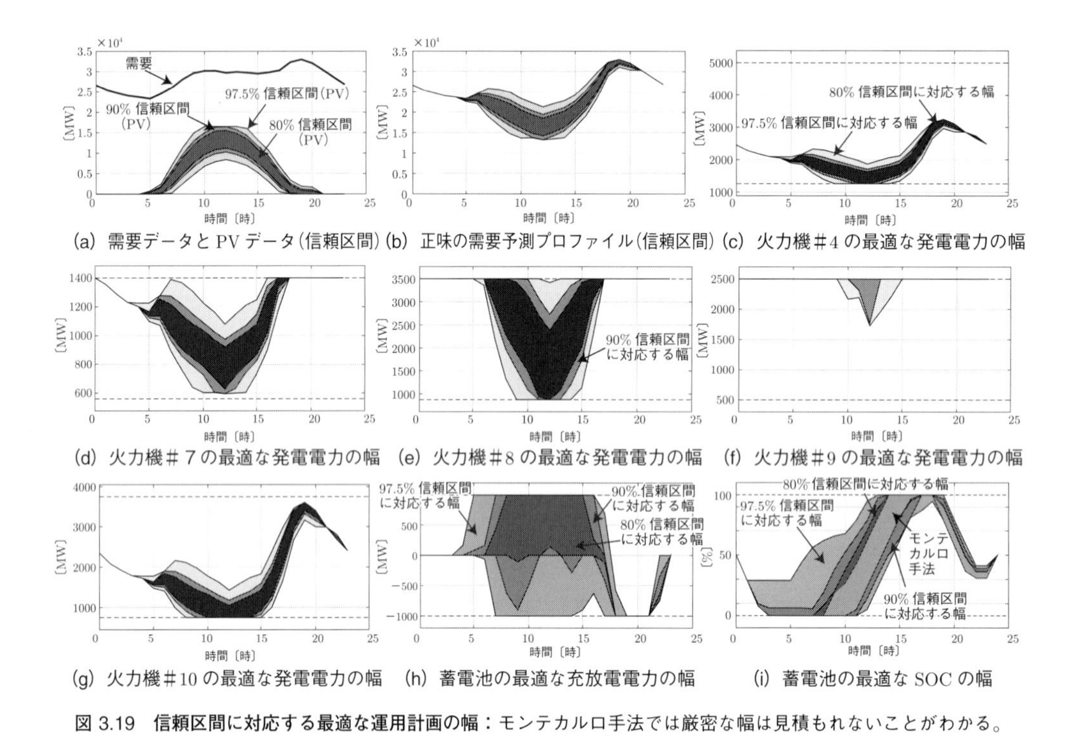

(a) 需要データと PV データ(信頼区間) (b) 正味の需要予測プロファイル(信頼区間) (c) 火力機＃4 の最適な発電電力の幅

(d) 火力機＃7 の最適な発電電力の幅 (e) 火力機＃8 の最適な発電電力の幅 (f) 火力機＃9 の最適な発電電力の幅

(g) 火力機＃10 の最適な発電電力の幅 (h) 蓄電池の最適な充放電電力の幅 (i) 蓄電池の最適な SOC の幅

図 3.19 信頼区間に対応する最適な運用計画の幅：モンテカルロ手法では厳密な幅は見積もれないことがわかる。

本の最適なプロファイルの包絡線として求めた幅である。モンテカルロ手法では厳密な幅は見積もれないことがわかる（仮に見つけられたとしても、厳密性が担保されているかどうかが判断できない)。これに対し、単調性パターン情報を利用した提案手法では厳密な幅を求めることが可能となっていることが確認できる。

なお、本問題設定は前日スポット市場における市場運営者目線での設定と捉えることもできる。この場合には、市場精算価格は最適化問題を解いた結果、式(59)の需給バランス制約に対応するラグランジュ乗数として得られる。ただし、得られる価格も区間として得られる点に注意が必要であり、どのように区間としての価格を利用するかは今後の課題である。

参考文献・関連図書

1) 経済産業省 (2016)「調整力公募の進め方について」，総合資源エネルギー調査会，電力・ガス事業分科会電力基本政策小委員会（第 8 回）電力需給検証小委員会（第 16 回）合同会議，資料 6.

2) ——(2018)「需給調整市場について」，総合資源エネルギー調査会，電力・ガス事業分科会，制度検討作業部会（第 20 回），資料 5.

3) ——(2017)「需給調整市場について」，総合資源エネルギー調査会，電力・ガス事業分科会，制度検討作業部会（第 11 回），資料 4.

4) Y. Nishino, S. Ueki, and F. Makino (1982) "Estimation of outage cost in japan," Technical Report, Economic Research Center, Rep. No.582007.

5) E. Krall, M. Higgins, and R. P. O'Neill (2012) "RTO unit commitment test system," Federal Energy Regulatory Commission (FERC) Staff Report.

6) 経済産業省 電力・ガス取引監視等委員会 (2017)「一般送配電事業者による調整力の公募調達について（結果報告）」，制度設計専門会合（第 16 回），資料 8.

7) —— (2017)「インバランス収支の状況について」，制度設計専門会合（第 24 回），資料 5.

8) 環境共創イニシアチブ（—）「エネマネ：Energy management system open data」，〈https://www.ems-opendata.jp/〉（参照 2018-11-17）.

9) 経済産業省 電力・ガス取引監視等委員会 (2018)「一般送配電事業者による調整力の公募調達結果等について」，制度設計専門会合（第 26 回），資料 4.

10) 資源エネルギー庁 (2015)「長期エネルギー需給見通し関連資料」，総合資源エネルギー調査会，長期エネルギー需給見通し小委員会（第 11 回会合）資料 3.

11) 東京電力 (2018)「インバランス料金単価」，〈http://www.tepco.co.jp/pg/consignment/retailservice/imbalance/index-j.html〉（参照 2018-11-17）.

12) 日本エネルギー経済研究所 (2017)「IEEJ アウトルック 2018」，〈https://eneken.ieej.or.jp/data/7565.pdf〉（参照 2019-10-02）.

13) 太陽光発電協会 (2012)「JPEA PV OUTLOOK 2030」，〈http://www.jpea.gr.jp/pdf/t120925.pdf〉（参照 2019-08-19）.

14) K. De Craemer, S. Vandael, B. Claessens, and G. Deconinck (2014) "An event-driven dual coordination mechanism for demand side management of phevs," IEEE Transactions on Smart Grid, vol. 5, no. 2, pp. 751–760.

15) L. Gkatzikis, I. Koutsopoulos, and T. Salonidis (2013) "The role of aggregators in smart grid demand response markets," IEEE Journal on Selected Areas in Communications, vol. 31, no. 7, pp. 1247–1257.

16) M. H. Albadi and E. F. El-Saadany (2008) "A summary of demand response in electricity markets," Electric Power Systems Research, vol. 78, no. 11, pp. 1989–1996.

17) S. Izumi and S.-i. Azuma (2018) "Real-time pricing by data fusion on networks," IEEE Transactions on Industrial Informatics, vol. 14, no. 3, pp. 1175–1185.

18) S.-J. Kim and G. B. Giannakis (2013) "Scalable and robust demand response with mixed-integer constraints," IEEE Transactions on Smart Grid, vol. 4, no. 4, pp. 2089–2099.

19) K. Kobayashi and K. Hiraishi (2015) "Algorithm for optimal real-time pricing based on switched markov chain models," 2015 IEEE Power & Energy Society Innovative Smart Grid Technologies Conference.

20) I. Maruta and Y. Takarada (2014) "Modeling of dynamics in demand response for real-time pricing," 2014 IEEE International Conference on Smart Grid Communications, pp. 806–811.

21) K. Sakurama and M. Miura (2017) "Communication-based decentralized demand response for smart microgrids," IEEE Transactions on Industrial Electronics, vol. 64, no. 6, pp. 5192–5202.

22) P. Samadi, A.-H. Mohsenian-Rad, R. Schober, V. W. Wong, and J. Jatskevich (2010) "Optimal real-time pricing algorithm based on utility maximization for smart grid," 2010 First IEEE International Conference on Smart Grid Communications, pp. 415–420.

23) K. Miyazaki, K. Kobayashi, S.-i. Azuma, N. Yamaguchi, and Y. Yamashita (2019) "Design and value evaluation of demand response based on model predictive control," IEEE Transactions on Industrial Informatics, vol.15, no.8, pp.4809–4818.

24) D. Q. Mayne (2014) "Model predictive control: Recent developments and future promise," Automatica, vol. 50, no. 12, pp. 2967–2986.

25) 日本卸電力取引所 (2019)「日本卸電力取引所取引ガイド」，〈http://jepx.org/outline/pdf/Guide_2.00.pdf〉（参照 2019-08-19）.

26) T. Ishizaki, M. Koike, N. Yamaguchi, and J. Imura (2017) "Bidding system design for multiperiod electricity markets: Pricing of stored energy shiftability," in Proc. of 55th IEEE Conference on Decision and Control, pp. 807–812.

27) 山田雄二 (2017)「スポット価格予測に基づく JREX 先渡価格付けモデルの構築」，RIETI Discussion Paper Series, vol. 17-J-072.

28) 服部徹 (2002)「金融工学と電力 ―米国におけるリアル・オプションの適用を中心に―」，『電力経済研究』，vol. 48.

29) 経済産業省 商務・サービスグループ (2018)「電力先物市場の在り方に関する検討会報告書」，〈https://www.meti.go.jp/report/whitepaper/data/pdf/20180404001_01.pdf〉，（参照 2019-10-02）.

30) 廣本博史，加名生雄一，小林武則 (2004)「電力取引及びリスク管理システム power trader」，『東芝レビュー』，vol. 9-4.

31) R. Tempo and F. Dabbene (translated by Y. Fujisaki) (2000)「不確かなシステムのロバスト性解析と設計に対する確率的手法」，『計測と制御』，vol. 39-12, pp. 730–736.

32) R. T. Rockafellar (1970)『Convex Analysis』Princeton University Press.

33) A. Ben-Tal and A. Nemirovski (1998) "Robust convex optimization," Mathematics of Operations Research, vol. 23, no. 4, pp. 769–805.

34) S. Boyd and L. Vandenberghe (2004)『Convex Optimization』Cambridge University Press.

35) A. Ben-Tal, A. Goryashko, E. Guslitzer, and A. Nemirovski (2004) "Adjustable robust solutions of uncertain linear programs," Mathematical Programming, vol. 99, no. 2, pp. 351–376.

36) F. Watanabe, T. Kawaguchi, T. Ishizaki, H. Takenaka, T. Nakajima, and J. Imura (2018) "Machine learning approach to day-ahead scheduling for multiperiod energy markets under renewable energy generation uncertainty," in 57th IEEE Conference on Decision and Control, pp. 4020–4025.

37) F. Watanabe, T. Kawaguchi, T. Ishizaki, and J. Imura (2019) "Day-ahead strategic marketing of energy prosumption: A machine learning approach based on neural networks," in European Control Conference 2019.

38) H. Takenaka, T. Y. Nakajima, A. Higurashi, A. Higuchi, T. Takamura, R. T. Pinker, and T. Nakajima (2011) "Estimation of solar radiation using a neural network based on radiative transfer," Journal of Geophysical Research, vol. 116.

39) 小林大貴，益田泰輔，大竹秀明 (2019)「需給バランス維持と太陽光発電有効活用を同時に実現する蓄電池システムと火力機の協調運用」，『電気学会論文誌 B』，vol. 139, no. 2, pp. 106–114.

40) 益田泰輔，福見拓也，J. G. da Silva Fonseca Junior，大竹秀明，村田晃伸 (2016)「再生可能エネルギー大量導入時の発電機起動停止計画における起動台数のとりうる範囲と需給バランスの関係」，『電気学会論文誌 B』，vol. 136, no. 11, pp. 809–816.

41) 電気学会 (2011)「電力系統標準モデルの拡充系統モデル」，〈http://denki.iee.jp/pes/?page_id=185〉(参照 2019-08-19).

42) 東京電力 (2019)「東京電力 でんき予報」，〈http://www.tepco.co.jp/forecast/index-j.html〉(参照 2013-04-01).

43) 気象業務支援センター (—)「ホームページ」，〈http://www.jmbsc.or.jp/〉(参照 2019-09-23).

44) 山田芳則，大竹秀明，下瀬健一，大関崇 (2013)「気象庁の現業数値予測モデルの概要とメソモデルによって予測された日射量の誤差特性」，太陽エネルギー学会誌，vol. 39, no. 6, pp. 37–41.

45) T. Ishizaki, M. Koike, N. Ramdani, Y. Ueda, T. Masuta, T. Oozeki, T. Sadamoto, and J.-i. Imura (2016) "Interval quadratic programming for day-ahead dispatch of uncertain predicted demand," Automatica, vol. 64, pp. 163–173.

46) M. Koike, T. Ishizaki, N. Ramdani, and J.-i. Imura (2018) "Optimal scheduling of battery storage systems and thermal power plants for supply demand balance," Control Engineering Practice, vol. 77, pp. 213–224.

47) M. Fiedler and V. Ptak (1962) "On matrices with non-positive off-diagonal elements and positive principal minors," Czechoslovak Mathematical Journal, vol. 12, no. 3, pp. 382–400.

4章

アグリゲーションとプロシューマ

本章では、PV 発電システムが設置されている住宅などの需要家、すなわちプロシューマへの電力供給と余剰電力買取および DR の集約などを行う需給アグリゲータに求められる機能と、その具体的な予測計画・配分・制御・データ集約の技術について紹介する。

本章の構成と執筆者は以下の通りである。

4.1 アグリゲーションとプロシューマのモデルの全体像

本節では、想定する需給アグリゲータとプロシューマの持つ機器やバランシンググループ全体の設備構成、それぞれの役割と目的、前日の予測から当日の運用の概要と、データ収集における診断や秘匿化の必要性についてまとめる。

本節の構成とポイントは以下の通りである。

4.1.1 **アグリゲータの役割**

- 前日（スポット）市場を想定した電力の予測計画・配分制御を行う。
- DR の予測制御と集約を行う。

4.1.2 **プロシューマの役割**

- プロシューマは自宅の PV 発電を自家消費し、余剰分は売電する。
- 自家消費率向上のための蓄電池や電気自動車を所有している。
- プロシューマにとってもメリットのある小売・売電契約において、アグリゲータの要請にしたがって蓄電池の充放電を行う。
- 蓄電池の追加的な充放電により DR にも参加する。

4.1.1 アグリゲータの役割

まず最初に、自由化が進んだ電力市場において、翌日の各時間スポットの電力量を取引する前日市場について考える。バランシンググループには複数のアグリゲータが参加しており、各スポットにおける需給の一致はバランシンググループ単位で集計され、過不足分がインバランスとなる。このとき、バランシンググループ内には需給調整用の電源を有する事業者も参加していることが想定される。需給アグリゲータは個々のプロシューマと契約し、安価かつ低炭素な電力サービスとして発電と電力需要を集約し、電力の小売と買取を行う。このとき、翌日の電力需要と発電および各スポットの価格を予測して、電力コスト最小化や市場からの調達コスト最小化、調整用電源を自ら所有する場合の燃料費最小化などの目的に応じて、最適な潮流とそれを実現するための蓄電池の充放電計画を立てる。PV 発電と蓄電池を持つプロシューマ群を対象とするため、ほとんどの蓄電池は各プロシューマに分散的に配置されていることが想定される。したがって、これらの蓄電池への充放電の配分については、アグリゲータとしての計画値に基づいて、すなわち目標潮流を達成しつつ当日の予測誤差を考慮した上で、配分する必要がある。当日は予測誤差の発生した状況下で、前日に計画した目標潮流を達成するように個々のプロシューマが蓄電池の充放電を行う。

アグリゲータの役割は、それだけには留まらず、DR の集約機能の実現に重要な役割を果たす。PV 発電や風力発電などの変動性の再生可能エネルギーが大量に普及した状況下では、これらの電源が多く発電している時間帯には電力が余る、といった状況が想定される。したがって、電力の価値はエネルギーとしての価値のみではなく、調整力としての価値も重要になってくる。蓄電池は電力需要（充電）としても発電（放電）としても機能するが、その充電状態によって電力需要の上げ下げに貢献できる電力と持続時間（電力量）に制約が生じる。アグリゲータは、これらの多様な状態の蓄電池の充放電余力を集約し、DR として調整力を創出し、市場で取引を行うことができる。このような DR は、発動要請があったときに確実に応答する必要がある。しかし、需要家の数が多い、個々の需要家の電力消費データは個人情報として秘匿されるべき情報である、といった事情から、DR を実際に実施したかどうかの効率的な確認や、そのデータ通信における個人情報の秘匿性の確保が重要となる。

4.1.2 プロシューマの役割

PV 発電の価格低下によって発電コストが電力の小売価格より安くなると、PV 付き住宅のようなプロシューマは自ら発電した電力を優先的に消費し、買電量を減らそうとすることが想定される。日中の余剰電力の有効利用に向けて蓄電池などの普及も想定されるが、買取を行うアグリゲータと契約することで、余剰電力の売電を行うことができる。アグリゲータは安価かつ低炭素な電力サービスを提供する上で、プロシューマ側にある蓄電池を有効活用し、電力の小売と買取を行う。個々のプロシューマは、アグリゲータから配分される目標潮流や充放電計画値を達成するように蓄電池の充放電を行う。これに加え、時間的に動かすことが容易な電力需要、例えばヒートポンプ型給湯機の湧き上げ時間などをアグリゲータからの要請に応じてシフトすることで、アグリゲータやバランシンググループ内の需給調整に貢献する。また、当日、蓄電池に充放電余力がある場合には、前日計画に対して追加的な充放電を行い DR に参加することで、追加的な収益機会を得る。

4.2 エネルギー市場と需要家制御

本節では、PV 発電が大量導入された需要家群を集約するアグリゲータ、およびこれらアグリゲータが参加し調整用電源を有するバランシンググループにおける、コスト最少の潮流計画値を実現する前日計画値配分手法と当日蓄電池運転手法についてまとめる[1)]。

本節の構成とポイントは以下の通りである。

4.2.1 システムモデルとデータセット

・バランシンググループは、前日に需給計画を立て、目標潮流をアグリゲータに配信する。

・アグリゲータは、蓄電池充放電量の配分を最適化し、個別需要家（プロシューマ）に目標潮流を配信する。

・運用当日、個別需要家は、目標潮流を達成するように蓄電池の充放電を行う。

4.2.2 アグリゲータ潮流計画値の算出手法

・アグリゲータは蓄電池の無駄な充放電を回避するような充放電計画を作成する。

・個々の蓄電池の容量制約とインバータ容量制約を考慮する。

・各日の終了時における全体の SOC（State of Charge）を 50%に近づけるように計画する。

4.2.3 配分計画値に対する個別需要家の当日蓄電池の運用アルゴリズム

・当日運転では、個別需要家は過去の電力需要実測値を用いて充放電量を調整する。

・当日配分計画値（Allocated Power Flow：APF）に対する充放電量分布から、予測誤差を吸収しつつ蓄電池の調整余力を確保するため、分布両端の需要家の蓄電池運転を定められた閾値までに抑える。

4.2.4 数値シミュレーションによる検証

・540 軒の需要家群を持つ東京エリアを想定し、提案する運用アルゴリズムの有効性を数値的に検証する。

4.2.1　システムモデルとデータセット

ここでは、以下のような状況を想定する。電力市場と需要家の間の集配層において、バランシンググループは需給バランス調整のための発電設備を持ち、需要家群をマネジメントする複数のアグリゲータとコミュニケーションネットワークを通じてつながっており、各需要家にPVパネルと蓄電池、エネルギーマネジメントシステムが整備され、これらはアグリゲータと通信可能である。

バランシンググループは、前日にグループ内の需給調整用の発電機の高効率運用とコスト最小化、需要家群PV発電量の最大利用を目的として電力売買量の最適計画を立てる。また、潮流計画値（Planned Power Flow：PPF）と市場での取引量を決定すると同時に、このPPFをアグリゲータへ配信する。アグリゲータは、PPFをもとに蓄電池充放電量の配分を最適化し、各需要家へ目標潮流として配分する。また、当日、各需要家は与えられたAPFを目標に蓄電池の充放電を行う。

最適計画を立てるため、アグリゲータは前日に集約された需要家群の電力需要量とPV発電量を予測しバランシンググループに提供する。前日計画値配分には、各需要家の電力需要の予測値 l_{pre} とPV発電量の予測値 p_{pre} が必要となる。しかし、1分ごとの予測を行うことは困難であるので、1時間値を用いる。一方、当日蓄電池運用のシミュレーションには、電力需要の実測値 l_{meas} とPV発電量の実測値 p_{meas} の1分値を用いる。

4.2.2　アグリゲータ潮流計画値の算出手法

バランシンググループの計画値の算出は、以下のように行われる。バランシンググループは前日にPPFを機会制約付きの最適化問題を解くことによって算出するが、この際、時間集約した蓄電ダイナミクスにおいて、蓄電容量・インバータ容量制約を機会制約として与える[2),3)]。加えて、翌日の蓄電池の最大利用を実現するために、全軒分の蓄電池を1台の巨大なものとみなした場合の1日終了時の充電率にSOC=50%の制約を加える。図**4.1**の実線はPPFを、破線は集約された正味の電力需要の1時間値を示す。

APFの算出では、集約された正味の電力需要がPPFより大きい時間を放電時間帯と、逆の場合を充電時間帯と定め、1日を放電時間帯と充電時間帯の二つのタイムゾーンに分ける。二つのラインに囲まれている面積は放電量または充電量を示す。集約された充放電量 $\Delta X_{\mathrm{p}}(t_{\mathrm{h}})$ を、

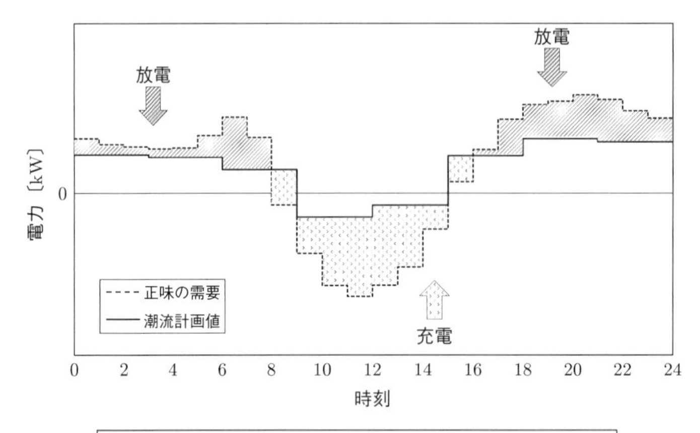

図 4.1　充放電時間帯：集約された充放電量から、1 日を放電時間帯と充電時間帯の二つのタイムゾーンに分ける。

$$\Delta X_{\mathrm{p}}(t_{\mathrm{h}}) = R_{\mathrm{p}}(t_{\mathrm{h}}) - D_{\mathrm{pre}}(t_{\mathrm{h}})$$

$$D_{\mathrm{pre}}(t_{\mathrm{h}}) = \sum_{i=1}^{N} \{l_{\mathrm{pre}}(t_{\mathrm{h}}, i) - p_{\mathrm{pre}}(t_{\mathrm{h}}, i)\}$$

で表す。ここで、$R_{\mathrm{p}}(t_{\mathrm{h}})$ は PPF の 1 時間値である。また、i は需要家番号を示し、N は需要家数である。仮想的に集約された蓄電池は $\Delta X_{\mathrm{p}}(t_{\mathrm{h}}) < 0$ のときに放電し、$\Delta X_{\mathrm{p}}(t_{\mathrm{h}}) > 0$ のときに充電する。したがって、$\Delta X_{\mathrm{p}}(t_{\mathrm{h}}) < 0$ となる t_{h} が放電時間帯、$\Delta X_{\mathrm{p}}(t_{\mathrm{h}}) > 0$ となる t_{h} が充電時間帯となる。一方、$D_{\mathrm{pre}}(t_{\mathrm{h}})$ は集約された正味の電力需要の 1 時間予測値を表現している。ここで、t_{h} は時間間隔のインデックスで、$t_{\mathrm{h}} \in \{1, 2, \ldots, 24\}$ で、t_{h} は 00:01–01:00、$t_{\mathrm{h}} = 2$ は 01:01–02:00 . . . を表す。例えば、$D_{\mathrm{pre}}(1)$ は 01:00 の正味の電力需要を表し、00:01～01:00 の間は同じ値を取るとする。

次に、アグリゲータによる個別需要家への計画値の配分について述べる。ここで各需要家が持つ蓄電池は、有効容量の最小値と最大値がそれぞれ $x_{\min}(i)$ と $x_{\max}(i)$ で、インバータ出力の最大値が $\mathrm{Inv}_{\max}$ であるとする。まず、PPF を各住戸へ均等配分する場合を考える。すなわち、均等配分計画値を、

$$r_{\mathrm{a}}(t_{\mathrm{h}}) = \frac{1}{N} R_{\mathrm{p}}(t_{\mathrm{h}}) \tag{1}$$

と定める。均等配分は一番シンプルな配分手法で、結果の考察においては比較対象ケースとする。個別需要家の発電・電力需要はさまざまであるため、均等配分後ある時間において均等配分計画値 r_{a} を達成するために蓄電池を充電する必要がある需要家と、放電する必要があ

る需要家が同時に存在することが生じる。充放電ロスを考えると、これはアグリゲータ全体としては望ましくない。そこで、充電時間帯、放電時間帯のそれぞれにおいて、逆方向の運転となる需要家の蓄電池の運転をなくすように計画を修正する。

逆方向運転をなくすため、まず逆方向となる需要家の充放電量を削減し、正味の電力需要と同じ計画値を与える。すなわち、充放電量をゼロにする。次に、削減分を集約し、順方向運転となる需要家へ均等配分計画値 r_{a} に対する充放電量の大小をもとに割り振る。その結果、r_{a} に対して充放電が多かった需要家の充放電量が多く減り、順方向運転の需要家が分担すべきトータルの充放電量が削減される。逆方向運転をなくした後の充放電量 $\Delta x_1(t_{\mathrm{h}}, i)$ を次式で表す。

$$\Delta x_1(t_{\mathrm{h}}, i) = \begin{cases} 0 & \text{if } \Delta X_{\mathrm{p}}(t_{\mathrm{h}}) \cdot \Delta x_{\mathrm{a}}(t_{\mathrm{h}}, i) \leq 0 \\ \frac{\Delta X_{\mathrm{p}}(t_{\mathrm{h}}) \Delta x_{\mathrm{a}}(t_{\mathrm{h}}, i)}{\sum_{\mathrm{i} \in \tilde{\mathrm{N}}} \Delta x_{\mathrm{a}}(t_{\mathrm{h}}, i)} & \text{if } \Delta X_{\mathrm{p}}(t_{\mathrm{h}}) \cdot \Delta x_{\mathrm{a}}(t_{\mathrm{h}}, i) > 0 \end{cases} \tag{2}$$

$$\Delta x_{\mathrm{a}}(t_{\mathrm{h}}, i) = r_{\mathrm{a}}(t_{\mathrm{h}}) - d_{\mathrm{pre}}(t_{\mathrm{h}}, i) \tag{3}$$

$$d_{\mathrm{pre}}(t_{\mathrm{h}}, i) = l_{\mathrm{pre}}(t_{\mathrm{h}}, i) - p_{\mathrm{pre}}(t_{\mathrm{h}}, i) \tag{4}$$

各需要家の蓄電池は $\Delta x_1(t_{\mathrm{h}}, i) < 0$ のときに放電し、$\Delta x_1(t_{\mathrm{h}}, i) > 0$ のときに充電する。$\tilde{N}$ は順方向運転需要家の集合を示す。また、式 (3) は $r_{\mathrm{a}}(t_{\mathrm{h}})$ に対する各需要家の充放電量 $\Delta x_a(t_{\mathrm{h}}, i)$ を表し、式 (4) は各需要家の正味の電力需要の予測値 $d_{\mathrm{pre}}(t_{\mathrm{h}}, i)$ を表す。逆方向運転をなくした後の配分計画値 $r_1(t_{\mathrm{h}}, i)$ と、これに対する充放電後の各需要家の蓄電池の残存容量 $x_1(t_{\mathrm{h}}, i)$ を、それぞれ以下の式で表す。

$$r_1(t_{\mathrm{h}}, i) = d_{\mathrm{pre}}(t_{\mathrm{h}}, i) + \Delta x_1(t_{\mathrm{h}}, i)$$

$$x_1(t_{\mathrm{h}}, i) = x_1(t_{\mathrm{h}} - 1, i) + \Delta x_1(t_{\mathrm{h}}, i)$$

シミュレーションにおいては、初日の蓄電池の充電状態を50%、つまり $x_1(0, i) = x_{\mathrm{half}}(i) := x_{\min}(i) + 0.5(x_{\max}(i) - x_{\min}(i))$ とし、その以降は日ごとの蓄電池初期値を前日終了時の充電状態とする。

次に、蓄電池容量とインバータ容量の確認を行う。これまでの配分の結果、蓄電池容量 $(x_{\min}(i), x_{\max}(i))$ やインバータ容量 ($\mathrm{Inv}_{\max}$) を超える需要家が生じる可能性があるので、ここでは $|\Delta x_1(t_{\mathrm{h}}, i)| \leq \mathrm{Inv}_{\max}$ と $x_{\min}(i) \leq x_1(t_{\mathrm{h}}, i) \leq x_{\max}(i)$ の制約を加える。なお、前日計画段階では蓄電池の充放電効率は 1.0 としている。もし、$\Delta x_1(t_{\mathrm{h}}, i)$ が容量制約を超えた場合、次式のように修正される。

$$\widetilde{\Delta x_1}(t_\mathrm{h},i)=\begin{cases}\min\{\Delta x_1(t_\mathrm{h},i),x_{\max}(i)-x_1(t_\mathrm{h}-1,i),\ \mathrm{Inv}_{\max}\} & ,\\ \hfill t_\mathrm{h}\in \text{充電時間帯} & \\ \max\{\Delta x_1(t_\mathrm{h},i),x_{\min}(i)-x_1(t_\mathrm{h}-1,i),-\mathrm{Inv}_{\max}\} & ,\\ \hfill t_\mathrm{h}\in \text{放電時間帯} & \end{cases}$$

蓄電池容量やインバータ容量の制約を満たせなかった充放電量を、次式のように充放電余力のある需要家の余力割合で再配分する。

$$\Delta x_2(t_\mathrm{h},i)=$$

$$\begin{cases}\widetilde{\Delta x_1}(t_\mathrm{h},i) & \text{if } x_\mathrm{r}(t_\mathrm{h},i)=0\\ \widetilde{\Delta x_1}(t_\mathrm{h},i)+\frac{x_\mathrm{r}(t_\mathrm{h},i)}{\sum_{\mathrm{i}\in\mathrm{N_r}}x_r(t_\mathrm{h},i)}\sum_{i=1}^{N}\left[\Delta x_1(t_\mathrm{h},i)-\widetilde{\Delta x_1}(t_\mathrm{h},i)\right] & \text{if } x_\mathrm{r}(t_\mathrm{h},i)\neq 0\end{cases}$$

$$x_\mathrm{r}(t_\mathrm{h},i)=\begin{cases}\min\left\{x_{\max}(i)-(x_1(t_\mathrm{h}-1,i)+\widetilde{\Delta x_1}(t_\mathrm{h},i)),\ \mathrm{Inv}_{\max}\right\} & ,\\ \hfill t_\mathrm{h}\in \text{充電時間帯} & \\ \min\left\{(x_1(t_\mathrm{h}-1,i)+\widetilde{\Delta x_1}(t_\mathrm{h},i))-x_{\min}(i),\ \mathrm{Inv}_{\max}\right\} & ,\\ \hfill t_\mathrm{h}\in \text{放電時間帯} & \end{cases}$$

ここで、$x_\mathrm{r}(t_\mathrm{h},i)$ は蓄電池の余力を表し、N_r は余力有り需要家の集合である。蓄電池容量とインバータ容量の確認し再配分を行った後の計画値 $r_2(t_\mathrm{h},i)$ と、これに対する充放電後の各需要家の蓄電池の残存容量 $x_2(t_\mathrm{h},i)$ は、それぞれ以下の式で表される。

$$r_2(t_\mathrm{h},i)=d_\mathrm{pre}(t_\mathrm{h},i)+\Delta x_2(t_\mathrm{h},i)$$

$$x_2(t_\mathrm{h},i)=x_2(t_\mathrm{h}-1,i)+\Delta x_2(t_\mathrm{h},i)\ ,\quad x_{\min}(i)\leq x_2(t_\mathrm{h},i)\leq x_{\max}(i)$$

最後に、1日終了時のSOCを50%に調整する。先に述べたように、翌日の蓄電池の最大利用を実現するため、PPFを求める際に、

$$X_\mathrm{p}(24)=\sum_{i=1}^{N}x_\mathrm{half}(i)$$

の制約を加えている。ここで、$X_\mathrm{p}(24)$ は1日終了時の集約された蓄電池の残存容量を示す。ここでは、不足放電量を、放電を増やすべき量と充電を減らすべき量の二つに分け、蓄電池の充放電量を以下のように修正する（充電不足の場合も同様）。

$$\widetilde{\Delta x_2}(t_\mathrm{h},i)=\begin{cases}\Delta x_2(t_\mathrm{h},i)+\frac{1}{2n_{t,\mathrm{disc}}}\left(x_\mathrm{half}(i)-x_2(24,i)\right) & ,\ t_\mathrm{h}\in\text{放電時間帯}\\ \Delta x_2(t_\mathrm{h},i)+\frac{1}{2n_{t,\mathrm{char}}}\left(x_\mathrm{half}(i)-x_2(24,i)\right) & ,\ t_\mathrm{h}\in\text{充電時間帯}\end{cases} \tag{5}$$

$$\left|\widetilde{\Delta x_2}(t_\mathrm{h},i)\right|\leq \mathrm{Inv}_\mathrm{max}$$

ここで、$n_{t,\mathrm{disc}}$ と $n_{t,\mathrm{char}}$ は1日の中での放電時間数と充電時間数を表す。配分計画値と1日の終了時の蓄電池残存容量は、以下のように更新される。

$$\widetilde{r_2}(t_\mathrm{h},i)=d_\mathrm{pre}(t_\mathrm{h},i)+\widetilde{\Delta x_2}(t_\mathrm{h},i)$$

$$\widetilde{x_2}(t_\mathrm{h},i)=\widetilde{x_2}(t_\mathrm{h}-1,i)+\widetilde{\Delta x_2}(t_\mathrm{h},i)\ ,\quad x_\mathrm{min}(i)\leq\widetilde{x_2}(t_\mathrm{h},i)\leq x_\mathrm{max}(i)$$

1日の終了時の蓄電池のSOCを50%に調整すると、時刻ごとの配分計画値合計が $R_\mathrm{p}(t_\mathrm{h})$ を満たさない場合が生じる。そのため、満たさない部分を以下のように時刻別各住戸の余力割合によって再再配分を行う。

$$\widetilde{\widetilde{\Delta x_2}}(t_\mathrm{h},i)=\widetilde{\Delta x_2}(t_\mathrm{h},i)+\left(R_\mathrm{p}(t_\mathrm{h})-\sum_{i=1}^{N}\widetilde{r_2}(t_\mathrm{h},i)\right)\frac{x_\mathrm{res}(t_\mathrm{h},i)}{\sum_{i=1}^{N}x_\mathrm{res}(t_\mathrm{h},i)}$$

$$\left|\widetilde{\widetilde{\Delta x_2}}(t_\mathrm{h},i)\right|\leq \mathrm{Inv}_\mathrm{max}$$

その際、余力 $x_\mathrm{res}(t_\mathrm{h},i)$ は充放電可能量とインバータ容量の最小値とする。すなわち、

$$x_\mathrm{res}(t_\mathrm{h},i)=\begin{cases}\min\left\{\widetilde{x_2}(t_\mathrm{h},i)-x_\mathrm{min}(i),\mathrm{Inv}_\mathrm{max}\right\} & ,\ \text{if } t_\mathrm{h}\in\text{放電時間帯}\\ \min\left\{x_\mathrm{max}(i)-\widetilde{x_2}(t_\mathrm{h},i),\mathrm{Inv}_\mathrm{max}\right\} & ,\ \text{if } t_\mathrm{h}\in\text{充電時間帯}\end{cases}$$

とする。このとき再再配分計画値に対する1日終了時の蓄電池残存容量 $\widetilde{\widetilde{x_2}}(t_\mathrm{h},i)$ は、

$$\widetilde{\widetilde{x_2}}(t_\mathrm{h},i)=\widetilde{\widetilde{x_2}}(t_\mathrm{h}-1,i)+\Delta\widetilde{\widetilde{x_2}}(t_\mathrm{h},i)\ ,\quad x_\mathrm{min}(i)\leq\widetilde{\widetilde{x_2}}(t_\mathrm{h},i)\leq x_\mathrm{max}(i)$$

で表される。もし、$\widetilde{\widetilde{x_2}}(24,i)=x_\mathrm{half}(i)$ が成立するとすると、再再配分計画値に対する充放電量は $\Delta x_3(t_\mathrm{h},i)=\widetilde{\widetilde{\Delta x_2}}(t_\mathrm{h},i)$ となる。いま、再再配分計画値 $r_3(t_\mathrm{h},i)$ と時刻別残存容量 $x_3(t_\mathrm{h},i)$ を、

$$r_3(t_\mathrm{h},i)=d_\mathrm{pre}(t_\mathrm{h},i)+\Delta x_3(t_\mathrm{h},i) \tag{6}$$

$$x_3(t_\mathrm{h}, i) = x_3(t_\mathrm{h} - 1, i) + \Delta x_3(t_\mathrm{h}, i) \tag{7}$$

と表す。ここで、$\widetilde{\widetilde{x_2}}(24, i) \neq x_\mathrm{half}(i)$ の場合、式(5)に戻り1日の終了時のSOCが50%になり、かつ配分計画値の合計がPPFとなるまで計算を繰り返す。最終的に得られる $r_3(t_\mathrm{h}, i)$ が、前日に計画した各需要家への最終配分計画値になる。

4.2.3 配分計画値に対する個別需要家の当日蓄電池の運用アルゴリズム

各需要家は前日に配分された計画値 $r_3(t_\mathrm{h}, i)$ を目標値として、運用当日に蓄電池の充放電を行う。当日の蓄電池の充放電量をそれぞれ、

$$\Delta x_\mathrm{real}(t_\mathrm{m}, i) = r_3(t_\mathrm{m}, i) - d_\mathrm{meas}(t_\mathrm{m}, i)$$
$$d_\mathrm{meas}(t_\mathrm{m}, i) = l_\mathrm{meas}(t_\mathrm{m}, i) - p_\mathrm{meas}(t_\mathrm{m}, i)$$

で表す。ここで、$t_\mathrm{m} \in t_\mathrm{h}$ のとき、$r_3(t_\mathrm{m}, i) = r_3(t_\mathrm{h}, i)$ であり、$d_\mathrm{meas}(t_\mathrm{m}, i)$ は i 番目の需要家の正味の電力需要の1分値を意味する。

需要家ごとの電力需要は多様であるので、同時刻の電力需要が多い需要家と少ない需要家が存在する。そこで、このような需要家の多様性に着目し、予測誤差を吸収し蓄電池の調整力を向上させるため、需要家群の過去の電力需要分布を用いて、自分が置かれている位置から当日の蓄電池運用を決める手法を提案する。電力需要の分布図は、正味の電力需要の実測1分値を用いて60（分）× N（住戸数）× d（過去日数）個のサンプルで時刻別に生成される（図**4.2**（a）参照）。図**4.2**（a）に示した通り、同じ正味の電力需要の需要家であっても与え

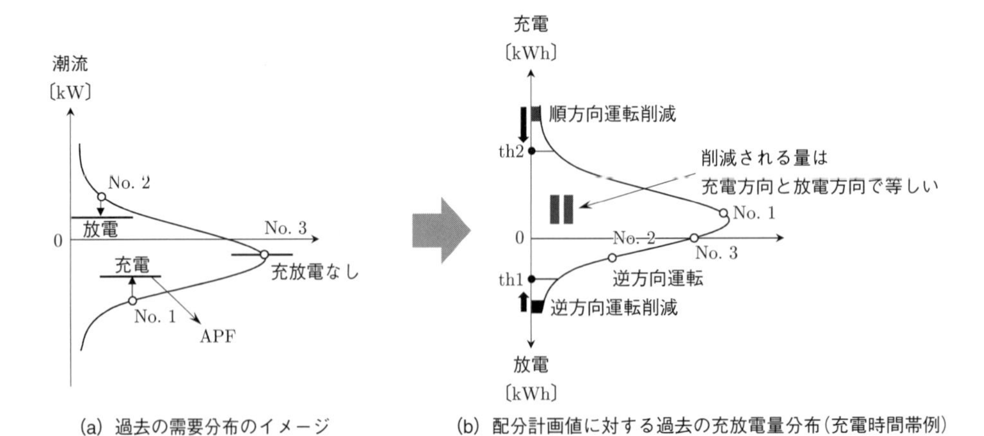

図 4.2 過去の蓄電池運用の分布例：需要家群の過去の電力需要分布を用いて、自分が置かれている位置から当日の蓄電池運用を決める。

られた配分計画値が異なるため、蓄電池運用において電力需要分布のみを参照することは難しい。そこで、過去の電力需要を用いて、電力需要分布を当日配分計画値に対する蓄電池の充放電量分布（図 **4.2**（b）参照）に変換する。

当日は予測誤差が発生するため、再び逆方向運転の需要家が生じる。そこで、無駄な運転を減らすため、分布の両端にある需要家の蓄電池運転をある閾値までに抑える。充電時間帯では、順方向運転である充電量合計値が逆方向運転である放電量合計値より大きいので（図 **4.2**（b）において横軸を基準に上部面積が下部面積より大きい）、先に逆方向運転を抑える閾値 th_1 を決める。閾値 th_1 が決まったら、削減可能な逆方向運転（放電量合計値）が算出できる。需要家群全体で PPF を達成するため、

$$\int_{-\infty}^{\mathrm{th}_1} g(\Delta x_{\mathrm{past}}) d(\Delta x_{\mathrm{past}}) = \int_{\mathrm{th}_2}^{\infty} g(\Delta x_{\mathrm{past}}) d(\Delta x_{\mathrm{past}}) \tag{8}$$

により順方向運転の充電量を削減可能な放電量の分だけ抑え順方向運転を抑える閾値 th_2 を求める。ここで、$\Delta x_{\mathrm{past}}(t_{\mathrm{m}}, i, d)$ は d 日間 i 番目需要家の当日配分計画値に対する過去の充放電量のサンプルである。また、$d_{\mathrm{meas}}(t_{\mathrm{m}}, i, d)$ は正味の電力需要のサンプルであり、

$$\begin{aligned} \Delta x_{\mathrm{past}}(t_{\mathrm{m}}, i, d) &= r_3(t_{\mathrm{m}}, i) - d_{\mathrm{meas}}(t_{\mathrm{m}}, i, d) \\ d_{\mathrm{meas}}(t_{\mathrm{m}}, i, d) &= l_{\mathrm{meas}}(t_{\mathrm{m}}, i, d) - p_{\mathrm{meas}}(t_{\mathrm{m}}, i, d) \end{aligned}$$

で定義される。一方、$g(\Delta x_{\mathrm{past}})$ は、過去 d 日間の実績から得られる Δx の分布である（図 **4.2**（b））。放電時間帯でも同様に、逆方向運転を抑える充電側の閾値 $\mathrm{th}_2 \geq 0$ を決め、式(8)から充電側の閾値 $\mathrm{th}_1 \leq 0$ を求める。

逆方向運転削減後の充放電量を、

$$\widetilde{\Delta x}_{\mathrm{real}}(t_{\mathrm{m}}, i) = \begin{cases} \mathrm{th}_1 & , \text{ if } \Delta x_{\mathrm{real}}(t_{\mathrm{m}}, i) \leq \mathrm{th}_1 \\ \mathrm{th}_2 & , \text{ if } \Delta x_{\mathrm{real}}(t_{\mathrm{m}}, i) \geq \mathrm{th}_2 \\ \Delta x_{\mathrm{real}}(t_{\mathrm{m}}, i) & , \text{ if } \mathrm{th}_1 < \Delta x_{\mathrm{real}}(t_{\mathrm{m}}, i) < \mathrm{th}_2 \end{cases}$$

で表す。配分計画値に対する当日充放電量 $\Delta x_{\mathrm{real}}(t_{\mathrm{m}}, i)$ が $\mathrm{th}_1 < \Delta x_{\mathrm{real}}(t_{\mathrm{m}}, i) < \mathrm{th}_2$ となる需要家は計画通りに充放電を行い、$\Delta x_{\mathrm{real}}(t_{\mathrm{m}}, i) \leq \mathrm{th}_1$ または $\Delta x_{\mathrm{real}}(t_{\mathrm{m}}, i) \geq \mathrm{th}_2$ となる需要家は充放電運転を閾値 th_1 または th_2 まで抑える。蓄電池の当日運転終了後の潮流 $r_{\mathrm{real}}(t_{\mathrm{m}}, i)$ と残存容量 $x_{\mathrm{real}}(t_{\mathrm{m}}, i)$ を、

$$r_{\mathrm{real}}(t_{\mathrm{m}}, i) = d_{\mathrm{meas}}(t_{\mathrm{m}}, i) + \widetilde{\Delta x}_{\mathrm{real}}(t_{\mathrm{m}}, i) w$$

$$x_{\mathrm{real}}(t_{\mathrm{m}}, i) = x_{\mathrm{real}}(t_{\mathrm{m}} - 1, i) + \widetilde{\Delta x}_{\mathrm{real}}(t_{\mathrm{m}}, i)$$

$$x_{\min}(i) \leq x_{\mathrm{real}}(t_{\mathrm{m}}, i) \leq x_{\max}(i)$$

で表す。ここで、t_{m} は時間間隔のインデックスで $t_{\mathrm{m}} \in \{1, 2, \ldots, 1440\}$ である。最後に、提案手法の優位性の確認指標として、全軒潮流 $r_{\mathrm{real}}(t_{\mathrm{m}}, i)$ の合計値を算出し、アグリゲータ潮流計画値 $R_{\mathrm{p}}(t_{\mathrm{h}})$ と比較し、平均絶対誤差（Mean Absolute Error：MAE）を求める。

4.2.4 数値シミュレーションによる検証

ここでは、東京エリアに 540 軒の需要家群があることを想定し、各需要家に異なる面積の PV パネルと同容量の蓄電池が導入されることを想定した。蓄電池の運転可能範囲の最小、最大充電容量を $x_{\min}(i) = 3\mathrm{kWh}$ と $x_{\max}(i) = 15\mathrm{kWh}$ と設定する。したがって、数値シミュレーションにおいて SOC=50%は $x_{\mathrm{half}}(i) = 9\mathrm{kWh}$ となる。インバータ定格出力を $\mathrm{Inv}_{\max} = 4\mathrm{kW}$ とし、充放電効率を 1.0 とした。当日運転で参照する充放電分布作成には過去 1 週間（7 日間）の電力需要データをサンプルとして使用した。

シミュレーション用のデータセット[4),5)]を用い、閾値を v、$2v$、$3v$ の 3 通りとして年間のシミュレーションを行った。ここで、v は過去の充放電量実績分布の分散であり、

$$v = \frac{1}{n}\left(\Delta x_{\mathrm{past}} - \overline{\Delta x}_{\mathrm{past}}\right)^2, \quad n = 60 \times 540 \times 7 = 22680 \qquad (9)$$

として表される。ただし、$\overline{\Delta x}_{\mathrm{past}}$ は Δx_{past} の平均値である。**表 4.1** に年間潮流 MAE と逆方向運転充放電量をまとめる。$\mathrm{th}_1 = 3v$ の場合の年間潮流 MAE が一番小さく 3.9MW であり、$\mathrm{th}_1 = v$ の場合の年間逆方向運転量が一番小さく 283.9MWh で年間充放電量の 12.9%を占める。いずれのケースも比較対象ケースより優れていることがわかる。$\mathrm{th}_1 = 2v$ の場合の年間潮流 MAE は 4.5MW、年間の逆方向運転量は 310.2MWh となった。

表 4.1　年間潮流の MAE と逆方向運転充放電量：比較手法に比べて提案手法は逆方向となる充放電運転を減らすことができる。

	比較対象ケース	$1v$	$2v$	$3v$
年間潮流 MAE〔MW/年〕	34.3	7.1	4.5	3.9
逆方向運転充放電量〔MW/年〕	1,650.6	283.9	310.2	315.4
	(-)	(12.9)	(14.1)	(14.4)

注：(　) は年間充放電量に対する割合を示す。

4.3 多価値最適化に向けた需要家の制御

前節では、前日に計画した目標潮流を達成するために各需要家に対し計画値を配分する手法を見た。しかし、その配分方法は目的に自由度がある中の一例であり、アグリゲータの価値基準によってはほかの配分も可能である。さらに、アグリゲータの価値観は今後電力系統のスマート化が進むにつれて多様化すると予想される。本節ではこのような多価値最適化を視野に入れ、現在考えているシステムモデルの特徴を生かし、可能な計画値配分の手法を解析的な形で書き表すことを考える[6)]。

本節の構成とポイントは以下の通りである。

4.3.1 **計画値配分の定式化**

・需要家へ配分される目標潮流を、参照計画の重ね合わせによって表現する。

4.3.2 **シミュレーション結果による検証**

・定式化した手法を具体的な電力需要データに適用し、その有用性を検証する。

4.3.1 計画値配分の定式化

本節では 4.2 節と同じシステムモデルとデータセットを想定しており、前日市場から調達する電力 R_{p} は正味の電力需要そのものではなく、蓄電池によるシフトが行われたものである。これは、個別需要家の蓄電池を活用することで実現される。個別需要家の配分目標潮流 v_{p}〔kW〕を、

$$v_{\mathrm{p}}(t,i) = d(t,i) + \Delta x_{\mathrm{p}}(t,i) \tag{10}$$

と表す。ここで、t は時刻、i は需要家番号、d は予測電力需要〔kW〕、Δx_{p} が対応する充放電計画値〔kW〕である。なお、考える配分時間の粗さに依存して t の単位は異なり、1 時間値の場合は〔時〕となる。前日計画 v_{p} ないし Δx_{p} を作成する上で、ここでは以下の五つの制約条件を設ける。

$$R_{\mathrm{p}}(t) = \sum_i v_{\mathrm{p}}(t,i) \tag{11}$$

$$x_0(i) + \sum_{\tau=1}^{24} \Delta x_{\mathrm{p}}(\tau, i)\Delta t = x_l(i) \tag{12}$$

$$\Delta x_{\min} \leq \Delta x_{\mathrm{p}}(t, i) \leq \Delta x_{\max} \tag{13}$$

$$x_{\min} \leq x_{\mathrm{p}}(t, i) \leq x_{\max} \tag{14}$$

$$\begin{cases} \Delta x_{\mathrm{p}}(t, i) \geq 0 & (\Delta X_{\mathrm{p}}(t) \geq 0 \text{のとき}) \\ \Delta x_{\mathrm{p}}(t, i) < 0 & (\Delta X_{\mathrm{p}}(t) < 0 \text{のとき}) \end{cases} \tag{15}$$

ここで、Δt は時間間隔を表し、1 時間値での計算では $\Delta t = 1$〔時〕である。式 (11) によって目標潮流の達成が保証される。この条件は合計正味の電力需要 $D(t) = \sum_i d(t, i)$ を使って、

$$\Delta X_{\mathrm{p}}(t) = R_{\mathrm{p}}(t) - D(t) \tag{16}$$

と書き換えることもできる。したがって、合計充放電電力 $\Delta X_{\mathrm{p}}(t) = \sum_i \Delta x_{\mathrm{p}}(t, i)$ は R_{p} によって決定される。式 (16) はまた、分散蓄電池の代わりに巨大な蓄電池によってを達成する場合の充放電計画値でもある。同様に、合計蓄電量 $X_{\mathrm{p}}(t) = \sum_i x_{\mathrm{p}}(t, i)$ も決定され、

$$X_{\mathrm{p}}(t) = X_0 + \sum_{\tau=1}^{t} \Delta X_{\mathrm{p}}(\tau)\Delta t \tag{17}$$

となる。ただし $X_0 = \sum_i x_0(i)$ である。式 (12) は 1 日終了時の蓄電量を制御するための制約条件である。式 (13) と式 (14) の制約条件はそれぞれインバータと蓄電池の容量制約である。

一般に、式 (16) で表される集約型の蓄電池運用は、分散蓄電池のそれよりも効率的である。それは、ある時刻断面において、住宅ごとの充放電量 Δx_{p} に充電命令と放電命令が混在する可能性があるためである。すなわち、$\sum_i \Delta x_{\mathrm{p}}(t, i) = \Delta X_{\mathrm{p}}(t)$ であるが、$\sum_i |\Delta x_{\mathrm{p}}(t, i)| \neq |\Delta X_{\mathrm{p}}(t)|$ という状態である。この場合には住宅間で必ずしも必要ではない充放電が行われ、集約型の蓄電池運用に比べて効率が落ちてしまう。式 (15) の制約条件は、各時間ステップにおいて Δx_{p} の符号を ΔX_{p} の符号に統一するためのものである。これにより不必要な充放電を消去することができ、分散蓄電池であっても集約型蓄電池と同等の効率で目標潮流の実現が達成できると期待される。

前日計画 Δx_{p} は式 (11) ～式 (15) までの制約条件から一意には定まらず、さらなる制約が必要となる。それは各アグリゲータの意思決定に関わる部分であり、一般的には多価値最適

化が必要となる。ここでは、価値基準を定めて唯一解を見つける代わりに、前日計画をいくつかの参照計画の重ね合わせによって記述することで、アグリゲータの意思決定の指標を示すことを目指す。ここで、式(11)〜式(15)までの制約条件を満たす任意の充放電計画 Δx_{A} と Δx_{B} に対して、$\alpha \in [0,1]$ を係数とした線形結合

$$\Delta x_{\mathrm{p}}(t,i) = \alpha \Delta x_{\mathrm{A}}(t,i) + (1-\alpha)\Delta x_{\mathrm{B}}(t,i) \tag{18}$$

も、また同じ制約条件のもとで実現可能な計画となっていることに注意する。したがって、何らかの方法でいくつかの参照計画を求めることができれば、式(18)によってそれらの参照計画の重ね合わせとして新たな計画の候補を直ちに得ることができる。

式(18)の Δx_{p} が式(11)と式(12)の制約条件を満足することは、簡単な代数計算によって示すことができる。不等式(13)について、充放電電力 Δx_{p} の上限値は、

$$\begin{aligned}\Delta x_{\mathrm{p}}(t,i) &= \alpha \Delta x_{\mathrm{A}}(t,i) + (1-\alpha)\Delta x_{\mathrm{B}}(t,i)\\ &\leq \max\{\Delta x_{\mathrm{A}}(t,i), \Delta x_{\mathrm{B}}(t,i)\}\\ &\leq \Delta x_{\max}\end{aligned}$$

と表すことができ、下限値も同様に、

$$\begin{aligned}\Delta x_{\mathrm{p}}(t,i) &\geq \min\{\Delta x_{\mathrm{A}}(t,i), \Delta x_{\mathrm{B}}(t,i)\}\\ &\geq \Delta x_{\min}\end{aligned}$$

と表すことができる。不等式(14)と不等式(15)についても、同じ方法で Δx_{p} が制約条件を満たすことを示すことができる。

式(18)の重ね合わせは三つ以上の参照計画に対しても拡張でき、前日計画 Δx_{p} は $a_j \geq 0$ と $\sum_j a_j = 1$ を満たす a_j に対して、

$$\Delta x_{\mathrm{p}}(t,i) = \sum_j a_j \Delta x_j(t,i) \tag{19}$$

と書き表される。ここで Δx_j は式(11)〜式(15)までの制約条件を満たす参照計画である。

図 4.3 には、式(19)による重ね合わせの手法の概念図を示している。この図には、式(11)〜式(15)までの制約条件を満たす解 Δx_{p} 全体の空間が抽象的に書かれている。したがって、一般的な最適化計算ではこの空間の中を探索し、設定した目的関数が最小となる点を見つけ

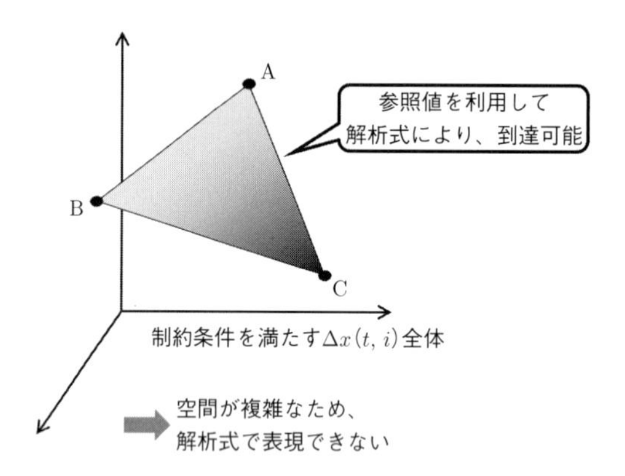

図 4.3　重ね合わせによる記述の概念図：解空間の中に A・B・C の 3 点が得られると、囲まれる領域の解はこれらの線形結合によって得ることができる。

ている。しかし、この解空間の構造は複雑であり解析的な方法による探索は難しく、数値的な探索を行わなければならない。参照計画を用いた式 (19) は、この空間内に探索に使用できる座標軸を作ることに対応する。図中の点 A、B、C は参照計画を表している。これら 3 点で囲まれた領域の任意の点は、式 (19) によって到達が可能となる。こうして得られる Δx_{P} で解空間すべてをカバーすることはできないが、数値計算コストが少なく、その定性的な振る舞いが参照計画との類似性から容易に理解可能なことが特徴である。

4.3.2 シミュレーション結果による検証

ここでは、三つの参照計画を作成し、評価指標の変化を見ていく。参照計画 Δx_{A}、Δx_{B}、Δx_{C} を、

(A) 均等充放電量配分

(B) 均等潮流配分

(C) PV 容量に比例した配分

とし、それぞれ目的関数 $J[\Delta x]$、

(A) $J[\Delta x_{\mathrm{A}}] = \sum_{t,i} (\Delta x_{\mathrm{A}}(t,i))^2$

(B) $J[\Delta x_{\mathrm{B}}] = \sum_{t,i} (d(t,i) + \Delta x_{\mathrm{B}}(t,i))^2$

$$(\mathrm{C})\ J[\Delta x_{\mathrm{C}}] = \sum_{t,i} (p(t,i) - \Delta x_{\mathrm{C}}(t,i))^2$$

を用いた二次計画問題を、数値的に解くことで導出した。今回はコンピュータによる数値計算で解を求めたが、このような大規模数値計算は住宅の数や制約条件が増えるに従い計算が不安定なると考えられる。将来的には、前節で示したような解析的な手法を発展させて解が得られるようになることが望ましい。

重ね合わせで表現された前日計画は、

$$\Delta x_{\mathrm{p}}(t,i) = \alpha \Delta x_{\mathrm{A}}(t,i) + \beta \Delta x_{\mathrm{B}}(t,i) + \gamma \Delta x_{\mathrm{C}}(t,i) \tag{20}$$

である。ここで係数 (α, β, γ) は各参照計画の重みを表し、

$$\alpha + \beta + \gamma = 1, \quad \alpha, \beta, \gamma \in [0,1]$$

を満たしている。したがって、前日計画 $\Delta x_{\mathrm{p}}(t,i)$ の性質は三つのパラメータ (α, β, γ) によって特徴付けられる。図 **4.4** は、参照計画およびパラメータと $\Delta x_{\mathrm{p}}(t,i)$ の関係を示している。三角形の内側に位置する前日計画は式 (20) から直ちに求めることができ、式 (11) ～式 (15) までの制約条件を自然に満たすものとなっている。

図 **4.5** はシミュレーション日の 12 時における最大逆潮流 $(\max(-v_{\mathrm{p}}(12\text{時}, i)))$ を示している。$(\alpha, \beta, \gamma) = (0,0,1)$ の Δx_{C} で最も大きな値を取り、$(\alpha, \beta, \gamma) = (0,1,0)$ の Δx_{B} で最も小さくなっている。ここで、住宅合計値 $V_{\mathrm{p}}(t)$ はすべての場合に対して等しくなっているので、Δx_{C} では住宅間での潮流の分布が広く、Δx_{B} ではその分布の幅が狭くなっていると

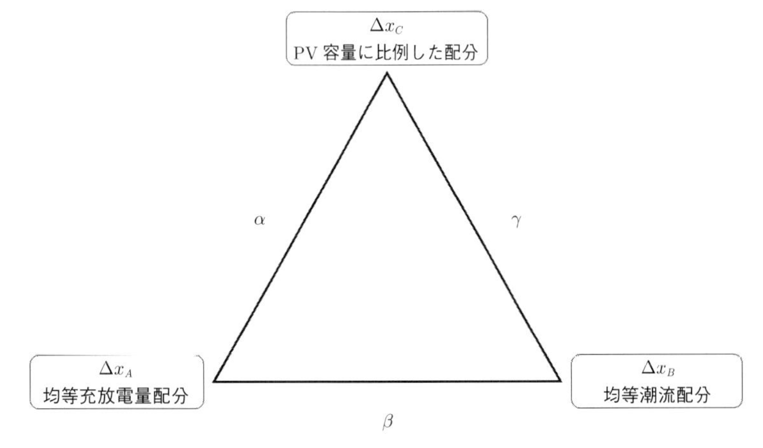

図 4.4　**本節の計算に用いた参照計画**：三つの参照計画を作成し、それらで囲まれる領域に位置する計画値はこれらの線形結合によって得られる。

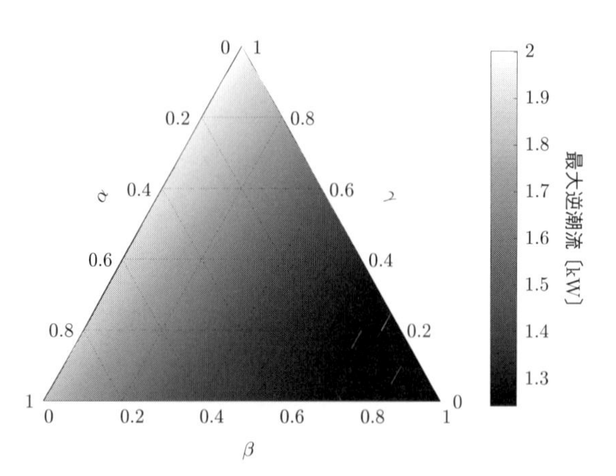

図 4.5　あるシミュレーション日における 12 時の最大逆潮流〔kW〕：十分な屋根置き PV が設置されているため、逆潮流が発生する。どの計画を用いるかによりその最大値、つまり潮流の分布が変化する。

みることもできる。特に、Δx_{B} では潮流が各住宅に対して均等になるように蓄電池を動かしているので、極端に大きな潮流を取ることがなくなり、この先配電制約を考慮していく上で有利な計画となっている。

需要家に対する公平性は、アグリゲータの運営における重要な課題である。ここでは、受益者負担の原則を系統依存度（Grid Usage：GU）と蓄電池使用量（Battery Usage：BU）

$$\mathrm{GU}(i) = \sum_t |d(t,i)|\Delta t$$
$$\mathrm{BU}(i) = \sum_t |\Delta x_{\mathrm{p}}(t,i)|\Delta t$$

の間の比例関係と考え、これらの相関係数を公平性指標と呼ぶことにする。図 **4.6** はシミュレーション日の公平性指標を示している。Δx_{A} では充放電電力に対して d に無関係に均等配分されるため公平性指標はゼロとなり、一方で Δx_{C} では負の値を取っている。これは、Δx_{C} が大きな PV 設備を利用して小さな $d(t,i)$ を実現している需要家に対して大きな BU を与える配分であるためである。しかし、大きな PV 設備は大きな予測誤差を引き起こす可能性があり、負の公平性指標の可否は前日計画だけでなく当日運用を含めたシミュレーションが必要になる。

本手法の利点は、アグリゲータに対する利便性にある。アグリゲータにとって実用上十分な種類の参照計画を作成し、式(19)を適用することで、アグリゲータの意思決定を少数のパラメータ (a_j) による最適問題へと帰着させることができる。これにより計算コストは小さくなり、大きなシステムでの計算や、調整力市場などの要素と組み合わせてのシミュレーショ

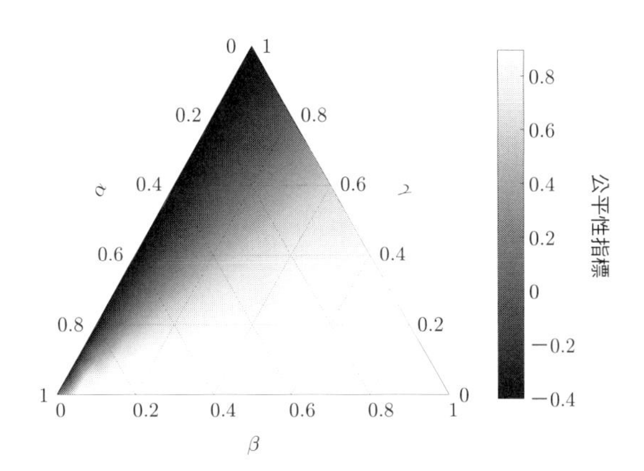

図 4.6　公平性指標の計画依存性：どの計画値を用いるかにより公平性指標が異なる。負の値を取るのは計画配分の価値基準と公平性指標導出の価値基準が異なっているためである。

ンを行うことが現実的となる。また、図 **4.5** および図 **4.6** は評価指標をパラメータ a_j の関数として可視化したものであり、価値観が多様化する中で人が意思決定をする上で有用な道具となる。

4.4 階層構造に基づく電力需要制御量の最適分配法

本節では、数万世帯以上の需要家とそれらの電力需要を集約するアグリゲータを対象とした高速な電力需要の集計法、および、その結果に基づくある最適な電力需要制御量の分配法について述べる。提案手法[7]は、電力需要取引がアグリゲータを通じて段階的に行われると仮定することで、電力需要の最適化計算が、その階層構造を利用して並列化可能であるという特徴を持つ。

本節の構成とポイントは以下の通りである。

4.4.1 電力需要制御量最適分配の必要性

・電力の市場取引では、公平な市場の確保に加えて、公共サービスの質を維持するため、予測に基づく運用・即時対応性・拡張性などが求められる。

4.4.2 提案法の特徴と適用対象

・「電力需要予測集計」と「電力需要制御量分配」からなる提案法の特徴について述べる。

・系統内の需要家およびアグリゲータ間の取引関係が階層構造（木構造）で表せる場合を想定する。

・電力需要取引には、電力需要グラフと呼ばれる総電力需要量に対して確からしさをプロットしたグラフを用いる。

・最適化計算は、二つのアグリゲータの組み合わせの計算に分解でき、どの組み合わせから計算しても結果は同じになり、並列計算が可能となる。

4.4.3 提案法の計算手順

・提案法の動作概要、数学的定義と問題設定、計算アルゴリズムについて説明し、最後に計算手順まとめと計算効率について述べる。

4.4.4 提案法の数値例

・3階層からなる完全木構造としてモデル化できるアグリゲーションを例に挙げ、数値データを用いて提案法の計算手順を説明する。

4.4.1　電力需要制御量最適分配の必要性

電力自由化の流れとともに、電力の市場取引は一般的なものとなっている。例えば、日本の電力市場では、JEPX（日本卸売電力取引所）での取引量の全電力需要に対する割合は、小売り全面自由化当初約2%であったのに対し、2019年の時点では約30%を占めるようになった[8]。電力取引への市場原理の導入は、電力システムの効率化と消費者負担軽減を促す可能性がある。一方で、投機の一面のみが助長されれば、長期的にみて適切な設備投資を抑制させてしまう恐れもある。電力システムには、我々の生活を維持するという重要な公共の役割がある。したがって、効率的かつ安定な電力供給のためには、市場原理のみに委ねることは難しいと言える。

市場における電力は、一般金融商品などとは異なった性質を持つ[9]。電力システムの本来の目的は、電力の電力需要量と供給量の一致である。需要家は、必ずしも、電力供給安定性などのサービスの質を下げてまで、低価格化を希望するわけではない。また、大容量の電力の長期貯蔵はコストがかかるため、同時同量が基本となる。そのため、投資において、長期保有による利益追求が困難である。その他、送電容量の制限、送配電系の安定性維持のための電圧や周波数の制御、事故や想定外の電力需要に対する逐次対応の必要性など、が市場の複雑化の要因として挙げられる。

以上をまとめると、より高度な電力取引においては、公平な市場の確保は当然であるが、それだけでは十分ではない。それに加えて、供給量と電力需要量の予測に基づく妥当な運用法、市場におけるさまざまな非線形性や制約条件への即時対応性、地域、公共施設、需要家の各レベルにおける蓄電池システムの普及など、構造変化に対する拡張性などが求められる。

4.4.2　提案法の特徴と適用対象

提案法は、需要家やアグリゲータの活動の特徴に基づく「電力需要予測集計」と、系統全体の視点から望まれる電力需要予測を達成するための「電力需要制御量分配」の手順から成り立っている。提案法では、系統内の需要家およびアグリゲータ間の取引関係が、階層構造で表せる場合を想定している。例えば、系統運用者の下に、複数のアグリゲータが存在し、各アグリゲータが、より下層のアグリゲータもしくは需要家と関係している場合などが考えられる。しかし、この階層構造が保たれ、次節で詳しく述べる電力需要の集計と制御量の分配が意味をなす限り、電力取引の形態については特に限定されない。

提案法の特徴は、次の通りである。

・電力需要取引には、電力需要グラフと呼ばれる総電力需要量に対して確からしさをプロットしたグラフを用いる。この電力需要グラフは、最適化における評価関数として考えることができる。また、電力需要グラフは確率分布からも計算できるので、気象予報に基づく電力需要予測と適合性が高い。また、その他の評価関数として、電力需要パターンの変動性や取引における信頼性などの情報も考えることができる。

・最適化計算は、二つのアグリゲータの組み合わせの計算に分解でき、どの組み合わせから計算しても結果は同じになる。これは、アグリゲータや需要家の総数 n が大きくなるほど計算時間を効果的に削減できることを意味している。したがって、大雑把に言えば、数万以上の世帯数にも対応できる、非常に多くの電力需要予測を考慮した並列最適化が可能となる。この木構造の階層ごとに並列計算の計算量オーダーは、$\log n$ となる。

・近接した階層間でやり取りされる取引情報は、ほかの階層および同階層の別のアグリゲータや需要家から秘匿されるため、個人情報の保護が可能である。

・決定した電力需要制御量に対して、電力需要の制御が完全に行われなかった場合、すなわち、取引の成約が十分でない場合には、同様の手順を繰り返し制御を行うことで、徐々に誤差を減らす仕組みが提供できる。

・グラフ構造は木構造である限り、繰り返し制御の各時刻において変更があっても対応が可能である。

特に、並列化により高速計算が可能という点は、現在 JEPX の主要市場である、スポット市場（前日市場）および当日市場（時間前市場）における、実時間最適計算としての適用が期待される。

4.4.3 提案法の計算手順

提案法の機能は、アグリゲータを通じた電力需要の集計と分配であり、その手順は、次のように大きく二つに分けられる。

第１の手順として、各アグリゲータが、需要家もしくは下層のアグリゲータから与えられる情報をもとに、横軸を電力需要量、縦軸を各電力需要量に対する確からしさを表現した電力需要グラフを計算する。この計算は、最下層から順番に行われ、結果を一層上のアグリゲータに転送していく。各アグリゲータでは、送られてきたすべての電力需要グラフを評価関数として考え、ある最適化問題を解くことで一つの電力需要グラフに統合する。このグラフの各点には、各総電力需要量のもとで確からしさを最大化する下層のアグリゲータの電力需要比率の組み合わせが紐付けられている。ただし、この比率の組み合わせの情報は、上層へは伝達しない。この手順を最上層に至るまで繰り返す。

第 2 の手順は、最上層において得られた一つの電力需要グラフに対して、望ましい曲線との変化分を制御量として考える。例えば、最も可能性が高い電力需要総量を減少させるピークをずらした形状（ピークシフト）や、評価の尖鋭度を上げることで分散を減らした形状（電力需要確度向上）などである。系統運用者は、電力需要グラフを再び用いることでこの制御量を分配し、一層下の各アグリゲータに伝達する。これは、各分配制御量が最も小さくなるという意味での最適解となっている。この分配は、上層から下層へ、各層のアグリゲータを通じて、最下層に至るまで繰り返される。

以降では電力網が階層構造、すなわち、L 層からなる木構造を持つ場合を考える。ここで、枝（エッジ）はアグリゲーションにおける電力需要取引関係を表し、根ノードをISO、節ノードはアグリゲータ、葉ノードは需要家とする（図 **4.7** 参照）。実際には、各葉ノードの深さはそれぞれ異なっても提案法は適用できるが、簡単のため L に統一する。

いま、j 層における i 番目のアグリゲータを節 $\mathcal{A}_i^j$ として表す。ここで、$1 \leq i \leq M_j$ であり、M_j は j 層における節の数であり、特に、$M_L = n$ とする。なお、説明において、ISOや需要家も、単にアグリゲータと呼ぶこととする。アグリゲータ $\mathcal{A}_i^j$ は、一つだけ下層の k 個の子アグリゲータ $\{\mathcal{A}_{i(1)}^{j+1}, \mathcal{A}_{i(2)}^{j+1}, \cdots, \mathcal{A}_{i(k)}^{j+1}\}$ と枝で結ばれているとする。ここで、すべての $l \in \{1, \cdots, k\}$ に対して $1 \leq i(l) \leq M_{j+1}$ とする。なお、記号 $\mathcal{A}_i^j$ は、$\mathcal{A}_i^j = \{\mathcal{A}_{i(1)}^{j+1}, \cdots, \mathcal{A}_{i(k)}^{j+1}\}$ のように、子アグリゲータを要素とした集合としても用いる。この記法において、要素の添え字を抜き出す演算 $\iota\mathcal{A}_i^j = \{i(1), \cdots, i(k)\}$ を定義する。

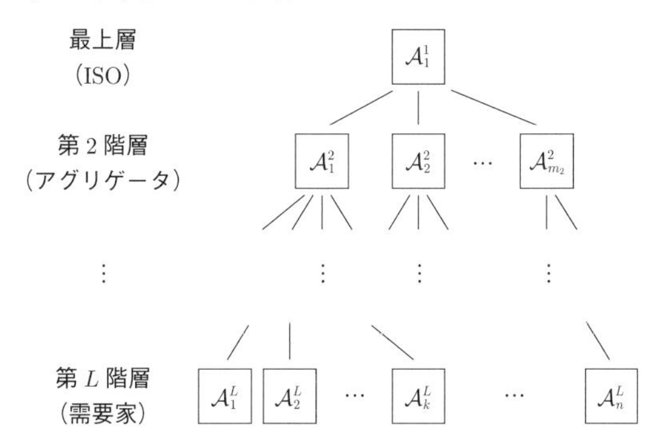

図 4.7　電力網の階層構造：電力網におけるアグリゲータ間の取引関係を木構造として表現したもので、木の深さに注目してアグリゲータを分類して得られた階層構造である。

L 層を持つ電力網に対して、次の問題設定を考える。$\mathcal{A}_1^1$ はISOであり、最下層の任意の i に対するアグリゲータ $\mathcal{A}_i^L$ の電力需要は、ある時間区間の離散時刻における確率分布の集合として表されているとする。このような情報は、各アグリゲータの活動パターンやPV発電予測などにより与えられるとし、例えば、ホーム／ビルディングマネジメントシステムなどで管理されていると考える。具体的には、あるアグリゲータ $\mathcal{A}_i^L$ に対して、ある時刻 t において、あらかじめ消費が計画されている電力を実数 $q_i^L(t)$ で、また、予測されるPV発電量を確率変数 $p_i^L(t)$ によって表す。このとき、$\mathcal{A}_i^L$ の時刻 t における電力需要の推定は、各時刻 t で、

$$\int_{-\infty}^{\infty} h_i^L(x_i^L(t))\, dp_i^L(t) = 1 \tag{21}$$

を満たすような、確率密度関数 $h_i^L(x_i^L(t))$ によって定義される。ここで、$x_i^L(t) = q_i^L(t) - p_i^L(t)$ は実電力需要である。

提案法の計算アルゴリズムでは、最初に最下層から最上層へ順番に電力需要グラフの計算を行い、次に最上層から最下層へ電力需要グラフへの制御量を配分していく手順からなる。この計算法は、動的計画法における多段階決定問題の解法を用いて設計されている[7)]。したがって、制御量は電力需要最適制御として考えることができる。

最初に、電力需要最適制御における第1の手順「電力需要予測集計」について述べる。

【再帰的集計アルゴリズム】

$1 \leq j \leq L-1$ に対するアグリゲータ $\mathcal{A}_i^j$ の全電力需要を、

$$x_i^j(t) = \sum_{k \in \iota\mathcal{A}_i^j} x_k^{j+1}(t) \tag{22}$$

と表す。このとき、時刻 t における j 層の評価関数は、下層の評価関数から再帰的に以下のように定義される。

$$F_i^j(x_i^j(t)) = \max_{x_i^j(t)} \prod_{k \in \iota\mathcal{A}_i^j} F_k^{j+1}(x_k^{j+1}(t)) \tag{23}$$

ここで、$\max_{x_i^j(t)}$ は、$k \in \iota\mathcal{A}_i^j$ に対するすべての $x_k^{j+1}(t)$ の組み合わせのうち、関係式(22)を満足する組み合わせに対して評価式の最大値を取ることを意味する。式(23)では、$F_i^L(x_i^L(t)) = h_i^L(x_i^L(t))$ を初期値とする。なお、h_i^L は互いに確率過程として独立と仮定する。

評価関数 $F_i^j(x_i^j(t))$ は、ある想定される総電力需要量 $x_i^j(t)$ に対して、各アグリゲータが取り得る電力需要の最も確からしい電力需要比率の組み合わせを与えている。

次に、ISO に集められた電力需要に対して制御量を考え、これを下層のアグリゲータに分配していく電力需要最適制御の第 2 の手順「電力需要制御量分配」について説明する。

第 1 の手順において、評価関数 $F_1^1(x_1^1(t))$ が得られている。この評価関数は、総電力需要量に対して起こり得る評価をプロットしたものであり、各層のアグリゲータを通じて、各総電力需要量に対する、最も確からしい下層のアグリゲータの電力需要量の電力需要比率の組み合わせが紐付けられている。いま、生活活動パターン、日射予測、蓄電池システムの状況、社会行事などさまざまな要因に基づき、ISO があるべき電力需要予測を想定し、得られた評価関数に対する制御量 $\Delta_1^1(x_1^1(t))$ を決定すると仮定する。ここで、$\Delta_1^1(x_1^1(t))$ は、もとの関数値に対する比率として与えられており、この制御を加えた評価関数は、$\Delta_1^1 F_1^1(x_1^1(t))$ のように書けるとする。なお、この制御量の表現は、和の制御量 δ_i^j を用いた形式：$F_i^j+\delta_i^j=(1+\delta_i^j/F_i^j)F_i^j:=\Delta_i^j F_i^j$ で書くこともできる。

このとき、ISO が決めた制御量 $\Delta_1^1(x_1^1(t))$ は、以下に示す再帰的分配アルゴリズムによって、下層のアグリゲータの制御量に分配することができる。

【再帰的分配アルゴリズム】

すべての $k\in\iota\mathcal{A}_i^{j-1}$ に対する制御量 $\Delta_k^j(x_k^j(t))$ は、$\Delta_i^{j-1}(x_i^{j-1}(t))$ から、

$$\Delta_k^j(x_k^j(t))=\left[\Delta_i^{j-1}(x_i^{j-1}(t))\right]^{\frac{|c_k^j|}{|c_i^{j-1}|}} \tag{24}$$

と計算できる。ここで、$\mathcal{A}_i^j$ と関係している最下層のアグリゲータ（すなわち、節 $\mathcal{A}_i^j$ の部分木のすべての葉）の数を $|c_i^j|$ によって表した。したがって、$|c_i^{j-1}|=\sum_{k\in\iota\mathcal{A}_i^{j-1}}|c_k^j|$ となる。すなわち、$1\leq i\leq M_2$ に対する $\Delta_i^2(x_i^2(t))$ を求め、さらに、各 $\Delta_i^2(x_i^2(t))$ から $1\leq j\leq M_3$ に対する $\Delta_j^3(x_j^3(t))$ を求めるというように繰り返していくことで、最下層のアグリゲータに対する $\Delta_k^L(x_k^L(t))$ に分配することができる。

式 (24) で決定される最適制御は、アグリゲータ $\mathcal{A}_i^j$ 間の取引関係を通じて、伝搬されていく。電力需要制御は、各アグリゲータが、電力需要（純消費と供給、いわゆるネガワット）と引き換えに、電力価格減額などの経済的利益を受け取ることで実現される。しかし、この制御は、1 回だけの取引で、必ずしもすべてのアグリゲータで受け入れられるとは限らない。よって、上記の二つの手順を、ある制御周期で繰り返すことを考える。

以上の手法は、以下の手順にまとめられる。

ステップ 1： ある時刻 t において、$1 \leq i \leq n$ の各 i に対して、初期値 $F_i^L(x_i^L(t)) = h_i^L(x_i^L(t))$ を定める。

ステップ 2： $1 \leq i \leq M_j$ のすべての i に対して、$j = L-1$ から $j = 1$ へ、式 (23) における j 層の評価関数 $F_i^j(x_i^j(t))$ を順番に計算していく。最終的には、第 1 層の評価関数 $F_1^1(x_1^1(t))$ が得られる。

ステップ 3： 与えられた目標とする評価関数 $\Delta_1^1 F_1^1(x_1^1(t))$ に対して、$j = 1$ から $j = L-1$ へ、式 (24) における j 層の制御量を計算していく。

ステップ 4： 上層より提示された制御量を受け入れたアグリゲータ i に対して、$h_i^L(x_i^L(t+1)) = \Delta_i^L h_i^L(x_i^L(t))$ と更新する。

ステップ 5： 次の時刻 $t+1$ として、最初のステップ 1 に戻る。

計算手順のステップ 2、3 は、各層のアグリゲータごとに並列計算が可能である。いま、簡単のため、グラフが完全二分木であると仮定すると、各アグリゲータは、一層下の二つのアグリゲータと取引関係にある。最下層の n 個のアグリゲータから、集計を行うごとに $n/2$ 個の評価関数が得られる。したがって、この計算手順の計算量オーダーは、$\log n$ となる。このように、アルゴリズムが並列化可能であり、アグリゲータ数が増えるにつれて計算量が爆発的に増加しないという性質は、非常に多くのアグリゲータ（もしくは需要家）に対する最適計算を行うために、大変重要な性質である。

また、計算手順のステップ 2、3 の計算対象となるアグリゲータ間、および、より下層のアグリゲータにおいて、お互いの評価関数を知る必要はない。したがって、このアルゴリズムは、個人情報の秘匿性を有していると言える。

4.4.4 提案法の数値例

例として、3 階層からなる完全木構造を考える。ここで、最下層に、八つの需要家 $\mathcal{A}_i^3$、中間層に二つのアグリゲータ $\mathcal{A}_1^2$、$\mathcal{A}_2^2$、最上層に唯一の ISO $\mathcal{A}_1^1$ に相当する節ノードが存在し、中間層のアグリゲータは、それぞれ、四つの需要家の電力需要をアグリゲーションしていると仮定する。ここで、$i \in \{1, \cdots, 8\}$ とした。したがって、$\mathcal{A}_1^2 = \{\mathcal{A}_1^3, \mathcal{A}_2^3, \mathcal{A}_3^3, \mathcal{A}_4^3\}$、$\mathcal{A}_2^2 = \{\mathcal{A}_5^3, \mathcal{A}_6^3, \mathcal{A}_7^3, \mathcal{A}_8^3\}$、$\mathcal{A}_1^1 = \{\mathcal{A}_1^2, \mathcal{A}_2^2\}$ と定義する。

以下の手順により、最下層の需要家の電力需要に基づいた、中間層の二つのアグリゲータに対する最適電力需要制御量を求める。

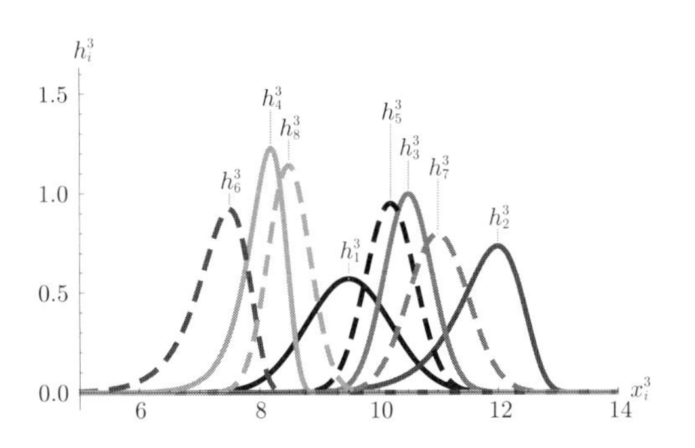

図 4.8 **需要家の電力需要確率密度関数例**：3 階層の木構造でモデル化できる電力網における最下層の八つの需要家の電力需要予測を表す確率密度関数であり、電力需要グラフの初期値を与える。

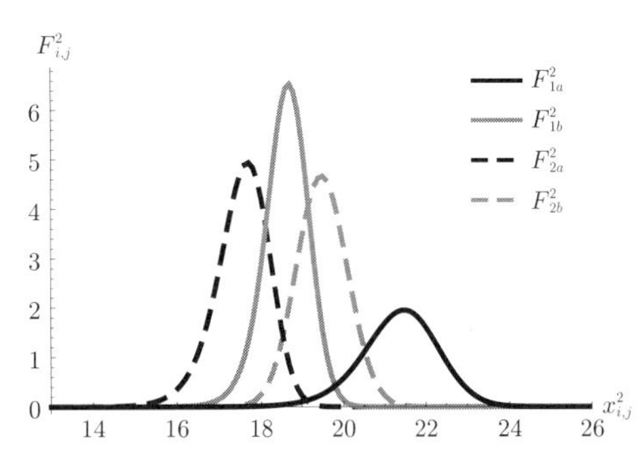

図 4.9 **アグリゲータの評価関数の計算過程**：図 4.8 の最下層の八つの需要家のうち二つずつ選んだ四つの組み合わせの電力需要グラフの計算途中の様子であり、中間層のアグリゲータにより計算される。

(1) 時刻 $t=0$ において、各需要家の電力需要 $h_i^3(x_i^3(t))$ が、図 **4.8** のように与えられているとすると、電力需要グラフの初期値は、すべての $i \in \{1, \cdots, 8\}$ に対して $F_i^L(x_i^L(t)) = h_i^3(x_i^3(t))$ と定義できる。なお、これらの電力需要は、正規分布もしくはガンベル分布の確率密度関数として与えられている。

(2) 式 (23) を用いて、中間層の評価関数 $F_1^2(x_1^2(t))$, $F_2^2(x_2^2(t))$ を計算する。なお、この計算において、下層のすべての評価関数を同時に最適化しなくてもよく、これが提案法の利点となっている。すなわち、任意の二つの評価関数に対して評価関数を求め、さらに、得られた評価関数と残っている評価関数のうち任意の二つを選んで新たに評価関数を求めることを繰り返し、最後に一つの評価関数をそのアグリゲータの評価関数として定義すればよい。また、この任意の二つを選んで計算する作業は、別の組み合わせに対して同時に実行できる、言い換えれば、並列計算が可能である。この途中計算において、$\mathcal{A}_1^3$ と $\mathcal{A}_2^3$ に対する評価関数を $F_{1,a}^2$、$\mathcal{A}_3^3$ と $\mathcal{A}_4^3$ に対する評価関数を $F_{1,b}^2$、$\mathcal{A}_5^3$ と $\mathcal{A}_6^3$ に対する評価関数を $F_{2,a}^2$、$\mathcal{A}_7^3$ と $\mathcal{A}_8^3$ に対する評価関数を $F_{2,b}^2$ が得られ（図 **4.9** 参照)、最終的に、$F_{1,a}^2$ と $F_{1,b}^2$ より評価関数 F_1^2、および、$F_{2,a}^2$ と $F_{2,b}^2$ より評価関数 F_2^2 が求まる（図 **4.10** 参照)。ここで、図 **4.9**、図 **4.10** では、評価値を 100 倍して計算してある。これらのグラフは、横軸の総電力需要量に対する生起度数を表しており、また、各総電力需要量に対して評価関数を最大化する、すなわち、最も確からしい電力需要比率の組み合わせが紐付けられている。図 **4.11** は、その各総電力需要量に対する電力需要比率の組み合わせのうち、最初の需要家の電力需要比率を表している。例えば、評価関数 F_1^2 における $\mathcal{A}_{1,a}^2$ と $\mathcal{A}_{1,b}^2$ の電力需要比率は、$\hat{x}_1^2 = x_{1,a}^2/(x_{1,a}^2 + x_{1,b}^2)$ と $100 - \hat{x}_1^2$ となるので、$\hat{x}_1^2$ のみをプロットしている。

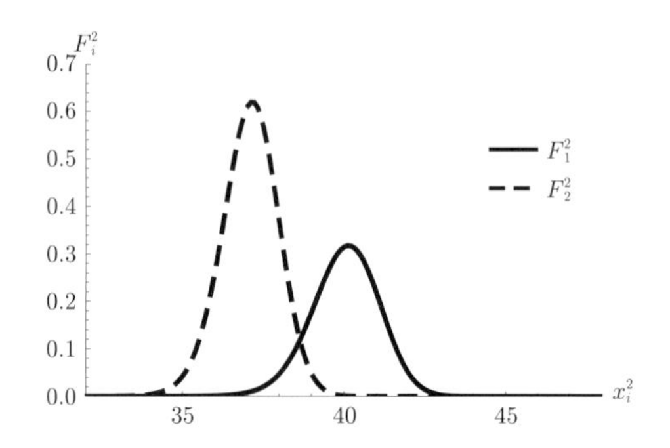

図 4.10　アグリゲータの評価関数：図 4.9 の需要家の二つグループに対する電力需要グラフであり、最終的に中間層のアグリゲータごとに一つの電力需要グラフが計算される。

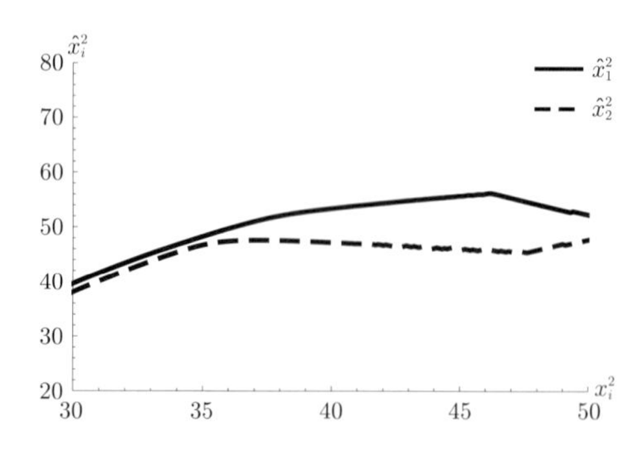

図 4.11　需要家の最も確からしい電力需要率：図 4.10 で計算された電力需要グラフにおける、最下層の需要家のグループ内の需要家に対する、横軸の総電力需要量の各点に対する最も確からしい電力需要比率を示している。

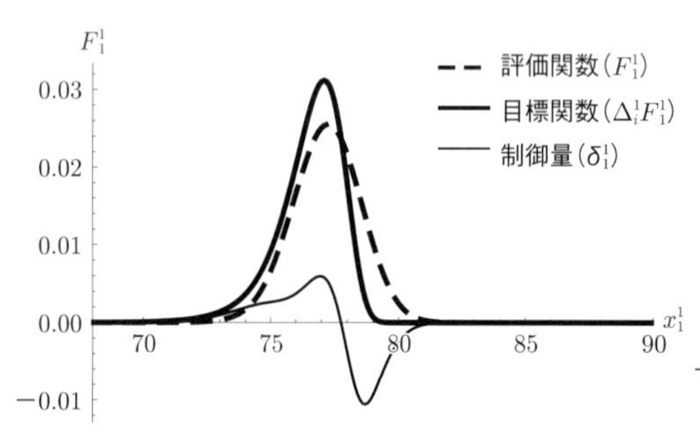

図 4.12　ISO の評価関数と目標関数：最上層における電力需要グラフと、そのグラフに対して決定された目標関数、および、両者の差である制御量を示している。

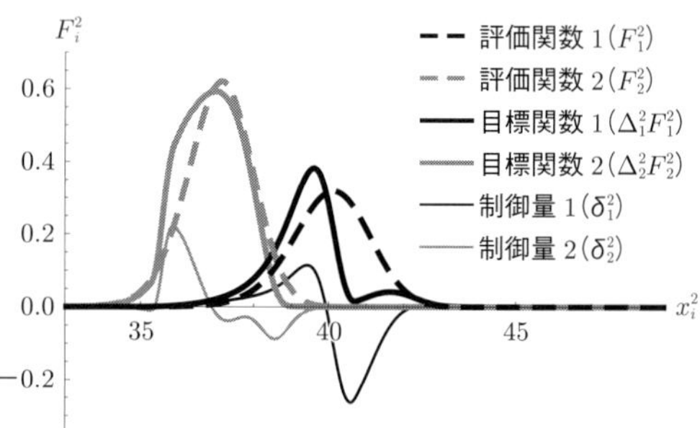

図 4.13　アグリゲータの評価関数と目標関数：最上層の電力需要グラフに対して計算された目標関数と制御量を、中間層に分配したものを示している。

(3) 評価関数 F_1^2 と F_2^2 より得られた評価関数 F_1^1 に対して、目標とする評価関数を $\Delta_1^1 F_1^1$ として考える（図 **4.12** 参照）。その差を制御量として定義する。ここで、図 **4.12** では、評価値を 10 倍して計算してある。この制御量を、式(24)を用いて、中間層の二つのアグリゲータに分配する。なお、両者に関係している需要家の数が同じであるので、単に二つに分割すればよい。このとき、この分配される制御量は、図 **4.11** における、横軸の総電力需要量に対する縦軸の割合が 1 対 1 対応である場合、唯一に求まる。そうでなければ、この逆問題の解は唯一に定まらない。したがって、最適な配分を与える図 **4.11** の関数を単調増加関数に近似することで、厳密な最適性は失われるが、問題を解きやすくすることを考える。このようにして得られた分配制御量を反映した目標関数に対して、中間層の各アグリゲータの評価関数に対する制御量を図 **4.13** のように求めることができる。

(4) 同様の計算により、この制御量を最下層に分配することが可能であるが、ここでは省略する。

4.5 デマンドレスポンスの実施診断

DR において、アグリゲータと参加者がネガワットの供給量について事前に取り決めを行う場合がある。このような DR を契約型という。契約型 DR では、参加者側の予期せぬ事態、例えば、機器故障や蓄電池の充電不足により、参加者が契約量相当のネガワットを供給できないことがある。そのような事態が生じた場合、アグリゲータはその参加者をいち早く見つけ出し是正する必要が生じる。本節では、そのような参加者を、アグリゲータが持つ限られた情報から推定する方法について述べる。

本節の構成とポイントは以下の通りである。

4.5.1 実施診断問題

- 契約型 DR の実施診断問題は、各参加者の違反率を未知数とする線形方程式に帰着される。

4.5.2 スパース性を利用した実施診断

- アグリゲータと参加者の間で契約が締結されていることによって、各参加者の違反率をまとめたベクトルはスパースと仮定できる。
- スパース再構成により各参加者の実施診断が可能となる。

4.5.3 検診データを利用した実施診断アルゴリズム

- スパース再構成と参加者の検針データを組み合わせることにより、有用な実施アルゴリズムが構築できる。

4.5.1 実施診断問題

本節で対象とする契約型 DR の概念図を図 **4.14** に示す。

アグリゲータは、複数の参加者を束ね、必要なときに所望の量のネガワットを得ることを目的としている。アグリゲータと各参加者は、例えば表 **4.2** のように、各時間枠におけるネガワット供給量について事前に契約している。契約量は、参加者の供給能力に基づいて決められており、各参加者によって異なるのが普通である。DR による需給調整が必要になると、アグリゲータは、各参加者のネガワット契約量を基に DR を指令（DR 指令）する参加者を選択し、その参加者に対して DR 指令を行う。各参加者は、その指令に応じて所定のネガワットを供給する。

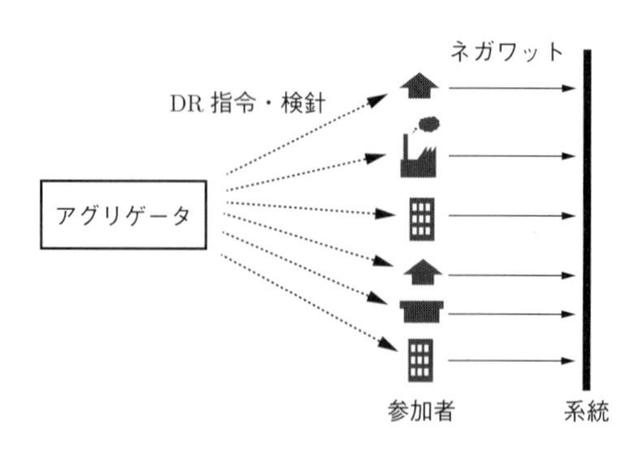

図 4.14　本節で対象とする契約型 DR：アグリゲータからの指令によって各参加者がネガワットを供給する。

この DR を実施するにあたり、アグリゲータが取得できる情報について、ここでは以下を仮定する。

・アグリゲータは、DR で実際に得られたネガワットの「総量」について、現在から過去の時系列データを得ることができる。

・アグリゲータは、参加者に備えられたスマートメーターを検針することで、その参加者のネガワット供給量の現在から過去の時系列データを得ることができる。ただし、ある単位時間あたりに検針できる回数は少数に限られる。

前者は DR において最も標準的な仮定である。一方、後者も現実的な仮定であるが、検針回数の制限については説明が必要であろう。まず、DR において、参加者数はどんなに少なく見積もったとしても 10^3 以上の多数となる。それゆえ、全参加者のスマートメータを同時に検針することは通信量の点で困難である。また、それが技術的に可能であったとしても、参加者がアグリゲータから常時監視されているような感覚を持つ DR は、社会的受容性の観点から実用化が難しい。この意味において、アグリゲータの検針回数を制限した想定は現実に則していると言える。

時間枠 $1, 2, \ldots, m$ において、アグリゲータが参加者 $1, 2, \ldots, n$ に DR 指令を行った状況を考え、問題の定式化を行おう。

まず、参加者 i の時間区間 j におけるネガワット契約量〔kWh〕を $c_{ij} \in [0, \infty)$ で表す。もし、参加者 i が契約量のネガワットを供給しなかったとすれば、$1, 2, \ldots, m$ のすべての時

表 4.2　アグリゲータと参加者が事前に約束するネガワットの契約量の例：各参加者は、時間ごとに供給できるネガワット量を指定する。

時間枠	1	2	⋯	24
ネガワット供給量〔kWh〕	2.2	2.5	⋯	1.8

間枠で履行していないと仮定し、参加者 i の契約違反の割合（契約量と比較して不足した割合）を $x_i \in [0,1]$ で表す。すなわち、参加者 i が時間枠 j で実際に供給したネガワットは $c_{ij}(1-x_i)$ となり、参加者 i が所定のネガワットを供給をした場合は $x_i = 0$、そうでない場合は $x_i > 0$ となる。ここで x_i を（参加者 i の）違反率と呼ぶ。

アグリゲータが知りたいのは各参加者の違反率 $x_1, x_2, \ldots, x_n$ であり、これを推定する問題を実施診断問題と呼ぶ。この問題は以下のように定式化される。まず、時間枠 j において、アグリゲータが得たネガワットの総量を $s_j \in [0,\infty]$ で表す。このとき、c_{ij} と x_i の定義から、時間枠 j におけるネガワットの総量に関し、

$$\sum_{i=1}^{n} c_{ij}(1-x_i) = s_j$$

の関係式が成り立つ。これを時間枠 $1, 2, \ldots, m$ について考え、行列とベクトルを用いて記述すると、

$$\boldsymbol{C}\boldsymbol{x} = \boldsymbol{C}\boldsymbol{1}_n - \boldsymbol{s} \tag{25}$$

となる。ただし、

$$\boldsymbol{C} := \begin{bmatrix} c_{11} & c_{21} & \cdots & c_{n1} \\ c_{12} & c_{22} & \cdots & c_{n2} \\ \vdots & \vdots & \ddots & \vdots \\ c_{1m} & c_{2m} & \cdots & c_{nm} \end{bmatrix} \in [0,\infty]^{m \times n}$$

かつ、$\boldsymbol{x} := [x_1 \ x_2 \ \cdots \ x_n]^\top \in [0,1]^n$、$\boldsymbol{s} = [s_1 \ s_2 \ \cdots \ s_m]^\top \in [0,\infty]^m$ である。また、$\boldsymbol{1}_n$ はすべての要素が 1 の n 次元列ベクトルである。

アグリゲータは、行列 $\boldsymbol{C}$ とネガワット供給量の総量の時系列 $s_1 \ s_2 \ \cdots \ s_m$ の情報を有していることに注意すれば、実施診断問題は、式 (25) の線形方程式を未知数 $\boldsymbol{x}$ について解く問題に帰着される。

4.5.2 スパース性を利用した実施診断

式 (25) の線形方程式の解を求めることを考えるが、実施診断問題の設定においては、その解を一意に得ることは一般に困難である。実際、現実に現れる DR においては参加者数 n が、

時間枠の数 m に比べて極端に大きい値になるため、式 (25) の方程式は、等式の数より未知数の数が多い場合（行列 $\boldsymbol{C}$ は横長）に対応する。それゆえ、何らかの方法で、式 (25) の線形方程式の解の一つを得ても、それが違反率の正しい推定値になるとは限らない。

ところが、上述のように、アグリゲータと参加者はネガワット供給量について事前に契約している点に着目すると、この困難を解決する道筋が見えてくる。契約を結んでいる場合、もし参加者がそれを履行しなければ、何らかのペナルティが課せられるのが普通である。それゆえ、参加者は契約を履行するために最大限の努力を払う。また、現実には、ネガワット供給の制御はエネルギーマネージメントシステムで自動化されると想定される。その場合、契約が履行されないのは機器故障や蓄電池の充電不足に起因することがほとんどであると仮定できる。このように考えると、n 件の参加者の違反率 $x_1, x_2, \ldots, x_n$ のほとんどの値はゼロ、すなわち、ベクトル $\boldsymbol{x}$ はスパースであると仮定してもよいことになる。したがって、実施診断問題は、式 (25) の線形方程式の「スパースな解」を求めることに帰着される。

一般に、方程式からスパースな解を求める方法をスパース再構成と呼ぶ。実施診断問題をスパース再構成の問題と捉えると、実施診断問題は、例えば、以下の最適化問題を解くことによって解が得られる。

$$
\begin{aligned}
&\min_{\boldsymbol{x}\in\mathbf{R}^n} \|\boldsymbol{x}\|_1 \\
&\text{s.t.}\quad \boldsymbol{C}\boldsymbol{x} = \boldsymbol{C}\mathbf{1}_n - \boldsymbol{s}
\end{aligned}
\tag{26}
$$

ここで、$\|\boldsymbol{x}\|_1$ はベクトル $\boldsymbol{x}$ の 1 ノルムであるが、これを最小化することによってスパースな解になる（なりやすい）点に注意しておこう[10)~12)]。

例を示す。$n = 50$、$m = 24$ の場合を考える。実際の違反率 x_i $(i = 1, 2, \ldots, 50)$ が図 **4.15** (a)、ネガワットの総量が同図（b）のように与えられたとき、式 (26) を解くことで得られた違反率の推定結果が同図（c）である。(a) と（c）が同じになっていることから、式 (26) を解くことで違反率を正しく推定できていることがわかる。

4.5.3 検診データを利用した実施診断アルゴリズム

以上が実施診断問題を解くための基本的な枠組みであるが、実はその適用範囲は限られている。これを示すために、$n = 1{,}000$ の場合の例を示そう。先ほどと同様に $m = 24$ とする。このとき、実際の違反率 x_i $(i = 1, 2, \ldots, 1{,}000)$ とネガワットの総量が図 **4.16**（a）と（b）のように与えられると、式 (26) からの推定結果が同図（c）になる。(a) と（c）を比較する

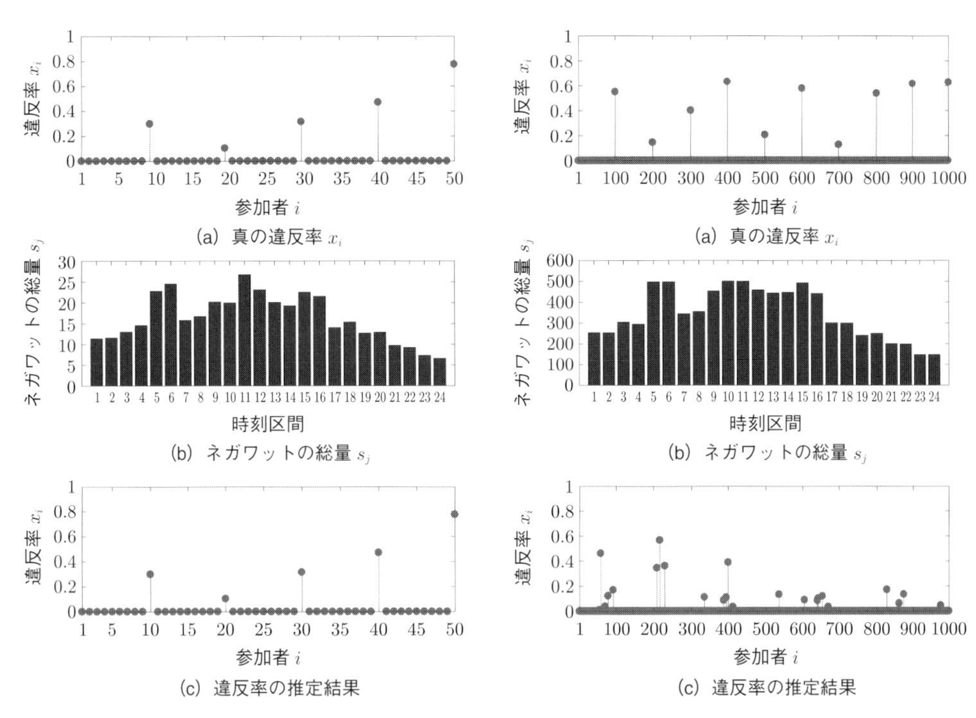

図 4.15　スパース再構成による $n = 50$ の場合の推定結果： (a) と (c) が同じになっていることから、違反率を正しく推定できていることがわかる。

図 4.16　スパース再構成による $n = 1{,}000$ の場合の推定結果： (a) と (c) が異なる、すなわち違反率を誤って推定していることがわかる。

と、違反率を誤って推定していることが見て取れる。

この理由は、未知数の数に比べ等式の数が極端に小さいとき、解のスパース性を仮定しても、推定に必要な情報が不足する点にある。そこで、アグリゲータは、限られた回数ではあるが、参加者のスマートメータを検針できることを思い起こし、検針によって足りない情報を補うことを考える。

単位時間あたりに検針できる回数は 1 回とした場合のアルゴリズムは、以下の通りとなる。

【実施診断アルゴリズム】

ステップ 1：　式 (26) の最適化問題を SR(0) と記す。また、現時点で検診されていない参加者のリストを $\mathbf{P}(0) := \{1, 2, \ldots, n\}$ とする。

ステップ 2：　繰り返しカウンタ $t = 0, 1, \ldots, n-1$ に対して以下を繰り返す（昇順で）。

(i) SR(t) を解き、その解を $\boldsymbol{x}(t)$ とする。

(ii) (i) で得られた $\boldsymbol{x}(t)$ に対し、$k(t)$ を $x_i(t)$ の値が最大となる $i \in \mathbf{P}(t)$

とする。

ただし、$x_i(t)$ は $\boldsymbol{x}(t)$ の第 i 要素である。

(iii) 参加者 $k(t)$ のスマートメーターを検針し、違反率の情報を得る。その違反率を $x^\star_{k(t)}$ とする。

(iv) $\mathrm{SR}(t)$ に、制約条件 $x_{k(t)} = x^\star_{k(t)}$ を新たに加える。この最適化問題を $\mathrm{SR}(t+1)$ とする。検診されていない参加者のリストを $\mathbf{P}(t+1) := \mathbf{P}(t) \setminus \{k(t)\}$ と更新する。

このアルゴリズムでは、単位時間（変数 t）ごとにスパース再構成と参加者の検針を交互に繰り返して、失敗率の推定を行う。

まず、ステップ 2-(i) では、式(26)を解くことでスパース再構成を行い、違反率の推定を行う。その結果から違反率が最も高いと推定される参加者を、ステップ 2-(ii) にて抽出し、ステップ 2-(iii) でその参加者のスマートメータを検針する。ただし、$\mathbf{P}(t)$ はステップ 2 の t 回目までに、検針されていない参加者のリストであり、参加者 $k(t)$ はその中から選ばれる。検針することによってその参加者の真の違反率（$x^\star_{k(t)}$）の情報が得られ、我々が求めたい解の一部が得られたことになる。ステップ 2-(iv) では、この検針結果（$x_{k(t)} = x^\star_{k(t)}$）を、先に解いた最適化問題 $\mathrm{SR}(t)$ の制約条件に加えて、新たなスパース再構成問題 $\mathrm{SR}(t+1)$ を作成する。この問題は、直前に解かれたスパース再構成問題である $\mathrm{SR}(t)$ より、小さい実行可能解集合を有しているため、より正しい解を得やすくなっている。以上の手続きを $t = 0, 1, \ldots, n-1$ に対して繰り返す。

このアルゴリズムにおいて、ステップ 2 は n 回繰り返されるが、これは参加者全員（膨大な数）を検針することに等しく、これでは有用性の観点から問題である。しかし、行列 $\boldsymbol{C}$ のすべての要素が正のとき、ある t に対し、ステップ 2-(ii) において、

$$x_{k(t)} = 0 \tag{27}$$

が成立したとすると、その t における $\boldsymbol{x}(t)$ が正しい推定結果になることが知られている[13)]。したがって、ステップ 2-(ii) において式(27)の成否を確認し、成立した段階でこのアルゴリズムを終了することができる。

このアルゴリズムを使った例を示す。図 **4.16** に示したのと同じ状況（$n = 1{,}000$）に対して、上記のアルゴリズムを適用した結果が図 **4.17** である。この場合、$t = 64$ で式(27)が成立し、そのときの推定値 $\boldsymbol{x}(64)$ を図に示したが、図 **4.16** (a) に示される違反率の真値が同じになっていることがわかる。

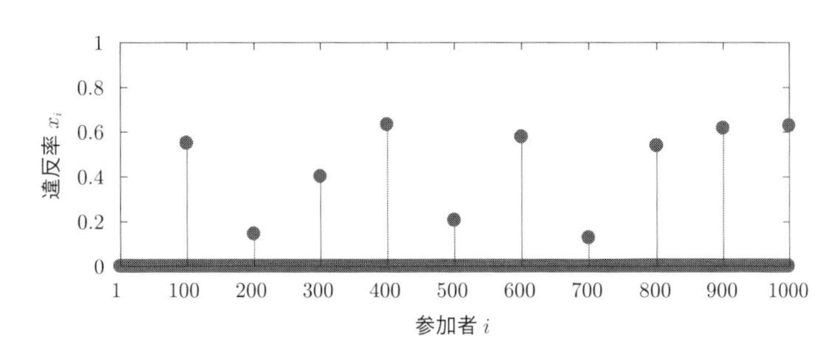

図 4.17　スパース再構成と参加者の検針の組み合わせによる $n = 1{,}000$ の場合の推定結果：図 4.16（a）と同じになっており、違反率が正しく推定できていることがわかる。

このようにして、スパース再構成と参加者の検針を組み合わせることで、DR の実施診断を正しく行うことができる。

4.6 充電量の秘匿制御

次世代電力システムでは、蓄電池が住宅にまで広く普及することが想定されているが、蓄電池の充電量はその住宅の生活パターンを示す個人情報であり秘匿化が求められる。本節では、蓄電池の充電量を秘匿化したまま目標充電量を達成する制御法を紹介する。

本節の構成とポイントは以下の通りである。

4.6.1 **フォグコンピューティングを利用した蓄電池ネットワーク**

・蓄電池の充電量をフォグを利用するアグリゲータに送る際には秘匿化が必要である。

・暗号鍵を用いる従来の秘匿制御法では、秘密鍵の管理コストが生じる。

4.6.2 **蓄電池の充電率の数理モデル**

・蓄電池の充電率は離散時間スカラシステムでモデル化できる。

4.6.3 **蓄電池の充電率の秘匿制御**

・「セキュリティ信号」というランダム信号を蓄電池の充電率の情報に加える。

・相互情報量の値を設定することで、秘匿性のレベルを指定する。

4.6.4 **秘匿制御の数値シミュレーション**

・秘匿化情報を用いて、実際の充電率を目標値付近に到達させることができる。

4.6.1 フォグコンピューティングを利用した蓄電池ネットワーク

電力システムを含むIoTシステムは、「センサーで実世界の情報を得て、アクチュエーターで実世界へ働きかける」という一連の流れを、多数の端末に対して同時に管理する。その情報処理と制御をクラウドで集中管理する技術は、重要な役割を担うと考えられてきた。しかし、電力システムでは1秒未満の速さで情報処理と制御が実行されなくてはならず、クラウドでの集中管理は現実的ではない。クラウドの集中管理の負荷を低減するために、「フォグコンピューティング」という概念が提案されている。これは、クラウド（雲）と端末の制御デバイスの間に、フォグ（霧）と呼ばれる計算装置を設置し、計算負荷の小さい一部のタスクをクラウドサーバーの代わりに担当させるものである。

本節では、以下の状況を想定し、図**4.18**で示したようなクラウドを利用する電力会社、

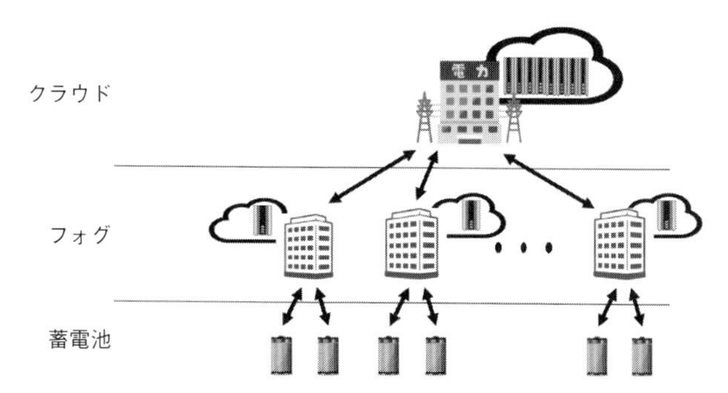

図 4.18　フォグコンピューティングを利用した蓄電池ネットワーク：クラウドを利用する電力会社はフォグを利用するアグリゲータに電力使用量の増減を依頼し、アグリゲータはその依頼に基づいて蓄電池の目標充電率に変換する。アグリゲータはその目標充電率と蓄電池から送られてきた秘匿化された充電率を比較し制御信号を蓄電池に送る。

フォグを利用するアグリゲータ、端末の（各住宅の）蓄電池からなる蓄電池ネットワークを考える。

・電力会社は、それぞれのアグリゲータに電力使用量の増減を依頼する。

・アグリゲータは、電力会社からの依頼をそれぞれの蓄電池の目標充電率に変換できる。

・それぞれの蓄電池は、秘匿化した充電率をアグリゲータに送る。

・アグリゲータは、目標充電率と秘匿化された充電率を比較し、この比較に基づいて制御信号を蓄電池に送る。

すなわち、クラウドはシステム全体の長期的な目標を調節し、フォグは個々の蓄電池に制御信号を実時間でフィードバックする。この際に、蓄電池の充電率を秘匿化しながら制御するのである。これは、各住宅の蓄電池の充電量はその住宅の生活パターンを示す個人情報であり、秘匿化が強く求められるためである。

本節の目的は、以下の三つの要件を満たす蓄電池ネットワークの秘匿制御法を紹介することである。

(i)　蓄電池の充電率を秘匿化する方法は非常に単純で効率的である。

(ii)　フォグを利用するアグリゲータは実際の充電率を知ることができない。

(iii)　クラウドを利用する電力会社は、多数の蓄電池の集約化されたセンサー情報の統計量を得ることができる。

(i) が要件であることは、蓄電池とフォグ上に設計された制御器の間の情報のやり取りをリアルタイムに行う必要があるからである。(ii) が要件であることは、実際の充電率のデータがアグリゲータに送られるとその情報が漏洩しないようにデータの管理が必要になるためである。実際の充電率と異なる情報をアグリゲータに送ることで情報管理のコストを削減できる。(iii) が要件であることは、アグリゲータが実際の充電率を知らなくても、電力会社が長期的な目標を調節できるようにするためである。

公開鍵や秘密鍵のような暗号鍵を用いる通常の秘匿制御法[14)]によって要件 (iii) を満たすためには、クラウドはすべての蓄電池の充電率の秘匿情報を復号できる秘密鍵を持つ必要がある。秘密鍵は外部への漏洩が許されず、クラウドとフォグを介して接続している蓄電池の数が増えるにつれて管理コストが膨大になる。秘密鍵の管理コストをなくすためには、暗号鍵を用いないで蓄電池の充電率を秘匿にする必要がある。

本節で紹介する秘匿法は、「セキュリティ信号」と呼ばれるランダム信号を蓄電池の充電率の情報に加える。この方法の場合、クラウドが多数の秘匿化された充電情報の総和を計算した際には「均し効果」と呼ばれる信号の平滑化現象が生じ、充電量の統計量を知ることができるようになる。すなわち、暗号鍵を使用せずに充電量を秘匿化し、クラウドに秘密鍵を持たせることなく、要件 (iii) を満たすことができるのである。

4.6.2 蓄電池の充電率の数理モデル

ここでは、蓄電池の充電率を秘匿制御するために、蓄電池に出入りする電荷量 $C(t)$ が、

$$C(t) = \int_0^t I(\tau) d\tau \tag{28}$$

というように電流 $I(t)$ の積分で求められ、蓄電池の充電率が、

$$\mathrm{SOC}(t) = \frac{C(t)}{\mathrm{FCC}} \tag{29}$$

となることに着目して、蓄電池の充電率をモデル化する。ただし、FCC は満充電容量 (Full Charge Capacity)、SOC は充電率 (State of Charge) を表す。式 (28) を式 (29) に代入し、両辺を t で微分すると、微分積分学の基本定理より、

$$\frac{d\mathrm{SOC}}{dt}(t) = \frac{1}{\mathrm{FCC}} I(t) \tag{30}$$

を得る。区間 $[0,t]$ を T 等分し、各分点 t_k を $h = \frac{t}{T}$ として $t_k := kh$、$k = 0, 1, \ldots, T$

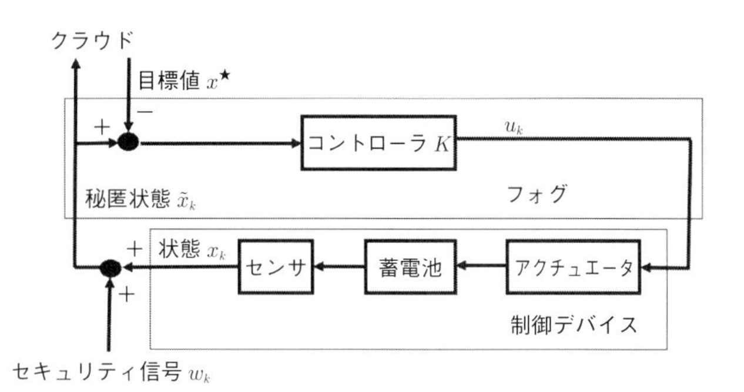

図 4.19　秘匿制御法のブロック線図：蓄電池の充電率をセンサーで取得し、その情報を秘匿化しながら、フォグ上に実装された制御器に送り、フィードバック制御する。

と定める。微分方程式 (30) をサンプリング周期 T でオイラー法で離散化すると、$t = t_k$ では $\mathrm{SOC}(t_{k+1}) = \mathrm{SOC}(t_k) + BI(t_k)$ が得られる。ただし、$B := \frac{T}{\mathrm{FCC}}$ である。ここで $x_k := \mathrm{SOC}(t_k)$、$u_k := I(t_k)$ とすると、状態 $x_k \in \mathbb{R}$、入力 $u_k \in \mathbb{R}$ の、

$$x_{k+1} = x_k + Bu_k \tag{31}$$

を得る。離散時間スカラシステム (31) が、本節で対象とする充電率の数理モデルである。

4.6.3 蓄電池の充電率の秘匿制御

ここで紹介する秘匿制御法[15)]は、図 **4.19** で示したように蓄電池の充電率の秘匿化と、フォグ上に設計した制御器からのフィードバック制御によって構成される。充電率 x_k の秘匿化はセキュリティ信号と呼ばれるランダム信号 w_k を x_k に加えることによって実現する。すなわち、端末の蓄電池からフォグに送られる情報は、

$$\tilde{x}_k = x_k + w_k \tag{32}$$

であり、秘匿状態の情報を送ることになる。さらに、x_k をクラウドが指定した目標状態 $x^\star \in [0, 1]$ になるように制御したい。これを実現するために、フォグは、

$$u_k = K(\tilde{x}_k - x^\star) \tag{33}$$

というフィードバック制御の情報を端末の蓄電池に送るとする。ただし、$K \in \mathbb{R}$ はフィードバックゲインである。

実際の状態 x_k と目標状態 $x^\star$ の差 $e_k := x_k - x^\star$ は、式 (31) 〜式 (33) より、

$$e_{k+1} = (1 + BK)e_k + BKw_k \tag{34}$$

に従う。実際の状態 x_k が $x^\star$ に収束することと $\lim_{k\to\infty} e_k = 0$ は等価であるので、$\lim_{k\to\infty} e_k = 0$ になるようにセキュリティ信号 w_k とフィードバックゲイン K を設計したい。その際に、秘匿性のレベルも指定できるようにしたい。そこで、以下を定義しておく[16)]。

定義 4.1 $X \in \mathbb{R}$ と $Y \in \mathbb{R}$ を連続確率変数とし、$p(x)$ を X の確率密度関数、$p(x,y)$ を X と Y の同時確率密度関数、$p(x|y)$ を Y が与えられたときの X の条件付き確率密度関数とする。このとき、$\mathbb{E}[X]$ は X の期待値、$\mathbb{V}[X]$ は X の分散を表す。

$$\mathbb{E}[X] := \int_{-\infty}^{\infty} xp(x)dx, \quad \mathbb{V}[X] := \mathbb{E}[(X - \mathbb{E}[X])^2]$$

さらに、$\mathbb{H}[X]$ は X のエントロピー、$\mathbb{H}[X|Y]$ は Y が与えられたときの X の条件付きエントロピー、$\mathbb{I}[X;Y]$ は X と Y の間の相互情報量を表す。

$$\mathbb{H}[X] := -\int_{-\infty}^{\infty} p(x)\ln p(x)dx, \quad \mathbb{H}[X|Y] := -\int_{-\infty}^{\infty}\int_{-\infty}^{\infty} p(x,y)\ln p(x|y)dxdy$$

$$\mathbb{I}[X;Y] := \mathbb{H}[X] - \mathbb{H}[X|Y]$$

いま、秘匿性のレベルを指定できるようにするために、セキュリティ信号 w_k は以下が満たされるように設計することを考える。

・状態のエントロピー $\mathbb{H}[x_k]$ が大きい。

・状態 x_k と秘匿状態 $\tilde{x}_k$ の相互情報量 $\mathbb{I}[x_k;\tilde{x}_k]$ が小さい。

上記を満たすように w_k を設計する理由は、状態 x_k と秘匿状態 $\tilde{x}_k$ を用いた x_k の任意の推定量 $\hat{x}(\tilde{x}_k)$ の差のノルムの自乗の期待値が、

$$\mathbb{E}[||x_k - \hat{x}(\tilde{x}_k)||^2] \geq \frac{e^{2(\mathbb{H}[x_k] - \mathbb{I}[x_k;\tilde{x}_k])}}{2\pi e} \tag{35}$$

で評価されるからである[16)]。この不等式は、エントロピー $\mathbb{H}[x_k]$ が大きく、相互情報量 $\mathbb{I}[x_k;\tilde{x}_k]$ が小さければ、$\mathbb{E}[||x_k - \hat{x}(\tilde{x}_k)||^2]$ が大きくなることを意味している。すなわち、このとき状態 x_k の秘匿性が大きくなることが期待できる。

実際の状態 x_k を目標状態 $x^\star$ に収束させるために、すなわち $\lim_{k\to\infty} e_k = 0$ となることを理論的に保証するために、以下を定義する。

定義 4.2 システム (34) が平均自乗漸近安定であるとは、

$$\lim_{k\to\infty} \mathbb{E}[||e_k||^2] = 0 \tag{36}$$

が成り立つときに言う。

条件 (36) は $\lim_{k\to\infty} \mathbb{E}[e_k] = 0$ かつ $\lim_{k\to\infty} \mathbb{V}[e_k] = 0$ と等価であるので、システム (34) が平均自乗漸近安定であることは、$\lim_{k\to\infty} e_k = 0$ が成り立つことを意味する。

システム (34) が平均自乗漸近安定であるときには、エントロピー $\mathbb{H}[x_k]$ を各時刻 $k \in \{0, 1, \ldots\}$ で一定値にすることはできないことに注意する。なぜなら、このとき $\lim_{k\to\infty}\mathbb{V}[e_k] = 0$ であるが、よく知られた公式[16] $\mathbb{H}[e_k] \leq \frac{1}{2}\ln(2\pi e\mathbb{V}[e_k])$ によって $\lim_{k\to\infty} \mathbb{H}[e_k] = -\infty$ となり、さらに、$x^\star$ は与えられた定数なので $\mathbb{H}[x_k] = \mathbb{H}[e_k]$ となるので、$\lim_{k\to\infty} \mathbb{H}[x_k] = -\infty$ となってしまうからである。しかし、各時刻 $k \in \{0, 1, \ldots\}$ で $\mathbb{H}[x_k]$ が最大となるようにセキュリティ信号 $w_0, w_1, \ldots$ を設計することを考えることはできる。このように、セキュリティ信号を設計するとき、相互情報量 $\mathbb{I}[x_k; \tilde{x}_k]$ が小さければ、式 (35) より状態 x_k の秘匿性が大きくなることが期待できる。この観点から以下の問題を考える。

充電量秘匿制御問題：正の定数 r が与えられたとする。以下の三つの条件を満たすようにセキュリティ信号 $w_k \in \mathbb{R}$ $(k = 0, 1, \ldots)$ とフィードバックゲイン $K \in \mathbb{R}$ を設計せよ。

- 各時刻 $k \in \{1, 2, \ldots\}$ で、エントロピー $\mathbb{H}[x_k]$ が最大化される。
- 各時刻 $k \in \{1, 2, \ldots\}$ で、$\mathbb{I}[x_k; \tilde{x}_k] = r$ となる。
- システム (34) は平均自乗漸近安定である。

上の議論から正の定数 r によって秘匿性のレベルを指定でき、r が小さいほど秘匿性が大きくなると期待できることに注意する。

導出は省略するが、充電量秘匿制御問題の解は、次の定理で与えられる[15]。

定理 4.1 以下は、充電量秘匿制御問題の解である。

- セキュリティ信号 w_k は平均 0、分散は、

$$\Sigma_k := \left((1+BK)^2 + \frac{(BK)^2}{e^{2r}-1}\right)^{k-1} \frac{(BK)^2}{e^{2r}-1}\Sigma_0 \tag{37}$$

のガウス分布に従う。ただし、Σ_0 は任意の正の定数である。

・フィードバックゲイン K は

$$-\frac{2}{B}\left(1-\frac{1}{e^{2r}}\right) < K < 0 \tag{38}$$

を満たす。

本節で紹介した秘匿制御法と通常の秘匿制御法[14)]との最も大きな違いは、本節で紹介した方法は、公開鍵や秘密鍵のような暗号鍵を利用しないことである。すなわち、通常の秘匿制御法では外部への漏洩が許されない秘密鍵を管理する必要があるが、本節で紹介した方法は暗号鍵を用いないので、秘密鍵の管理コストが低減できる。

4.6.4 秘匿制御の数値シミュレーション

ここでは、定理 4.1 を用いることで蓄電池の充電率の情報を秘匿化しながら目標値に制御できることをシミュレーションで示す。すなわち、セキュリティ信号 w_k を平均 0 で分散が式(37) のガウス分布となるように、フィードバックゲイン K を式(38) を満たすように設計する。

図 **4.20** の左は実際の充電率、右は秘匿化された充電率を表している。このように、フォグを利用するアグリゲータへ送られる秘匿化された情報は実際の充電率とはまったく異なるが、実際の充電率は十分時間が経過すると目標値付近に到達する。ここで、シミュレーショ

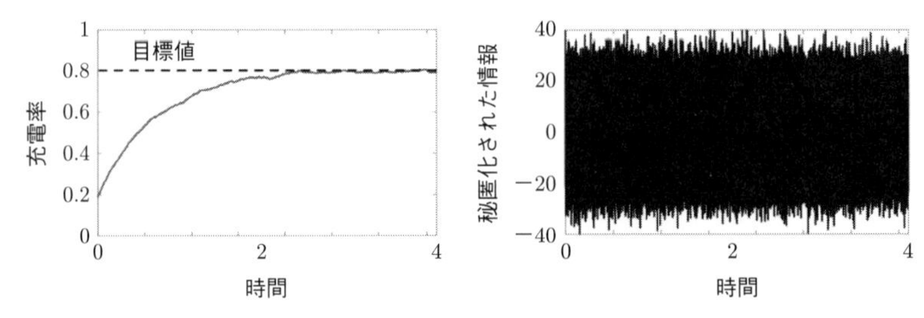

図 4.20　**本節で紹介した秘匿制御法で蓄電池の充電率を制御した例**：充電率が 20%の蓄電池に対し、充電率が 80%（目標値）になるように制御した。左図が実際の充電率で、右図が秘匿化された充電率である。フォグには右図の情報が送られているが、左図で示したように十分時間が経つと実際の充電率は目標値付近に到達する。

ンの際に用いたパラメータは、以下の通りである。

・サンプリング周期 T：0.01 秒

・満充電容量 FCC：$0.1\ \mathrm{kAh} = 100 \times 3600\ \mathrm{As}$

・秘匿性のレベル：$r = 10^{-6}$

・式 (37) の Σ_0：10^7

・フィードバックゲイン：$K = -143$

サンプリング周期 T と満充電容量 FCC の値から $B = \frac{1}{3.6\times10^7}$ となる。さらに、秘匿性のレベル r の値より、式 (38) は $-143.9999 < K < 0$ となることに注意する。

参考文献・関連図書

1) J. Cui, T. Sasaki, Y. Ueda, M. Koike, T. Ishizaki, and J. Imura (2018) "Day-ahead allocation of planned power flow and real-time operation method for residential houses with photovoltaic and battery for maximum use of distributed batteries," Japanese Journal of Applied Physics, vol.57, no.8S3, pp.08RH031–08RH038.

2) M. Koike, T. Ishizaki, Y. Ueda, T. Masuta, T. Ozeki, N. Ramdani, T. Sadamoto, and J. Imura (2014) "Planning of optimal daily power generation tolerating prediction uncertainty of demand and photovoltaics," in Proc. of IFAC World Congress, pp.3657–3662.

3) T. Sadamoto, T. Ishizaki, M. Koike, Y. Ueda, and J. Imura (2014) "Spatiotemporally multiresolutional optimization toward supply-demand-storage balancing under PV prediction uncertainty," IEEE Transactions on Smart Grid, vol.6, no.2, pp.853–865.

4) 佐々木崇宏，植田譲，大竹秀明，大関崇，山田芳則，井村順一，竹中栄晶，中島孝 (2019)「太陽光発電出力および住宅電力負荷のシミュレーション用広域データセットの開発」，『電気学会全国大会講演論文集』，no.6, pp.548–549.

5) J. G. S. Fonseca Jr, T. Oozeki, T. Takashima, G. Koshimizu, Y. Uchida, and K. Ogimoto (2011) "Photovoltaic power production forecast with support vector regression: a study on the forecast horizon," in Proc. of IEEE Photovoltaic Specialists Conference, pp.2579–2583.

6) T. Sasaki, J. Cui, Y. Ueda, M. Koike, T. Ishizaki, and J. Imura (2018) "Linear combination of day-ahead charge/discharge scheduling toward multi objective analysis of energy management system," Japanese Journal of Applied Physics, vol.57, no.8S3, pp.08RH021–08RH026.

7) G. Nishida, J. Imura, and H. Ohtake (2017) "Fast parallel calculation for optimal power demand control in multi-layer smart grids," in Proc. of IEEE Conference on Control Technology and Applications, pp.1058–1063.

8) 経済産業省 (2019)「電力・ガス小売全面自由化の進捗状況について」，〈https://www.meti.go.jp/shingikai/enecho/denryoku_gas/denryoku_gas/pdf/019_03_00.pdf〉（参照 2019-08-19）.

9) 土方薫 編著（2004）『電力デリバティブ』シグマベイスキャピタル.

10) K. Natarajan (1995) "Sparse approximate solutions to linear systems," SIAM Journal on Computing, vol.24, no.2, pp.227–234.

11) K. Hayashi, M. Nagahara, and T. Tanaka (2013) "A user's guide to compressed sensing for communications systems," IEICE transactions on communications, vol.96, no.3, pp.685–712.

12) I. Rish and G. Grabarnik (2014)『Sparse Modeling: Theory, Algorithms, and Applications』CRC Press.

13) S. Azuma, D. Sato, K. Kobayashi, and N. Yamaguchi (2019) "Detection of defaulting participants of demand response based on sparse reconstruction," IEEE Transactions on Smart Grid, DOI: 10.1109/TSG.2019.2922435.

14) K. Kogiso and T. Fujita (2015) "Cyber-security enhancement of networked control systems using homomorphic encryption," in Proc. of IEEE Conference on Decision and Control, pp.6836–6843.

15) K. Sato and S. Azuma (2019) "Secure real-time control through Fog computation," IEEE Transactions on Industrial Informatics, vol.15, no.2, pp.1017–1026.

16) T. M. Cover and J. A. Thomas (2006)『Elements of information theory』John Wiley & Sons.

5章

電力系統制御

これまでの章では、PV 発電大量導入時におけるプロシューマとそれらを束ねるアグリゲータの役割が重要であることを述べてきた。本章では、PV 発電やアグリゲータが多数含まれる将来の基幹電力系統を対象として、需給バランスや電力系統のネットワーク制約を考慮した新しい平常時運用手法や、送電線事故時における安定性解析・安定化制御について、先進的な研究事例を紹介する。

本章の構成と執筆者は以下の通りである。

5.1 需給制御の基礎（益田）
5.2 潮流制御の基礎（杉原）
5.3 送電制約を考慮した経済負荷配分制御（益田）
5.4 経済負荷配分制御による蓄電池充放電計画のロバスト化（端倉）
5.5 温度制約による混雑緩和（杉原）
5.6 予測を利用した負荷周波数制御（児島）
5.7 発電機制御と需要家・供給家の需給バランス制御最適化（津村）
5.8 電力系統のネットワーク構造と同期安定性（鈴木）
5.9 大規模電力系統の階層的不安定性診断（小島）
5.10 電力系統のレトロフィット制御（定本）

5.1 需給制御の基礎

電力系統制御で最も重要な制御の一つが、電気エネルギーの需給バランスを維持するための需給制御である。本節では、電力系統の需給制御の概要と、将来の電力系統の需給制御について述べる。

本節の構成とポイントは以下の通りである。

5.1.1 **需給制御の概要**

・電力系統の需給変動によって周波数が決定される。

・変動の周期に応じた制御によって周波数を維持する。

・大型の火力発電機は事前に UC を作成する。

・予備力と調整力を確保した計画の作成が重要である。

5.1.2 **将来の電力系統の需給制御**

・将来の系統運用者は UC を作成せず、個々の事業者が作成した UC を収集する。

・系統運用者は収集した UC の予備力と調整力をチェックする。

5.1.1 需給制御の概要

まず、電力系統の需給バランスと周波数の関係について説明する。電力系統の平常時運用では、電力の需要と供給のバランス（需給バランス）を維持することが最も重要である。これは、電気エネルギーは貯蔵が困難であり、発電（供給）と消費（需要）を同時かつ同量で行う必要があるためである。需給バランスが維持されないと、電力系統の周波数が変動する。周波数が基準周波数から大きく逸脱すると発電設備が損傷するので、発電機を電力系統から解列することになり、結果として大きな停電につながってしまう。

一般に、交流の発電機は回転力を電気エネルギーに変換するが、交流系統の周波数はこの回転力の回転数に依存している。電力系統では、一次エネルギー（火力、水力、原子力など）を回転力に変換し、回転力から発電機が電気エネルギーを発生する。発生した電気エネルギーは送配電ネットワークを通って負荷で消費される。回転力、電気的出力、周波数の関係は、

$$M\frac{df}{dt} = P_{\mathrm{m}} - P_{\mathrm{e}} \tag{1}$$

で表される[1)]。ここで、P_{m} は回転力としての発電機の機械的入力（供給）、P_{e} は負荷の消費電力とネットワーク損失の和としての電気的出力（電力需要）、f は交流の周波数（発電機回

転子の回転数)、M は慣性定数（回転体の慣性モーメント）である。

式 (1) は発電機 1 台に関する式であるが、電力系統内のすべての発電機の完全な同期運転（すべての発電機が同じ回転速度で運転）を仮定すれば、式 (1) は電力系統全体の需要と供給の関係を表す。すなわち、P_m を全発電機の機械的入力の総和、P_e を全発電機の電気的出力の総和、M を全発電機の慣性定数の総和とすることで、f は電力系統全体としての周波数を表すことになる。よって、系統の周波数を常時監視することで、需給バランスが維持されているかどうかを確認することできる。現在の系統運用ではこれらの仮定に基づき、基準周波数の維持を目標として、需給バランスの維持のための需給制御が実施されている。

なお、実際の電力系統では、必ずしもすべての発電機の完全な同期運転が行われるわけではない。系統の全発電機が、いかに同期速度を保って運転できるか、また外れた場合にいかに早く同期速度に復帰できるかの指標を（同期）安定度と呼んでいる（5.2 節にて詳述）。

式 (1) から得られる需給バランスと周波数の関係を表 **5.1** に示す。電力系統では、供給が需要を上回ると周波数が上昇し、供給が需要を下回ると周波数が低下する。

表 5.1　需給バランスと周波数の関係：Δf は式 (1) の周波数 f の目標値からの偏差で、供給と需要の関係によって上昇または低下する。

	df/dt	Δf
供給 $>$ 需要（$P_\mathrm{m} > P_\mathrm{e}$）	正	上昇
供給 $=$ 需要（$P_\mathrm{m} = P_\mathrm{e}$）	0	一定
供給 $<$ 需要（$P_\mathrm{m} < P_\mathrm{e}$）	負	低下

ここで、需給バランスが維持されない状態が継続すると周波数がどのように変化するのかについて、式 (1) をもとに検討してみよう。時刻 $t = 0$ で $P_\mathrm{m} = P_\mathrm{e}$、$f = f_0$（基準周波数）であった電力系統において、微小時間だけ経過した時刻 $t = 0+$ で電力需要が ΔP_e（定数）だけ増加した状態が継続する場合、式 (1) は、

$$M\frac{df}{dt} = P_\mathrm{m} - (P_\mathrm{e} + \Delta P_\mathrm{e}) = -\Delta P_\mathrm{e} \tag{2}$$

と表される。よって、周波数 f は、

$$f = f_0 - \frac{\Delta P_\mathrm{e}}{M}t \tag{3}$$

となる。式 (3) より、ΔP_e が正であれば周波数は低下を、ΔP_e が負であれば周波数は上昇を続けることがわかる。このように、需給バランスが変化すると周波数は基準周波数から変化するが、需給バランスが維持されない状態が継続すると、ある値で収束することはなく、上昇または低下し続けることに注意されたい。

以上の通り、電力系統では発電と消費を同時に同量だけ行って需給バランスを維持する必要がある。これまでの電力系統では、需要側（負荷）の変動に対して供給側（電源）を調整することによって、その需給バランスを維持してきた。その際、需給バランスの指標となるのが周波数であるので、以下では、電力系統の需給制御の中心となる周波数制御について述べる。周波数制御は、出力を変更することが容易な運転中の火力発電機や水力発電機を対象として実施される。電力需要の変動にはさまざまな周期成分が含まれるが、図 **5.1** に示すように、便宜上、長周期、中周期、短周期に分割し、それぞれに対応するという制御方式が採られている[2)]。

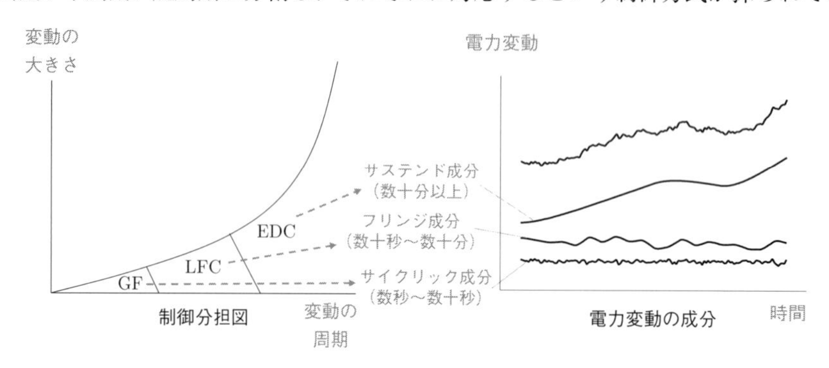

図 5.1　**変動周期と周波数制御の分担イメージ**：電力変動は変動周期の長い順に、サステンド成分、フリンジ成分、サイクリック成分に分割され、それぞれ EDC、LFC、GF 運転によって変動を抑制する。

最も周期の長い成分（サステンド成分）の変動の抑制は、EDC が担当する。EDC は、系統運用者（中央給電指令所）が現在時刻の実需要と数分～数時間先の電力需要予測から最も経済的となるような運転中の発電機の出力配分を計算し、制御信号として各発電機に送信する集中制御である。信号の作成・送信周期は 3 分～5 分程度である。

次に周期の長い成分（フリンジ成分）の変動の抑制は、LFC が担当する。LFC は、系統運用者（中央給電指令所）が基準周波数偏差（および連系線潮流偏差）から需給の不均衡量を計算し、制御信号として各発電機に送信する集中制御である。信号の作成・送信周期は 3 秒～5 秒程度である。

最も周期の短い成分（サイクリック成分）の変動の抑制は、ガバナフリー（Governor Free：GF）運転が担当する。GF 運転は、運転中の各発電機が自身の回転数と基準回転数の偏差から、回転数が基準となるように自身の出力を調整する分散制御である。

次に、発電機の起動停止計画について述べる。使用する水量が年間を通して一定でない一般水力発電や、上池と下池の貯水量に制約を受ける揚水発電と異なり、火力発電は燃料さえ使用すれば自由に発電することが可能である。また、一般に、火力発電は適地が限られる水力発電と比べると電源に占める割合が大きい。したがって、周波数制御に利用可能な電源では火力発電が最も重要である。ただし、大型の火力発電機は起動・停止に数時間から 10 数時間程度と長い時間が必要となる。先に述べたEDC、LFC、GF 運転は運転中の発電機の出力を調整する当日運用における制御であるが、起動停止に長時間を要する発電機は、運転および停止の計画を当日運用より事前に決定する必要がある。これをUC と呼び、一般に、1 日ごとに前日の段階で当日の発電機の起動停止を計画している。3 章で述べた通り、これまでの電力系統では系統運用者が電力系統全体レベルでUC を作成していたが、将来の電力系統では、事業者（アグリゲータ）レベルで作成されたUC を収集して系統全体としてのUC が得られることになる。UC は、長周期変動のみを考慮した前日の電力需要予測に基づいて、最も経済的になるように計画され、実際の電力需要との誤差および短周期変動には当日運用で対応する。よって、当日の需給バランスを維持するための予備力と、周波数変動を抑制するための調整力が確保されたUC となる必要がある。

予備力とは、一般に、電力需要が増加したときの電力供給に支障がないだけの供給余力を指す。予備力には、停止中の火力発電機などすぐには利用できないが潜在的に供給可能な待機予備力と、水力機や部分負荷運転中の火力発電機などすぐに追加的に電力を供給可能な運転予備力の二つがある。運転予備力のうち、さらに速い応答の分を瞬動予備力と呼ぶ。

調整力とは、予測外れや負荷変動などの外的要因によって、計画とは異なる供給力が必要となる場合に、これを調整する能力を指す。例えば、火力発電機は、その定格出力の0%～100%でLFC や GF 運転を行うことができるわけではなく、LFC や GF 運転での出力調整幅は定格出力の 5%程度の範囲に限定される。これが各発電機の調整力であり、運転中のすべての電源の合計調整力を、電力系統の調整力としている。対象となる制御に応じてLFC 調整力（調整容量）などと表記される。調整力は予備力とよく似た概念であり、広義では運転予備力や瞬動予備力に調整力が含まれる場合もある。

本章では、日間運用における需給制御に注目する。なお、以下の文章中では、予備力は運転予備力を、調整力はLFC 調整力を意味し、それぞれEDC 領域またはLFC 領域の変動に対して需給バランスを維持するために使用される。

電力系統の常時運用における需給制御では、すべての時間断面において、(i) 負荷が（予想より）増加したときに停電を起こさないこと、(ii) 負荷が（予想より）減少したときに電気が余らないこと、(iii) 負荷が変動したときに周波数を大きく変動させないことが求められる。上記の (i)、(ii) の要件をみたすには、それぞれ上げ方向の予備力（上げ代）または下げ方向の予備力（下げ代）の確保が、(iii) には調整力の確保が必要である。予備力と調整力は運転中の発電機の種類と数によって決まる。しかし、前述した通り、当日運用において発電機の起動停止状態を即座に変更することが難しいので、計画（UC）の段階ですべての時間断面で十分な予備力と調整力を確保しておくことが重要となる。

5.1.2 将来の電力系統の需給制御

日本の将来の電力系統では、電力自由化の進展と再生可能エネルギーの増加という二つの大きな変化が予想される。

自由化の進展は、需給制御の内容に影響を与える。これまでの電力系統では、電力会社の系統運用部門が実質的な系統運用者として需給制御を実施してきたが、将来の電力系統では独立した系統運用者が需給制御を担当することになる。これまでの電力系統では、電力会社の系統運用部門による自社発電機のUC作成がそのまま系統全体のUC作成に対応し、需給制御における系統運用者の役割はUC、EDC、LFCの実施であった。しかしながら、将来の電力系統では既存の電力会社のような多数の大型発電機を有する事業者だけでなく、さまざまな電源・リソースを組み合わせた事業者（アグリゲータ）も独自に小規模なUC（を含む発電・消費計画）を作成することになる。これらのUCがすべて集まった結果として系統全体のUCとなるので、系統運用者はUCを作成しない。よって、UCのチェックと修正、EDC、LFCの実施が需給制御における系統運用者の役割となる。

再生可能エネルギーの増加は、需給制御をより困難にする。これまでの需給制御では、需要側の不確実な変動に対して制御可能な供給側の予備力・調整力によって需給バランスを維持してきた。しかし、将来の電力系統では、需要側だけでなく再生可能エネルギー出力変動という供給側の不確実性に対しても火力発電機などの従来電源を中心とする予備力・調整力によって対応する必要がある。また、2章で述べた通り、予測の観点でも負荷需要と比べて再生可能エネルギー出力を予測するのは難しく、これまで以上の予備力・調整力が必要となる。しかし、前述した通り、系統運用者はUCそのものを作成するわけではなく、各事業者が作成したUCを系統全体のUCとして収集し、必要な予備力（上げ代・下げ代）と調整力をチェックして、必要に応じてUCを修正することになる。以下では、将来の電力系統の需給制御における系統運用者のUCのチェックについて、文献[3)]をもとに紹介する。

まず、予備力と調整力のチェック方法について述べる。ベース電源（原子力発電、水力発電など）と多数の火力発電機によって電源が構成された電力系統に、再生可能エネルギーが導入された状況を想定する。系統運用者は、収集した系統全体のUCの各時間断面において、需給バランス維持に必要な予備力・調整力に関する以下の三つの制約条件を確認する。

$$\sum_{i=1}^{n} C_i^{\mathrm{LFC}} W_i \geq R^{\mathrm{D}} P^{\mathrm{D}} + R^{\mathrm{R}} P^{\mathrm{R}} \tag{4}$$

$$(1 - R^{\mathrm{L}})P^{\mathrm{D}} - P^{\mathrm{R}} - P^{\mathrm{BASE}} \geq \sum_{i=1}^{n}(C_i^{\mathrm{MIN}} + C_i^{\mathrm{LFC}})W_i \tag{5}$$

$$(1 + R^{\mathrm{U}})P^{\mathrm{D}} - P^{\mathrm{R}} - P^{\mathrm{BASE}} \leq \sum_{i=1}^{n}(C_i^{\mathrm{MAX}} - C_i^{\mathrm{LFC}})W_i \tag{6}$$

ここで、n は当該時間断面における火力発電機の運転台数、i は火力発電機の番号を示す添え字とし、火力発電機は $i = 1, 2, \ldots, n$ の優先順位で起動することとする。また、P^{D} は系統全体の合計負荷需要、P^{R} は系統全体の合計再生可能エネルギー出力、W_i は火力発電機 i の定格容量、C_i^{LFC} は火力発電機 i の定格容量に対する LFC 利用可能容量の割合、R^{D} は合計負荷需要に対する必要 LFC 調整容量の割合、R^{R} は合計再生可能エネルギー出力に対する必要 LFC 調整容量の割合、P^{BASE} はベース電源の合計出力、C_i^{MIN} は火力発電機 i の定格容量に対する最小出力（EDC 領域）の割合、C_i^{MAX} は火力発電機 i の定格容量に対する最大出力（EDC 領域）の割合、R^{L} は下げ方向の予備力の割合、R^{U} は上げ方向の予備力の割合を示す。

式(4)は調整力確保のための LFC 調整容量に関する制約条件で、周波数変動を増大させないための条件である。この式の左辺は火力発電機の合計 LFC 調整容量を、右辺は負荷需要および再生可能エネルギー出力に対する必要 LFC 調整容量を示す。式(4)では、短周期変動に対する必要調整力をできるだけ安全側に見積もるとして、負荷変動と再生可能エネルギー出力変動のそれぞれに対して独立に調整力を確保しているが、その合成変動（ベクトル）の大きさに対して調整力を確保するという考え方もある。

式(5)と式(6)は予備力確保に関する制約条件である。式(5)は供給力過剰を発生させないための下げ代に関する制約条件で、左辺は火力発電が供給すべき電力を、負荷について予備率 R^{L} だけ減じたものを、右辺は運転中の n 台の火力発電機がすべて最小出力（調整容量分を考慮したもの）であるときの合計出力を示す。式(6)は供給力不足を発生させないための上げ代に関する制約条件で、左辺は火力発電が供給すべき電力を、負荷について予備率 R^{U} だけ増したものを、右辺は運転中の n 台の火力発電機がすべて最大出力（調整容量分を考慮したもの）であるときの合計出力を示す。

負荷需要については高い精度で予測できるものとすれば、式(4)～式(6)における変数は発電機運転台数 n と再生可能エネルギー出力 P^{R} である。よって、これらの制約条件が満たされない場合は、系統運用者は n または P^{R} を変更することで需給バランスが維持できるような UC に修正する。

電力系統にあるすべての火力発電機がすべて同一であると仮定すれば、式(4)～式(6)にお

ける各火力発電機のパラメータは、

$$\begin{cases} C_i^{\mathrm{LFC}} = C^{\mathrm{LFC}} & (i = 1, \ldots, n) \\ W_i = W & (i = 1, \ldots, n) \\ C_i^{\mathrm{MIN}} = C^{\mathrm{MIN}} & (i = 1, \ldots, n) \\ C_i^{\mathrm{MAX}} = C^{\mathrm{MAX}} & (i = 1, \ldots, n) \end{cases} \tag{7}$$

のように表される。ここで、C^{LFC} は各火力発電機の定格容量に対する LFC 利用可能容量の割合、W は各火力発電機の定格容量、C^{MIN} は各火力発電機の定格容量に対する最小出力の割合、C^{MAX} は各火力発電機の定格容量に対する最大出力の割合を示す。

さらに、簡単のため $R^{\mathrm{U}} = R^{\mathrm{L}} = 0$ とおくと、式 (4) ～式 (6) はそれぞれ、

$$P^{\mathrm{R}} \leq \frac{C^{\mathrm{LFC}} W}{R^{\mathrm{R}}} n - \frac{R^{\mathrm{D}}}{R^{\mathrm{R}}} P^{\mathrm{D}} \tag{8}$$

$$P^{\mathrm{R}} \leq -C^{\mathrm{MIN}} W n + (P^{\mathrm{D}} - P^{\mathrm{BASE}}) \tag{9}$$

$$P^{\mathrm{R}} \geq -C^{\mathrm{MAX}} W n + (P^{\mathrm{D}} - P^{\mathrm{BASE}}) \tag{10}$$

のように表現できる。式 (8) ～式 (10) の制約条件を、n を横軸、P^{R} を縦軸とする図 **5.2** に示す[3)]。図中の灰色部分は、ある時間断面において負荷需要 P^{D} およびベース電源出力 P^{BASE} が既知の場合に、P^{R} と n（実際には n は整数のみ）が取るべき領域を示しており、領域内であれば需給バランスは維持される。二次元平面図の X 点の n 座標の値を n_{X}（例えば A 点ならば n_{A}）、P^{R} 座標の値を $P_{\mathrm{X}}^{\mathrm{R}}$（例えば A 点ならば $P_{\mathrm{A}}^{\mathrm{R}}$）と表記することとすれば、図中の A-E 点の座標は以下で与えられる。

$$\left(n_{\mathrm{A}}, P_{\mathrm{A}}^{\mathrm{R}}\right) = \left(\frac{R^{\mathrm{D}}}{C^{\mathrm{LFC}} W} P^{\mathrm{D}}, 0\right)$$

$$\left(n_{\mathrm{B}}, P_{\mathrm{B}}^{\mathrm{R}}\right) = \left(\frac{P^{\mathrm{D}} - P^{\mathrm{BASE}}}{C^{\mathrm{MIN}} W}, 0\right)$$

$$\left(n_{\mathrm{C}}, P_{\mathrm{C}}^{\mathrm{R}}\right) = \left(\frac{P^{\mathrm{D}} - P^{\mathrm{BASE}}}{C^{\mathrm{MAX}} W}, 0\right)$$

$$\left(n_{\mathrm{D}}, P_{\mathrm{D}}^{\mathrm{R}}\right) = \left(\frac{(R^{\mathrm{D}} + R^{\mathrm{R}}) P^{\mathrm{D}} - R^{\mathrm{R}} P^{\mathrm{BASE}}}{(C^{\mathrm{LFC}} + R^{\mathrm{R}} C^{\mathrm{MAX}}) W}, \frac{(C^{\mathrm{LFC}} - R^{\mathrm{D}} C^{\mathrm{MAX}}) P^{\mathrm{D}} - C^{\mathrm{LFC}} P^{\mathrm{BASE}}}{C^{\mathrm{LFC}} + R^{\mathrm{R}} C^{\mathrm{MAX}}}\right)$$

$$\left(n_{\mathrm{E}}, P_{\mathrm{E}}^{\mathrm{R}}\right) = \left(\frac{(R^{\mathrm{D}} + R^{\mathrm{R}}) P^{\mathrm{D}} - R^{\mathrm{R}} P^{\mathrm{BASE}}}{(C^{\mathrm{LFC}} + R^{\mathrm{R}} C^{\mathrm{MIN}}) W}, \frac{(C^{\mathrm{LFC}} - R^{\mathrm{D}} C^{\mathrm{MIN}}) P^{\mathrm{D}} - C^{\mathrm{LFC}} P^{\mathrm{BASE}}}{C^{\mathrm{LFC}} + R^{\mathrm{R}} C^{\mathrm{MIN}}}\right)$$

一般に、発電機運転台数が小さく再生可能エネルギー出力が大きいほど運用コストは小さくなるので、n はできるだけ小さく、P^{R} はできるだけ大きく（再生可能エネルギーの出力抑

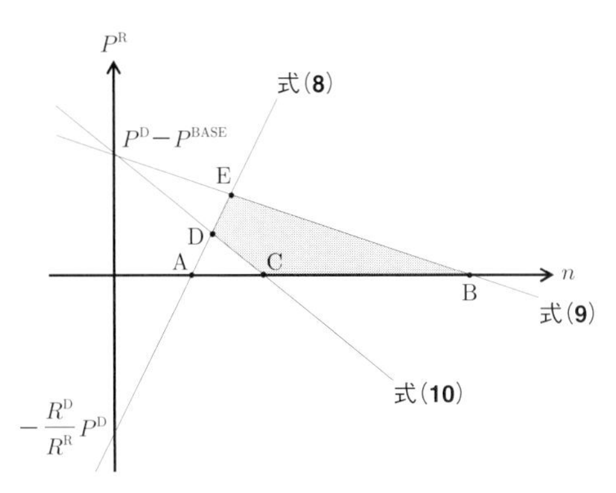

図 5.2 式(8)〜式(10)で示される領域： 横軸が発電機起動台数 $\boldsymbol{n}$、縦軸が再生可能エネルギー出力 $\boldsymbol{P}^{\mathbf{R}}$ となっている。灰色の部分が $\boldsymbol{n}$ と $\boldsymbol{P}^{\mathbf{R}}$ の取るべき領域で、領域外では需給不均衡となる。

制量をできるだけ小さく）することが望ましい。n が最小となるのは D 点であり、P^{R} が最大となるのは E 点である。P^{R} は原則として下げ方向（出力抑制）のみ調整可能であり、調整前の再生可能エネルギー出力がそれぞれ $P_{\mathrm{D}}^{\mathrm{R}}$、$P_{\mathrm{E}}^{\mathrm{R}}$ 以上であれば、D 点または E 点で運用できる。

系統運用者は、収集された系統全体の UC の各時間断面において制約条件をチェックし、UC の修正と再生可能エネルギー出力抑制の必要の有無を確認する。計画段階のある時間断面で、系統全体の合計再生可能エネルギー出力の予測値が P^{Rp} であった場合のイメージ図を**図 5.3** に示す[3)]。

図 5.3 (a) のように $P^{\mathrm{Rp}} < P_{\mathrm{E}}^{\mathrm{R}}$ と予想される場合は供給力過剰とならず、再生可能エネルギーの出力抑制は必要ない。この場合、発電機運転台数 n は $n^{\mathrm{m}} \leq n \leq n^{\mathrm{M}}$ の範囲で取ることができる（n^{m} は $P^{R} = P^{\mathrm{Rp}}$ と式(8)または式(10)との交点（**図 5.3** (a) では式(8)と

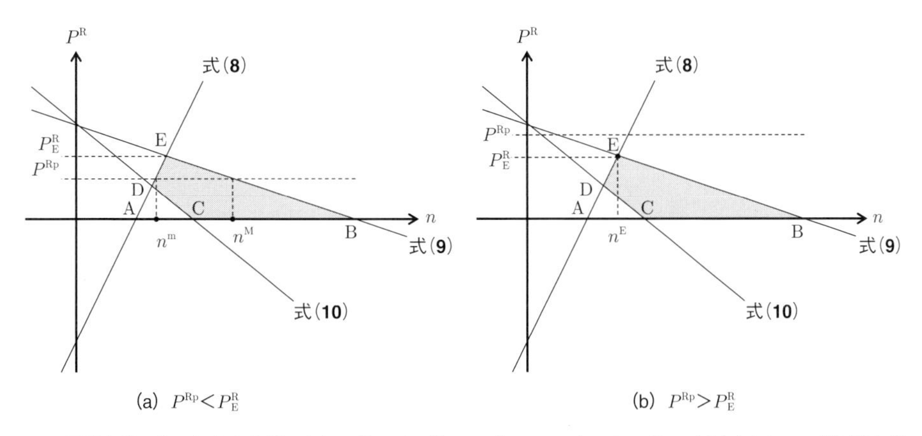

図 5.3 発電機台数の修正と出力抑制： (a) $\boldsymbol{P}^{\mathbf{Rp}}$ が $\boldsymbol{P}_{\mathbf{E}}^{\mathbf{R}}$ より小さければ $\boldsymbol{n}$ と $\boldsymbol{P}^{\mathbf{R}}$ は領域内となり、発電機台数 $\boldsymbol{n}$ は $\boldsymbol{n}^{\mathbf{m}} \leq \boldsymbol{n} \leq \boldsymbol{n}^{\mathbf{M}}$ の範囲となる。(b) $\boldsymbol{P}^{\mathbf{Rp}}$ が $\boldsymbol{P}_{\mathbf{E}}^{\mathbf{R}}$ より大きければ、$\boldsymbol{n}$ と $\boldsymbol{P}^{\mathbf{R}}$ が領域内となるように再生可能エネルギーの出力抑制を行う必要がある。

の交点）の n 座標より大きい整数の最小値、n^{M} は $P^{\mathrm{R}}=P^{\mathrm{Rp}}$ と式(9)の交点の n 座標より小さい整数の最大値である)。収集された系統全体のUCにおいて、当該時間断面の発電機運転台数 n が $n^{\mathrm{m}} \leq n \leq n^{\mathrm{M}}$ の範囲外である場合、系統運用者はUCを修正するよう各事業者（アグリゲータ）に指示して予備力・調整力を確保する。

図 5.3 (b) のように $P^{\mathrm{Rp}} > P_{\mathrm{E}}^{\mathrm{R}}$ と予想される場合は供給力過剰となるので、何らかの手段で再生可能エネルギー出力を $P^{\mathrm{Rp}} - P_{\mathrm{E}}^{\mathrm{R}}$ 以上抑制する必要がある。系統運用者は各事業者（アグリゲータ）に出力抑制を指示し、その後、発電機運転台数を確認して必要に応じてその修正も指示する。この場合、再生可能エネルギーを最大限利用するためには、発電機運転台数が n_{E}（厳密には、n_{E} の至近の二つの整数のうち、式(8)および式(9)を考慮してより大きな P^{R} を取ることができる整数）であればよい。

次に、計画が作成された後の当日運用における予測誤差の影響について述べる。まず、再生可能エネルギーの実際値 P^{Ra} が予測値 P^{Rp} より小さくなった場合（過大予測）を考える。**図 5.4** (a)[3]に示すように、UCにおける当該時間断面の運転台数が $n=n^{4\mathrm{a}}$ であったとすれば、$(n^{4\mathrm{a}}, P^{\mathrm{Ra}})$ は領域外となり、供給力不足となる。このとき、供給力不足となる可能性がある運転台数 n の範囲は、$n^{\mathrm{D}} < n < n^{\mathrm{C}}$ である。n^{C} は再生可能エネルギー出力がゼロである場合の最小発電機運転台数で、n^{C} 以上の運転台数であれば供給力不足は発生しない。

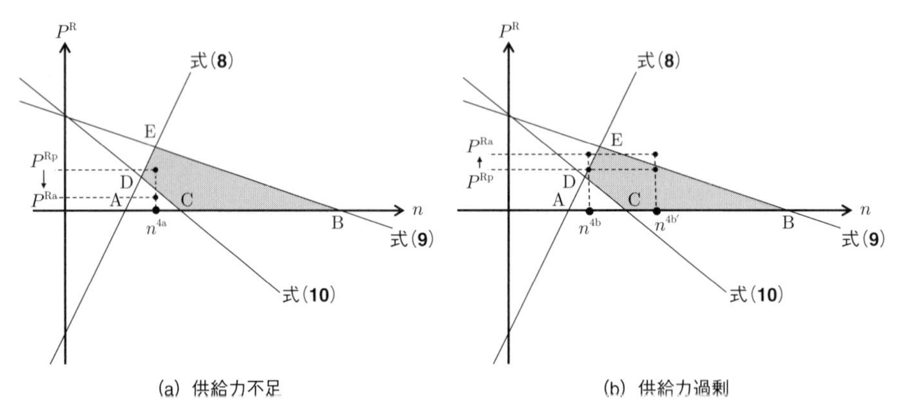

図 5.4　**予測誤差による需給不均衡：**(a) 過大予測（$\boldsymbol{P^{\mathrm{Rp}} > P^{\mathrm{Ra}}}$）の場合、供給力不足となる可能性がある。(b) 過小予測（$\boldsymbol{P^{\mathrm{Rp}} < P^{\mathrm{Ra}}}$）の場合、供給力過剰となる可能性がある。

次に、再生可能エネルギーの実際値 P^{Ra} が予測値 P^{Rp} より大きくなった場合（過小予測）について考える。**図 5.4** (b)[3]に示すように、UCにおける当該時間断面の運転台数が $n=n^{4\mathrm{b}}$ もしくは $n=n^{4\mathrm{b}'}$（$n^{4\mathrm{b}} < n^{4\mathrm{b}'}$）であったとすれば、$(n^{4\mathrm{b}}, P^{\mathrm{Ra}})$ と $(n^{4\mathrm{b}'}, P^{\mathrm{Ra}})$ は領域外となり、供給力過剰となる。この場合、供給力不足の場合と異なり、発電機台数が少ない場合の $n^{4\mathrm{b}}$ でも多い場合の $n^{4\mathrm{b}'}$ でも供給力過剰となる可能性がある。**図 5.4** (b) では $P_{\mathrm{E}}^{\mathrm{R}} > P^{\mathrm{Ra}}$

であり、計画段階で再生可能エネルギー出力を正確に予測し適切な発電機運転台数を決定していれば、供給力過剰とはならなかったことになる。ただし、$P_{\mathrm{E}}^{\mathrm{R}} < P^{\mathrm{Rp}}$ かつ $P_{\mathrm{E}}^{\mathrm{R}} < P^{\mathrm{Ra}}$ であれば、予測精度に関わらず出力抑制が必要となる。

以上説明したように、当日運用における予測誤差による需給不均衡を避けるためには、計画段階において予備力・調整力を十分に確保しておく必要がある。式(4)～式(6)の R^{R}、R^{L}、R^{U} の値を大きめに設定しておけば、予備力・調整力を大きく確保することができる。ただし、結果として各時間断面の発電機運転台数が大きくなるので運用コストが増大する。また、大きな上げ代と下げ代を同時に確保することは難しく、例えば供給力不足を回避するため上げ代を優先するなど、系統運用者は需給運用の方針に従って可能な範囲で適切な予備力・調整力を確保することになる。

5.2 潮流制御の基礎

前節では、電力系統において最も重要な需給バランスに着目し、短周期変動における LFC から長周期変動に対する UC までについて基礎的内容を中心に述べた。需給バランスが維持されることを前提に、電力システムにおける潮流状態（電圧、潮流、安定度）を適切に維持することが必要になってくる。本節では、潮流状態を適切に維持するための潮流制御の基礎について述べる。

本節の構成とポイントは以下の通りである。

5.2.1 潮流計算の概要

・潮流計算における入力データや変数、方程式について概要をまとめる。

5.2.2 電力潮流方程式

・キルヒホッフの法則から電力潮流方程式を導出する。

・潮流計算結果から、線路潮流や送電損失の算出法について述べる。

5.2.3 OPF

・OPF とは、潮流計算の一部の境界条件（パラメータ）に自由度を与え、何らかの目的関数を最適化する。

・目的関数としては、火力発電機燃料費最小化、送電損失最小化、社会厚生の最大化、送電可能電力の最大化などがある。

5.2.4 同期安定度の基礎

・一機無限大母線系統において電気的出力を含めた動揺方程式を導出する。

・定態安定度と過渡安定度の概要について述べる。

5.2.5 PV 発電大量連系による送電系統における課題

・PV 発電大量導入に伴う送電系統の課題として、基幹系統は同期安定性が重要な課題となる。

・地域供給系統は、特に送電線過負荷や電圧変動が問題になると考えられる。

5.2.6 次節以降の執筆内容の位置付けと概要

・大きく三つの内容に分けられ、平常時運用における EDC や UC、動揺方程式を考慮した LFC、同期安定度を対象とした擾乱発生時における安定化制御や安定性解析である。

5.2.1 潮流計算の概要

潮流計算は、電力系統解析の一つであり、解析目的・計算手法に応じて多種多様なバリエーションが存在する。最も基本的な潮流計算の前提条件としては、三相平衡条件ならびに周波数一定（50 Hz または 60 Hz）を仮定し、ある時間断面を対象とする。潮流計算の目的は、各発電機出力や各負荷の消費電力（有効電力、無効電力）を既知として、電力システムの母線（バス）電圧ベクトルや線路潮流（有効電力潮流、無効電力潮流）を算出することである。入力データなどは、**表 5.2** のようにまとめられる。入力データは、母線注入電力、送電線インピーダンス、変圧器インピーダンス、ネットワーク図（単線結線図）などから構成されている。キルヒホッフの電圧・電流則から導かれる潮流方程式を用いて、母線電圧ベクトルを求めることが潮流計算の基本であり、得られた母線電圧ベクトルを用いて線路潮流を求めることができる。

表 5.2　潮流計算の概要：潮流計算では、入力データとして送電線や変圧器のインピーダンス、母線注入電力などを用意し、電力潮流方程式を解くことで母線電圧ベクトルを求める。

入力データ	母線注入電力 送電線インピーダンス 変圧器インピーダンス ネットワーク図（単線結線図）
方程式	電力潮流方程式
変数	母線電圧ベクトル（不随して線路潮流が得られる）

5.2.2 電力潮流方程式

オームの法則やキルヒホッフの法則は電圧と電流の線形関係である。しかし、負荷や発電機にとって重要なのは有効電力 P（および無効電力 Q）であるので、P と Q を陽に扱えるように変形・導出した方程式は電力潮流方程式と呼ばれる非線形方程式となる。

各母線における回路網方程式は、母線電圧ベクトル $\dot{\boldsymbol{V}}_{\mathrm{bus}}$、注入電流ベクトル $\dot{\boldsymbol{I}}$、アドミタンス行列 $\dot{\boldsymbol{Y}}_{\mathrm{bus}}$ を用いて、

$$\dot{\boldsymbol{I}} = \dot{\boldsymbol{Y}}_{\mathrm{bus}} \dot{\boldsymbol{V}}_{\mathrm{bus}} \tag{11}$$

と表される。式 (11) と等価な表現として、母線 i に対する注入電流 $\dot{I}_i$ は、

$$\dot{I}_i = \sum_{k \in \mathbb{N}_i} \dot{Y}_{ik} \dot{V}_k$$

と表される。ここで、$\mathbb{N}_i$ は母線 i に接続された母線のインデックス集合、$\dot{Y}_{ik}$ は母線 i と k

間の送電線のアドミタンスである。

上述の母線 i への注入電流を用いて、母線 i へ注入される複素電力（実部：有効電力 P_i、虚部：無効電力 Q_i）は、

$$\dot{S}_i = P_i + jQ_i = \dot{V}_i \dot{I}_i^* = \dot{V}_i \left(\sum_{k \in \mathbb{N}_i} \dot{Y}_{ik} \dot{V}_k \right)^*$$

と書ける。ここで、複素電圧ベクトルの表現形式として、極座標系を用いると、母線電圧ベクトルおよびアドミタンスベクトルは、それぞれ、

$$\dot{V}_i = V_i e^{j\delta_i}, \quad \dot{Y}_{ik} = Y_{ik} e^{j\theta_{ik}} = G_{ik} + jB_{ik}$$

と表される。ここで、V_i は母線 i の電圧の大きさ、δ_i はその偏角、Y_{ik} は母線 ik 間の複素アドミタンスの大きさ、θ_{ik} は母線 ik 間の複素アドミタンスの偏角、G_{ik} は母線 ik 間のコンダクタンス、B_{ik} は母線 ik 間のサセプタンスである。この結果、複素電力および有効電力、無効電力はそれぞれ、以下のように表される。

$$\dot{S}_i = V_i \sum_{k \in \mathbb{N}_i} Y_{ik} V_k e^{j(\delta_i - \delta_k - \theta_{ik})} \tag{12}$$

$$P_i = V_i \sum_{k \in \mathbb{N}_i} V_k \left(G_{ik} \cos(\delta_i - \delta_k) + B_{ik} \sin(\delta_i - \delta_k) \right) \tag{13}$$

$$Q_i = V_i \sum_{k \in \mathbb{N}_i} V_k \left(G_{ik} \sin(\delta_i - \delta_k) - B_{ik} \cos(\delta_i - \delta_k) \right) \tag{14}$$

これらの方程式は電力潮流方程式と呼ばれ、潮流制御の基礎となる潮流計算の基本式である。ここで、式 (13)、式 (14) は、母線数を n とすると合わせて $2n$ 本の方程式となる。変数は、各母線において V_i、δ_i、P_i、Q_i の四つであるので、これらのうちの二つを指定すると、方程式の数と変数の数が一致する。例えば、負荷母線では P_i、Q_i を指定して、V_i と δ_i を求め、発電機母線では P_i と V_i を指定して、Q_i と δ_i を求める。

すなわち、これらの方程式を満たす母線電圧ベクトルを求めることが潮流計算である。さらに、潮流計算の結果として得られた母線電圧ベクトルを用いて、母線 i から母線 k へ向かって流出する有効電力潮流 P_{ik} と無効電力潮流 Q_{ik} は、図 **5.5** に基づくと、

$$\dot{S}_{ik}^l = P_{ik}^l + jQ_{ik}^l = \dot{V}_i \dot{I}_{ik}^* = \dot{V}_i \left(\dot{Y}_{ik} (\dot{V}_i - \dot{V}_k) \right)^* \tag{15}$$

$$\dot{S}_{ki}^l = P_{ki}^l + jQ_{ki}^l = \dot{V}_k \dot{I}_{ki}^* = \dot{V}_k \left(\dot{Y}_{ik} (\dot{V}_k - \dot{V}_i) \right)^* \tag{16}$$

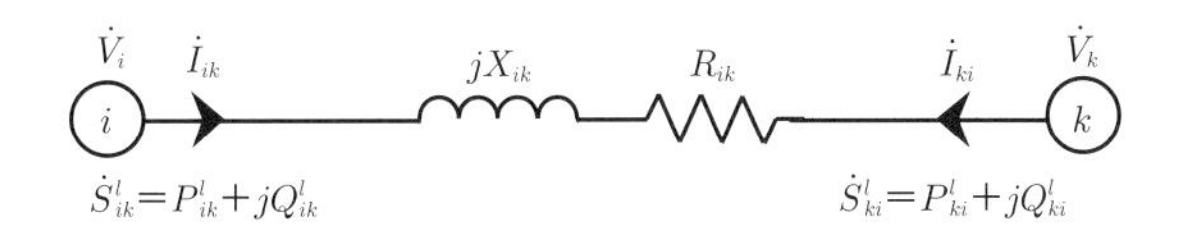

図 5.5 線路潮流算出式の説明図：一般に送電線の等価回路としては $\boldsymbol{\Pi}$ 型等価回路（文献[4),5)]）が用いられる。その場合、対地キャパシタンスは両端母線に含めて考えることができ、結果として潮流計算に用いる送電線の等価回路は抵抗 $\boldsymbol{R}$ とリアクタンス $\boldsymbol{X}$ で表される。

と表すことができる。母線 i から流出する電流と母線 k へ流入する電流は、同図において、等しい。しかし、母線 i と母線 k では電圧 $(\dot{V}_i, \dot{V}_k)$ が異なるので、母線 i から送り出す有効電力と母線 k へ流入する有効電力は異なり、その向きを考慮するとどちらか一方は必ず負となる。したがって、それらの和は、以下の通り送電線 l における有効電力損失を表している。

$$P^l_{\mathrm{LOSS}} = P^l_{ik} + P^l_{ki} \tag{17}$$

以上のことから、すべての送電線について有効電力損失の総和を求めると、系統全体の送電損失を求めることができる。この内容の詳細は 5.3 節で議論する。

5.2.3 OPF

潮流計算の目的は、基本的に各発電機出力と各負荷を既知として、各母線電圧ベクトルや線路潮流を求めることであり、数学的には非線形連立方程式を解くことになる。ただし、送電損失は計算してみないとわからないため、スラック母線の発電機出力は未知として定式化する（詳細は付録 A を参照されたい）。一方、各発電機出力も変数として送電損失を最小化したり、送電損失を含めた燃料費最小化を実現するような場合、さらには変圧器タップや調相設備を変数として扱うような場合には、潮流計算（連立方程式）の解が無数に存在することになる。そのため、何らかの評価関数を設定し、それを最適化するような系統状態を実現することが考えられる。これを OPF と呼ぶ。

OPF の定式化は、式 (13)、式 (14) の電力潮流方程式を含めて、以下のように表される。

$$\min_{\boldsymbol{x},\boldsymbol{z},\boldsymbol{u}} \ J(\boldsymbol{x},\boldsymbol{z},\boldsymbol{u}) \tag{18}$$

$$\text{s.t.} \quad \boldsymbol{g}(\boldsymbol{x},\boldsymbol{z},\boldsymbol{u}) = 0 \tag{19}$$

$$\boldsymbol{h}(\boldsymbol{x},\boldsymbol{z},\boldsymbol{u}) \leq 0 \tag{20}$$

ここで、$\boldsymbol{x}$ は母線電圧を表し、$\boldsymbol{z}$ は線路潮流のような従属変数を、$\boldsymbol{u}$ は発電機出力のような制御変数を表す。式(18)は目的関数であり、火力発電機燃料費の最小化、送電損失の最小化、社会厚生の最大化、送電可能電力（Available Transfer Capability：ATC）の最大化などが挙げられる。式(19)は等式制約であり、電力潮流方程式が含まれる。式(20)は不等式制約であり、母線電圧上下限制約や線路容量制約、発電機の出力上下限制約などを表している。

5.3節においては、上述のOPFを用いて（送電損失を含めた）火力発電機燃料費の最小化問題を解いており、大量導入されたPVの出力抑制位置（母線）と送電損失の関係を定量的に議論している。5.5節では、OPFにおける線路容量制約を送電線温度制約として扱う定式化について述べられている。これまで述べてきた潮流計算は、5.2.4項で述べる安定度計算において、事故前の系統状態（母線電圧ベクトル）の決定にも利用される。すなわち、ある送電線路に重潮流を流すためには、潮流計算の結果として両端母線間の電圧位相差を開くことになるが、そのような系統状態で地絡事故などが生じると同期発電機が脱調しやすくなる。

5.2.4 同期安定度の基礎

ここでは、5.8節以降において同期安定度に関する部分を理解する上で必要な安定度の基礎について述べる。電力系統における大規模発電所の発電機は（円筒型）同期発電機であり、5.1.1項で述べた動揺方程式を含めたその安定度解析の基礎について述べる。なお、同期発電機モデルならびに安定度解析の詳細は付録Aにも述べられており、そちらも併せて参照されたい。

まず、一機無限大母線系統における動揺方程式を導出する。一般に、慣性モーメントJの回転体が角速度ωで回転するときの運動エネルギーWは、

$$W = \frac{1}{2}J\omega^2 \tag{21}$$

で表される。ここで、エネルギーWを時間微分することにより、電力〔W〕を表すことができ、同期発電機に対する機械的入力P_{M}と電気的出力P_{E}を用いて、

$$\frac{dW}{dt} = J\omega\frac{d\omega}{dt} = P_{\mathrm{M}} - P_{\mathrm{E}} \tag{22}$$

と書ける。いま、偏角の基準を絶対基準θから、基準周波数に対応する角速度ω_0で回転する座標軸からの偏差δを用いて、

$$\theta = \omega_0 t + \delta, \quad \frac{d\theta}{dt} = \omega = \omega_0 + \frac{d\delta}{dt}, \quad \frac{d\omega}{dt} = \frac{d^2\delta}{dt^2}$$

のように変数変換を行う。この結果、式(22)は、

$$J\omega \frac{d^2\delta}{dt^2} = P_{\mathrm{M}} - P_{\mathrm{E}}$$

と表される。ここで、左辺の ω について、極端な同期外れが起きない限り $\omega_0 \gg |\frac{d\delta}{dt}|$ が成り立つことを用いると、$\omega \simeq \omega_0$ となる[5]。さらに、慣性定数 $M = J\omega_0$ を用いると、動揺方程式と呼ばれる以下の式が得られる。

$$M \frac{d^2\delta}{dt^2} = P_{\mathrm{M}} - P_{\mathrm{E}} \tag{23}$$

次に、この同期発電機が図 **5.6** に示すようにリアクタンス X の送電線を介して無限大母線（式(23)を系全体の動揺方程式とみなした場合、慣性定数 M が無限大であるものとすると、系全体の需給（式(23)の右辺）にミスマッチが生じても偏角 δ が一定値で変化しない理想的な母線）につながっている場合を考える。このとき、同期発電機の電気的出力 P_{E}（および無効電力出力 Q_{E}）は、

$$P_{\mathrm{E}} + jQ_{\mathrm{E}} = \dot{V} \cdot \dot{I}^* = \dot{V}_{\mathrm{s}} \left(\frac{\dot{V}_{\mathrm{s}} - \dot{V}_{\mathrm{r}}}{jX} \right)^* = \frac{V_{\mathrm{s}} V_{\mathrm{r}}}{X} \sin\delta + j \frac{V_{\mathrm{s}}^2 - V_{\mathrm{s}} V_{\mathrm{r}} \cos\delta}{X} \tag{24}$$

と表すことができる。ここで、$\dot{V}_{\mathrm{s}}$ は発電機内部電圧、V_{s} は発電機内部電圧の大きさ、$\dot{V}_{\mathrm{r}}$ は無限大母線電圧、V_{r} は無限大母線電圧の大きさ、X は送電線リアクタンスを表す。電気的出力 P_{E} を式(23)に代入すると、図 **5.6** に示す一機無限大母線系統における動揺方程式は、

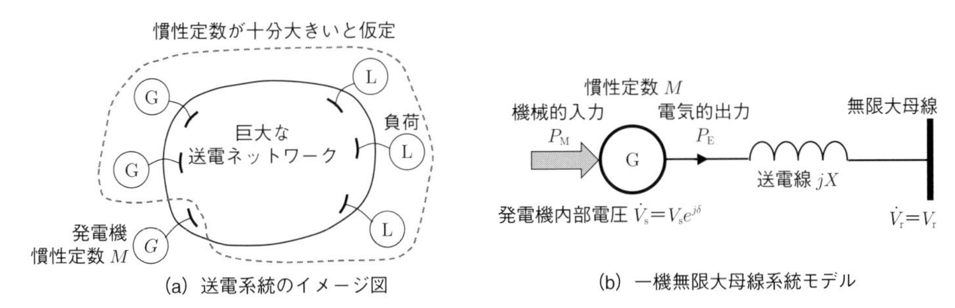

図 5.6 送電系統のイメージと一機無限大母線系統モデル：同図（a）において、ある一つの発電機に着目し、残りの系統は慣性定数が十分大きいと仮定すると、同図（b）のように一つの無限大母線に集約して考えることができる。

$$M\frac{d^2\delta}{dt^2} = P_{\mathrm{M}} - \frac{V_{\mathrm{s}}V_{\mathrm{r}}}{X}\sin\delta \tag{25}$$

と書ける。なお、回転速度に比例する摩擦などのエネルギー散逸項については、制動係数 D を用いて動揺方程式に考慮する。

一般に、負荷変動などに伴う微小な需給バランス変化に対する安定性は定態安定度と呼ばれる。基本的には、式(25)の右辺の機械的入力と電気的出力のバランス（大小関係）に支配される現象である。ここで、機械的入力は応答が比較的遅く短時間では一定であるものと仮定すると、電気的出力は図**5.7**のような電力–相差角曲線として描くことができる。ここで、微小な需給バランス変化を対象とした定態安定度は、同図に示すように動作点近傍における線形化により議論できるので、一般には固有値解析によって安定性を評価することが可能となる。このような動作点近傍における安定度解析に関する研究事例として、5.8節では、数理科学分野におけるネットワーク科学のアプローチによる解析例を紹介する。

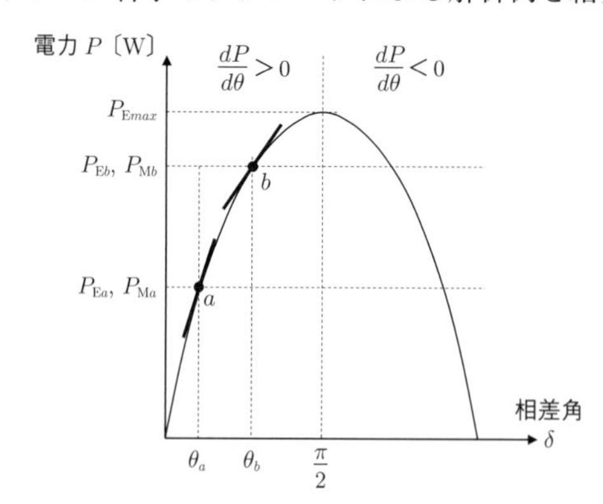

図 5.7　電力–相差角曲線上の動作点による同期化力の違い：動作点 a よりも動作点 b の方が接線の傾きが小さいため、偏角の変化が生じた場合、電気的出力 $\boldsymbol{P}$（縦軸方向）の変化幅が小さくなり、安定平衡点に引き戻す力が弱くなる。

一方で、送電線事故のような大きな擾乱が発生した場合には、上述の動作点近傍における線形化によって安定性を議論することはできない。そのような大擾乱に対する安定度は過渡安定度と呼ばれ、電力系統本来の非線形微分方程式を対象として安定性を議論しなければならない。最も基礎的な過渡安定度解析法としては、一機無限大母線系統や二機系統を対象として、視覚的にも理解しやすい等面積法が挙げられる。また、多機系統を対象として安定・不安定を判別することができるエネルギー関数法などが挙げられる。エネルギー関数法の概念は図**5.8**のように示すことができ、運動エネルギーと位置エネルギーの総和が一定であるという考え方に基づいている。すなわち、その総和が不安定平衡点（故障の位置や種類により異なる）を超えるか否かにより安定性を判別する。5.9節においては、エネルギー関数法に

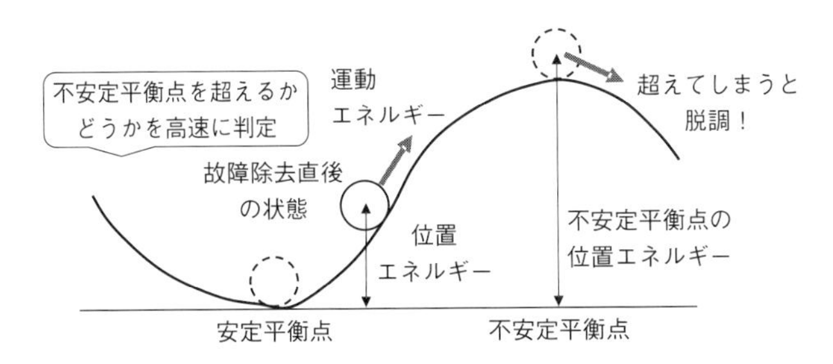

図 5.8 エネルギー関数法の概念図： 故障除去直後における運動エネルギーと位置エネルギー（ポテンシャルエネルギー）の和を計算することにより、不安定平衡点を超えるか否かを判定する方法。事故の種類により、不安定平衡点の位置や高さが異なる。

基づく新しい不安定性診断法を提案する。

なお、過渡安定度評価において最も一般的によく用いられるアプローチは、電力系統本来の非線形微分方程式を数値的に解くことであり、一般的な解法として Runge-Kutta 法などが用いられる。これらに用いられる電力系統の詳細モデル（非線形微分方程式）については、付録 A に詳しくまとめられているので、詳細はそちらを参照されたい。

5.2.5 PV 発電大量連系による送電系統における課題

PV 大量導入時における送電系統における技術的な課題として、5.2.1 項～5.2.3 項で述べた潮流制御やその基礎となる潮流計算により直接取り扱うことのできる送電線過負荷、電圧上下限制約逸脱の問題、また事故時や微小擾乱時の電圧安定性、さらには 5.2.4 項で述べた同期安定度（定態安定度、過渡安定度）などの問題が挙げられる。また、5.1 節で詳述した周波数制御や長周期の需給バランスの問題も重要である。

本章で対象とする送電系統は、基幹送電系統と地域供給系統に大別される。基幹系統は、500 kV や 275 kV といった最も高い電圧階級の送電ネットワークであり、電力会社間の連系線も基本的にはこの電圧階級であることから非常に長距離かつ大容量の送電線が計画・敷設されている。このような基幹系統において、PV 大量連系に伴い最も大きな影響を与えると考えられるのは、同期安定度（特に過渡安定度）である。PV 大量導入時において並列する同期発電機台数が減少した結果、慣性力（慣性定数 M）が減少し、送電線事故などにより同期発電機が脱調しやすくなることが懸念される。

このほかには、電圧上下限制約や電圧安定性に関しても、大量導入された PV の出力変動に伴い空間的な電圧分布を均一に維持することが困難になることが懸念される。特に同期発電機は主要な無効電力供給源の一つであり、並列する同期発電機台数が減少するので、系統内で母線電圧を均一に保つことが困難となることが懸念される。なお、電力大消費地まで送り届けるために建設されてきたのが基幹系統であるので、十分な送電容量を確保されている場合が多い。したがって、大きく偏ったPV導入分布や発電分布にならない限り、電力会社間の連系線を除いて、基本的に多くの時間帯において基幹系統に流れる電力潮流を軽くする方向に寄与する可能性がある。この基幹系統における電力潮流を多少なりとも軽くする効果は、時刻や場所、日射条件などにも大きく左右されるため、線路過負荷だけでなく同期安定度に対する影響も含めてケースバイケースで慎重に検討する必要がある。

一方、地域供給系統（66 kVや77 kV）は、基幹送電ネットワーク内の各母線（275 kV、154 kV）から配電用変電所（6.6 kV）までをつなぐネットワークを指しており、従来は計画段階で十分な容量の設計がなされていれば、（静的な供給信頼度評価や事故復旧問題などを除き）それほど着目されてこなかった電圧レベルとも言える。しかしながら、非常に大規模なPV（メガソーラ）が連系される場合、33 kVや66 kVの電圧階級のネットワークに直接連系することもあるため、PV出力変動が地域供給系統の送電ネットワークに直接的に潮流変化や電圧変化を引き起こすことになる。このため、地域供給系統では、まず線路過負荷問題や電圧上下限制約逸脱などが問題になってくるものと考えられる。

5.2.6 次節以降の執筆内容の位置付けと概要

以降の各節においては、具体的な研究内容を紹介しており、その位置付けをまとめると図**5.9**のようになる。大きく三つの内容に分けて考えることができ、一つ目は平常時運用におけるEDCやUCを対象としている。二つ目は、動揺方程式を考慮したLFCを主な対象としてい

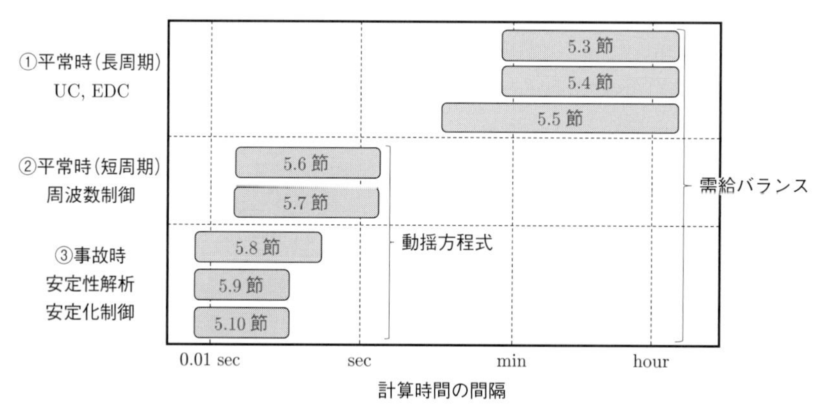

図 5.9　次節以降の執筆内容の位置付け：本章では、長周期変動対策のUC・EDC、短周期変動対策のLFC、さらには系統事故時の安定化制御まで幅広い時間スケールの問題を対象としている。

る。三つ目は、同期安定度を対象とし、送電線事故などの大擾乱発生時における安定化制御や安定性解析を対象としている。

比較的長周期の平常時運用については、5.1 節で述べた UC の基本的な考え方に基づいている。5.3 節においては、当日運用時の PV 予測誤差に起因する供給力不足や PV 出力抑制を想定し、送電ネットワークにおける送電損失と PV 出力抑制地点の関係性について定量的に考察している。5.4 節においては、日間運用において PV 発電や電力需要に予測誤差が生じた場合に、蓄電量を計画値に回復するための制御則について検討している。5.5 節は、送電容量制約を温度制約として考慮することにより、混雑緩和について検討している。次に、周波数制御などの短周期変動について、5.6 節は自然エネルギー変動電源の大量導入時において、需給の予測情報を用いた予見負荷周波数制御系を構成し、その特徴を明らかにしている。5.7 節では、周波数制御と経済負荷配分を併せた AGC 問題に対して、制御理論における受動的システムの観点から検討を行っている。5.8 節～5.10 節では、事故時の安定性解析や安定化制御を扱っている。5.8 節は、電力系統のネットワーク構造と定常状態が容易に実現されうるかどうかを表す安定性の関係について、ネットワーク科学からのアプローチに基づき解析している。5.9 節は、エネルギー関数法による過渡安定度評価において、グローカル制御における階層性の考え方を導入した新しい安定度評価法を検討している。5.10 節では、同期発電機だけでなく PV や風力の動特性もモデル化した上で、系統全体の数理モデルを必要としないプラグイン型の安定化制御手法を開発している。

5.3 送電制約を考慮した経済負荷配分制御

本節では、PV 発電が大量かつ分散して設置された大規模系統において、送電ネットワークを考慮したOPF（詳細は5.2.3項参照）によるPV 発電出力抑制を考慮したEDC 手法[6]を紹介する。

本節の構成とポイントは以下の通りである。

5.3.1 **最適潮流計算による経済負荷配分制御**
- OPF による EDC を定式化する。
- 送電損失を考慮した PV 発電出力抑制の決定手法を提案する。

5.3.2 **提案 EDC のシミュレーション**
- 大規模系統モデルを用いてシミュレーション評価する。
- 抑制する PV 発電の位置によって系統全体の出力抑制の大きさが変化する。

5.3.1 最適潮流計算による経済負荷配分制御

従来の電力系統では、主として大型火力発電の出力調整によって EDC が実施されてきた。送配電ネットワークにおける電気の流れは、遠方の大型発電所、送電線、配電線、需要家という一方向であり、需給バランスのみを考慮して EDC を行っても、電圧違反や送電混雑などのネットワークに関する問題は起こらなかった。しかしながら、蓄電池や PV 発電などの分散型リソースの導入が進み、大型の従来電源の出力調整だけでなく蓄電池の充放電や PV 発電の出力抑制も EDC の対象となると、電気の流れが複雑化する。例えば、系統内のどこにどれだけの容量の分散型リソースが設置されているか、また、それらの電力をどのように制御するかによって、送電損失や制御電力は変化する。ゆえに、場合によっては電圧上下限、送電容量といった送電ネットワークに関する種々の制約に違反する可能性がある。よって、需給バランスだけでなく、送電制約も考慮した EDC の実施が必要となる。

ここでは、5.1 節で述べたように、系統運用者が、多数のアグリゲータの需給計画を集約した系統全体の UC をチェックし、当日の電力需要実際値および PV 発電出力実際値に基づいて発電機の EDC（当日運用）を行う状況を想定する。PV 発電は負荷母線（バス）に接続され、負荷需要および PV 発電出力は各時間断面で母線ごとに異なるものとする。UC は文献[7]の手法に従って作成されるものとし、送電ネットワーク制約や母線ごとの負荷需要および PV 発電出力の違いについては考慮せず、合計負荷需要および合計 PV 発電出力の予測値に基づいて作成するものとする。当日運用では、送電ネットワーク制約と母線ごとの負荷需要および PV 発電出力の違いを考慮し、OPF によって各発電機の最適負荷配分を行う。

系統運用者は、送電制約を考慮した OPF によって、運転中の火力発電機群の EDC を行う。火力発電の合計燃料費を最小化し、かつ供給支障と PV 発電出力抑制をできるだけ小さくするため、各時間断面において、目的関数

$$J = \sum_{i=1}^{N^{\mathrm{G}}} u_{ik} F_{\mathrm{c},i}(P_{ik}^{\mathrm{G}}) + K^{\mathrm{S}} \sum_{i=1}^{N^{\mathrm{D}}} P_{ik}^{\mathrm{S}} + K^{\mathrm{PV}} \sum_{i=1}^{N^{\mathrm{D}}} P_{ik}^{\mathrm{PV}} \tag{26}$$

を最小化する OPF を行う。ここで、k は EDC を行う時刻を表し、N^{G} は火力発電機総数、N^{D} は負荷母線総数、u_{ik} は火力発電機 i の時刻 k における運転状態（運転時：1、停止時：0）、P_{ik}^{G} は火力発電機 i の時刻 k における出力、$F_{\mathrm{c},i}(P_{ik}^{\mathrm{G}})$ は火力発電機 i の燃料費関数、P_{ik}^{S} は負荷 i の時刻 k における供給支障電力、P_{ik}^{PV} は i 番目の PV 発電の時刻 k における出力である。最適化の決定変数は P_{ik}^{G}、P_{ik}^{S}、P_{ik}^{PV} である。K^{S} は供給支障に対するペナルティとしてのコスト係数で、正の十分大きな値として設定する。K^{PV} は PV 発電の見かけ上の燃料費係数で、通常はゼロであるが、本節では正または負の微小な値として設定する。なお、系統内に高度な通信・制御システムが整備され、緊急時には系統運用者の指示通りにすべての負荷の消費電力およびすべての PV 発電の出力を抑制できるものと仮定する。i 番目の PV 発電の時刻 k における抑制電力 $P_{ik}^{\mathrm{PV_C}}$ は、

$$P_{ik}^{\mathrm{PV_C}} = P_{ik}^{PV_{\mathrm{MAX}}} - P_{ik}^{\mathrm{PV}}$$

で表される。ここで、$P_{ik}^{\mathrm{PV_{MAX}}}$ は i 番目の PV 発電の時刻 k における抑制前の出力を示す。

系統運用者は、火力発電の有効・無効電力上下限制約、需給の一致に関する制約、送電線容量制約、各母線の電圧制約、調整容量制約を OPF の制約条件として考慮する。需給の一致に関する制約条件は、次式で与えられる。

$$\sum_{i=1}^{N^{\mathrm{G}}} u_{ik} P_{ik}^{\mathrm{G}} + P^{\mathrm{B}} + \sum_{i=1}^{N^{\mathrm{D}}} P_{ik}^{\mathrm{PV}} = \sum_{i=1}^{N^{\mathrm{D}}} P_{ik}^{\mathrm{D}} + \sum_{i=1}^{N^{\mathrm{L}}} P_{ik}^{L_{\mathrm{LOSS}}}$$

ここで、P^{B} はベース電源出力、P_{ik}^{D} は負荷 i の時刻 k における消費電力、N^{L} は送電線総数、$P_{ik}^{L_{\mathrm{LOSS}}}$ は送電線 i の時刻 k における送電損失を示す。調整容量制約は、

$$\sum_{i=1}^{N^{\mathrm{G}}} u_{ik} C_i^G \geq R^{\mathrm{D}} \sum_{i=1}^{N^{\mathrm{D}}} P_{ik}^{\mathrm{D}} + R^{\mathrm{PV}} \sum_{i=1}^{N^{\mathrm{D}}} P_{ik}^{\mathrm{PV}}$$

によって表される。ここで、C_i^G は火力発電機 i の調整容量を示す。R^{D} と R^{PV} は、その時点での合計負荷需要またはPV発電出力に対して確保する必要のある調整容量の割合を示す。

火力発電の有効・無効電力上下限制約、送電容量制約、各母線の電圧制約については、5.2.3項で述べたように設定する。

下げ代不足のため出力抑制が必要な状況では、従来電源はすべて最小出力で運転しており、運転中の発電機の運用コスト（燃料費）は最小となる。ここで、実際の電力系統では送電ネットワークの損失があるため、どのPV発電をどれだけ抑制するかによって系統の潮流状態が変化し、同じ運用コストであっても送電損失および系統全体の合計出力抑制量も変わってくる可能性がある。送電損失とPV発電出力抑制の関係について、例を用いて説明する。まず、図**5.10**[6]に示す簡単な2機系統を想定する。この電力系統は、2機の発電機、二つのPV発電、一つの負荷、1本の送電線から構成される。図に示す通り、各発電機は30 MW～100 MWの範囲で出力調整が可能であり、各PV発電は最大出力が100 MWで出力抑制が可能であるとする。ある時刻に、負荷需要が200 MWで、PV1、PV2はともに最大出力100 MWを出力可能な日射強度を得ている状況を仮定する。この場合、G1、G2の最小出力はいずれも30 MWであるため、需給バランスを維持するためにはPV発電出力抑制が必要である。ここでは、出力抑制方法として、どちらか一方のPV発電のみ出力を抑制するとして、2通りの出力抑制を考える。

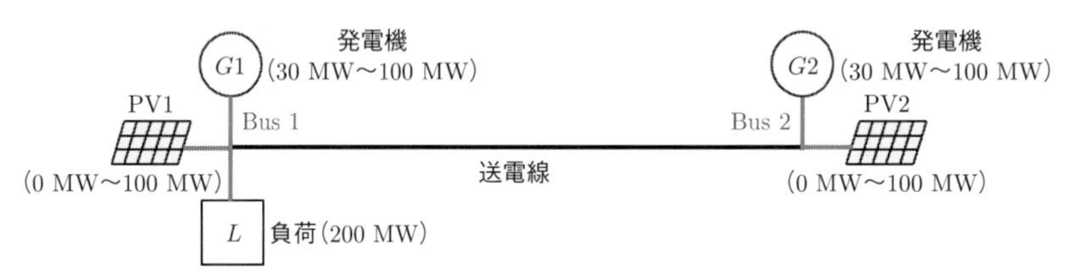

図5.10　異なるPV発電出力抑制のイメージ：2機2母線からなる単純な電力系統の各母線にPV発電が接続された状況における出力抑制について検討する。

はじめに、負荷から遠いPV発電（PV2）の出力を抑制する場合（ケース1）について述べる。図**5.11** (a)[6]に示すように、G1とPV1から負荷Lに130 MWの電力を供給できるので、G2とPV2からは70 MWの電力を供給し、それ以上については出力抑制することになる。ここでは、受電端で70 MWの電力を得るためには送電端で80 MWの電力を発電する必要があったと仮定する。この場合、送電損失は10 MWで、系統全体として50 MWの出力抑制となる。

次に、負荷から近いPV発電（PV1）の出力を抑制する場合（ケース2）について述べる。図**5.11** (b)[6]に示すように、G2とPV2は130 MWの電力を発電するが、20 MWの送電

(a) ケース 1：負荷から遠い PV 発電の出力を抑制

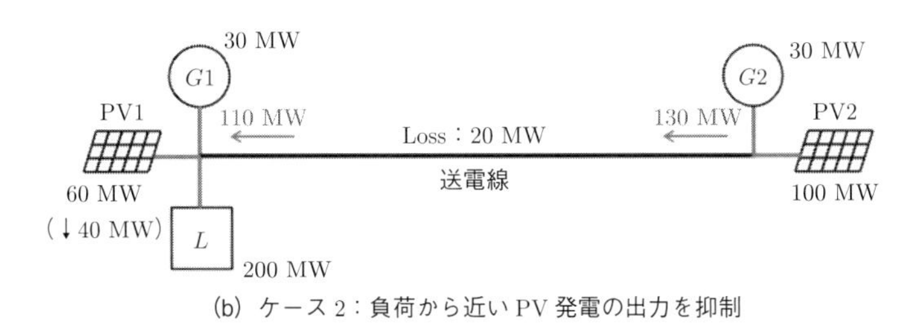

(b) ケース 2：負荷から近い PV 発電の出力を抑制

図 5.11 異なる PV 発電出力抑制のイメージ： (a) ケース 1 では負荷から遠い PV 発電の出力を抑制する。(b) ケース 2 では負荷から近い PV 発電の出力を抑制する。

損失のため受電端での電力は 110 MW になると仮定する。ここで、送電線を流れる電力は図 **5.11** (a) より図 **5.11** (b) のほうが大きいので、送電損失も大きくなるものとしている。よって、G1 と PV1 から負荷 L には 90 MW の電力を供給することになり、PV1 の出力は 60 MW となる。この場合、送電損失は 20 MW で、系統全体として 40 MW の出力抑制となる。

このように、送電ネットワークを考慮する場合、負荷から遠い PV 発電の出力を抑制すると送電損失は小さくなるが出力抑制量は大きくなり、負荷から近い PV 発電の出力を抑制すると送電損失は大きくなるが出力抑制量は小さくなる（送電ネットワークを考慮しない場合、上記二つのどちらの方法をとっても全体の出力抑制量に違いはない）。ただし、いずれの場合も火力発電機は 2 機とも最小出力で運転しており、燃料費は同じである。実際の電力系統は多数の発電機、PV 発電、負荷、送電線から構成されており潮流状態も複雑になる。このような大規模な電力系統においても、抑制する PV 発電の位置と抑制の大きさが変わることによって、系統全体での送電損失と出力抑制量が変化する可能性がある。

そこで、先に定式化した OPF によって、発電機の運用コストは最小とした上で、抑制する PV 発電の位置および抑制量を変化させることによって系統全体の合計 PV 発電出力抑制量を増加または減少させる手法を提案する。式 (26) で定義される目的関数 J は、火力発電の合計燃料費に、供給力不足のペナルティコストと、見かけ上の PV 発電の合計燃料費を加算したものとなっている。一般に、PV 発電の燃料費はゼロなので $K^{\mathrm{PV}} = 0$ であるが、本節では微小量 ϵ を用いて $K^{\mathrm{PV}} = \pm\epsilon$ と設定することで、PV 発電出力抑制の増加または減少を図る。

K^{PV} の値は微小であるので、式(26)の第三項は第一項と比べて非常に小さい。よって、決定変数である PV 発電出力 P_{ik}^{PV}（$i=1,\ldots,N^{\mathrm{D}}$）は火力発電出力 P_{ik}^{G}（$i=1,\ldots,N^{\mathrm{G}}$）よりも優先して大きな値を取ることになる。すべての PV 発電が最大出力であっても電力余剰が発生しない場合は、単純に火力発電の燃料費最小化を目的関数とした OPF が実施される。ただし、PV 発電出力が大きく出力抑制が必要な場合は、K^{PV} の値をどのように設定するかによってどの PV 発電をどれだけ出力抑制するかが変化する。

$K^{\mathrm{PV}}=+\epsilon$ と設定する場合、PV 発電出力が大きくなるほど目的関数 J は大きくなる。よって、OPF では、すべての火力発電機が最小出力で運転し、かつ系統全体の合計 PV 発電出力は必要以上に大きくならないように P_{ik}^{PV} が決定される。すなわち、火力発電の燃料費を最小化し、かつ PV 発電の合計抑制電力を増加させ、その結果として送電損失は減少する。

$K^{\mathrm{PV}}=-\epsilon$ と設定する場合、PV 発電出力が大きくなるほど目的関数 J は小さくなる。よって、OPF では、すべての火力発電機が最小出力で運転し、かつ系統全体の合計 PV 発電出力ができるだけ大きくなるように P_{ik}^{PV} が決定される。すなわち、火力発電の燃料費を最小化し、かつ PV 発電の合計抑制電力を減少させ、その結果として送電損失は増加する。

5.3.2 提案 EDC のシミュレーション

シミュレーションには、図 **5.12** に示す電気学会 EAST30 系統モデル[8]の一部である 8 機系統モデルを用いる。シミュレーションの対象期間は 2014 年 4 月 1 日〜2015 年 3 月 31 日とし、1 時間ごとに 1 年分の需給運用をシミュレーションする。ただし、日射データに欠測がある 9 日間（5/1、8/5、12/2、12/3、12/5、1/1、2/2、2/3、2/4）は期間から除外する。

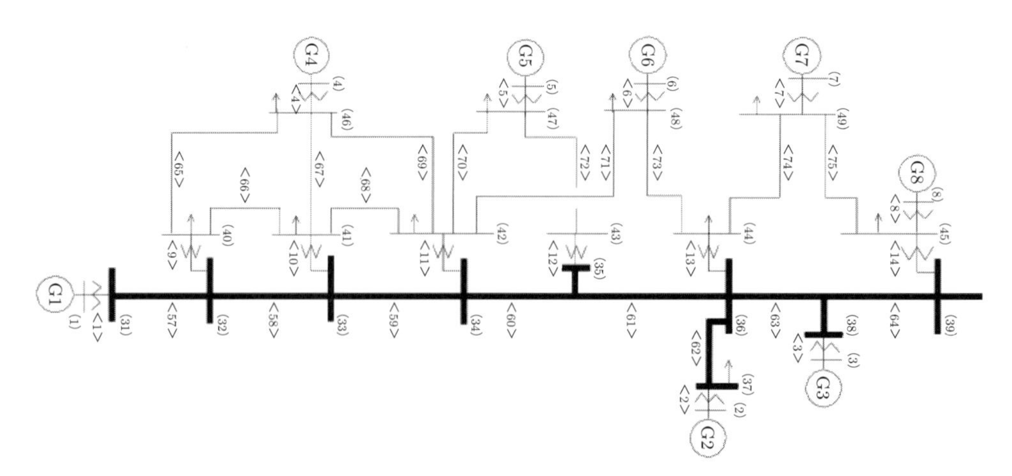

図 5.12　8 機系統モデル：電気学会 EAST30 系統モデルの一部である 8 機系統モデルをシミュレーションに用いる。

UCは文献[7]の手法に従い、前日12時に生成された当日0時〜24時のPV発電出力予測1時間値（系統全体の合計出力）に基づいて1日ごとに決定するものとし、合計負荷需要に対して運転予備率3%を確保するよう作成した356日分のUCデータを用いる。なお、PV発電出力予測値は、気象庁MSM[9]で前日12時に生成された東北地域の当日0時〜24時の日射強度の予測値（前1時間平均値）を基準日射強度で除して正規化した日射強度にPV発電の定格容量およびシステム出力係数（ここでは0.8）を乗ずることで算出する。負荷需要については前日の段階で完全に予測できるものとする。

シミュレーションに用いる火力発電機の種別および燃料費特性は文献[10]に従い、火力発電機は定格出力の5%をLFC調整容量として利用する。火力発電機はG2〜G4、G6〜G8に設置され、各母線における燃料種別および台数は図**5.13**（a）に示す通りとする[6]。運転中の火力発電機群の負荷配分はOPFによって決定する。原子力発電はG1、G5に設置され、各母線の設備容量は図**5.13**（b）に示す通りとする[6]。原子力発電は最大出力で一定運転し、夏季とそれ以外で利用可能出力が異なるものとする。

負荷需要のデータは、2014年4月1日〜2015年3月31日の1時間ごとの東北電力の実績データを用いる[11]。シミュレーションモデルにおける各負荷母線の負荷需要の大きさは電気学会標準モデル[8]のピーク潮流状態での各負荷母線の負荷需要の大きさと同じ割合で時刻

(a) 母線ごとの火力機の詳細

発電機番号	燃料種別	定格出力〔MW〕	台数	合計定格出力〔MW〕
G2	LNG	700	2	3,450
	LNG	200	4	
	コンバインド	250	5	
G3	石炭	1000	2	2,900
	石炭	200	2	
	コンバインド	250	2	
G4	石炭	700	3	4,700
	石炭	200	2	
	石油	700	1	
	石油	500	2	
	石油	250	1	
	コンバインド	250	1	
G6	コンバインド	250	5	2,750
G7	石油	500	1	
	石油	250	4	
G8	LNG	200	1	1,150
	コンバインド	250	3	
	コンバインド	100	2	
		合計	43	14,950

(b) 原子力発電の利用可能容量

発電機番号	利用可能容量〔MW〕	
	7/15-9/14	左記以外
G1	900	900
G5	1,800	900
合計	2,700	1,800

(c) 母線ごとのPV発電設置容量

母線番号	設置容量〔GW〕
37	0.7
40	0.6
41	1.0
42	0.5
44	0.3
45	0.3
46	0.8
47	0.5
48	0.8
49	1.8
合計	7.5

図5.13　**電源データ：**(a) 母線ごとの火力発電機の燃料種別、定格出力、台数、合計定格出力を示す。(b) 母線ごとの原子力発電の利用可能容量を示す。(c) 母線ごとのPV発電設置容量を示す。

ごとに変化させ、力率も一定とする。また、各負荷母線には、十分な容量の調相設備が設置され、電圧調整に利用できるものとする。

PV 発電出力実際値は、予測値と同様に、正規化した日射強度の実際値に PV 発電の定格容量とシステム係数を乗ずることで算出する。日射強度の実際値は、地上気象官署による 2014 年 4 月 1 日～2015 年 3 月 31 日の 1 時間ごとの前 1 時間平均値データ[12]を東北地域について平均した水平面全天日射量を用いる。PV 発電導入量は系統全体で 7.5 GW とし、図 **5.13** (c) に示すように各負荷母線に PV 発電が設置され、各 PV 発電の出力は PV 発電設置容量と同じ割合で変化するものとする[6]。

シミュレーションは、2 通りのケースについて実施する。ケース 1 では、OPF の目的関数である式 (26) において $K^{\mathrm{PV}} = +\epsilon$ と設定し、PV 発電抑制電力の増加を図る。ケース 2 では、式 (26) において $K^{\mathrm{PV}} = -\epsilon$ と設定し、PV 発電抑制電力の減少を図る。

図 **5.14** に、シミュレーション期間全体（1 年間）での各ケースの合計 PV 発電出力抑制量を示す[6]。ケース 1 の出力抑制量はケース 2 より、4.1 GWh 大きく、ケース 1 では出力抑制量が増加し、ケース 2 では減少していることがわかる。図 **5.15** に、シミュレーション期間全体での各ケースの合計送電損失を示す[6]。ケース 1 の送電損失はケース 2 と比べて小さくなっているが、その差は 4.1 GWh であり、図 **5.14** における出力抑制量の差がそのまま送電損失となっている。なお、各ケースの年間の燃料費はまったく同じとなった。

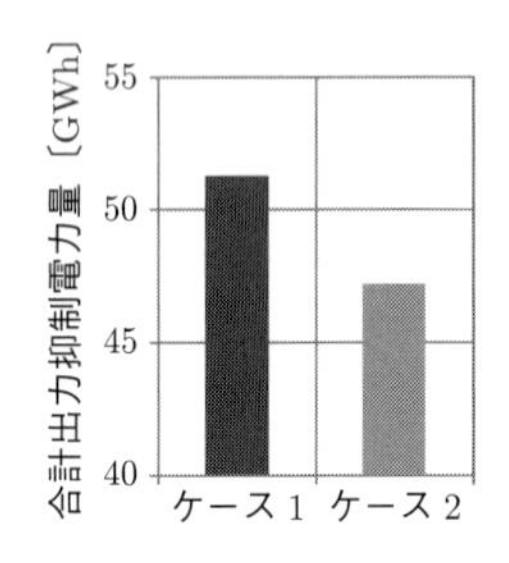

図 5.14 年間の合計 PV 発電出力抑制量：ケース 1 はケース 2 より出力抑制量が大きい。

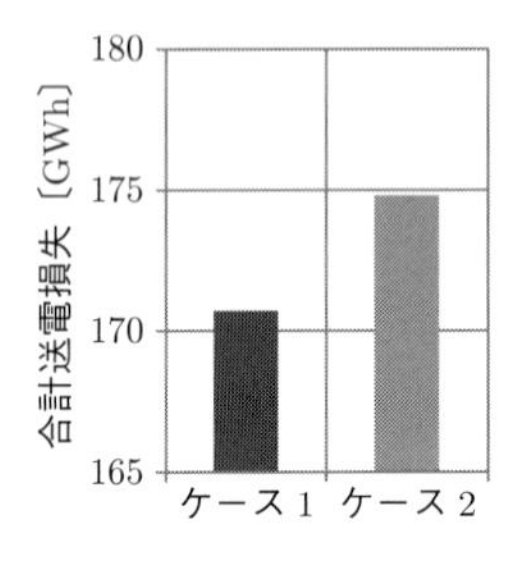

図 5.15 年間の合計送電損失：ケース 1 はケース 2 より合計送電損失が小さい。

このシミュレーション結果から、出力抑制する PV 発電の位置と抑制の大きさが変わることによって、送電損失が変化し、電力系統全体での合計 PV 発電抑制電力が大きく変化する場合があることがわかった。一般に、系統運用上は送電損失ができるだけ小さくなることが望ましいが、出力抑制を自由に行うことができない場合にあえて送電損失を増加させて需給バランスを維持するような運用も考えられる。大量の PV 発電が導入された将来の電力系統において大規模な出力抑制を実施する場合は、需給バランス維持だけでなく送電ネットワークの状態も考慮することが重要である。

5.4 経済負荷配分制御による蓄電池充放電計画のロバスト化

PV や BESS の連日運用のためには、SOC を計画値へと回復し保持する制御が必要である。本節では、この SOC 制御問題に対して、予備力を逐次利用することにより計画値の回復を図る SOC 回復則を紹介する。設計法は Constraint Tightening 法と呼ばれるモデル予測制御法に基づいており、電力需要予測に誤差が生じても蓄電容量などの制約を守ることが可能である。

本節の構成とポイントは以下の通りである。

5.4.1 蓄電池システムの運用計画
- BESS の連日運用問題について考察する。

5.4.2 充電状態制御問題
- 電力需要予測と SOC 制御問題の関係についてまとめる。

5.4.3 設計法の概要
- モデル予測制御を計算するための最適化問題について説明する。

5.4.4 提案制御手法のシミュレーション
- 5.4.3 項で述べたモデル予測制御手法を SOC 制御問題に適用し、提案手法の特長を提示する。

5.4.1 蓄電池システムの運用計画

電力需要には 1 日や 1 週間単位で同様のパターンが見い出され、周期単位での継続運用を目的とした発電計画が行われている[13]。さらに計画に続く運用段階においては、電力需要予測の誤差や発電機の応動遅れにより生じる需給の不均衡が調整予備力を用いた EDC により吸収されている[14]。近年では、日射量予測法の発達に伴って PV 発電量予測に基づいた充放電計画[15]が整備されているが、PV 発電の導入量が増えるにつれ予測誤差が無視できなくなり[14]、計画通りに SOC を回復・保持するのが難しくなると想定される。この問題に対しては、需給変動に応じて調整用電源の出力を逐次増減することにより、実際の蓄電量を計画値へと回復させる SOC 回復則が必要となると考えられる。

本節では、文献[16),17]における BESS の連日運用を対象とした周期的 SOC 回復則の設計法を概説する。考察する制御問題では、電力需要予測に誤差が生じても、蓄電容量などの適正動作範囲に関する制約を守りつつ、周期的な計画値へと蓄電電力量を回復することが求められる。この問題に対して提案手法は、Constraint Tightening 法[18]と呼ばれるモデル予測制御法を周期的システムへと応用することにより、制約条件が守られることを保証している。最終的に導かれるモデル予測制御則は、マルチパラメトリック計画法[19]を用いることによりオフラインで計算しておくことが可能である。この特長により、計画値に回復可能な蓄電レベルの範囲や回復に必要な調整予備力の調整幅を定量的に評価できる。

5.4.2 充電状態制御問題

考察対象とするシステムは、図 **5.16**[16]に示すように PV、BESS、電力需要、調整用電源から構成される。以下では、電力需要予測・充放電計画および動作可能範囲に関する仮定を設け、SOC 制御問題を定式化する。

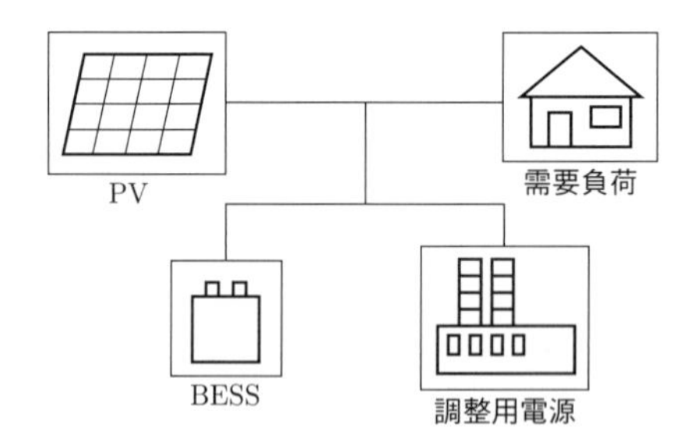

図 5.16　**対象システムの構成**：各ブロックは多数の PV、BESS、電力需要負荷、調整用電源を集約したモデルを想定している。

このシステムの電力需給バランスを、1 ステップの時間間隔 Δt を 1 時間（$\Delta t = 1$）として、以下の離散時間状態方程式により記述する。

$$x(k+1) = x(k) - (P_{\mathrm{L}}(k) + P_{\mathrm{S}}(k))\Delta t \tag{27}$$

ここで、$P_{\mathrm{L}}(k)$ は本来の電力需要から PV 発電量を差し引いた正味の電力需要であり、以下単に電力需要と呼ぶ。さらに、$x(k)$ と $P_{\mathrm{S}}(k)$ はそれぞれ BESS の蓄電電力量および（火力・原子力など）調整用電源による発電量を表す。以降では、混乱の恐れのない限り Δt を省くものとする。蓄電電力量 $x(k)$ および蓄電変化量 $\tilde{x}(k) := x(k+1) - x(k)$ には、以下の制約を設ける。

$$x_{\min} \leq x(k) \leq x_{\max}, \ \tilde{x}_{\min} \leq \tilde{x}(k) \leq \tilde{x}_{\max} \tag{28}$$

$$x_{\min} = 5\mathrm{GWh},\ x_{\max} = 60\mathrm{GWh},\ \tilde{x}_{\min} = -15\mathrm{GW},\ \tilde{x}_{\max} = 15\mathrm{GW}$$

図 5.17 (a) には、太陽光発電工学研究センター[20]のデータをもとに作成した 1 日周期の電力需要予測と予測区間を示している。これらのデータの特徴に基づき、次の仮定を設ける。

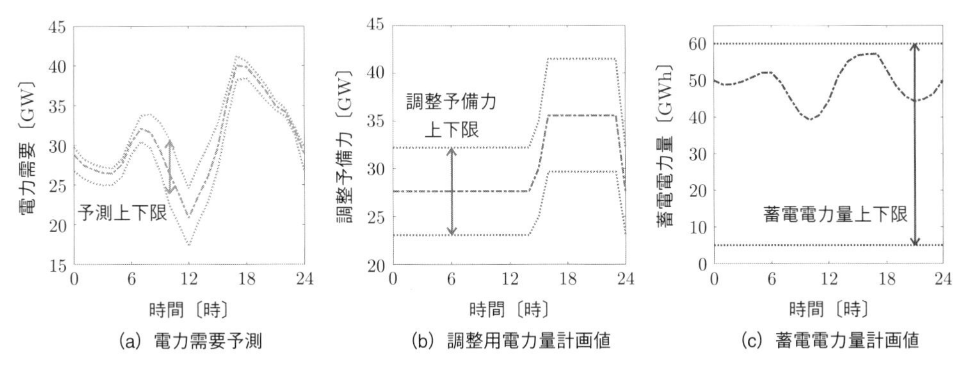

(a) 電力需要予測　(b) 調整用電力量計画値　(c) 蓄電電力量計画値

図 5.17　**電力需要予測と蓄電計画**：予測 (a) に基づいて計画 (b)、(c) を作成

仮定 5.1 電力需要 $P_{\mathrm{L}}(k)$ の予測 $P_{\mathrm{L\,ref}}(k)$ は毎日同じ値が選ばれ、周期 1 日の周期性の条件 $P_{\mathrm{L\,ref}}(k+l) = P_{\mathrm{L\,ref}}(k)$ を満たす。ただし、$l := 24$ (24 時間) である。さらに、予測誤差 $\Delta P_{\mathrm{L}}(k) := P_{\mathrm{L}}(k) - P_{\mathrm{L\,ref}}(k)$ の変動範囲が、

$$\Delta P_{\mathrm{L\,min}}(k) \le \Delta P_{\mathrm{L}}(k) \le \Delta P_{\mathrm{L\,max}}(k)\ \ (\Delta P_{\mathrm{L\,min}}(k) \le 0 \le \Delta P_{\mathrm{L\,max}}(k))$$

のように評価される。ここで、上下限 $\Delta P_{\mathrm{L\,min}}(k), \Delta P_{\mathrm{L\,max}}(k)$ は周期 l を持ち、周期性の条件 $\Delta P_{\mathrm{L\,min}}(k+l) = \Delta P_{\mathrm{L\,min}}(k), \Delta P_{\mathrm{L\,max}}(k+l) = \Delta P_{\mathrm{L\,max}}(k)$ を満たす。

仮定 5.1 は、予測誤差 $\Delta P_{\mathrm{L}}(k)$ がゼロを含む周期的な集合、すなわち $\Delta \mathcal{P}_{\mathrm{L}}(k+l) = \Delta \mathcal{P}_{\mathrm{L}}(k)$、$0 \in \Delta \mathcal{P}_{\mathrm{L}}(k)$ を満たす集合、

$$\Delta \mathcal{P}_{\mathrm{L}}(k) := \{\Delta P_{\mathrm{L}} \in \mathbb{R} \mid \Delta P_{\mathrm{L\,min}}(k) \le \Delta P_{\mathrm{L}} \le \Delta P_{\mathrm{L\,max}}(k)\}$$

の範囲で変動することを意味する。

図 5.17 (b)、(c) には、適当な燃料費最小化により計画された蓄電電力量と調整用電力の 1 日周期の計画値が示されている。そこで、計画値に関して、次の仮定を設ける。

仮定 5.2 蓄電電力量および調整用電力の計画値 $x_{\mathrm{ref}}(k)$、$P_{\mathrm{S\,ref}}(k)$ は、式 (27) の電力需要 $P_{\mathrm{L}}(k)$ をその予測 $P_{\mathrm{L\,ref}}(k)$ で置き換えた式

$$x_{\mathrm{ref}}(k+1) = x_{\mathrm{ref}}(k) - P_{\mathrm{L\,ref}}(k) + P_{\mathrm{S\,ref}}(k)$$

を満足する。ここで、$x_{\mathrm{ref}}(k)$、$P_{\mathrm{S\,ref}}(k)$ は周期 l を持ち、周期性の条件 $x_{\mathrm{ref}}(k+l) = x_{\mathrm{ref}}(k)$、$P_{\mathrm{S\,ref}}(k+l) = P_{\mathrm{S\,ref}}(k)$ を満たす。

実際の発電量 $P_{\mathrm{S}}(k)$ とその計画値 $P_{\mathrm{S\,ref}}(k)$ との差 $\Delta P_{\mathrm{S}}(k) := P_{\mathrm{S}}(k) - P_{\mathrm{S\,ref}}(k)$ が調整予備力による発電量となるが、これに関して次の仮定を設ける。

仮定 5.3 調整予備力による発電量 $\Delta P_{\mathrm{S}}(k)$ は、運用時にリアルタイムで、

$$\Delta P_{\mathrm{S\,min}}(k) \leq \Delta P_{\mathrm{S}}(k) \leq \Delta P_{\mathrm{S\,max}}(k) \tag{29}$$

の範囲内で任意に調整できる。ここで、上下限 $\Delta P_{\mathrm{S\,min}}(k)$、$\Delta P_{\mathrm{S\,max}}(k)$ は周期 l を持ち、周期性の条件 $\Delta P_{\mathrm{S\,min}}(k+l) = \Delta P_{\mathrm{S\,min}}(k)$、$\Delta P_{\mathrm{S\,max}}(k+l) = \Delta P_{\mathrm{S\,max}}(k)$ を満たす。

式 (27) を予測誤差 $\Delta P_{\mathrm{L}}(k)$ と調整予備力 $\Delta P_{\mathrm{S}}(k)$ を用いて書き直すと、

$$x(k+1) = x(k) + (-P_{\mathrm{L\,ref}}(k) + P_{\mathrm{S\,ref}}(k)) - \Delta P_{\mathrm{L}}(k) + \Delta P_{\mathrm{S}}(k) \tag{30}$$

となる。さらに、不等式制約を一括して扱うためにベクトル

$$\begin{aligned} \boldsymbol{m}(k) &:= \begin{bmatrix} x(k) & \tilde{x}(k) & \Delta P_{\mathrm{S}}(k) \end{bmatrix}^{\top} \\ &= \boldsymbol{C}_0 x(k) + \boldsymbol{D}_{00}\left(-P_{\mathrm{L\,ref}}(k) + P_{\mathrm{S\,ref}}(k)\right) + \boldsymbol{D}_{01}\Delta P_{\mathrm{L}}(k) + \boldsymbol{D}_{02}\Delta P_{\mathrm{S}}(k) \end{aligned} \tag{31}$$

$$\boldsymbol{C}_0 := \begin{bmatrix} 1 & 0 & 0 \end{bmatrix}^{\top},$$
$$\boldsymbol{D}_{00} := \begin{bmatrix} 0 & 1 & 0 \end{bmatrix}^{\top},\ \boldsymbol{D}_{01} := \begin{bmatrix} 0 & -1 & 0 \end{bmatrix}^{\top},\ \boldsymbol{D}_{02} := \begin{bmatrix} 0 & 1 & 1 \end{bmatrix}^{\top}$$

を導入し、不等式 (28)、(29) を、

$$\boldsymbol{m}(k) \in \mathcal{M}(k),$$
$$\mathcal{M}(k) := \left\{ \begin{bmatrix} x \\ \tilde{x} \\ \Delta P_{\mathrm{S}} \end{bmatrix} \in \mathbb{R}^3 \;\middle|\; \begin{bmatrix} x_{\mathrm{min}} \\ \tilde{x}_{\mathrm{min}} \\ \Delta P_{\mathrm{S\,min}}(k) \end{bmatrix} \leq \begin{bmatrix} x \\ \tilde{x} \\ \Delta P_{\mathrm{S}} \end{bmatrix} \leq \begin{bmatrix} x_{\mathrm{max}} \\ \tilde{x}_{\mathrm{max}} \\ \Delta P_{\mathrm{S\,max}}(k) \end{bmatrix} \right\} \tag{32}$$

と表す。

以降では、予測誤差 $\Delta P_{\rm L}(k) \in \Delta \mathcal{P}_{\rm L}(k)$ が生じても、適正動作範囲に関する式 (32) の制約を満たしながら、蓄電電力量 $x(k)$ と調整用電力 $P_{\rm S}(k)$ を仮定 5.2 の計画値に回復するモデル予測制御を紹介する。

5.4.3 設計法の概要

蓄電レベルの制御においては、電力需要予測に対して、経済的に最適な運用計画を求めるとともに、それらの予測値が運用時にずれた場合に適切に計画を回復する方策を同時に整備する必要がある。

ここでは、式 (30)、式 (31) より、予測誤差 $\Delta P_{\rm L}(k)$ を取り除いて得られる予測誤差の影響を受けないノミナルの n ステップ予測式

$$\overline{x}(k+(n+1)\,|\,k) = \overline{x}(k+n\,|\,k) - P_{\rm L\,ref}(k+n) + P_{\rm S\,ref}(k+n) + \Delta\overline{P}_{\rm S}(k+n\,|\,k) \tag{33}$$

$$\begin{aligned}\overline{\boldsymbol{m}}(k+n\,|\,k) &= \boldsymbol{C}_0\overline{x}(k+n\,|\,k) \\ &\quad + \boldsymbol{D}_{00}\left(-P_{\rm L\,ref}(k+n) + P_{\rm S\,ref}(k+n)\right) + \boldsymbol{D}_{02}\Delta\overline{P}_{\rm S}(k+n\,|\,k)\end{aligned} \tag{34}$$

を導入する。実際の調整予備力は、ノミナルの予測式に対する予測入力 $\Delta\overline{P}_{\rm S}(k+n\,|\,k)$ から、

$$\Delta P_{\rm S}(k) = \Delta\overline{P}_{\rm S}(k+n\,|\,k)|_{n=0} \tag{35}$$

として決定される。Constraint Tightening 法[18]は、外乱（予測誤差 $\Delta P_{\rm L}(k)$）の影響により実際の軌道とノミナルの予測軌道に偏差が生じても、結果的に系の制約が満たされるように予測入力 $\Delta\overline{P}_{\rm S}(k+n\,|\,k)$ を計算する方法である。ここではさらに蓄電電力量の周期性を考慮して、予測入力を計算するための N ステップ最適化問題を次のように構成する。

最適化問題 $\mathcal{O}(k;\,x)$：

$$\min_{\left\{\Delta\overline{P}_{\rm S}(k+n\,|\,k)\right\}_{n=0}^{N-1}\in\mathbb{R}^N} J_{\mathcal{O}}\left(k;\,x,\,\left\{\Delta\overline{P}_{\rm S}(k+n\,|\,k)\right\}_{n=0}^{N-1}\right)$$

$$\text{s.t. 式 (33), (34)},\ \overline{x}(k\,|\,k) = x,\ \overline{x}(k+N\,|\,k) \in \overline{\mathcal{C}}(k), \tag{36}$$

$$\overline{\boldsymbol{m}}(k+n\,|\,k) \in \overline{\mathcal{M}}(k+n\,|\,k)\ \ (n \in [0,\,N-1]) \tag{37}$$

評価関数は、$\Delta\overline{x}(k+n\,|\,k) := \overline{x}(k+n\,|\,k) - x_{\mathrm{ref}}(k+n)$ と $\Delta\overline{P}_{\mathrm{S}}(k+n\,|\,k)$ の 2 次形式

$$J_{\mathcal{O}}(k;\, x,\, \{\Delta\overline{P}_{\mathrm{S}}(k+n\,|\,k)\}_{n=0}^{N-1}) := X\,(\Delta\overline{x}(k+N\,|\,k))^2 + \sum_{n=0}^{N-1}\begin{bmatrix}\Delta\overline{x}(k+n\,|\,k)\\ \Delta\overline{P}_{\mathrm{S}}(k+n\,|\,k)\end{bmatrix}^{\top}\begin{bmatrix}W_{\mathrm{Q}} & W_{\mathrm{S}}\\ W_{\mathrm{S}} & W_{\mathrm{R}}\end{bmatrix}\begin{bmatrix}\Delta\overline{x}(k+n\,|\,k)\\ \Delta\overline{P}_{\mathrm{S}}(k+n\,|\,k)\end{bmatrix}$$

であり、終端重み X は次の Riccati 方程式の安定化解である（文献[16]の注意 1）。

$$W_{\mathrm{Q}} - (X+W_{\mathrm{S}})\,(W_{\mathrm{R}}+X)^{-1}\,(X+W_{\mathrm{S}}) = 0 \tag{38}$$

式 (36) で $\overline{\boldsymbol{m}}(k+n\,|\,k)$ を制約する集合 $\overline{\mathcal{M}}(k+n\,|\,k)$ は、Constraint Tightening 法に従って定める。すなわち、$\boldsymbol{m}(k+n)$ が属するべき集合 $\mathcal{M}(k+n)$ を縮小して、

$$\overline{\mathcal{M}}(k+n\,|\,k) := \mathcal{M}(k+n) \ominus \widetilde{\mathcal{M}}(k+n\,|\,k)$$

と定める。ここで、演算子 $\ominus$ は集合間の Pontryagin 差[19]を表す。さらに、集合 $\widetilde{\mathcal{M}}(k+n\,|\,k)$ は予測誤差の被制約変数への影響を評価する可到達集合

$$\widetilde{\mathcal{M}}(k+n\,|\,k) = \boldsymbol{D}_{01}\Delta\mathcal{P}_{\mathrm{L}}(k+n) + (\boldsymbol{C}_0 + \boldsymbol{D}_{00}K(k+n)) \cdot \sum_{j=\max(n-d,\,0)}^{n-1}\Phi_K(k+n,\,k+j+1)\Delta\mathcal{P}_{\mathrm{L}}(k+j) \tag{39}$$

であり、式中の $K(k)$ は次の条件（D1）、（D2）を満たす周期的ゲインである。

(D1) 各時刻 $k \geq 0$ に関して周期的である。すなわち、$K(k+l) = K(k)$ $(k \geq 0)$

(D2) 状態行列 $A_K(k) := 1 + K(k)$ により定まる状態遷移行列を

$$\Phi_K(k+n,\,k) := A_K(k+(n-1))\,A_K(k+(n-2))\cdots A_K(k)$$

で表すとき、ある $d \geq 1$ が存在して、すべての $k \geq 0$ に対して次式が成り立つ。

$$\Phi_K(k+d,\,k) = 0,\ \Phi_K(k+(d-1),\,k) \neq 0$$

式 (36) の終端制約集合 $\overline{\mathcal{C}}(k)$ を定めるために線形制御

$$\Delta P_{\mathrm{S}}(k+n\,|\,k) = F\,(x(k+n\,|\,k) - x_{\mathrm{ref}}(k+n)) \tag{40}$$

を考える。ゲイン F を方程式 (38) の安定化解 X から $F := -(W_{\mathrm{R}} + X)^{-1}(X + W_{\mathrm{S}})$ として選び、終端集合 $\overline{\mathcal{C}}(k)$ を次のように定める。

$$\overline{\mathcal{C}}(k) := \{\overline{x} \in \mathbb{R} \mid \text{予測式 (33)、式 (34) に対して、線形制御 (40) を適用したとする。} \\ \overline{x}(k+N \mid k) = \overline{x} \text{ のとき、式 (37) の制約がすべての } n \geq N \text{ において} \\ \text{満たされる。}\} \tag{41}$$

以上のように最適化問題 $\mathcal{O}(k;\, x)$ を構成したとき、次の主結果が得られる。

定理 5.1（文献[16]の定理 1） 予測ステップ数 N をゲイン $K(k)$ の整定ステップ数 d 以上に選び ($N \geq d$)、さらに、問題 $\mathcal{O}(k;\, x)$ ($k \in [0,\, l-1]$) が可解であるとする。このとき、式 (35) の制御則を適用すると、以下が成り立つ。

1) 任意の予測誤差 $\Delta P_{\mathrm{L}}(k) \in \Delta\mathcal{P}_{\mathrm{L}}(k)$ に対して、最適化問題 $\mathcal{O}(k;\, x(k))$ ($k \geq 0$) は常に実行可能解を持ち、特に式 (32) の制約が満足される。

2) 予測誤差が生じない場合 ($\Delta P_{\mathrm{L}}(k) = 0$) には、$x(k)$ と $P_{\mathrm{S}}(k)$ は計画値 $x_{\mathrm{ref}}(k)$, $P_{\mathrm{S\,ref}}(k)$ に収束する。予測誤差 $\Delta P_{\mathrm{L}}(k)$ が生じる場合には、$x(k)$ と $P_{\mathrm{S}}(k)$ は計画値周りの有界な周期的集合 $\mathcal{R}_{\infty}(k) := -\sum_{i=1}^{\infty}(1+F)^{(i-1)}\Delta\mathcal{P}_{\mathrm{L}}(k-i)$, $F\mathcal{R}_{\infty}(k)$ に収束する。

最適化問題 $\mathcal{O}(k;\, x)$ は、式 (40) で与えられる線形制御により計画値を回復可能な領域 $\overline{\mathcal{C}}(k)$ へと蓄電電力量を移行させることを意図して構成された。上の定理は、計算されるモデル予測制御を用いると、予測誤差の下でも、式 (32) の制約を満たしつつ計画値の近傍へと蓄電電力量を移行できることを示している。

最適化問題 $\mathcal{O}(k;\, x)$ と対応する実行可能領域 $\mathcal{F}(k)$ は時刻 k に関して周期 l を持つことが確認される。そこで各 $k \in [0,\, l-1]$ に対して、$\mathcal{O}(k;\, x)$ をマルチパラメトリック計画法[19]により解くことにより、制御則をオフラインで計算しておくことが可能である。

5.4.4 提案制御手法のシミュレーション

以上の設計法を SOC 制御問題に適用し、提案手法の特長を提示する。制御則の設計は次のような手順で行うことができる。

ステップ 1： 周期的ゲインを $K(k) := -1$ ($k \geq 0$) と与え、可到達集合 (39) を定める。

このとき、ゲインの整定ステップ数は $d=1$ となる。

ステップ 2： 評価関数の重みを $W_{\mathrm{Q}}=0.05,\ W_{\mathrm{R}}=1.5,\ W_{\mathrm{S}}=0$ と与え、線形制御 (40) と終端制約集合 (41) を順に定める。

ステップ 3： 予測ステップ数 N を半日分に対応する $N:=12$ とし、マルチパラメトリック計画法を用いて最適化問題 $\mathcal{O}(k;\,x)$ $(k\in[0,\,l-1])$ を解く。1 周期分の $\mathcal{F}(k)$ をプロットすると、図 **5.18** に示す蓄電電力量の上下限が得られる。

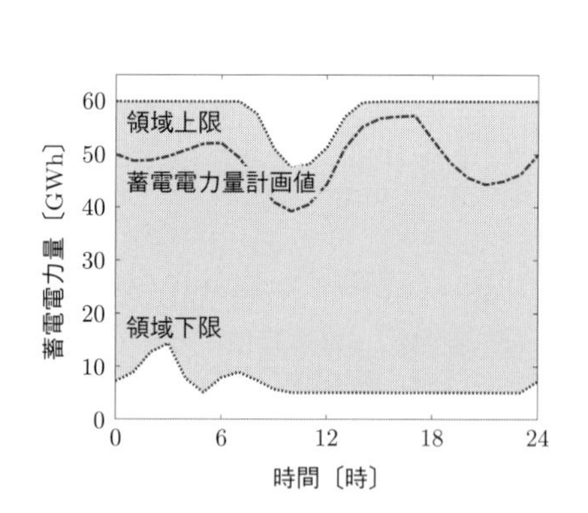

図 5.18　**蓄電電力量の回復可能領域**：初期蓄電電力量が領域内にあれば計画値へと回復可能であることを示している。

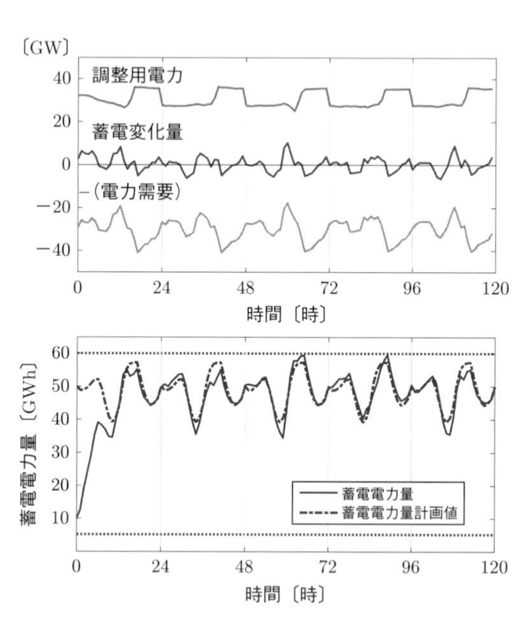

図 5.19　**蓄電電力量の時間変化**：制約条件 (32) を満足しながら計画値を回復する様子が確認される。

図 **5.18** の蓄電電力量の領域は、提案する制御則の適用により計画値へと回復可能な蓄電電力量の範囲を表している。PV 発電の増大する正午付近において、領域の上限が狭まっている。これは、蓄電電力量の上限を守るためには調整予備力の下げ幅で対応しきれず、あらかじめ蓄電電力量を減らしておく必要があるためと考えられる。

初期蓄電電力量を $x(0)=10\,\mathrm{GWh}$ としたとき、調整用電源・蓄電変化量・蓄電電力量の時間変化は図 **5.19** のように求められた（参考のため電力需要も示した）。蓄電電力量は運用開始から 1 日の間に回復しており、高い蓄電レベルに移行するためにはじめの 1 日は多めの調整発電が行われている。蓄電電力量は周期的に上限付近の値を取るが、実際の電力需要が減った際には調整発電量が減少されるため限界を超えていない。

以上では、BESS の連日運用に着目し、電力需要予測の誤差を許容する周期的モデル予測制御則[16)]を紹介した。充放電計画が 1 日単位で周期的に継続するという仮定を設けたが、天候が途中大きく変化した際には、火力発電機の起動停止パターンの変更を含めた充放電計画の変更が必要となる[21)]。充放電計画の変更に対応可能な運用法を設計するためには、シナリオの変更を想定した切替型モデル予測制御が有用な接近法となると考えられる[22)]。

5.5 温度制約による混雑緩和

本節では、送電線混雑緩和の手段としてダイナミックラインレーティングに着目し、送電線導体温度を閉形式により計算可能な簡易 CIGRE モデルについて説明するとともに、それを用いた温度制約下における OPF について述べる。

本節の構成とポイントは以下の通りである。

5.5.1 PV・風力の大量連系に伴う送電線混雑の可能性

- PV・風力の連系地点はあらかじめ予想できないため、送電線混雑が生じやすい。
- 送電線の定格電流は、送電線導体温度に基づき決められている。

5.5.2 送電線温度モデル

- 送電線導体温度を算出する一般的なモデルとして、CIGRE モデルを紹介する。
- 送電線導体温度を閉形式により算出可能な簡易 CIGRE モデルを紹介する。

5.5.3 送電線温度制約下における最適潮流計算法

- PV・風力発電の出力不確実性に対するペナルティコストについて述べる。
- 送電線導体温度制約を考慮した OPF の定式化を行う。

5.5.4 数値計算結果

- IEEE30 母線系統を対象として、送電線温度制約下における OPF を行った。
- 出力不確実性に対するペナルティコストを考慮した結果、総コストが減少する。
- 送電線周囲の気象パラメータ変化を仮定した場合、温度制約による混雑緩和により総コストが減少する。

5.5.1 PV・風力の大量連系に伴う送電線混雑の可能性

メガソーラやウインドファームなどの出力変動型電源の大量導入に伴い、基幹送電系統や地域供給系統において送電線混雑の生じることが懸念される。通常、送電容量制約は、通電可能な電流制約（もしくは送電電力の制約）で与えられることが多いが、電流制約の際に用いられる常時許容電流は、送電線導体の常時許容温度に基づき決められている。一般に、通電電流から架空送電線の導体温度を計算する方法として、CIGRE モデルや IEEE モデル[23)]が用いられる。これら送電線温度モデルは、対流や放射による冷却効果が電線温度に依存する非線形モデルであるので、電線温度の計算には繰り返し計算が必要となる。そのため、計算量の観点から、電力系統の計画・運用・解析・制御にそのまま用いることが難しい。そこで、ここでは、いくつかの近似を仮定することで、通電電流から送電線導体温度を閉形式により直接計算可能な簡易 CIGRE モデルを開発し、完全な CIGRE モデルとの比較検証を行う。そのような送電線温度を計算すること自体は、送電線保護や損失評価などのさまざまな問題に適用可能である。そこで、その一応用例として、5.2.3 項で述べた OPF に対して、開発した簡易 CIGRE モデルを制約式として追加して、送電線温度制約下における OPF 手法の定式化を行う。なお、日本では、一般に送電線温度を計算する際の気象条件としては、過去に記録した最も温度上昇しやすいワーストケースの考え方から、周囲温度 = 40 ℃（冬期は 25 ℃の場合あり）、風速 = 0.5 m/s、風向角 = 45°、日射強度 = 1 kW/m^2 を用いていることが多い。

5.5.2 送電線温度モデル

送電線の導体温度モデルについては、IEEE モデルや CIGRE モデルなどいくつかのモデルがあるが基本的な考え方は同じであり、日本の電力系統において多く用いられていることから、ここでは CIGRE モデルを前提に説明する。導体温度モデルの概念図を図 **5.20** に示す。温度上昇に関する項としては、ジュール発熱と日射からの吸熱が挙げられる。逆に、温度低下に関する項として放射による放熱、対流による放熱が挙げられる（厳密には、このほかにコロナ損などもあるが省略する）。ここで、通電電流が一定値であり、かつ気象条件も変わらないものと仮定すると、定常状態における熱平衡式は、

$$I^2 R_{\mathrm{ac}}(T_{\mathrm{x}}) + q_{\mathrm{s}} = q_{\mathrm{r}}(T_{\mathrm{x}}) + q_{\mathrm{c}}(T_{\mathrm{x}}) \tag{42}$$

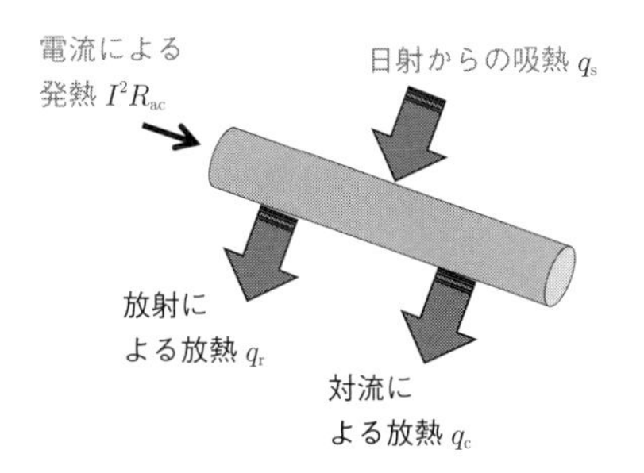

図 5.20　**送電線温度モデルの概念図**：送電線温度モデルのヒートバランス式において、加熱効果は電流によるジュール発熱と日射からの吸熱がある。冷却効果としては放射による放熱と対流による放熱がある。

で表される。ここで、I は通電電流〔A〕、T_{x} は送電線導体温度〔℃〕、$R_{\mathrm{ac}}(T_{\mathrm{x}})$ は交流抵抗値〔Ω/cm〕、q_{s} は日射からの吸熱〔W/cm〕、$q_{\mathrm{r}}(T_{\mathrm{x}})$ は放射による放熱〔W/cm〕、$q_{\mathrm{c}}(T_{\mathrm{x}})$ は対流による放熱〔W/cm〕である。なお、式(42)の定常状態における熱平衡式において、周囲の気象条件として 5.5.1 項で述べたワーストケースを仮定した上で、送電線導体温度が常時許容温度（温度上限値）に等しくなるように定められた電流値 I が、常時許容電流（定格電流）となる。特に、$q_r(T_{\mathrm{x}})$ と $q_{\mathrm{c}}(T_{\mathrm{x}})$ は T_{x} の複雑な非線形関数となっている。なお、厳密には対流・放射・日射などの影響により電線表面には温度分布が存在し、また電線内部は表面よりも若干温度が高くなるため注意を要する。

以上の送電線温度モデルは、それぞれの項に複雑な非線形関数が含まれているので、解析的に送電線温度を求めることは困難である。実際に送電線温度を計算する、すなわち式(42)を満たす T_{x} を求める手順としては、何らかの送電線温度初期値から始めて、式(42)の各項を評価した上で左辺と右辺にミスマッチ分があれば適切に温度を修正し、繰り返し計算により式(42)を満たす送電線温度に収束させる必要がある。そこで文献[24)]では、CIGRE モデルの各項にいくつかの近似を導入することにより、計算精度を大きく悪化させることなく、送電線導体温度を計算することが可能な簡易 CIGRE モデルを開発している。具体的には、まず放射による放熱に関しては、一般にシュテファン-ボルツマンの法則により導体温度の 4 次関数として放熱量を計算することになるが、文献[24)]では温度の 2 次関数により近似している。対流による放熱では、熱伝達係数を定量的に評価した上で安全性を保守的に確保した定数として仮定し、対流による放熱効果を温度の 1 次関数として近似する。これらの近似の結果、定常状態における CIGRE モデルによる送電線導体温度は、式(42)を満たす送電線温度 T_{x} を求める際に繰り返し計算を必要としない閉形式として、

$$T_{\mathrm{x}} \approx \beta_0 + \beta_1 I^2 + \beta_2 I^4$$

と表すことができる。ここで、β_0、β_1、β_2 は、対象とする送電線種類や気象条件により決まるパラメータである。なお、各項の物理的な意味としては、β_0 は周囲温度と日射による吸熱効果を表し、β_1 の項は基準抵抗値（周囲温度）によるジュール発熱を表し、β_2 の項は抵抗値の温度依存性によるジュール発熱の増加分と、温度上昇に伴う対流による冷却効果の差分を表している。

また、近似の妥当性を検証するため、完全な CIGRE モデルと近似を導入した簡易 CIGRE モデルの差異を定量的に評価した結果の一例を図 **5.21** に示す[24)]。横軸は、送電線を流れる通電電流であり、縦軸はその電流値の定常状態における送電線導体温度を表す。同図 (a) は、周囲温度をパラメータとして 40 ℃から 20 ℃、0 ℃と変化させた場合の結果であるが、いず

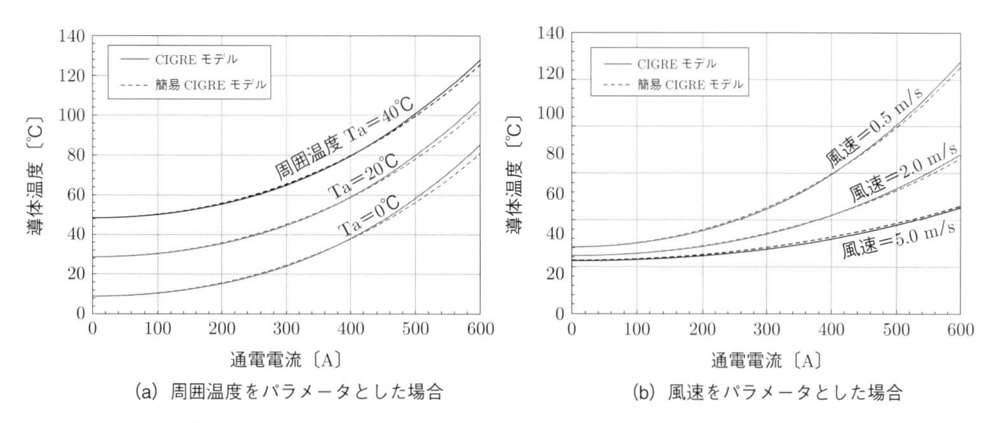

(a) 周囲温度をパラメータとした場合　(b) 風速をパラメータとした場合

図 5.21　CIGRE モデルと簡易 CIGRE モデルによる送電線温度の比較評価：CIGRE モデルと簡易 CIGRE モデルによる送電線温度は全体的によく一致していることがわかる。

れのケースも両者はよく一致していることがわかる。同図 (b) は、風速をパラメータとして 0.5 m/s から 2.0 m/s、5.0 m/s に変化させた場合における導体温度の算出結果である。いずれのケースにおいても、簡易 CIGRE モデルは完全な CIGRE モデルとよく一致していることがわかる。なお、前述の通り CIGRE モデル自体も、導体表面の温度分布や導体内部と導体表面の温度差などはモデル化されておらず、実際に適用する際には、適切なマージンを含めて送電線導体温度を評価していく必要がある。

5.5.3　送電線温度制約下における最適潮流計算法

PV 発電や風力発電は燃料費がないため可変費はほぼゼロに等しいものの、その特徴として大きな出力不確実性が挙げられる。そのような出力不確実性に対するペナルティとして、系統運用者における予備力調達コストを考える。PV 等変動型電源の発電出力の計画値を P_{r}、発電出力の確率密度関数を $d_{\mathrm{r}}(x)$、予備力調達単価を γ とすると、出力不確実性に対するペナルティとしての予備力調達に相当するコスト $C_{\mathrm{r}}(P_{\mathrm{r}})$ は、

$$P_{\mathrm{wr}}(P_{\mathrm{r}}) = P_{\mathrm{r}} - \frac{\int_0^{P_{\mathrm{r}}} x d_{\mathrm{r}}(x) dx}{\int_0^{P_{\mathrm{r}}} d_{\mathrm{r}}(x) dx} \tag{43}$$

を用いて、以下のように表すことができる。

$$C_{\mathrm{r}}(P_{\mathrm{r}}) = \gamma P_{\mathrm{wr}}(P_{\mathrm{r}}) \tag{44}$$

ここで、式(43)は、計画値 P_{r} とそのとき必要な予備力の期待値 $P_{\mathrm{wr}}(P_{\mathrm{r}})$ の関係を表しており、P_{r} を大きく取れば PV 等変動型電源の出力を大きく予測することになる。このことは、ほ

かの従来型電源の出力を減らせることを意味し、予備力コストが大きくなることを示している。

ここでは、前述の出力不確実性に対するペナルティコストの考慮と、5.5.2 項で述べた送電線温度モデルを用いて気象パラメータ変化に伴う送電容量拡大効果を評価するため、以下の送電線温度制約付き OPF を定式化する[25]。まず、目的関数は、火力発電機等従来型発電機の燃料コストと前述の出力不確実性に対するペナルティコスト（予備力調達コスト）の和で表す。

$$\min_{P_{\mathrm{g},i}, P_{\mathrm{r},i}} \sum_{i \in \mathcal{G}} \left(a_{2i} P_{\mathrm{g},i}^2 + a_{1i} P_{\mathrm{g},i}^2 + a_{0i} \right) + \sum_{i \in \mathcal{R}} C_{\mathrm{r},i}(P_{\mathrm{r},i}) \tag{45}$$

s.t.

$$P_{\mathrm{g},i} + P_{\mathrm{r},i} - P_{\mathrm{d},i} = \sum_{j \in \mathcal{J}_i} Y_{ij} V_i V_j \cos(\delta_i - \delta_j - \theta_{ij}), \quad i \in \mathcal{I} \tag{46}$$

$$Q_{\mathrm{g},i} - Q_{\mathrm{d},i} = \sum_{j \in \mathcal{J}_i} Y_{ij} V_i V_j \sin(\delta_i - \delta_j - \theta_{ij}), \quad i \in \mathcal{I} \tag{47}$$

$$I_{ij}^2 = \frac{V_i^2 + V_j^2 - 2 V_i V_j (\cos \delta_i - \cos \delta_j)}{R_{ij}^2 + X_{ij}^2}, \quad i \in \mathcal{I}, \quad j \in \mathcal{J}_i \tag{48}$$

$$T_{\mathrm{c},ij} = \beta_{0,ij} + \beta_{1,ij} I_{ij}^2 + \beta_{2,ij} I_{ij}^4, \quad i \in \mathcal{I}, \quad j \in \mathcal{J}_i \tag{49}$$

$$T_{\mathrm{a},ij} \le T_{\mathrm{c},ij} \le T_{\mathrm{c},ij}^{\max}, \quad i \in \mathcal{I}, \quad j \in \mathcal{J}_i \tag{50}$$

$$P_{\mathrm{g},i}^{\min} \le P_{\mathrm{g},i} \le P_{\mathrm{g},i}^{\max}, \quad i \in \mathcal{G} \tag{51}$$

$$0 \le P_{\mathrm{r},i} \le P_{\mathrm{r},i}^{\max}, \quad i \in \mathcal{R} \tag{52}$$

$$V_i^{\min} \le V_i \le V_i^{\max}, \quad i \in \mathcal{I} \tag{53}$$

ここで、$P_{\mathrm{g},i}$、$Q_{\mathrm{g},i}$ は火力発電機の有効電力出力および無効電力出力、$P_{\mathrm{r},i}$ は出力変動型電源の出力、$C_{\mathrm{r},i}$ は出力変動型電源の不確実性に対するペナルティコスト、$P_{\mathrm{d},i}$、$Q_{\mathrm{d},i}$ は負荷の有効電力および無効電力、a_{2i}、a_{1i}、a_{0i} は火力発電機燃料費関数の係数、Y_{ij} は母線（バス）i, j 間の送電線アドミタンスの大きさ、V_i は電圧の大きさ、δ_i は電圧の偏角、θ_{ij} は母線 i, j 間の送電線アドミタンスの偏角、I_{ij} は母線 i, j 間の送電線電流、R_{ij} および X_{ij} は母線 i, j 間の送電線の抵抗およびリアクタンス成分、$T_{\mathrm{c},ij}$ は母線 i, j 間の送電線導体温度、$\beta_{2,ij}$、$\beta_{1,ij}$、$\beta_{0,ij}$ は簡易 CIGRE モデルにおける係数、$T_{\mathrm{a},ij}$ は周囲温度、$T_{\mathrm{c},ij}^{\max}$ は許容可能な送電線導体温度の上限、$P_{\mathrm{g},i}^{\min}$ および $P_{\mathrm{g},i}^{\max}$ は発電機の出力の下限値および上限値、$P_{\mathrm{r},i}^{\max}$ は再生可能エネルギー電源の最大出力値、$V_i^{\min}$ および $V_i^{\max}$ は電圧の大きさの下限値および上限値、$\mathcal{I}$ は母線 i のインデックスの集合、$\mathcal{J}_i$ は母線 i とつながっている母線のインデックスの集合、$\mathcal{G}$ は発電機母線のインデックスの集合、$\mathcal{R}$ は再生可能エネルギー電源の母線のインデックスの集合であり、式(46)、式(47)は電力潮流方程式である。式(48)は、母線 i と母線 j 間の線路潮流式を変形し、線路電流を求める式である。式(49)、式(50)は、5.5.2 項で求めた簡易 CIGRE モデルによる送電線導体温度算出式とその温度上限制約である。式(51)～式(53)は、それぞれ従来発電機出力の上下限制約、PV 等変動型電源の最大出力制約、母線電圧上下限制約である。

5.5.4 数値計算結果

中小規模のテスト系統としてよく用いられる IEEE30 母線系統[24)]を対象として、送電線温度制約下における OPF を適用した。過負荷送電線として、母線 21 と母線 22 間の送電線を断面積が 160mm^2 の鋼芯アルミより線（Aluminium Conductor Steel Reinforced：ACSR）と想定し、温度上限制約を 90 ℃として考慮した。ケース設定としては、以下の 3 ケースを設定した。

ケース A： PV 等変動型電源の発電出力（計画値）は最適化変数とせず、出力期待値に固定して上記最適化を実行する。温度制約を含まない従来の最適潮流計算手法を用いて、送電容量は従来の静的送電容量（Static Line Rating：SLR）とした。

ケース B： PV 等変動型電源の発電出力（計画値）を変数として、不確実性に対するペナルティを考慮した最適潮流計算を実施する。温度制約を含まない従来の最適潮流計算手法を用いて、送電容量は従来の SLR とした。

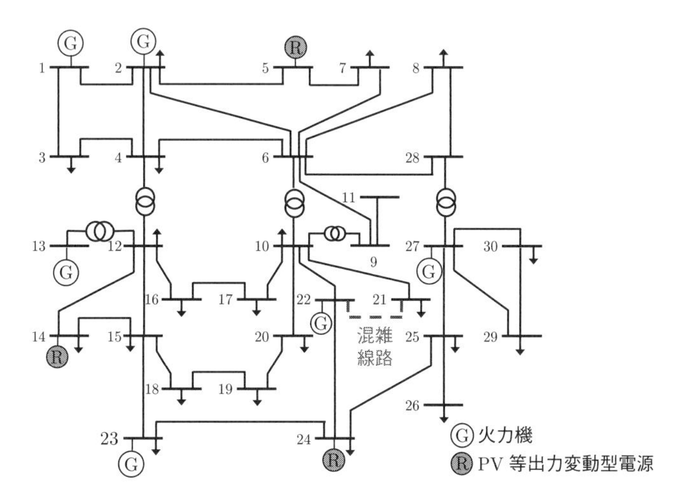

図 5.22 対象とする IEEE30 母線系統：PV などの出力変動型電源は、母線 5、母線 14、母線 24 の 3 母線に設置されているものとする。

ケース C： PV 等変動型電源の発電出力（計画値）を変数として、不確実性に対するペナルティを考慮した最適潮流計算を実施する。温度制約を考慮した最適潮流計算手法を用いて、混雑線路（母線 21-22）において風速 2 m/s および周囲温度 25 ℃を仮定して評価を行った。

計算結果として、各ケースにおける目的関数および各発電機出力を**表 5.3** に示す。まず、ケース A とケース B を比較すると、目的関数内における出力不確実性に対するペナルティコストを含めて考えるか否かが異なる。当然のことであるが、ペナルティコストを目的関数に含めて最適化し、出力計画値を決定する方が目的関数である総コストは低下する。このとき、PV 等出力変動電源の出力は単純な期待値（平均値）を用いるケース A より、出力不確実性に対するペナルティコストを考慮するケース B の方が低下することを表している。

表 5.3　出力不確実性コストならびに送電線温度制約を考慮した最適潮流計算の結果：ケース A とケース B を比較すると、不確実性に対するペナルティを含めて最適化する方が総コストは低下する。ケース C は、動的送電容量（気温：25 ℃、風速：2.0 m/s）を考慮した場合であり、温度制約による混雑緩和により総コストが低下した。

		ケース A	ケース B	ケース C
コスト〔$/時〕	火力発電機燃料コスト	4356.68	4551.43	4365.09
	出力不確実性コスト	589.34	350.15	419.33
	総コスト	4946.02	4901.59	4784.41
火力発電機の出力〔MW〕	$P_{\mathrm{g},1}$	63.94	63.68	55.49
	$P_{\mathrm{g},2}$	80.92	81.4	71.72
	$P_{\mathrm{g},13}$	32.42	33.04	27.51
	$P_{\mathrm{g},22}$	11.59	14.74	27.41
	$P_{\mathrm{g},23}$	19.29	21.82	25.82
	$P_{\mathrm{g},27}$	52.8	56.76	57.64
	$\sum_{i\in\mathcal{G}} P_{\mathrm{g},i}$	260.95	271.44	265.58
出力変動型電源の出力〔MW〕	$P_{\mathrm{r},5}$	5.00	4.22	3.84
	$P_{\mathrm{r},14}$	10.00	8.29	7.84
	$P_{\mathrm{r},24}$	15.00	7.01	11.56
	$\sum_{i\in\mathcal{R}} P_{\mathrm{r},i}$	30.00	19.52	23.24

次に、ケース B とケース C を比較し、仮定した気象条件変化を考慮した送電容量制約が系統運用コストへ与える影響を評価した。ケース B では、混雑線路の送電線が容量制約（SLR）に達したため、燃料費の安価な火力発電機の出力 $P_{\mathrm{g},22}$ は低く抑えられている。ケース C では、気象条件変化に伴い送電線容量制約（温度制約）が緩和して、$P_{\mathrm{g},22}$ の出力が増えるとともに変動電源出力 $P_{\mathrm{r},24}$ も大きく増加した。その結果、ほかの出力変動型電源の出力は僅かに減少したものの、トータルの出力変動型電源出力は 19.52 MW から 23.24 MW へ増加した。

5.6 予測を利用した負荷周波数制御

再生可能エネルギーの大量導入により、系統の慣性定数は減少し、需給変動の予測と調整に適した制御系の構築が必要になる。本節では、需給変動の予測情報を用いた予見 LFC の構成例を示し、その特徴を明らかにする。

本節の構成とポイントは以下の通りである。

5.6.1 **再生可能エネルギーと予見制御**

・再生可能エネルギーが導入される系統と予測情報を用いる制御法の関係をまとめる。

5.6.2 **予見負荷周波数制御の設計法（H_2 予見制御）**

・H_2 予見制御と呼ぶ設計法を示し、5.6.3 項で述べる予見 LFC の基礎を与える。

5.6.3 **予見負荷周波数制御の設計と評価**

・H_2 予見制御法を連系系統の LFC に適用し、その効果を明らかにする。

5.6.1 再生可能エネルギーと予見制御

予見制御とは、目標値の情報を一定時間未来まで利用することにより、過渡応答などの性能を向上させる制御法である。そして、この制御法の特徴は「道に沿って車を運転すること」に例えられるように、制御系の速応性を目標値の未来の情報を利用することにより補うことにあり、これまでにメカトロニクス系の制御（マニピュレータ、ロボット）など、多くの制御問題に適用されてきた[26)~29)]。最近では H_2、H_∞ 制御などの指標を導入した設計法が明らかにされ、予測情報の不確かさとの関係が明らかにされつつある[30)~33)]。

一方、PV 発電・風力などの再生可能エネルギーが大量に導入された電力系統においては、火力発電など回転機系が減少することに起因して、電力需給の不均衡がより大きく周波数変動に影響することが懸念されている。そして、これらの変動を克服するために、衛星気象情報などを利用した短時間先日射量予測（PV 発電予測）、風況予測（風力発電）により、供給変動をより的確に予測する取り組みが続けられている[34),35)]。本節では、このような特徴を持つ系統に対して、文献[32),33)]で明らかにされた予見制御法とその LFC における有用性を検討する。

5.6.2　予見負荷周波数制御の設計法（H_2 予見制御）

需給変動の予測値を用いながら LFC の制御性能を向上させる場合には、需給変動の予測情報を適切に利用し、予測の不確かさを考慮した上で、周波数変動を抑制することが必要になる。本節では、H_2 予見制御と呼ぶ予測型のロバスト制御法を導入し、設計に必要な基本事項をまとめる。

ロバスト制御、追従制御などの設計法は、一般化制御対象と呼ぶ共通の枠組みで問題を定め、その解法を整理することが多い[36)]。そこで、はじめに予見制御問題において一般化制御対象の持つ意味を確認し、次に H_2 予見制御則の設計法を明らかにする。

予見制御問題を扱う一般化制御対象は、図 **5.23** のように表され、G_+ により制御対象と制御系の構成を定め、K_+ により制御則を定めている。ここで $\boldsymbol{w}_0$ は外乱、$\boldsymbol{w}_l$ は予見可能な信号、$\boldsymbol{u}$ は制御入力、$\boldsymbol{z}$ は被制御量、$\boldsymbol{y}_0$ は観測量であり、設計の目的は次の条件を達成する制御則 K_+ を求めることである。

（C1） 制御則 K_+ を施した図 **5.23** の制御系全体は安定である。

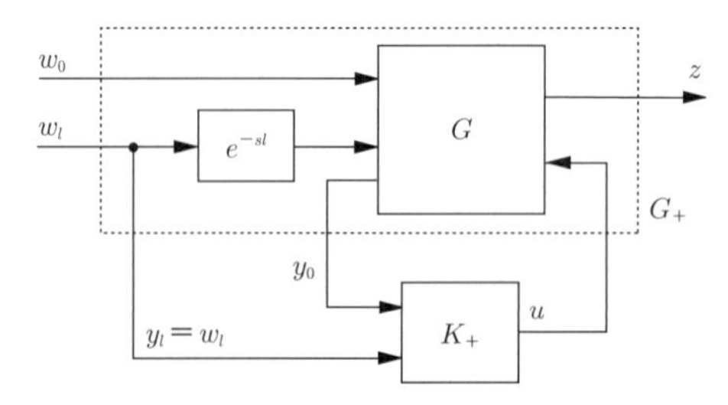

図 5.23　**予見制御系の一般化制御対象**：ロバスト制御の定式化で用いられる記述法。後に $\boldsymbol{w}_l$、$\boldsymbol{w}_0$ を需給変動、$\boldsymbol{z}$ を周波数変動に対応させて制御則 $\boldsymbol{K}_+$ を設計する。

（C2） 条件（C1）の下で、$\boldsymbol{w} = [\,\boldsymbol{w}_0^\top \quad \boldsymbol{w}_l^\top\,]^\top$ から $\boldsymbol{z}$ までの H_2 ノルムは最小である。

H_2 ノルムは、インパルス外乱に対して良好な過渡応答を得る目的で導入された指標である。そして、負荷需要変動分を $\boldsymbol{w}$ とし、系統平均周波数の偏差を $\boldsymbol{z}$ とした場合を考えると、H_2 ノルムは系統周波数偏差が収束するまでの二乗面積に対応する。したがって、対象の H_2 ノルムを小さくするように制御を行うことは、粗く言って減衰性能を向上させることを意味する。なお、閉ループ系全体の伝達特性を H_2 の意味で良好なものに変えているため、実際には緩やかな負荷変動にも良好な応答を示すと期待できる。

図 **5.23** では、l 秒の無駄時間要素が信号 $\boldsymbol{w}_l$ のチャネルに設けられており、$\boldsymbol{w}_l$ の情報は、制御対象 G に印加される l 秒前に制御則 K が利用できることになる。よって、図 **5.23** 中の

$\boldsymbol{w}_l$, $\boldsymbol{w}_0$ により需給変動の予測情報と予測誤差、$\boldsymbol{z}$ により周波数変動を表せば、l 秒の予測情報を利用する予見 LFC を設計することができる。図 **5.23** の一般化制御対象と具体的な予見 LFC の対応は、5.6.3 項で考察する。

次に、H_2 予見制御系の構成法を導く。図 **5.23** の一般化制御対象を、状態方程式

$$\frac{d\boldsymbol{x}}{dt}(t) = \boldsymbol{A}\boldsymbol{x}(t) + \boldsymbol{B}_{1/0}\boldsymbol{w}_0(t) + \boldsymbol{B}_{1/l}\boldsymbol{w}_l(t-l) + \boldsymbol{B}_2\boldsymbol{u}(t) \tag{54}$$

$$\boldsymbol{z}(t) = \boldsymbol{C}_1\boldsymbol{x}(t) + \boldsymbol{D}_{12}\boldsymbol{u}(t) \tag{55}$$

$$\begin{bmatrix} \boldsymbol{y}_0(t) \\ \boldsymbol{y}_l(t) \end{bmatrix} = \begin{bmatrix} \boldsymbol{C}_2\boldsymbol{x}(t) + \boldsymbol{D}_{21/0}\boldsymbol{w}_0(t) + \boldsymbol{D}_{21/l}\boldsymbol{w}_l(t-l) \\ \boldsymbol{w}_l(t) \end{bmatrix} \tag{56}$$

により表し、次の条件を設ける。

(**A1**) 行列 $(\boldsymbol{A}, \boldsymbol{B}_2)$ と $(\boldsymbol{A}, \boldsymbol{C}_2)$ は、それぞれ可安定、可検出である。

(**A2**) 任意の $\omega \in \mathbb{R}$ に対して、行列 $\begin{bmatrix} \boldsymbol{A} - j\omega\boldsymbol{I} & \boldsymbol{B}_2 \\ \boldsymbol{C}_1 & \boldsymbol{D}_{12} \end{bmatrix}$ と $\begin{bmatrix} \boldsymbol{A} - j\omega\boldsymbol{I} & \boldsymbol{B}_{1/0} \\ \boldsymbol{C}_2 & \boldsymbol{D}_{21/0} \end{bmatrix}$ は、それぞれ列フルランク、行フルランクである。

(**A3**) 行列 $\boldsymbol{D}_{12}$ と $\boldsymbol{D}_{21/0}$ は、それぞれ列フルランク、行フルランクである。

このとき、系(54)〜(56)に対する H_2 予見制御則は、次のように構成される。

定理 5.2（文献[33]） 系(54)〜(56)が条件（A1）〜条件（A3）を満たすとする。このとき系(54)〜(56)を安定化し、$\boldsymbol{w}$-$\boldsymbol{z}$ 間の H_2 ノルムを最小にする制御則は、次のように与えられる。

$$\begin{aligned} \frac{d\boldsymbol{x}_{\mathrm{c}}}{dt}(t) &= (\boldsymbol{A} + \boldsymbol{B}_2\boldsymbol{F} + \boldsymbol{L}\boldsymbol{C}_2)\,\boldsymbol{x}_{\mathrm{c}}(t) - \boldsymbol{L}\boldsymbol{y}_0(t) \\ &\quad + \left(\boldsymbol{B}_{1/l} + \boldsymbol{L}\boldsymbol{D}_{21/l}\right)\boldsymbol{y}_l(t-l) + \boldsymbol{B}_2\boldsymbol{v}(t) \\ \boldsymbol{u}(t) &= \boldsymbol{F}\boldsymbol{x}_{\mathrm{c}}(t) + \boldsymbol{v}(t) \\ \boldsymbol{v}(t) &= -\boldsymbol{R}_2^{-1}\boldsymbol{B}_2^\top \int_0^l e^{\boldsymbol{A}_{\mathrm{c}}^\top \alpha}\boldsymbol{X}\boldsymbol{B}_{1/l}\boldsymbol{y}_l(t-(l-\alpha))\,d\alpha \end{aligned} \tag{57}$$

ここで、$\boldsymbol{X} \geq \boldsymbol{0}$, $\boldsymbol{Y} \geq \boldsymbol{0}$ は次の Riccati 方程式

$$\boldsymbol{W} + \boldsymbol{A}^\top\boldsymbol{X} + \boldsymbol{X}\boldsymbol{A} - (\boldsymbol{S}_2 + \boldsymbol{X}\boldsymbol{B}_2)\,\boldsymbol{R}_2^{-1}\,(\boldsymbol{S}_2 + \boldsymbol{X}\boldsymbol{B}_2)^\top = \boldsymbol{0}$$

$$\tilde{\boldsymbol{W}} + \boldsymbol{A}\boldsymbol{Y} + \boldsymbol{Y}\boldsymbol{A}^\top - \left(\tilde{\boldsymbol{S}}_2^\top + \boldsymbol{Y}\boldsymbol{C}_2^\top\right)\tilde{\boldsymbol{R}}_2^{-1}\left(\tilde{\boldsymbol{S}}_2^\top + \boldsymbol{Y}\boldsymbol{C}_2^\top\right)^\top = \boldsymbol{0}$$

$$\begin{bmatrix} \boldsymbol{W} & \boldsymbol{S}_2 \\ \boldsymbol{S}_2^\top & \boldsymbol{R}_2 \end{bmatrix} := \begin{bmatrix} \boldsymbol{C}_1 & \boldsymbol{D}_{12} \end{bmatrix}^\top \begin{bmatrix} \boldsymbol{C}_1 & \boldsymbol{D}_{12} \end{bmatrix}, \quad \begin{bmatrix} \tilde{\boldsymbol{W}} & \tilde{\boldsymbol{S}}_2^\top \\ \tilde{\boldsymbol{S}}_2 & \tilde{\boldsymbol{R}}_2 \end{bmatrix} := \begin{bmatrix} \boldsymbol{B}_{1/0} \\ \boldsymbol{D}_{21/0} \end{bmatrix} \begin{bmatrix} \boldsymbol{B}_{1/0} \\ \boldsymbol{D}_{21/0} \end{bmatrix}^\top$$

の半正定解であり、$\boldsymbol{F}$, $\boldsymbol{A}_{\rm c}$, $\boldsymbol{L}$ は次のように定めた行列である。

$$\boldsymbol{F} := -\boldsymbol{R}_2^{-1}\left(\boldsymbol{S}_2^\top + \boldsymbol{B}_2^\top \boldsymbol{X}\right), \ \boldsymbol{A}_{\rm c} := \boldsymbol{A} + \boldsymbol{B}_2 \boldsymbol{F}, \ \boldsymbol{L} := -\left(\tilde{\boldsymbol{S}}_2^\top + \boldsymbol{Y}\boldsymbol{C}_2^\top\right)\tilde{\boldsymbol{R}}_2^{-1}$$

定理 5.2 は文献[33)]で明らかにされた H_2 予見制御則の構成法であり、制御対象の出力に基づいて $\boldsymbol{w}$-$\boldsymbol{z}$ 間の H_2 ノルムを最小にすることが保証されている。以下では、定理 5.2 から予見 LFC を設計し、その特徴を明らかにする。

5.6.3 予見負荷周波数制御の設計と評価

図 5.24 のような二つのエリアにおける予見 LFC 問題を考える[33)]。ここで、図中の変数は**表 5.4** のように定められ、また各 LFC エリアの制御ブロックとパラメータは、それぞれ**図 5.25** と**表 5.5** のように示される[33)]。そして、各エリアの変数を、

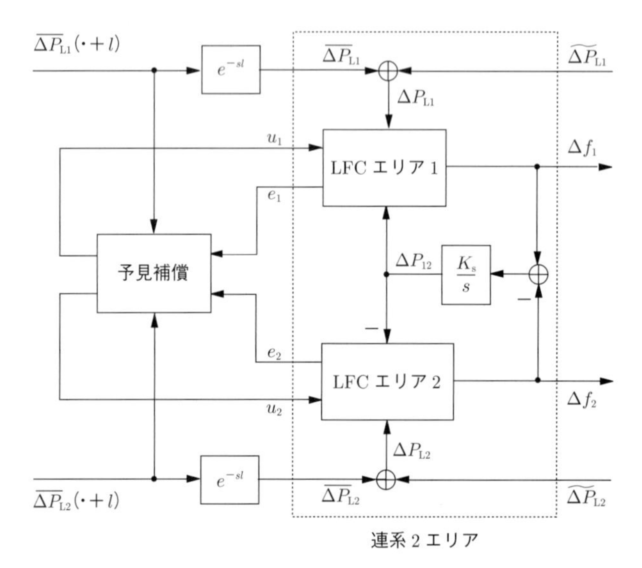

図 5.24　連系系統の予見 LFC：二つのエリアの需給変動（予測情報）と周波数変動から予見補償入力を生成する。

表 5.4　変数の定義：図 5.24、5.25 に用いられた変数を定めている。

記号	意味
Δf_i	エリア i の周波数変動
ΔP_{12} $(= -\Delta P_{21})$	エリア 1、2 間の連系電力
e_i	エリア i の制御偏差
u_i	エリア i の指令入力
$\Delta P_{{\rm G}\,i}$	エリア i の供給電力
$\Delta P_{{\rm L}\,i}$	エリア i の負荷需要
$\overline{\Delta P}_{{\rm L}\,i}$	エリア i の電力需要予測
$\widetilde{\Delta P}_{{\rm L}\,i}$	エリア i の予測誤差

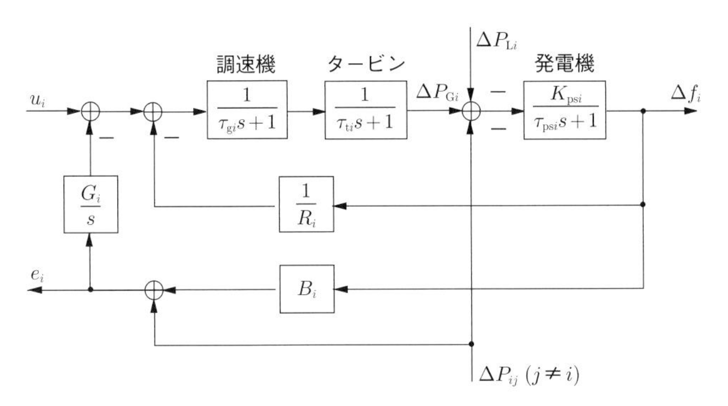

図 5.25　各 LFC エリアのブロック図：各エリア $\boldsymbol{i = 1, 2}$ で想定する LFC。

表 5.5　系統パラメータ：図 5.24、5.25 に用いられたパラメータを定めている。

記号	意味	値
$K_{\mathrm{ps}\,i}$	エリア 1、2 の発電機ゲイン	1.25, 0.625 Hz
$\tau_{\mathrm{ps}\,i}$	エリア 1、2 の発電機時定数	12.5, 37.5 秒
$\tau_{\mathrm{t}\,i}$	エリア 1、2 のタービン時定数	4.0, 6.0 秒
$\tau_{\mathrm{g}\,i}$	エリア 1、2 の調速機時定数	0.8, 0.4 秒
R_i	エリア 1、2 の速度調停定数	0.06, 0.03 Hz
B_i	エリア 1、2 の周波数偏差係数	17.5, 34.9 秒
G_i	エリア 1、2 の積分定数	0.4, 0.8 pu
K_{s}	同期化力係数	2.0 pu

$$
\begin{aligned}
&\Delta \boldsymbol{f}(t) := \begin{bmatrix} \Delta f_1(t) \\ \Delta f_2(t) \end{bmatrix},\ \boldsymbol{e}(t) := \begin{bmatrix} e_1(t) \\ e_2(t) \end{bmatrix},\ \boldsymbol{u}(t) := \begin{bmatrix} u_1(t) \\ u_2(t) \end{bmatrix}, \\
&\Delta \boldsymbol{P}_{\mathrm{L}}(t) := \begin{bmatrix} \Delta P_{\mathrm{L}\,1}(t) \\ \Delta P_{\mathrm{L}\,2}(t) \end{bmatrix},\ \overline{\Delta \boldsymbol{P}}_{\mathrm{L}}(t) := \begin{bmatrix} \overline{\Delta P}_{\mathrm{L}\,1}(t) \\ \overline{\Delta P}_{\mathrm{L}\,2}(t) \end{bmatrix},\ \widetilde{\Delta \boldsymbol{P}}_{\mathrm{L}}(t) := \begin{bmatrix} \widetilde{\Delta P}_{\mathrm{L}\,1}(t) \\ \widetilde{\Delta P}_{\mathrm{L}\,2}(t) \end{bmatrix}
\end{aligned}
\tag{58}
$$

とまとめると、連系系統の予見 LFC 問題は図 **5.26** のように表される。ここで、$\boldsymbol{w}_l(t) = \overline{\Delta \boldsymbol{P}}_{\mathrm{L}}(t+l)$ は両方の地域の需要変動 $\Delta \boldsymbol{P}_{\mathrm{L}}(t)$ の予測情報を表し、$\widetilde{\Delta \boldsymbol{P}}_{\mathrm{L}}(t)$ は電力需要予測の予測誤差に伴う不確かさを表している。そして、図 **5.26**[33] に示した点線の部分を図 **5.23** の一般化制御対象に対応させれば、定理 5.2 から予見 LFC が設計できる。図 **5.26** 中の周波数重み $\boldsymbol{W}_{\mathrm{u}}(s)$、係数 ρ の調整を含めた設計手順は、次のようにまとめられる。

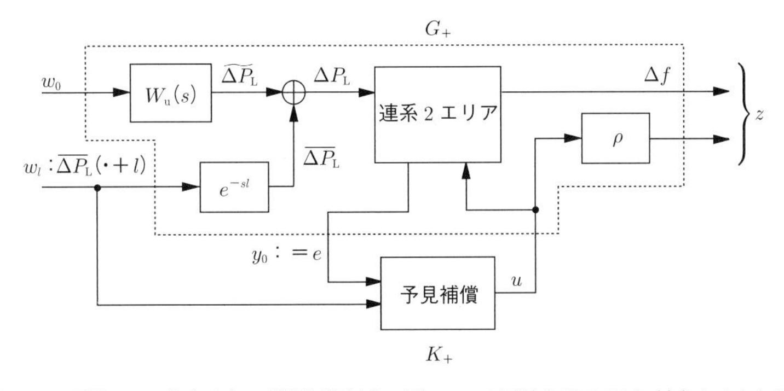

図 5.26　予見 LFC を定めた一般化制御対象：図 5.24 の系統を図 5.23 に対応させたもの。

(i) 予測不確かさ $\widetilde{\Delta \boldsymbol{P}}_{\mathrm{L}}$ の周波数帯を、周波数重み $\boldsymbol{W}_{\mathrm{u}}(s)$ により表す。ここで、$\boldsymbol{W}_{\mathrm{u}}(s)$ は予測不確かさが想定される周波数帯でゲインが大きくなるように定めるフィルタである。

(ii) 係数 ρ により周波数変動 $\Delta \boldsymbol{f}$ の抑制効果と入力の大きさを調整する。係数 ρ は入力の大きさを調節するパラメータであり、ρ を大きく定めると入力は抑制的になる。

(iii) (i)、(ii) で定めた重み $\boldsymbol{W}_{\mathrm{u}}(s)$ と ρ を用いて一般化制御対象（図 **5.26**）を構成し、定理 5.2 から H_2 予見制御則を求める。

周波数変動を低周波数帯で抑制することを目的に、周波数重み $\boldsymbol{W}_{\mathrm{u}}(s)$ を次の対角行列により定め、入力重み ρ を、

$$\boldsymbol{W}_{\mathrm{u}}(s) = \mathrm{diag}\left(\frac{1.79 \cdot 10^{-2}s + 4.47 \cdot 10^{-1}}{s + 2.50 \cdot 10^{-5}}, \frac{5.06 \cdot 10^{-2}s + 6.33 \cdot 10^{-1}}{s + 1.25 \cdot 10^{-5}}\right),$$
$$\rho = 1.00 \cdot 10^{-2}$$

と調整した結果、定理 5.2 の制御則により図 **5.27**[33] の周波数特性が達成された。図 **5.27** の (a)～(d) は $(\overline{\Delta P}_{\mathrm{L}\,1}, \overline{\Delta P}_{\mathrm{L}\,2})$ から $(\Delta f_1, \Delta f_2)$ までのゲイン線図を示したものであり、予見時間が長くなるに従い、効果的に低周波数帯の変動が抑制されることがわかる。

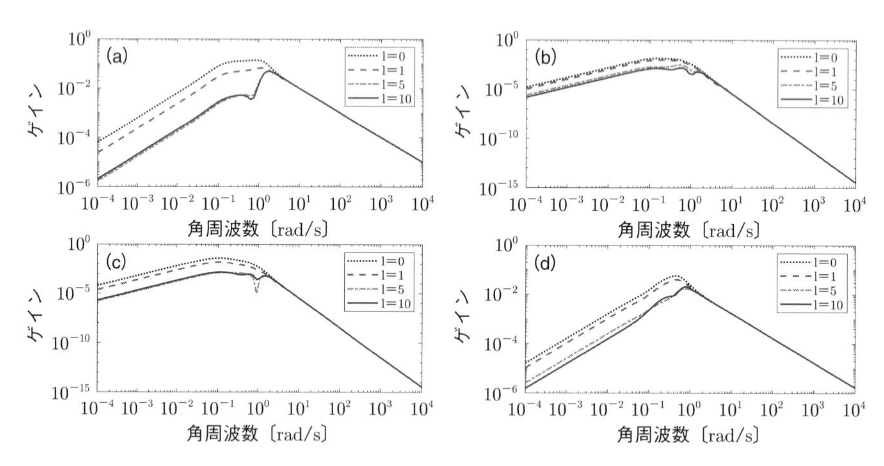

図 5.27　**負荷変動予測 $\overline{\Delta \boldsymbol{P}}_{\mathrm{L}\,i}$ から周波数変動 $\Delta \boldsymbol{f}_i$ $(i = 1, 2)$ までのゲイン特性**：予見補償により、低周波数領域から周波数変動が抑制される。(a)～(d) は、順に $\overline{\Delta \boldsymbol{P}}_{\mathrm{L}\,1} \to \Delta \boldsymbol{f}_1$、$\overline{\Delta \boldsymbol{P}}_{\mathrm{L}\,2} \to \Delta \boldsymbol{f}_1$、$\overline{\Delta \boldsymbol{P}}_{\mathrm{L}\,1} \to \Delta \boldsymbol{f}_2$、$\overline{\Delta \boldsymbol{P}}_{\mathrm{L}\,2} \to \Delta \boldsymbol{f}_2$ のゲイン特性である。

次に、疑似的な需給予測を印加し制御系の過渡特性を調べる。文献[37),38)]に基づいて生成した需給変動とその予測値を図 **5.28**[33] に示す。ここで、実線は各エリアの需給変動の予測値 $\overline{\Delta P}_{\mathrm{L}\,i}$ であり、破線は対応する実績値 $\Delta P_{\mathrm{L}\,i}$ $(i = 1, 2)$ である。このとき、予見 LFC の

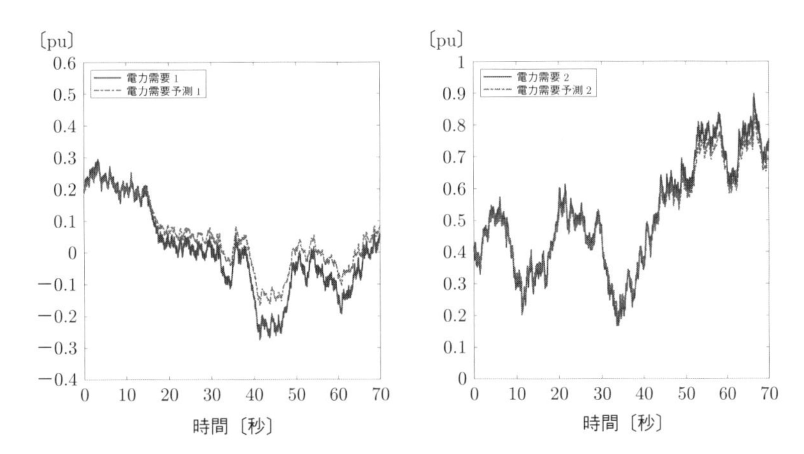

図 5.28　生成した負荷変動とその予測値：負荷変動に対して、その大まかな動きをカルマン予測により生成し予測値とした。左図と右図はそれぞれエリア 1 とエリア 2 に対応する。

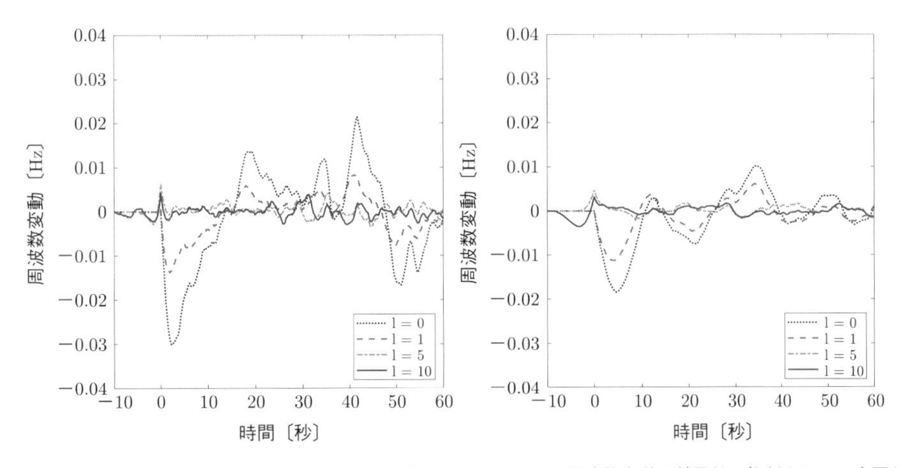

図 5.29　予見 LFC の時間応答：予見時間が 10 秒程度まで長くなると、周波数変動が効果的に抑制される。左図と右図はそれぞれエリア 1 およびエリア 2 の応答である。

応答は図 **5.29**[33)]のように求められ、予見時間を増加させるにしたがい周波数変動が抑制される傾向が確認される。また変動の抑制効果は、表 **5.6** のようにまとめられ、予見時間を長くしていくと、いずれ性能の改善は頭打ちになることがわかる。

これらの結果から、予見 LFC は需給変動を抑制する一つの有用な手法と考えられ、また、制御に有効な予測時間は、制御系の構成と予測情報の確度に密接に関係していることが観察される。今後、系統の構成と予見制御性能の関係を調べることにより、再生可能エネルギー大量導入時に適した予測補償機構を明らかにすることが期待される。

表 5.6　負荷周波数変動の RMS（Root Mean Square）値：予見時間 l の増加により、一般に負荷周波数変動が抑制されることが確認される。

RMS〔mHz〕＼ l〔秒〕	0	1	5	10
Δf_1	10.60	4.47	1.40	1.22
Δf_2	6.11	3.65	1.00	1.08

5.7 発電機制御と需要家・供給家の需給バランス制御最適化

複数の発電機からなる電力システムの周波数制御について、受動性の概念を用い、一次制御器群による局所的で速い制御と、系全体の効用・コストの意味での最適化を同時にかつ高速に実行する分散的手法について概説する。

本節の構成とポイントは以下の通りである。

5.7.1 発電機制御に関する背景

・発電機の周波数制御と経済効率最適化を同時実行する手法の必要性を述べる。

5.7.2 発電機の数理モデル

・タービン系の発電機からなる電力システムの受動性について述べる。

5.7.3 最適周波数制御

・受動的な最適化アルゴリズムである。

・最適化アルゴリズムと物理的電力システムを結合する。

5.7.4 提案手法の数値実験による検証

・提案手法の効果を検証する。

5.7.1 発電機制御に関する背景

再生可能エネルギーの大量導入に伴い、AGC（Automatic Generator Control）は、より大きな需給バランスのミスマッチを抑制するよう、これまで以上に効果的に動作する必要があり、またそれが経済的有効性をもたらすものと考えられている。現状の AGC では、領域制御誤差（Area Control Error：ACE）が各発電機にある割合で分配され[39]、それから計算される目標とする発電電力に追従するよう、個々の発電機を制御する。しかし、この ACE の信号の分配係数の更新サンプリング時間が 5 分～15 分となっており、再生可能エネルギーや DR の導入に伴う電力システム全体の動特性の高速化に対応できず、経済的に非効率な状況となっている[40]。以上のことから、経済効率も考慮した、より系統的な電力システム全体の最適周波数制御が望まれ、その観点で、発電機の速い周波数制御と経済効率最適化を組み合わせた議論が活発になされている[40)~44]。

以上を背景に、ここでは、文献[45)~47]にある問題設定をベースに、受動性（passivity）[48]

を用いた発電機の周波数制御と経済効率最適化を同時にかつ高速に実行する、大域的安定性と最適性が保証された系統的で分散的な制御・最適化の設計手法[49]を説明する。この手法によれば、最適化アルゴリズムに自由度があり、その自由度を用いることにより、最急降下法のみならず準分散ニュートン法を選ぶことも可能である。これにより、既存結果に比べて速い収束速度が実現でき、より高い経済効率の実現が見込める。

5.7.2 発電機の数理モデル

タービン系の発電機・負荷・母線（バス）からなるシステムの動特性を表す数理モデルの一つとして以下を考える[45)〜47)]。

$$M_i \frac{d\omega_i}{dt} = -D_i\omega_i + \sum_{j\in\mathcal{G}_i}(P_{\mathrm{M},j} + P_{\mathrm{St},j}) - \sum_{j\in\mathcal{D}_i} P_{\mathrm{D},j} - P_{\mathrm{L},i} - \sum_{j\in\mathcal{N}} T_{ij}(\delta_i - \delta_j),\ \ i\in\mathcal{N}_{\mathrm{G}} \tag{59}$$

$$D_i \frac{d\delta_i}{dt} = -\sum_{j\in\mathcal{D}_i} P_{\mathrm{D},j} - P_{\mathrm{L},i} - \sum_{j\in\mathcal{N}} T_{ij}(\delta_i - \delta_j),\ \ i\in\mathcal{N}_{\mathrm{L}} \tag{60}$$

$$\frac{d\delta_i}{dt} = \omega_i,\ \ i\in\mathcal{N} \tag{61}$$

ただし δ_i、ω_i は母線電圧の位相と周波数、M_i は発電機の慣性定数、D_i は制動係数、$P_{\mathrm{M},j}$、$P_{\mathrm{St},j}$、$P_{\mathrm{D},j}$、$P_{\mathrm{L},i}$ はそれぞれタービンの出力電力、蓄電池の出力電力、調整可能な消費電力、固定された消費電力を表す。また、$\mathcal{N}_{\mathrm{G}}$、$\mathcal{N}_{\mathrm{L}}$、$\mathcal{N}$、$\mathcal{G}_i$、$\mathcal{D}_i$ はそれぞれ、発電機が接続された母線のインデックス集合、負荷が接続された母線のインデックス集合、全母線のインデックス集合、母線 i に接続された発電機のインデックス集合、母線 i に接続された DR 可能な負荷のインデックス集合を表す。また T_{ij} は伝達係数を表し、$T_{ij} = T_{ji}$ を満たす。なお、ω_i、$P_{\mathrm{M},j}$、$P_{\mathrm{D},j}$、$P_{\mathrm{L},i}$ はそれらの平衡状態の値からの偏差を表す。式 (59) 〜式 (61) をまとめ、ベクトルで表現すると、

$$\boldsymbol{\Lambda}_1: \quad \boldsymbol{M}\frac{d^2\boldsymbol{\delta}}{dt^2} + \boldsymbol{D}\frac{d\boldsymbol{\delta}}{dt} + \boldsymbol{T}\boldsymbol{\delta} = \boldsymbol{G}_3(\boldsymbol{P}_{\mathrm{M}} + \boldsymbol{P}_{\mathrm{St}}) - \boldsymbol{G}_4\boldsymbol{P}_{\mathrm{D}} - \boldsymbol{G}_5\boldsymbol{P}_{\mathrm{L}} \tag{62}$$

を得る。ただし、$\boldsymbol{\delta}$、$\boldsymbol{P}_{\mathrm{M}}$、$\boldsymbol{P}_{\mathrm{St}}$、$\boldsymbol{P}_{\mathrm{D}}$、$\boldsymbol{P}_{\mathrm{L}}$ はそれぞれ δ_i、$P_{\mathrm{M},j}$、$P_{\mathrm{St},j}$、$P_{\mathrm{D},j}$、$P_{\mathrm{L},i}$ をすべての i（または j）ごとに縦に並べたベクトルであるとし、$\boldsymbol{M}$、$\boldsymbol{D}$、$\boldsymbol{T}$、$\boldsymbol{G}_3$、$\boldsymbol{G}_4$、$\boldsymbol{G}_5$ は、式 (62) が式 (59) 〜式 (61) となるように定義された行列とする。以下では、$\boldsymbol{\Lambda}_1$ は発電機と負荷からなる動的な物理ネットワークとみなす。このとき、次の命題が成り立つ。

命題 5.1 [49)]システム $\boldsymbol{\Lambda}_1$ は、$\boldsymbol{u}_1 = \boldsymbol{G}_3(\boldsymbol{P}_{\mathrm{M}} + \boldsymbol{P}_{\mathrm{St}}) - \boldsymbol{G}_4\boldsymbol{P}_{\mathrm{D}} - \boldsymbol{G}_5\boldsymbol{P}_{\mathrm{L}}$, $\boldsymbol{y}_1 = \boldsymbol{\omega}$ を入出力とするとき、受動的（passive）である。

ここで受動的とは、動的システムが次の条件を満たすときである。

定義 5.1（受動的システム（**Passive System**）[48)]）次の動的システムを考える。

$$\frac{d\boldsymbol{x}}{dt} = \boldsymbol{g}(\boldsymbol{x}, \boldsymbol{u}),\ \boldsymbol{y} = \boldsymbol{h}(\boldsymbol{x}, \boldsymbol{u}) \tag{63}$$

ここで $\boldsymbol{u}$、$\boldsymbol{y}$ は系全体に対する入出力、$\boldsymbol{g}$ は局所リプシッツ、$\boldsymbol{h}$ は連続であり、$\boldsymbol{g}(\boldsymbol{0}, \boldsymbol{0}) = \boldsymbol{0}$、$\boldsymbol{h}(\boldsymbol{0}, \boldsymbol{0}) = \boldsymbol{0}$ を満たすものとする。このシステムが受動的であるとは、連続で可微分準正定関数 $S(\boldsymbol{x})$（ストレージ関数と呼ぶ）が存在し、

$$\boldsymbol{u}^{\top}\boldsymbol{y} \geq \frac{dS}{dt} = \frac{\partial S}{\partial \boldsymbol{x}}\boldsymbol{g}(\boldsymbol{x}, \boldsymbol{u}),\ \ \forall(\boldsymbol{x}, \boldsymbol{u}) \tag{64}$$

が成り立つ場合である。

受動的システムは特別なものではなく、例えばニュートン力学に従うマス・バネ・ダンパー系において、マスに外から加える力を入力、マスの速度を出力とすれば受動的である。すなわち、外部からエネルギーを補給しなければ、内部エネルギーは消費する一方であるような自然なシステムである。

さて、各発電機にはタービンとガバナと呼ばれる局所的な制御器が接続されている。そこで、タービン・ガバナのダイナミクスが、

$$\frac{dP_{\mathrm{M},i}}{dt} = \tau_i^{-1}(P_{\mathrm{G},i} - P_{\mathrm{M},i} - R_i^{-1}\omega_i),\ \ i \in \mathcal{G}$$

で表されているとする[45)~47)]。ただし τ_i は時定数、$P_{\mathrm{G},i}$ は $P_{\mathrm{M},i}$ のためのセットポイント、R_i はドループ係数を表す。発電機の場合と同様に、全タービン・ガバナのダイナミクスをベクトルで表現すると、

$$\begin{aligned}\boldsymbol{\Lambda}_2 :\quad & \frac{d\boldsymbol{P}_{\mathrm{M}}}{dt} = \boldsymbol{\tau}^{-1}(\boldsymbol{P}_{\mathrm{G}} - \boldsymbol{P}_{\mathrm{M}} - \boldsymbol{R}^{\sharp}\boldsymbol{\omega}),\ \boldsymbol{y}_2 := \boldsymbol{P}_{\mathrm{M}}^{\dagger} := \boldsymbol{R}^{\dagger}\boldsymbol{P}_{\mathrm{M}} \\ & \boldsymbol{P}_{\mathrm{G}} := \begin{bmatrix} P_{\mathrm{G},1} & P_{\mathrm{G},2} & \cdots & P_{\mathrm{G},|\mathcal{G}|} \end{bmatrix}^{\top},\ \boldsymbol{\tau} := \mathbf{diag}(\tau_1, \ldots, \tau_{|\mathcal{G}|}) \\ & \boldsymbol{R}^{\dagger} := \mathbf{diag}(R_1, R_2, \ldots, R_{|\mathcal{G}|}),\ \boldsymbol{R}^{\sharp} := (\boldsymbol{R}^{\dagger})^{-1}\boldsymbol{G}_3^{\top}\end{aligned} \tag{65}$$

を得る。なお、$\boldsymbol{G}_3^\top$ は全母線の周波数ベクトル $\boldsymbol{\omega}$ から発電機の周波数を集めたベクトル $\boldsymbol{\omega}_{\mathrm{G}}$ を取り出す行列（すなわち、$\boldsymbol{\omega}_{\mathrm{G}} = \boldsymbol{G}_3^\top \boldsymbol{\omega}$ を満たす行列）であり、$|\mathcal{G}|$ は集合 $\mathcal{G}$ の要素数（例えば、$\mathcal{G} = \{1, 3, 5\}$ の場合は $|\mathcal{G}| = 3$）を表し、$\mathbf{diag}(\tau_1, \ldots, \tau_{|\mathcal{G}|})$ は i 番目の対角成分に $\tau_i (i \in \mathcal{G})$ を持ち、非対角成分はゼロとする対角行列である（$\mathbf{diag}(R_1, R_2, \ldots, R_{|\mathcal{G}|})$ も同様）。

この $\boldsymbol{\Lambda}_2$ についても次の命題が成り立つ。

命題 5.2 [49] システム $\boldsymbol{\Lambda}_2$ は、$\boldsymbol{u}_2 = (\boldsymbol{P}_{\mathrm{G}} - \boldsymbol{R}^\sharp \boldsymbol{\omega})$、$\boldsymbol{y}_2 = \boldsymbol{P}_{\mathrm{M}}^\dagger$ を入出力とするとき、受動的である。

一般に、二つの受動的なシステムのフィードバック結合（図 **5.30** 参照）に関して、受動定理と呼ばれる以下の命題が成立する。

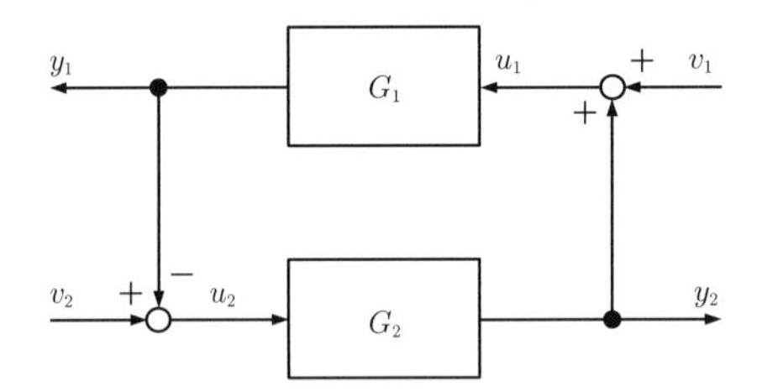

図 5.30　$\boldsymbol{G}_1$ と $\boldsymbol{G}_2$ のネガティブフィードバック接続：受動的なシステム $\boldsymbol{G}_1$、$\boldsymbol{G}_2$ がネガティブフィードバック結合するとき、システム全体は安定で入力 $\boldsymbol{v}$ から出力 $\boldsymbol{y}$ までのシステムは受動的である。

命題 5.3 [48] 二つの入出力システム $\boldsymbol{G}_1$、$\boldsymbol{G}_2$

$$\boldsymbol{y}_1 = \boldsymbol{G}_1 \boldsymbol{u}_1,\ \boldsymbol{y}_2 = \boldsymbol{G}_2 \boldsymbol{u}_2 \tag{66}$$

はともに受動的であるとする。このとき、

$$\begin{aligned} &\boldsymbol{u}_1 = \boldsymbol{v}_1 + \boldsymbol{y}_2 \\ &\boldsymbol{u}_2 = \boldsymbol{v}_2 - \boldsymbol{y}_1,\ \text{ただし}\ \boldsymbol{v}_1,\ \boldsymbol{v}_2\ \text{は外生信号} \end{aligned} \tag{67}$$

によって $\boldsymbol{G}_1$、$\boldsymbol{G}_2$ をネガティブフィードバック結合するとき、閉ループ系は安定で $\boldsymbol{v} = \begin{bmatrix} \boldsymbol{v}_1^\top & \boldsymbol{v}_2^\top \end{bmatrix}^\top$、$\boldsymbol{y} = \begin{bmatrix} \boldsymbol{y}_1^\top & \boldsymbol{y}_2^\top \end{bmatrix}^\top$ を入出力とする閉ループ系は受動的である。

この命題から、$\boldsymbol{\Lambda}_1$ と $\boldsymbol{\Lambda}_2$ がそれぞれ受動的であることを用いると、次に示す結果が得られる。

補題 5.1 [49] ネガティブフィードバック結合しているシステム $\boldsymbol{\Lambda}_1$、$\boldsymbol{\Lambda}_2$ からなるシステム $\boldsymbol{\Lambda}_1$–$\boldsymbol{\Lambda}_2$ において、$\boldsymbol{v} = \begin{bmatrix} \boldsymbol{v}_1^\top & \boldsymbol{v}_2^\top \end{bmatrix}^\top$、$\boldsymbol{y} = \begin{bmatrix} \boldsymbol{y}_1^\top & \boldsymbol{y}_2^\top \end{bmatrix}^\top$ を入出力信号とする。ただし、

$$\begin{aligned}
&\boldsymbol{y}_1 := \boldsymbol{\omega} \\
&\boldsymbol{u}_1 := \boldsymbol{G}_3(\boldsymbol{P}_{\mathrm{M}} + \boldsymbol{P}_{\mathrm{St}}) - \boldsymbol{G}_4\boldsymbol{P}_{\mathrm{D}} - \boldsymbol{G}_5\boldsymbol{P}_{\mathrm{L}} = \boldsymbol{R}^{\sharp^\top}\boldsymbol{y}_2 + \boldsymbol{v}_1 \\
&\boldsymbol{v}_1 := \boldsymbol{G}_3\boldsymbol{P}_{\mathrm{St}} - \boldsymbol{G}_4\boldsymbol{P}_{\mathrm{D}} - \boldsymbol{G}_5\boldsymbol{P}_{\mathrm{L}},\ \boldsymbol{y}_2 := \boldsymbol{R}^\dagger\boldsymbol{P}_{\mathrm{M}} = \boldsymbol{P}_{\mathrm{M}}^\dagger \\
&\boldsymbol{u}_2 := \boldsymbol{P}_{\mathrm{G}} - \boldsymbol{R}^\sharp\boldsymbol{\omega} = \boldsymbol{v}_2 - \boldsymbol{R}^\sharp\boldsymbol{y}_1,\ \boldsymbol{v}_2 := \boldsymbol{P}_{\mathrm{G}}
\end{aligned} \tag{68}$$

である。このとき、システム $\boldsymbol{\Lambda}_1$–$\boldsymbol{\Lambda}_2$ は受動的である。

システム $\boldsymbol{\Lambda}_1$–$\boldsymbol{\Lambda}_2$ のフィードバック接続の構造を、図 **5.31** に示す。図から、それぞれ受動的な $\boldsymbol{\Lambda}_1$ と $\boldsymbol{\Lambda}_2$ がネガティブフィードバック結合していることがわかる。よって、命題5.3から補題5.1が直ちに導かれる。

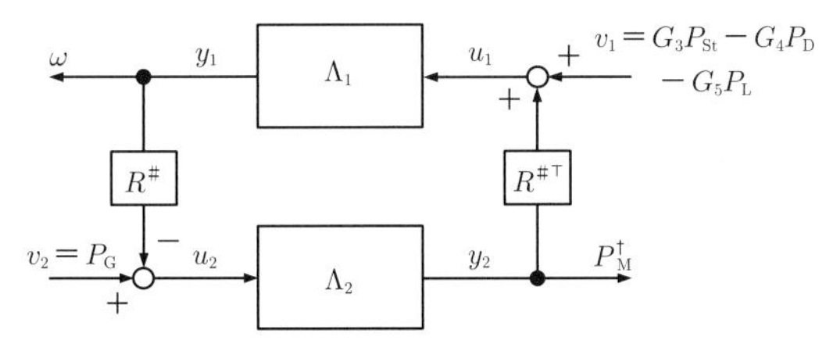

図 5.31 $\boldsymbol{\Lambda}_1$（発電機と負荷からなる系）と $\boldsymbol{\Lambda}_2$（タービン・ガバナからなる系）のネガティブフィードバック接続による全体の物理システム：受動的なシステム $\boldsymbol{\Lambda}_1, \boldsymbol{\Lambda}_2$ がネガティブフィードバック結合するとき、システム全体は安定で入力 $(\boldsymbol{v}_1, \boldsymbol{v}_2)$ から出力 $(\boldsymbol{\omega}, \boldsymbol{P}_{\mathrm{M}}^\dagger)$ までのシステムは受動的である。

5.7.3 最適周波数制御

これまで説明してきた局所的な物理システムとそのガバナによる周波数制御を下位層の制御系とみなし、ここでは新たにネットワーク全体の経済的な最適性を達成するための、上位層による制御および最適化を考える。そこで、最適周波数制御（Optimal Frequency Control：OFC）問題を以下のように設定する。

$$\min_{\boldsymbol{P}_{\mathrm{G}}, \boldsymbol{P}_{\mathrm{D}}} \quad \sum_{i \in \mathcal{G}} C_{\mathrm{G},i}(P_{\mathrm{G},i}) - \sum_{i \in \mathcal{D}} U_{\mathrm{D},i}(P_{\mathrm{D},i}) \tag{69}$$

$$\text{s.t.} \quad \sum_{i \in \mathcal{G}} P_{\mathrm{G},i} - \sum_{i \in \mathcal{D}} P_{\mathrm{D},i} = F(\overline{\omega}) \tag{70}$$

$$\underline{P}_{\mathrm{G},i} \leq P_{\mathrm{G},i} \leq \overline{P}_{\mathrm{G},i}, \ \ i \in \mathcal{G} \tag{71}$$

$$\underline{P}_{\mathrm{D},i} \leq P_{\mathrm{D},i} \leq \overline{P}_{\mathrm{D},i} \ \ \ i \in \mathcal{D} \tag{72}$$

ただし、$C_{\mathrm{G},i}(P_{\mathrm{G},i})$、$U_{\mathrm{D},i}(P_{\mathrm{D},i})$ は C^2 級である[1]コスト関数および効用関数であり（それぞれ厳密に凸および凹であるとする）、$\underline{P}_{\mathrm{G},i}$、$\overline{P}_{\mathrm{G},i}$ は母線 i に接続された発電機の出力の下限および上限値、$\underline{P}_{\mathrm{D},i}$、$\overline{P}_{\mathrm{D},i}$ は母線 i に接続された DR 可能な負荷消費電力の下限および上限値を表す。よって、式(69)はネットワーク全体の経済性の最適化という意味がある。式(70)はネットワーク全体のパワーバランスを表す制約、$F(\varpi)$ はネットワーク全体の平均周波数偏差 ϖ から需給バランスのミスマッチへの写像とする。また、式(71)、式(72)はそれぞれ $P_{\mathrm{G},i}$、$P_{\mathrm{D},i}$ の上下限制約である。

この最適化問題の最適解を見つけるためのアルゴリズムおよびその性質として、次の定理が成り立つ。

定理 5.3 [49]以下の OFC 問題最適化アルゴリズムのセット $\mathbf{\Lambda}_3$–$\mathbf{\Lambda}_9$ を考える。

$$\mathbf{\Lambda}_3 : \frac{d\boldsymbol{P}_{\mathrm{D}}}{dt} = (-\nabla^2 \boldsymbol{U}_{\mathrm{D}})^{-1}\Big[\nabla \boldsymbol{U}_{\mathrm{D}} + \boldsymbol{u}_3 + q \cdot \mathbf{1} + \boldsymbol{q}_{\mathrm{D}}^{\ell} - \boldsymbol{q}_{\mathrm{D}}^{u}\Big]$$

$$\mathbf{\Lambda}_4 : \frac{d\boldsymbol{P}_{\mathrm{G}}}{dt} = (\nabla^2 \tilde{\boldsymbol{C}}_{\mathrm{G}})^{-1}\Big[-\nabla \tilde{\boldsymbol{C}}_{\mathrm{G}} + \boldsymbol{u}_4 - q \cdot \mathbf{1} + \boldsymbol{q}_{\mathrm{G}}^{\ell} - \boldsymbol{q}_{\mathrm{G}}^{u}\Big]$$

$$\mathbf{\Lambda}_5 : \frac{dq}{dt} = -\Big(\sum_{i \in \mathcal{D}} P_{\mathrm{D},i} - \sum_{i \in \mathcal{G}} P_{\mathrm{G},i} + F(\varpi)\Big)$$

$$\mathbf{\Lambda}_6 : \frac{d\boldsymbol{q}_{\mathrm{D}}^{\ell}}{dt} = \Big[\underline{\boldsymbol{P}}_{\mathrm{D}} - \boldsymbol{P}_{\mathrm{D}}\Big]^{+}_{\boldsymbol{q}_{\mathrm{D}}^{\ell}}, \ \mathbf{\Lambda}_7 : \frac{d\boldsymbol{q}_{\mathrm{D}}^{u}}{dt} = \Big[\boldsymbol{P}_{\mathrm{D}} - \overline{\boldsymbol{P}}_{\mathrm{D}}\Big]^{+}_{\boldsymbol{q}_{\mathrm{D}}^{u}}$$

$$\mathbf{\Lambda}_8 : \frac{d\boldsymbol{q}_{\mathrm{G}}^{\ell}}{dt} = \Big[\underline{\boldsymbol{P}}_{\mathrm{G}} - \boldsymbol{P}_{\mathrm{G}}\Big]^{+}_{\boldsymbol{q}_{\mathrm{G}}^{\ell}}, \ \mathbf{\Lambda}_9 : \frac{d\boldsymbol{q}_{\mathrm{G}}^{u}}{dt} = \Big[\boldsymbol{P}_{\mathrm{G}} - \overline{\boldsymbol{P}}_{\mathrm{G}}\Big]^{+}_{\boldsymbol{q}_{\mathrm{G}}^{u}}$$

$$\nabla \tilde{\boldsymbol{C}}_{\mathrm{G}}(\boldsymbol{P}_{\mathrm{G}}) := \nabla \boldsymbol{C}_{\mathrm{G}}(\boldsymbol{P}_{\mathrm{G}}) - \boldsymbol{R}^{\dagger}\boldsymbol{P}_{\mathrm{G}}$$

このとき、アルゴリズムのセット $\mathbf{\Lambda}_3$–$\mathbf{\Lambda}_9$ は、$\begin{bmatrix}\boldsymbol{u}_3^\top & \boldsymbol{u}_4^\top & -F(\varpi)\end{bmatrix}^\top$、$\begin{bmatrix}\boldsymbol{P}_{\mathrm{D}}^\top & \boldsymbol{P}_{\mathrm{G}}^\top & q\end{bmatrix}^\top$ を入出力とすると incrementally passive[2]である。ただし、$\nabla \boldsymbol{U}_{\mathrm{D}}$、$\nabla \tilde{\boldsymbol{C}}_{\mathrm{G}}$ はグラディエント、$\nabla^2 \boldsymbol{U}_{\mathrm{D}}$、$\nabla^2 \tilde{\boldsymbol{C}}_{\mathrm{G}}$ はヘッシアン、$\mathbf{1} = [1\,1\,\cdots\,1]^\top$、$[\boldsymbol{g}]^{+}_{\mu} : \mathbb{R}^n \ni \boldsymbol{g} \mapsto \boldsymbol{v} \in \mathbb{R}^n$ は次で定義されるオペレータである。

---

[1] 二階微分可能であり、二階微分した関数が連続となる関数のことを指す。

[2] 二つの入出力信号の差について式(64)と同様の条件が成り立つ場合を指す（厳密な定義は文献[50]を参照）。

$$v_i = \begin{cases} g_i, & \mu_i > 0 \\ \max\{0, g_i\}, & \mu_i = 0 \end{cases} \tag{73}$$

ただし、v_i および g_i は縦ベクトル $\boldsymbol{v}$ および $\boldsymbol{g}$ の i 番要素とする。

なお、上のアルゴリズムにおいて $\boldsymbol{\Lambda}_3$、$\boldsymbol{\Lambda}_4$ は準分散ニュートン法[51]になっており、最急降下法と比較して、最適解へのより速い収束が見込めることに注意する。

次に、物理システムの下位層と上で示した OFC 問題を解く上位層を結合し、OFC 問題の意味で最適な $(\boldsymbol{P}_{\mathrm{G}}^{\star}, \boldsymbol{P}_{\mathrm{D}}^{\star})$ を求めながら物理層の $\boldsymbol{P}_{\mathrm{M}}$ も $\boldsymbol{P}_{\mathrm{G}}^{\star}$ に追従させ、かつその最適解が大域的に安定であるような、全体の制御・最適化システムを導くことを考える。その準備として、以下を定義する。

$$F(\overline{\omega}) := \boldsymbol{G}_6\boldsymbol{\omega} = \frac{1}{|\mathcal{N}_{\mathrm{G}}|}\mathbf{1}^{\top}\boldsymbol{\omega}_{\mathrm{G}}$$
$$\boldsymbol{\Lambda}_{10} : \frac{d\boldsymbol{p}}{dt} = -\boldsymbol{\omega}_{\mathrm{G}} = -\boldsymbol{G}_7\boldsymbol{\omega}$$

ここで、$\boldsymbol{\Lambda}_{10}$ は $\boldsymbol{\omega}_{\mathrm{G}}$ が $\mathbf{0}$ へ収束することを保証するためのものである。

以上より、次の結果を得る。

定理 5.4 [49]物理システム $\boldsymbol{\Lambda}_1$–$\boldsymbol{\Lambda}_2$ と OFC 問題最適化アルゴリズム $\boldsymbol{\Lambda}_3$–$\boldsymbol{\Lambda}_{10}$ とを、

$$\boldsymbol{u}_3 = \boldsymbol{G}_4^{\top}\boldsymbol{\omega},\ \boldsymbol{u}_4 = -\boldsymbol{P}_{\mathrm{M}}^{\dagger},\ F(\overline{\omega}) = \boldsymbol{G}_6\boldsymbol{\omega}$$
$$\boldsymbol{G}_3\boldsymbol{P}_{\mathrm{St}} = \boldsymbol{G}_6^{\top}q + \boldsymbol{G}_7^{\top}\boldsymbol{p}$$
$$\boldsymbol{v}_1 = \boldsymbol{G}_3\boldsymbol{P}_{\mathrm{St}} - \boldsymbol{G}_4\boldsymbol{P}_{\mathrm{D}} - \boldsymbol{G}_5\boldsymbol{P}_{\mathrm{L}},\ \boldsymbol{v}_2 = \boldsymbol{P}_{\mathrm{G}} \tag{74}$$

により結合する。このとき、全システム $\boldsymbol{\Lambda}_1$–$\boldsymbol{\Lambda}_{10}$ は以下の条件を満たす平衡点において大域的漸近安定である。

$$\boldsymbol{\omega}_{\mathrm{G}}^{\star} = \mathbf{0}$$
$$-\boldsymbol{T}\boldsymbol{\delta}^{\star} + \boldsymbol{G}_3\boldsymbol{P}_{\mathrm{M}}^{\star} - \boldsymbol{G}_4\boldsymbol{P}_{\mathrm{D}}^{\star} - \boldsymbol{G}_5\boldsymbol{P}_{\mathrm{L}} + \boldsymbol{G}_6^{\top}q^{\star} = \boldsymbol{O}$$
$$\boldsymbol{P}_{\mathrm{M}}^{\star} = \boldsymbol{P}_{\mathrm{G}}^{\star}$$
$$\nabla \boldsymbol{U}_{\mathrm{D}}(\boldsymbol{P}_{\mathrm{D}}^{\star}) + \mathbf{1}q^{\star} + \boldsymbol{q}_{\mathrm{D}}^{\ell\star} - \boldsymbol{q}_{\mathrm{D}}^{u\star} = \mathbf{0}$$
$$-\nabla \boldsymbol{C}_{\mathrm{G}}(\boldsymbol{P}_{\mathrm{G}}^{\star}) - \mathbf{1}q^{\star} + \boldsymbol{q}_{\mathrm{G}}^{\ell\star} - \boldsymbol{q}_{\mathrm{G}}^{u\star} = \mathbf{0}$$

$$\mathbf{1}^\top \boldsymbol{P}_{\mathrm{D}}^\star - \mathbf{1}^\top \boldsymbol{P}_{\mathrm{G}}^\star + \boldsymbol{G}_6 \boldsymbol{\omega}^\star = \mathbf{0}$$

また、平衡点 $(\boldsymbol{P}_{\mathrm{D}}^\star, \boldsymbol{P}_{\mathrm{G}}^\star, q^\star, q_\bullet^{\bullet\star}, \boldsymbol{p}^\star)$ は OFC 問題の最適解である。

命題 5.3 を用いて補題 5.1 が導かれたのと同様に、定理 5.4 も二つの受動的なシステムセット $\boldsymbol{\Lambda}_1$–$\boldsymbol{\Lambda}_2$（物理システム、下位層）、$\boldsymbol{\Lambda}_3$–$\boldsymbol{\Lambda}_{10}$（OFC 問題最適化アルゴリズム、上位層）がネガティブフィードバック結合しているものと解釈でき、命題 5.3 を適用することにより得られる。

全体システムの構造を図 **5.32** に示す。図からもわかるように、受動的な物理層 $\boldsymbol{\Lambda}_1$–$\boldsymbol{\Lambda}_2$ のブロックと、同じく受動的な OFC 問題最適化アルゴリズム $\boldsymbol{\Lambda}_3$–$\boldsymbol{\Lambda}_{10}$ のブロックとがネガティブフィードバック接続しているのが見て取れる。

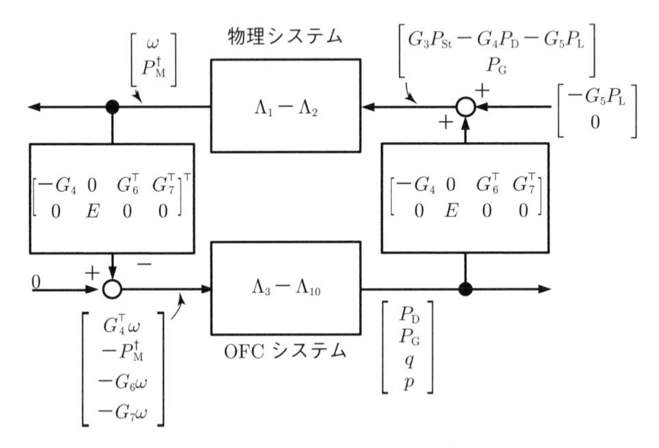

図 5.32　$\boldsymbol{\Lambda}_1$–$\boldsymbol{\Lambda}_2$（物理システム）と $\boldsymbol{\Lambda}_3$–$\boldsymbol{\Lambda}_{10}$（OFC システム）のネガティブフィードバック接続による全体システム：システム全体は受動的な物理システムと OFC システムによるネガティブフィードバック結合であり、システム全体は安定である。

5.7.4　提案手法の数値実験による検証

提案手法の有効性を確認するために数値実験結果を示す。ここでは、東日本における電力ネットワークの一つの数理モデル IEEJ EAST30 機系統モデル[52)]をベースとし、より簡素化した 30 エリアからなるモデルを作成した。数値実験では時刻 120 秒～240 秒の間に、固定された電力需要のいくつかに図 **5.33** に示した外乱を加えた。

制御および最適化の手法として、以下の二つの場合を考える。

Test 1：　ドループ特性に基づく局所的な周波数制御のみ行う。DR も行わない。

Test 2：　本節で提案する手法に基づくもの。

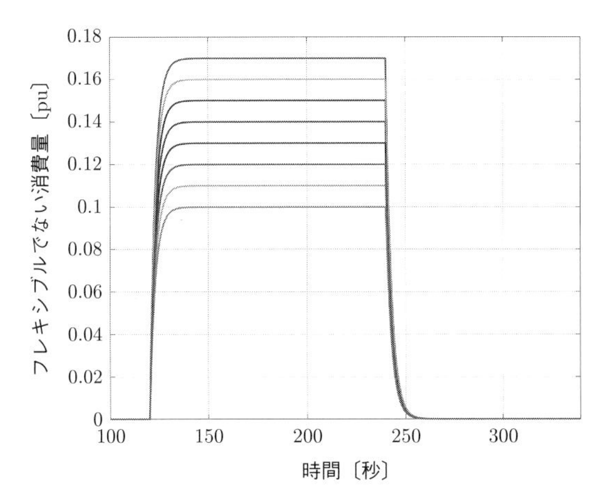

図 5.33　120 秒〜240 秒における電力負荷の変化：調整可能な消費電力 $\boldsymbol{P}_{\mathrm{D}}$ 以外に付加された制御されない電力需要の時間変化を表し、システム全体への外乱となる。

Test 1：Test 1 の結果を図 **5.34** に示す。局所的な周波数制御のみ行っているため、120 秒〜240 秒の間の定常状態で $\boldsymbol{\omega}$ には基準値からのずれが残っている。また DR は行っておらず、フレキシブルな電力需要 $\boldsymbol{P}_{\mathrm{D}}$ は常にゼロである。

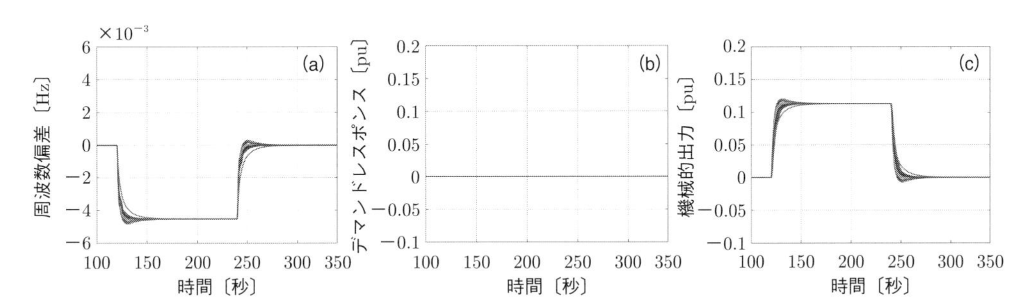

図 5.34　Test 1 における周波数偏差 ω_i（a）、DR $\boldsymbol{P}_{\mathrm{D},j}$（b）、タービン出力電力 $\boldsymbol{P}_{\mathrm{M},j}$ の時間応答（c）：図 5.33 に示されたシステム全体への外乱に対応してタービン出力電力（c）は $\boldsymbol{\Lambda}_2$ の制御則により変化するが周波数偏差（a）の時間変化を抑えるには充分ではない。DR（b）は存在しない、つまり $\boldsymbol{P}_{\mathrm{D},j}$ は調整されないので、外乱に対して反応せず 0 のままである。

Test 2：Test 2 の結果を図 **5.35** に示す。DR に依存しない固定電力需要に加えられた外乱に対して、その外乱の加えられた時刻（120 秒）、取り除かれた時刻（240 秒）では、各周波数 ω_i の時間応答（図 **5.35**（a））は乱れるが、速やかに基準値に戻っていることがわかる。DR によるフレキシブルな電力需要 $\boldsymbol{P}_{\mathrm{D}}$ も時間変化し（図 **5.35**（b））、これに寄与していることがわかる。同様に、発電機における機械的出力 $\boldsymbol{P}_{\mathrm{M}}$ の時間変化が見られ（図 **5.35**（c））、これにより適切に周波数制御されていることがわかる。

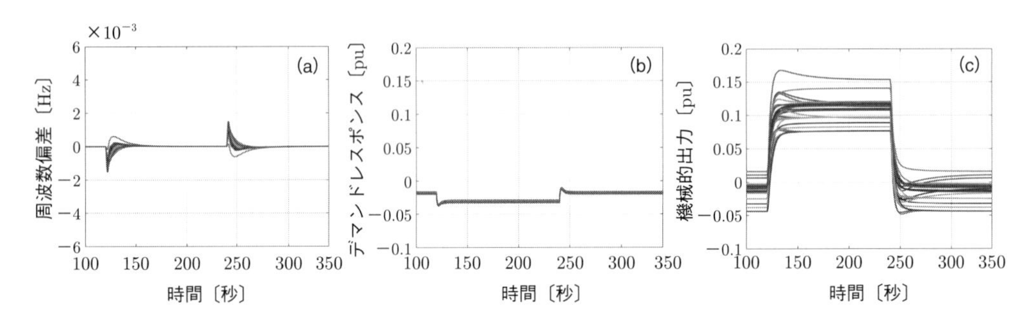

図 5.35　Test 2 における周波数偏差 $\boldsymbol{\omega}_i$（a）、DR $\boldsymbol{P}_{\mathrm{D},j}$（b）、タービン出力電力 $\boldsymbol{P}_{\mathrm{M},j}$ の時間応答（c）： 図 5.33 に示されたシステム全体への外乱に対応して DR（b）および機械的出力（c）が変化し、周波数偏差（a）の定常偏差を抑えている。

ここで紹介した手法では、システム全体の安定性は受動性に基づくものであり、その受動性が保たれる範囲の中で自由度がある。その自由度を有効活用することにより、数値実験の例を上回るようチューニングすることも可能であり、各々の具体例に即して対応できる。

5.8 電力系統のネットワーク構造と同期安定性

再生可能エネルギー発電の大量導入に伴い系統全体の慣性力が低下し、同期安定性の評価が益々重要になっている。送電線の結合の仕方を表す電力系統のネットワーク構造[1]は、電力系統の安定性と関係している。本節では、単純化された電力系統モデルを用いて、ネットワーク構造が電力系統の安定性に与える影響について概観する。

本節の構成とポイントは以下の通りである。

5.8.1 **動揺方程式を用いた電力系統モデル**

・ネットワーク構造が電力系統の安定性に与える影響を調べるため、動揺方程式を用いた電力系統モデルを導入する。

5.8.2 **電力系統モデルの定常状態の線形安定性解析**

・単純化された電力系統モデルの定常状態の安定性を調べることにより、電力ネットワークのグラフラプラシアンの果たす役割について紹介する。

5.8.3 **電力系統モデルの定常状態の実現**

・電力系統モデルの定常状態の実現において、ネットワーク構造が果たす役割について紹介する。

5.8.1 動揺方程式を用いた電力系統モデル

本節では、電力系統を構成する各発電機の数理モデルとして、動揺方程式

$$M_i \frac{d^2\delta_i}{dt^2} + d_i \frac{d\delta_i}{dt} = P_{\mathrm{m},i} - P_{\mathrm{e},i} \tag{75}$$

を用いる。ここで、n は発電機の台数を表し、δ_i は標準周波数で回転する座標系における発電機 $i \in \{1, 2, \ldots, n\}$ の偏角である。また、M_i は発電機 i の慣性定数、d_i は発電機 i の制動係数であり、$P_{\mathrm{m},i}$ は機械的入力、$P_{\mathrm{e},i}$ は電気的出力である。角速度の基準周波数からの偏差 ω_i を用いて、1 階の連立微分方程式に書き直せば、

[1] グラフ理論やシステム理論の分野では、あるグラフ上におけるノード間の枝の結合関係を指して構造と呼ぶ。本節でも、この文脈で構造という言葉を使用している。

$$
\frac{d\delta_i}{dt} = \omega_i
$$
$$
M_i \frac{d\omega_i}{dt} = -d_i\omega_i + P_{\mathrm{m},i} - P_{\mathrm{e},i}
$$

となる。

電力系統のモデルとして、ここでは発電機母線や負荷などをすべて縮約化したネットワークを考え、これらの発電機が送電線によって結合された電力ネットワークを考える。発電機 i の電気的出力 $P_{\mathrm{e},i}$ は、この発電機と隣接する発電機 j からの入出力をすべて足し合わせた

$$
P_{\mathrm{e},i} = \sum_{j=1}^{n} V_j \big(G_{ij}\cos(\delta_i - \delta_j) + B_{ij}\sin(\delta_i - \delta_j) \big)
$$

となる。ここで、各発電機の電圧は一定値 V_i を取るものと仮定して単純化している。G_{ij} と B_{ij} は発電機 i と j の間の送電線のコンダクタンスとサセプタンスであり、この間に結合がない場合はいずれも 0 である。以下では、簡単のためコンダクタンスは考えないこととして、結合がある場合も $G_{ij} = 0$ とする。

以上をまとめると、本節で用いる電力系統モデルは以下の通りとなる。

$$
\frac{d\delta_i}{dt} = \omega_i \tag{76}
$$
$$
\frac{d\omega_i}{dt} = -\frac{d_i}{M_i}\omega_i + \frac{1}{M_i}\left(P_{\mathrm{m},i} - \sum_{j=1}^{n} V_j B_{ij} \sin(\delta_i - \delta_j) \right) \tag{77}
$$

5.8.2 電力系統モデルの定常状態の線形安定性解析

ここでは、電力系統モデルの定常状態での、状態空間上における局所的な安定性を考える。これは、定常状態にある電力系統に対して緩やかで小さい擾乱や負荷変化が一時的に生じた際の電力系統の安定性、すなわち定態安定度に対応する。以下、単純な例を用いて、送電線の結合の仕方を表すネットワーク構造が定常状態の安定性に与える影響を見る。

電力系統モデルの各発電機 i の機械的入力 $P_{\mathrm{m},i}$ は、標準周波数を保つため、個別にガバナなどの機構によってフィードバック制御されているものとする。すなわち、$P_{\mathrm{m},i}$ は基準周波数からの偏差 ω_i に応じて、

$$\frac{dP_{\mathrm{m},i}}{dt} = -\gamma\omega_i \tag{78}$$

によって制御されている。ただし、$\gamma > 0$ はフィードバックゲインである。この式の両辺を積分すれば、

$$P_{\mathrm{m},i}(t) = -\gamma\delta_i(t) + (\gamma\delta_i(0) + P_{\mathrm{m},i}(0))$$

が得られる。これを式 (77) に代入して得られるシステムを考える。

このシステムの状態変数を $\boldsymbol{\delta} = (\delta_1, \delta_2, \ldots, \delta_n)^\top$、$\boldsymbol{\omega} = (\omega_1, \omega_2, \ldots, \omega_n)^\top$ とまとめて書く。定常状態を表す平衡点を $(\boldsymbol{\delta}^\star, \boldsymbol{\omega}^\star)$ とするとき、システムの状態の平衡点からの微小な摂動 $\Delta\boldsymbol{\delta} = \boldsymbol{\delta} - \boldsymbol{\delta}^\star$、$\Delta\boldsymbol{\omega} = \boldsymbol{\omega} - \boldsymbol{\omega}^\star$ は、平衡点周りで線形化したシステム

$$\frac{d}{dt}\begin{pmatrix} \Delta\boldsymbol{\delta} \\ \Delta\boldsymbol{\omega} \end{pmatrix} = \begin{pmatrix} \mathbf{0} & \boldsymbol{E} \\ -\boldsymbol{L} - \boldsymbol{\Gamma} & -\boldsymbol{D} \end{pmatrix} \begin{pmatrix} \Delta\boldsymbol{\delta} \\ \Delta\boldsymbol{\omega} \end{pmatrix} \tag{79}$$

に従う。ただし、$\boldsymbol{D}$ と $\boldsymbol{\Gamma}$ は、それぞれ各発電機の特性とフィードバックゲインにより定まる定数を対角要素とする対角行列であり、$\boldsymbol{D} = \mathbf{diag}(d_1/M_1, d_2/M_2, \ldots, d_n/M_n)$、$\boldsymbol{\Gamma} = \mathbf{diag}(\gamma_1, \gamma_2, \ldots, \gamma_n)$ である。また、$\boldsymbol{L} = (l_{ij})$ は電力ネットワークのグラフラプラシアン行列と呼ばれ、その要素は、

$$\begin{aligned} l_{ij} &= -\frac{V_j}{M_i} B_{ij} \cos(\delta_i^\star - \delta_j^\star) \qquad (i \neq j) \\ l_{ii} &= -\sum_{j \neq i} l_{ij} \end{aligned}$$

となる。$\boldsymbol{L}$ は実対称行列であるので、直交行列 $\boldsymbol{U}$ を用いて $\boldsymbol{\Lambda} = \boldsymbol{U}^\top \boldsymbol{L} \boldsymbol{U}$ と対角化できる。ここで、$\boldsymbol{\Lambda}$ は L の固有値 $0 = \lambda_1^L \leq \lambda_2^L \leq \cdots \leq \lambda_n^L$ を対角要素に持つ対角行列である。簡単のため、各発電機の特性とフィードバックゲインがすべて共通だと仮定すれば、$\boldsymbol{D} = (d/M)\boldsymbol{E}$、$\boldsymbol{\Gamma} = \gamma\boldsymbol{E}$ と書ける。このとき、変数変換 $\boldsymbol{x}_\delta = \boldsymbol{U}^\top \Delta\boldsymbol{\delta}$、$\boldsymbol{x}_\omega = \boldsymbol{U}^\top \Delta\boldsymbol{\omega}$ により、式 (79) は、

$$\frac{d}{dt}\begin{pmatrix} \boldsymbol{x}_\delta \\ \boldsymbol{x}_\omega \end{pmatrix} = \begin{pmatrix} \mathbf{0} & \boldsymbol{E} \\ -\boldsymbol{\Lambda} - \boldsymbol{\Gamma} & -\boldsymbol{D} \end{pmatrix} \begin{pmatrix} \boldsymbol{x}_\delta \\ \boldsymbol{x}_\omega \end{pmatrix} \tag{80}$$

と書き換えられる。

平衡点 $(\boldsymbol{\delta}^\star, \boldsymbol{\omega}^\star)$ の安定性は、式 (79) の係数行列の固有値、すなわち式 (80) の係数行列の固有値により定まる。この固有値は、$\boldsymbol{L}$ の各固有値 λ_i^L に対応するモードごとに計算すれば

よく、

$$\lambda_{\pm,i} = \frac{1}{2}\left(-\frac{d}{M} \pm \sqrt{\left(\frac{d}{M}\right)^2 - 4(\lambda_i^L + \gamma)}\right) \qquad (i = 1, 2, \ldots, N) \qquad (81)$$

となる。これらの固有値の実部 $\mathrm{Re}\,\lambda_{\pm,i}$ がすべて負であれば、平衡点は漸近安定となる。また、この実部が小さいほど、平衡点への引き込みが強いことから、安定性が高まると考えられる。

式(81)において、判別式 $\Delta_i = (d/M)^2 - 4(\lambda_i^L + \gamma)$ を考える。$\Delta_i < 0$ の場合、共役な複素固有値の実部は $\mathrm{Re}\,\lambda_{\pm,i} = -d/2M$ となり、対応するモードの安定性は発電機の特性により定まる。フィードバックゲインやネットワーク構造の変化は、$\Delta_i < 0$ である限り、安定性に影響しないことがわかる。一方、$\Delta_i \geq 0$ の場合、実固有値 $\lambda_{+,i}$ は、λ_i^L の増加に伴って減少する。すなわち、λ_2^L が大きくなるようなネットワーク構造が安定性を高めることがわかる。なお、慣性定数 M が小さくなると、$\Delta_i \geq 0$ は満たされやすくなることから、ネットワーク構造が影響する可能性は高くなると考えられる。

文献[53]では、現実のネットワーク構造を用いて、これらのネットワーク構造の最適化を行っている。一般にグラフラプラシアンの第2固有値 λ_2^L の最大化を効率的に行うのは難しいだけでなく、このモデルではグラフラプラシアンの要素が $\boldsymbol{\delta}^\star$ に依存するため厳密な最大化は容易ではない。しかし、東日本のネットワーク構造を用いて、λ_2^L の最大化を目的とする貪欲法によりネットワーク構造に改変を加えることで、安定性が向上することを数値シミュレーションにより確認している（図 **5.36** 参照）。

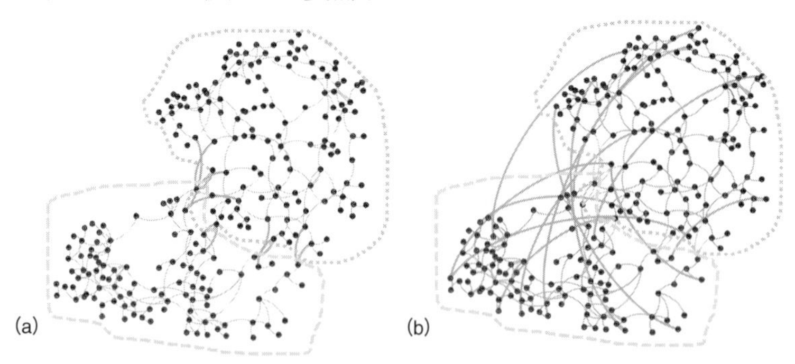

図 5.36　**ネットワーク構造の最適化：**(a) 東日本のネットワーク構造の中で、(b) 東京電力管内と東北電力管内を結ぶ送電線を張り替えて安定性を向上させた計算例。文献[53]より CC BY 4.0 ライセンスに基づき引用。

さらに文献[53]では、各発電機内で閉じたフィードバック制御ではなく、電力ネットワーク内の発電機の状態を通信ネットワークにより交換して制御を行う場合に対しても安定性解析を行っている。この場合は、電力ネットワークだけでなく、通信ネットワークの構造も安定性に影響を与える。

ここでは、純粋にネットワーク構造が安定性に与える影響を見やすくするために、極めて単純化された電力系統モデルを考えたが、より複雑なモデルでも同様の方法で定常状態の安定性の解析は可能であり、その場合でもネットワーク構造が安定性に影響を与えることとなる。

5.8.3 電力系統モデルの定常状態の実現

ここでは、電力系統モデルの定常状態の実現可能性を考える。これは、電力系統において定常状態が容易に実現され得るかどうかという意味での安定性であり、直接的に過度応答を考えるわけではないが、過渡安定度に対応する。以下、単純な例を用いて、ネットワーク構造が定常状態の実現可能性に与える影響をみる。

電力系統モデルが定常状態にあるとき、$\frac{d}{dt}\delta_i = 0$、$\frac{d}{dt}\omega_i = 0$ であり、$P_{\mathrm{m},i}$ は一定である。これは、$P_{\mathrm{m},i} = P_{\mathrm{e},i}$ が各発電機において成立している状態であるので、すべての i に対して

$$P_{\mathrm{m},i} = \sum_{j=1}^{n} V_j B_{ij} \sin(\delta_i^\star - \delta_j^\star)$$

が成立している。簡単のため、各発電機の電圧 V_i、制動係数 d_i、各送電線のサセプタンス B_{ij} がすべて共通であるとして、$\bar{\omega}_i = P_{\mathrm{m},i}/d_i$、$\sigma = V_j B_{ij}/d_i$ とおくと、

$$\bar{\omega}_i = \sigma \sum_{j=1}^{n} a_{ij} \sin(\delta_i^\star - \delta_j^\star) \tag{82}$$

と書ける。ただし、$\boldsymbol{A} = (a_{ij})$ は電力ネットワークの隣接行列であり、縮約化された電力ネットワーク上で発電機 i と j の間に物理的結合があるときは $a_{ij} = 1$、結合がないときは $a_{ij} = 0$ である。

以下、$\sigma > 0$ を電力ネットワークの結合強度とみなし、$\bar{\omega}_i$ と a_{ij} は固定したまま、σ だけを変化させることを考える。定常状態を実現するためには、すべての i に対して式 (82) を成立させる $\boldsymbol{\delta}^\star$ が存在する必要がある。しかし、右辺の sin 関数の取り得る値が $[-1, +1]$ の範囲内に限られることから、σ は一定の値より大きい必要がある。そこで、$\boldsymbol{\delta}^\star$ が存在する最小の σ を最小結合強度 σ_{c} とおけば、これは電力ネットワークにおいて定常状態の実現の困難さを表す一つの指標と見ることができる。

以下、文献[54]に従って、この最小結合強度 σ_{c} の近似値を考える。まず、電力ネットワークから発電機をいくつか選んで、その集合 $S \subset \{1, 2, \ldots, n\}$ を考える。集合 S に属するすべ

ての発電機 i に対して、式 (82) を足し合わせると、

$$\sum_{i\in S}\bar{\omega}_i=\sigma\sum_{i\in S,j\notin S}a_{ij}\sin(\delta_i^\star-\delta_j^\star)$$

が得られる。この式が成立するためには、

$$\sigma\geq\frac{\left|\sum_{i\in S}\bar{\omega}_i\right|}{\sum_{i\in S,j\notin S}a_{ij}}$$

が成立していなければならない。電力ネットワーク全体を考えるとき、あらゆる S についてこの式が成立していなければならないので、

$$\sigma_\mathrm{A}=\max_S\frac{\left|\sum_{i\in S}\bar{\omega}_i\right|}{\sum_{i\in S,j\notin S}a_{ij}} \tag{83}$$

とおけば、$\sigma\geq\sigma_\mathrm{A}$ が成立している必要がある。そこで、この σ_A を最小結合強度 σ_c の近似値として用いる。これは σ_c の下からの評価に過ぎないが、文献[54]では、現実のネットワーク構造のデータを用いて、よい近似となることを確認している。

この指標 σ_A を用いることにより、電力ネットワークの各送電線の重要度を評価することができる。ある送電線を 1 本だけ取り除いて得られる指標の値を σ'_A とする。これを各送電線に対して計算するとき、σ'_A が大きくなる送電線ほど、電力系統モデルの定常状態を実現するために重要であると考えることができる。

実際に、ヨーロッパ[54]や東日本[55]のネットワーク構造のデータを用いて σ'_A を計算すると、多くの送電線に対しては $\sigma'_\mathrm{A}=\sigma_\mathrm{A}$ となり、送電線の 1 本だけの除去は同期状態の実現に影響を与えないことがわかる。例えば、東日本の電力ネットワークでは、約 95%の送電線が影響を与えない。すなわち、これらの現実のネットワーク構造は、ランダムに送電線を取り除くことに対してロバストであると言うことができる。逆に言えば、少数の送電線が定常状態の実現に重要な役割を果たしている可能性がある。

式 (83) において、右辺の分母は S の中と外を結ぶ送電線の本数にほかならない。つまり、分母だけを考えれば、式 (83) の最大化は、S の中と外を結ぶ送電線の本数の最小化であり、電力ネットワークにおいて一種の最小カット[2]を考えていることになる。実際には分子の影響もあるものの、S により定まる部分ネットワークを考えるとき、その境界に送電線が少なく

[2] ネットワークの頂点集合を、その部分集合 S と補集合 S^c に分けるとき、この分割のことをカットと言う。特に、S の頂点と S^c の頂点を結ぶ枝の本数（もしくは枝重みの総和）が最小となるカットを最小カットと言う。ここで考えているのは、スペクトラルクラスタリング[56]と呼ばれるクラスタリング手法で用いられる正規化カットの最小化に近い。

なるような S が最大値 σ_{A} や最大に近い値を達成しやすいと考えられる。このような電力系統の部分ネットワークが、電力系統モデルの定常状態の実現において重要な役割を果たしている。

また、ある S に対応する部分ネットワークが最大値 σ_{A} や最大に近い値を達成しているとする。式 (83) の分母は S の中と外を結ぶ送電線の本数であるから、S 内に閉じた送電線を除去しても値は変化せず、S の境界にある送電線の除去が σ_{A} の値を変化させることがわかる。最大値 σ_{A} や最大に近い値を達成している S では、境界にある送電線の数は少ないことから、多くの送電線は取り除いても σ_{A} を変化させないことが理解できる。

ここでも、純粋にネットワーク構造が定常状態の実現に与える影響を見やすくするために、極めて単純化された電力系統モデルを考えた。特に式 (82) において各パラメータ値を共通にする仮定をおかなくても、その後の議論は大きく変わらないが、ここでは文献[54)]に従った。

5.9 大規模電力系統の階層的不安定性診断

PV の大量導入に伴い電力系統の同期化力が低下するため、事故時における同期安定性の解析技術は今後益々重要になってくるものと考えられる。本節では、大規模電力系統における発電機動揺による同期不安定性（以下、動揺不安定性）の診断方法として、従来のエネルギー関数法の階層化に基づく階層的不安定性診断を提案する。

本節の構成とポイントは以下の通りである。

5.9.1 電力系統の動揺不安定性

- 電力系統の動揺不安定性の原因の一つとして、従来研究では集団運動の励起が報告されている。
- 集団運動に対応する大域的な振る舞いと局所的な振る舞いの両方を監視する新しい動揺不安定性の診断方法を提案する。

5.9.2 電力系統の動揺方程式と不安定性

- 対象とする電力系統とそれを記述する発電機の動揺方程式を定義する。
- 動揺不安定性の 2 種類のモードを定義する。

5.9.3 電力系統の階層的不安定性診断

- 電力系統全体のエネルギー関数を集団システム、偏差システム、無限大母線の三つのサブシステムに対する個別エネルギー関数の総和に分解する。
- 上のエネルギー関数の分解に基づく階層的不安定性診断を提案する。

5.9.4 階層的不安定性診断の数値的検証

- IEEE New England 39 バスシステムに対する数値シミュレーションを行い、提案する階層的不安定性診断の有効性を検証する。
- 集団システム、および脱調を起こす発電機に対応する偏差システムの個別エネルギー関数が上昇することによって、局所モード不安定性を検出する。

5.9.1 電力系統の動揺不安定性

電力系統の動揺不安定性は、連系する同期発電機が予期せぬ擾乱によって同期を失う現象である[57)]。この現象は、2003年のイタリア大停電に代表される広域停電の発生メカニズムの一端とみなされる[58)]。この現象の原因の一つとして、薄ら[59)]は、ある3種類の振動的な運動の相互作用による集団運動の励起による不安定化であることを明らかにした。

本節では、参考文献[60)]の成果を紹介する。電力系統の安定性診断であるエネルギー関数法[61)]に対して、グローカル制御における階層性の考え方の導入によって、電力系統の新しい不安定性診断を確立する。この診断では、個別の発電機は自身の局所的な不安定性を解析する一方で、制御エリアはすべての発電機を集約した系統全体の大域的な安定性を監視する。これによって、電力系統の分散協調的な不安定性診断が可能となる。

5.9.2 電力系統の動揺方程式と不安定性

本節では、図**5.37**に示された三相交流電力系統を考える。この系統は、N個の発電機Gen i $(i = 1, 2, \ldots, N)$からなり、送電ネットワークを介して一定の電圧、位相、周波数を維持する無限大母線Gen 0と接続しているとする。

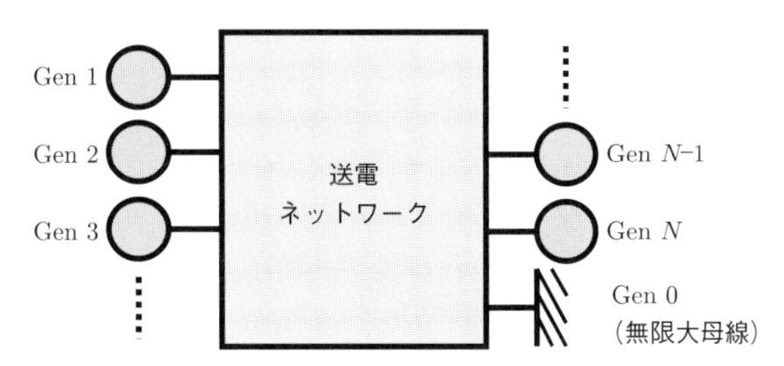

図5.37　**N個の発電機Gen 1, Gen 2, . . ., Gen Nと無限大母線Gen 0を含む電力系統**：各発電機を丸形で示し、送電ネットワークを中央の四角形で示す。

発電機Gen i $(i = 0, 1, \ldots, N)$の回転子の偏角と回転角周波数を、それぞれ$\delta_i \in \mathbb{R}$と$\omega_i \in \mathbb{R}$によって記す。さらに、$\omega_{\mathrm{s}} \in \mathbb{R}$は、同期速度で表される参照周波数である。このとき、Gen iの振る舞いは、次の動揺方程式[61)]によって記述される。

$$
\begin{aligned}
\frac{d\delta_i}{dt} &= \omega_i - \omega_{\mathrm{s}}, \\
M_i \frac{d\omega_i}{dt} &= -D_i(\omega_i - \omega_{\mathrm{s}}) + u_i, \\
u_i &:= P_{\mathrm{m},i} - V_i^2 G_{ii} - \sum_{j=0, j\neq i}^{N} V_i V_j \left(G_{ij}\cos(\delta_i - \delta_j) + B_{ij}\sin(\delta_i - \delta_j)\right)
\end{aligned} \tag{84}
$$

式(84)において、$P_{\mathrm{m},i} \in \mathbb{R}$はGen iを駆動する一定の機械的入力であり、$M_i > 0$はGen iの慣性定数、$D_i > 0$はGen iの制動係数である。最後に、$V_i \in \mathbb{R}$はGen iの一定値の電圧

であり、G_{ij} と B_{ij} $(j=0,1,\ldots,N)$ はそれぞれ系統の縮約アドミタンス行列の第 (i,j) 成分の伝送コンダクタンスと伝送サセプタンスである。

状態 $(\boldsymbol{\delta},\boldsymbol{\omega})\in\mathbb{R}^{2N}$ を、$\boldsymbol{\delta}:=\begin{bmatrix}\delta_1 & \delta_2 & \cdots & \delta_N\end{bmatrix}^\top$、$\boldsymbol{\omega}:=\begin{bmatrix}\omega_1 & \omega_2 & \cdots & \omega_N\end{bmatrix}^\top$ によって定義する。さらに、$(\boldsymbol{\delta}^\star,\boldsymbol{\omega}^\star)\in\mathbb{R}^{2N}$ を、式 (84) の安定平衡点を表すとする。ただし、$(\delta_i^\star,\omega_i^\star)\in\mathbb{R}^2$ $(i=1,2,\ldots,N)$ は、$(\boldsymbol{\delta}^\star,\boldsymbol{\omega}^\star)$ の Gen i に対応する成分を示している。

以降では、図 **5.38** に示された次の動揺不安定化現象を考える。この現象は、t の増加に従って発散するような動揺方程式 (84) の軌道 $(\delta_i(t),\omega_i(t))\in\mathbb{R}^2$ $(i=1,2,\ldots,N)$ によって表現される。

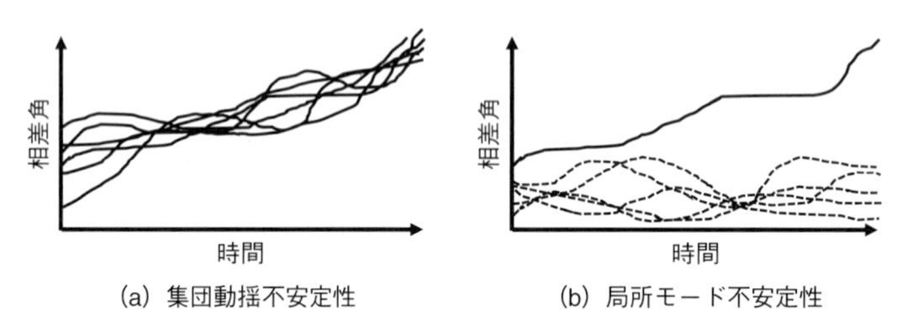

図 5.38　動揺方程式 (84) によって記述される電力系統における動揺不安定性の二つのモード：実線と破線によって描かれる軌道は、発散する軌道と有界な軌道をそれぞれ表す。

- **集団動揺不安定性**：系統内のすべての発電機に対して、その偏角 $\delta_i(t)$ が一斉に発散する。
- **局所モード不安定性**：特定の発電機 Gen i に対して、その偏角 $\delta_i(t)$ が発散する一方で、ほかの発電機の偏角は有界であり続ける。

5.9.3　電力系統の階層的不安定性診断

関数 $W:\mathbb{R}^{2N}\to\mathbb{R}$ を全体の電力系統のエネルギー関数とし、次式によって定義する[61)]。

$$W(\boldsymbol{\delta},\boldsymbol{\omega})=\frac{1}{2}\sum_{i=1}^{N}M_i\left(\omega_i-\omega_{\mathrm{s}}\right)^2-\sum_{i=0}^{N}\int_{\delta_i^\star}^{\delta_i}u_i d\delta_i$$

ただし、第 1 項と第 2 項は、系統全体の運動エネルギーとポテンシャルエネルギーである。この関数は、本節の電力系統の階層的不安定診断のために、以降で分解される。

変数 $(\hat{\delta},\hat{\omega})\in\mathbb{R}^2$ を、各発電機の偏角と回転角周波数の重み付き平均として、$\hat{\delta}:=\frac{1}{M}\sum_{i=1}^{N}M_i\delta_i$、$\hat{\omega}:=\frac{1}{M}\sum_{i=1}^{N}\omega_i$ によって定義する。ただし、$M>0$ は集団システムの慣性定数であり、$M:=\sum_{i=1}^{N}M_i$ によって定義される。この変数からなるシステムを、系統の集団システム Col と呼ぶ。集団システム Col の個別エネルギー関数 $\hat{W}:\mathbb{R}^{N+1}\to\mathbb{R}$ を、

$\hat{W}(\boldsymbol{\delta},\hat{\omega}) := \hat{K}(\hat{\omega}) + \hat{U}(\boldsymbol{\delta})$ によって定義する。ただし、$\hat{K}(\hat{\omega}) := \frac{1}{2}M\left(\hat{\omega}-\omega_{\rm s}\right)^2$ は Col の運動エネルギーであり、$\hat{U}(\boldsymbol{\delta})$ は、次式によって定義される Col のポテンシャルエネルギーである。

$$
\begin{aligned}
\hat{U}(\boldsymbol{\delta}) :=& -\left(\hat{P}_{\rm m} - \sum_{i=1}^{N} V_i^2 G_{ii}\right)\left(\hat{\delta}-\hat{\delta}^\star\right) \\
&+ \frac{1}{2}\sum_{i=1}^{N}\sum_{j=1,j\neq i}^{N} V_iV_jG_{ij}\int_{\hat{\delta}^\star+\hat{\delta}^\star}^{\hat{\delta}+\hat{\delta}} \cos\left(\delta_i-\delta_j\right) d\left(\hat{\delta}+\hat{\delta}\right) \\
&+ \frac{1}{2}\sum_{i=1}^{N} V_iV_0G_{i0}\int_{\hat{\delta}^\star+\delta_0}^{\hat{\delta}+\delta_0} \cos\left(\delta_i-\delta_0\right) d\left(\hat{\delta}+\delta_0\right) \\
&+ \frac{1}{2}\sum_{i=1}^{N} V_iV_0B_{i0}\int_{\hat{\delta}^\star-\delta_0}^{\hat{\delta}-\delta_0} \sin\left(\delta_i-\delta_0\right) d\left(\hat{\delta}-\delta_0\right)
\end{aligned}
$$

関数 $\hat{W}(\boldsymbol{\delta},\hat{\omega})$ は、集団的な振る舞いの強さを測る関数とみなされる。

集団システム Col に対する相対的な運動を記述するために、変数 $(\bar{\delta}_i,\bar{\omega}_i) \in \mathbb{R}^2$ $(i = 1,2,\ldots,N)$ を、$(\bar{\delta}_i,\bar{\omega}_i) := (\delta_i-\hat{\delta},\omega_i-\hat{\omega})$ によって定義する。変数 $(\bar{\delta}_i,\bar{\omega}_i)$ によって記述されるシステムを、Col に関する Gen i の偏差システム Dev i と呼ぶ。偏差システム Dev i の個別エネルギー関数 $\bar{W}_i : \mathbb{R}^{N+1} \to \mathbb{R}$ $(i=1,2,\ldots,N)$ を、$\bar{W}_i(\boldsymbol{\delta},\bar{\omega}_i) := \bar{K}_i(\bar{\omega}_i) + \bar{U}_i(\boldsymbol{\delta})$ によって定義する。ただし、$\bar{K}_i(\bar{\omega}_i) := \frac{1}{2}M_i\bar{\omega}_i^2$ は Dev i の運動エネルギーであり、$\bar{U}_i(\boldsymbol{\delta})$ は次式で定義される Dev i のポテンシャルエネルギーである。

$$
\begin{aligned}
\bar{U}_i(\boldsymbol{\delta}) :=& -\left(P_{{\rm m},i} - V_i^2G_{ii}\right)\left(\bar{\delta}_i-\bar{\delta}_i^\star\right) \\
&+ \frac{1}{2}\sum_{j=1}^{N} V_iV_jG_{ij}\int_{\bar{\delta}_i^\star+\bar{\delta}_j^\star}^{\bar{\delta}_i+\bar{\delta}_j} \cos\left(\delta_i-\delta_j\right) d\left(\bar{\delta}_i+\bar{\delta}_j\right) \\
&+ \frac{1}{2}\sum_{j=1}^{N} V_iV_jB_{ij}\int_{\bar{\delta}_i^\star-\bar{\delta}_j^\star}^{\bar{\delta}_i-\bar{\delta}_j} \sin\left(\delta_i-\delta_j\right) d\left(\bar{\delta}_i-\bar{\delta}_j\right) \\
&+ \frac{1}{2}V_iV_0\left\{G_{i0}\int_{\bar{\delta}_i^\star+0}^{\bar{\delta}_i+0} \cos\left(\delta_i-\delta_0\right) d\bar{\delta}_i + B_{i0}\int_{\bar{\delta}_i^\star-0}^{\bar{\delta}_i} \sin\left(\delta_i-\delta_0\right) d\bar{\delta}_i\right\}
\end{aligned}
$$

偏差システムは、各発電機の局所的（振動的）な振る舞いを表現する。その個別エネルギー関数は、系統において抽出される振動的な振る舞いの強さの定量的な評価に有効となる。

無限大母線 Gen 0 の個別エネルギー関数 $W_0(\boldsymbol{\delta})$ を、次式によって定義する。

$$
W_0(\boldsymbol{\delta}) := \frac{1}{2}\sum_{j=1}^{N} V_0V_jG_{0j}\int_{\delta_0+\delta_j^\star}^{\delta_0+\delta_j} \cos\left(\delta_0-\delta_j\right) d\left(\delta_0+\delta_j\right)
$$

$$+\frac{1}{2}\sum_{j=1}^{N} V_0 V_j B_{0j} \int_{\delta_0-\delta_j^\star}^{\delta_0-\delta_j} \sin(\delta_0-\delta_j)\, d(\delta_0-\delta_j)$$

無限大母線 Gen 0 の個別エネルギー関数は、全体の系統の発散的な運動を測る関数となる。上で定義した個別エネルギー関数を用いると、全体の電力系統のエネルギー関数は、

$$W(\boldsymbol{\delta},\boldsymbol{\omega}) = \hat{W}(\boldsymbol{\delta},\hat{\omega}) + \sum_{i=1}^{N} \bar{W}_i(\boldsymbol{\delta},\bar{\omega}_i) + W_0(\boldsymbol{\delta}) \tag{85}$$

によって分解される。この分解を用いて、本節で考える動揺不安定性は、以下の条件 (i)、(ii) を観察することによって、検出できる。

(i) もし Col, Gen 0 の個別エネルギー関数 $\hat{W}(\boldsymbol{\delta},\hat{\omega})$、$V_0(\boldsymbol{\delta},\omega_0)$ が増加するならば、系統全体で集団動揺不安定性が発生する。

(ii) もし Col、Dev $i(i \in \{1,2,\ldots,N\})$ の個別エネルギー関数 $\hat{W}(\boldsymbol{\delta},\hat{\omega})$、$\bar{W}_i(\boldsymbol{\delta},\bar{\omega}_i)$ が増加するならば、発電機 Gen i において局所モード不安定性が発生する。

5.9.4 階層的不安定性診断の数値的検証

ここでは、IEEE New England 39 バスシステム[61),62)]を考え、式(85)で表される分解による個別エネルギー関数を用いて、その動揺的な振る舞いを調べる。このシステムは、図 **5.39** の 10 機の発電機 Gen 1, Gen 2, . . . , Gen 10 からなり、Gen 1 は無限大母線と仮定する。

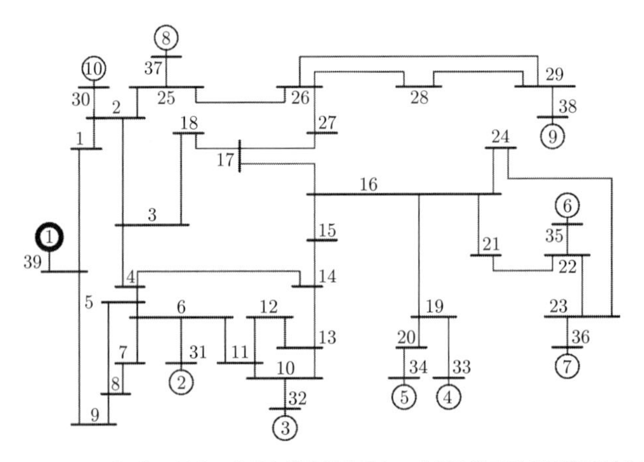

図 5.39　IEEE New England 39 バスシステム：丸は各発電機を示し、内部の数字は発電機番号を表す。また、太い実線と細い実線は、それぞれ母線と送電線を表し、丸で囲っていない数字は母線番号を表す。

以下では、局所的擾乱が Gen 10 の偏角に初期条件として印加された状況を考える。

$$(\delta_i(0), \omega_i(0)) = \begin{cases} (\delta_{10}^{\star} - 2.15256 \text{ rad}, 0 \text{ rad/秒}) & i = 10 \\ (\delta_i^{\star}\text{rad}, 0 \text{ rad/秒}) & i = 10 \text{ 以外} \end{cases}$$

図 **5.40** は、各発電機と集団システムの偏角の時間変化を示す[60]。発電機 Gen 8、Gen 10 は、大きな振幅で振動的な振る舞いを呈している。また、発電機 Gen 2, Gen 3, ..., Gen 7 と Gen 9 は、擾乱の印加後にコヒーレントな振る舞いを示している。$t = 5.5$ 秒以降に Gen 9 の振幅が大きくなり、その振動的な振る舞いが徐々に励起されている。最終的に、$t = 11.6$ 秒において、Gen 9 が脱調している。なお、本節では、擾乱の印加後に偏角がはじめて円周率 π となるとき脱調と判定する。上の観察は、局所モード不安定性の発生を示す。

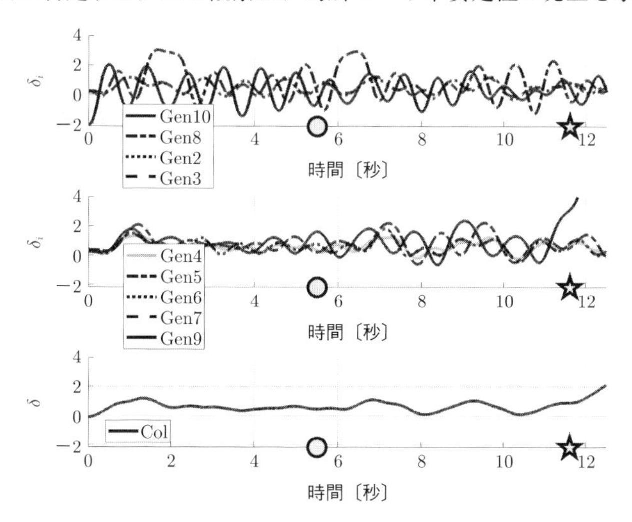

図 5.40 **発電機と集団システムの偏角の時間変化**：発電機 **Gen 10**（上段のグラフの実線）に擾乱が印加され、$t = 11.6$ 秒において、**Gen 9**（中段のグラフの実線）が脱調している。

図 **5.41** に基づき、上記の局所モード不安定性に関して、集団システム、偏差システムと無限大母線の個別エネルギー関数の振る舞いを考察する[60]。集団システム Col の個別エネルギー関数 $\hat{W}(\boldsymbol{\delta}, \hat{\omega})$ は、擾乱の印加後に大きな値を取っているが、図 **5.41** の窓（a）に示されるように、$t = 2.1$ 秒まで振動的な振る舞いで徐々に減少している。しかし、窓（c）に示されるように、$t = 5.5$ 秒から 7.7 秒まで特徴的な増加を示している。このような増加は、Dev 10 と Dev 8 から Col への空間的なエネルギーの移動とみなせる。さらに、$t = 3.5$ 秒から 6.1 秒、$t = 6.7$ 秒から 8.3 秒にかけて、$\bar{W}_9(\boldsymbol{\delta}, \bar{\omega}_9)$ は、上昇を 2 回繰り返している。これらの現象は、図 **5.41** の窓（b）、（d）に示される。最終的には、$\bar{W}_9(\boldsymbol{\delta}, \bar{\omega}_9)$ は、$t = 9.1$ 秒から 11.1 秒まで窓（e）に示されるように大きく上昇し、$t = 11.1$ 秒から脱調を示す $t = 11.6$ 秒（時

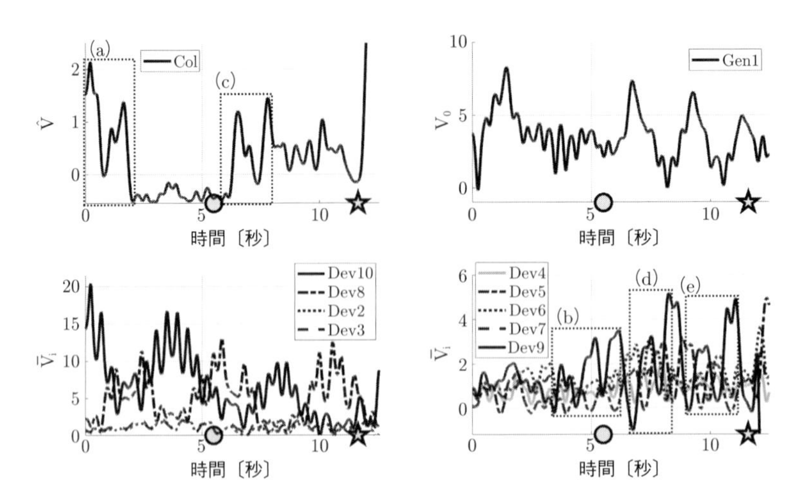

図 5.41　**個別エネルギー関数の時間変化**：上段左：集団システム、上段右：無限大母線、下段：偏差システム。擾乱の印加後は集団システム **Col**（上段左のグラフの実線）と偏差システム **Dev** 10（下段左のグラフの実線）の個別エネルギー関数が大きな値を取るが、脱調が近づくにつれ **Dev** 9（下段右のグラフの実線）の個別エネルギー関数が上昇を示す。

間軸に星印で示される）まで自然に減少している。実際、図 **5.40** において、Gen 9 の偏角が $t = 9.1$ 秒から 11.6 秒まで大きく振動しつつ上昇していることが読み取れる。上記の観察は、本節で提案する電力系統の階層的不安定性診断の有効性を示している。

5.10 電力系統の
レトロフィット制御

本節では、分散型電源が大量に連系された系統全体の安定度を向上させるプラグイン型の制御手法を概説する。本制御手法は、文献[63]のレトロフィット制御理論に基づくもので、系統全体の複雑な数理モデルを必要とせず、着目する部分の情報だけで設計・実装できるという特徴がある。

本節の構成とポイントは以下の通りである。

5.10.1 レトロフィット制御の導入意義

- 分散型電源大量導入下では安定度改善が重要である。
- 変化していく電力系統では、必要に応じて実装・取り外し（プラグイン・アウト）が可能な制御手法が必要である。

5.10.2 レトロフィット制御器の設計法

- 対象 DER の数理モデルのみで設計可能である。
- 制御器のプラグイン前後で系統全体の安定性は保たれ、性能改善も可能である。

5.10.3 数値シミュレーションによるレトロフィット制御器の有効性検証

- ベンチマークモデルを基に有効性を検証する。
- 必要に応じて制御器のプラグイン・アウトが可能である。

5.10.1 レトロフィット制御の導入意義

DER の大量導入下では、系統全体が不安定化しやすいことが指摘されている[64]。そのため、将来の電力システムにおいては、系統安定度の向上は極めて重要となる。とりわけ、これまで以上に速いスピードで変化してゆくと予想される将来の電力システムでは、PSS に代表される既存制御器の再調整、あるいは広域制御（Wide-Area Control：WAC）[65]に代表される新たな安定化制御器の設計・追加が必要になると考えられる。前者のアプローチでは、既存制御器の単なる再調整によって系統安定度改善を理論的に保証することは難しい上、不適切な調整を行うと安定度が悪化する可能性がある。一方、後者のアプローチでは、安定度を理論的に保証することは可能であるが、そのためには系統全体の詳細な数理モデルが必要となる。しかしながら、現実の電力系統全体を精密にモデル化することは極めて困難である上、何らかの設備変更があるたびに制御器を再設計しなければならないという問題がある。したがって、将来の電力システムでは、必要に応じて必要な部分のみの数理モデルだけを用いて、安定度向上が可能となる新しい制御手法が求められる。

このような背景から、文献[63]のレトロフィット制御理論を応用し、文献[66]では新たに導入するDERの数理モデルのみに基づき制御器を設計し、それを当該電源に実装するだけで電力システム全体の安定度が向上可能なプラグイン型の制御手法を提案している。提案の制御器は、系統全体の数理モデルを必要とせずに設計・実装できる上に、地絡事故などに起因する擾乱の影響が減衰可能である。本制御手法をIEEEのベンチマークモデルの一つであるIEEE 68バス16機システムと風力プラントおよびPV発電の連系系統に適用し、その有効性を数値シミュレーションに基づき検証した。本節は、これら一連の成果を概説するものである。詳細は文献[66]を参照されたい。なお、本節において対象システム $\frac{d\boldsymbol{x}}{dt} = \boldsymbol{g}(\boldsymbol{x}, \boldsymbol{u})$ が安定であるとは、外部入力がゼロ（$\boldsymbol{u} = \boldsymbol{0}$）の場合に、システムがある平衡点 $\boldsymbol{x}^\star$ 近傍で漸近安定 (すなわち、$\lim_{t\to\infty} \boldsymbol{x}(t) = \boldsymbol{x}^\star$) であることとする（すなわち定態安定)。

5.10.2 レトロフィット制御器の設計法

単一のDERが連系された電力システムを考える。なお、以下の手法は複数のDERが連系された系統にも適用可能である。DERがPVの場合、その数理モデルは付録Aの式(34)～式(39)で記述できる。この数理モデルは、

$$\frac{d\boldsymbol{x}_i}{dt} = \boldsymbol{g}_i(\boldsymbol{x}_i, \dot{V}_i, \boldsymbol{u}_i) \tag{86}$$

と表記できる。ここで、i は当該DERの母線（バス）番号であり、$\dot{V}_i$ は母線電圧（複素数)、$\boldsymbol{u}_i$ は付録Aの式(40)で定義される制御入力（物理的には、インバータのデューティ比へ補助的に加えられる信号)、$\boldsymbol{x}_i$ は付録Aの式(40)で定義される状態（物理的には、インバータ電流、インバータ内部制御器の状態、DCリンク電圧）を表し、関数 $\boldsymbol{g}_i(\cdot,\cdot,\cdot)$ は付録Aの式(34)～式(39)に従う。いま、

$$\boldsymbol{A}_i := \frac{\partial \boldsymbol{g}_i}{\partial \boldsymbol{x}_i}(\boldsymbol{x}_i^\star, \dot{V}_i^\star, \boldsymbol{u}_i^\star), \quad \boldsymbol{B}_i := \frac{\partial \boldsymbol{g}_i}{\partial \boldsymbol{u}_i}(\boldsymbol{x}_i^\star, \dot{V}_i^\star, \boldsymbol{u}_i^\star)$$

とし、$\tilde{\boldsymbol{g}}_i(\cdot,\cdot,\cdot) := \boldsymbol{g}_i(\cdot,\cdot,\cdot) - \boldsymbol{A}_i\boldsymbol{x}_i - \boldsymbol{B}_i\boldsymbol{u}_i$ とする。ここで、$\boldsymbol{x}_i^\star$、$\dot{V}_i^\star$、$\boldsymbol{u}_i^\star$ はそれぞれ $\boldsymbol{x}_i$、$\dot{V}_i$、$\boldsymbol{u}_i$ の定常値である（定常値を求める方法の詳細は、付録A.1.2項の平衡点計算を参照されたい)。このとき、式(86)は、

$$\frac{d\boldsymbol{x}_i}{dt} = \boldsymbol{A}_i\boldsymbol{x}_i + \boldsymbol{B}_i\boldsymbol{u}_i + \tilde{\boldsymbol{g}}_i(\boldsymbol{x}_i, \dot{V}_i, \boldsymbol{u}_i) \tag{87}$$

と等価に書き換えられる。ここまではPVを対象として式(87)を導出したが、風力プラントの数理モデルもまったく同様に式(87)の形で表記できる。以降では、PVと風力プラントの区別なく式(87)をDERの数理モデルとして用いる。

このDER以外の残りの系統のダイナミクスを、

$$\frac{d\boldsymbol{\xi}}{dt} = \boldsymbol{F}(\boldsymbol{\xi}, \dot{\boldsymbol{V}}, \dot{V}_i), \quad \boldsymbol{0} = \boldsymbol{G}(\dot{\boldsymbol{V}}, \dot{V}_i) \tag{88}$$

とする。ここで、$\boldsymbol{\xi}$は系統の内部状態、例えば後述する数値シミュレーションで用いる68母線16機システムでは、$\boldsymbol{\xi}$は各同期発電機の内部状態（角度、角速度、内部電圧、励磁電圧、PSSの内部状態）をすべて並べたベクトルであり、$\dot{\boldsymbol{V}}$はi番以外の母線の電圧を並べたベクトルである。式(87)と式(88)の結合系が連系系統全体のダイナミクスを表す。いま、この連系系統に次の仮定をおく。

仮定 5.1：式(87)、式(88)の電力系統全体は安定である。

仮定 5.2：式(87)のDERの内部状態および母線電圧は計測可能である。

仮定 5.3：式(87)の$\boldsymbol{A}_i$、$\boldsymbol{B}_i$、$\tilde{\boldsymbol{g}}_i(\cdot,\cdot,\cdot)$は既知であるが、その他の機器（例：同期発電機）の数理モデルは一切未知である。さらに、DERの状態およびDER母線の電圧以外は計測不可である。

現実の電力系統は同期化力によって安定化されているので、仮定5.1は妥当な仮定であると言える。なお、ここでは単に安定性のみを仮定しており、その度合い、すなわち系統の減衰性能については、何も仮定していないことに注意されたい。仮定5.2は、以降の設計を簡単化するためにおいた技術的なものである。仮定5.3は、以降で考える制御器のプラグイン性を要請するものであり極めて重要である。以降では、これらの仮定のもと、地絡事故などに起因する擾乱による周波数変動を速やかに抑制する制御器を設計し、対象DERに実装することを考える。

基本的な設計方針は次の通りである。まず、式(87)の制御入力$\boldsymbol{u}_i$が、

$$\boldsymbol{u}_i = \boldsymbol{u}_{1,i} + \boldsymbol{u}_{2,i} \tag{89}$$

として二種類の信号から成るものと考える。右辺第一項$\boldsymbol{u}_{1,i}$は、式(87)の非線形部$\tilde{\boldsymbol{g}}_i(\cdot,\cdot,\cdot)$

を無視した線形部のみの減衰性能を強化する制御入力であるとする。一例として、$\boldsymbol{A}_i+\boldsymbol{B}_i\boldsymbol{K}_i$ の固有値の実部がすべて負であり、実部の絶対値が所望の大きさを持つような $\boldsymbol{K}_i$ を用いた

$$\boldsymbol{u}_{1,k}=\boldsymbol{K}_i\boldsymbol{x}_i \tag{90}$$

なる制御入力をここでは扱う。ここで、$\boldsymbol{A}_i$、$\boldsymbol{B}_i$ は対象 DER の近似線形モデルであることに注意されたい。明らかに、外部系統の影響が無視できない場合には、制御入力 $\boldsymbol{u}_i=\boldsymbol{u}_{1,i}$ のみでは系統を不安定化しかねない。それは、無視した外部による状態 $\boldsymbol{x}_i$ の変動に依存して制御入力が変わってしまうためである。そこで、外部の影響による状態変動を推定し、その影響を $\boldsymbol{u}_{1,i}$ から取り除く補償器を併用することを考える。この補償器の一つは、

$$\hat{\Sigma}_i:\begin{cases}\frac{d\hat{\boldsymbol{x}}_i}{dt}=\boldsymbol{A}_i\hat{\boldsymbol{x}}_i+\tilde{\boldsymbol{g}}_i(\boldsymbol{x}_i,\dot{V}_i,\boldsymbol{u}_i)\\ \boldsymbol{u}_{2,i}=-\boldsymbol{K}_i\hat{\boldsymbol{x}}_i,\end{cases}\quad \hat{\boldsymbol{x}}_i(0)=\boldsymbol{x}_i^\star \tag{91}$$

として表現できる。この補償器と式 (90) の状態フィードバック制御器を併用し、最終的に、

$$\mathcal{R}_i:\begin{cases}\frac{d\hat{\boldsymbol{x}}_i}{dt}=\boldsymbol{A}_i\hat{\boldsymbol{x}}_i+\tilde{\boldsymbol{g}}_i(\boldsymbol{x}_i,\dot{V}_i,\boldsymbol{u}_i)\\ \boldsymbol{u}_i=\boldsymbol{K}_i\boldsymbol{x}_i-\boldsymbol{K}_i\hat{\boldsymbol{x}}_i,\end{cases}\quad \hat{\boldsymbol{x}}_i(0)=\boldsymbol{x}_i^\star \tag{92}$$

なる制御器を用いる。ここで、式 (92) の $\mathcal{R}_i$ をレトロフィット制御器と呼ぶ。本制御器を用いた場合の系全体の安定性について、次の定理が成り立つ。

定理 5.5 仮定 5.1～仮定 5.3 が成り立つものとする。このとき、$\boldsymbol{A}_i+\boldsymbol{B}_i\boldsymbol{K}_i$ を安定（すべての固有値の実部が負）とするすべての $\boldsymbol{K}_i$ に対して、式 (87)、式 (88)、式 (92) からなるシステム全体は安定である。

本定理の証明は文献[63),67)]を参照されたい。式 (92) のレトロフィット制御器を実装した最終的な DER の構成を図 **5.42** に示す。この図に示すように、レトロフィット制御器は既存の内部制御器の上位に位置する。式 (92) のレトロフィット制御器は、対象 DER の $\boldsymbol{g}_i(\cdot,\cdot,\cdot)$ および $\boldsymbol{x}_i^\star$ のみを用いて設計が可能であること、および、実装の際に計測すべき情報は $\boldsymbol{x}_i$ および $\dot{V}_i$ の局所情報のみであり、外部系統の情報は一切測る必要がないことに注意されたい。式 (92) のフィードバックゲイン $\boldsymbol{K}_i$ は $\boldsymbol{A}_i+\boldsymbol{B}_i\boldsymbol{K}_i$ を安定化するものであれば任意に選ぶことができる。一つの設計方法として、DER の近似線形モデル $\boldsymbol{A}_i$、$\boldsymbol{B}_i$ に基づく最適制御の適用が挙げられる。これは、Riccati 方程式

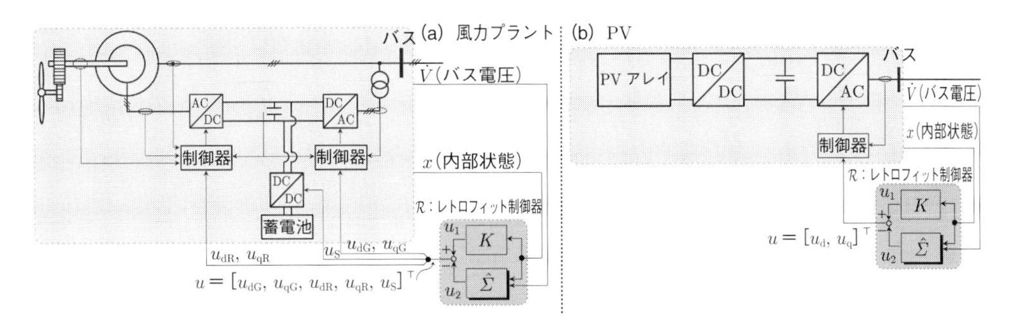

図 5.42 レトロフィット制御器実装後の DER の構成：図（a）は風力プラントの場合、図（b）は PV の場合をそれぞれ示している。ここでは表記の簡単化のため、母線番号 $\boldsymbol{i}$ は省略した。図中の記号の定義は付録 A の A.2.4 項および A.2.5 項を参照されたい。

$$\boldsymbol{X}_i\boldsymbol{A}_i + \boldsymbol{A}_i^\top\boldsymbol{X}_i - \boldsymbol{X}_i\boldsymbol{B}_i\boldsymbol{R}_i^{-1}\boldsymbol{B}_i^\top\boldsymbol{X}_i + \boldsymbol{W}_i = \boldsymbol{0}$$

の安定化解を用いて $\boldsymbol{K}_i = -\boldsymbol{R}_i^{-1}\boldsymbol{B}_i^\top\boldsymbol{X}_i$ として $\boldsymbol{K}_i$ を求めるものである。ただし、$\boldsymbol{R}_i$、$\boldsymbol{W}_i$ は事前に与えられる正定および半正定行列である。いくつかの注意点を挙げる。

・安定性のみでなく、レトロフィット制御器による DER の内部状態の減衰性能向上が示せる。この結果として、DER の出力変動による系統の需給変動や周波数変動を抑制することが可能となる。以降では、これを数値シミュレーションによって簡単に示す。理論の詳細は文献[63),67)]を参照されたい。

・これまで、単一の DER のみが連系される状況のみを扱ってきた。しかし、複数の異なる種類の DER が導入される状況においても、式(92)のレトロフィット制御器を各 DER ごとに独立に設計・実装することで、これまでと同様の主張が成り立つ。また、提案手法は DER だけではなく、同期発電機にも適用可能である。この場合の詳細および数値シミュレーションによる有効性は、文献[68)]を参照されたい。

・レトロフィット制御器は当該 DER に直接的に擾乱が印加された場合（すなわち、$\boldsymbol{x}_i(0) \neq \boldsymbol{x}_i^\star$ となる状況）にのみ働くという特徴を有する。したがって、例えば当該 DER 近傍の地絡事故などに対しては効果的にその影響を抑制し得る一方、DER の遠方で発生した事故など、$\boldsymbol{x}_i(0) = \boldsymbol{x}_i^\star$ とみなせる擾乱には反応しない。これは、必要に応じて制御器を取り外しできることを意味しており、制御器のプラグイン・アウト性を示している。この点も、以下の数値シミュレーションによって簡単に示す。理論的な検討の詳細については、文献[63),67)]を参照されたい。

5.10.3 数値シミュレーションによるレトロフィット制御器の有効性検証

以下では、IEEE 68 バス 16 機システムと呼ばれる IEEE のベンチマークモデルと DER の連系系統を対象として、レトロフィット制御器の有効性を数値的に示す。なお、負荷は定インピーダンスモデルとし、同期発電機、風力プラント、PV の数理モデルの詳細は付録 A を参照されたい。図 **5.43** に、IEEE 68 バス 16 機システムの系統図を示す。

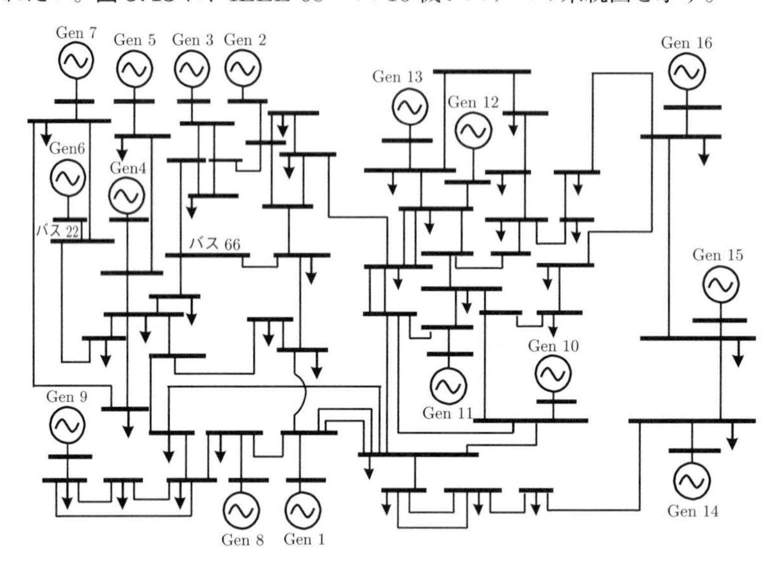

図 5.43 IEEE 68 バス 16 機システム：ニューヨークとニューイングランドの送電系統を模したベンチマークモデルである。Gen 1, . . ., Gen 16 の 16 機の発電機と 68 個の母線とそれらをつなぐ送電線からなる。本モデルの詳細は文献[69]を参照されたい。

はじめに、新たな母線（母線 69 とする）を母線 22 に送電線を介して接続し、単一の風力プラントが母線 69 に接続された状況を考える。なお、送電線のアドミタンスはサセプタンス成分のみからなり、その値は 0.01 とする。風力プラント内の発電機はすべて同一であるとし、以降では風力プラントのダイナミクスは単一の風力発電機のそれと同じであるものとする。ただし、出力電力は基数分の出力の総和であるとする。本数値例では、風力発電機基数は 60 とした。風力発電機は二重給電誘導発電機（Doubly-Fed Induction Generator：DFIG）とする。本シミュレーションでは、擾乱として風速が急激に変化した状況を想定し、初期時刻において風力発電機のタービンの低速側シャフトの回転速度が同期回転速度から 30%減少したとする。

図 **5.44** の (a)〜(f) において、点線はこの擾乱が発生した後の風力プラントおよび 16 機ある全同期発電機の状態の一部の変動を表している。擾乱により DFIG の回転子角速度が大幅に低下し、それに伴い DFIG の固定子電流が大きく振動している。これに合わせて出力電力が変動し、結果として同期発電機の周波数が大きく変動し、不安定化を引き起こしている。

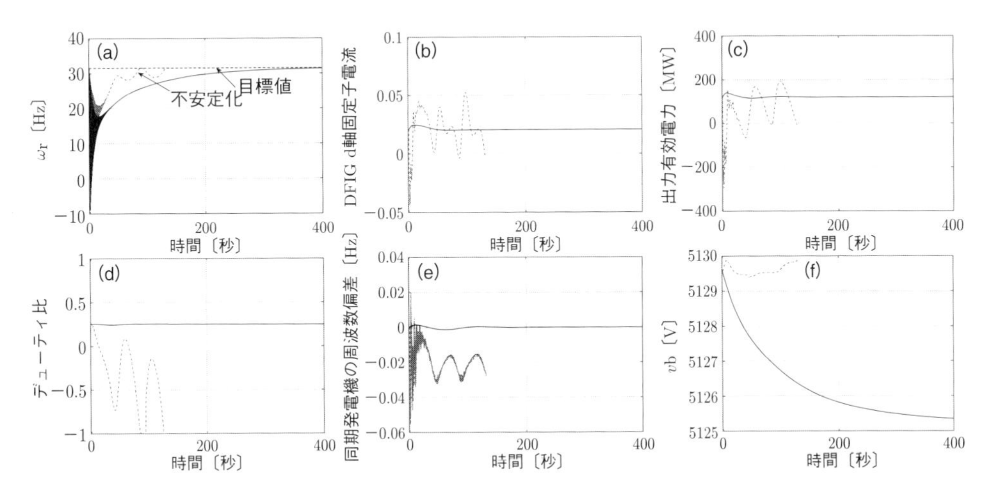

図 5.44 レトロフィット制御器を用いない場合と用いた場合の比較：(a) DFIG の回転子角速度、(b) DFIG の d 軸固定子電流、(c) 風力プラントから出力される有効電力、(d) Grid-Side Converter のデューティ比（負はスイッチの反転を意味する）、(e) 全同期発電機の周波数偏差、(f) 蓄電池電圧の変動を表している。点線はレトロフィット制御器を用いない場合、実線は用いた場合である。

連系系統全体の近似線形システムは安定、すなわち定態安定度は確保されていた。しかしながら、ここで想定した擾乱が大きかったため安定化可能領域を逸脱し、不安定化を引き起こしたものと考えられる。この擾乱の影響を抑制するために、レトロフィット制御器を設計・実装する。不安定化は DFIG の固定子電流の変動によって引き起こされているため、式(92)のフィードバックゲイン $\boldsymbol{K}_i$ は、DFIG 電流の変動を特に抑えるように最適制御手法に基づき設計した。図 **5.44** の (a)～(f) の実線は、設計した制御器を風力プラントにプラグインした場合の応答を示している。点線と実線を比較することにより、レトロフィット制御によって効果的に風力プラントの内部状態の振動が抑制されており、結果として擾乱発生時でも安定な電力供給が達成できていることが確認できる。

次に、複数の DER が導入された状況を想定し、制御器のプラグイン・アウト機能について数値的に検証する。このために、先の風力連系系統へ新たに PV が連系された状況を考える。なお、PV は新たな母線（母線 70 とする）を有し、送電線を介して母線 66 に接続されたものとする。また、送電線のアドミタンスはサセプタンス成分のみからなり、その値は 0.01 とする。ここでは、擾乱として PV 出力が減少した状況を想定し、出力電流が定常値の 30%となったものとする。PV のレトロフィット制御器は、上述と同様に、出力電流の変動を抑えるように設計した。風力プラント、PV のレトロフィット制御器をそれぞれ、制御器 1、2 と呼ぶこととする。図 **5.45** は擾乱が発生した際の全同期発電機の周波数偏差を示している。この結果から、独立に設計・実装されたレトロフィット制御器によって擾乱による影響が速やかに抑制できていることが確認できる。図 **5.45** (b) において点線および実線は、二つのレ

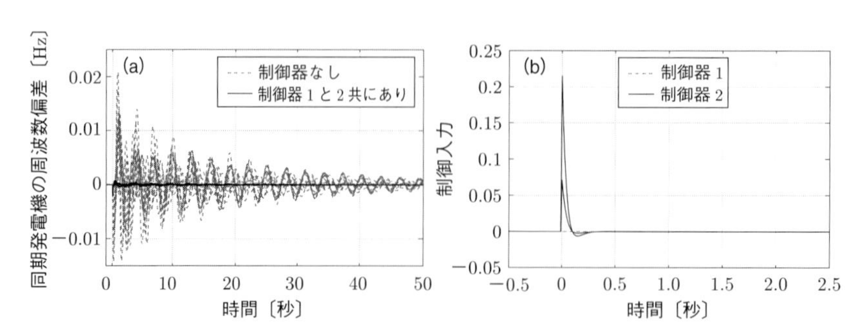

図 5.45　風力プラントと PV が導入された状況下でのレトロフィット制御による応答比較：風力プラントおよび PV それぞれのレトロフィット制御器を制御器 1、2 とする。(a) は全同期発電機の周波数偏差を示している。また、(b) において点線および実線はレトロフィット制御器 1、2 それぞれによって生成された入力 $\boldsymbol{u}_i$ の変動を示している。

トロフィット制御器が実装された状況における、制御器 1、2 それぞれによって生成された入力信号を示している。ここで、点線は上記の擾乱発生前後において変化がなく、常にゼロであることに注意されたい。この結果は、PV で発生した擾乱に対しては風力プラントのレトロフィット制御器はまったく反応しないことを示しており、本制御器は取り外してもまったく問題ないことを示唆している。一方、PV のレトロフィット制御器は事故直後に反応しており、本制御器によって図 **5.45**（a）に示すような応答改善がなされたことがわかる。これらの結果は、必要に応じて制御器をプラグイン・アウトできることを意味している。

以上の結果から、提案法は、DER が逐次的に導入されてゆく将来の電力システムにおける実用的な安定化制御の一つとして期待できる。

参考文献・関連図書

1) 長谷川淳，大山力，三谷泰範，齋藤浩海，北裕幸 (2002)『電力系統工学（電気学会大学講座）』電気学会.

2) 電気学会 (2002)「電力系統における常時及び緊急時の負荷周波数制御」,『電気学会技術報告』, vol.869.

3) 益田泰輔，福見拓也，J. G. da Silva Fonseca Junior，大竹秀明，村田晃伸 (2016)「再生可能エネルギー大量導入時の発電機起動停止計画における起動台数のとりうる範囲と需給バランスの関係」,『電気学会論文誌 B』, vol.136, no.11, pp.809-816.

4) 関根泰次 編著 (1989)『大学課程 送配電工学（改訂 2 版）』オーム社.

5) 松浦虔士 編著 (1999)『電気エネルギー伝送工学』オーム社.

6) 益田泰輔，杉原英治，山口順之，宇野史睦，大竹秀明 (2019)「大規模連系系統における太陽光発電の出力抑制を考慮した最適潮流計算による経済負荷配分制御」,『電気学会論文誌 B』, vol.139, no.2, pp.74-83.

7) T. Masuta, J. G. da Silva Fonseca, H. Ootake, and A. Murata (2016) “Study on demand and supply operation using forecasting in power systems with extremely large integrations of photovoltaic generation,” in Proc. of IEEE International Conference on Sustainable Energy Technologies, pp.66-71.

8) 電気学会 (1999)「電力系統の標準モデル」,『電気学会技術報告』, vol.754.

9) 気象業務支援センター (2006)「メソ数値予報モデル GPV（MSM）」,〈http://www.jmbsc.or.jp/jp/online/file/f-online10200.html〉（参照 2019-06-25）.

10) 電気学会 (2011)「電力系統標準モデルの拡充系統モデル」,〈http://denki.iee.jp/pes/?page_id=185〉（参照 2019-08-19）.

11) 東北電力 (—)「東北 6 県・新潟エリアでんき予報」,〈http://setsuden.tohoku-epco.co.jp/graph.html〉（参照 2019-06-25）.

12) 気象庁 (—)「ホームページ」,〈http://www.jma.go.jp/jma/index.html〉（参照 2019-06-25）.

13) X. Xia, J. Zhang, and A. M. Elaiw (2011) “An application of model predictive control to the dynamic economic dispatch of power generation,” Control Engineering Practice, vol.19, no.6, pp.638-648.

14) 天野博之，西田圭吾，大城裕二，川上智徳，井上俊雄 (2012)「PV 大量導入が LFC へ与える影響に関するシミュレーション検討 —長周期の予測誤差の考慮と適切な AR 低減方策の検討—」, 電力中央研究所 研究報告書，R11010.

15) 小池雅和，石崎孝幸，植田譲，益田泰輔，大関崇，定本知徳，井村順一 (2014)「調整用火力コスト最小化に向けた不確かな太陽光発電予測に基づく蓄電池の充放電計画」,『電気学会論文誌 B』, vol.134, no.6, pp.545-557.

16) 端倉弘太郎，小浦弘之，梅田勝矢，児島晃 (2015)「太陽光発電大量導入時の蓄電レベル制御：周期的ロバストモデル予測制御の提案」,『計測自動制御学会論文集』, vol.51, no.9, pp.614-626.

17) 端倉弘太郎，児島晃 (2016)「Constraint tightening 法によるロバスト MPC」,『システム/制御/情報』, vol.60, no.6, pp.231-237.

18) A. G. Richards and J. P. How (2006) “Robust stable model predictive control with constraint tightening,” in Proc. of American Control Conference, pp.1557-1562.

19) F. Borrelli, A. Bemporad, and M. Morari (2017)『Predictive control for linear and hybrid systems』

Cambridge University Press.

20) 産業技術総合研究所 太陽光発電工学研究センター (2015)「ホームページ」,〈https://unit.aist.go.jp/rcpv/ci/index.html〉(参照 2019-07-19).

21) 仲尾由雄，谷口剛 (2014)「太陽光発電出力の不確実性を考慮した蓄電池の最適運用技術」,『計測と制御』, vol.53, no.1, pp.37-43.

22) K. Hashikura, K. Namba, and A. Kojima (2018) "Periodic constraint-tightening MPC for switched PV battery operation," IET Control Theory & Applications, vol.12, no.15, pp.2010-2021.

23) IEEE (2013) "738-2012 - IEEE standard for calculating the current-temperature relationship of bare overhead conductors,"

24) B. Ngoko, H. Sugihara, and T. Funaki (2018) "Validation of a simplified model for estimating overhead conductor temperatures under dynamic line ratings," IEEJ Transactions on Power and Energy, vol.138, no.4, pp.284-296.

25) —— (2018) "Optimal power flow considering line-conductor temperature limits under high penetration of intermittent renewable energy sources," International Journal of Electrical Power & Energy Systems, vol.101, pp.255-267.

26) M. Tomizuka (1975) "Optimal continuous finite preview problem," IEEE transactions on automatic control, vol.20, no.3, pp.362-365.

27) 早勢実，市川邦彦 (1969)「目標値の未来値を最適に利用する追値制御」,『計測自動制御学会論文集』, vol.5, no.1, pp.86-94.

28) 土谷武士 (1990)「予見制御の理論」,『日本機械学会誌』, vol.93, no.856, pp.192-197.

29) 江上正，土谷武 (1992)『ディジタル予見制御』産業図書.

30) K. Hashikura, A. Kojima, and Y. Ohta (2013) "On construction of an H^∞ preview output feedback law," SICE Journal of Control, Measurement, and System Integration, vol.6, no.3, pp.167-176.

31) A. Kojima (2015) "H^∞ controller design for preview and delayed systems," IEEE Transactions on Automatic Control, vol.60, no.2, pp.404-419.

32) 發知諒，端倉弘太郎，児島晃，益田泰輔 (2017)「H2 予見出力フィードバックの導出とその負荷周波数制御への応用」,『電気学会論文誌 C（電子・情報・システム部門誌）』, vol.137, no.6, pp.834-844.

33) K. Hashikura, R. Hotchi, A. Kojima, and T. Masuta (2018) "On implementations of H2 preview output feedback law with application to LFC with load demand prediction," International Journal of Control, pp.1-14.

34) T. Masuta, T. Oozeki, J. G. da Silver Fonseca, and A. Murata (2014) "Evaluation of economic-load dispatching control based on forecasted photovoltaic power output," IEEE Innovative Smart Grid Technologies 2014, pp.1-5.

35) D. J. Trudnowski, W. L. McReynolds, and J. M. Johnson (2001) "Real-time very shortterm load prediction for power-system automatic generation control," IEEE Transactions on Control Systems Technology, vol.9, no.2, pp.254-260.

36) K. Zhou, J. C. Doyle, and K. Glover (1996)『Robust and optimal control』Prentice hall.

37) A. H. Chowdhury and M. Asaduz-Zaman (2014) "Load frequency control of multimicrogrid using energy storage system," in Proc. of International conference on electrical and computer engineering, pp.548-551.

38) S. A.-H. Soliman and A. M. Al-Kandari (2010)『Electrical load forecasting : modeling and model construction』Elsevier.

39) A. J. Wood, B. F. Wollenberg, and G. B. Sheble (2013)『Power generation, operation, and control』John Wiley & Sons.

40) N. Li, C. Zhao, and L. Chen (2015) "Connecting automatic generation control and economic dispatch from an optimization view," IEEE Transactions on Control of Network Systems, vol.3, no.3, pp.254-264.

41) M. Andreasson, D. V. Dimarogonas, K. H. Johansson, and H. Sandberg (2013) "Distributed vs. centralized power systems frequency control," in Proc. of European Control Conference, pp.3524-3529.

42) C. Zhao, E. Mallada, and F. Dorfler (2015) "Distributed frequency control for stability and economic dispatch in power networks," in Proc. of American Control Conference, pp.2359-2364.

43) X. Zhang and A. Papachristodoulou (2014) "Redesigning generation control in power systems: Methodology, stability and delay robustness," in Proc. of IEEE Conference on Decision and Control, pp.953-958.

44) A. Kasis, E. Devane, and I. Lestas (2016) "Stability and optimality of distributed schemes for secondary frequency regulation in power networks," in Proc. of IEEE Conference on Decision and Control, pp.3294-3299.

45) D. J. Shiltz, S. Baros, M. Cvetkovic, and A. M. Annaswamy (2017) "Integration of automatic generation control and demand response via a dynamic regulation market mechanism," IEEE Transactions on Control Systems Technology, vol.27, no.2, pp.631-646.

46) D. J. Shiltz, M. Cvetkovic, and A. M. Annaswamy (2015) "An integrated dynamic market mechanism for real-time markets and frequency regulation," IEEE Transactions on Sustainable Energy, vol.7, no.2, pp.875-885.

47) D. J. Shiltz and A. M. Annaswamy (2016) "A practical integration of automatic generation control and demand response," in Proc. of American Control Conference, pp.6785-6790.

48) H. K. Khalil (2002)『Nonlinear Systems, 3rd ed.』Prentice Hall.

49) K. Tsumura, S. Baros, K. Okano, and A. M. Annaswamy (2018) "Design and stability of optimal frequency control in power networks: A passivity-based approach," in Proc. of European Control Conference, pp.2581-2586.

50) C. A. Desoer and M. Vidyasagar (1975)『Feedback Systems: Input-Output Properties』Academic Press, Inc.

51) 稲垣昂，津村幸治 (2014)「分散ニュートン法による双対分解を用いた分散最適化」，第 1 回 計測自動制御学会 制御部門マルチシンポジウム．

52) 電気学会 (2019)「IEEJ EAST 30-machine System Models (50 Hz)」，〈http://denki.iee.jp/pes/?page_id=504〉（参照 2019-10-24）．

53) B. Wang, H. Suzuki, and K. Aihara (2016) "Enhancing synchronization stability in a multi-area power grid," Scientific Reports, vol.6, no.26596.

54) S. Lozano, L. Buzna, and A. Diaz-Guilera (2012) "Role of network topology in the synchronization of power systems," European Physical Journal B, vol.85, no.7, pp.231-238.

55) 永田基樹，藤原直哉，西川功，田中剛平，鈴木秀幸，合原一幸 (2013)「位相モデルを用いた東日本送電網における周波数同期の解析」，『生産研究』，vol.65, no.3, pp.295-299.

56) 石黒勝彦，林浩平 (2016)『関係データ学習』講談社．

57) P. Kundur, J. Paserba, V. Ajjarapu, G. Andersson, A. Bose, C. Canizares, N. Hatziargyriou, D. Hill, A. Stankovic, C. Taylor, T. V. Cutsem, and V. Vittal (2004) "Definition and classification of power system stability IEEE/CIGRE joint task force on stability terms and definitions," IEEE Transactions on Power

Systems, vol.PS-19, no.3, pp.1387-1401.

58) G. Andersson, P. Donalek, R. Farmer, N. Hatziargyriou, I. Kamwa, P. Kundur, N. Martins, J. Paserba, P. Pourbeik, J. Sanchez-Gasca, R. Schulz, A. Stankovic, C. C. Taylor, and V. Vittal (2005) "Causes of the 2003 major grid blackouts in north america and europe, and recommended means to improve system dynamic performance," IEEE Transactions on Power Systems, vol.PSS-20, no.4, pp.1922-1928.

59) Y. Susuki, I. Mezic, and T. Hikihara (2011) "Coherent swing instability of power grids," Journal of Nonlinear Science, vol.21, pp.433-439.

60) C. Kojima, Y. Susuki, K. Tsumura, and S. Hara (2016) "Decomposition of energy function and hierarchical diagnosis of power grid swing instabilities," Nonlinear Theory and Its Applications, IEICE, vol.7, no.4, pp.523-547.

61) M. Pai (1989)『Energy Function Analysis for Power System Stability』Kluwer Academic Publishers.

62) T. Athay, R. Podmore, and S. Virmani (1979) "A practical method for the direct analysis of transient stability," IEEE Transactions on Power Apparatus and Systems, vol.PAS-98, no.2, pp.573-584.

63) T. Ishizaki, T. Sadamoto, J. Imura, H. Sandberg, and K. H. Johansson (2018) "Retrofit control: Localization of controller design and implementation," Automatica, vol.95, pp.336-346.

64) F. Katiraei and J. R. Aguero (2011) "Solar PV integration challenges," IEEE Power and Energy Magazine, vol.9, no.3, pp.62-71.

65) A. Chakrabortty and P. P. Khargonekar (2013) "Introduction to wide-area control of power systems," in Proc. of American Control Conference, pp.6758-6770.

66) T. Sadamoto, A. Chakrabortty, T. Ishizaki, and J. Imura (2019) "Dynamic modeling, stability, and control of power systems with distributed energy," IEEE Control Systems Magazine, vol.39, no.2, pp.34-65.

67) —— (2018) "Retrofit control of wind-integrated power systems," IEEE Transactions on Power Systems, vol.33, no.3, pp.2804-2815.

68) H. Sasahara, T. Ishizaki, T. Sadamoto, T. Masuta, Y. Ueda, H. Sugihara, N. Yamaguchi, and J. Imura (2006) "Damping performance improvement for PV-integrated power grids via retrofit control," Control Engineering Practice, vol.84, pp.92-101.

69) B. Pal and B. Chaudhuri (2006)『Robust control in power systems』Springer Science & Business Media.

謝辞

5.5 節の図作成にご協力いただいた大阪大学大学院工学研究科（執筆協力時）Ngoko Bonface 博士、5.7.4 項の数値実験結果の作成に尽力いただいた東京大学大学院情報理工学系研究科および CREST の Binh-Minh Nguyen 博士に感謝の意を表したい。

6章

配電系統制御

電力潮流を流す電力系統について、前章までは比較的電圧の高い状態で電力の輸送を担当している送電系統について説明してきた。本章では、輸送されてきた電力を低い電圧で需要家に配る役割を持つ配電系統について述べる。配電系統は需要家に最も近く、ルーフトップのPV発電が多く連系される部分にあたる。電力自由化の進展に伴い、配電系統も公的な第三者機関としての系統運用者（一般送配電事業者）が管理することになる。

本章ではまず、従来の配電系統の運用と制御およびPV発電の大量導入に対応するための課題について述べる。次に、PV発電を基幹電源化するために将来の配電系統に求められる役割について整理し、その中で特に従来機器による電圧制御の高度化、パワエレ機器の高活用化としてPCSの電圧制御や有効電力制御、さらに同期化力を具備する次世代型のPCSの研究例について紹介する。

本章の構成と執筆者は以下の通りである。

6.1 配電制御の基礎（造賀）
6.2 電圧調整機器分散協調制御（造賀・佐々木（豊））
6.3 インバータ電圧協調制御（太田・平田（研））
6.4 インバータによる電力抑制（太田・平田（研））
6.5 単相同期化力インバータ（関崎）

6.1 配電制御の基礎

本節ではまず、配電系統とは何か、およびその役割について触れ、その役割に応じて必要となる主な制御について簡単に述べる。次に、PV 発電の大量導入によって生じる技術課題を整理し、本章の構成についてまとめる。

本節の構成とポイントは以下の通りである。

6.1.1 **配電系統とは**

・配電系統の役割や設備構成などを概説する。

6.1.2 **太陽光発電大量連系による諸課題**

・配電系統を含む電力系統全体で満たすべき供給信頼度の条件を示す。

・配電系統への PV 発電の導入が進むことにより生じる技術的な懸案事項を述べる。

6.1.1 配電系統とは

図 **6.1** に電力系統構成の概要図を示す。発電所にて発電された電力は、基本的に超高圧の電圧へと昇圧され、上位の基幹系統を通じて大量に送られる。その後、各地域へと張り巡らされた地域供給系統を経由して徐々に降圧されながら電力需要地の近くまで運ばれ、最終的には配電系統が各需要家に電力を届ける役割を担っている。一般に、基幹系統や地域供給系

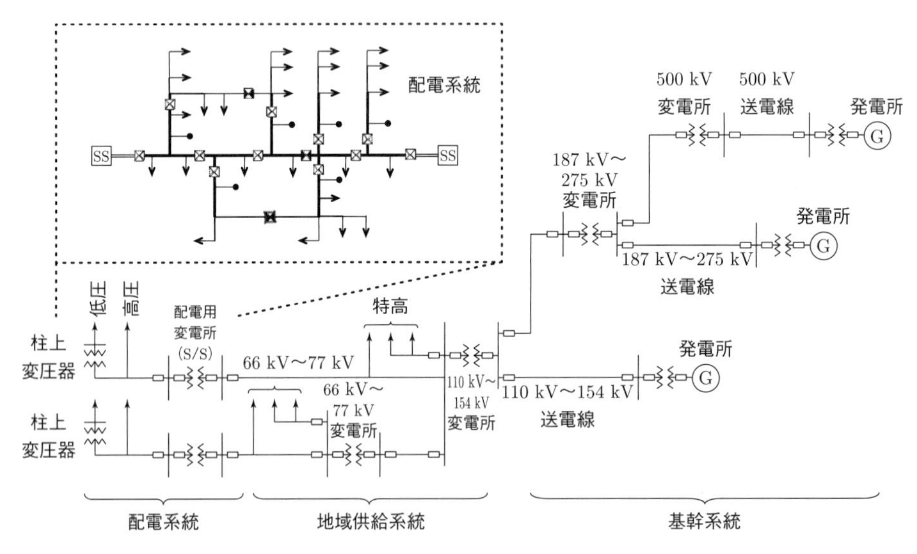

図 6.1　**電力系統の階層構成と配電系統：**配電系統は電力系統の末端に位置し、最終的に各電力需要へと電力と届ける役割を担う。

統は大量の電力を一気に遠くまで送るので「送電系統」と呼ばれ、配電系統は各需要家に電力を配るので「配電系統」と呼ばれている。

配電系統は需要家に最も近い部分であり、感電の防止など公衆安全の確保が求められ、特徴としては主に以下の3点が挙げられる。

(i) **【電圧制約】**公衆安全のため電圧が規定される。日本では101±6V、もしくは202±20V(低圧線、屋内配線)。

(ii) **【設備特性】**圧倒的に設備数が多く、制御が局所的となる傾向がある。

(iii) **【地理特性】**地理的な広がりが大きく、同じく制御が局所的である。

送電系統を流れてきた電力は配電用変電所にて降圧され、配電系統の高圧線を通じて一般には6,600Vで送られる。その後、電柱上の柱上変圧器にて100/200Vに降圧され、低圧線を通じて需要家まで近づいた後、引き込み線にて最終的に各需要家へと供給される。

上記(i)の電圧について、公衆に近い低圧線や屋内配線は唯一法的に電圧が決められており、電気製品は規定電圧範囲内であれば問題なく動作するように設計されている。よって、配電系統ではこの電圧規定を必ず守る必要がある。(ii)の設備特性ついては、インフラとしてユニバーサルサービスが要求されるため、全需要家まで低圧線を引く必要がある。必然的に関連する設備数が多くなり、送電系統のそれと比較にならない。同じく(iii)の地理特性についても、送電系統が直線的なのに比べ、面的に広がっているすべての需要家をつなぐ必要があることから、地理的な広がりも圧倒的に大きい。よって、集中制御をするには技術的にもコスト的にも負担が大きく、基本的に局所的な運用・制御になっているのが現状である。上位の送電系統から配電用変電所まで送られてきた電力は、変電所内の変圧器で電圧が高圧レベル(6,600V)まで降圧され、ケーブル配電線や架空配電線などを用いて各需要家まで供給される。

先の特徴で挙げた通り、配電系統は膨大な数の需要家まで到達する必要があり、面的に大きく広がっている。そのため、配電用変電所を中心として樹枝状(放射状)に構築されることが多い。その他、ほかのフィーダやほかの変電所からの線路と常時連系し、ループ状に構成する方式もあるが、それぞれ長所と短所がある。図**6.2**に樹枝状系統の例を、図**6.3**にループ状系統の例をそれぞれ示す。

ただし、樹枝状系統であっても、実際にはほかのフィーダや隣の配電用変電所からの線路と互いに接続されていて、ある地域には少なくとも2個所以上の配電用変電所から電力が供給できるようになっていることが多い。通常はその突き合わせ点が開放されて運用されてお

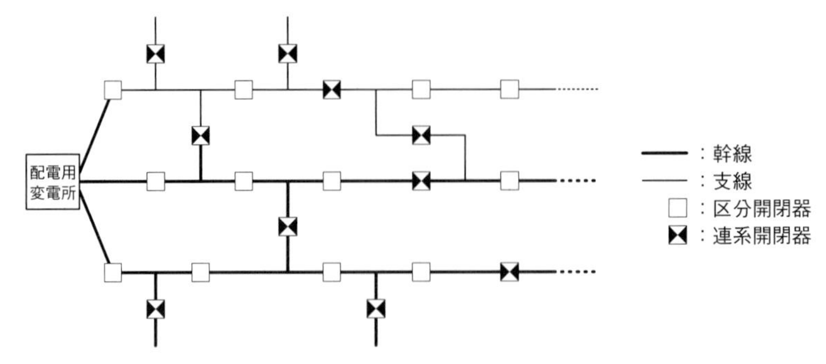

図 6.2　樹枝状（放射状）系統：通常の配電系統は樹枝状に構成される。

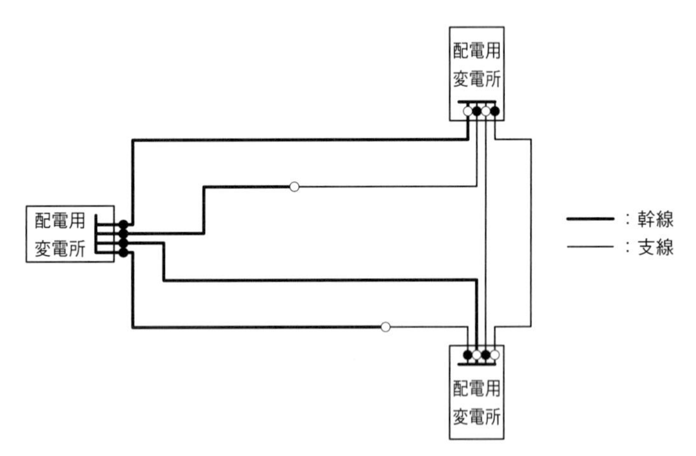

図 6.3　ループ系統：負荷が集中している場合などに採用。

表 6.1　配電系統構成の種類と特徴：樹枝状系統とループ状系統。

方式	○長所	×短所
樹枝状方式	・建設費・保守費が比較的安価。 ・基本的に潮流が一方向であるため、事故時の保護が容易（ただ、PV 発電などの分散型電源が入ってくると問題)。 ・域内の電力需要増加については、単に延長することで対応可能。	・事故時には復旧に時間がかかる、また広域に影響が及ぶ傾向がある。
ループ方式	・事故時の復旧には、時間的に有利。	・建設費・保守費が高くなる傾向。 ・潮流の方向が変化するため、事故時の保護が困難になる傾向。 ・域内の電力需要増加についても、保護などの検討が必要で煩雑。

り、作業や事故復旧などが必要なときに切り替えが行われる。**表 6.1** に、各方式の長所と短所をまとめる。

また、各需要家から見たときの受電方式として、1 回線だけで受電する方式、2 回線で受電（本線・予備線）する方式などがあるが、一般住宅では単に 1 回線で受電することがほとんどであるためここでは省いている。本章では、最も一般的で解決すべき課題が多い樹枝状の配電系統を主な対象としており、これ以降、特に断らない限りすべて樹枝状を対象に議論を進める。

6.1.2 太陽光発電大量連系による諸課題

これまででも述べられてきたように、電力系統の使命は良質な電力を安定的に供給し続けることであり、その度合いのことを供給信頼度という。電力系統の安全・安定な運用を確保し供給信頼度を維持するためには、主に以下の五つの物理的制約を考慮する必要がある。

・系統全体の需給バランス維持に関する「周波数変動」

・ネットワーク各所における「電圧安定性」

・事故時にも同期している発電機が安定性を保てるかという「過渡安定度」

・ネットワーク設備として許容容量内で電力が送られているかという「過負荷」

・最後に安全性を考慮して規定されている上下限内に電圧を抑えることができるかという「電圧上下限」

例え 1 個所の事故（N–1 基準）があったとしても、これらすべて満たされることが求められる。**図 6.4** にその概念図を示す。

もちろん、これらの項目については設備計画の時点から検討を行い、実際の運用、リアルタイムの制御まで考慮した上で電力系統（配電系統含む）は構築されている。このうち、配電系統に直接関係するのは、主に過負荷と電圧上下限となる。また、本章では設備計画までは考慮しておらず、よって、過負荷については設備計画時点で十分考慮されていると仮定して議論を進める。ただし、今後さらに PV 発電の導入が進み、電力自由化によって多様な電源が市場の支配下に置かれること、DR やバーチャルパワープラント（Virtual Power Plant：VPP）といった多様なサービスが普及することを考えると、今後は過負荷についても制御の対象となることは十分に考えられる。現在もさまざまな研究が進められていることに留意さ

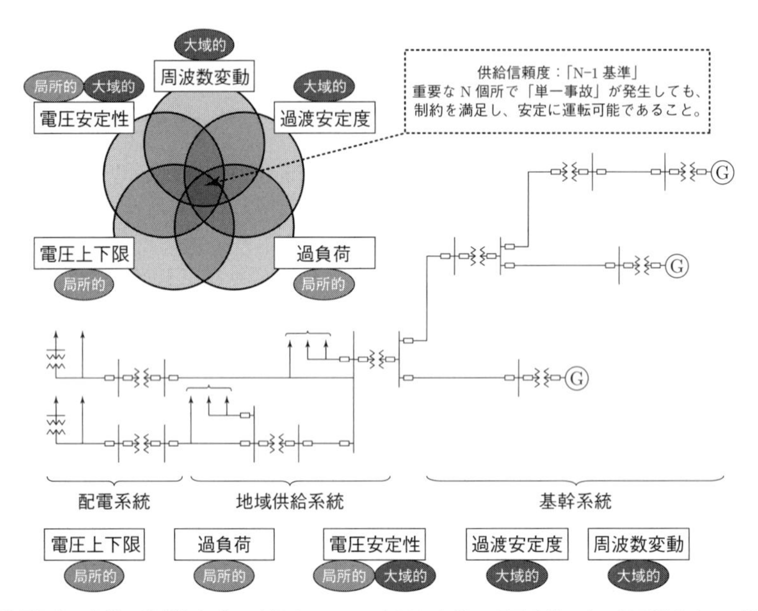

図 6.4 供給信頼度の条件：供給信頼度を確保するために必要な条件。配電系統は主に局所的なものが問題となる。

れたい。

さて、PV 発電の大量導入が進むことによる配電系統における技術的な懸案事項としては、一般的に主に以下の項目が挙げられる。

・周波数問題（変動が概ね ±0.2 Hz 以内）

・高調波問題（電圧歪率は 5%以内）

◎電圧分布（制約違反）問題（低圧で 101 ± 6 V 以内）

○電圧不平衡問題（不平衡率は 3%以内）

○事故時の検出・復旧問題（できるだけ早く）

ただし、周波数問題は主に需給面での問題（前章までを参照のこと）、また高調波については機器的な問題であるためここでは省き、上記「◎、○」の項目である電圧分布、電圧不平衡、事故時の検出・復旧の課題について述べる。PV 発電の電源としての特徴のうち、技術的な懸案事項として挙げられるのは、主に以下の項目である。

・出力変動の問題

・分散配置の問題（住宅用はルーフトップ）

・PCS による連系

PV の出力は日射に依存するため、その出力も時々刻々の変動を伴う。また、住宅用に導

表 6.2 PV の特徴と技術的課題：配電系統における技術的懸案事項と PV の電源としての特徴との関係。

	懸案事項	PV の特徴
通常（運用・制御）時	電圧分布問題	出力変動、分散配置
	電圧不平衡問題	出力変動、分散配置
緊急（事故・復旧）時	単独運転防止	分散配置
	事故復旧困難化	出力変動、分散配置
	Fault Ride Through（FRT）	PCS 連系（自由化）

入される PV は各戸のルーフトップに設置され、配電系統の低圧系に分散して連系されることになる。また、PV は直流発電設備であり、交流系統への連系には PCS が必須である。この PV の電源としての特徴と先ほどの懸念される技術課題を**表 6.2** にまとめる。

PV の特徴の観点から見ると、出力変動については、電圧分布問題、電圧不平衡問題に大きく関わり、事故時の復旧の際にも問題となる。また、分散配置されることによって同じく電圧分布問題、電圧不平衡問題に大いに関係する。さらに、分散型であるがゆえに事故時の単独運転防止が必要になり、かつ事故復旧困難化に拍車をかける。最後に、PCS 連系が必要という点は Fault Ride Through（FRT）に関係しており、これは PCS がパワーエレクトロニクス（パワエレ）機器であるということに起因している。

これらを踏まえ、以降の節では、上記のうち配電制御の「高度協調制御」の一例として、(i) IoT を活用した高度な電圧制御を、またパワエレ機器を高活用化する方法として (ii) PCS による先進的な電圧制御および有効電力制御を、最後にパワエレ機器の高活用化であり、かつ次世代の PCS 活用法の一例として実施している (iii) 同期化力インバータに関する研究例を紹介する。

なお、先ほど**表 6.2** に示した技術的課題にこれらの研究内容を当てはめると、**表 6.3** のような対応関係にある。ここで、「(貢献の可能性)」とあるものは、現段階では研究中であるが同じ考え方によって解決の可能性のあるもの、および技術の高度化によって新しい枠組みを構築するという意味で技術課題を解決できる可能性のあるものを示している。

表 6.3 本章の位置付け：それぞれの懸案事項と本章の内容との関連。

	懸案事項	本章での扱い
通常	電圧分布問題	6.2 節【電圧制御機器の高度化】
		6.3 節【PCS の先進的電圧制御】
		6.4 節【PCS の有効電力制御】
		6.5 節【PCS 高度化「同期化力インバータ」】
	電圧不平衡問題	(貢献の可能性) 6.3 節
		(貢献の可能性) 6.4 節
緊急	単独運転防止	(貢献の可能性) 6.5 節
	事故復旧困難化	(貢献の可能性) 6.5 節
	FRT・同期化力	6.5 節【PCS 高度化「同期化力インバータ」】

6.2　電圧調整機器分散協調制御

配電系統ではPV発電の大量導入による大幅かつ急峻な電圧変動の発生が懸念されており、このような現象は電力品質、特に電圧に悪影響を与える可能性がある。配電系統の電圧を制御する機器のうち、タップの切り換えにより電圧を制御する負荷時タップ切換変圧器（Load Ratio Control Transformer：LRT）、自動電圧調整器（Step Voltage Regulator：SVR）や自動タップ切換器付柱上変圧器などの負荷時タップ制御変圧器（On-Load Tap Changing Transformer：OLTC）を利用した電圧制御の研究がなされている。これら従来型の機器に対して、分散協調型の方法として、より高度な制御を実現するための研究例を示す。

本節の構成とポイントは以下の通りである。

6.2.1 **高度なタップ制御による電圧制御**
- 配電系統のタップ制御による電圧制御の概要、および従来法と提案法との違いを説明する。

6.2.2 **提案マルチエージェントシステム**
- 提案法の枠組みであるマルチエージェントシステムの概要を述べる。

6.2.3 **多点電圧最適制御問題**
- 提案法の中心となる電圧「多点制御問題」を定式化する。
- 多点制御に基づいた提案制御法の概要および動作アルゴリズムを説明する。

6.2.4 **シミュレーションによる検証**
- モデル配電系統を用いた数値シミュレーションを行い、考察する。

6.2.1　高度なタップ制御による電圧制御

一般に、タップ制御に対する要求は、被制御母線（バス）の電圧維持と切り替え頻度の低減であり、トレードオフの関係にある。すなわち、電圧維持に重点を置けばタップの切換回数が増加し、切換回数を低減させるためには電圧の質を低下せざるを得ない。また、最適でない制御では両者が悪化する。これまで、電圧制御器群の制御手法については、タップの切換回数と電圧違反の両方を最小化する最適制御（ある指標を用いて効率的に実現する手法）が提案されている[1),2)]。これは自律分散的な協調制御法であり、かつ目的関数の極小化を保証する最適制御法である。

主な特徴をまとめると、以下の3点に集約される。

・制御器数を超える計測地点の電圧値を制御する問題を、多点電圧制御問題として定式化。

・マルチエージェント方式にて実現し、集中制御と同等な最適制御性能を維持しながら、実装にコストを要する集中制御方式を回避。

・通信量を抑えた効果的なデータ共有手法による、柔軟で同期間隔に縛られない高い信頼性。

ここでは、上記方式の関連論文[1),2)]をまとめ、その概要およびシミュレーションの一例を示す。

近年の変圧器が備える一般的なタップ制御機構は、負荷時でもタップを切り替えることが可能である。そこでは、送電・配電用変電所での電圧制御には負荷時タップ切換変圧器（LRT）が、配電線途中での電圧制御には自動電圧調整器（SVR）が多く用いられている。これらは一般に3段〜11段のタップ位置を備え、スケジュール通りに動作するプログラム方式や、自身の観測値に応じて個別に動作する積分型リレー（D90）方式が採用されている。積分型リレー方式は、不感帯を超える電圧偏差の時間積分値が閾値に達すると動作するという方式で、ここでは個別分散制御方式と呼ぶこととする。

文献[1),2)]では、複数変圧器の二次側電圧を制御する問題に対して、以下の目的関数を極小化する電圧制御手法を提案している。

$$\sum_{k=0}^{\infty} J(\boldsymbol{u}(k)) = \sum_{k=0}^{\infty} \frac{1}{2}\boldsymbol{u}^{\top}(k) \cdot \boldsymbol{M} \cdot \boldsymbol{u}(k)$$

ただし、$\boldsymbol{u}(k) = \boldsymbol{v}(k) - \boldsymbol{v}_{\mathrm{ref}} \in \mathbb{R}^N$ は、時刻 k における電圧 $\boldsymbol{v}(k)$ の目標電圧 $\boldsymbol{v}_{\mathrm{ref}}$ からの偏差を表す。タップ制御が対象であり、後に示す $\boldsymbol{d}(k)$ を求めることになる。この手法は、電圧タップ感度行列から算出される制御指標

$$\boldsymbol{s}(k) = (\boldsymbol{v}(k) - \boldsymbol{v}_{\mathrm{ref}})^{\top} \cdot \boldsymbol{M} \cdot \boldsymbol{A}(k) \cdot \boldsymbol{R}$$

に基づいてタップを制御するものである。ここで、重み行列 $\boldsymbol{M}$ は、ある特定の個所のみ感度を変化させたいなど、カスタマイズの余地を残すために導入しているものであり、通常はすべて1とすればよい。具体的には、

$$\boldsymbol{u}(k+1) = \boldsymbol{u}(k) + \boldsymbol{A}(k) \cdot \boldsymbol{R} \cdot \boldsymbol{d}(k) + \boldsymbol{B}(k) \cdot \Delta \boldsymbol{L}(k)$$

で表現されるシステム方程式の安定性と最適性を保証するものである。ただし、

$$\boldsymbol{A}(k) = \left[\frac{\partial v}{\partial n}\right]_{n=n(k)}$$ ：時刻 k における電圧/タップ感度行列

$$\boldsymbol{R} = \mathrm{diag}[r_1, r_2, \ldots, r_n]$$ ：タップ一段の変化幅行列

$$\boldsymbol{d}(k)$$ ：時刻 k におけるタップ制御

$$\boldsymbol{B}(k) = \left[\frac{\partial v}{\partial L}\right]_{L=L(k)}$$ ：負荷変動による電圧感度

$$\boldsymbol{L}(k)$$ ：負荷パラメータ

$$\boldsymbol{B}(k) \cdot \Delta\boldsymbol{L}(k)$$ ：負荷変動による外乱

なお、この方式では N 個所の電圧を N 台の機器で制御する場合を想定している。

6.2.2 提案マルチエージェントシステム

配電系統に対しては、今後さらに進む PV 発電の増加に対応するための高度な制御が必要とされる。その一方、耐故障性や系統構成変化への迅速な対応などの柔軟性も求められている。また、その面的な広がりから情報が広域に分散し、その一貫性や精度が保証されていないことから、制御機器が自律的に観測および制御を行うことが重要であると考えられる。そのため、マルチエージェントシステムを利用した最適制御手法が提案されている[1),2)]。提案システムでは、黒板メモリにより情報共有を実施することで効率化を図っており、各エージェントが制御機 1 台につき一つ配置される。各エージェントはそれぞれ入力部・知識部・最適化計算部の三つの機能を持ち、黒板メモリを介して互いに協調を取ることによりシステム全体の目標を達成する。また、上位に系統全体を監視する役割のマネジメントエージェントを配置することにより、系統構成に変更があった場合にも柔軟に対応するものとなっている。図 **6.5** に提案システムの概念図を示す。

6.2.3 多点電圧最適制御問題

通常は 1 台の制御器に対して制御対象は 1 個所であるが、今後は PV 発電に対応する必要があり電圧の計測点も大幅に増加する可能性がある。そこで、電圧制御機器 N 台を活用して任意の X 個所 $(N < X)$ を対象に電圧を制御する問題を考え、これを多点電圧制御問題と呼ぶ。

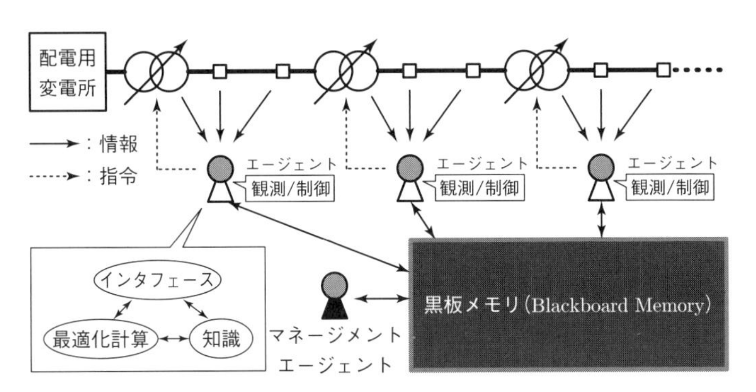

図 6.5　提案システム：マルチエージェントシステムを活用した分散協調制御。

先に説明した提案手法は、高性能ではあるが可制御性、可観測性、平衡状態の議論などが新たに必要となり、そのままでは多点電圧制御問題に拡張することは困難である。しかしながら、黒板メモリを用いたマルチエージェント方式で制御系を構築する場合には、より高度な処理を介在させることが可能であり、より自由度の高い枠組みを取り入れた方が有利である。これにより、マルチエージェントによる柔軟性・経済性を重視しつつ、集中制御に劣らない最適な制御性を実現するような電圧制御手法を実現している。

多点電圧制御問題は、以下のように定式化することができる。

【目的関数】 $\displaystyle\sum_{k=0}^{\infty} \min J(\boldsymbol{v}(k))$ ：(電圧偏差)　(1)

【制約条件】 s.t. $\boldsymbol{v} = \boldsymbol{h}(\boldsymbol{L}, \boldsymbol{n})$ ：(潮流方程式より決まる配電特性方程式)

ただし、

$J \geq 0, \quad \lim_{\boldsymbol{v} \to \boldsymbol{v}_{\mathrm{ref}}} J = 0$

$J : \mathbb{R}^X \to \mathbb{R}$ ：スカラ目的関数（任意）

$\boldsymbol{v} = [v_1, v_2, \ldots, v_X]^\top \in \mathbb{R}^X$ ：観測点の電圧ベクトル

$\boldsymbol{n} = [n_1, n_2, \ldots, n_N]^\top \in \mathbb{R}^N$ ：タップ値ベクトル

$\boldsymbol{L} = [L_1, L_2, \ldots, L_Y]^\top \in \mathbb{R}^Y$ ：負荷変動ベクトル

$\boldsymbol{h} : \mathbb{R}^{X \times Y} \to \mathbb{R}^X$ ：配電電圧特性関数

ここで、$\boldsymbol{n}$ は電圧制御機器のタップ値である。このタップ値を以下の式で順次制御していくものと仮定することで、タップ機器の離散特性を模擬したモデルとする。すなわち、系統構成から決まる配電電圧特性関数 $\boldsymbol{h}$ のもとで、負荷変動 $\boldsymbol{L}$ の影響を受けながら変動する電圧 $\boldsymbol{v}$ について、目標値からの偏差 J を最小化するようなタップ値 $\boldsymbol{n}$（タップ動作 $\boldsymbol{d}$）を求め

ていく問題となる。

【タップ機器モデル】

$$n_i(k+1) = n_i(k) + \Delta n_i(k)$$

$$\Delta n_i(k) = r_i d_i(k) \qquad \text{：時刻 } k \text{ におけるタップ値変化}$$

$$d_i(k) = \begin{cases} 1 & \text{：上げ動作} \\ 0 & \text{：不動作} \\ -1 & \text{：下げ動作} \end{cases} \qquad (i = 1, 2, \ldots, N)$$

上記をまとめてベクトル表現すると、以下のようになる。

$$\boldsymbol{n}(k+1) = \boldsymbol{n}(k) + \Delta\boldsymbol{n}(k)$$

$$\Delta\boldsymbol{n}(k) = \boldsymbol{R} \cdot \boldsymbol{d}(k)$$

$$\boldsymbol{d}(k) = [d_1(k), d_2(k), \ldots, d_N(k)]^\top$$

負荷パラメータ $\boldsymbol{L}$ については変化がなく定数であると仮定すると、式(1)の目的関数は以下のように変化する。

$$\begin{aligned}
J(\boldsymbol{v}(k+1)) &= J(\boldsymbol{v}(k)) + \Delta J(k) \\
\Delta J(k) &= \frac{\partial J}{\partial \boldsymbol{v}} \cdot \frac{\partial \boldsymbol{h}}{\partial \boldsymbol{n}} \cdot \Delta\boldsymbol{n}(k) \\
&= \boldsymbol{w}(k) \cdot \boldsymbol{A}(k) \cdot \boldsymbol{R} \cdot \boldsymbol{d}(k) \\
&= \boldsymbol{s}(k) \cdot \boldsymbol{d}(k) = [s_1(k), \ldots, s_N(k)] \begin{bmatrix} d_1(k) \\ \vdots \\ d_N(k) \end{bmatrix} \\
&= \sum_{i=1}^{N} s_i(k) \cdot d_i(k) \qquad (2) \\
\boldsymbol{s}(k) &= \boldsymbol{w}(k) \cdot \boldsymbol{A}(k) \cdot \boldsymbol{R} \\
\boldsymbol{w} &= \left[\frac{\partial J}{\partial \boldsymbol{v}}\right] \\
\boldsymbol{A} &= \left[\frac{\partial \boldsymbol{h}}{\partial \boldsymbol{n}}\right] = \left[\frac{\partial \boldsymbol{v}}{\partial \boldsymbol{n}}\right]
\end{aligned}$$

ここで、$\Delta J(k)$ はタップ制御動作による目的関数の減少量である。$s_i(k)$ は、目的関数 $J(k)$

に対し、制御器 i を動作させた場合の目的関数の変化を表している。

いま、1 時刻に一つの制御器のみを動作させる場合を考える。この場合、目的関数を最も減少させることができる機器を選定して順次制御を行うことが最適となる。この制御は、式(2) の $\Delta J(k)$ の値を制御機器ごとに確認することで可能であり、指標 $\boldsymbol{s}$ に基づいて達成することができる。

いま、式(1) の目的関数が、以下の式(3) のように各場所の局所的な目的関数の和で表される場合を考える。

$$J(k) = \sum_{z=1}^{Z} J^z(k) \tag{3}$$

ただし、Z は目的関数の総数、$J^z(k)$ は z 番目の目的関数を表す。このとき、タップ変化による目的関数の変化 $\Delta J^z(k)$ は、以下のように書くことができる。

$$\Delta J(k) = \sum_{z=1}^{Z} \Delta J^z(k)$$

ただし、

$$\begin{aligned}
\Delta J^z(k) &= \boldsymbol{w}^z(k) \cdot \boldsymbol{A}^z(k) \cdot \boldsymbol{\Delta n}^z(k) \\
&= \boldsymbol{w}^z(k) \begin{bmatrix} A_{X_1,1}(k) & \ldots & A_{X_1,N}(k) \\ \vdots & & \vdots \\ A_{X_z,1}(k) & \ldots & A_{X_z,N}(k) \end{bmatrix} \begin{bmatrix} r_1 \cdot d_1(k) \\ \vdots \\ r_N \cdot d_N(k) \end{bmatrix} \\
&= \textstyle\sum_{i=1}^{N} s_i^z(k) d_i(k)
\end{aligned}$$

$$\boldsymbol{s}^z(k) = \boldsymbol{w}^z(k) \cdot \boldsymbol{A}^z(k) \cdot \boldsymbol{R}$$
$$\boldsymbol{w}^z = [w_{X_1}^z, \ldots, w_{X_z}^z]^\top = \left[\ \frac{\partial J^z}{\partial \boldsymbol{v}}\ \right] \in \mathbb{R}^{1 \times X_z}$$
$$\boldsymbol{A}^z \in \mathbb{R}^{N \times X_z}$$

$\boldsymbol{s}^z(k)$ の要素 $s_i^z(k)$ は、任意の局所的な目的関数 $J^z(k)$ に対して制御器 i を動作させた場合の目的関数の変化を表す。この $\boldsymbol{s}^z(k)$ によって、目的関数に対する指標 s が算出される。

$$\boldsymbol{s}(k) = \sum_{z=1}^{Z} \boldsymbol{s}^z(k)$$

先ほどの目的関数の総数 Z は任意である。これを制御器総数 N とし、さらに制御器 i が管轄する制御対象エリアをエリア i と呼び、そのエリア i に含まれる母線番号の集合を $\mathrm{area}(i)$ と定義する。各エリアでの電圧制御を考えて目的関数を設定すると、全体の目的関数は次式のように設定できる。

$$J(k) = \sum_{i=1}^{N} J^i(k)$$

ここで、$J^i(k)$ はエリア i 内にあるすべての観測点での電圧を制御するための目的関数であり、適正な電圧状態でゼロとなる正値関数とする。

従来は、1点の電圧を観測し、1地点に対して制御することが通常であった。ここでは、多点制御として1台の制御器が対象エリア内2地点以上の電圧を制御する制御法を考える。すなわち、制御器 i の制御対象エリア内の電圧 $v_j, j \in \mathrm{area}(i)$ は、

$$\underline{v_i} \leq v_j \leq \overline{v_i} \tag{4}$$

のようにすべての地点で上限値 $\overline{v_i}$ と下限値 $\underline{v_i}$ の間に制御されなければならない。ただし、当然ながら対象エリア i 内の電圧はほかの制御器によっても影響を受ける。そこで、以下のような方法が提案されている。

まず、対象エリア内のすべての計測点電圧を上下限値内に制御するために、計測点電圧の最大値と最小値に着目し、その平均値 $v_{\mathrm{C},i}$ を、

$$v_{\mathrm{C},i} = \frac{\max_{j \in \mathrm{area}(i)} (v_j) + \min_{j \in \mathrm{area}(i)} (v_j)}{2}$$

と定義する。そして、これを電圧上下限値の中央値

$$v_{\mathrm{Cref},i} = \frac{\overline{v_i} + \underline{v_i}}{2}$$

に近づけるという制御を実施する。$v_{\mathrm{C},i} = v_{\mathrm{Cref},i}$ であるときが理想的な状態となる。

次に、エリアの電圧余裕 $u_{\mathrm{M},i}$ を

$$u_{\mathrm{M},i} = \frac{\overline{v_i} - \underline{v_i}}{2} - \frac{\max_{j \in \mathrm{area}(i)} (v_j) - \min_{j \in \mathrm{area}(i)} (v_j)}{2}$$

と定義する。これは、すべての計測点電圧が許容内である場合に正となり、このとき式(4)を満足する制御が可能となる。ところが、計測点電圧の最大値と最小値の差が大きいと電圧余裕 $u_{\mathrm{M},i}$ が負となる場合が存在する。これは式(4)を満足する制御が存在しないことを意味

し、電圧制約を違反することになる。ただし、この場合であっても、上下への電圧違反量が等しくなる状態 $v_{\mathrm{C},i} = v_{\mathrm{Cref},i}$ が理想的な制御目標となる。

これらの考察から、

$$v_{\mathrm{Cref},i} - \max(\epsilon, u_{\mathrm{M},i}) \leq v_{\mathrm{C},i} \leq v_{\mathrm{Cref},i} + \max(\epsilon, u_{\mathrm{M},i}) \tag{5}$$

を満足する制御を実施する。ここで、ϵ は微小な正の数である。

式(5)を満たすために、エリアの目的関数を、

$$J^i(k) = \frac{1}{2} m_i u_i^2$$

と定義する。ただし、

$$u_i(v_{\mathrm{C},i}) = \mathrm{sign}(v_{\mathrm{C},i} - v_{\mathrm{Cref},i}) \cdot (|v_{\mathrm{C},i} - v_{\mathrm{Cref},i}| - \max(\epsilon, u_{\mathrm{M},i}))$$

である。このとき、全体の目的関数は、

$$J(v_{\mathrm{C}}) = \boldsymbol{u}^\top(\boldsymbol{v}_{\mathrm{C}}) \cdot \boldsymbol{M} \cdot \boldsymbol{u}(\boldsymbol{v}_{\mathrm{C}}) = \frac{1}{2} \sum_{i=1}^{N} m_i \cdot u_i^2(v_{\mathrm{C},i})$$

と表すことができ、これに対する式(2)の指標 $\boldsymbol{s}$ は次式で計算することができる。

$$\boldsymbol{s}(k) = \boldsymbol{u}^\top(\boldsymbol{v}_{\mathrm{C}}) \cdot \boldsymbol{M} \cdot \boldsymbol{A}(k) \cdot \boldsymbol{R}$$

この指標を用いることで、すべての制御対象エリア内の電圧について適切な制御が可能となる。

先ほどの指標 $\boldsymbol{s}$ の算出に必要な電圧/タップ感度行列 $\boldsymbol{A}$ とは、タップ制御の実施による系統内電圧への影響度を -1〜1 の値で表現した行列である。その算出法には厳密計算法、簡略計算法 1、簡略計算法 2 の三つを提案している。ただし、厳密計算法は多くの情報を必要とすることから排除し、通常時は簡略計算法 1 を、下流に SVC などの電圧制御機器がある場合には簡略計算法 2 を用いる。詳細は文献[1),2)]を参照されたい。

指標 $\boldsymbol{s}$ に基づくマルチエージェントシステム提案手法のアルゴリズムは、以下の動作フローのように表現することができる。

ステップ 1： エリア i において、センサにより母線電圧を計測。

ステップ 2： 黒板メモリ（以下 BM）に系統状態（電圧、タップ値など）を記録。

ステップ **3**：BM から他エリアの情報を取得。

ステップ **4**：電圧偏差および指標 $\boldsymbol{s}$ を計算。

ステップ **5**：指標 $\boldsymbol{s}$ の移動平均を算出し、BM に記録。

ステップ **6**：指標 $\boldsymbol{s}$ の移動平均値と閾値 α とを比較。

ステップ **7**：BM を参照。制御器 i の保持する指標 s の移動平均値が最大がどうかをチェック。

ステップ **8**：最大 s の制御器タップを動作。BM の情報を更新。

6.2.4 シミュレーションによる検証

配電用変電所から 14 母線に電力供給しているモデル系統内に、PV が 2 地点に導入されている典型的な場合を対象とした（図 **6.6** 参照）。時間間隔を 1 秒とし、24 時間のシミュレーションを実施した。制御性能の評価指標としては、指標 1 ＝タップ切換回数、指標 2 ＝電圧偏差量：目標値からの平均偏差、指標 3 ＝電圧違反量：上下限逸脱量を考える。対象とするケースは、Case1 ＝従来の個別分散方式（D90）、Case2 ＝提案法の 2 ケースを考慮した。各

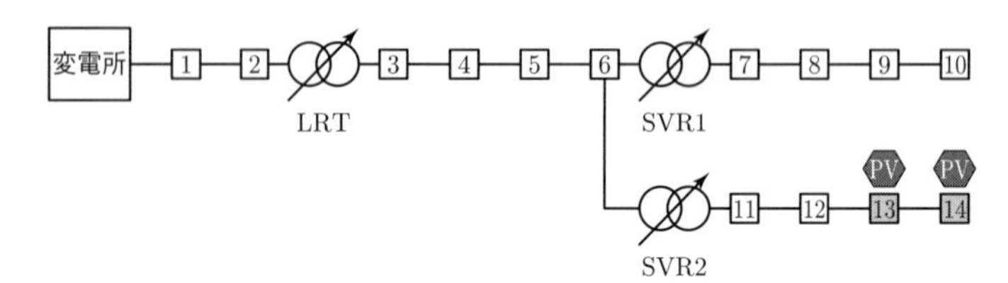

図 6.6　例題系統：配電用変電所から 14 母線に電力供給しているモデル系統内に PV が 2 地点に導入されている場合。

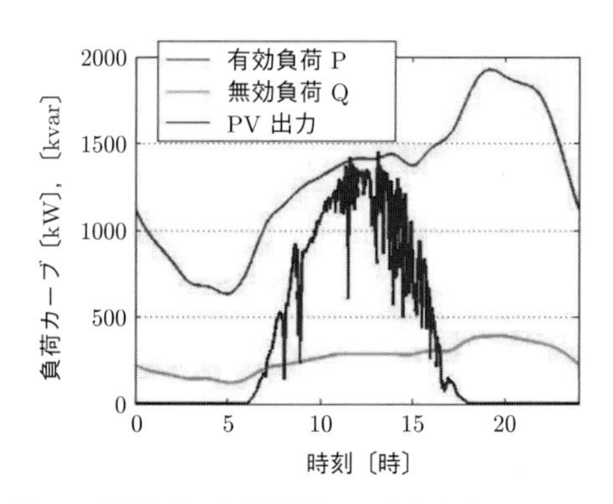

図 6.7　負荷変動：負荷変動と PV 出力変動のシナリオ。

表 6.4　シミュレーション結果：各ケースの制御性能を比較してある。指標 1 はタップの動作回数、指標 2 は目標電圧値からの偏差量の平均、指標 3 は電圧上下限の違反量である。

	指標 1（タップ動作）	指標 2（電圧偏差）	指標 3（電圧違反）
Case1	25	0.01054	20
Case2	7	0.00895	0

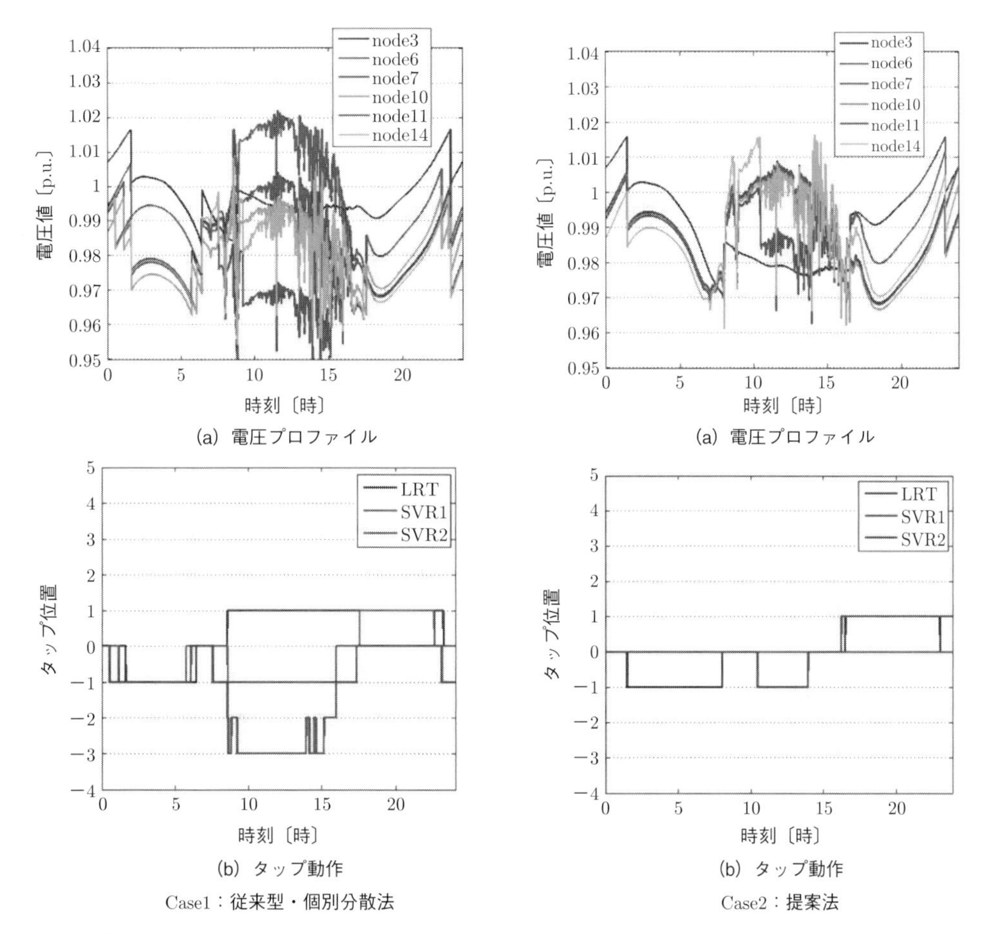

図 6.8　シミュレーション結果：左が Case1：従来型・個別分散法、右が Case2：提案法による結果。上側（a）が電圧分布、下側（b）がタップの動作を示す。

負荷の変化や PV 出力変動は、図 **6.7** に示す通りである。

各ケースについての制御性能を表 **6.4** に、それぞれの具体的な電圧分布やタップ動作の様子を図 **6.8** に示す。

これらを観察すると、Case1 の従来型個別分散方式は急激な PV 出力変動に対応できず、電圧違反が生じていることがわかる。特に、頻繁に下限値を逸脱し、それによって無駄なタップ動作が発生していることが問題である。これは協調的な動作が行われていないことが原因である。これに対して提案法では、目的関数に基づく協調的な制御が実現されており、先ほどのような無駄動作は発生していない。また、PV の急峻な変動に対しても効率よく対応していることがわかる。

6.3 インバータ電圧協調制御

高圧配電線などにPV発電設備が連系すると、電力の逆潮流によって電圧上昇を生じることがある。無効電力補償を行えば電圧上昇を防ぐことができるので、系統連系インバータ自身が有効電力と無効電力の調整を分散協調的に行えば、配電系統電圧制御が可能となる。本節では、そのためのアルゴリズム[3)]について述べる。

本節の構成とポイントは以下の通りである。

6.3.1 配電系統の電圧制御

・分散電源が増加する時代においては、配電系統電圧制御にはパワーエレクトロニクス機器の利用が有効である。

・特に、インバータ自身が無効電力補償を行う方法は、新たな設備導入を必要としない利点がある。

6.3.2 連系点電圧変動抑制

・インバータが無効電力補償を行い、電圧変動抑制をするための問題設定を述べる。

6.3.3 分散協調問題

・電圧変動抑制問題を最適化問題として定式化する。

・潜在価格を導入し、価格更新則を適切に決めると上記の最適化問題を各インバータが分散協調的に解くことができる。

6.3.4 ミニスケールインバータによる模擬実験装置

・提案方法を模擬実験するための装置について説明する。

6.3.5 電圧変動抑制模擬実験

・提案方法を模擬実験によって検証した結果を示す。

・発熱などで出力低下しているインバータがあったとしても、各インバータが提案法により出力すべき無効電力量を自動的に計算し、電圧変動抑制を達成する。

6.3.1 配電系統の電圧制御

配電系統の電圧制御には、変電所に置かれる負荷時タップ切り替え変圧器（LRT)、線路の途中に置かれる自動電圧調整器（SVR)、電力用コンデンサ（Shunt Capacitor：SC）を利用した方法がある[4)]。PV 発電が導入され、電力の逆潮流による電圧上昇によって配電線の電圧プロファイルが複雑になってくると、この従来法のみでは限界がある。分散電源が増加している時代においては、高速に動作させることが可能であるパワーエレクトロニクス機器を用いる方法が有効である。例えば、無効電力補償を行う静止型無効電力補償装置（Static VAR Compensator：SVC）を用いた電圧制御が行われている。SVC は新たな設備導入となるので、PV 発電設備に備えられている PCS、すなわち、インバータ自身が有効電力出力に加えてある量の無効電力出力も引き受けることにすれば、電圧制御のための無効電力補償が可能になるのではないかと考えられる。

以上の背景をもとに、本節では、配電系統に連系した複数のインバータが、連系点の電圧を観測することによって、分散協調的に各自の有効電力と無効電力を調整して、連系点での電圧変動を抑制しつつ、有効電力出力の和をなるべく大きくすることができるアルゴリズムを述べる。提案アルゴリズムについて、ミニスケールインバータを用いて行った模擬実験についても述べる。

6.3.2 連系点電圧変動抑制

ここでは、6.3.1 項で述べたように PV 発電設備に備わったインバータを用いて連系点の電圧変動を抑制するためにどのような問題設定にすればよいかについて述べる。

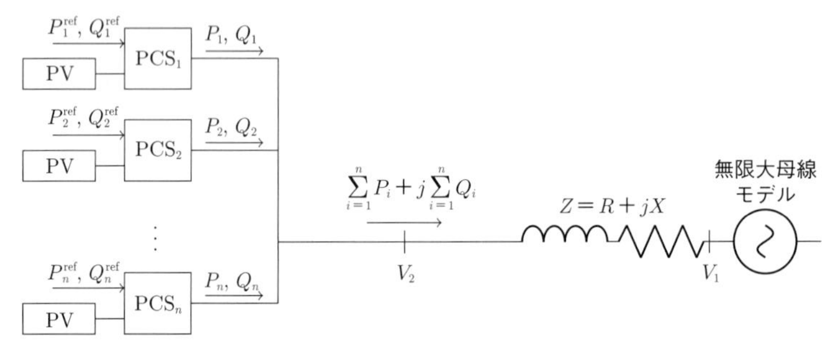

図 6.9　**配電系統に連系した PV 発電設備**：PV 発電設備が配電系統を介して無限大母線モデルに連系している。インバータの有効電力、無効電力を分散的に調整して、連系点の電圧変動を抑制することを制御目的とする。

複数のインバータ（PCS）からなる PV 発電設備が高圧配電線に連系している。図 **6.9** に示すように、n 台のインバータ PCS_i（$i = 1, \ldots, n$）はそれぞれ有効電力目標値 P_i^{ref}、無効電力目標値 Q_i^{ref} を受けて有効電力 P_i、無効電力 Q_i を発生している。その結果、無限大母線の電圧 V_1 に対して連系点での電圧は $V_2 = V_1 + \Delta V$ と変化する。

配電線は抵抗 R、リアクタンス L によって決まるインピーダンス $Z = R + jX$ を持つとする。電圧、電流をフェーザ表示して無限大母線電圧 $\dot{V}_1$、連系点電圧 $\dot{V}_2$、連系点から無限大母線への電流を $\dot{I}$ とする。このとき、インバータが母線に向かって送る複素電力は、

$$\sum_{i=1}^{n}(P_i + jQ_i) = \dot{V}_2\dot{I}^* = \dot{V}_2\left(\frac{\dot{V}_2 - \dot{V}_1}{R + jX}\right)^*$$

である。ただし $*$ は共役複素数を表す。ここで $\dot{V}_1$ と $\dot{V}_2$ の位相差が十分小さいと仮定して、それを無視すると、

$$V_2 - V_1 = \frac{R}{V_2}\sum_{i=1}^{n}P_i + \frac{X}{V_2}\sum_{i=1}^{n}Q_i \tag{6}$$

を得る。式 (6) から有効電力を加えると電圧上昇を招くこと、無効電力（負の値）を加えると電圧上昇の抑制ができることがわかる。

PV 発電設備に設置したそれぞれのインバータは、以下の 3 点を目指して、分散的に有効電力目標値・無効電力目標値を定めることにする。

・有効電力 P_i をなるべく多く注入

・無効電力 Q_i はなるべく均等に分担して、連系点での電圧変動抑制を実施

・ほかのインバータに機器の発熱などにより出力に制約が生じた場合、適切に無効電力を調整

6.3.3 分散協調問題

ここでは、6.3.2 項で述べた問題設定を、それぞれのインバータが分散的に解くことのできる数値最適化問題として書き下すことにする。それに先がけて、仮に全インバータの調整を行う機構を設けてよいのであれば、有効電力目標値と無効電力目標値に関する集中化された次の最適化問題を用いることになることに注意する。

$$\begin{aligned}
\min_{\substack{P_i^{\mathrm{ref}},\, Q_i^{\mathrm{ref}} \\ i=1,\ldots,n}} \quad & \sum_{i=1}^{n}\left\{\left(P_i^{\mathrm{ref}} - P_i^{\mathrm{d}}\right)^2 + \left(Q_i^{\mathrm{ref}}\right)^2\right\} \\
\mathrm{s.t.} \quad & -\gamma_i P_i^{\mathrm{ref}} \le Q_i^{\mathrm{ref}} \le \gamma_i P_i^{\mathrm{ref}} \\
& 0 \le P_i^{\mathrm{ref}} \le P_i^{\mathrm{l}}
\end{aligned} \tag{7}$$

$$\left(P_i^{\mathrm{ref}}\right)^2 + \left(Q_i^{\mathrm{ref}}\right)^2 \le \left(S_i^{\mathrm{d}}\right)^2 \le \left(S_i^{\mathrm{l}}\right)^2, \qquad i = 1, \ldots, n$$
$$\frac{R}{V_2}\sum_{i=1}^{n} P_i^{\mathrm{ref}} + \frac{X}{V_2}\sum_{i=1}^{n} Q_i^{\mathrm{ref}} = 0$$

ただし、一つ目の制約式は力率 $\cos\theta_i^{\mathrm{ref}} = \frac{P_i^{\mathrm{ref}}}{\sqrt{\left(P_i^{\mathrm{ref}}\right)^2+\left(Q_i^{\mathrm{ref}}\right)^2}}$ に関するものであり、$\cos\theta_i^{\mathrm{ref}} \ge \cos\theta_i^{\mathrm{l}}$ と角度 θ_i^{l} を用いて制約を表すとき $\gamma_i = \tan\theta_i^{\mathrm{l}}$ と置いたものである。P_i^{d}、S_i^{d} はそれぞれ PCS_i の有効電力と皮相電力に関して、最適化問題 (7) における設計パラメータとなっている。これに対して、P_i^{l}、S_i^{l} はそれぞれ PCS_i の定格容量（有効電力出力上限値）、皮相電力容量を表す。一般に有効電力は多く利用したいので、$P_i^{\mathrm{l}} \le P_i^{\mathrm{d}}$ と設定する。一方、皮相電力については、最適化問題 (7) の一つの制約条件にもあるように $S_i^{\mathrm{d}} \le S_i^{\mathrm{l}}$ を満たすように設定する。最後の制約式は、式 (6) に対応し、電圧変動抑制のために設けられている。言い換えると、最適化問題 (7) は、力率や定格容量の制約のもとで、電圧変動を抑制しながらなるべく定格容量に近い有効電力を出し、無効電力はなるべく出さないことを求めている。

電圧変動抑制のための制約式があるので、最適化問題 (7) を解くためにはすべてのインバータに関する変数を扱わなくてはならない。これを避けるために、分散的に各インバータ PCS_i は、次の最適化問題を解くことにする。

$$\begin{aligned}
\min_{P_i^{\mathrm{ref}},Q_i^{\mathrm{ref}}} \quad & \left\{\left(P_i^{\mathrm{ref}} - P_i^{\mathrm{d}}\right)^2 + \left(Q_i^{\mathrm{ref}}\right)^2\right\} + p_{P_i}\left(P_i^{\mathrm{ref}} - P_i^{\mathrm{d}}\right) + p_{Q_i} Q_i^{\mathrm{ref}} \qquad (8)\\
\text{s.t.} \quad & -\gamma_i P_i^{\mathrm{ref}} \le Q_i^{\mathrm{ref}} \le \gamma_i P_i^{\mathrm{ref}}\\
& 0 \le P_i^{\mathrm{ref}} \le P_i^{\mathrm{l}}\\
& \left(P_i^{\mathrm{ref}}\right)^2 + \left(Q_i^{\mathrm{ref}}\right)^2 \le \left(S_i^{\mathrm{d}}\right)^2
\end{aligned}$$

ここで、目的関数にある p_{P_i}、p_{Q_i} は、それぞれ有効電力と無効電力に対する潜在価格となっている。これらの潜在価格を持つ項がある代わりに、電圧変動抑制に関する制約式を含まないのが重要なポイントである。その結果、この問題を各インバータが分散的に解くことが可能となっている。

集中的最適化問題 (7) と分散的最適化問題 (8) の最適解を一致させるためには、潜在価格が適切に選ばれる必要がある。そのために、価格の更新則を以下のように定めることとする。

$$p_i(t) = \begin{bmatrix} p_{P_i} & p_{Q_i} \end{bmatrix}^\top = \begin{bmatrix} \frac{R}{V_2(t)}\lambda(t) & \frac{X}{V_2(t)}\lambda(t) \end{bmatrix}^\top, \quad i = 1, \ldots, n \qquad (9)$$
$$\frac{d\lambda}{dt}(t) = \varepsilon\left(V_2(t) - V_1\right), \quad \varepsilon > 0 \qquad (10)$$

集中的最適化問題(7)の最適解を $P_i^{\mathrm{ref}\star}$、$Q_i^{\mathrm{ref}\star}$ とする。インバータの電流制御系は、十分速い応答をするように設計されており、一次遅れ系で近似できるものとする。その上で、有効電力と無効電力をそれぞれ有効電力目標値と無効電力目標値に追従させるために、インバータは比例積分（Proportional Integral：PI）補償器で安定化されているとする（図 **6.10** 参照)。ここで、有効電力制御系の $I_{\mathrm{d},i}$ と無効電力制御系の $I_{\mathrm{q},i}$ は、それぞれ PSC_i の電流の d（direct）成分と q（quadrature）成分を表す。各 PCS_i は四つの状態変数を持つ安定系として表されていることに注意する。

式(6)、式(8)～式(10)とインバータを記述する系からなるシステムは、図 **6.11** の構造を持つこととなる。閉ループ系は n 個のインバータの合計 $4n$ 個の状態変数に λ を加えた $4n+1$ 個の状態変数を持ち、インバータ出力が $P_i^{\mathrm{ref}\star}$、$Q_i^{\mathrm{ref}\star}$（$i=1,\ldots,n$）となる平衡点がある。十分小さな $\varepsilon>0$ に対して、その平衡点は漸近安定になることが示されている[5]。また、図 **6.11** を実装するためには、価格更新則は式(10)にあるように連系点電圧 V_2 を計測すればよく、個々のインバータの出力を知る必要はない。

PV 発電所を考えると、複数あるインバータの所有者は同じであるので、インバータは競合的な関係にあるわけではない。分散的最適化問題(8)に現れる潜在価格は、実際に売買をするための価格ではなく、分散最適化問題を集中化された最適問題(7)と関連付けるための変数である。

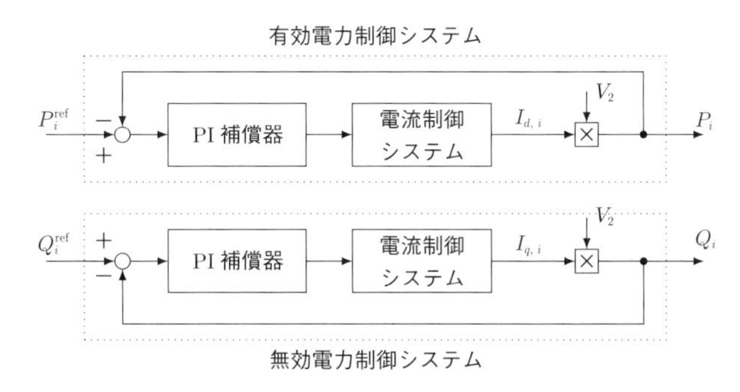

図 6.10　インバータのモデル：電流制御システムは速い応答を示すように構成し、一次遅れ系とみなす。有効電力・無効電力制御システムともに、それぞれ目標値との偏差を PI 補償器を通して電流制御システムへ入力を加える。

6.3.4 ミニスケールインバータによる模擬実験装置

6.3.3 項で述べた分散最適化による電圧変動抑制制御が効果的であることを示すために、ミニスケールインバータを用いて実験を行った。実験装置の構成は以下の通りである。

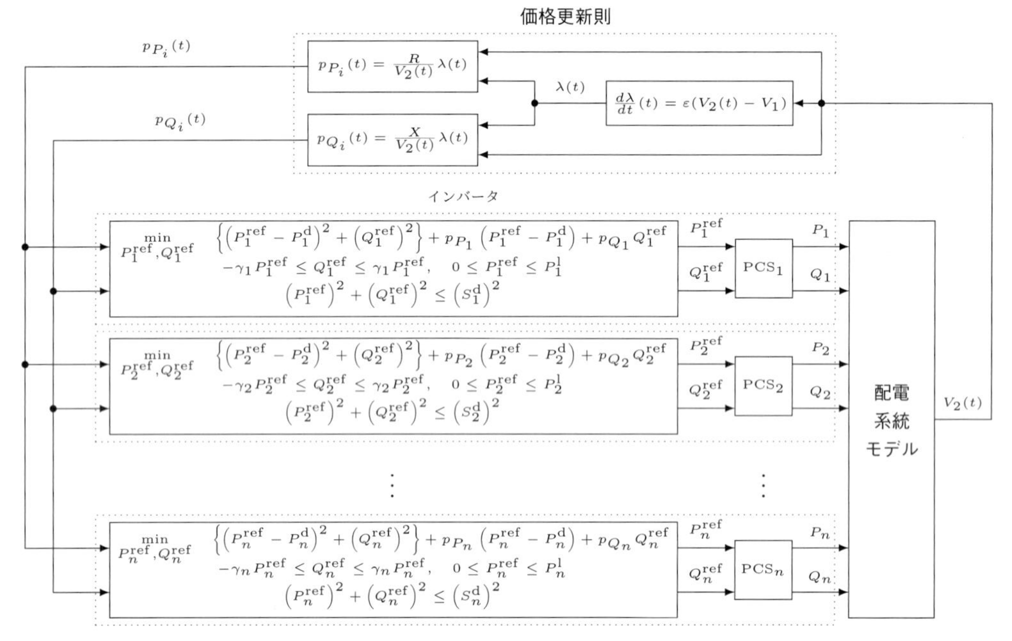

図 6.11　**潜在価格を用いた分散最適化による電圧制御系**：連系点での電圧の変動分をもとに潜在価格が更新される。各インバータは潜在価格に基づいて最適化問題を解き、有効電力目標値と無効電力目標値を得て、有効電力と無効電力を出力する。その結果、連系点電圧変動が制御されるフィードバック構造を持つ。

- **ミニスケールインバータ**：ミニスケールインバータは定格容量 1 kW、500 kW の実機インバータを模擬することが可能。合計 10 台を準備し、総容量 5 MW の PV システムを想定。

- **模擬電力系統**：模擬電力系統は、エヌエフ回路設計ブロック社製プログラマブル交流電源 ES24000T を使用。Opal-RT Technologies 社製リアルタイムシミュレータ（ソフトウェア：RT-LAB、ハードウェア：OP5600）で電力系統のふるまいを模擬。

- **PV 模擬電源**：PV 模擬電源として、Kernel 社製パワーコンディショナ評価システム PV Power Unit PVU01403 5 台、山菱電機社製電圧調整装置 S3P-240-10 と整流回路からなる整流器 5 台を使用。

図 **6.12** に実験装置を示す。図 **6.12**（a）はミニスケールインバータ、図 **6.12**（b）は PV 模擬電源である。

(a)ミニスケールインバータ

(b)模擬電力系統

図 6.12　実験装置：500 kW の実機インバータを模擬できるミニスケールインバータ 10 台とプログラマブル交流電源、リアルタイムシミュレータからなる模擬電力系統を用いて実験装置を組む。

6.3.5　電圧変動抑制模擬実験

6.3.4 項で用意した実験装置を用いて、3 種類の模擬実験を行った。

実験 1 では、等しいインバータが設置されている状況を考える。すべてのインバータ PCS_i $(i=1,\ldots,10)$ は同じ皮相電力容量 $S_i^{\mathrm{d}}=560\,\mathrm{kVA}$、力率制約 $\cos\theta_i^{\mathrm{l}}=0.10$、定格容量に関する制約 $P_i^{\mathrm{l}}=500\,\mathrm{kW}$、$P_i^{\mathrm{d}}=2P_i^{\mathrm{l}}$ を持つとする。PV パネルに陽が当たり、$t=18$ 秒から有効電力が出力される。各インバータの有効電力目標値、有効電力出力、潜在価格、無効電力目標値、無効電力出力、連系点の電圧変動を図 **6.13** に示す。PV パネルが有効電力を送り、連系点の電圧が上昇すると式 (9) によって有効電力と無効電力それぞれの潜在価格が変化し、それが解くべき分散最適化問題 (8) に影響を与えて有効電力目標値と無効電力目標値が変わ

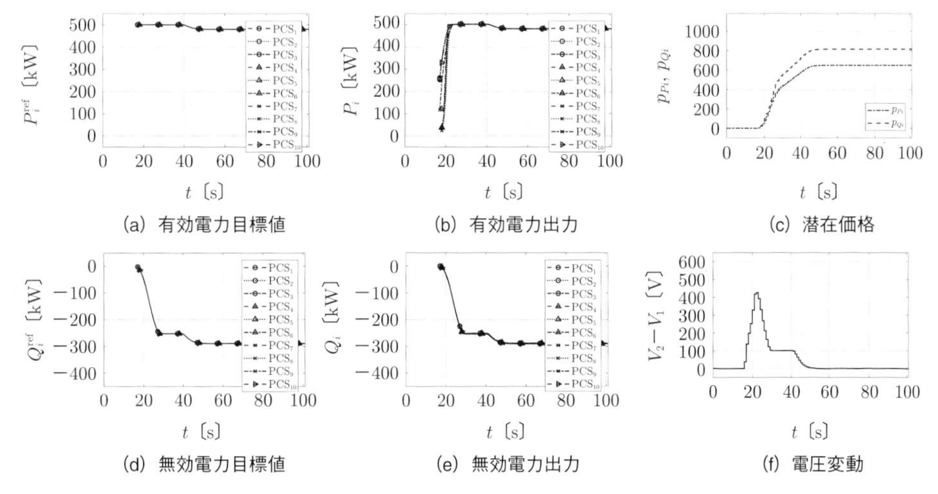

(a)有効電力目標値　(b)有効電力出力　(c)潜在価格
(d)無効電力目標値　(e)無効電力出力　(f)電圧変動

図 6.13　実験 1：10 台のインバータは同一条件である。太陽光により発電が始まると有効電力出力が大きくなり、連系点電圧変動を生じる。潜在価格が更新され有効電力と無効電力が調整されるにつれ、連系点の電圧変動が抑制される。

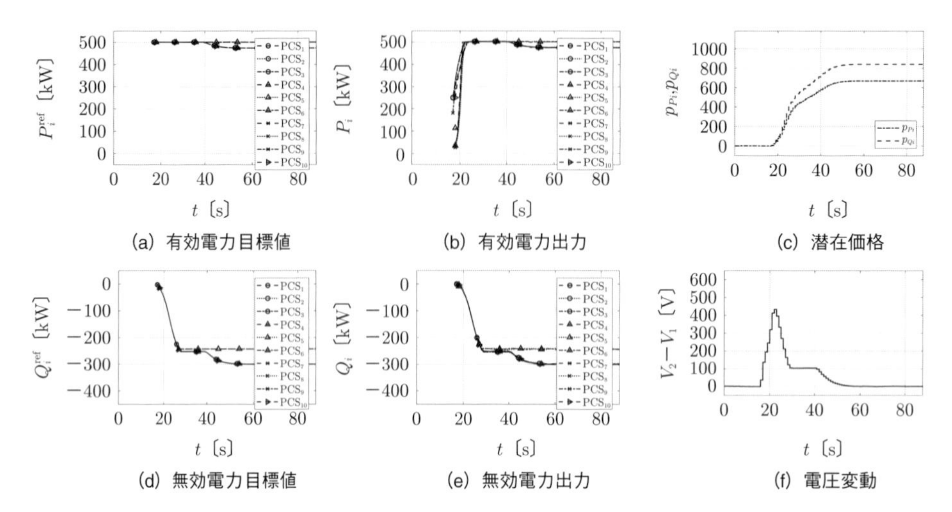

(a) 有効電力目標値　(b) 有効電力出力　(c) 潜在価格
(d) 無効電力目標値　(e) 無効電力出力　(f) 電圧変動

図 6.14　実験 2：異なる制約条件を持つインバータが混在している場合を考える。このときも実験 1 と同様に電圧変動が抑制されている。

る。その結果、連系点電圧変動が抑制されていることがわかる。

実験 2 では、制約の異なるインバータが設置されている状況を考える。インバータ PCS_i（$i = 5, 6$）のみ厳しい力率制約 $\cos\theta_i^{\mathrm{l}} = 0.90$ が科せられているとする。ほかの制約は実験 1 と同じである。図 **6.14** に有効電力目標値、有効電力出力、潜在価格、無効電力目標値、無効電力出力、連系点の電圧変動を示す。力率制約の厳しい PCS_i（$i = 5, 6$）は無効電力出力が小さくなり電圧変動抑制への寄与が小さくなるが、ほかのインバータが協調してその不足分を補って電圧変動抑制が達成されている。異なった種類のインバータが設置されていたとしても、潜在価格による調整を経て個々のインバータは自らの制約条件を考慮した最適化問題を分散的に解くことで、分散協調的に全体的な目的である電圧変動抑制を達成している。

実験 3 では、発熱などの影響により一部のインバータの出力が低下した状況を考える。実験 1 と同じ設定ではあるが、PCS_i ($i = 5, 6$) のみ $t = 70$ 秒頃に $S_i^{\mathrm{d}} = 560\,\mathrm{kVA}$ から $S_i^{\mathrm{d}} = 520\,\mathrm{kVA}$ へと厳しくなった場合を考える。皮相電力容量が減少したことにより、PCS_i（$i = 5, 6$）は有効電力および無効電力を出力する能力が下がる。しかし、その場合においても、実験 2 と同様に、潜在価格による調整を通して $t = 70$ 秒頃から有効電力目標値、無効電力目標値が変化することによって、分散協調的に電圧変動抑制が達成されている（図 **6.15** 参照）。

PV 発電などの分散電源が増えてくると、逆潮流による配電系統電圧の上昇によって適正な範囲に電圧を制御する必要性が大きくなる。高速な応答が可能なパワーエレクトロニクス機器は、無効電力を用いて電圧変動抑制を行うことができる。このとき、インバータは力率を調整できるので、SVC のような付加的な設備を用いなくとも電圧制御が可能である。

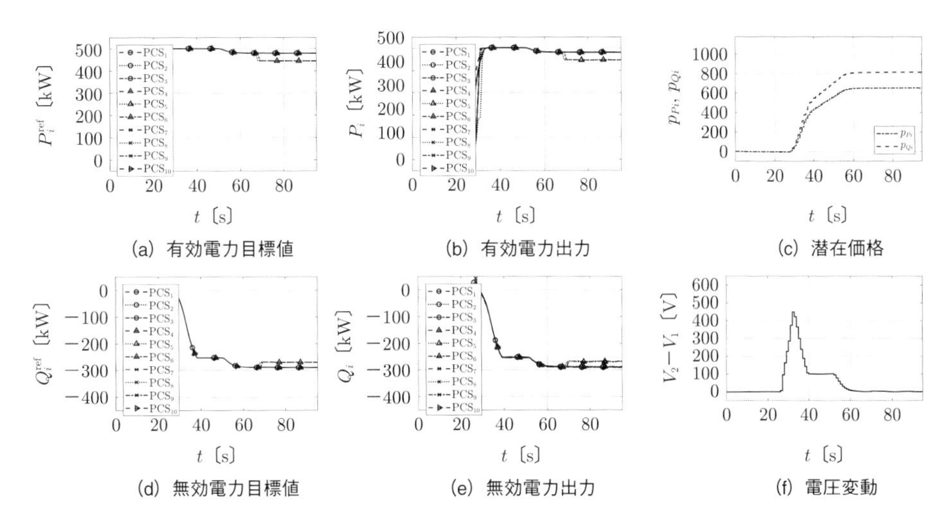

図 6.15　実験 3：途中で出力の低下するインバータがある場合も、潜在価格の更新によって有効電力、無効電力が調整されるにつれ、連系点の電圧変動が抑制される。

電圧変動抑制を達成するためにインバータの出力すべき有効電力と無効電力の量をいかに決めるかについて、本節では分散協調的アルゴリズムを紹介した。異なる特性を持つインバータが設置されたり、一部のインバータが出力低下を余儀なくされた場合においても、提案方法は、分散的に有効電力と無効電力の量を決定し、複数のインバータが協調して電圧変動を抑制することができる。また、ミニスケールインバータ用いた模擬実験装置を用いて、提案手法の有効性の検証を行った。

6.4 インバータによる電力抑制

送電線の容量制約、需給バランスを満たすために、電力会社は再生可能エネルギー発電設備の出力抑制を要請できる。本節では、PV パネルと蓄電池のそれぞれに接続したインバータに対して、有効電力制御を施すことを考える。提案する分散協調的アルゴリズム[6)]を用いると、出力抑制指令値を満たしつつ、発電された電力は有効に利用することができる。

本節の構成とポイントは以下の通りである。

6.4.1 出力の抑制

・系統の制約を満たし、電圧および周波数の適正な値を維持するための再生可能エネルギー出力抑制要請について述べる。

6.4.2 出力抑制問題

・PV パネルと蓄電池を有する PV 発電設備において、出力抑制指令を満たしつつ、なるべく有効電力を無駄にしない充放電を行うための問題設定を行う。

6.4.3 分散協調問題

・出力抑制問題を最適化問題として記述する。

・潜在価格を導入し、価格更新則を適切に決めると、上記の最適化問題を各インバータが分散協調的に解くことができる。

6.4.4 実験による検証

・模擬実験するための装置を説明し、提案方法を模擬実験によって検証した結果を示す。

・充電状態の異なる蓄電池、PV パネル出力の一時的な低下、PV パネルの追加などの状況下でも、各インバータが提案法によって有効電力を自動的に調整して出力抑制を達成する。

6.4.1 出力の抑制

エネルギーの安定的供給や化石燃料などが引き起こす環境負荷の低減を図るために、再生可能エネルギー源の利用を促進する政策が進められている。再生可能エネルギーは天候などの自然環境によって出力変動を伴うので、安定的な主力電源として大量に導入されるためには、送電線の容量制約や需給バランスを満たすなどのいくつかの課題が解決されなくてはならない。再生可能エネルギー普及のために導入されている電力の固定価格買取制度（Feed In Tariff：FIT）においては、省令[7]により，電力会社は電圧および周波数の値を維持するために必要な範囲で再生可能エネルギー発電設備の出力の抑制をPV発電設備に対して要請できることになっている。

出力抑制の要請があると、利用可能な太陽光エネルギーを捨てることになる。PV発電設備に蓄電池が併設されていれば、捨てることになるエネルギーを一旦蓄えることができる。したがって、PV発電の変動に応じて適切に充放電を行うことにより、出力抑制を満たしつつエネルギーの有効活用を図ることを目的とする制御システムの可能性を検討することは有用である。本節では、PVパネルと蓄電池のそれぞれに接続した複数のインバータが上記の目的を満たす分散協調的アルゴリズムを述べる。提案アルゴリズムについて、ミニスケールインバータを用いた実験検証も行う。

6.4.2 出力抑制問題

PV発電設備に複数のインバータ（PCS）が置かれており、そのうち$\mathrm{PCS}_i^{\mathrm{P}}$（$i=1,\ldots,n^{\mathrm{P}}$）にはPVパネルが、$\mathrm{PCS}_i^{\mathrm{B}}$（$i=1,\ldots,n^{\mathrm{B}}$）には蓄電池が接続されているとする（図**6.16**参照）。ここでP_i^{Pr}（$i=1,\ldots,n^{\mathrm{P}}$）は$\mathrm{PCS}_i^{\mathrm{P}}$の有効電力目標値、$P_i^{\mathrm{Br}}$（$i=1,\ldots,n^{\mathrm{B}}$）は$\mathrm{PCS}_i^{\mathrm{B}}$の有効電力目標値である。ここで$P_i^{\mathrm{Br}}<0$は蓄電池への充電、$P_i^{\mathrm{Br}}>0$は蓄電池からの放電を表す。それぞれのインバータは制御系によって目標値に追従するように有効電力P_i^{P}（$i=1,\ldots,n^{\mathrm{P}}$）、$P_j^{\mathrm{B}}$（$j=1,\ldots,n^{\mathrm{B}}$）を出力し、この発電設備全体として有効電力

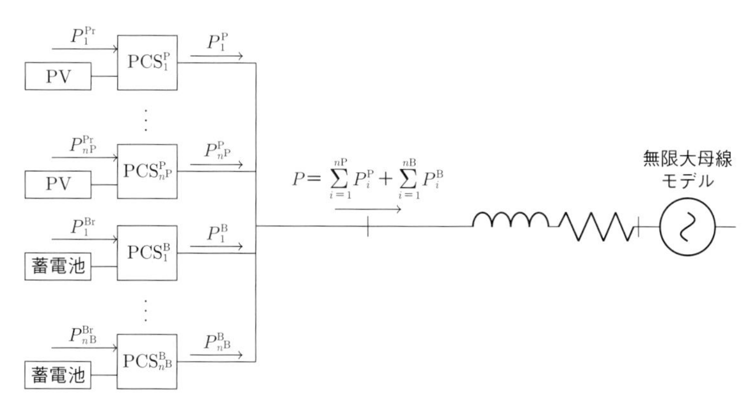

図6.16　**蓄電池を有するPV発電設備：**蓄電池を有するPV発電設備の有効電力を分散的に調整して、出力抑制指令に従うとともに有効電力をなるべく無駄にしない制御方策を求める。

$$P = \sum_{i=1}^{n^{\mathrm{P}}} P_i^{\mathrm{P}} + \sum_{j=1}^{n^{\mathrm{B}}} P_j^{\mathrm{B}}$$

が系統に出力される。PV 発電設備に設置したそれぞれの PCS は、以下の 2 点を目指して、分散的に有効電力目標値 P_i^{Pr}（$i = 1, \ldots, n^{\mathrm{P}}$）、$P_j^{\mathrm{Br}}$（$j = 1, \ldots, n^{\mathrm{B}}$）を定めることにする。

・連系点での有効電力 P と電力会社からの指令値 P^{I} が一致

・蓄電池への充電が可能であれば充電し、そうでなければ PV パネルからの出力を抑制

6.4.3 分散協調問題

PV 発電設備全体を管理する機構があれば、6.4.2 項で述べた問題設定に対して、以下の集中化された有効電力目標値に関する最適化問題を考えることになる。

$$\begin{aligned}
\min_{\substack{P_i^{\mathrm{Pr}},\, P_j^{\mathrm{Br}} \\ i=1,\ldots,n^{\mathrm{P}} \\ j=1,\ldots,n^{\mathrm{B}}}} \quad & \sum_{i=1}^{n^{\mathrm{P}}} w_i^{\mathrm{P}} \left(P_i^{\mathrm{Pr}} - P_i^{\mathrm{d}} \right)^2 + \sum_{j=1}^{n^{\mathrm{B}}} w_j^{\mathrm{B}} \left(P_j^{\mathrm{Br}} \right)^2 \qquad (11) \\
\text{s.t.} \quad & 0 \le P_i^{\mathrm{Pr}} \le P_i^{\mathrm{Pl}}, \quad i = 1, \ldots, n^{\mathrm{P}} \\
& \alpha_j \le P_j^{\mathrm{Br}} \le \beta_j, \quad j = 1, \ldots, n^{\mathrm{B}} \\
& \sum_{i=1}^{n^{\mathrm{P}}} P_i^{\mathrm{Pr}} + \sum_{j=1}^{n^{\mathrm{B}}} P_j^{\mathrm{Br}} - P^{\mathrm{I}} = 0
\end{aligned}$$

ここで P_i^{Pl}（$i = 1, \ldots, n^{\mathrm{P}}$）は $\mathrm{PCS}_i^{\mathrm{P}}$ の定格容量、α_j, β_j（$j = 1, \ldots, n^{\mathrm{B}}$）は $\mathrm{PCS}_j^{\mathrm{B}}$ がそれに接続する蓄電池の充電状態（SOC, state-of-charge）s_j に従って決める値であり、

$$\alpha_j = \begin{cases} 0 & (s_j \ge 90\,\%) \\ -P_j^{\mathrm{Bl}} \frac{0.9 - s_j}{0.9 - 0.85} & (85\% \le s_j \le 90\,\%) \\ -P_j^{\mathrm{Bl}} & (s_j \le 85\,\%) \end{cases}$$

$$\beta_j = \begin{cases} P_j^{\mathrm{Bl}} & (s_j > 10\,\%) \\ 0 & (s_j \le 10\,\%) \end{cases}$$

と定める。ここで P_j^{Bl} は、$\mathrm{PCS}_j^{\mathrm{B}}$ の定格容量である。すなわち、$s_j \ge 90\,\%$ のときは放電のみ、$s_j \le 10\,\%$ のときは充電のみ、$10\,\% < s_j < 90\,\%$ のときは充電、放電ともに可能である。

また、$P_i^{\mathrm{d}}, w_i^{\mathrm{P}}$ $(i=1,\ldots,n^{\mathrm{P}})$ は $\mathrm{PCS}_i^{\mathrm{P}}$ に関する設計変数、w_j^{B} $(j=1,\ldots,n^{\mathrm{B}})$ は $\mathrm{PCS}_j^{\mathrm{B}}$ に関する設計変数である。例えば P_i^{d} を大きく取れば、蓄電池の充電がPVパネルからの発電量抑制に比べて優先される。また、w_j^{P} はPVパネル間の重み付け、w_j^{B} は鉛電池、リチウム電池、ナトリウム硫黄電池などの蓄電池特性の違いに応じた重み付けに利用する。

最適化問題(11)は、有効電力出力を電力指令値に一致させる制約があるので、すべてのインバータに関する変数を扱わなくてはならない。これを避けるために、$\mathrm{PCS}_i^{\mathrm{P}}$ $(i=1,\ldots,n^{\mathrm{P}})$ については、

$$
\begin{aligned}
&\min_{P_i^{\mathrm{Pr}}} \quad w_i^{\mathrm{P}}\left(P_i^{\mathrm{Pr}}-P_i^{\mathrm{d}}\right)^2+p_i^{\mathrm{P}}\left(P_i^{\mathrm{Pr}}-P_i^{\mathrm{d}}\right) \\
&\text{s.t.} \quad 0 \le P_i^{\mathrm{Pr}} \le P_i^{\mathrm{Pl}}
\end{aligned}
\tag{12}
$$

$\mathrm{PCS}_j^{\mathrm{B}}$ $(j=1,\ldots,n^{\mathrm{B}})$ については、

$$
\begin{aligned}
&\min_{P_j^{\mathrm{Br}}} \quad w_j^{\mathrm{B}}\left(P_j^{\mathrm{Br}}\right)^2+p_j^{\mathrm{B}}P_j^{\mathrm{Br}} \\
&\text{s.t.} \quad \alpha_j \le P_j^{\mathrm{Br}} \le \beta_j
\end{aligned}
\tag{13}
$$

という最適化問題を考える。ここで、p_i^{P}、p_j^{B} は潜在価格である。集中的最適化問題(11)と分散的最適化問題(12)、(13)の最適解を一致させるためには、潜在価格が適切に選ばれる必要がある。そのために価格の更新則を以下のように定めることとする。

$$
\begin{aligned}
&p_i^{\mathrm{P}}(t)=p_j^{\mathrm{B}}(t)=\lambda(t) \\
&\begin{cases}
\lambda(t)=0 & \text{if } P^{\mathrm{I}}(t)=\infty \\
\frac{d\lambda}{dt}(t)=\varepsilon\left(P(t)-P^{\mathrm{I}}(t)\right) & \text{otherwise}
\end{cases}
\end{aligned}
\tag{14}
$$

ただし、有効電力出力指令値 $P^{\mathrm{I}}(t)$ は時間 t によって変化するものと考えている。また、$P^{\mathrm{I}}(t)=\infty$ は出力抑制がかかっていない場合を示す。

インバータは、6.3.3項で述べたように有効電力目標値から有効電力を出力するシステムとして、図**6.10**にあるようにモデル化されるとする。このとき、式(12)～式(14)とインバータを記述する系からなるシステムは、十分小さな $\varepsilon>0$ に対してその平衡点は漸近安定になることが示されている[5)]。

6.4.4 実験による検証

6.4.3 項で述べた分散最適化による出力抑制制御について、ミニスケールインバータを用いた模擬実験装置による検証を行う。実験装置の構成は以下の通りである。

- **ミニスケールインバータ**：PV 発電に接続するインバータは容量 500 kW で合計 3 台、蓄電池に接続するインバータは容量 250 kW で合計 2 台を設置。実際には 6.3.4 項で述べたミニスケールインバータ合計 5 台を使用。

- **PV 模擬電源と蓄電装置**：PV 模擬電源として、Kernel 社製パワーコンディショナ評価システム PV Power Unit PVU01403 3 台、蓄電装置として新神戸電機社製リチウムイオンキャパシタ SLCB110AMD3201DH01 2 台（図 **6.17** 参照）。1 台当たり容量 35 kWh 相当。

図 6.17　**蓄電装置**：実験に用いるリチウムイオンキャパシタ。

ここでは 3 種類の実験を行った。実験 1 では、初期 SOC の異なる蓄電池がある状況を考える。PV パネルは $\mathrm{PCS}_i^{\mathrm{P}}$（$i = 1, 2, 3$）の容量を上回る 510 kW の電力を発生しているとする。蓄電池の初期 SOC は $s_1(0) = 85\,\%$、$s_2(0) = 15\,\%$ とし、電力会社の出力抑制指示が $t \geq 30$ 秒において $P^{\mathrm{I}} = 1350\,\mathrm{kW}$ と与えられたとする。図 **6.18** に PV パネルにつながった PCS、充電池につながった PCS の有効電力出力、連系点での有効電力出力、潜在価格と充電状態を示す。蓄電池 1 の SOC が 90 % に達して、これ以上充電しなくなると、潜在価格の変化を通して蓄電池 2 の充電量が増え、結果として電力抑制指令を漸近的に満たしていることがわかる。

実験 2 では、3 台のうち 1 台の PV パネル出力が一時的な低下を起こした状況を考える。3 台とも 510 kW の電力を発生していたが、$\mathrm{PCS}_1^{\mathrm{P}}$ のみ PV パネル出力は $t = 100$ 秒において 200 kW に低下し、$t = 180$ 秒において 510 kW に戻るものとする。蓄電池の初期 SOC は

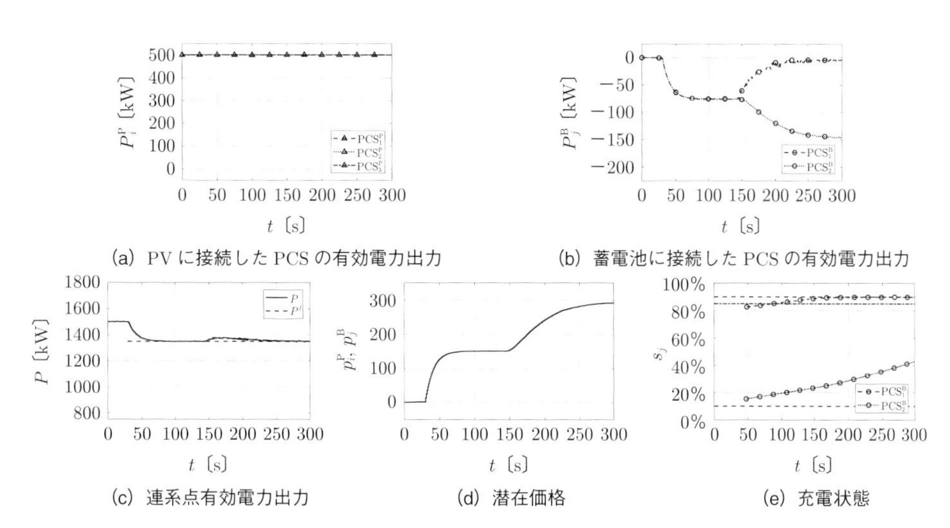

図 6.18　実験 1：一つの蓄電池の SOC が 90%になると充電ができなくなり、自動的にもう一つの蓄電池の充電量を増やすことによって、連系点有効電力出力を指令値に追従させている。

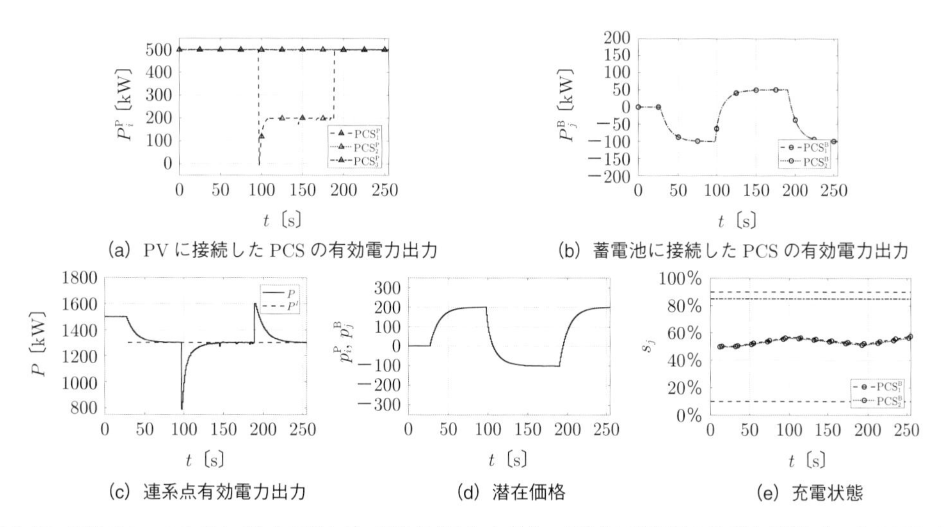

図 6.19　実験 2：一つの PV パネルの出力が一時的に低下した場合、自動的に蓄電池の放電量を増やす。その PV パネルが回復すると再び蓄電池は充電を行う。

$s_1(0) = s_2(0) = 50\,\%$ であり、$t \geq 25$ 秒において $P^{\mathrm{I}} = 1300\,\mathrm{kW}$ の出力抑制がかかっているものとする。図 **6.19** に PV パネルにつながった PCS、充電池につながった PCS の有効電力出力、連系点での有効電力出力、潜在価格と充電状態を示す。$\mathrm{PCS}_1^{\mathrm{P}}$ の有効電力が減ると、潜在価格の変化を通して蓄電池の放電量が増え、出力抑制値まで連系点での出力を抑えている。$\mathrm{PCS}_1^{\mathrm{P}}$ の有効電力が再び増えると、潜在価格の変化を通して蓄電池の充電量が増えて、同様に連系点での出力が抑えられている。

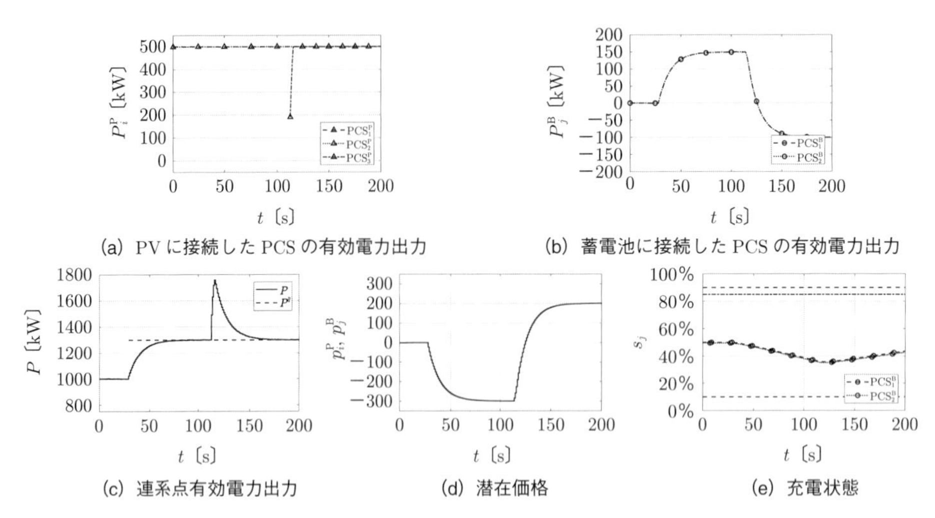

(a) PV に接続した PCS の有効電力出力　(b) 蓄電池に接続した PCS の有効電力出力

(c) 連系点有効電力出力　(d) 潜在価格　(e) 充電状態

図 6.20 実験 3：PV パネルに接続した PCS を途中で接続した場合、潜在価格の調整を通して自動的に蓄電池の充放電量が調節され、連系点での有効電力出力は指令値に追従する。

実験3では、当初2台のPVパネルで稼働したが、途中でさらに1台加わる状況を考える。すなわち、$\mathrm{PCS}_1^{\mathrm{P}}$、$\mathrm{PCS}_2^{\mathrm{P}}$ に加えて、$t = 110$ 秒に $\mathrm{PCS}_3^{\mathrm{P}}$ が接続する。なお、3台のPVパネルとも 510 kW の電力を発生しているとする。また、蓄電池の初期SOCは $s_1(0) = s_2(0) = 50\,\%$ であり、$t \geq 27$ 秒において $P^{\mathrm{I}} = 1300\,\mathrm{kW}$ の出力抑制がかかっているものとする。図 **6.20** にPVパネルにつながったPCS、充電池につながったPCSの有効電力出力、連系点での有効電力出力、潜在価格と充電状態を示す。$\mathrm{PCS}_3^{\mathrm{P}}$ が接続すると、出力抑制指示値を上回る電力が出力されるが、潜在価格の調整を通して、漸近的に出力抑制が達成される。このように、追加機器に応じて自動的に運転状態を調整できるプラグアンドプレイ機能を有していることがわかる。

PV発電設備に蓄電池が備えられている場合、PVパネルと蓄電池のそれぞれに接続したPCSが、出力抑制指示に応じて蓄電池への充放電量と連系点へ送る有効電力量を調整する分散協調的アルゴリズムを紹介した。提案法は、接続するそれぞれの蓄電池の充電状態やPVパネルの発電量に応じて自動的に有効電力目標値を修正することができる。また、PCSが途中で接続あるいは解放される状況についても対応可能であり、いわゆるプラグアンドプレイ機能を有していることがわかる。

6.5 単相同期化力インバータ

PV の大量導入により電力系統から発電機が解列した場合、慣性が低下し、安定度が低下することが懸念されている。この問題に対し、仮想的に電力変換器に慣性を具備することで、PV 大量導入によって低下する安定度を向上させようとする概念が提案されている。本節では、配電系統における周波数・電圧制御の観点から、単相同期化力インバータについて概略を紹介する。

本節の構成とポイントは以下の通りである。

6.5.1 単相同期化力インバータとは

・同期化力インバータを取り巻く現状について概説する。

6.5.2 同期化力インバータの動作原理

・同期化力インバータの動作原理を説明する。

6.5.3 回路構成

・単相同期化力インバータを構成するハードウェアについて述べる。

・単相同期化力インバータを駆動させるための制御系について述べる。

6.5.4 配電系統制御への貢献

・系統安定化および配電系統制御における同期化力インバータの持つ好ましい性質について述べる。

・配電系統制御における単相同期化力インバータに期待される役割について述べる。

・単相同期化力インバータの性能の実証例を示す。

6.5.1 単相同期化力インバータとは

一般に、同期発電機が持つ同期化力は電力系統を安定的に運用するために重要な役割を担っている。安定度向上の観点から、同期発電機と同様の働きを持つ擬似的な慣性を電力変換器に具備することは、効果的な手法の一つである[8)~16)]。位相同期回路（Phase Locked Loop：PLL）などを用いて連系点位相を検出して系統と同期する方式とは異なり、電力変換器の有効電力出力を用いて系統と同期する方式は “power synchronization” と呼ばれ、同期発電機固有の同期メカニズムに基づいており、Zhang[13)]によって提案された。その後、より詳細な同期発電機モデルを用いた手法が Zhong and Weiss によって提案された[14)]。さらに、二重給電誘導発電機（Doubly-Fed Induction Generator：DFIG）を用いた風力発電システム[15)]や、高圧直流（High Voltage Direct Current：HVDC）送電システム[16)]といったさまざまな応用事例のための、発展したアプローチが提案されている。

著者等は、三相および単相インバータに擬似的な同期化力を具備させるための提案を行い、故障時の電流抑制や電圧制御、周波数制御などに関する追加機能を含む検討を実施した[8)~10)]。本節では、これらを同期化力インバータ（Synchronous Inverter：SI）と呼称する。

提案している同期化力インバータは三相・単相の両者に適用可能であるが、ここでは配電系統に連系する電力変換器へ実装することに焦点を当て、文献[17)]にて提案した単相同期化力インバータ（Single-phase Synchronous Inverter：SSI）に焦点を当てて解説する。

6.5.2 同期化力インバータの動作原理

同期化力インバータが連系している系統の周波数を ω_{grid}、時間を t とする。同期化力インバータの出力電圧実効値を V^{inv}、出力電圧位相と連系点電圧位相との位相差を θ_{diff} とすると、同期化力インバータの出力電圧は式(15)、式(16)として表される。

$$v^{\mathrm{inv}} = \sqrt{2}V^{\mathrm{inv}} \sin \theta_{\mathrm{inv}} \tag{15}$$

$$\theta_{\mathrm{inv}} = \omega_{\mathrm{grid}} t + \theta_{\mathrm{diff}} \tag{16}$$

ここで、θ_{inv} は同期化力インバータの擬似回転子角度である。この θ_{inv} を同期発電機の挙動を模擬するように制御することができれば、インバータが擬似的に同期化力を持ったまま系統と同期することになる。

電力変換器に仮想的に慣性を具備するための方式には、さまざまなものが存在する。ここでは、同期発電機 X_d' モデル、ガバナ、および AVR から成る同期発電機モデルである式(17)～式(21)を採用したものを例として説明する。本モデルは、文献[8)~10)]においても採用されている。

動揺方程式：

$$M_{\mathrm{inv}} \frac{d^2\theta_{\mathrm{inv}}}{dt^2} - D_{\mathrm{inv}} \left(\omega_{\mathrm{ref}} - \frac{d\theta_{\mathrm{inv}}}{dt} \right) = P_{\mathrm{m}} + P_{\mathrm{gov}} - P_{\mathrm{e}} \tag{17}$$

式(17)において、M_{inv} は擬似慣性定数、D_{inv} は擬似制動係数、P_{m} は擬似機械的入力、P_{e} は単相有効電力の電気的出力、P_{gov} はガバナ出力、ω_{ref} は周波数指令値である。式(17)の

左辺は、同期化力インバータが同期発電機のように、二次系の微分方程式にしたがい擬似回転子が仮想的に回転することを指している。回転子はモーメントを持つため、M_{inv} により表現する。また、指令値からの周波数偏差を小さくするために、D_{inv} を用いている。この微分方程式を動揺方程式と呼ぶ。これは、同期発電機の挙動を模擬するための基本的な数理モデルである。

ガバナ：

$$T_{\mathrm{gov}} \frac{dP_{\mathrm{gov}}}{dt} + P_{\mathrm{gov}} = K_{\mathrm{gov}} \left(\omega_{\mathrm{ref}} - \omega_{\mathrm{inv}}\right) \tag{18}$$

$$\omega_{\mathrm{inv}} = \frac{d\theta_{\mathrm{inv}}}{dt} \tag{19}$$

式(18)、式(19)は、同期化力インバータが系統の周波数を維持するために必要なガバナ機能の数理モデルを表している。式(18)、式(19)において、K_{gov} はガバナゲイン、T_{gov} はガバナの時定数、ω_{inv} は同期化力インバータの内部周波数である。ω_{inv} は同期化力インバータの擬似回転子の回転速度であり、出力電圧 v^{inv} の周波数を表している。必ずしも $\omega_{\mathrm{inv}} = \omega_{\mathrm{grid}}$ ではないことに注意されたい。ガバナの働きにより、$\omega_{\mathrm{inv}} \leq \omega_{\mathrm{ref}}$ の場合にガバナ出力 P_{gov} が $P_{\mathrm{gov}} \geq 0$ となり、$\omega_{\mathrm{inv}} \geq \omega_{\mathrm{ref}}$ の場合に $P_{\mathrm{gov}} \leq 0$ となる。式(18)はガバナの周波数ドループ特性を示しており、一次遅れ伝達関数を表す微分方程式である。式(19)は、擬似回転子角度 θ_{inv} と内部周波数 ω_{inv} の関係を表しており、θ_{inv} を時間微分したものが ω_{inv} となる。

AVR：

$$V^{\mathrm{inv}} = V^{\mathrm{grid}} + V^{\mathrm{avr}} \tag{20}$$

$$T_{\mathrm{avr}} \frac{dV^{\mathrm{avr}}}{dt} + V^{\mathrm{avr}} = K_{\mathrm{avr}} \left(V_{\mathrm{ref}}^{\mathrm{grid}} - V^{\mathrm{grid}}\right) \tag{21}$$

式(20)、式(21)は、連系点電圧を維持するための AVR の数理モデルを表している。同期発電機は励磁機により出力電圧を制御するが、同期化力インバータは変調波の大きさを制御することで直接出力電圧 v^{inv} の実効値を制御する。式(20)、式(21)において、V^{avr} は AVR 出力、K_{avr} は AVR ゲイン、T_{avr} は AVR の時定数、$V_{\mathrm{ref}}^{\mathrm{grid}}$ は系統電圧指令値の実効値である。式(20)において、同期化力インバータの出力電圧実効値 V^{inv} は、系統電圧実効値と AVR 出力の和によって計算される。AVR がオフになっている場合、同期化力インバータは系統電圧 V^{grid} に合わせて出力電圧実効値 V^{inv} を制御する。系統電圧実効値は、後述する α、β 軸成分により導出する。式(21)で示されるように、AVR は一次遅れ特性を持っている。そこで、飽和発生時の wind-up を回避するために、ここで説明する同期化力インバータにおいては、積分器を持つ比例積分（PI）制御を用いることは避けている。

同期化力インバータは、式(17)の解をリアルタイムで演算することで求めた擬似回転子角度θ_{inv}に基づき出力電圧v^{inv}を制御することで、同期発電機の挙動を模擬し、擬似的な同期化力を有する。具体的には、有効電力出力P_{e}が平衡点から増加した場合、θ_{diff}が減少するようにθ_{inv}が変化する。一方、P_{e}が平衡点から減少した場合、θ_{diff}が増加するようにθ_{inv}が変化する。このように、同期化力インバータの出力電圧位相θ_{diff}は擬似回転子角度θ_{inv}により自動的に制御されることになる。式(17)に基づいた状態方程式の固有値はパラメータを適切に設定することで、それらの実部を負にすることができ[9)]、同期化力インバータは系統と安定的に同期することが可能である。本同期メカニズム（power synchronization[13)]）は、PLLなしに同期を実現することができ、weak gridにて顕在化するPLLの不安定性を回避し、安定な同期を達成することができる。

6.5.3 回路構成

同期化力インバータの回路構成を図**6.21**に示す。ここでは、直流から交流へ変換を行う部分には単相フルブリッジインバータを想定しており、直流リンク部に仮想的な回転エネルギーを貯蔵／解放する電力貯蔵装置が設置されることを想定している。これは、同期化力インバータは、同期発電機の持つ回転エネルギーを系統との間で授受するためである。電力貯蔵装置と直流リンクとの間には昇降圧用のDC/DCコンバータを設置し、充放電により系統との間で電力を授受する。式(15)で計算された出力電圧v^{inv}に基づき、パルス幅変調（Pulse Width Modulation：PWM）によりゲート信号が生成され、単相フルブリッジインバータの半導体デバイスが駆動される。図**6.21**では半導体デバイスとして絶縁ゲートバイポーラトランジスタ（Insulated Gate Bipolor Transistor：IGBT）を想定している。

同期化力インバータの制御回路のブロック図を図**6.22**に示す。同期化力インバータは電圧センサと電流センサから取得した系統電圧v^{grid}、出力電流i^{inv}に基づき単相有効電力出力P_{e}を演算し、式(17)の動揺方程式をリアルタイムで解く。P_{e}の演算にはv^{grid}とi^{inv}の静止座標$v_{\alpha}^{\mathrm{grid}}$、$v_{\beta}^{\mathrm{grid}}$、$i_{\alpha}^{\mathrm{inv}}$、$i_{\beta}^{\mathrm{inv}}$を用いるため、SO-SOGI-QSG[18)]を用いて直交座標変換を実施する。図**6.22**内のFFCは定周波数制御（flat frequency control）を表しており、任意の周波数指令値ω_{ref}に基準周波数を追従させるために用いられる。

機械的機構を持つ同期発電機とは異なり、地絡故障などの系統故障発生時に流れる過電流を半導体デバイスは流せないため、過電流抑制機能が不可欠である。同期化力インバータは過電流抑制機能も有しており、過酷な条件であっても回路を破損することなく、運転を継続できる[17)]。

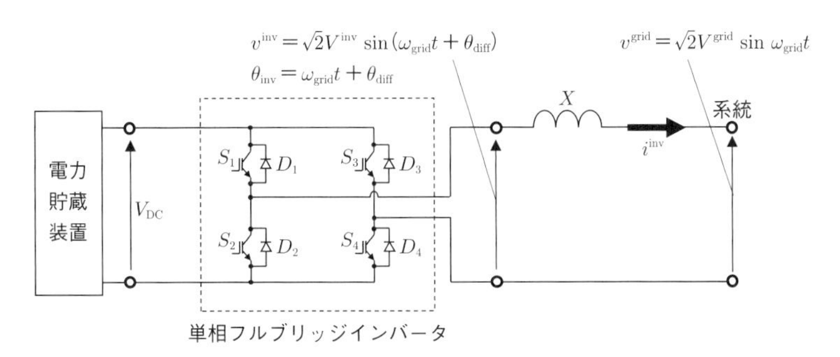

図 6.21　単相同期化力インバータの回路構成：単相フルブリッジインバータがフィルタに対応するリアクタンス $\boldsymbol{X}$ を介して系統と連系する。$\boldsymbol{v^{\mathrm{grid}}}$ は系統電圧、$\boldsymbol{V_{\mathrm{DC}}}$ は直流側の電圧、$\boldsymbol{S_1} \sim \boldsymbol{S_4}$ は半導体デバイス、$\boldsymbol{D_1} \sim \boldsymbol{D_4}$ はダイオードを表す。

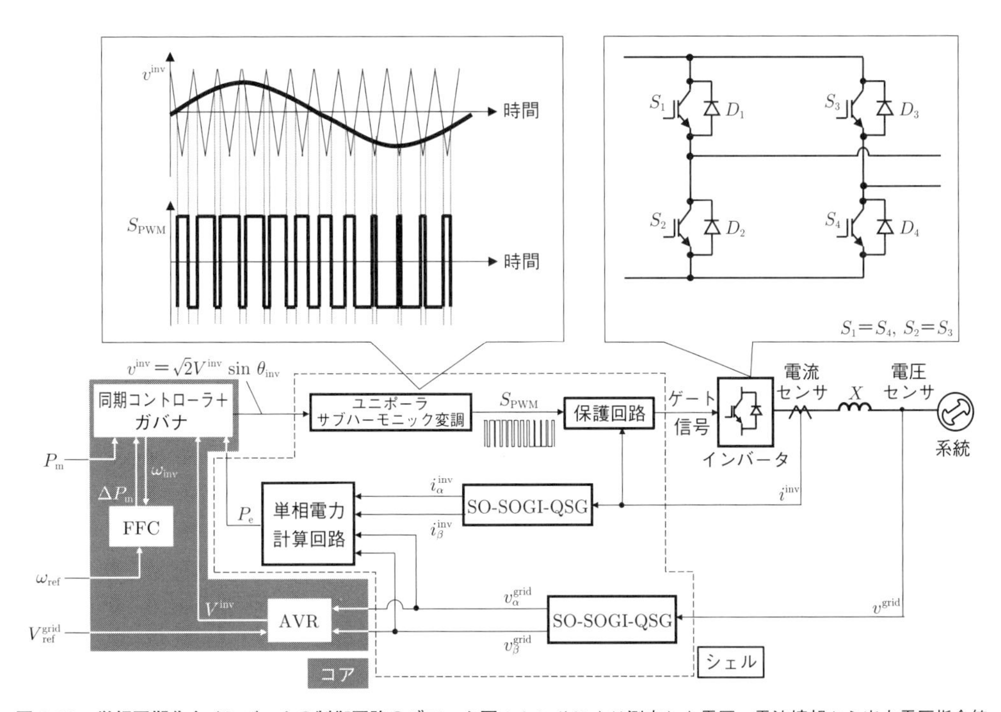

図 6.22　単相同期化力インバータの制御回路のブロック図：センサにより測定した電圧、電流情報から出力電圧指令値を演算し、保護回路を介してゲート信号を生成する。シェルは、灰色部分のコアで生成された特性を忠実に出力させるための信号演算部である。

6.5.4 配電系統制御への貢献

すでに述べたように、同期化力インバータはガバナと AVR を備えているため、電力系統における周波数と電圧の両者の維持に寄与できる。具体的には、ω_{ref} を基準周波数の目標値に設定し、$V_{\mathrm{ref}}^{\mathrm{grid}}$ を配電系統電圧の目標値に設定することで、同期化力インバータ群が自律的に各出力電力 P_{e} と各出力電圧 v^{inv} を制御する。これは、PV 大量導入時に系統の安定度の向上や配電系統運用者の負担軽減に寄与できる可能性があるだけでなく、災害時などの非常時に配電系統を単相マイクログリッドとして運用することで、電力系統のレジリエンス向上に寄与することも期待できる点から好ましい。

2018 年 7 月の広島豪雨災害や、2018 年 9 月の北海道胆振東部地震による停電の発生は記憶に新しいが、非常時においても需要家への電力供給を継続することは極めて重要である。同期化力を有しないインバータの一部は、PV にて発電した電力や蓄電池に蓄えた電力を、非常時に交流電力として供給する機能を有してはいるものの、線路故障などのじょう乱発生時に安定的に電力を供給する機能が十分とは言えない。一方で、同期化力インバータであれば、系統から解列した場合であっても、動揺方程式、ガバナ、AVR に基づき自身で生成した出力電圧 v^{inv} を出力可能である。さらに、じょう乱発生時においても複数台の同期化力インバータ間で同期を継続可能であるので、非常時に重要な負荷に電力供給を継続する点で好ましい性質を持っている。これに加え、単相同期化力インバータを異なる相に 3 台（Δ 結線）接続して運転することで、三相負荷に電力供給することも可能である。この場合、仮に一台の同期化力インバータが故障したとしても、V 結線で運転を継続できるので、耐故障性という点でも望ましい。また、ガバナや AVR のドループ特性に起因する周波数・電圧偏差を除去するために、負荷周波数制御や無効電力制御機能を付加することも容易であり、文献[17]において、単相マイクログリッドにおける周波数を目標値に維持することに成功している。

以上のように、同期化力インバータは PV 大量導入時における周波数・電圧制御において期待される性能を有し、非常時に担う役割が大きいこともあり、今後の PV 大量導入を実現するために重要であると考えられる。

提案する単相同期化力インバータの有効性を、Hardware-in-the-loop（HIL）を用いて説明する。HIL は複雑なリアルタイム組み込みシステムを試験するために用いられる手法であり、HIL シミュレーションは実験において開発制御器の妥当性を効果的に試験するためのプラットフォームである。単相同期化力インバータの制御器はデジタル制御系に実装され、配電系統はリアルタイムシミュレータにて模擬される。提案制御系を実装する実世界のデジタ

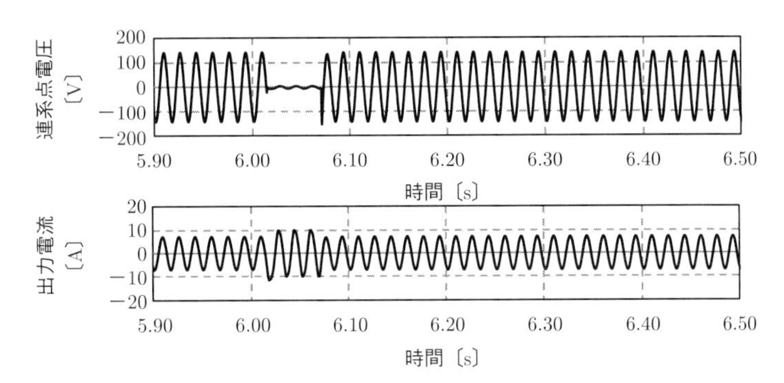

図 6.23　HIL を用いた実験結果の一例：系統側で三相地絡故障を時間 $t = 6.015$ 秒から 0.05 秒だけ発生させた場合の連系点電圧および出力電流波形。故障により瞬時電圧低下が発生しているが、保護回路の働きにより過電流が抑制される。

ル制御系は、HIL システム内の計測したデータに基づき SSI のゲート信号を計算する。

図 **6.23** は実験結果を示しており、(a) 時間 $t = 0.0$ 秒からの独立運転時、(b) 時間 $t = 6.015$ 秒からの故障発生時のグラフである。提案 SSI は無限大母線と正常に同期連系し、単相マイクログリッドは独立運転を行っている。図 **6.23** より、開発した制御系を搭載した DSP (Digital Signal Processor) ボードにより制御される SSI を採用することによって、独立運転時に 3LG 故障が発生した場合でも、単相マイクログリッドが安定的に運用できることが確認できる。ここではさらに、過電流抑制性能に関して設計値と実測値を比較した結果、設計値 10 A に対して、瞬間的な過渡電流最大値は 10.5 A を超えないことが確認された。これらの結果より、提案制御系の性能は実験的に確認された。

参考文献・関連図書

1) 餘利野直人，造賀芳文，渡辺雅浩，久留島智博，井上幸志郎，佐々木豊 (2016)「多点電圧制御問題を考慮した電圧制御機器群の最適自律分散制御」，『電気学会論文誌 B』，vol.136, no.4, pp.355–364.

2) 造賀芳文，細田尚吾，渡辺雅浩，久留島智博，A. B. K. Hussien，A. B. Rehiara，佐々木豊，餘利野直人 (2018)「配電系統分散電圧制御における系統構成変化および電圧制御機器群の無駄動作への対応」，『電気学会論文誌 B』，vol.138, no.1, pp.14–22.

3) K. Hirata, H. Akutsu, A. Ohori, N. Hattori, and Y. Ohta (2017) “Decentralized voltage regulation for PV generation plants using real-time pricing strategy,” IEEE Transactions on Industrial Electronics, vol.64, pp.5222–5232.

4) 林泰弘 (2009)「分散型電源の導入拡大に対応した配電系統電圧制御の動向と展望」，『電気学会論文誌 B』，vol.129, no.4, pp.491–494.

5) K. Hirata, J. P. Hespanha, and K. Uchida (2014) “Real-time pricing leading to optimal operation under distributed decision makings,” in Proc. of American Control Conference, pp.1925–1932.

6) H. Akutsu, K. Hirata, A. Ohori, N. Hattori, and Y. Ohta (2018) "Decentralized power curtailment control using real-time pricing strategy for PV generation plants with storage and its experimental verication," in Proc. of 2018 IEEE Conference on Control Technology and Applications, pp.436–443.

7) 資源エネルギー庁 (2012) 「電気事業者による再生可能エネルギー電気の調達に関する特別措置法施行規則」,〈https://www.enecho.meti.go.jp/category/saving_and_new/saiene/kaitori/dl/fit_2017/legal/04_sekoukisoku.pdf〉(参照 2019-07-15).

8) S. Sekizaki, Y. Nakamura, Y. Sasaki, N. Yorino, Y. Zoka, and I. Nishizaki (2016) "A development of pseudo-synchronizing power VSCs controller for grid stabilization," in Proc. of the 19th Power Systems Computation Conference (PSCC), Genoa, Italy.

9) S. Sekizaki, N. Yorino, Y. Nakamura, Y. Sasaki, Y. Zoka, and I. Nishizaki (2016) "A theoretical and experimental study on pseudo-synchronizing power inverter," in Proc. of the International Conference on Electrical Engineering (ICEE2016), Okinawa, Japan.

10) S. Sekizaki, Y. Sasaki, N. Yorino, Y. Nakamura, Y. Zoka, and I. Nishizaki (2016) "Experimental study on power system stabilization by pseudo-synchronizing power inverter with multiple synchronous machines," in Proc. of the IEEE PES Innovative Smart Grid Technologies - Asia Conference, Melbourne, Australia.

11) J. A. Suul, S. D'Arco, and G. Guidi (2015) "Virtual synchronous machine-based control of a single-phase bi-directional battery charger for providing vehicle-to-grid services," in Proc. of the 2015 9th International Conference on Power Electronics and ECCE Asia (ICPE-ECCE Asia), Seoul, Korea.

12) —— (2016) "Virtual synchronous machine-based control of a single-phase bi-directional battery charger for providing vehicle-to-grid services," IEEE Transactions on Industry Applications, vol.52, no.4, pp.3234–3244.

13) L. Zhang, L. Harnefors, and H.-P. Nee (2010) "Power-synchronization control of grid-connected voltage-source converters," IEEE Transactions on Power Systems, vol.25, no.2, pp.809–820.

14) Q.-C. Zhong and G. Weiss (2011) "Synchronverters: inverters that mimic synchronous generators," IEEE Transactions on Industrial Electronics, vol.58, no.4, pp.1259–1267.

15) M. F. M. Arani and E. F. El-Saadany (2013) "Implementing virtual inertia in DFIG-based wind power generation," IEEE Transactions on Power Systems, vol.28, no.2, pp.1373–1384.

16) J. Zhu, C. D. Booth, G. P. Adam, A. J. Roscoe, and C. G. Bright (2013) "Inertia emulation control strategy for VSC-HVDC transmission systems," IEEE Transactions on Power Systems, vol.28, no.2, pp.1277–1287.

17) 関崎真也，餘利野直人，佐々木豊，松尾興佑，中村優希，造賀芳文，清水敏久，西崎一郎 (2018) 「電力系統安定化と非常時のマイクログリッド運用を目的とした特性非干渉型単相同期化力インバータの提案と実験的検証」,『電気学会論文誌 B』, vol.138, no.11, pp.893–901.

18) Z. Xin, X. Wang, Z. Qin, M. Lu, P. C. Loh, and F. Blaabjerg (2016) "An improved second-order generalized integrator based quadrature signal generator," IEEE Transactions on Power Electronics, vol.31, no.12, pp.8068–8073.

7章

調和型システム設計

本章では、将来の電力システムを念頭に置いた調和型システム設計の枠組み（縦横2重階層構造）を説明した後、「調和」というキーワードでの新しいシステム設計のいくつかの具体的アプローチを紹介する。また、自然と調和する社会システム設計に向けた重要な課題として「データとモデルの調和」を取り上げ、その新しい展開を目指す「クリエーティブ・データサイエンス」の概念を示すとともに、具体例を一つ示す。

本章の構成と執筆者は以下の通りである。

7.1 調和型システム設計の基礎

将来の電力システムを念頭に置いた調和型システム設計の枠組み（縦横２重階層構造）における「縦の階層間の調和」と「横の層間の調和」を説明した後、「計測・予測・制御の調和」について、それらの考え方を紹介する。

本節の構成とポイントは以下の通りである。

7.1.1 **縦横２重階層構造における縦方向の調和と横方向の調和**

- 縦の階層構造では「時空間分布の整合性」が、横の階層構造では「異なる物理量間の整合性」が、調和を実現するキーである。
- 縦方向の調和と横方向の調和に加え、縦横の複合したフィードバックループに対する安定性の保証が重要な課題である。

7.1.2 **計測・予測・制御の調和**

- 社会システム設計においては、実データの獲得を行うセンシングから始まる「計測」、それに続く将来の状態の「予測」、最後に実世界への働きかけを行う「制御」の調和が重要である。

7.1.1 縦横２重階層構造における縦方向の調和と横方向の調和

電力・エネルギーシステムを含む社会システム設計の新しい枠組みとして、文献[1)]では、「縦横２重階層構造」が提案されている。この構造をベースに、1.3 節では、CPVS の一つとして次世代電力システムの構造を紹介した。ここでは、縦横２重階層構造における縦方向の調和と横方向の調和について、それらの意味するところを説明することにする。

縦の階層は、上から「運用層」、「集配層」、「ユーザー層」の３階層で構成されている。縦方向の階層間の連携に必須となるのは、時空間スケールの違いと整合する形での保存則（物質量やエネルギーなど）の制約を満たすことである。すなわち、下位層から上位層への「集約機能」と上位層から下位層への「分配機能」だけでは不十分で、これらの制約条件を満たさせるための「適合機構」が必要となる（図 **7.1** 参照）。この適合機構は、単に保存則を満たすための機能ではなく、以下のようなさまざまな要求の実現にとって重要となる。

(i) 互いにコンフリクトする可能性の高い各層で設定される制御目的（制御性能）のトレードオフの取り扱い。

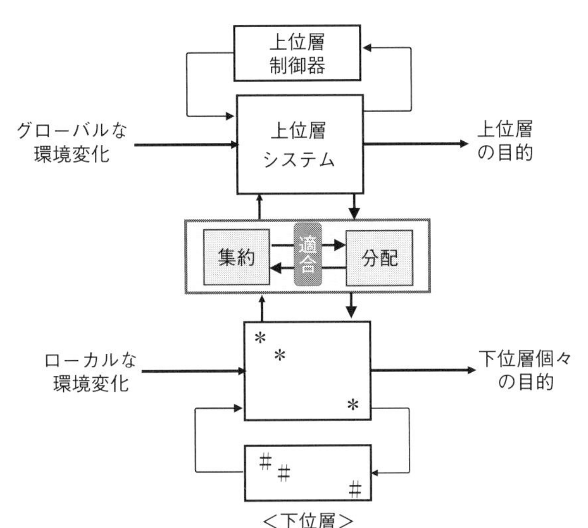

図 7.1　縦階層間の調和： 縦階層間の調和を実現するためには、下位層から上位層への「集約」と上位層から下位層への「分配」の二つの機能の適合を図ることがポイントとなる。

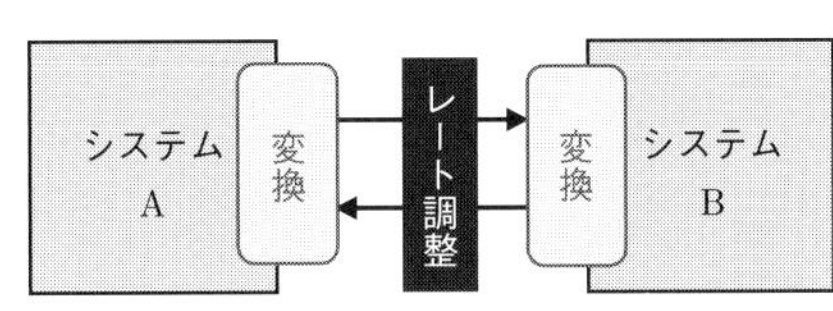

図 7.2　横階層間の調和： 縦階層間の調和の実現には、異なる量の間の適正な変換を行うレート調整機能の設計がポイントとなる。

(ii) 環境変化に適切に対応できる柔軟性を高めるための「自律分散的構造」の積極的導入。

(iii) それに伴う安定性の保証や秘匿性の確保の問題。

一方、横の階層は、「物理層」、「予測・制御層」、「市場層」、「価値層」の四つの異なる物理量を対象とした層で構成されている。したがって、その調和には互いの量を同じ物差しで比較できる単位変換機能が最低限必要となる。しかし、変換レートの設定には自由度があるので、各変換において変換レートを適切に調整する機能も必要となる（図 **7.2** 参照)。それを決定するためには、価値層における各階層での価値（運用層では社会としての価値、ユーザー層では個人の価値）を物理層における物理制約のもとで最適化する適切な手法を確立する必要がある。ここで、注意が必要なのは、自然環境や社会的情勢が変化すると、それに応じて価値も変わってくるという点である。すなわち、これらの変化に適応的に対応できる機構となっていなければならない。そのためには、計測・予測・制御の調和が不可欠となる。

もう一つ、非常に大きな課題がある。それは、縦方向の調和と横方向の調和をそれぞれ独立に達成したとしても十分ではない、という点である。図 **7.3** に描かれているように、縦横 2 重階層構造では、縦横の複合したループが生じる。すなわち、上位層（High）と下位層（Low）間の相互作用を実現するループと、異なる量を扱うシステム A とシステム B の相互作用を実現するループとが、さらに相互作用を持つシステムとなっている。このような状況のフィードバックループに対して、安定性をどのように保障していくかは大きな課題であり、新しい制御の問題として解決していく必要がある。

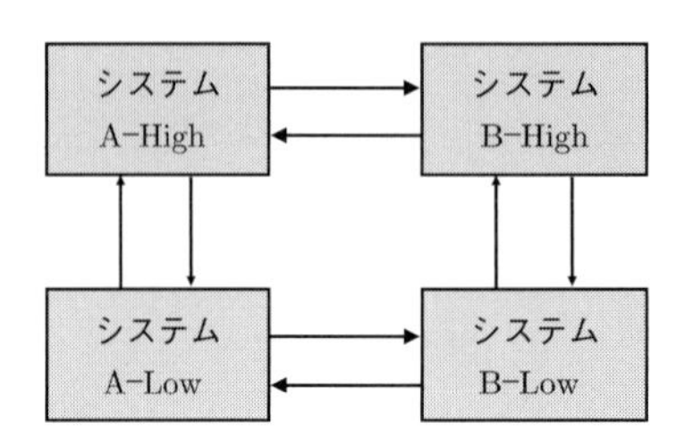

図 7.3　縦横 2 重階層間の調和：縦横の 2 重のループで構成されるシステムに対する基本的な解析・設計手法の構築は、新しい制御理論の課題である。

7.1.2　計測・予測・制御の調和

実社会において新たな価値を提供するためには、物理ネットワークで生じるさまざまな制約条件を考慮し、かつ予想が難しい自然環境の変化にも対応する社会システム設計の確立が要求されている。特に、多様性のある「社会的・個人的な価値」、時空間スケールの異なるさまざまな「物理的制約条件」、予測が難しい「自然環境の変化」に適切に対応していくためには、従来のフィードバック制御システムの構成である「センサ＋制御器＋アクチュエータ」の単純な組み合わせでは十分ではない。例えば、電力システムでは、電力需要を固定して、需要と供給の差を単に小さくするような制御では、対応できない。電力需要を固定せずに、価値と連動させる形で物理制約や環境変化も考慮して変更する機能も必要となる。これが「市場ネットワーク」が登場する大きな理由である。

このような状況を図示したのが図 **7.4** である。「計測：実データの獲得による実世界の現状

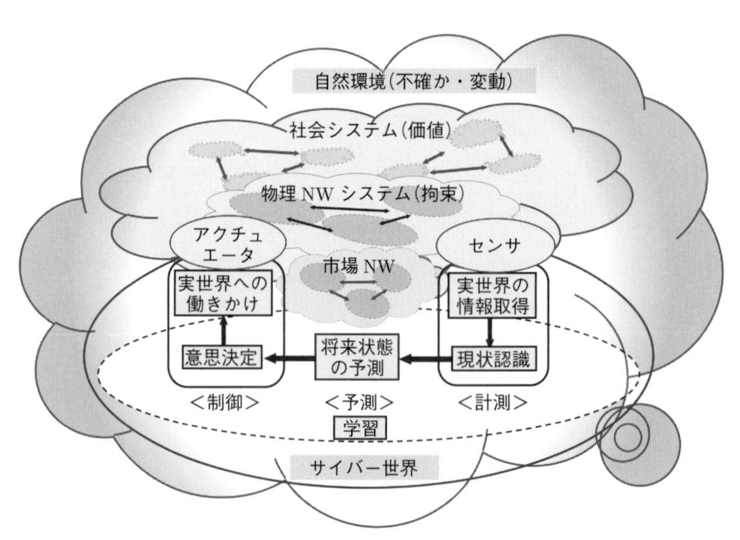

図 7.4　計測・予測・制御の調和：実社会において新たな価値を提供するには、適切な市場の導入と計測・予測・制御の調和が必要である。

認識」、「予測：モデル更新による実世界の将来予測」、「制御：意思決定に基づく実世界への働きかけ」の三つの機能それぞれの性能を高めることはもちろん必要であるが、それだけでは十分ではなく、それらの調和が重要となってくる。さらに、環境（自然環境・社会環境）の変化に応じて「価値」の適切な変更を促す「市場ネットワーク」との調和も必要となってくる。

また、センシングにおいては、計測のための「センサ」の精度・分解能・帯域幅などのセンサの特性を考慮する必要があり、実世界への働きかけを実際に行う「アクチュエータ」には、パワーや帯域幅の制約が大きいことを認識する必要がある。すなわち、これらの物理的制約を無視しての調和の実現は不可能であり、AI ／学習などの先端ツールの導入に当たっては、この点に十分注意する必要がある。

7.2 階層化システムの調和：共有モデル集合による分散設計

本章では複数の発電機が接続した系全体の制御を想定し、系全体の安定性を満たしながら、個々の発電機と系全体の制御性能との関係を調整することのできる、共有モデル集合の考えに基づく階層分散型制御系設計の手法を紹介する。

本節の構成とポイントは以下の通りである。

7.2.1 **共有モデル集合とは**

・現実的な計算量で階層分散制御系を設計するための共有モデル集合を導入する。

7.2.2 **階層分散型制御系設計手法**

・共有モデル集合を介した大域制御器と局所制御器の設計について述べる。

7.2.3 **電力系統の周波数制御への適用**

・複数の発電機からなる電力系統の周波数の局所的な制御と大域的な制御への適用例を紹介する。

・局所的制御性能と大域的制御性能の間のトレードオフと調整について述べる。

・階層分散型制御系設計手法を紹介し、数値実験により電力系統制御への適用の有効性を示す。

7.2.1 共有モデル集合とは

次のような状況の階層化システムを考える。特性の異なる、しかし大きくは違わない局所的なサブシステムが多数互いにネットワークを介して接続し、各サブシステムには局所的な制御器がそれぞれ備わっているものとする。各局所制御器は、各々受け持ちの局所システムの制御の仕様（安定性や局所的な制御性能）を満足させるべく独立に設計されるものとする。一方、階層化システム全体に対して大域的な制御器が別にあり、大域的な制御の仕様を満たすべく設計され、ネットワークに接続されるものとする。このような状況は、近年の制御工学の分野で大きな注目を集めている（例えば、文献[2)〜4)]参照）。その実例として複数の発電機が接続した電力系統の制御が考えられる。すなわち局所的には個々の速いダイナミクスを持つ発電機の運転（例えば周波数）を制御しながら、電力系統全体では比較的遅いダイナミクスで需給バランスを保つように制御されなければならない。

以上の構造を持つ階層分散制御系の設計手法を導くには、理論的に次の三つの課題を解決しなければならない。

・階層化システム全体の安定性の確保

・少ない計算量による制御器の導出

・局所システムと大域システムの制御性能のバランスを取る手立て

上記の課題解決のため、「制御された局所システムが満たすべきモデル集合」という概念を新たに導入する[5)]。ここで各局所制御器を、各々の局所的な制御仕様を満たしながら、受け持ちの局所システムの動特性が、上記のモデル集合に含まれるように設計する。一方、大域制御器を、そのモデル集合に対して、大域的な制御仕様を満たすよう設計する[5)]。ここで用いられるモデル集合は、各局所システムの設計と大域システムの設計の際に共有されるので、それを「共有モデル集合（Shared Model Set）」と名付ける[6)~9)]。これにより制御系全体は階層分散型となり、異質で大規模なネットワークドシステムに対して、現実的な計算量で制御系全体を設計することが可能となる。

以下では、本手法の概要と電力ネットワークの発電機周波数制御に適用した応用例について説明する。

7.2.2　階層分散型制御系設計手法

提案するシステムのブロック線図を図 **7.5** で表す。このシステムは大域制御器 $C_g(s)$ が含

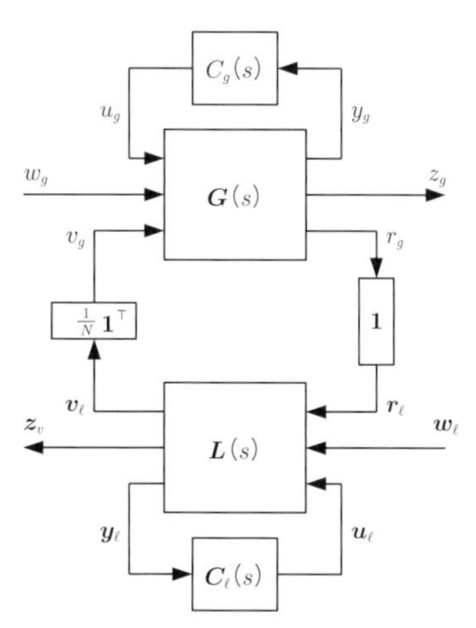

図 7.5　全体システムの構造：$\boldsymbol{G}(s)$、$\boldsymbol{L}(s)$ はそれぞれ上位層および下位層の一般化制御対象、$C_g(s)$、$\boldsymbol{C}_\ell(s)$ はそれぞれ大域制御器および局所制御器の集まりを表す。

まれる上位層と、局所システム $\boldsymbol{L}(s)$ および局所制御器 $\boldsymbol{C}_\ell(s)$ からなる下位層の 2 層からなっている。またそれらは、信号の集約（アグリゲーション）と分配を表すベクトル $\frac{1}{N}\mathbf{1}^\top$ と $\mathbf{1}$ を通して互いに結合している。ただし、$\mathbf{1} := [1\ 1\ \cdots\ 1]^\top \in R^N$ である。また $\boldsymbol{G}(s)$、$\boldsymbol{L}(s)$、$\boldsymbol{C}_\ell(s)$ は、以下のように与えられる。

$$\boldsymbol{G}(s) = \begin{bmatrix} G_{yu}(s) & G_{yw}(s) & G_{yv}(s) \\ G_{zu}(s) & G_{zw}(s) & G_{zv}(s) \\ G_{ru}(s) & G_{rw}(s) & G_{rv}(s) \end{bmatrix},\ \boldsymbol{L}(s) = \begin{bmatrix} \boldsymbol{L}_{vr}(s) & \boldsymbol{L}_{vw}(s) & \boldsymbol{L}_{vu}(s) \\ \boldsymbol{L}_{zr}(s) & \boldsymbol{L}_{zw}(s) & \boldsymbol{L}_{zu}(s) \\ \boldsymbol{L}_{yr}(s) & \boldsymbol{L}_{yw}(s) & \boldsymbol{L}_{yu}(s) \end{bmatrix} \quad (1)$$

$$\boldsymbol{L}_{*\sharp}(s) = \mathbf{diag}\left(L_{*\sharp}^{(i)}(s)\right),\ \boldsymbol{C}_\ell(s) = \mathbf{diag}\left(C_\ell^{(i)}(s)\right)$$

$L_{*\sharp}^{(i)}(s)$：サブシステム i の一般化制御対象、$C_\ell^{(i)}(s)$：サブシステム i の制御器

ここで、$\boldsymbol{G}(s)$、$\boldsymbol{L}(s)$ はそれぞれ上位層および下位層の一般化制御対象（制御対象を含みノイズへの感度などの制御性能を評価する入出力端子が備わる系）を、$C_g(s)$、$\boldsymbol{C}_\ell(s)$ はそれぞれ大域制御器および局所制御器の集まりを表す。また、N 次元ベクトル信号 $\boldsymbol{v}_\ell$、$\boldsymbol{r}_\ell$ は、上位層と $v_g = \frac{1}{N}\mathbf{1}^\top \boldsymbol{v}_\ell$ および $\boldsymbol{r}_\ell = \mathbf{1} r_g$ の関係で接続し、信号 v_g、r_g はそれぞれ下位層からのアグリゲート信号、下位層への参照信号を表す。さらに信号 $\boldsymbol{w}_\ell$、$\boldsymbol{z}_\ell$ および w_g、z_g はそれぞれ局所システム、大域システムの制御目標を定めるためのものである。

ここで、共有モデル集合 $\mathcal{M}_\epsilon$ を次に与える（図 **7.6** 参照）。

$$\mathcal{M}_\epsilon := \left\{\tilde{M} = \mathcal{F}_\ell\left(\boldsymbol{M_o}(s), \Delta(s)\right) :\ \|\Delta\|_\infty \le \epsilon\right\}$$

$$\boldsymbol{M_o}(s) = \begin{bmatrix} M_0(s) & M_1(s) \\ M_2(s) & 0 \end{bmatrix}$$

なお $\|\cdot\|_\infty$ は無限大ノルムを表す。また $M_0(s)$ は $\mathcal{M}_\epsilon$ のノミナルモデル（中心モデル）とみなせる。

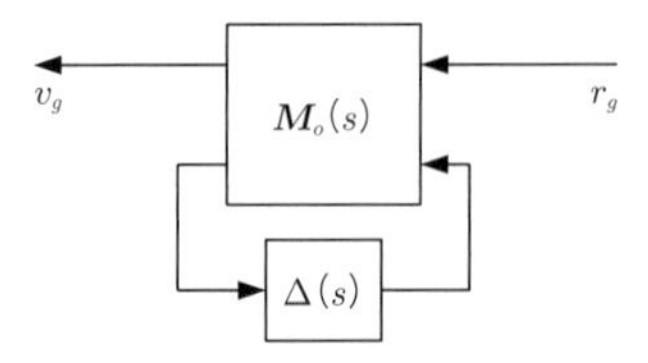

図 7.6　lower LFT による $\tilde{M}(s)$ の表現：信号 r_g から v_g までの伝達関数が $\tilde{M}(s)$ となる。

下位層における $C_\ell^{(i)}(s)$ の設計では、信号 $r_{\ell,i}$ から $v_{\ell,i}$ への伝達関数 $\Phi_{Lvr}^{(i)}(s)$ が $\mathcal{M}_\epsilon$ に属するという条件下で、信号 $w_{\ell,i}$ から $z_{\ell,i}$ への伝達関数 $\Phi_{Lzw}^{(i)}(s)$ を与えられた制御仕様のもとで最適化するよう設計する。一方、上位層の $C_g(s)$ は、下位層全体が大きさ ϵ の不確かさ

を持った $\mathcal{M}_\epsilon$ のモデル集合と想定し、信号 w_g から z_g への伝達関数を与えられた制御仕様のもとで最適化するよう設計する。ただし、

$$\Phi_{Lvr}^{(i)} := \mathcal{F}_\ell\left(\begin{bmatrix} L_{vr}^{(i)} & L_{vu}^{(i)} \\ L_{yr}^{(i)} & L_{yu}^{(i)} \end{bmatrix}, C_\ell^{(i)}\right),\ \Phi_{Lzw}^{(i)} := \mathcal{F}_\ell\left(\begin{bmatrix} L_{zw}^{(i)} & L_{zu}^{(i)} \\ L_{yw}^{(i)} & L_{yu}^{(i)} \end{bmatrix}, C_\ell^{(i)}\right)$$

以上をまとめると、階層分散型制御系設計は以下のようになる。

大域制御器設計：

$$\min_{C_g \in \mathcal{S}_c(G_{yu})} \left\{ \max_{\tilde{M} \in \mathcal{M}_\epsilon} \|W_S \Phi_{Gzw}\|_\infty \right\} \tag{2}$$

$$\Phi_{Gzw} := \mathcal{F}_u\left\{\mathcal{F}_\ell\left\{\begin{bmatrix} \begin{pmatrix} G_{yu} & G_{yw} \\ G_{zu} & G_{zw} \end{pmatrix} & \begin{pmatrix} G_{yv} \\ G_{zv} \end{pmatrix} \\ \begin{pmatrix} G_{ru} & G_{rw} \end{pmatrix} & G_{rv} \end{bmatrix}, \tilde{M}\right\}, C_g\right\}$$

局所制御器設計：

$$\min_{C_\ell^{(i)} \in \mathcal{S}_c(L_{yu}^{(i)})} \left\| W_{SL} \Phi_{Lzw}^{(i)} \right\|_\infty \quad \text{s.t.}\ \ \Phi_{Lvr}^{(i)}(s) \in \mathcal{M}_\epsilon \tag{3}$$

ただし $\mathcal{S}_c(\cdot)$ は $\cdot$ を安定化するコントローラの集合、W_S、W_{SL} は周波数重みを表す。

この階層分散型制御系設計の特徴は、大域制御器 C_g および局所制御器 $C_\ell^{(i)}(s)$ が、共有モデル集合 $\mathcal{M}_\epsilon$ を介することにより、それぞれ独立に設計できる点にある。また $M_i(s), i = 0, 1, 2$ の次数が適切に小さなものとして選ばれるならば、C_g 設計時の計算量も抑えることができる。さらに上位層、下位層の制御系がそれぞれ達成する制御性能のトレードオフは、$\mathcal{M}_\epsilon$ の大きさを与える ϵ によって表現可能であり、制御系設計時には各制御性能のトレードオフを見ながら、適切な ϵ (> 0) を定めればよい。ただし、式(2)および(3)の計算の難しさは、考える制御対象や制御器のクラスに依存し、具体的な問題に応じて適切に選ぶ必要がある。7.2.3 項で具体例を説明する。

7.2.3 電力系統の周波数制御への適用[8)]

上述の階層分散型制御系設計手法を、電力系統の周波数制御に適用した例[8)]を紹介する。ここでは図 **7.7** に示すブロック線図のように、それぞれパワーから周波数までの伝達関数 $F_i(s)$

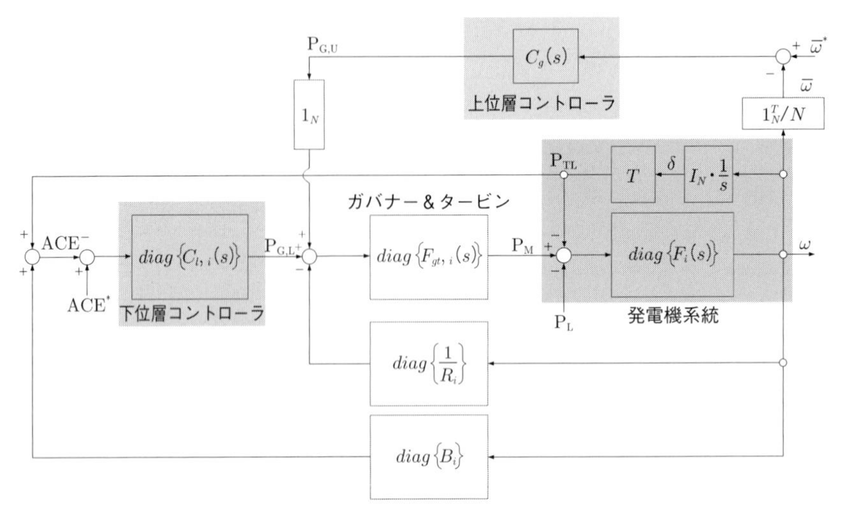

図 7.7　**発電機まわりの電力系統のブロック線図**：発電機系統、ガバナ&タービン、下位層制御器、上位層制御器からなる階層分散型制御系

を持つ発電機が接続した N 個の母線からなる電力系統を考える。各母線同士は、次の同期トルク係数行列

$$T = \begin{bmatrix} \sum_{j\neq 1} \kappa_{1j} & -\kappa_{12} & \cdots & -\kappa_{1N} \\ -\kappa_{21} & \sum_{j\neq 2} \kappa_{2j} & \cdots & -\kappa_{2N} \\ \vdots & \vdots & \ddots & \vdots \\ -\kappa_{N1} & -\kappa_{N2} & \cdots & \sum_{j\neq N} \kappa_{Nj} \end{bmatrix}, \quad \kappa_{ij} = \kappa_{ji}, \quad \forall i \neq j$$

を介して互いに接続している。ここで、図中の P_{TL} は tie-line パワーと呼ばれる。また、各発電機には指令値からパワーまでの伝達関数 $F_{gt,i}(s)$ を持つガバナー&タービン系、各発電機の局所的な周波数制御のための局所制御器 $C_{\ell,i}(s)$ が接続されている。さらに、系統全体の平均的周波数を制御する大域制御器 $C_g(s)$ が上位層として接続されている。ここで、$\boldsymbol{\omega}$ から $C_g(s)$ を通ってガバナ&タービンに戻る経路では、集約を表すブロック $\frac{1}{N}\mathbf{1}^\top$ および分配を表すブロック $\mathbf{1}$ を通過することに注意する。

ここで簡単のため、母線 i と j の間の同期トルク係数について、$\kappa_{ij} = \kappa, \forall i, j$ が成り立つものと仮定する。このとき行列 T は、

$$T = \mathbf{diag}(N\kappa, N\kappa, \ldots, N\kappa) - \mathbf{1} \cdot \mathbf{1}^\top \kappa$$

と表現でき、$\mathbf{diag}(N\kappa, N\kappa, \ldots, N\kappa)$ と $-\mathbf{1} \cdot \mathbf{1}^\top \kappa$ に分解すると、図 **7.7** と等価な図 **7.8** を

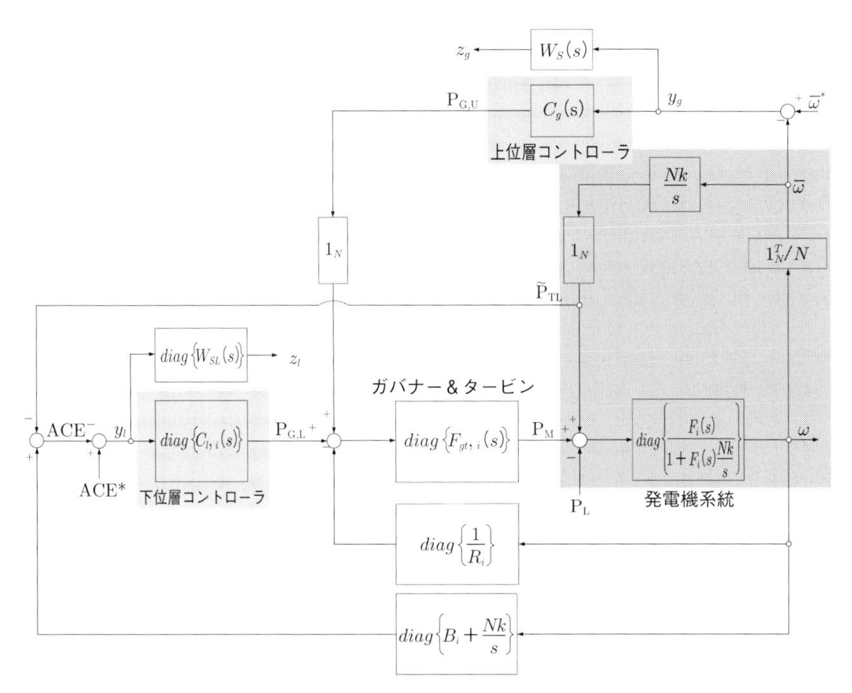

図 7.8　二つの集約・分配パスを持つ発電機まわりの電力系統のブロック線図：$\boldsymbol{\omega}$ から $\boldsymbol{P}_{\mathrm{TL}}$ へ至る経路と $C_g(s)$ を通る経路の二つの信号の集約と分配のブロックを通過するという構造を持つ。

得る。また、$\boldsymbol{\omega}$ から $\boldsymbol{P}_{\mathrm{TL}}$ へ至る経路も、$C_g(s)$ を通る経路と同様の、信号の集約と分配のブロックを通過するという構造を持つ（図 **7.8** 参照）。

これに対応して二つの共有モデル集合を用意し、先の階層分散型制御系設計を拡張して適用する（図 **7.9** 参照）。すなわち、下位層の各 $C_{\ell,i}(s)$ は、各局所システムが二つの共有モデ

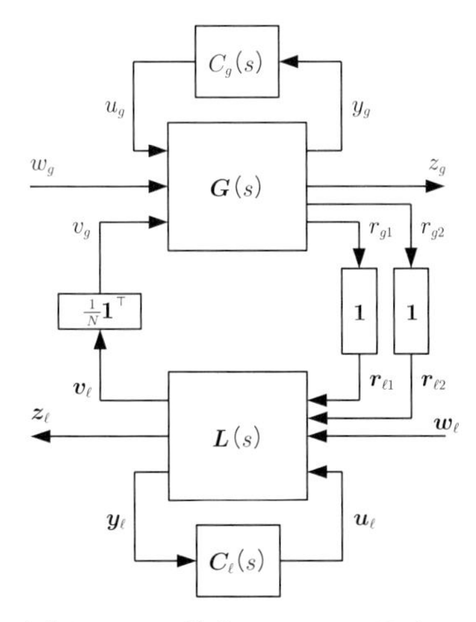

図 7.9　二つの共有モデル集合を持つ全体システムの構造：$C_{\ell,i}(s)$ は局所システムが二つの共有モデル集合に含まれるという条件下で制御仕様を、$C_g(s)$ は二つの共有モデル集合を含む大域システムに対して制御仕様を満たすよう設計する。

ル集合に含まれるという条件下で局所的な制御仕様（外乱から周波数 ω_i への影響度の低減など）を最適化する。一方で、上位層の $C_g(s)$ は、二つの共有モデル集合を含む大域システムに対して、安定性と大域的な制御仕様を満たすように設計する[8)]。

以下に数値例を示す。ここでは簡単のため、次の伝達関数を持つ三つの発電機とガバナ&タービンからなる電力系統を考える。

$$F_i(s) = \frac{K_{p,i}}{T_{p,i}s+1},\ F_{gt,i}(s) = \frac{1}{(T_{g,i}s+1)(T_{t,i}s+1)},\ i = 1, 2, 3$$

また、大域制御器 $C_g(s)$ と局所制御器 $C_{\ell,i}(s)$ を、

$$C_g(s) = \frac{K_g}{s},\ C_{\ell,i}(s) = \frac{K_{\ell,i}}{s}$$

のように与える。ただし、K_g、$K_{\ell,i}$ は定数係数でフィードバックの強さを表す。さらに、制御性能を定義する周波数重みは、

$$W_S(s) = \frac{1}{s+\lambda_g},\ W_{SL}(s) = \frac{1}{s+\lambda_\ell},\ \lambda_g, \lambda_\ell > 0$$

と与える。また、二つの共有モデル集合のノミナルモデル（中心モデル、個々の発電機が振る舞ってほしい模範的なモデル）$M_0(s)$ は 5 次のシステムとして適切に与える（具体的な伝達関数は省略）。

以上の設定のもとで、二つの共有モデル集合の大きさ ϵ_1、ϵ_2 を変えながら、最適な局所制御器および大域制御器をそれぞれ設計し、各々の制御性能をプロットしたものが図 **7.10** である。ただし、ここでは簡単のため、$\epsilon_1 = \epsilon_2$ とした。図から $\epsilon_1 = \epsilon_2$ が小さい場合、つまり共有モデル集合の大きさが小さく、局所制御器の設計の自由度が小さい場合、達成できる局所的制御性能が悪化する。逆に、大域制御器はカバーすべき共有モデル集合の大きさが小さいので、設計できる大域制御器の自由度が大きくなり、達成できる大域的制御性能が高くなる。一方、$\epsilon_1 = \epsilon_2$ を大きくすると、上と逆の状況が生まれる。以上より、$\epsilon_1 = \epsilon_2$ の大きさの設定によって、局所的制御性能と大域的制御性能のトレードオフが存在することが確認できる。実際の制御系設計では、両者の性能が同時に適切なものとなることが望まれるので、ϵ_1 と ϵ_2 は適切な値に設定する必要がある。しかし、最適な値は状況に依存し、局所的な変動が大きい場合は、ϵ_1 と ϵ_2 を比較的大きく設定し、局所的性能を高める方が結果として望ましくなる。

次に、提案する階層分散型制御系の時間領域での特性を確認するため、外乱（電力負荷の変化など）に対する周波数偏差の乱れの時間応答を数値実験する。次の三つの場合、

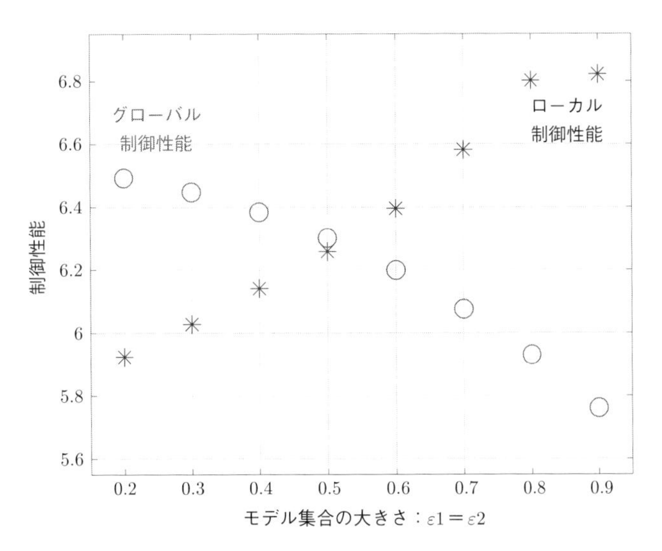

図 7.10 **制御性能のトレードオフ：＊ マーク：局所的制御性能、◯ マーク：大域的制御性能。$\epsilon_1 = \epsilon_2$** の大きさが小さい場合、局所的制御性能（＊ マーク）が悪化し、大域的制御性能（◯ マーク）が高い。反対に大きい場合、局所的制御性能（＊ マーク）が高く、大域的制御性能（◯ マーク）が悪化する。

Case A： $\epsilon_1 = \epsilon_2 = 0.3$（大域的制御性能重視型）、図 **7.11**（a）（各母線の周波数偏差）、図 **7.11**（b）（エリア全体の平均周波数偏差）

Case B： $\epsilon_1 = \epsilon_2 = 0.5$（バランス型）、図 **7.12**（a）（各母線の周波数偏差）、図 **7.12**（b）（エリア全体の平均周波数偏差）

Case C： $\epsilon_1 = \epsilon_2 = 0.7$（局所的制御性能重視型）、図 **7.13**（a）（各母線の周波数偏差）、図 **7.13**（b）（エリア全体の平均周波数偏差）

の母線の周波数偏差の応答を図 **7.11**～図 **7.13** に示す。図から、外乱に対する各母線の周波数偏差の応答とエリア全体の平均的応答のトレードオフが存在し、共有モデル集合の大きさ ϵ_1 と ϵ_2 の設定により、設計者が望む特性の調整が可能であることが確認できる。

ここでは、電力システムに代表されるような、多数のサブシステムが結合している大規模システムに対して、系統だった階層分散型制御系設計手法を提案し、電力システムの周波数制御に適用した数値実験の例を紹介した。考え方の基本は、局所システムと局所制御器が含まれる下位層と、大域制御器が含まれる上位層とで、共有モデル集合と呼ばれるモデル集合を共有する点にあり、これにより実用的な計算量により階層分散型制御系が設計可能となる。また共有モデル集合の大きさをチューニングすることにより、局所的な制御性能と大域的な制御性能の間の適切なバランシングが可能となる。

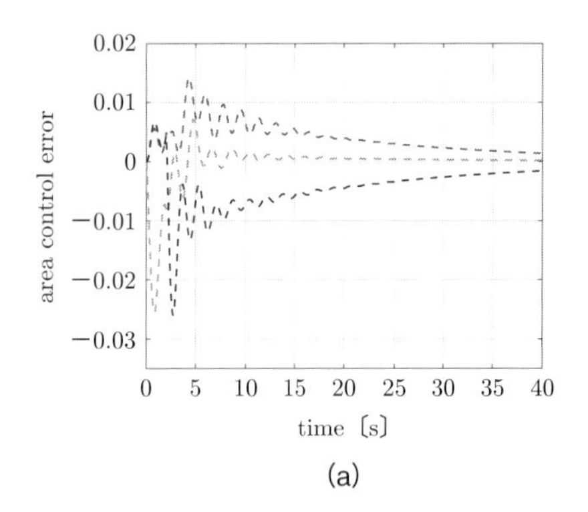

(a)

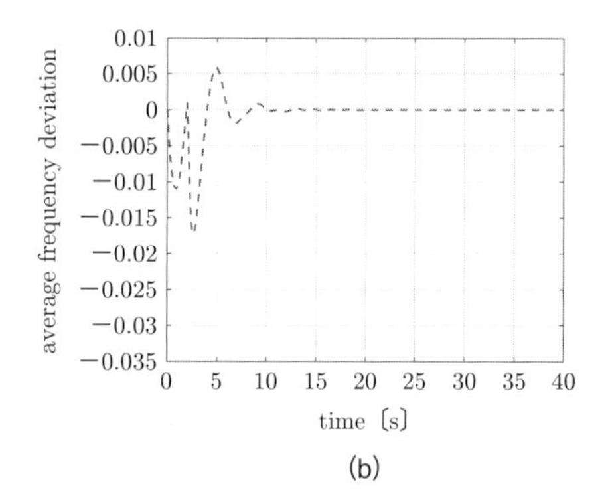

(b)

図 7.11　Case A（$\epsilon_1 = \epsilon_2 = 0.3$）**の場合の外乱に対する時間応答：**（a）外乱に対する各発電機の周波数偏差の時間応答、（b）外乱に対する平均周波数偏差の時間応答。

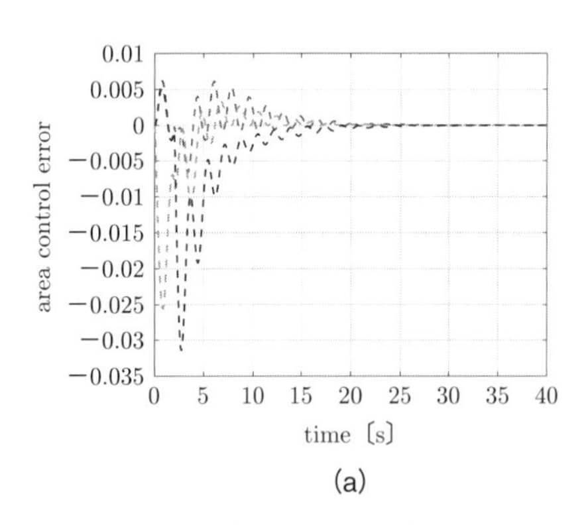

(a)

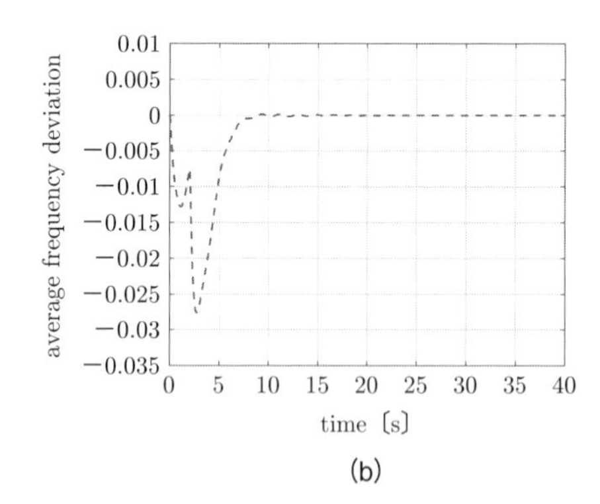

(b)

図 7.12　Case B（$\epsilon_1 = \epsilon_2 = 0.5$）**の場合の外乱に対する時間応答：**（a）外乱に対する各発電機の周波数偏差の時間応答、（b）外乱に対する平均周波数偏差の時間応答。

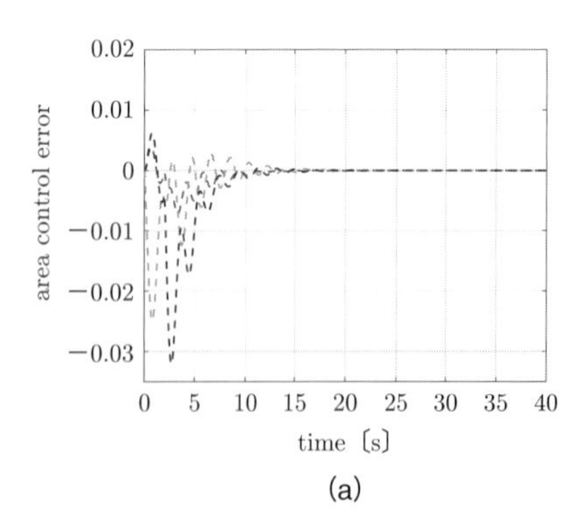

(a)

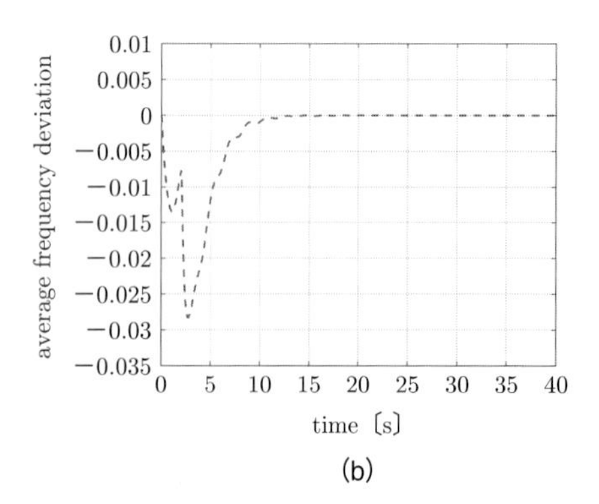

(b)

図 7.13　Case C（$\epsilon_1 = \epsilon_2 = 0.7$）**の場合の外乱に対する時間応答：**（a）外乱に対する各発電機の周波数偏差の時間応答、（b）外乱に対する平均周波数偏差の時間応答。

7.3 エージェント間の協調：コミュニケーション型デマンドレスポンス

本節では、消費・発電エージェント同士のスマートメータなどのP2P通信によって、情報を集約せず実施するコミュニケーション型DRについて解説する。この方法の基本概念とプライバシー漏洩の問題に対する解決法を与える。

本節の構成とポイントは以下の通りである。

7.3.1 **コミュニケーション型デマンドレスポンスとは**

- 複数のアグリゲータが消費・発電エージェントを分割管理する電力システムを考える。
- エージェント同士はスマートメータなどの機器でP2P通信が可能であるとする。
- P2P通信によって情報を集約せず実施できるのがコミュニケーション型DRである。

7.3.2 **電力システム管理の最適化問題と古典的アプローチ**

- DRによる電力システムの管理は典型的な最適化問題である。
- 古典的なアプローチではラグランジュ乗数が電力価格の調整量に相当する。
- 古典的なアプローチに基づくと、アグリゲータは価格更新のため管理するすべてのエージェントの情報を集約する必要がある。

7.3.3 **分散的アルゴリズムとコミュニケーション型デマンドレスポンス**

- 分散的なアルゴリズムでは各エージェントにラグランジュ乗数を推定させる。
- その推定値は、エージェント同士のP2P通信による情報交換を通じて更新される。
- これがコミュニケーション型DRにおける価格決定のプロセスになる。

7.3.4 **データマスキングによるプライバシー保護**

- 分散的なアルゴリズムはP2P通信でプライバシー情報を漏洩する危険がある。
- 事前にP2P通信で交換したキーノイズを用いてプライバシー情報をマスキングすることで、ラグランジュ乗数の推定に悪影響を出さずにプライバシー情報を保護できる。
- キーノイズの分散を上げることで、プライバシー保護性能を任意に上げることができる。

7.3.1 コミュニケーション型デマンドレスポンスとは

本節では、図 **7.14** のような、消費・発電エージェント（住宅、ビル、工場、太陽光・風力発電者など）が多数存在し、それらを複数のアグリゲータ（小売電力事業者など）が分割管理する電力システムを考える。各エージェントにはスマートメータなどの機器が装備されており、エージェント同士の相互通信が可能であるとする。これを、P2P（Peer to Peer）通信と呼ぶ。また、各アグリゲータは需給バランスを保持する、すなわち、需要と供給を同量にすることが求められている。このとき、十分な供給量を確保できない場合には、DR によって電力需要を抑制する、または、ほかのアグリゲータから電力融通を受けることが考えられる。

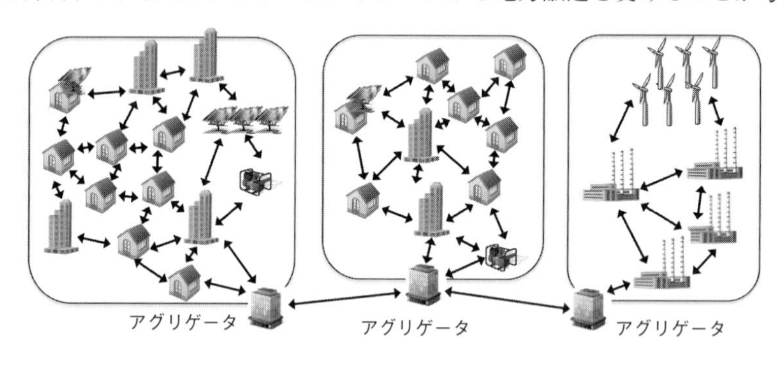

図 7.14　対象となる電力システム：複数のアグリゲータが分割管理し、消費・発電エージェントは P2P 通信ができる。矢印は通信経路を表す。

DR や電力融通を行う際に、各アグリゲータは、需給のインバランス値から電力価格や電力融通量を決定する。ここで問題となるのは、インバランス値を測定する方法である。電力系統全体のインバランスは電源周波数の変動値から算出することができる。しかし、電力系統の一部分のインバランスはこのように算出できないため、アグリゲータは自身が管理するエージェントの情報をスマートメータから収集することで間接的に測定する。このとき、需給情報の収集および集められた大量のデータの処理には、高性能なサーバーや高速な通信回線の導入・運用が不可欠になる。電力事業者には、このような情報インフラにかかるコストは大きな負担となる。さらに、電力需給量の情報を集約することは、プライバシー保護の観点から問題になることがある。

このような問題を解決する情報集約をしない方法が、コミュニケーション型 DR である。これは、エージェント同士がスマートメータなどの機器による P2P 通信を通じて、価格や融通量を決定する方法である。これによって、通信に対するコストが下がり、かつプライバシー情報が集約されないという利点が生まれる。それでは、この方法によって電力バランスを保持するためには、どのようなデータを送受信し、どのように処理すればよいであろうか。本節の目的は、このような方法論を与えることである。

本節の残りの構成は次の通りである。まず、7.3.2 項では、このような電力システムの管理の問題を最適化問題として定式化し、それを解決するための古典的なアプローチを紹介する。さらに、このアプローチの情報集約に関する問題点を指摘する。次に 7.3.3 項では、この問題を解決する分散的なアプローチ[10)]を解説する。これがコミュニケーション型 DR における価格決定プロセスを与える[11)]。この方法を直接使うと、プライバシー情報は集約されないものの、エージェント同士の P2P 通信によって隣人にプライバシー情報が漏洩する危険が生じる。最後に 7.3.4 項では、この問題を解決するために、送信データにノイズを付加してマスキングする方法[12)]を解説する。ここでは、価格決定に悪影響を与えないような付加ノイズを生成する方法を与える。

7.3.2　電力システム管理の最適化問題と古典的アプローチ

DR による電力システムの管理の問題を最適化問題によって定式化する。アグリゲータ数を m、エージェント数を n、各エージェントの消費量や供給量を $x_i \in \mathbb{R}$ $(i \in \{1, 2, \ldots, n\})$ で表す。ただし、x_i が負のときは消費、正のときは供給を表す。アグリゲータ $\ell \in \{1, 2, \ldots, m\}$ が管理するエージェントの集合を $\mathcal{A}_\ell \subset \{1, 2, \ldots, n\}$ で表す。このとき、アグリゲータ ℓ の需給インバランスは、

$$g_\ell(\boldsymbol{x}) = \sum_{i \in \mathcal{A}_\ell} x_i \tag{4}$$

と表すことができる。ただし、$\boldsymbol{x} = (x_1, x_2, \ldots, x_n)$ である。また、エージェント i の効用関数を $u_i(x_i) \in \mathbb{R}$ とし、この値が大きいほど各エージェントは満足するとする。すなわち、$u_i(x_i)$ は所望の消費・供給量で最大値を取るような関数である。このとき、電力システムの管理は次の最適化問題で定式化される。

$$\begin{aligned} \max_{\boldsymbol{x} \in \mathbb{R}^n} \quad & \sum_{i=1}^{n} u_i(x_i) \\ \text{s.t.} \quad & g_\ell(\boldsymbol{x}) = 0, \ \ell \in \{1, 2, \ldots, m\} \end{aligned} \tag{5}$$

最適化問題 (5) は典型的な制約条件付き最適化問題である。その解法として、以下のような古典的な逐次アプローチがある。詳細は、文献[13)]などを参考にされたい。

アルゴリズム **A**（古典的なアプローチ）

（**A.1**）ステップを $s=0$ とし、初期値 $x_i^{[0]}, \lambda_\ell^{[0]} \in \mathbb{R}$ と更新ゲイン $\alpha_i, \beta_\ell > 0$ を与える。

（**A.2**）（アグリゲータ ℓ）$\boldsymbol{x}^{[s]} = (x_1^{[s]}, x_2^{[s]}, \ldots, x_n^{[s]})$ を用いて、$\lambda_\ell^{[s]}$ を次式で更新する。

$$\lambda_\ell^{[s+1]} = \lambda_\ell^{[s]} - \beta_\ell g_\ell(\boldsymbol{x}^{[s]}) \tag{6}$$

（**A.3**）（エージェント i）$\lambda_{\ell_i}^{[s+1]}$ を用いて、$x_i^{[s]}$ を次式で更新する。

$$\begin{cases} x_i(0) = x_i^{[s]} & \text{(7a)} \\ x_i(k+1) = x_i(k) + \alpha_i \left(\dfrac{\mathrm{d}u_i}{\mathrm{d}x_i}(x_i(k)) + \lambda_{\ell_i}^{[s+1]} \right) & \text{(7b)} \\ x_i^{[s+1]} = \lim_{k \to \infty} x_i(k) & \text{(7c)} \end{cases}$$

ただし、ℓ_i はエージェント i が属するアグリゲータ、つまり $i \in \mathcal{A}_\ell$ を満たす ℓ を表す。

（**A.4**）ステップ s に 1 を加え、(A.2) へ戻る。

ここで、自然数 s、k はそれぞれ外部および内部ループにおけるステップ数を表し、$x_i^{[s]}$, $\lambda_\ell^{[s]} \in \mathbb{R}$ は外部ループ中の x_i、λ_ℓ の更新変数、$x_i(k) \in \mathbb{R}$ は内部ループ中の x_i の更新変数を表す。また、$\lambda_\ell \in \mathbb{R}$ はラグランジュ乗数であり、制約条件 $g_\ell(\boldsymbol{x}) = 0$ に対するペナルティを表す。式 (6) および式 (7b) における右辺第 2 項は、それぞれラグランジュ関数

$$L(\boldsymbol{x}, \boldsymbol{\lambda}) = \sum_{i=1}^{n} u_i(x_i) + \sum_{\ell=1}^{m} \lambda_\ell g_\ell(\boldsymbol{x})$$

の λ_ℓ、x_i に対する偏微分係数から導出される。ただし、式 (4) を用いる。なお、$\boldsymbol{\lambda} = (\lambda_1, \lambda_2, \ldots, \lambda_m)$ である。

アルゴリズム A は、次のように DR による電力システムの管理に応用することができる。ラグランジュ乗数 λ_ℓ は電力価格の調整量に相当する。したがって、(A.2) はアグリゲータ ℓ の価格調整量 $\lambda_\ell^{[s]}$ の更新プロセスを表し、消費過多（需給インバランス $g_\ell(\boldsymbol{x}^{[s]})$ が負）にな

ると価格を上げ（$\lambda_\ell^{[s]}$ が上昇し）、供給過多になると価格を下げる。一方、(A.3) はエージェント i の消費・供給量 $x_i(k)$ のダイナミクスを表しており、価格が上がる（$\lambda_\ell^{[s]}$ が正）と、消費量は下がり、供給量は上がる（$x_i(k)$ は増加する）。逆に、価格が下がると、消費量は上がり、供給量は下がる。

このような DR を実施するには、アグリゲータは、(A.2) の価格決定プロセスにおいて管理するすべてのエージェントの消費・供給量 $x_i^{[s]}$（$i \in \mathcal{A}_\ell$）の情報を必要とする。しかし、これは情報集約の観点から問題になる。

7.3.3 分散的アルゴリズムとコミュニケーション型デマンドレスポンス

次に、情報を集約しない分散的なアルゴリズムとその DR への応用を考える。アルゴリズム A では、(A.2) においてラグランジュ乗数 $\lambda_\ell^{[s]}$ を計算するために情報集約が必要である。このプロセスを情報集約せずに実行する方法を考える。そのためのアイディアは、$\lambda_\ell^{[s]}$ をアグリゲータを通さずに、各エージェントに推定させることである。エージェント i による $\lambda_{\ell_i}^{[s]}$ の推定値を $\hat{\lambda}_i^{[s]} \in \mathbb{R}$ とおき、次のように逐次的に求めることを考える。

$$
\begin{cases}
\mu_i(0) = \hat{\lambda}_i^{[s]} - \bar{\beta}_{\ell_i} x_i^{[s]} & \text{(8a)} \\
\mu_i(k+1) = \mu_i(k) - \kappa_i \displaystyle\sum_{j \in \mathcal{N}_i} (\mu_i(k) - \mu_j(k)) & \text{(8b)} \\
\hat{\lambda}_i^{[s+1]} = \displaystyle\lim_{k \to \infty} \mu_i(k) & \text{(8c)}
\end{cases}
$$

ただし、$\mu_i(k) \in \mathbb{R}$ は更新変数であり、$\bar{\beta}_\ell, \kappa_i$ は更新ゲインである。式 (8b) において $\mu_i(k)$ の情報をエージェント同士で交換しており、それには P2P 通信を利用する。ここで、$\mathcal{N}_i \subset \mathcal{A}_{\ell_i}$ はエージェント i が情報交換をする相手の集合である。

以上に基づき、アルゴリズム A を改変し、以下のアルゴリズムを得る。

アルゴリズム **B**（分散的なアルゴリズム）

(B.1) ステップを $s=0$ とし、初期値 $x_i^{[0]}, \hat{\lambda}_i^{[0]} \in \mathbb{R}$ と更新ゲイン $\alpha_i, \bar{\beta}_\ell, \kappa_i > 0$ を与える。

(B.2)（エージェント i）式 (8) によって $\hat{\lambda}_i^{[s]}$ を更新する。

(B.3)（エージェント i）式 (7) の $\lambda_{\ell_i}^{[s+1]}$ を $\hat{\lambda}_i^{[s+1]}$ に置き換えた式で $x_i^{[s]}$ を更新する。

（**B.4**）ステップ s に 1 を加え、(B.2) へ戻る。

P2P 通信のネットワーク構造に強連結性を要求すれば、アルゴリズム B がアルゴリズム A と同じ解を得ることが保証される。実際、以下の定理を得る。

定理 7.1 [11]　アルゴリズム A、B によって得られるステップ s における更新変数をそれぞれ $(x_i^{[s]}, \lambda_{\ell_i}^{[s]})_\mathrm{A}$、$(x_i^{[s]}, \hat{\lambda}_i^{[s]})_\mathrm{B}$ とおく。このとき、更新ゲイン α_i、β_ℓ、$\bar{\beta}_\ell$、κ_i のうち $(x_i^{[s]}, \lambda_{\ell_i}^{[s]})_\mathrm{A}$ と $(x_i^{[s]}, \hat{\lambda}_i^{[s]})_\mathrm{B}$ が一致するものが存在するための必要十分条件は、グラフ G_ℓ が強連結であることである。ただし、G_ℓ はアグリゲータ ℓ が管理するエージェント間の P2P 通信のネットワーク構造を表すグラフを表す。

定理 7.1 が成り立つポイントは次のようである。式 (8b) は $\mu_i(k)$ を漸近的に一致させる合意制御則である。このとき、適当な κ_i のもと、式 (4) と式 (8a) から、式 (8c) において得られる $\hat{\lambda}_i^{[s]}$ が、(A.2) で得られる $\lambda_{\ell_i}^{[s]}$ と等しくなる。以上の議論が成り立つためには、グラフが強連結であることが要求される。強連結とは、任意の二つの頂点（エージェント）を選んだとき、いくつかの辺をたどることでそれらを行き来できるというグラフの性質である。合意が達成される必要十分条件はグラフが全域木を持つことである[14]が、ここではそれよりも強い強連結性を要求している。これは、式 (8) によって $\mu_i(k)$ が一致するだけでは不十分であり、一致した値がラグランジュ乗数として機能するために必要な条件である。

(B.2) が情報を集約せずに P2P 通信によって価格決定するプロセスであり、これがコミュニケーション型 DR の仕組みを表す。ラグランジュ乗数の推定値 $\hat{\lambda}_i^{[s]}$ が価格調整量になる。一方、アグリゲータ間の電力融通についても、融通量を決定変数 $\boldsymbol{x}$ に加えることにより、同じ方法で適正量を決めることができる。したがって、電力システム全体を管理・調整する機構がなくとも電力融通を行うことができる。

図 7.15 にアルゴリズム B によるシミュレーション結果を示す。各アグリゲータが 30 のエージェントを管理する電力システムを考える。ここでは、あるアグリゲータの主要な発電エージェントが故障して、発電量が落ちたため、DR によって消費エージェントを抑制、あるいはほかの発電エージェントを促進することを考える。左上図はそのアグリゲータのエージェントの変数 $x_i^{[s]}$、右上図はインバランス $g_\ell(x^{[s]})$ の推移を表す。これより、最初は電力不足が起こり $g_\ell(x^{[s]})$ が負になっているものの、それ以降ゼロに収束し、電力不足が解消されていることがわかる。左下図はあるエージェントのラグランジュ乗数の推定値 $\hat{\lambda}_i^{[s]}$ の推移を表し、右下図はあるステップ s における全エージェントの $\mu_i(k)$ の更新の様子を表す。$\mu_i(k)$ は漸近的に一致しており、その収束値がそのステップにおける $\hat{\lambda}_i^{[s]}$ になる。

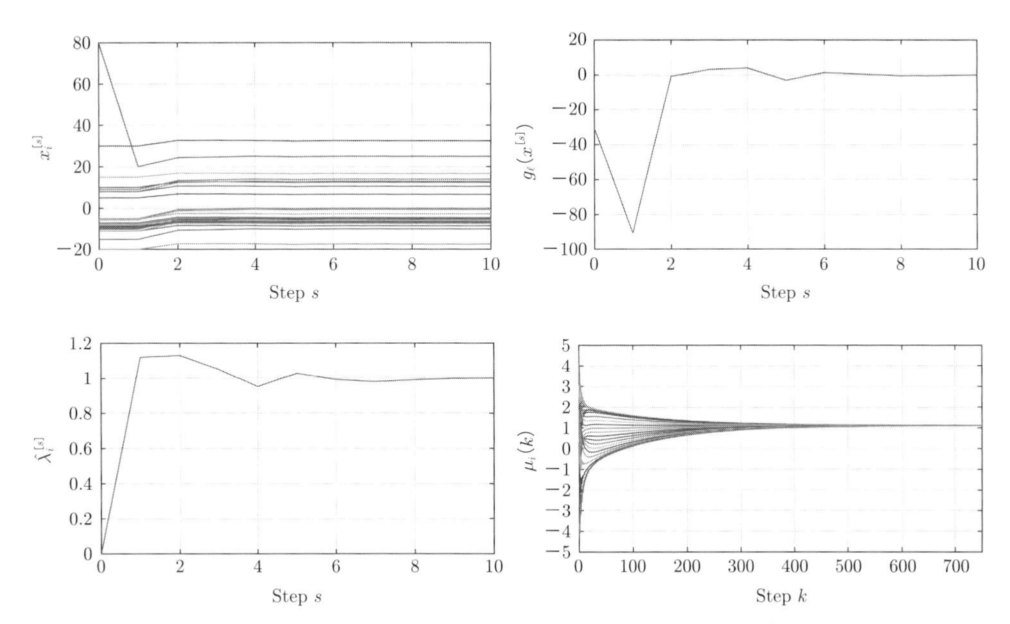

図 7.15　アルゴリズム B によるシミュレーション結果：左上図：エージェントの変数 $\boldsymbol{x}_i^{[s]}$、右上図：インバランス $\boldsymbol{g}_\ell(\boldsymbol{x}^{[s]})$、左下図：あるエージェントのラグランジュ乗数の推定値 $\hat{\boldsymbol{\lambda}}_i^{[s]}$、右下図：推定値を得るための更新値 $\boldsymbol{\mu}_i(\boldsymbol{k})$。

なお、アルゴリズム B はループが二重になっており、内部ループでも無限回の更新を必要としているため、実際には更新を途中で打ち切っている。このような場合の安定性の問題に関しては、文献15)で議論されている。

7.3.4　データマスキングによるプライバシー保護

アルゴリズム B の価格決定プロセス（B.2）では、式(8a)において更新変数の初期値 $\mu_i(0)$ に $x_i^{[s]}$ を含ませ、式(8b)においてその値を P2P 通信で他エージェントに送信する。したがって、この手法では、プライバシー情報である消費・供給量 $x_i^{[s]}$ が漏洩する危険がある。この問題を解決するために、プライバシー情報をマスキングすることを考える。このため、以下のように、式(8a)のプロセスで付加ノイズ $w_i^{[s]} \in \mathbb{R}$ を $x_i^{[s]}$ に追加する。

$$\mu_i(0) = \hat{\lambda}_i^{[s]} - \bar{\beta}_{\ell_i}(x_i^{[s]} + w_i^{[s]}) \tag{9}$$

このような方法をとったとき、以下のような疑問が生じる。

・**疑問 1**：付加ノイズによってラグランジュ乗数の推定に悪影響が出ないのか？

・**疑問 2**：そもそも、本当にプライバシー情報は保護されるのか？

これらの疑問は、付加ノイズ $w_i^{[s]}$ を適切に生成することで解決される。ここでのアイディアは、各エージェントが事前にP2P通信で他エージェントとキーノイズ $\gamma_{ij}^{[s]}$ を交換し、それらを組み合わせることで付加ノイズを生成するものである。このようなマスキング法を用いて、アルゴリズムBを以下のように修正する。

アルゴリズム **C**（プライバシーが保護される方法）

(C.1)、(C.3)、(C.4) はそれぞれ (B.1)、(B.3)、(B.4) と同じ。(B.2) を以下に変更する。

(C.2-1)（エージェント i）近隣エージェント $j \in \mathcal{N}_i$ ごとに乱数 $\gamma_{ij}^{[s]} \in \mathbb{R}$ を生成する。

(C.2-2)（エージェント i）近隣エージェント $j \in \mathcal{N}_i$ に $\gamma_{ij}^{[s]}$ を送信、$\gamma_{ji}^{[s]}$ を受信する。

(C.2-3)（エージェント i）次式にしたがって付加ノイズ $w_i^{[s]}$ を生成する。

$$w_i^{[s]} = \sum_{j \in \mathcal{N}_i} \gamma_{ij}^{[s]} - \sum_{j \in \mathcal{N}_i} \gamma_{ji}^{[s]} \tag{10}$$

(C.2-4)（エージェント i）式 (8) で $\hat{\lambda}_i^{[s]}$ を更新。ただし、式 (8a) を式 (9) に代える。

これによって、以下に示すように疑問1が解決される。

定理 7.2 [12] グラフ G_ℓ が無向であるとする。アルゴリズムB、Cで得られるステップ s における更新変数をそれぞれ $(x_i^{[s]}, \hat{\lambda}_i^{[s]})_{\mathrm{B}}$、$(x_i^{[s]}, \hat{\lambda}_i^{[s]})_{\mathrm{C}}$ とおくと、これらは一致する。

定理7.2のポイントは、式(10)の付加ノイズ $w_i^{[s]}$ を式(9)のように加えると、式(8)においてエージェント j の持つキーノイズ $\gamma_{ij}^{[s]}$ とエージェント i の持つ $-\gamma_{ij}^{[s]}$ が全体で打ち消し合うことである。これによって、(C.2-1)～(C.2-4) で得られる $\hat{\lambda}_i^{[s]}$ が (B.2) で得られる $\hat{\lambda}_i^{[s]}$ に等しくなる。

次に、疑問2については、キーノイズ $\gamma_{ij}^{[s]}$ をステップ s ごとに変化させれば、マスキングされた後のデータ $x_i^{[s]} + w_i^{[s]}$ がもとのデータ $x_i^{[s]}$ に十分に類似しないようにできるという意味で解決される。ここで、類似度は次の相関係数によって評価する。

$$\rho(x_i^{[s]}, x_i^{[s]} + w_i^{[s]}) = \frac{\mathrm{Cov}(x_i^{[s]}, x_i^{[s]} + w_i^{[s]})}{\sqrt{\mathrm{Var}(x_i^{[s]})\mathrm{Var}(x_i^{[s]} + w_i^{[s]})}}$$

ただし、$\mathrm{Var}(\cdot)$ は分散を $\mathrm{Cov}(\cdot, \cdot)$ は共分散を表す。実際に以下を得る。

定理 7.3 [12] 定数 $\varepsilon \in (0, 1)$ に対して、キーノイズ $\gamma_{ij}^{[s]}$ の分散を

$$\min_{j \in \mathcal{N}_i} \mathrm{Var}(\gamma_{ij}^{[s]}) \geq \frac{(1 - \varepsilon^2)\mathrm{Var}(x_i^{[s]})}{2\varepsilon^2 n_i} \tag{11}$$

を満たすように選んだとき、

$$|\rho(x_i^{[s]}, x_i^{[s]} + w_i^{[s]})| \leq \varepsilon \tag{12}$$

が成り立つ。ただし、n_i は $\mathcal{N}_i$ の要素数を表す。

定理 7.3 より、式(11)のように $\gamma_{ij}^{[s]}$ の分散を $x_i^{[s]}$ に対して相対的に大きく取れば、式(12)のように $x_i^{[s]} + w_i^{[s]}$ と $x_i^{[s]}$ の相関係数を任意に小さくできる。すなわち、プライバシー保護性能を任意に上げることができる。なお、エージェント j は、キーノイズ $\gamma_{ij}^{[s]}$ を受信していることから、$x_i^{[s]}$ の値を推測できるように思われる。しかし、付加ノイズ $w_i^{[s]}$ には式(10)のようにほかのエージェントのキーノイズも加えられているため、すべてのキーノイズを揃えない限りは正しい推測はできない。したがって、十分大勢のエージェントとキーノイズを交換すれば、プライバシー情報を推測されるリスクを避けられる。

7.4 人と調和する制御：集合値信号を用いた階層化制御

電力システムでは、機械要素だけではなく需要家などの人間集団も参加して制御システムが構成されている。文献[16)]の提案をもとに人間集団に自由な意思決定を許す制御構造を取り入れることで、質の異なる評価指標を持つ人々と調和する制御システムの構成と設計問題に取り組む。

本節の構成とポイントは以下の通りである。

7.4.1 **人と調和する制御システム設計**

・人間集団の意思決定を含む制御システムの動機付けを行う。

7.4.2 **階層制御システムの構成**

・人間集団の意思決定を含む階層制御システムの構成を与える。

7.4.3 **上層制御器の一設計法**

・内部モデル制御の考え方に基づく制御器の設計法を与える。

・人間集団の意思決定に依存せず安定性や所望の制御性能を達成することを狙いとする。

7.4.4 **節電制御シミュレーションによる検証**

・階層制御システムの一つの設計手順を例示するとともに、その効果を検証する。

7.4.1 人と調和する制御システム設計

電力システムは、機械的な要素だけではなく需要家などの人間集団が参加して制御ループを構成する Human-in-the-loop System である。例えば、DR のような節電制御問題を考えてみよう。節電要請やインセンティブの提示などに対して、需要家自身または彼らの嗜好が反映された自動管理システム、例えば、Home/Building Energy Management Systems (HEMS/BEMS) は節電の有無や節電量に関する意思決定を行う。意思決定の結果は、電力システム全体の振る舞いに影響を与えることになる。この例のような人間集団の意思決定を含むシステムでは、従来の機械システムと同じように“人間集団を制御”するべきではない。機械的に節電量を設定し需要家に強要することは、システム全体の管理のためには望ましい一方で、需要家には必ずしも受け入れられることではない。人のためにあるべき社会インフラの一つである電力システムでは、需要家は強制的に制御してよい対象ではなく、自身の嗜好に基づいて自由な電力の使用が許される対象であるべきであろう。

人間集団の自発的な行動に期待しながら、意思決定の自由度を伴った間接的な制御を行うことは、行動経済学においてナッジ[17)]として知られている。近年では、さまざまな社会実証でもナッジの効果が確認されている。ナッジを節電制御に取り入れることで、試行を重ねたときの試行平均または多数の需要家での集団平均の意味では、需要家の意思決定をモデル化したり所望の節電量を達成するように管理できる可能性がある。しかしながら、各試行ごと各需要家ごとのモデル化は容易ではないし、すべての試行で確実に所望の制御目標を達成できるわけではない。効果的でありながら信頼できる電力システムには、平均的に効果をあげるナッジのような方策に加えて、いずれの試行においてもシステム全体の制御目標を達成できる制御構造を取り入れることが必要である。

本節では、電力システム全体での制御目標を達成しながら、同時にシステムに参加する多数の需要家の意思決定を尊重できる制御システムの構造設計に取り組む。特に、高精度に全体の制御目標を達成するためのフィードバック制御器の層と、需要家が意思決定を行い自身の利益追求を行う層からなる階層制御システムを提案する。本節では、需要家は得られるインセンティブの大きさなどをもとにして、節電の有無やその量を決定すると考えている。

7.4.2 階層制御システムの構成

本節では、図 **7.16** で示される階層制御システムを考える。階層制御システム全体は制御対象 G、上層の制御器 K、下層の人間集団 $\mathcal{H} := \{H_i\}_{i\in\{1,2,\ldots,N\}}$ から構成される。階層制御システムでは、K はシステム全体の制御・管理を狙って、許容できる範囲で自由度をもたせた指令 $\mathcal{U}$ を $\mathcal{H}$ へ与える。各 H_i は自身の利益追求のため、この自由度のもとでの意思決定を行い、それぞれ G へ制御行動を行う。

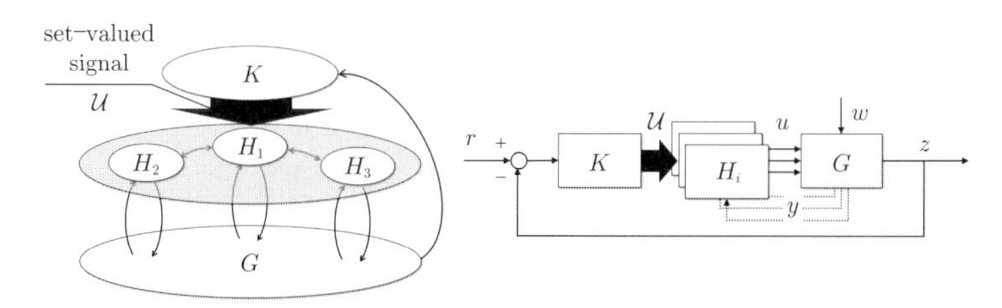

図 7.16 集合値信号を用いた階層制御システム：左図は階層制御システムを表している。右図は階層制御システムをブロック線図で表現したものである。

各システム $G, K, \mathcal{H}$ は、それぞれ以下のように記述される。

制御対象 $\boldsymbol{G}$：

G は動的システムであり、

$$G: \left\{ \begin{bmatrix} \boldsymbol{z} \\ \boldsymbol{y} \end{bmatrix} = \begin{bmatrix} \bar{\boldsymbol{G}}_{zu} \\ \bar{\boldsymbol{G}}_{yu} \end{bmatrix} \boldsymbol{u} + \begin{bmatrix} \bar{\boldsymbol{G}}_{zw} \\ \bar{\boldsymbol{G}}_{yw} \end{bmatrix} \boldsymbol{w} \right.$$

と記述されるとする。ただし、$\boldsymbol{u} \in \mathbb{R}^N$ は制御入力、$\boldsymbol{w} \in \mathbb{R}^m$ は外乱入力、$\boldsymbol{z} \in \mathbb{R}^\ell$ は制御出力かつ制御器にとっての観測出力、$\boldsymbol{y} \in \mathbb{R}^N$ は人間集団にとっての観測出力である。また、$\bar{\boldsymbol{G}}_{**}$ は線形動的システムを表す作用素である。例えば、$\bar{\boldsymbol{G}}_{**}$ には状態空間実現を考えることができる。

上層の制御器 $\boldsymbol{K}$：

K も動的システムであり、

$$K: \begin{cases} \boldsymbol{v} = \bar{\boldsymbol{K}}_e \boldsymbol{e} + \bar{\boldsymbol{K}}_u \boldsymbol{u}, \\ \mathcal{V} = \mathcal{E}(\boldsymbol{v}), \\ \mathcal{U} = \boldsymbol{v} + \mathcal{V} \end{cases}$$

で記述されるとする。ただし、$\boldsymbol{e} := \boldsymbol{r} - \boldsymbol{z} \in \mathbb{R}^\ell$ は目標信号 $\boldsymbol{r} \in \mathbb{R}^\ell$ に対する $\boldsymbol{z}$ の追従誤差、$\boldsymbol{v} \in \mathbb{R}^N$ は制御入力の基準信号、$\mathcal{V} \subseteq \mathbb{R}^N$ は $\boldsymbol{v}$ を拡張した集合値信号、$\mathcal{U} \subseteq \mathbb{R}^N$ は制御入力候補の集合値信号、$\bar{\boldsymbol{K}}_*$ は線形動的システムを表す作用素である。また、$\mathcal{E}$ は集合値関数で、ある正数 ρ のもとで $\sup\{\|\boldsymbol{z}\| \mid \boldsymbol{z} \in \mathcal{E}(\boldsymbol{v})\} \leq \rho\|\boldsymbol{v}\|$ のように抑えられるとする。さらに、信号 $\boldsymbol{v}$ と集合値信号 $\mathcal{V}$ に対して、二つの和を $\boldsymbol{v} + \mathcal{V} := \{\boldsymbol{v} + \tilde{\boldsymbol{v}} \mid \tilde{\boldsymbol{v}} \in \mathcal{V}\}$ と定義している。この K は、図 **7.17** のように、内部制御器 $K_{\mathrm{in}} := \{\bar{\boldsymbol{K}}_e, \bar{\boldsymbol{K}}_u\}$ と "拡張器" $\mathcal{E}$ から構成されている。また、K は制御入力 $\boldsymbol{u}$ の情報も利用できるとしているが、図 **7.16** では省略されている点に注意されたい。

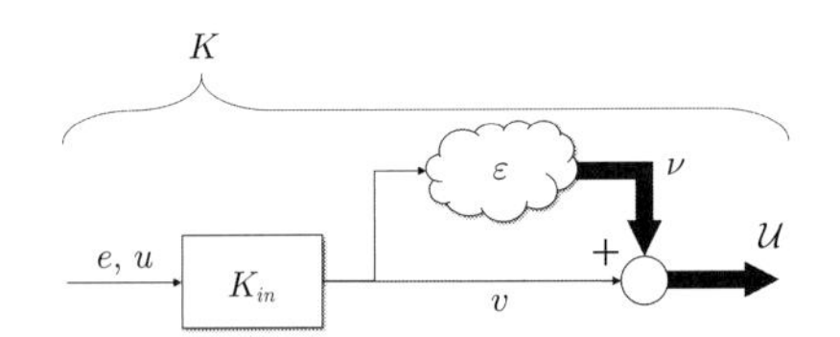

図 7.17　**上層制御器 $\boldsymbol{K}$ の内部機構**：内部制御器 $\boldsymbol{K}_{\mathbf{in}} := \{\bar{\boldsymbol{K}}_e, \bar{\boldsymbol{K}}_u\}$ から生成される信号を拡張器 $\boldsymbol{\mathcal{E}}$ により集合値信号に拡張している。

下層の人間集団 $\boldsymbol{\mathcal{H}}$：

$\mathcal{H}$ は静的なシステムであり、

$$\mathcal{H}:\ \boldsymbol{u}(t) = \mathcal{S}(\mathcal{U}(t))$$

のように記述される。ただし、記号 $\mathcal{S}(\mathcal{U})$ は集合 $\mathcal{U}$ の一つの要素を表しており、$\mathcal{S}(\mathcal{U}) \in \mathcal{U}$ である。したがって、$\mathcal{H} : \boldsymbol{u}(t) \in \mathcal{U}(t)$ としても記述できる。

制御器 K 内部の拡張器 $\mathcal{E}$ の例を二つ紹介し、それらをもとに階層制御システムの振る舞いを考える。

例）　拡張器の例として、次の拡張器 $\mathcal{E}_1$ を考えることができる。

$$\mathcal{E}_1(\boldsymbol{v}) = \left\{ \mathbf{diag}(\varepsilon_1, \ldots, \varepsilon_N)\boldsymbol{v} \,\middle|\, \varepsilon_i \in [\,-\gamma_i, \gamma_i\,] \right\}$$

ここで、$\gamma_i,\ i \in \{1, 2, \ldots, N\}$ は正数である。

例）　拡張器 $\mathcal{E}_1$ を一般化することで、次の拡張器 $\mathcal{E}_2$ を得ることができる。

$$\mathcal{E}_2(\boldsymbol{v}) = \boldsymbol{L}\mathcal{E}_1(\boldsymbol{R}^\top \boldsymbol{v})$$

ただし、$\boldsymbol{L} \in \mathbb{R}^{N\times M}$ と $\boldsymbol{R} \in \mathbb{R}^{N\times M}$ は列フルランク行列である。行列 $\boldsymbol{L}$ と $\boldsymbol{R}$ の導入により、$\mathcal{E}_2$ は $\mathcal{E}_1$ よりも柔軟に信号を拡張することが可能である。

拡張器 $\mathcal{E}_i,\ i \in \{1, 2\}$ から生成される集合値信号 $\mathcal{U}_i(t) = \boldsymbol{v}(t) + \mathcal{E}_i(v(t))$ のある時間断面を図 **7.18** に例示する。図の集合 $\mathcal{U}_i$ は、各時刻で下層の人間集団 $\mathcal{H}$ が制御入力 $\boldsymbol{u}$ を決定するときに課される“制約条件”となる。上層の制御器 K の役割は、$\mathcal{H}$ へ制約条件を提示し行動を制限することでシステム全体の安定性や最悪ケースの性能保証を行うことである。これらの保証のもとで、残された自由度で $\mathcal{H}$ は自身の利益を求めることができる。

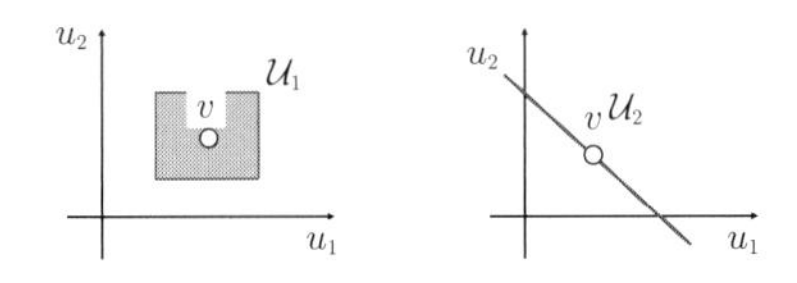

図 7.18　**制御入力候補 $\mathcal{U}$ の時間断面**：左右の図はそれぞれ拡張器 $\mathcal{E}_1$、$\mathcal{E}_2$ を用いた場合の制御入力候補 $\mathcal{U}_1$、$\mathcal{U}_2$ を表している。

また、$\mathcal{H}$ では要求される最低限の規則のみを記述しており、$\boldsymbol{u}$ を決定する具体的な規則や各 $H_i,\ i \in \{1, 2, \ldots, N\}$ の間の接続構造は特に考えていない。注意しておきたいのは、H_i, $i \in \{1, 2, \ldots, N\}$ の間での接続の有無は、拡張器 $\mathcal{E}$ の選び方に依存することである。例えば、$\mathcal{E}_1$ の拡張器を選択すると、$\mathcal{H}$ は、

$$H_i : u_i(t) \in [\,(1-\gamma_i)v_i(t), (1+\gamma_i)v_i(t)\,], \quad i \in \{1, 2, \ldots, N\}$$

のように記述される。この記述によると、u_i は $u_j,\ j \neq i$ とは独立に決定できることを意味している。すなわち、K と $H_i,\ i \in \{1, 2, \ldots, N\}$ から構成される階層制御システムは、階層"分散"構造を持つことになる。一方で、$\mathcal{E}_2$ において一般の $\boldsymbol{L}$ や $\boldsymbol{R}$ を考える限りは、H_i, $i \in \{1, 2, \ldots, N\}$ は互いに協調しながら制御入力 u_i を決定しなくてはならない。

7.4.3 上層制御器の一設計法

ここでは、制御器 K の設計問題を扱う。特に、K の設計者と人間集団 $\mathcal{H}$ では、互いに充分には設計の情報交換を行えないことを想定している。そこで、拡張器 $\mathcal{E}$ の選択や $\mathcal{H}$ の意思決定の規則によらずに階層制御システム全体の安定性を保証する内部制御器 K_{in} の設計例を与える。

設計の準備として、K_{in} による安定化制御問題を、以下のようにロバスト制御問題に帰着させる。まず、$\mathcal{U} = \boldsymbol{v} + \mathcal{V}$ であることに注意すると、$\mathcal{H}$ の振る舞いは、

$$\mathcal{H} : \begin{cases} \boldsymbol{d}(t) = \mathcal{S}(\mathcal{V}(t)), \\ \boldsymbol{u}(t) = \boldsymbol{v}(t) + \boldsymbol{d}(t) \end{cases}$$

としても記述できる。新しい入出力システム Δ を、

$$\Delta : \ \boldsymbol{d} = \bar{\Delta}\boldsymbol{v} := \mathcal{S}(\mathcal{E}(v))$$

のように導入する。ただし、$\bar{\Delta}$ は静的システムを表す作用素である。このとき、階層制御システム全体は図 **7.19** に示す構造となる。そして、K_{in} の設計問題は時変の不確かさ Δ のもとでの標準的なロバスト制御問題に帰着される。ただし、階層制御問題では不確かさは"設計可能"であるという視点がロバスト制御とは異なる。

次に、内部制御器 K_{in} の設計を考える。ロバスト制御問題には数多くの解法が存在するが、

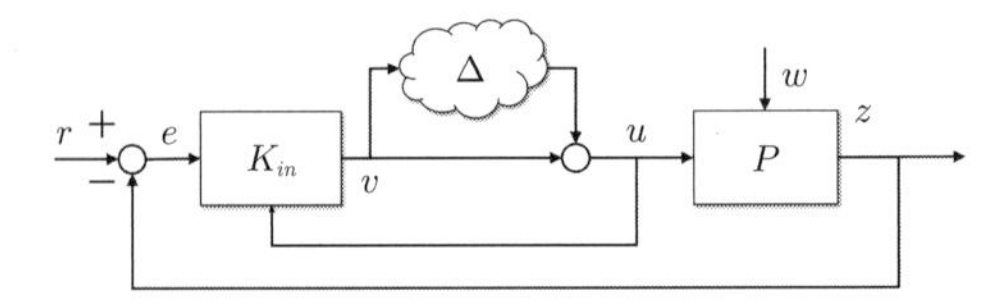

図 7.19 上層制御器の設計問題のロバスト制御問題としての解釈：集合値信号による制御問題は、時変の不確かさ $\boldsymbol{\Delta}$ のもとでのロバスト制御問題と解釈できる。

ここでは内部モデル制御 (Internal Model Control [18]) の考え方をもとにした解法を与える。階層制御システム全体の安定性を人間集団 $\mathcal{H}$ の意思決定の規則と“分離”することを狙いとしている。

以下のように、$K_{\rm in}$ に特別な構造を導入する。

$$K_{\rm in}: \begin{cases} \boldsymbol{z}_{\rm M} = \bar{\boldsymbol{G}}_{zu}\boldsymbol{u}, \\ \boldsymbol{v} = \bar{\boldsymbol{F}}(\boldsymbol{e} + \boldsymbol{z}_{\rm M}) \end{cases} \tag{13}$$

ここで、$\boldsymbol{z}_{\rm M}$ は制御出力 $\boldsymbol{z}$ のモデル出力、$\bar{\boldsymbol{F}}$ は線形動的システムを表す作用素である。式 (13) は、$\bar{\boldsymbol{K}}_e = \bar{\boldsymbol{F}}$、$\bar{\boldsymbol{K}}_u = \bar{\boldsymbol{F}}\bar{\boldsymbol{G}}_{zu}$ を意味する。

式 (13) では、制御対象のモデルを用いて、$\boldsymbol{z}$ の応答を $\boldsymbol{z}_{\rm M}$ で模擬している。そして、$e = r - (\bar{\boldsymbol{G}}_{zu}\boldsymbol{u} + \bar{\boldsymbol{G}}_{zw}\boldsymbol{w})$ であることに注意すると、$\boldsymbol{e} + \boldsymbol{z}_{\rm M} = \boldsymbol{r} - \bar{\boldsymbol{G}}_{zw}\boldsymbol{w}$ が成立する。すなわち、$\bar{\boldsymbol{F}}$ は目標信号 $\boldsymbol{r}$ に加わった外乱の影響をフィルタリングしているとみなすことができる。ここで強調しておくべきことは、$\boldsymbol{e} + \boldsymbol{z}_{\rm M}$ の信号は $\mathcal{H}$ で決定された制御入力 $\boldsymbol{u}$ に依存しないことである。内部制御器 $K_{\rm in}$ の出力 $\boldsymbol{v}$ が $\boldsymbol{u}$ に相関しないことは、システム全体の安定性を保証するために重要な役割をはたす。

式 (13) で表される内部制御器のもとで、階層制御システム全体は、作用素を用いた表現では、

$$\boldsymbol{z} = \bar{\boldsymbol{G}}_{zu}(\boldsymbol{E} + \bar{\Delta})\bar{\boldsymbol{F}}\boldsymbol{r} + (\boldsymbol{E} - \bar{\boldsymbol{G}}_{zu}(\boldsymbol{E} + \bar{\Delta})\bar{\boldsymbol{F}})\bar{\boldsymbol{G}}_{zw}\boldsymbol{w} \tag{14}$$

と記述できる。式 (14) からわかるように、階層制御システム全体は安定なシステムのカスケードとパラレル接続で構成され、以下の定理が成り立つ。

定理 7.4 内部制御器 $K_{\rm in}$ を式 (13) で与える。このとき、$\bar{\boldsymbol{G}}_{zu}$、$\bar{\boldsymbol{G}}_{zw}$、$\bar{\boldsymbol{F}}$ が安定であるならば、任意の $\mathcal{E}$ と $\mathcal{H}$ のもとで、式 (14) は安定である。

安定性に加えて、階層制御システム全体は $\bar{\Delta}$ に対するパーシステンス [19] を持つ。例えば、システム全体の外乱抑制性能を $\|(\boldsymbol{E} - \bar{\boldsymbol{G}}_{zu}(\boldsymbol{E} + \bar{\Delta})\bar{\boldsymbol{F}})\bar{\boldsymbol{G}}_{zw}\|$ で評価するとき、$\|\bar{\Delta}\|$ の増加に対する制御性能の劣化は、連続的で $\|\bar{\Delta}\|$ のアフィン関数で抑えられる。この事実から Δ の大きさ、すなわち人間集団に許容する制御入力を選択する自由度の大きさとシステム全体の制御性能の劣化の見積もりが容易である。

上層制御器 K の設計手順を簡単に述べる。まずは、人間集団 $\mathcal{H}$ に意思決定の自由度を与えない、すなわち $\mathcal{E}(\cdot) = \{\boldsymbol{0}\}$ として、ノミナル性能の最適化を図る。例えば、外乱抑制であ

れば、$\|(\boldsymbol{E}-\bar{\boldsymbol{G}}_{zu}\bar{\boldsymbol{F}})\bar{\boldsymbol{G}}_{zw}\|$ を最小化する $\bar{\boldsymbol{F}}$ を求めるフィードフォワード制御問題を解けばよい。その後、階層制御システム全体で許容できる性能劣化をもとに、$\mathcal{E}$ の構造や大きさを決定する。

7.4.4 節電制御シミュレーションによる検証

数値シミュレーションとして、地域レベルでの節電制御問題を考える。そのために、制御対象 G にはビルや家庭内での電気機器（の集まり）として 28 種類（$N=28$）を想定して、それぞれ伝達関数が $G_i(s)=1/(T_is+1),\ i\in\{1,2,\ldots,N\}$ で記述されるとする。時定数 T_i は乱数で決定している。外乱 $\boldsymbol{w}$ としては出力外乱を想定しており、$\bar{\boldsymbol{G}}_{zu}=\boldsymbol{1}^\top\mathbf{diag}(G_i(s))$、$\bar{\boldsymbol{G}}_{zw}=\boldsymbol{E}$ である。このような G に対して、地域へ提示された節電目標 $\boldsymbol{r}$ を達成するための制御器 K と、需要家の嗜好を含む HEMS や BEMS を想定した $\mathcal{H}$ を設計する。

まず、K の設計を行う。定常状態において $\boldsymbol{z}$ を $\boldsymbol{r}$ へ完全追従させるために、$\bar{\boldsymbol{G}}_{zu}\bar{\boldsymbol{F}}$ の DC ゲインが 1 となる $\bar{\boldsymbol{F}}$ を設計する。そして、拡張器を $\mathcal{E}(\cdot)=\{\tilde{\boldsymbol{v}}\,|\,\boldsymbol{1}^\top\tilde{\boldsymbol{v}}=0\}$ と設定する。このとき、$\mathcal{U}=\boldsymbol{v}+\mathcal{E}(\boldsymbol{v})=\{\boldsymbol{v}+\tilde{\boldsymbol{v}}\,|\,\boldsymbol{1}^\top\tilde{\boldsymbol{v}}=0\}$ であるので、基準となる節電指令 $\boldsymbol{v}$ から要素和 $\boldsymbol{1}^\top\boldsymbol{v}$ が一定に保たれる範囲で $\mathcal{U}$ に自由度を与えることになる。

次に、$\mathcal{H}$ の設計を行う。各 H_i それぞれの節電に対するコストを $J_i(u_i)$ として、

$$\mathcal{H}:\begin{cases}\min\limits_{\boldsymbol{u}} & J(\boldsymbol{u}):=\sum_i^N J_i(u_i)\\ \text{s.t.} & \boldsymbol{u}\in\mathcal{U}\cap\mathbb{R}_+^N\end{cases}$$

の最適化問題によって $\mathcal{H}$ の規則を与える。関数 $J_i(u_i)$ は下に凸である二次関数として、係数は乱数で与えている。

本シミュレーションでは、人間集団が自身で節電作業を行うことは想定していない。電気事業者との契約により事前にコスト関数が設定されており、節電要請に対して自動的に最適な節電が HEMS などにより実施されることを想定している。例えば、安価な電力使用契約では J_i の凸性が小さく設定され節電要請に積極的に応じることが決められている。一方で、高価な電力使用契約も用意されており、J_i の凸性が大きく節電要請にほとんど応じず自由に電気を使用できることになる。このように、需要家の嗜好が間接的に反映される形で節電要請への応答が決まることを想定している。

以上の設定のもと、数値シミュレーションを行う。比較のため、$\mathcal{H}$ を $\boldsymbol{u}=\boldsymbol{v}$ として置き換えた場合も考える。そして、総節電量 $\boldsymbol{z}(t)$ と総コスト $J(\boldsymbol{u}(t))$ の振る舞いをシミュレーショ

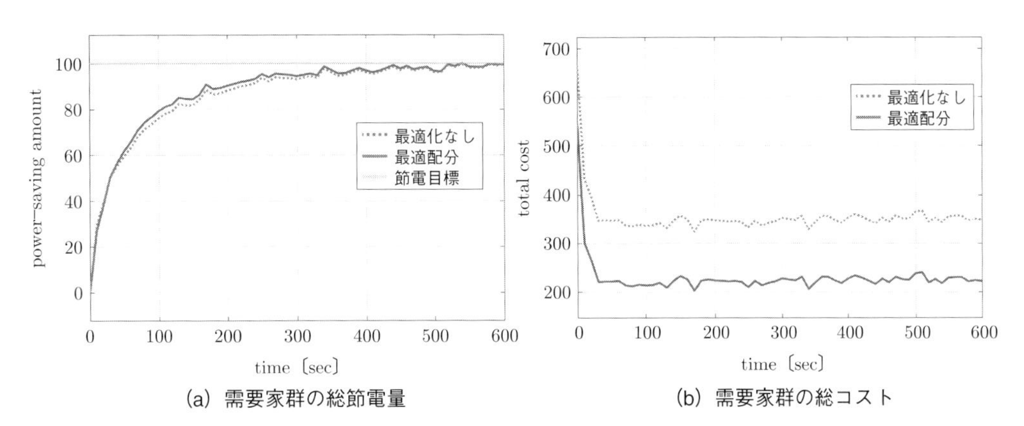

(a) 需要家群の総節電量

(b) 需要家群の総コスト

図 7.20　シミュレーション結果：図（a）のように需要家全体では所望の総発電量を達成しながらも、図（b）のように総コストを低減することができている。

ンする。節電目標 $\boldsymbol{r} = 100$ に対する振る舞いを図 **7.20** に与える。まず、図 **7.20**（a）からわかるように、需要家に意思決定を許さず最適化されない場合、需要家に意思決定を許し最適配分をした場合、いずれも節電目標へ追従している。システム管理者の目的が達成されていると言える。次に図 **7.20**（b）をみると、最適化により総コストが低減されている様子がわかる。需要家 H_i それぞれの嗜好に基づいて適切に節電量を配分することにより、地域の需要家全体としての利益を追求できている。

7.5 予測と制御の調和：需給制御のための予測値整形

電力システムの需給制御では、電力需要予測をもとに発電機の供給電力を決定するため、予測の精度が結果に影響を及ぼす。本節では、予測誤差が需給制御に与える影響をできるだけ小さくするように予測値を整形する手法を紹介する。

本節の構成とポイントは以下の通りである。

7.5.1 予測と制御の融合のための技術

- 電力需要や PV 発電の予測情報をもとに、発電機（火力発電など）の発電量を決定する場合、予測の不確実性が問題となる。
- 予測誤差が生じる場合に、適切に電力供給を行うための手法が必要である。

7.5.2 発電量予測値の整形

- 発電量の予測値を過去の実績情報を用いて整形する。
- 予測値整形を行うことで、真の目標値を用いたときの出力応答に近い応答が得られる。

7.5.3 対象システムに特化した予測値整形

- システムの特性に合わせて最もよい予測値整形を考える。
- システムのパラメータを用いることで、オーダーメイド型の予測値整形が可能になる。

7.5.1 予測と制御の融合のための技術

電力システムの周波数変動の抑制問題においては、電力需要予測と周波数変動抑制のための制御が重要となる。電力システムでは、電力需要を予測し、その情報を用いて発電量を決定する。電力需要予測[20),21)]はある程度確実であるため、従来は、電力システムの周波数変動を抑制する制御器を実装することで、予測値をそのまま用いても満足できる性能が実現できている。その一方で、今後、PV 発電が大量導入されると、これまで通りにいかなくなることが予想される。PV 発電が導入される場合には、例えば、図 **7.21** に示すように、PV 発電による発電量を考慮して、ディーゼル発電機の発電量の目標値を決定する必要がある。しかしながら、PV 発電は天候や日照条件に依存するため、発電量のリアルタイムかつ正確な

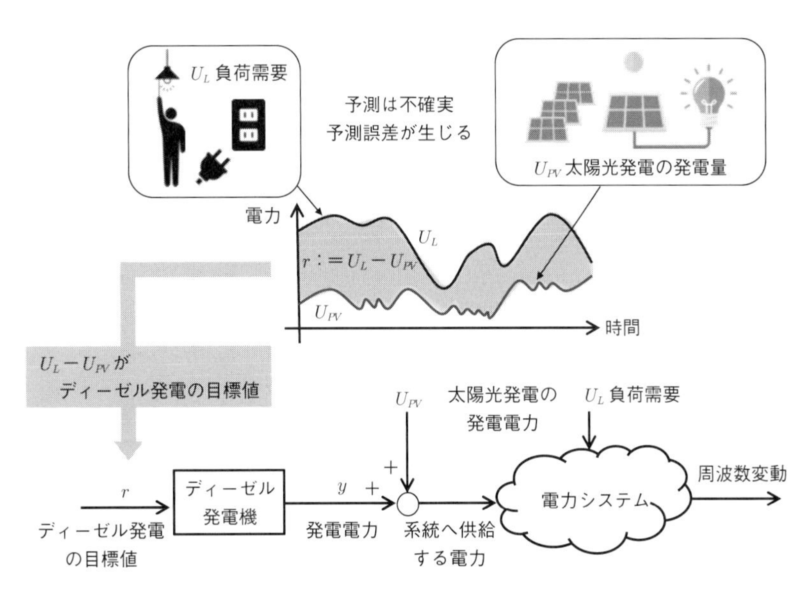

図 7.21　**電力システム：**電力システムの周波数変動を抑制するために、電力需要量から PV 発電量を差し引いた電力をディーゼル発電機で供給する。しかし、電力需要や PV 発電の予測には不確実性があるので、正確な目標値を定めることが困難である。

予測は困難である[22)]。すなわち、ディーゼル発電機の発電量の予測目標値に大きな誤差が生じることが考えられる。そのため、従来の制御手法では望ましい性能を達成できない可能性があり、制御と予測を融合させるような仕組みが必要になってくる。

そもそも、図 **7.21** の発電機の供給電力が、正確な予測目標値を用いることで得られるものに近ければ、周波数変動を小さくできる。このことに注目すると、予測誤差を含む予測目標値をそのまま用いるのではなく、実際の発電機の供給電力が正確な予測値を用いることで得られる理想的な値に近くなるように予測値を整形するという方法が考えられる。例えば、ある時刻において発電機の供給量が少な過ぎた場合に、次の時刻で供給量が多くなるように予測目標値を整形するというものである。一般に予測の頻度は、発電機の制御周期に比べて長く、また予測精度も高くない。そのため、制御周期に合わせて、発電機の動特性を考慮しながら予測値を整形することで、発電機の出力が望ましいものになることが期待できる。以下では、予測値を需給制御に用いるという立場において、予測値を適切に整形する手法を紹介する。

なお、周波数変動抑制のための制御をフィードバック制御と捉えるとき、紹介する予測値整形はフィードフォワード制御に対応する。本節では、フィードバック制御器はあらかじめ設計されていて、フィードフォワード制御器のみを設計する問題を対象としているが、その発展として、フィードバック制御器とフィードフォワード制御器の同時設計問題も考えることができる。これは、予測と制御の調和に向けた重要な問題の一つである。

7.5.2 発電量予測値の整形

図**7.22**に示すように、目標値を入力したとき、その目標値に合致した出力が得られるシステム（発電機）を対象とする。例えば、あるディーゼル発電機のモデル[23]

$$\frac{1}{(5s+1)(2s+1)}$$

をサンプリング周期を1秒として離散化したシステムを考える。そして、目標値として、図**7.23**を与える。細線が予測誤差を含まない真の目標値 $\bar{r}$（リアルタイムに取得不可能な情報）、太線が予測値 r であり、細線と太線のギャップが予測誤差に対応する。ここでの予測値 r は、電力需要の予測値とPV発電の予測値から決定されるものに対応している（図**7.21**参照）。そして、それらの1秒間隔の予測値が、ある予測モデルを用いて4分ごとに生成される状況を想定している。

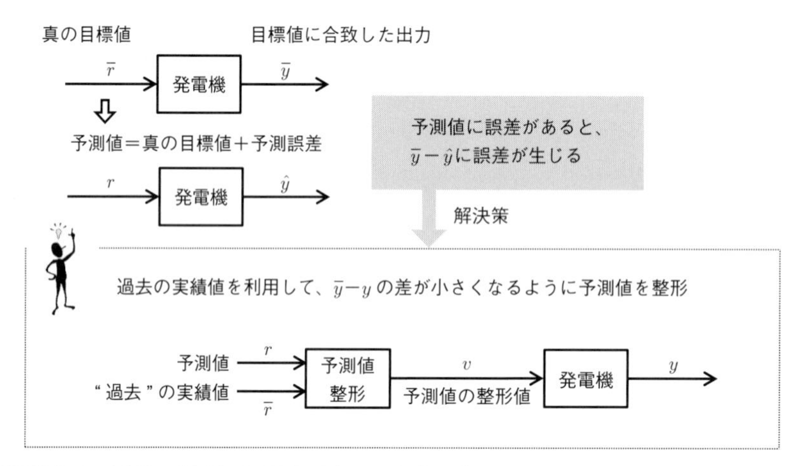

図 7.22　**予測値を用いた制御の問題点と予測値整形による解決アプローチ**：予測誤差があると望ましい結果と異なる結果が生じる。そこで、過去の実績値を利用して、結果が望ましいものになるように予測値を整形する。

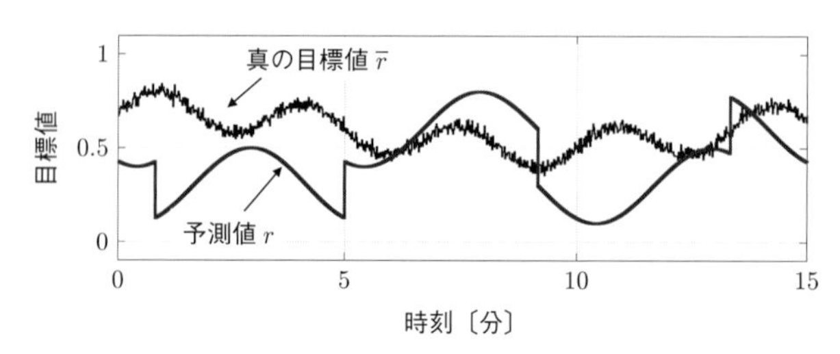

図 7.23　**発電機の目標値**：細線はリアルタイムで取得不可能な真の目標値 $\bar{r}$ である。一方、太線は予測値 r であり、予測誤差が生じている。

このときの発電機モデルの出力応答が図 **7.24** である。太線が予測値を用いたときの出力応答 $\hat{y}$ であり、細線が真の目標値を用いたときの理想的な出力応答 $\bar{y}$ を示している。両者には大きなギャップがあり、予測誤差 $r-\bar{r}$ が発電機の出力に影響を与えていることが確認できる。なお、この発電機の出力のギャップが、図 **7.21** の電力システムにおいて周波数変動が生じる要因となる。

図 **7.24** の二つの応答が近くなればよいので、ここでは、予測誤差が生じたとしてもシステムの出力応答が理想的なものに近くなるように予測値を整形することを考える。すなわち、図 **7.22** において、$\bar{y}-y$ を小さくするように予測値 r を整形する。そのために、次の予測値整形[24]を導入する。

$$v(k)=r(k)-(r(k-1)-\bar{r}(k-1)) \qquad (15)$$

ここで、v は整形値、r は予測値、そして、$\bar{r}$ は真の目標値である。電力システムにおいては、現在の需要量や現在の PV 発電量をリアルタイムに取得することは困難であるが、過去の実績情報としては取得可能である。式 (15) は、時刻 k の予測値 $r(k)$ を過去の予測値 $r(k-1)$ と過去の真の目標値 $\bar{r}(k-1)$ をもとに整形することを意味する。この構造により、予測誤差がシステムの出力に与える影響を小さくすることが期待できる。

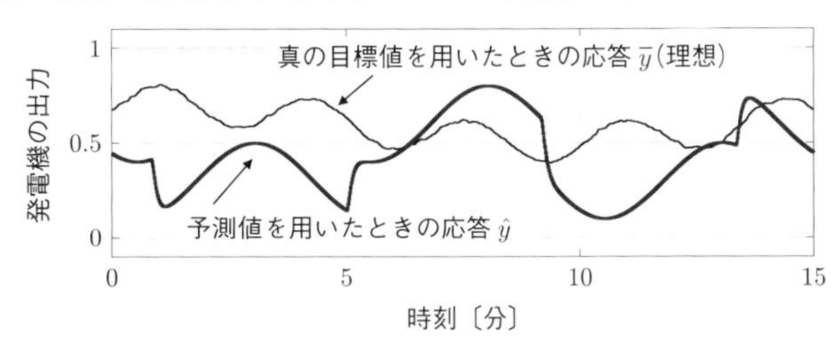

図 7.24　**発電機の出力**：真の目標値 $\bar{r}$ を知っていれば、細線で示す応答 $\bar{y}$ が得られるが、予測誤差を含む予測値 r を用いているので、太線に示す応答 $\hat{y}$ となる。

それでは、上記の数値例と同じ設定において、予測値整形の効果を確認してみよう。図 **7.23** の予測値を式 (15) で整形したものが、図 **7.25** (a) であり、その整形値を用いたときのシステムの出力が図 **7.25** (b) である。図 **7.25** (b) からわかるように、理想的な応答（細線）に近い応答が得られている（二つの線はほぼ重なっている）。これより、式 (15) の予測値整形が適切に機能していることが確認できる。

7.5.3 対象システムに特化した予測値整形

7.5.2 項では、シンプルな予測値整形を導入し、数値例によりその効果を確認した。ここで

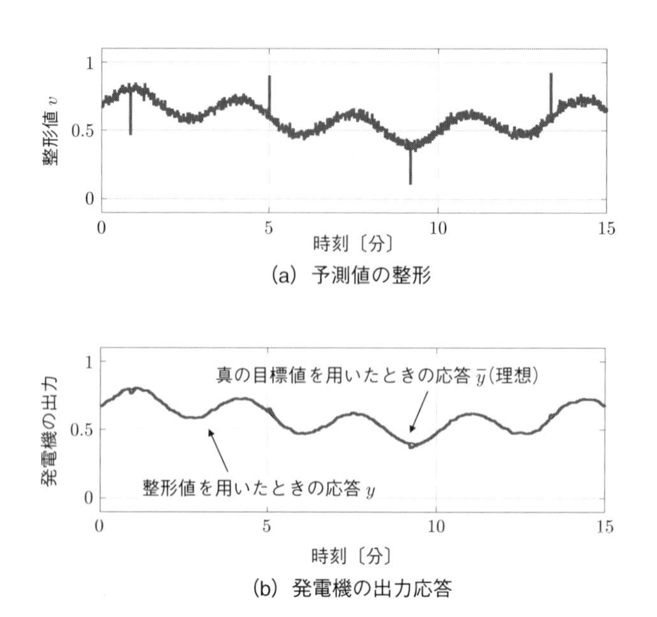

(a) 予測値の整形

(b) 発電機の出力応答

図 7.25　予測値整形を用いたときの結果：予測値を整形することによって、発電機の出力応答を真の目標値を用いたときの応答に近くすることができる。

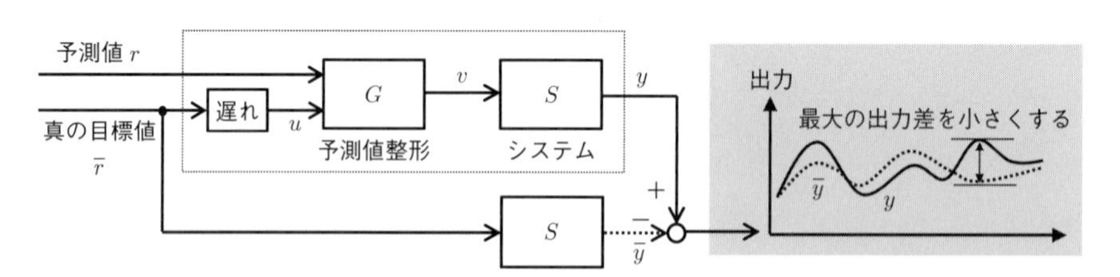

図 7.26　誤差系：上段は、システム $\boldsymbol{S}$ と予測値整形器 $\boldsymbol{G}$ の結合システムであり、下段は真の目標値が入力される理想的なシステムである。

は、もう一歩踏み込んで、対象システムの特徴、すなわち動特性に合わせた予測値整形の方法を考える。

まず、システム S と予測値整形器 G で構成される図 **7.26** の点線で囲まれたフィードフォワード系を考える。S は離散時間線形システム

$$S : \begin{cases} \boldsymbol{x}(k+1) = \boldsymbol{A}\boldsymbol{x}(k) + \boldsymbol{B}v(k) \\ \quad y(k) \quad = \boldsymbol{C}\boldsymbol{x}(k) \end{cases} \tag{16}$$

である。ただし、$\boldsymbol{x} \in \mathbb{R}^n$ は状態、$v \in \mathbb{R}$ は入力、$y \in \mathbb{R}$ は出力である。また、$\boldsymbol{A} \in \mathbb{R}^{n \times n}$、$\boldsymbol{B} \in \mathbb{R}^{n \times 1}$、$\boldsymbol{C} \in \mathbb{R}^{1 \times n}$ は定数行列である。なお、7.5.2 項の数値例における発電機モデルは、式 (16) の形で表すことができる。一方、G は式 (15) を一般化した、

$$G: \begin{cases} \boldsymbol{\xi}(k+1) = \boldsymbol{\mathcal{A}}\boldsymbol{\xi}(k) + \boldsymbol{\mathcal{B}}_1 r(k) + \boldsymbol{\mathcal{B}}_2 u(k) \\ v(k) \quad = \boldsymbol{\mathcal{C}}\boldsymbol{\xi}(k) + \mathcal{D}_1 r(k) + \mathcal{D}_2 u(k) \end{cases}$$

で与える。ここで、$\boldsymbol{\xi} \in \mathbb{R}^{\mathcal{N}}$ は状態（$\boldsymbol{\xi}(0) = 0$）、$r, u \in \mathbb{R}$ は入力、$v \in \mathbb{R}$ は出力である。そして、定数行列 $\boldsymbol{\mathcal{A}} \in \mathbb{R}^{\mathcal{N}\times\mathcal{N}}$、$\boldsymbol{\mathcal{B}}_1 \in \mathbb{R}^{\mathcal{N}\times 1}$、$\boldsymbol{\mathcal{B}}_2 \in \mathbb{R}^{\mathcal{N}\times 1}$、$\boldsymbol{\mathcal{C}} \in \mathbb{R}^{1\times\mathcal{N}}$、$\mathcal{D}_1 \in \mathbb{R}$、$\mathcal{D}_2 \in \mathbb{R}$ が設計パラメータである。また、r は予測値、$\bar{r}$ は真の目標値である。さらに、u は真の目標値に関する過去の実績情報であり、ここでは、$u(k) = \bar{r}(k-1)$ とする（$u(k) = \bar{r}(k-\mu)$ のように μ ステップ過去の情報を用いる場合に一般化することは可能である）。

予測値整形の目標は、真の目標値を用いて得られる出力に実際の出力が近くなるようにすることであったので、図 **7.26** の誤差系の出力 $y - \bar{y}$ を小さくすることを考える。誤差の評価はさまざま考えられるが、例えば、初期時刻から無限時刻までの出力差 $|y(k) - \bar{y}(k)|$ の最大値を最小にする $G^\star$ が得られれば、図 **7.26** の二つのシステムの振る舞いが近くなり、上記目標が達成される。実際、初期時刻から無限時刻までの出力差 $|y(k) - \bar{y}(k)|$ の最大値を最小にする $G^\star$ が、$\boldsymbol{CB} \neq 0$ のとき、

$$G^\star: \begin{cases} \boldsymbol{\mathcal{A}}^\star = \boldsymbol{A} - \boldsymbol{B}(\boldsymbol{CB})^{-1}\boldsymbol{CA}, \ \ \boldsymbol{\mathcal{B}}_1^\star = \boldsymbol{B}, \ \ \boldsymbol{\mathcal{B}}_2^\star = -\boldsymbol{AB} + \boldsymbol{B}(\boldsymbol{CB})^{-1}\boldsymbol{CAB} \\ \boldsymbol{\mathcal{C}}^\star = -(\boldsymbol{CB})^{-1}\boldsymbol{CA}, \ \ \mathcal{D}_1^\star = 1, \ \ \mathcal{D}_2^\star = (\boldsymbol{CB})^{-1}\boldsymbol{CAB} \end{cases}$$

と得られる[25)]。すなわち、最適な予測値整形 $G^\star$ は、対象システム S のパラメータを用いて構成することができる。ただし、対象システム S が不安定な零点を有する非最小位相系の場合は、$G^\star$ が不安定となる。そのような場合は、安定な零点のみを有する近似システム（システム S に近い動特性を有するもの）を用いて $G^\star$ を構成する必要がある。

7.5.2 項と同じ数値例を用いて、最適な予測値整形の性能を確認する。シミュレーション結果を図 **7.27** に示す。(a) は最適な予測値整形 $G^\star$ で生成した整形値 v、(b) は整形値 v を用いたときの発電機の出力 y である。なお、(b) には、細線で真の目標値 $\bar{r}$ を用いたときの発電機の出力 $\bar{y}$ を示している。細線と太線がほぼ重なっており、最適な予測値整形により、発電機の出力が真に実現したい出力に近くなるように予測値が整形できていることが確認できる。さらに、この場合、$\max_{k\in\{0,1,\ldots,900\}} |y(k) - \bar{y}(k)| = 0.0276$ であり、また、図 **7.25** では、$\max_{k\in\{0,1,\ldots,900\}} |y(k) - \bar{y}(k)| = 0.0416$ であるので、対象システムの動特性を考慮したオーダーメイド型の予測値整形の方がよい性能であることがわかる。

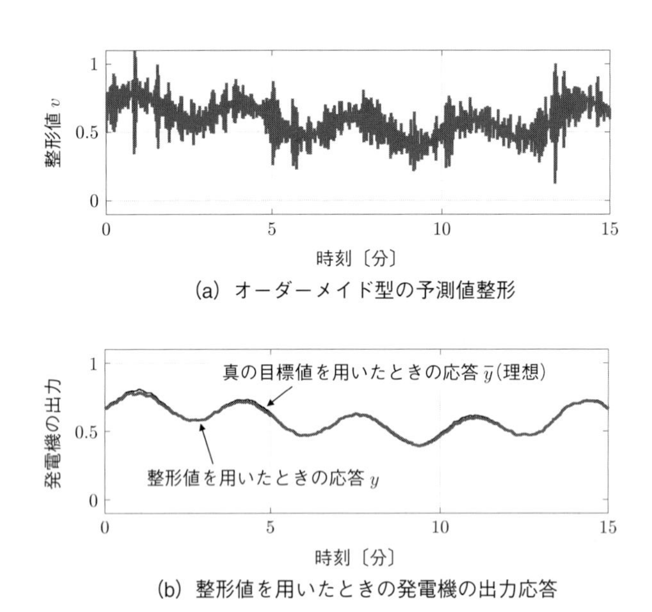

図 7.27 オーダーメイド型の予測値整形： 予測値を整形することによって、発電機の出力応答を真の目標値を用いたときの応答に近くすることができる。

7.6 データとモデルの調和：クリエーティブ・データサイエンス

社会システム設計を適切に行うためには、「能動的データ取得」、「適切なデータ補間（内挿）」、「データの再構築（外挿）」の三つを重要課題とする「クリエーティブ・データサイエンス」の創設が必要である。

本節の構成とポイントは以下の通りである。

7.6.1 **クリエーティブ・データサイエンスの3重要課題**

- 「データサイエンス」から「クリエーティブ・データサイエンス」への展開が必要である。
- クリエーティブ・データサイエンスでは、「能動的データ取得」、「適切なデータ補間（内挿）」、「データの再構築（外挿）」の三つが重要課題である。

7.6.2 **価値を生み出すデータの能動的獲得**

- データの価値はそのデータを獲得したことによる社会的価値の増分で図るべきで、設定した目的で異なる。
- 新しく獲得するデータや予測値の価値を評価する一つの手法として、「達成可能な制御性能限界」によるアプローチが有効である。

7.6.3 **データの補間と再構築**

- データの補間（内挿）は多様性の確保、データ再構築（外挿）は未知状況への対応のためのデータ生成である。
- 予測・学習の小ループと計測・予測・制御の大ループからなる調和が重要である。

7.6.1 クリエーティブ・データサイエンスの3重要課題

電力・エネルギーシステムを含む社会システム設計を適切に行い、社会に真の価値をもたらすためには、過去に得られたデータや現在得られるデータの有効な活用が必要不可欠であることは言うまでもない。すなわち、「ビッグデータ」というキーワードのもと、非常に大量の実世界のデータをどのように扱い、どのような新しい価値をもたらすかに焦点を当てて盛んに研究されている「データサイエンス」の重要性は疑う余地もない。しかしながら、それだけでは不十分で、社会の求める姿を実現するために必要となるデータを能動的に獲得し、またさまざまな自然環境の変化にも対応できる多様性のあるデータを適切に創り上げていくことが必要である。

このことを意識して、文献[1)]では、データを価値に変える新しい科学として、「クリエーティブ・データサイエンス（Creative Data Science：CDS)」の創設を提案している。CDSが現在のデータサイエンスと大きく異なる点は、目的に応じたデータの価値に着目し、目的に整合するデータの多様性や粒度などに焦点を当てて、新しい学術の展開を図ろうとする点にある。すなわち、得られるデータそのものに固定の価値があるのではなく、そのデータが何のために使われるかによってその価値が変わる、ということを明確に意識した学術の創設である。

この点について、もう少し詳しく述べてみよう。データそのものの質を議論する場合、精度や時空間分解能などがその対象となる。精度に関して言えば、確定的に考えれば区間情報、確率的に考えれば平均値と分散、などがその評価値となる。しかし、確定的に考えるべきか、確率的に考えるべきかは、その目的や状況によって異なる。一方、どれだけの時空間分解能が必要かは、使用目的によって決まるもので、粗い分解能のデータが即悪いデータとは言えない。目的と整合した分解能があれば十分である。社会システム設計を考える場合、それ以上に重要なのは「データの多様性」である。気象条件などの環境変化は高い多様性を持っており、多様性の少ないデータのみを用いてシステムを設計し検証を行ったとすると、実システムに適用した場合に大きな問題を生じる可能性を残すことになる。

これらのポイントを意識して、文献[1)]では、クリエーティブ・データサイエンスの三つの重要課題として、(1) 能動的データ取得、(2) 適切なデータ補間（内挿）、(3) データの再構築（外挿）、を挙げている。

(1) 能動的データ取得：「受動」から「能動」へ

課題は、「目的に応じて社会に新しい価値をもたらす情報は何であるかを明確にし、それをどのように獲得するか？」である。目的に応じた時空間分解能を考慮した情報の価値を定義し、高い価値のデータをどのように獲得するかの系統的技術の確立を目指す。

(2) 適切なデータ補間（内挿）：多様性の確保に向けて

課題は、「限定的な状況で得られた粗い分解能のデータをもとに、目的に適した分解能と状況に対応した多様性の高いデータを適切に構築（データの内挿的補間）できるか？」である。そのためには、対象であるシステムの何らかの事前情報（モデル）が必要で、データとモデルの調和的融合が必要となる。

(3) データの再構築（外挿）：未知の将来への対応に向けて

課題は、「限定的な状況で得られた過去のデータをもとに、将来起こり得る（想定内の）多様な自然環境の変化に対応したデータを適切に構築（データの外挿的補間）できるか？」である。過去に得られたデータセットから想定する設定条件をカバーするだけの多様なデータセットを創り上げる系統的な手法の確立が重要な研究テーマであり、対象の適切な数理モデルが不可欠である。特に、大規模なシステムを対象とする場合には、その階層化構造に適したデータとして、どのように再構築するか、は挑戦的な研究テーマとなる。

以降では、これらの三つの課題に対して、少し具体的に説明する。

7.6.2 価値を生み出すデータの能動的獲得

7.1 節で述べたように、電力・エネルギーシステムを含む社会システム設計においては、「計測：実データの獲得による実世界の現状認識」、「予測：モデル更新による実世界の将来予測」、「制御：意思決定に基づく実世界への働きかけ」の三つの機能の調和が重要であり、新しい実データの獲得によってもたらされる実世界への働きかけの結果が、社会への新しい価値を与える。したがって、データの価値は、計測した際に決定されるものではなく、それに続く予測と制御の結果によって変わってくる。言い換えると、「データの価値はそのデータを獲得したことによる社会的価値の増分で図るべき」と言え、大きな増分を与えるデータを能動的に獲得することが重要となる。

一般に、社会的価値そのものをどう図るかは難しい問題である。そこでここでは、新しいデータ（情報）の獲得によって、目的に対応した制御性能をどれだけ高めることができるか、という視点で考えてみる。この問題は、「達成可能な制御性能限界」という研究と大きく関連している。達成可能な制御性能限界とは、与えられた制御対象に対して、制御器設計の自由度を用いて、設定した制御性能指標（例えば、追従性能の評価としての感度関数の重み付き H_2 ノルムやロバスト安定指標となる相補感度関数の重み付き H_∞ ノルムなど）をどこまで高めることができるかの限界値である。解析的な限界値が得られるならば、それは制御対象のパラメータで特徴付けられているので、制御対象の設計の指標として有効に利用することができる。このようなアプローチは、精度や帯域のことなるセンサの選択にも適用ができることが知られている。すなわち、新しいデータ（情報）の獲得や予測精度の向上によって、考えている制御性能がどれだけ向上するかを解析的に評価できる可能性があることを示している。ここでは、このような研究の重要性を一つの具体的な例で説明することにする。

PV 発電の発電量の予測や天候の変化による電力需要予測は、直前になればなるほど精度よく行うことができる。一方、直前になればなるほど、発電量を制御することは難しくなる

（例えば、火力発電の出力を瞬時に変更することはできない）。したがって、以下のようなトレードオフが生じる。

・1日前の段階では、予測の精度は悪いかもしれないが、制御の自由度は高い。したがって、悪い精度予測情報であっても、制御性能の向上に対する高い寄与の可能性はあり、社会的価値が大きいかもしれない。

・数時間前予測にすると予測精度は向上するが、制御の自由度が減少する。極端なケースとして、直前に非常に高い精度の予測ができたとしても制御に生かすことができなければ、そのデータの社会的価値はゼロに等しい。

これを解析的に検討する一つの手法として、2次形式評価関数を最小にするという最適制御の枠組みを利用することが考えられる。すなわち、(i) 予測精度を表すパラメータとしてセンサノイズの分散を設定、(ii) 制御の自由度を表すパラメータとして制御性能評価に登場する制御入力に対するペナルティ項の大きさを設定、という方法である。詳細は省略するが、これらの二つのパラメータによって、達成可能な制御性能を表現することが可能となる。実システムへの適用を考えると、階層化された制御システム対する制御性能限界の研究が重要なテーマとなってくる。

このように、新しいデータあるいは予測値がどのタイミングで得られるかは、実システムに適用する場合には重要であるが、その結果は制御目的（社会的価値）によっても当然異なってくる。また、複数データの獲得の状況を考えると、その組み合わせがどうあるべきかも考える必要がある。このことを図**7.28**を用いて考えてみよう。これは、二つの異なる目的（目的1と目的2）に対して、二つの新しいデータ（データaとデータb）がそれらの精度によってどれだけ社会的価値を高めたかを定性的に示したものである。この図から、以下のことがわかる。

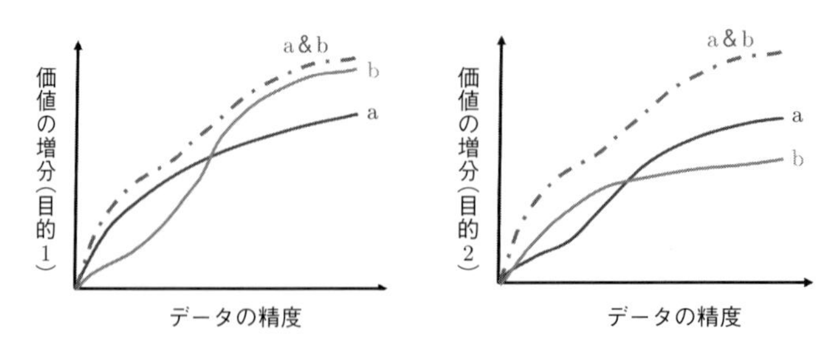

図 7.28　データの目的・精度とその価値：どのような精度特性を持つ情報取得を行うべきかは、複数の情報の組み合わせも含め、それぞれの目的に応じた最終的な価値の増分で図られるべきである。

・**目的と精度：**目的１に対しては、データの精度がよい場合はデータｂの方がデータａより価値があるが、データの精度が悪い場合はその逆となる。一方、目的２に対しては、状況が逆転する。すなわち、データの持つ価値はその目的によって変わるが、その精度によっても変わる。

・**複数のデータの相乗的価値：**データａとデータｂを同時に新しく獲得したときの価値を考えてみる。目的１に対してはその効果は薄いが、目的２に対しては大きな相乗効果がみられる。このように、異なる複数のデータをどのように組み合わせるかも重要なポイントとなる。

7.6.3　データの補間と再構築

データの補間（内挿）と再構築（外挿）はそれぞれ、多様性の確保と未知の状況への対応のためのデータ生成である。図**7.29**を用いて、説明しよう。

再生可能エネルギーを最大限に導入した電力システムにおいては、電力の供給は天候に大きく左右され、また電力需要は各地域での生活環境や産業の状況によって大きく異なる。一方、我々が手にできるデータはそれらの多様な状況を十分カバーできるほど潤沢ではない。むしろ、図**7.29**に示すように偏っていると考えた方が自然である。そこで、さまざまな状況に対応できるような多様性を有したデータの構築が必要となってくる。それでは、データの補間（内挿）だけで十分であろうか？　近年の大きな気象条件の変動を考えると、過去のデータだけに基づいて内挿を行うだけでは十分でないと言える。そこで、将来起こり得る可能性も考えて、我々が手にしているデータから何らかの形で外挿することも必要となってくる。これが、データの再構築で、社会システムとして安心して運用できるためには、再構築され

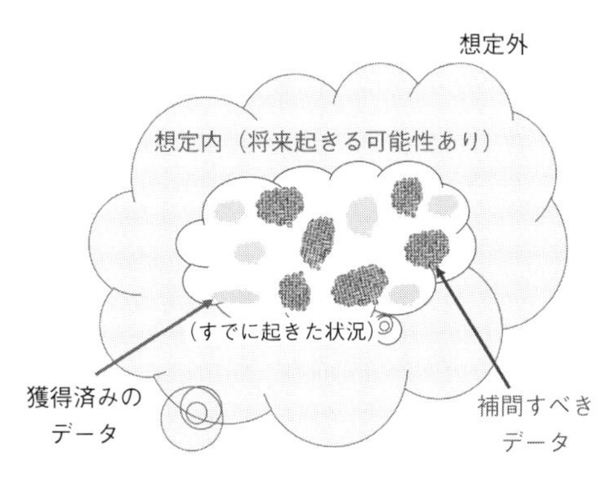

図 7.29　**データの補間とデータの再構築：**データの補間はすでにデータを有する状況の中での内挿であり、データの再構築は将来想定される状況に対する外挿である。

たデータを用いた検証も必要不可欠となってきている。

データの再構築（外挿）には対象とするシステムに関するモデル（事前知識をコンパクトにまとめたもの）が必要であることは言うまでもないが、データの補間（内挿）にもモデルが必要である。モデル（事前知識）がなければ、どのような補間が最適かを決めることができないからである。ここで重要な課題は、データとモデル（物理モデル、社会科学的モデル）の調和である。図 **7.30** を用いて、もう少し具体的に述べることにする。

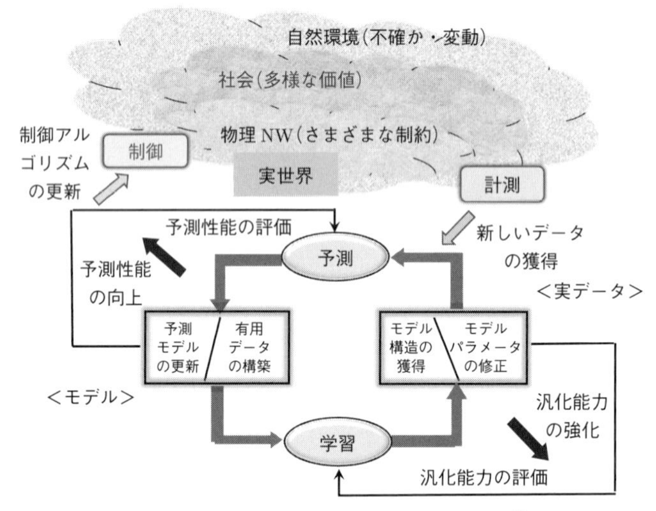

図 7.30　予測・学習の小ループを含む計測・予測・制御と実世界のループ（文献[1]の図 8.2.1 をベースに少し加筆した図である）：計測・予測・制御の調和のためには、予測と学習からなる予測性能を高めるループと実世界との相互作用を行う大きなループの二つのループがあることの認識が重要である。

データとモデルは両方とも「不完全」で「不確実」であるということを念頭に、(i) 実データの更新と (ii) 予測モデルの更新の繰り返しループを適切に行うことが重要である。ここで、モデル構造の獲得とモデルパラメータの修正を行うことにより、モデルの汎化能力を高めていくことが学習の役割である。ここで忘れてはならないのは、物理ネットワークに存在するさまざまな制約条件を満たすモデル構造の選択が必要である点である。一方、予測においては、学習の結果を受けて逐一更新される実世界からの新しいデータを用いて、予測モデルの更新を行うことになる。すなわち、実データならびに予測モデルの更新からなる「予測」とモデルの汎化能力の強化を目指す「学習」が適切なループを形成することにより、予測性能の向上を図ることが可能となる。

さらに、もう一つ重要なループが存在する。それは、計測・予測・制御からなる大きなループである。これこそ、社会的価値に直結する制御性能とそれを高めるために必要となる新しいデータの獲得からなるループである。また、制御性能の評価においては、不確かで変動する自然環境のもとでの多様な社会的価値をどのように定義し、設計に生かしていくかという大きな課題がある。このような認識はこれまでなされておらず、この2重ループからなる繰り返しを社会の価値に結び付けていくことに焦点を当てて、どのように設計していくかは、非常に重要で挑戦的な研究テーマと言える。

次節では、PV発電の発電量に関するデータの補間と再構築に関する一つの試みを紹介する。

7.7 異種データの調和：多様性を有するデータの生成

本節では、気象衛星観測データや気象予報モデル出力などのビックデータから、高時間・空間分解能でPV発電出力推定および予測プロダクト開発を行った事例について述べる。

本節の構成とポイントは以下の通りである。

7.7.1 **出力推定手法**

・宇宙からのモニタリングとPV発電システムの導入量を組み合わせることにより、地上のPV発電の出力推定が可能となる。

・PV発電の出力推定値を市町村ごとに2.5分間隔で算出する。

7.7.2 **検証結果**

・本手法の推定値には季節ごとに推定誤差は見られるものの、概ね地上の実績値をもとにした各電力エリアの公表値に近い値が得られた。

7.7.3 **PV発電出力の実績推定事例**

・どの程度PV発電の出力があるのか、変動量などを議論することが可能である。

・時間変動特性（局地的なPV発電出力の急変動（ランプ変動））の分析を行うこともできる。

7.7.1 出力推定手法

現在、研究用や一般に利用できる市町村ごとなどの比較的狭い範囲での太陽光発電出力の推定データ（実績相当）・予測データは存在していない。正確な発電データは、スマートメータやテレメータなどのデータをネットワークを活用して集約する必要があるが、そのような仕組みが整っていないからである。出力推定においては、気象衛星データを用いることで、地上での計測を必要としない手法によって、広範囲のエリアを対象に低コストで瞬時にデータ取得をすることが可能となる。

本プロダクトは、独立したデータから新しい情報を含んだデータの作成といった観点では、CDS（Creative Data Science）の一つと位置付けられる。高時間・空間分解能でのデータの作成を行っており、天候の変化、太陽電池の導入量を加味した多様性を有している。このデータの応用先として、アグリゲータやバランシンググループなどが、あるエリア単位で存在し、その中で電力需要データに加えて、リアルタイムにPV発電出力の把握と予測（数時間先から数日先など）、さらにその差分（予測誤差）を加味した運用にも利用されることを想定している。

以降では、気象衛星（ひまわり8号）を活用して、PV発電の発電出力（または発電電力量、以下、発電量と略す）を市町村単位で推定するプロダクトの開発[26)]の概要を説明する。

太陽放射コンソーシアムでは、ひまわり8号から観測されたデータをもとに日射量データ（推定値、AMATERASSデータと呼ぶ）を公開している[27)]。2.5分ごとに1kmメッシュの空間分解能でデータがアーカイブされている。AMATERASSデータは、ひまわり8号で観測された輝度温度データをもとに放射伝達方程式とニューラルネットワークを組み合わせた物理モデルをベースとしたアルゴリズムから作成されている。このデータをもとに、市町村ごとに太陽光発電システムの導入量を加味し、太陽光発電の出力推定値を算出した。

PV発電システムの導入量については、資源エネルギー庁（固定価格買取制度　情報公表用ウェブサイト）[28)]から公開されている市町村別のデータを用いた。計算過程には、PV発電システムの出力は温度依存性、設備情報（システムの向き、容量、傾き、変換効率、パワーコンディショナーの容量など）が必要であるが、詳細が得られていない情報については仮定をしている。ここでは、以下の式により、PV発電システムの出力PV_{est}を推定（再構築）した（図**7.31**参照）。

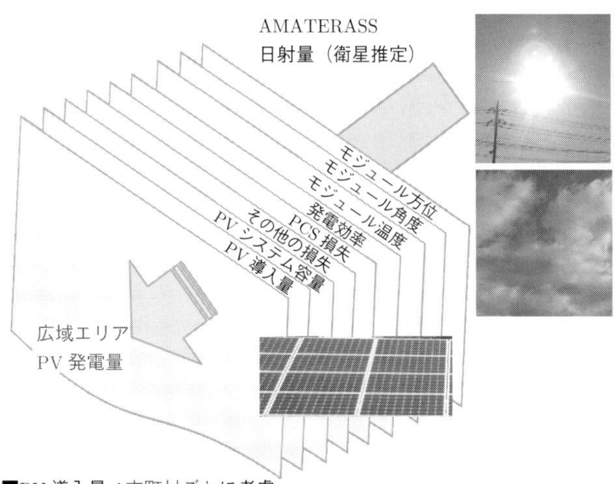

図7.31　**PV発電出力データの再構築イメージ：**気象衛星観測データから推定した日射量を入力値として、PV発電の市町村ごとの導入量や設備情報などを加味する。

$$
\mathrm{PV_{est}} = \mathrm{GHI} \times \mathrm{PV_{inst}} \times \mathrm{PCS_{loss}} \times \mathrm{System_{loss}} \times \frac{1}{G_{\mathrm{s}}} \times \mathrm{Temp_{loss}}
$$

$$
\mathrm{Temp_{loss}} = 1.0 + \frac{\alpha_{\mathrm{pmax}}(T_{\mathrm{air}} + \Delta T - 25.0)}{100}
$$

ここで、GHI は全天日射量、$\mathrm{PV_{inst}}$ は PV 発電システムの導入量（市町村ごと）、$\mathrm{PCS_{loss}}$ はパワーコンディショナーによる損失係数（0.95）、$\mathrm{System_{loss}}$ は PV 発電システムによる損失係数（0.95）、G_{s} は標準状態における全天日射量（ここでは 1.0 kW/m^2）、$\mathrm{Temp_{loss}}$ は気温による損失パラメータである。また、α_{pmax} は気温による損失係数であり、−0.485％としている。T_{air} は気温、ΔT は気温と PV 発電システムとの温度差（= 20°C）としている（JIS C 8907 [29]を参考）。気象予報モデルから予測した気温データをもとに太陽光発電モジュール温度を考慮している。

7.7.2 検証結果

電力広域的運営推進機関ホームページ[30]より公開されている各電力エリアの供給区域別の需給実績（電源種別、1 時間値）データ（以下、公表値と略す）を用いて、推定値の検証を行った。以下、各エリアの公表値との比較結果を示す。図 **7.32** は各電力会社から公開されているエリア全体での PV 発電出力（横軸）とひまわり 8 号から推定した PV 発電出力（縦軸、本手法）の比較（2016 年度の例）である。図は 1 時間値のプロットである。

各エリアでは PV 発電設備の導入量が異なるため、エリア合計の出力推定値の絶対値もばらつきがあるものの、ここでは各エリア間の比較のため、縦軸・横軸のスケールを統一している。各電力会社からの公表値は地上の日射計データのほか、メガソーラーなどの大規模設備の実績データについてはテレメータよりモニタリングされているので、それらを踏まえてエリア全体を推定している[31]。公表値も推定値であるが、実績データを用いていることから検証に用いている。

その結果、季節ごとに本手法の推定値に差は見られるものの、本手法による推定値は地上の実績値を基にした公表値に概ね近い値となっている。気象衛星を活用することで、ある程度の精度で PV 発電の出力推定が可能である。しかし、現状の気象衛星から推定するアルゴリズムでは、黄砂や PM2.5 などのエーロゾルの加味には課題があり、エーロゾル起源の大気イベントにおいても改善の余地がある。また、冬季においては、アルゴリズムの中では PV 発電システム上の積雪の効果は加味されていないため、データ利用については注意が必要である。

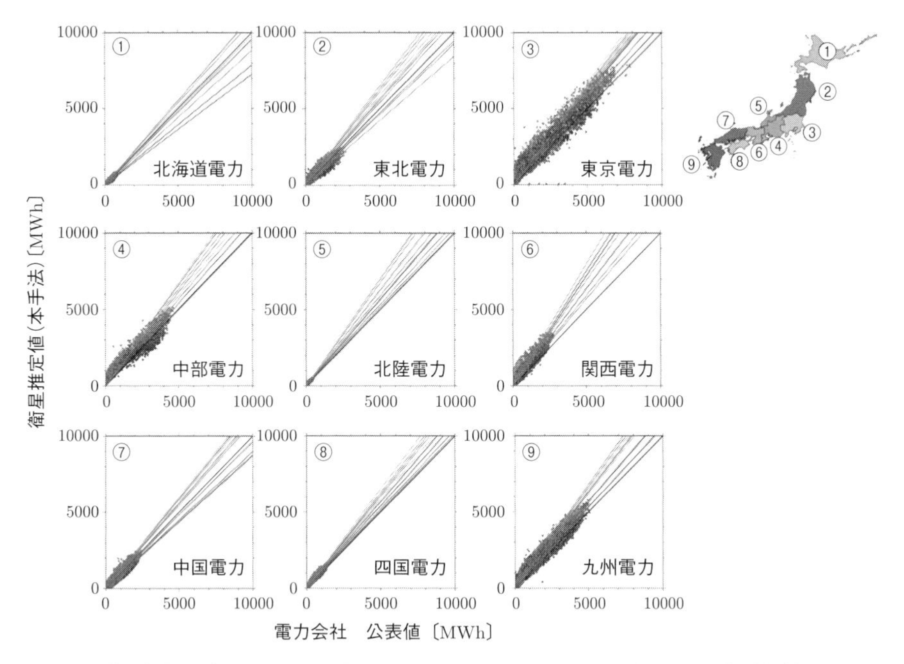

図 7.32　電力会社公表値との検証結果：電力会社から公表されている PV 発電出力の 1 時間値（横軸）とひまわり 8 号から推定した PV 発電出力（縦軸：本手法）の比較。2016 年度の各電力エリア（沖縄エリアを除く）の結果。

7.7.3 PV 発電出力の実績推定事例

図 **7.33** は、2016 年 4 月 18 日の 11 時から 2 時間ごとの市町村ごとの PV 発電出力の推定値、気象衛星から推定した日射量、気温分布（気象庁メソモデル）を示している。東京エリアの日射量が雲域の通過に伴い急激に低下するとともに、各市町村ごとの PV 発電出力の大きさも 11 時から 15 時にかけて低下している様子がわかる。このとき、気温もやや低下している。

電力需要に対して、どの程度 PV 発電の出力があるのか、変動量などを議論することが可能となる。また、地上で PV 発電の出力や日射量をモニタリングできていない地域での発電出力を宇宙からのモニタリングより推定し、補間的な情報として用いることもできる。さらに、市町村ごとに PV 発電出力の推定が可能であるので、時間変動特性（局地的な PV 発電出力の急変動（ランプ変動））の分析を行うことが可能となる[32]。本節では、AMATERASS データを入力に用いたが、これを予測値に差し替えることで、市町村ごとの予測データの作成が可能である。

一部のエリアの PV 発電システムの市町村ごとの実績推定、予測データ（過去の事例）については、HARPS の情報公開用ホームページ（HARPS OPEN DATABASE）[33]からダウンロードすることが可能であり、研究用の利用用途であれば、自由に活用できる。

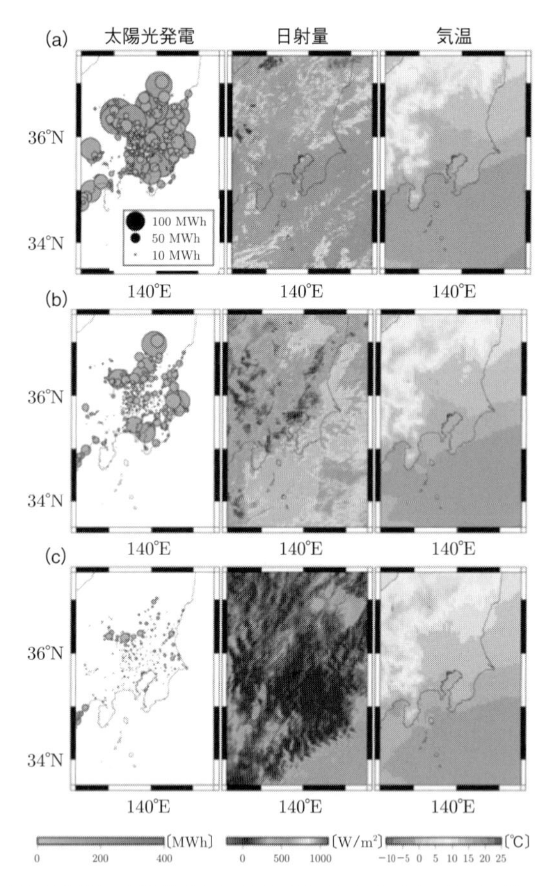

図 7.33　天候変化による PV 発電出力の時間変化：2016 年 4 月 18 日の東京エリアの例で（a）11 時、（b）13 時、（c）15 時の（左）市町村ごとの PV 発電出力推定値、（中）気象衛星から推定した日射量、（右）気温分布（気象庁メソモデル）を示す。

参考文献・関連図書

1) 井村順一，原辰次 (2019)『太陽光発電のスマート基幹電源化 —IoT/AI によるスマートアグリゲーションがもたらす未来の電力システム—』，日刊工業新聞社.

2) A. M. Annaswamy (Project Lead) (2013) "Vision for smart grid control: 2030 and beyond (ed A. M. Annaswamy, C. DeMarco, T. Samad)," IEEE Standards Publication.

3) C. G. Rieger, K. L. Moore, and T. L. Baldwin (2013) "Resilient control systems - A multi-agent dynamic systems perspective," in Proc. 2013 IEEE Int. Conf. on Electro/Information Technology.

4) S. Hara, J. Imura, K. Tsumura, T. Ishizaki, and T. Sadamoto (2015) "Glocal (global/local) control synthesis for hierarchical networked systems," in The 2015 IEEE Control Systems Society; Multiconference on Systems and Control.

5) 津村幸治，原辰次 (2016)「階層分散制御系設計アーキテクチャ」，第 59 回自動制御連合講演会資料.

6) K. Tsumura, S. Hara, and B.-M. Nguyen (2017) "Hierarchically decentralized control for networked dynamical systems with global and local objectives by aggregation, mathematical engineering technical reports," Mathematical Engineering Technical Reports, Dept. Mathematical Informatics, the University of Tokyo, vol. METR2017-16.

7) S. Hara, K. Tsumura, and B.-M. Nguyen (2017) "Hierarchically decentralized control for networked dynamical systems with global and local objectives," Emerging Applications of Control and Systems Theory, Lecture Notes in Control and Information Sciences.

8) B.-M. Nguyen, K. Tsumura, and S. Hara (2018) "Glocal control of load frequency for electrical power networks with multiple shared model set," in 2nd IEEE Conference on Control Technology and Applications.

9) B.-M. Nguyen, K. Tsumura, and S. Hara (2018) "Hierarchically decentralized control of load frequency for power networks with battery stations," 第 61 回自動制御連合講演会 資料，pp.356–363.

10) K. Sakurama and M. Miura (2017) "Distributed constraint optimization on networked multi-agent systems," Applied Mathematics and Computation, vol.292, pp.272–281.

11) —— (2017) "Communication-based decentralized demand response for smart microgrids," IEEE Transactions on Industrial Electronics, vol.64, no.6, pp.5192–5202.

12) K. Wada and K. Sakurama (2017) "Privacy masking for distributed optimization and its application to demand response in power grids," IEEE Transactions on Industrial Electronics, vol.64, no.6, pp.5118–5128.

13) A. Ruszczynski (2006)『Nonlinear optimization』Princeton university press.

14) 東俊一，永原正章，石井秀明，林直樹，桜間一徳，畑中健志 (2015)『マルチエージェントシステムの制御』コロナ社.

15) K. Sakurama and H.-S. Ahn (2019) "Network-based distributed direct load control guaranteeing fair welfare maximisation," IET Control Theory Applications.

16) M. Inoue and V. Gupta (2019) "Weak control for human-in-the-loop systems," IEEE Control Systems Letters, vol.3, no.2, pp.440–445.

17) R. H. Thaler and C. R. Sunstein (2009)『Nudge: Improving Decisions About Health, Wealth, and

Happiness』, Penguin.

18) M. Morari and E. Zariou (1989)『Robust Process Control』, Prentice Hal.

19) M. Inoue (2018) "Persistence in control systems," IEEE Control Systems Letters, vol.2, no.3, pp.387–392.

20) H. K. Alfares and M. Nazeeruddin (2002) "Electric load forecasting: literature survey and classication of methods," International journal of systems science, vol.33, no.1, pp.23–34.

21) J. W. Taylor, L. M. De Menezes, and P. E. McSharry (2006) "A comparison of univariate methods for forecasting electricity demand up to a day ahead," International Journal of Forecasting, vol.22, no.1, pp.1–16.

22) J. Antonanzas, N. Osorio, R. Escobar, R. Urraca, F. Martinez-de Pison, and F. Antonanzas-Torres (2016) "Review of photovoltaic power forecasting," Solar Energy, vol.136, pp.78–111.

23) P. Kundur, N. J. Balu, and M. G. Lauby (1994)『Power system stability and control』, McGraw-hill New York.

24) Y. Minami and S.-i. Azuma (2015) "Performance analysis of demand data modi
cation mechanism for power balancing control," IEICE Transactions on Fundamentals of Electronics, Communications and Computer Sciences, vol.E98.A, no.7, pp.1562–1564.

25) —— (2015) "Prediction governors: Optimal solutions and application to electric power balancing control," in Proc. of Conference on Decision and Control, pp.1126–1129.

26) H. Ohtake, F. Uno, T. Oozeki, Y. Yamada, H. Takenaka, and Y. T. Nakajima (2018) "Estimation of satellite-derived regional photovoltaic power generation using a satelliteestimated solar radiation data," Energy Science Engineering, vol.6, pp.570–583.

27) 太陽放射コンソーシアム (2014)「ホームページ」,〈http://www.amaterass.org/〉(参照 2019-06-27).

28) 資源エネルギー庁 (2017)「固定価格買取制度　情報公表用ウェブサイト」,〈https://www.fit-portal.go.jp/PublicInfoSummary〉(参照 2019-06-27).

29) 日本工業規格 (2005) "The japanese industrial standards association. estimation method of generating electric energy by pv power system (JIS C 8907),"

30) 電力広域的運営推進機関 (2017)「供給区域別の需給実績の公表」,〈https://www.occto.or.jp/oshirase/sonotaoshirase/2016/170106_juyojisseki.html〉(参照 2019-06-27).

31) 電力広域的運営推進機関 調整力等に関する委員会事務局 (2015)「第 6 回調整力等に関する委員会資料 5〈短期〉調整力必要量の検討について」,〈https://www.occto.or.jp/iinkai/chouseiryoku/2015/files/chousei_06_05.pdf〉(参照 2019-06-27).

32) H. Ohtake, F. Uno, T. Oozeki, Y. Yamada, H. Takenaka, and Y. T. Nakajima (2018) "A case study of photovoltaic power ramp and its future ramp possibility for tokyo electric power area," in Proc. of 10th IFAC Symposium on Control of Power and Energy Systems, pp.645–650.

33) 科学技術振興機構 (2015)「HARPS OPEN DATABASE」,〈http://harps.ee.kagu.tus.ac.jp/other.php〉(参照 2019-06-27).

謝辞

なお 7.2.3 項の数値実験結果の作成には、東京大学大学院情報理工学系研究科および CREST の Binh-Minh Nguyen 博士に協力頂いた。ここに感謝の意を表したい。

付録A

次世代電力系統のモデリング

付録 A では、PV に代表される再生可能エネルギー電源を含む次世代電力系統の安定性解析・制御やそのシミュレーションを行うための数理モデルを概説する。モデリングの導出は割愛し、モデリング全体の概要をつかむことを目的とする。付録 A の内容は文献[1)]の抜粋であり、詳細は文献[1)]を参照されたい。

付録 A の構成と執筆者は以下の通りである。

A.1 次世代電力系統のモデリングの全体像（定本）
A.2 コンポーネントごとのダイナミクスの詳細（定本）

A.1 次世代電力系統のモデリングの全体像

A.1.1 項では、発電機などの要素機器の詳細には踏み込まずにモデリング全体の構造を説明する。続いて、A.1.2 項では、系統モデルの平衡点について述べる。

本節の構成とポイントは以下の通りである。

A.1.1 **モデルの構造**

・系統全体の振舞いを記述することを目的としたモデルを扱う。

・系統の各構成要素（コンポーネント）はすべて、制御入力と電圧を外部入力、電力を出力とした微分（代数）方程式で記述できる。

・全コンポーネントが需給バランスを表す代数方程式によってフィードバック結合されたシステムである。

A.1.2 **平衡点計算**

・潮流計算と初期化の 2 ステップからなる。

・潮流計算では、所望の運転状態となるような母線電圧および電力を求める。

・初期化では、各コンポーネントの入出力の定常値が潮流計算の解と一致するようにコンポーネントの内部状態定常値を求める。

A.1.1 モデルの構造

付録 A で扱うモデルは、次世代電力系統を構成する各要素機器すべての振舞いを詳細に記述するものではなく、巨視的な観点から系統全体の振舞いを記述することを目的としたものである。この簡略化に伴い、以降では、対象とする隣接地域内の発電所すべてを集約化して一つの “同期発電機” とみなす。同様に需要家群、蓄電池群およびそれらの系統連系設備、風力発電所内の風力発電機群、PV ファーム内の PV 群をそれぞれ集約化して単一の “負荷”、“BESS”、“風力発電機”、“PV” とみなす。これらは母線（バス）を介して送電網により接続されている。系統内の母線のうちいくつかは、ほかの母線のみに接続し、上記の集約機器いずれにも接続しないものがある。以下、これらを無機器母線と表記する。ここでは、上記五つの集約機器および無機器母線を総称してコンポーネントと呼称する。図 **A.1** に、ここで扱う電力系統モデルの例を示す[1)]。

いま、N を母線の数とする。任意の $i \in \{1, \dots, N\}$ に対して、i 番コンポーネントの数理

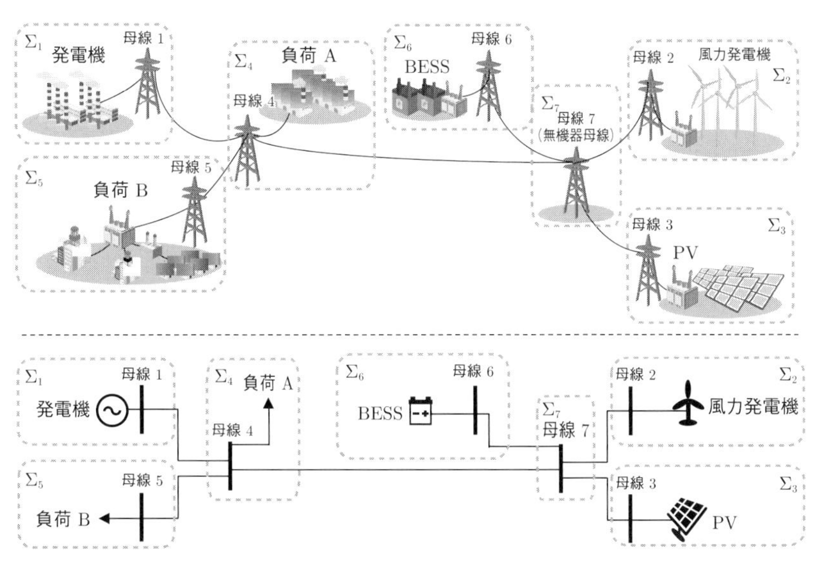

図 A.1　次世代電力系統モデルの模式図：上図は送電系統の例である。ここで示すように、発電機などはそれぞれの近傍の同種の機器をまとめて一つとみなす。下図は上図をシンボリックに表したものである。

モデルを、

$$\Sigma_i : \begin{cases} \frac{d}{dt}\boldsymbol{x}_i &= \boldsymbol{g}_i(\boldsymbol{x}_i, \dot{V}_i, \boldsymbol{u}_i; \boldsymbol{\alpha}_i) \\ P_i + jQ_i &= \boldsymbol{h}_i(\boldsymbol{x}_i, \dot{V}_i; \boldsymbol{\alpha}_i) \end{cases} \tag{1}$$

とする。なお、j は虚数単位であり記号の定義は表 **A.1** に示した。以降では、特に表記のない限り物理量の単位には単位法を用いる。また、以降では上添え記号 * を付して目標値を表す。例えば、$\dot{V}_i^\star$ は $\dot{V}_i$ の目標値である。

表 A.1　次世代電力系統全体に関係する記号の定義

記号	意味
$\bar{\omega}$	基準周波数に対応する角速度（例：50 Hz 帯ならば 100π rad/秒）
N	母線の数
$\dot{V}_i \in \mathbb{C}$	i 番母線の（複素）電圧
P_i, Q_i	i 番母線から流出する有効／無効電力
$\boldsymbol{x}_i$, $\boldsymbol{u}_i$	i 番コンポーネントの内部状態、制御入力
$\boldsymbol{\alpha}_i$	運転状態に依存する i 番コンポーネントの物理定数
$\dot{\boldsymbol{Y}} \in \mathbb{C}^{N \times N}$	アドミタンス行列
$\mathbb{N}_\mathrm{G}$、$\mathbb{N}_\mathrm{L}$、$\mathbb{N}_\mathrm{W}$ $\mathbb{N}_\mathrm{S}$、$\mathbb{N}_\mathrm{E}$、$\mathbb{N}_\mathrm{N}$	発電機、負荷、風力発電機、PV、BESS、無機器母線各々のインデックスの集合。説明の簡単化のため、これらは互いに素であり $\mathbb{N}_\mathrm{G} \cup \mathbb{N}_\mathrm{L} \cup \mathbb{N}_\mathrm{W} \cup \mathbb{N}_\mathrm{S} \cup \mathbb{N}_\mathrm{E} \cup \mathbb{N}_\mathrm{N} = \{1, \ldots, N\}$ を満たすとする。

全 N 個のコンポーネントは、送電線を介して結合している。送電線は、抵抗・インダクタンス・キャパシタンスおよびシャントコンダクタンスによってモデル化され、長さに応じて 3 種類のモデルがある[2)]。短距離（80 km 以内）送電線では、キャパシタ成分は通常無視さ

れ、抵抗およびインダクタンス成分のみが考慮される。中距離（80 km〜200 km）では、Π型もしくは等価に T 型回路によりモデル化がなされる。長距離では、端点間を流れる電流の位相遅れが無視できないため、集中定数型のモデリングではなく、分布定数型のモデル化がなされる。本付録では、送電線は Π 型回路としてモデル化する。

行列 $\dot{\boldsymbol{Y}} \in \mathbb{C}^{N \times N}$ をコンポーネント間の送電網のアドミタンスを表す複素行列とする。これは一般にアドミタンス行列と呼ばれる[2)]。この行列は送電網データから構築され、よく用いられるベンチマークモデルのデータは文献[2),3)]に記載がある。また、東日本の送電系統を表す EAST30 機モデルの送電網データは文献[4)]を参照されたい。送電網データからどのように $\dot{\boldsymbol{Y}}$ を構成するかについては、文献[2)]が詳しい。

いま、$\dot{\boldsymbol{Y}}$ が与えられているものとする。このとき、コンポーネント間の需給バランスは、

$$\boldsymbol{0} = (\dot{\boldsymbol{Y}}\dot{\boldsymbol{V}}_{1:N})^{*_{\mathrm{e}}} \circ \dot{\boldsymbol{V}}_{1:N} - (\boldsymbol{P}_{1:N} + j\boldsymbol{Q}_{1:N}) \tag{2}$$

として記述される。ここで、$\circ$ は各ベクトルの要素ごとの積（アダマール積）であり、$*_{\mathrm{e}}$ は要素ごとの共役転置、$\dot{\boldsymbol{V}}_{1:N} \in \mathbb{C}^N$、$\boldsymbol{P}_{1:N} \in \mathbb{R}^N$、$\boldsymbol{Q}_{1:N} \in \mathbb{R}^N$ はそれぞれ $\dot{V}_i$、P_i、Q_i を $i = 1$ から $i = N$ まで積み上げた縦ベクトルである。式 (2) から定まる $\boldsymbol{P}_{1:N}$ と $\boldsymbol{Q}_{1:N}$ により、$\dot{\boldsymbol{V}}_{1:N}$ が決定される。したがって、系統全体のダイナミクスは、式 (1) と式 (2) の閉ループ系として表現できる。図 **A.2** にこのブロック線図を示す[1)]。なお、同期発電機・負荷・風力発電機・PV・BESS といった機器の違いはすべて、式 (1) の関数 $\boldsymbol{g}_i$ や $\boldsymbol{h}_i$ の違いとして表現している。したがって、分散型電源が導入される次世代電力システムも、図 **A.2** のモデルとして表現できることに注意されたい。

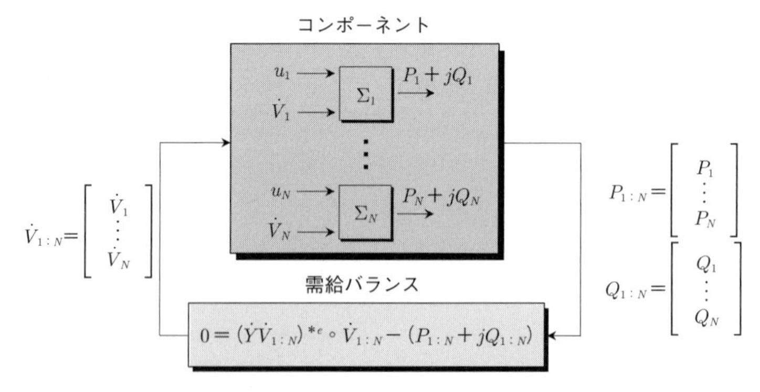

図 A.2　次世代電力系統全体のモデル：式 (1) で記述される各コンポーネントが式 (2) の需給バランスを介して接続する。

式 (1)、式 (2) の次世代電力系統はある運転点（平衡点）まわりで動作する。各コンポーネントの詳細なモデルを述べる前に、次節において最も基本的な平衡点計算法について述べる。

A.1.2 平衡点計算

式 (1) の $\boldsymbol{x}_i$、$\dot{V}_i$、P_i、Q_i、$\boldsymbol{\alpha}_i$ の定常値は、

$$\begin{cases} \mathbf{0} &= \boldsymbol{g}_i(\boldsymbol{x}_i^\star, \dot{V}_i^\star, \mathbf{0}; \boldsymbol{\alpha}_i) \\ P_i^\star + jQ_i^\star &= \boldsymbol{h}_i(\boldsymbol{x}_i^\star, \dot{V}_i^\star; \boldsymbol{\alpha}_i) \end{cases} \tag{3}$$

および

$$\begin{aligned} \mathbf{0} = (\dot{\boldsymbol{Y}}\dot{\boldsymbol{V}}_{1:N}^\star)^{*_e} \circ \dot{\boldsymbol{V}}_{1:N}^\star \\ -(\boldsymbol{P}_{1:N}^\star + j\boldsymbol{Q}_{1:N}^\star), \end{aligned} \begin{cases} \dot{\boldsymbol{V}}_{1:N}^\star := \left[\dot{V}_1^\star, \ldots, \dot{V}_N^\star\right]^\top, \\ \boldsymbol{P}_{1:N}^\star + j\boldsymbol{Q}_{1:N}^\star := [P_1^\star + jQ_1^\star, \ldots, P_N^\star + jQ_N^\star]^\top \end{cases} \tag{4}$$

を満たす。なお、外部制御入力 $\boldsymbol{u}_i$ の定常値は、一般性を失うことなくゼロとした。これらの定常値は、次の二つのステップにより求められる。

潮流計算： 式 (4) といくつかの制約条件を満たす $\dot{\boldsymbol{V}}_{1:N}^\star$、$\boldsymbol{P}_{1:N}^\star$、$\boldsymbol{Q}_{1:N}^\star$ を求める。詳細は後述する。

内部定常値計算： 各 $i \in \{1, \ldots, N\}$ ごとに、先に求められた $\dot{V}_i^\star$、$P_i^\star$、$Q_i^\star$ を用いて、式(3)を満たす $\boldsymbol{x}_i^\star$ および $\boldsymbol{\alpha}_i$ を求める。これらの解は、主に安定度解析においてシステム(1)、システム (2) の事故前の初期状態としてよく用いられる。

まずはじめに、潮流計算の詳細を述べる。

式 (4) において決定変数は各 $i \in \{1, \ldots, N\}$ ごとの $P_i^\star$、$Q_i^\star$ および $\dot{V}_i^\star$ の大きさと偏角であり計 $4N$ 個あるのに対し、式 (4) は実部と虚部それぞれ N 本の計 $2N$ 本の制約条件であることに注意されたい。したがって、式 (4) のみを満たす決定変数は無数に存在する。それらの無限個の候補のうち、実用的な解を選ぶ指針は二つある。一つは、系統内の同期発電機が電力を生成する際に要する燃料費が最も小さくなるように選ぶ方法である。これは最適潮流計算と呼ばれる。この詳細は、5.2 節を参照されたい。なお、一般に最適潮流計算は非凸な最適化問題であることが知られているが、凸緩和解が大域最適解となる十分条件も知られている。この詳細は文献[5)]を参照されたい。二つ目は、各コンポーネントの特徴を反映した等式制約条件を追加して候補を選ぶ方法である。通常、潮流計算と呼ぶときはこちらを指し、最も基本的な方法として広く用いられている。以降では、同期発電機、負荷、無機器母線、風

力発電機、PV、BESSそれぞれの追加制約条件について述べる。

無機器母線は、その総出力電力はゼロであるので、明らかに、

$$0 = P_i^\star + jQ_i^\star, \quad i \in \mathbb{N}_\mathrm{N} \tag{5}$$

を満たす。負荷およびBESSに対しては、定常状態での消費/蓄電電力、$\bar{P}_i + j\bar{Q}_i$、は既知であることが多い。そのため、$P_i^\star + jQ_i^\star$ をその定常値として、

$$0 = P_i^\star + jQ_i^\star - (\bar{P}_i + j\bar{Q}_i), \quad i \in \mathbb{N}_\mathrm{L} \cup \mathbb{N}_\mathrm{E} \tag{6}$$

を課す。このように、有効電力（P）と無効電力（Q）を指定する母線は、潮流計算においてはPQ母線と呼ばれる。一方、風力、PV、および同期発電機においては、それらの出力有効電力と母線電圧の大きさは既知であることが多い。しかしながら、送電網を介した有効電力ロスは一般に未知であるので、これらのコンポーネントすべての有効電力および電圧の大きさを適当に指定してしまうと式(4)は一般に満たせない。そのため、通常、一つの同期発電機のみ有効電力を指定せず有効電力ロスを補償するようにその有効電力が決定される。具体的には、ある適当な $i_\mathrm{s} \in \mathbb{N}_\mathrm{G}$ に対して、i_s 番母線の同期発電機は、

$$0 = |\dot{V}_{i_\mathrm{s}}^\star| - \bar{V}_{i_\mathrm{s}}^\mathrm{mag}, \quad 0 = \angle \dot{V}_{i_\mathrm{s}}^\star - \bar{\theta}_{i_\mathrm{s}} \tag{7}$$

を満たすものとする。ここで、$\bar{V}_{i_\mathrm{s}}^\mathrm{mag} \in \mathbb{R}$ および $\bar{\theta}_{i_\mathrm{s}} \in \mathbb{R}$ はあらかじめ与えられた定数であり、一般性を失うことなく $\bar{\theta}_{i_\mathrm{s}} = 0$ である。この母線は、スラック母線またはスウィング母線と呼ばれる。そのほかの発電機器は、

$$0 = P_i^\star - \bar{P}_i, \quad 0 = |\dot{V}_i^\star| - \bar{V}_i^\mathrm{mag}, \quad i \in \mathbb{N}_\mathrm{G} \cup \mathbb{N}_\mathrm{W} \cup \mathbb{N}_\mathrm{S} \setminus \{i_\mathrm{s}\} \tag{8}$$

を満たすものとする。ここで、$\bar{P}_i \in \mathbb{R}$ および $\bar{V}_i^\mathrm{mag} \in \mathbb{R}$ はあらかじめ与えられた定数である。これらは有効電力（P）と電圧（V）の大きさを指定していることから、PV母線と呼ばれる。まとめると、潮流計算とは、式(4)～式(8)を満たす $\dot{\boldsymbol{V}}_{1:N}^\star$、$\boldsymbol{P}_{1:N}^\star$ および $\boldsymbol{Q}_{1:N}^\star$ を求める手順を指す。

続いて、内部定常値計算について簡単に述べる。ひとたび $\dot{\boldsymbol{V}}_{1:N}, \boldsymbol{P}_{1:N}, \boldsymbol{Q}_{1:N}$ が得られれば、式(3)を満たす組 $\boldsymbol{x}_i^\star$ および $\boldsymbol{\alpha}_i$ はコンポーネントごとに個別に計算可能である。この詳細は、以降で扱う各コンポーネントごとの詳細なモデル化とともに述べる。なお、この組の唯一性はコンポーネントダイナミクスに依存する。負荷や同期発電機では一意に定まるが、例えば風力発電機の場合はさらに自由度があり一意には定まらない。

A.2 コンポーネントごとのダイナミクスの詳細

本節では、同期発電機、負荷、無機器母線、風力発電機、PV、BESS それぞれのダイナミクスを式(1)の形式に合わせて述べる。なお、記述を簡単化するため、特に明記のない限り母線番号 i は省略する。また $\mathrm{Re}(\dot{V})$ および $\mathrm{Im}(\dot{V})$ は、それぞれ $\dot{V}$ の実部および虚部を表す。

本節の構成とポイントは以下の通りである。

A.2.1 同期発電機

- 同期機、エネルギー供給系、および励磁系の三つからなる。
- 潮流計算の解を満たす同期発電機の平衡点は一意に定まる。

A.2.2 無機器母線

- キルヒホッフ則に基づき、総入出力電力がゼロであるとしてモデル化される。

A.2.3 負荷

- 大別して動的負荷と静的負荷の二種類のモデルがある。
- 潮流計算の解を満たす静的負荷のパラメータは一意に定まる。

A.2.4 風力発電機

- 二重給電誘導発電機が主流であり、その数理モデルを概説し平衡点の解析解を与える。

A.2.5 太陽光発電

- PV アレイが最大電力点近傍で運転されるとき、定電圧源として近似できる。
- 潮流計算の解を満たす平衡点は、PV アレイの運転電圧に依存する自由度がある。

A.2.6 蓄電池システム

- PV モデルと同様の構成であり、BESS 中の蓄電池ダイナミクスは風力発電機中の蓄電池ダイナミクスと同じである。

A.2.1 同期発電機

同期発電機は、同期機、エネルギー供給系、および励磁系の三つからなる[2)]。以下では、これら三つの役割とモデル化について簡単に述べる。

同期機は機械的な回転エネルギーを電気エネルギーへと変換し、系統へ流す役割を担う。同期機のモデルは多数あるが、電力系統工学では、所望のモデリング精度に応じて主に次の四つのモデルが用いられる[2)]。それらはParkモデル、sub-transientモデル、one-axisモデルおよびclassicalモデルと呼ばれる。これらの関係は以下の通りである。Parkモデルは最も広く用いられている同期機モデルであり、励磁巻線、d、qおよび0軸回路、そのほかいくつかの制動巻線の磁束ダイナミクスと回転体の運動方程式の組からなる9次のシステムである。多くの場合、d、qおよび0軸回路の磁束ダイナミクスは十分速いとみなすことができる。このとき、Parkモデルは制動巻線を含めて四つの巻線の磁束ダイナミクスと回転運動方程式からなり、これはsub-transientモデルと呼ばれる6次のシステムとなる[3)]。さらに、制動効果を無視した場合は、励磁巻線の磁束ダイナミクスと回転運動方程式のみからなり、one-axisモデルと呼ばれる3次システムとなる[6),7)]。さらに、励磁巻線の磁束変動がないと仮定した場合には、回転運動方程式のみのclassicalモデルへと簡略化される。本付録では、one-axisモデルを扱う。

励磁系は励磁巻線に電流を流して、回転子を磁化する役割を持つ。通常、励磁巻線は励磁機と発電機電圧を一定に保つためのAVRからなり、系統の安定性を確保するためのPSSもしばしば併用される[2)]。本付録では、これら三つの組としての励磁系モデルを紹介する。AVRやPSSの設計においては、制御理論に基づき多数の手法が提案されている。詳細は文献[3),8)~12)]を参照されたい。本付録では、AVRには電圧の大きさを比例制御する通常のAVRを、PSSは$\Delta\omega$型と呼ばれる同期機の回転角速度をフィードバックしてAVRの制御入力値を補正するものとした。なお、PSSの動特性はハイパスフィルタおよび二つの位相進み／遅れ補償器の直列結合系とした。

エネルギー供給系は、機械的な回転エネルギーを生み出す役割を持つ。エネルギー供給系には、発電量を適切な値に留めるための制御が行われる。それらは三つの層からなり、制御対象とする周波数帯域の高い層から順に、ガバナフリー制御、負荷周波数制御、経済的負荷配分と呼ばれている。これらは主に、電力変動のうち短周期（数秒)、中周期（5分程度)、長周期の変動を抑制するために用いられる（詳細は5.1節を参照されたい)。これらの制御の総和によって実際に発電すべき電力指令値が決定される。指令値に追従するようにタービンが制御されて機械的トルクが生み出され、同期機へと送られる。しばしば、タービンの時定数は遅いため、タービンの動特性を無視してエネルギー供給系の簡略化が行われる[6),13),14)]。本付録においても、上記の制御およびエネルギー供給系の動特性は考慮せず、一定の機械的出力を生成するものとみなす。

表 A.2 に示す物理定数と変数を用いると、全体の数理モデルは以下の通りとなる。

表 A.2 発電機モデルの状態変数と物理定数：上から順に δ から v までが状態変数、残りは物理定数である。

記号	意味
δ	系統周波数 $\bar{\omega}$ で回転する座標系に対する相対的な回転子偏角。単位は〔rad〕
$\Delta\omega$	系統周波数 $\bar{\omega}$ に対する周波数偏差
V_{int}	内部電圧
V_{fd}	界磁電圧
$\zeta \in \mathbb{R}^3$	PSS の状態
V_{ef}	励磁電圧
u, v	AVR に送る追加電圧指令値、PSS の出力
M	慣性定数〔秒〕
d	制動係数
τ_{do}	d 軸開路時定数〔秒〕
X_{d}, X_{q}	d および q 軸の同期リアクタンス
X'_{d}	d 軸過渡リアクタンス
τ_{e}	励磁機の時定数〔秒〕
K_{a}	AVR ゲイン
K_{pss}	PSS ゲイン
τ_{pss}	ハイパスフィルタ時定数〔秒〕
τ_{L1}, τ'_{L1}	PSS の 1 段目位相進み遅れ補償器の時定数〔秒〕
τ_{L2}, τ'_{L2}	PSS の 2 段目位相進み遅れ補償器の時定数〔秒〕

同期機：

・動揺方程式（回転の運動方程式）

$$\begin{cases} \frac{d}{dt}\delta = \bar{\omega}\Delta\omega, \\ \frac{d}{dt}\Delta\omega = \frac{1}{M}\left(P_{\mathrm{m}}^{\star} - d\Delta\omega - \frac{|\dot{V}|V_{\mathrm{int}}}{X'_{\mathrm{d}}}\sin(\delta - \angle\dot{V}) \right. \\ \qquad \left. + \frac{|\dot{V}|^2}{2}\left(\frac{1}{X'_{\mathrm{d}}} - \frac{1}{X_{\mathrm{q}}}\right)\sin(2\delta - 2\angle\dot{V})\right) \end{cases} \tag{9}$$

・電磁ダイナミクス

$$\begin{cases} \frac{d}{dt}V_{\mathrm{int}} = \frac{1}{\tau_{\mathrm{do}}}\left(-\frac{X_{\mathrm{d}}}{X'_{\mathrm{d}}}V_{\mathrm{int}} + (\frac{X_{\mathrm{d}}}{X'_{\mathrm{d}}} - 1)|\dot{V}|\cos(\delta - \angle\dot{V}) + V_{\mathrm{fd}}\right), \\ P + jQ = \frac{V_{\mathrm{int}}|\dot{V}|}{X'_{\mathrm{d}}}\sin(\delta - \angle\dot{V}) \\ \qquad - \frac{|\dot{V}|^2}{2}\left(\frac{1}{X'_{\mathrm{d}}} - \frac{1}{X_{\mathrm{q}}}\right)\sin(2\delta - 2\angle\dot{V}) \\ \qquad + j\left(\frac{V_{\mathrm{int}}|\dot{V}|}{X'_{\mathrm{d}}}\cos(\delta - \angle\dot{V}) - |\dot{V}|^2\left(\frac{\sin^2(\delta - \angle\dot{V})}{X_{\mathrm{q}}} + \frac{\cos^2(\delta - \angle\dot{V})}{X'_{\mathrm{d}}}\right)\right) \end{cases} \tag{10}$$

励磁系：

・AVR&励磁機

$$\frac{d}{dt}V_{\mathrm{fd}} = \frac{1}{\tau_{\mathrm{e}}}\left(-V_{\mathrm{fd}} + V_{\mathrm{fd}}^{\star} + V_{\mathrm{ef}}\right), \quad V_{\mathrm{ef}} = K_{\mathrm{a}}(|\dot{V}| - |\dot{V}^{\star}| - v + u) \tag{11}$$

・PSS

$$\frac{d}{dt}\boldsymbol{\zeta} = \boldsymbol{A}_{\mathrm{pss}}\boldsymbol{\zeta} + \boldsymbol{B}_{\mathrm{pss}}\Delta\omega, \quad v = \boldsymbol{C}_{\mathrm{pss}}\boldsymbol{\zeta} + D_{\mathrm{pss}}\Delta\omega, \tag{12}$$

ただし、

$$\begin{aligned}
\boldsymbol{A}_{\mathrm{pss}} &= \begin{bmatrix} -\frac{1}{\tau_{\mathrm{pss}}} & 0 & 0 \\ -\frac{K_{\mathrm{pss}}}{\tau_{\mathrm{pss}}\tau_{\mathrm{L1}}}(1-\frac{\tau'_{\mathrm{L1}}}{\tau_{\mathrm{L1}}}) & -\frac{1}{\tau_{\mathrm{L1}}} & 0 \\ -\frac{K_{\mathrm{pss}}\tau'_{\mathrm{L1}}}{\tau_{\mathrm{pss}}\tau_{\mathrm{L1}}\tau_{\mathrm{L2}}}(1-\frac{\tau'_{\mathrm{L2}}}{\tau_{\mathrm{L2}}}) & \frac{1}{\tau_{\mathrm{L2}}}(1-\frac{\tau'_{\mathrm{L2}}}{\tau_{\mathrm{L2}}}) & -\frac{1}{\tau_{\mathrm{L2}}} \end{bmatrix}, \\
\boldsymbol{B}_{\mathrm{pss}} &= \begin{bmatrix} \frac{1}{\tau_{\mathrm{pss}}} \\ \frac{K_{\mathrm{pss}}}{\tau_{\mathrm{pss}}\tau_{\mathrm{L1}}}(1-\frac{\tau'_{\mathrm{L1}}}{\tau_{\mathrm{L1}}}) \\ \frac{K_{\mathrm{pss}}\tau'_{\mathrm{L1}}}{\tau_{\mathrm{pss}}\tau_{\mathrm{L1}}\tau_{\mathrm{L2}}}(1-\frac{\tau'_{\mathrm{L2}}}{\tau_{\mathrm{L2}}}) \end{bmatrix} \\
\boldsymbol{C}_{\mathrm{pss}} &= \begin{bmatrix} -\frac{K_{\mathrm{pss}}\tau'_{\mathrm{L1}}\tau'_{\mathrm{L2}}}{\tau_{\mathrm{pss}}\tau_{\mathrm{L1}}\tau_{\mathrm{L2}}} & \frac{\tau'_{\mathrm{L2}}}{\tau_{\mathrm{L2}}} & 1 \end{bmatrix}, \quad D_{\mathrm{pss}} = \frac{K_{\mathrm{pss}}\tau'_{\mathrm{L1}}\tau'_{\mathrm{L2}}}{\tau_{\mathrm{pss}}\tau_{\mathrm{L1}}\tau_{\mathrm{L2}}}
\end{aligned} \tag{13}$$

システム (9) ～システム (13) のブロック線図を図 **A.3** に示す[1]。このシステムの外部入力は $\boldsymbol{u}$ および $\dot{V}$、出力は $P + jQ$ であることから、発電機は式 (1) の形式で表すことができる。実際、各 $i \in \mathbb{N}_{\mathrm{G}}$ ごとに

$$\boldsymbol{x}_i := [\delta_i, \Delta\omega_i, V_{\mathrm{int},i}, V_{\mathrm{fd},i}, \boldsymbol{\zeta}_i^{\top}]^{\top} \in \mathbb{R}^7, \quad \boldsymbol{\alpha}_i := [P^{\star}_{\mathrm{m},i}, V^{\star}_{\mathrm{fd},i}, |\dot{V}_i^{\star}|]^{\top} \in \mathbb{R}^3 \tag{14}$$

とし、また $\boldsymbol{g}_i(\cdot,\cdot,\cdot;\cdot)$ および $\boldsymbol{h}_i(\cdot,\cdot;\cdot)$ はシステム (9) ～システム (13) に対応するものと定義すればよい。最後に、同期発電機の内部定常値計算について述べる。組 $(\dot{V}_i^{\star}, P_i^{\star}, Q_i^{\star})$ が与えられたとき、式 (3) を満たす $(\boldsymbol{x}_i^{\star}, \boldsymbol{\alpha}_i)$ は $\boldsymbol{x}_i^{\star} = [\delta_i^{\star}, 0, V^{\star}_{\mathrm{int},i}, V^{\star}_{\mathrm{fd},i}, 0, 0, 0]^{\top}$ および、式 (14) の $\boldsymbol{\alpha}_i$ として定まる。ただし、$P^{\star}_{\mathrm{m},i} = P_i^{\star}$ であり

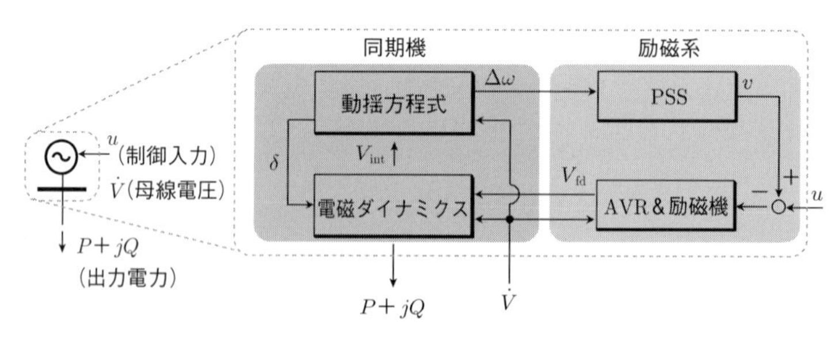

図 A.3　同期発電機の数理モデル：同期機と励磁機からなり、本文で触れたエネルギー供給系のダイナミクスはここでは簡単化のため考慮していない。また、$\boldsymbol{P}^{\star}_{\mathrm{m}}$, $\boldsymbol{V}^{\star}_{\mathrm{fd}}$ および $|\dot{\boldsymbol{V}}^{\star}|$ は簡単化のため省略した。

$$\begin{aligned}
\delta_i^\star &= \angle \dot{V}_i^\star + \arctan\left(\frac{P_i^\star}{Q_i^\star + \frac{|\dot{V}_i^\star|^2}{X_{\mathrm{q},i}}}\right),\\
V_{\mathrm{fd},i}^\star &= \frac{X_{\mathrm{d},i}}{X'_{\mathrm{d},i}} V_{\mathrm{int},i}^\star - \left(\frac{X_{\mathrm{d},i}}{X'_{\mathrm{d},i}} - 1\right)|\dot{V}_i^\star| \cos(\delta_i^\star - \angle \dot{V}_i^\star),\\
V_{\mathrm{int},i}^\star &= \frac{|\dot{V}_i^\star|^4 + Q_i^{\star 2} X'_{\mathrm{d},i} X_{\mathrm{q},i} + Q_i^\star |\dot{V}_i^\star|^2 X'_{\mathrm{d},i} + Q_i^\star |\dot{V}_i^\star|^2 X_{\mathrm{q},i} + P_i^{\star 2} X'_{\mathrm{d},i} X_{\mathrm{q},i}}{|\dot{V}_i^\star| \sqrt{P_i^{\star 2} X_{\mathrm{q},i}^2 + Q_i^{\star 2} X_{\mathrm{q},i}^2 + 2Q_i^\star |\dot{V}_i^\star|^2 X_{\mathrm{q},i} + |\dot{V}_i^\star|^4}}
\end{aligned} \tag{15}$$

とする。

A.2.2 無機器母線

無機器母線は電力を消費しないので、総出力電力がゼロであるとしてモデル化される。すなわち、各 $i \in \mathbb{N}_{\mathrm{N}}$ に対して

$$P_i + jQ_i = 0 \tag{16}$$

が成り立つ。これは、式(1)の形式で言えば、$\boldsymbol{x}_i$、$\boldsymbol{u}_i$、$\boldsymbol{\alpha}_i$ が空である代数方程式として表現される。

A.2.3 負荷

負荷は動的システムとしてモデル化される動的負荷[15),16)]と代数方程式のみによる静的負荷がある。ここでは静的負荷を扱い、それらは大別して次の 3 種類がある。

定インピーダンスモデル：　$P + jQ = (\bar{z}^{-1}\dot{V})^* \dot{V}$　(17)

定電流モデル：　$P + jQ = \dot{\bar{I}}^* \dot{V}$　(18)

定電力モデル：　$P + jQ = \bar{P} + j\bar{Q}$　(19)

ここで、$*$ は複素共役を表し、$\dot{z} \in \mathbb{C}$、$\dot{\bar{I}} \in \mathbb{C}$、$\bar{P} + j\bar{Q} \in \mathbb{C}$ は事前知識により与えられた定数である。これらは、式(1)の形式に則り、電圧 $\dot{V}$ を外部入力として $P + jQ$ を出力する静的システムとみなせる。実際、各 $i \in \mathbb{N}_{\mathrm{L}}$ に対して、$\boldsymbol{x}_i$ および $\boldsymbol{u}_i$ は空、$\boldsymbol{\alpha}_i$ は式(17)～式(19)それぞれ $\dot{z}_i$、$\dot{\bar{I}}_i$、$\bar{P}_i + j\bar{Q}_i$ とし、$\boldsymbol{g}_i(\cdot,\cdot,\cdot;\cdot)$ は空、$\boldsymbol{h}_i(\cdot,\cdot;\cdot)$ は式 (17) ～式 (19) に対応する。

A.2.4 風力発電機

風力発電機は発電機の回転速度が一定な固定速型と可変速型の二種類がある[17)]。可変速

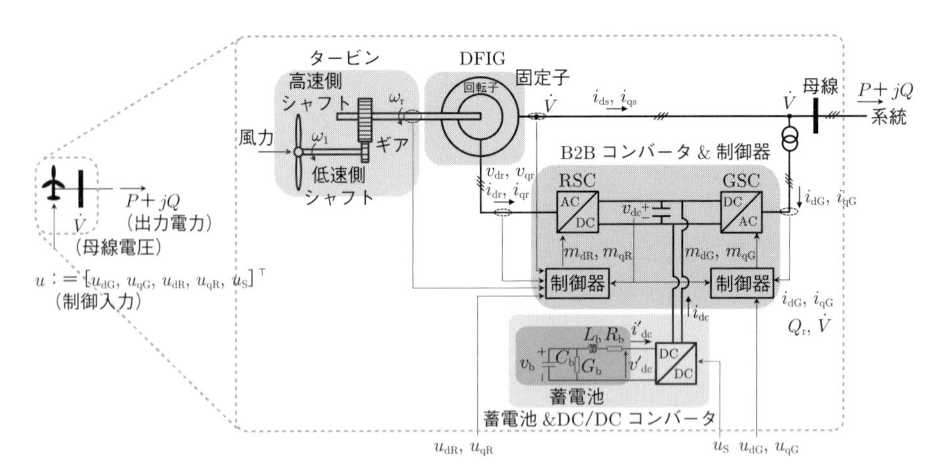

図 A.4　二重給電誘導発電機を用いた風力発電機の構成図：ここでは蓄電池と DC/DC コンバータを併用した場合を示している。

型のうち、現在最も広く用いられているのは二重給電誘導発電機（Doubly-Fed Induction Generator：DFIG）と呼ばれる風力発電機であり、ここでは、その数理モデルを述べる。これは、タービン、DFIG、Back-to-Back コンバータ（B2B コンバータ）およびその制御器からなる。図 **A.4** に風力発電機の構成図を示す[1]。ここでは、補助的に蓄電池も併用した場合を示している。以下では、各要素の役割とモデル化について簡潔に述べる。

風力タービンは、風力を機械的エネルギーへと変換する役割を担う。ここでの風力発電機は、A.1.1 項で述べたようにある風力発電所内の風力発電機を集約化したものである。そのため、集約化効果により、風速の変動は系統の時定数に比べて十分遅いとみなすことができる。したがって、風力による機械的パワー P_a はここでは定数とする。

DFIG は生成された機械的エネルギーを電気エネルギーへと変換し、系統へ流す役割を担う。DFIG は三相の回転子と固定子からなる。DFIG のダイナミクスは、これらに流れる電流の時間変動としてモデル化される[18]。

B2B コンバータは、主として DFIG の回転子電圧 v_{dr} と v_{qr}、加えて副次的に無効電力を制御するために用いられる。これは、二つのコンバータが DC リンクを介して接続する構造を有しており、それらのうち回転子側のものを Rotor-Side Converter（RSC）、系統側のものを Grid-Side Converter（GSC）と呼ぶ[19]。二つのコンバータには互いに制御器が取り付けられており、各制御器はコンバータダイナミクスを整形する内側ループと、整形後のシステムを目的に応じて制御する外側ループの二段階構成となっている。RSC 側の外側ループは回転子電圧を制御する役割を持つ。GSC 側の外側ループは目的に応じていくつかの制御方式が存在する[17]が、ここでは DC リンク電圧とコンバータへ流入する無効電力を制御する QV モード制御を用いることとする。

B2B コンバータの DC リンクは、規定範囲内に収まらなければキャパシタが破裂する恐れがある。また、風力発電機の出力変動に対応するため、補助的に蓄電池を併用することが考えられる。一つの利用法として、B2B コンバータの DC リンクへ DC/DC コンバータを介して接続することをここでは考える。DC/DC コンバータは蓄電池電圧を昇圧／降圧することで、電力の放出／蓄電を制御する。なお、蓄電池を利用しない場合には、蓄電池からの流出電流（図 **A.4** における $i_{\rm dc}$）はゼロとみなす。

本風力発電機から出力される電力は、DFIG の固定子回路から流出する電力から GSC へ流入する電力を引いた値となる。

表 **A.3** に示す物理定数と変数を用いると、全体の数理モデルは以下の通りとなる。

表 A.3　風力発電機モデルの状態変数と物理定数：電流と電力は図 A.4 の矢印の向きを正とする。

記号	説明
	タービン
$\omega_{\rm l}$, $\omega_{\rm r}$	低速および高速側シャフトの回転角速度
$\theta_{\rm T}$	ねじり角〔rad〕
$P_{\rm a}$	風力により生成される機械的パワー
$J_{\rm l}$, $J_{\rm r}$	低速および高速側シャフトの慣性定数〔秒〕
$B_{\rm l}$, $B_{\rm r}$	低速および高速側シャフトの摩擦係数
$K_{\rm c}$	ねじり剛性〔1/rad〕
$d_{\rm c}$	タービンの制動係数
$N_{\rm g}$	増速比
$\bar{\omega}_{\rm m}$	機械的な同期角速度〔rad/秒〕
	DFIG
$i_{\rm dr}$, $i_{\rm qr}$	d および q 軸の回転子電流
$i_{\rm ds}$, $i_{\rm qs}$	d および q 軸の固定子電流
$v_{\rm dr}$, $v_{\rm qr}$	d および q 軸の回転子電圧
T	DFIG によって変換されるトルク
$P_{\rm s}+jQ_{\rm s}$	DFIG から系統へ流出する電力
$\gamma_{\rm W}$	集約化した風力発電機の基数
$X_{\rm m}$	磁化リアクタンス
$X_{\rm ls}$, $X_{\rm lr}$	固定子および回転子の漏れリアクタンス
$R_{\rm s}$, $R_{\rm r}$	固定子および回転子の抵抗
	GSC およびその制御器
$i_{\rm dG}$, $i_{\rm qG}$	GSC に流れ込む d および q 軸電流
$m_{\rm dG}$, $m_{\rm qG}$	d および q 軸のデューティ比
$P_{\rm r}+jQ_{\rm r}$	GSC へ流入する電力
$\chi_{\rm dG}$, $\chi_{\rm qG}$	d および q 軸の内側ループの内部状態
$\zeta_{\rm dG}$, $\zeta_{\rm qG}$	d および q 軸の外側ループの内部状態
$i_{\rm dG}^{\rm ref}$, $i_{\rm qG}^{\rm ref}$	外側ループにより生成される $i_{\rm dG}$ および $i_{\rm qG}$ の目標信号
$u_{\rm dG}$, $u_{\rm qG}$	d および q 軸のデューティ比に加えられる補助制御信号
$L_{\rm G}$, $R_{\rm G}$	GSC 内部のインダクタンスと抵抗
$K_{\rm P,dG}$, $K_{\rm P,qG}$	d および q 軸の外側ループの比例制御ゲイン
$K_{\rm I,dG}$, $K_{\rm I,qG}$	d および q 軸の外側ループの積分制御ゲイン
$\tau_{\rm G}$	内側ループによって整形後の電流ダイナミクス時定数
	RSC およびその制御器

m_{dR}, m_{qR}	d および q 軸のデューティ比
χ_{dR}, χ_{qR}	d および q 軸の内側ループの内部状態
$i_{\mathrm{dr}}^{\mathrm{ref}}$, $i_{\mathrm{qr}}^{\mathrm{ref}}$	外側ループによって生成される i_{dr} および i_{qr} の目標信号
u_{dR}, u_{qR}	d および q 軸のデューティ比に加えられる補助制御信号
$K_{\mathrm{P,dR}}$, $K_{\mathrm{P,qR}}$	d および q 軸の外側ループの比例制御ゲイン
$\kappa_{\mathrm{P,dR}}$, $\kappa_{\mathrm{P,qR}}$	d および q 軸の内側ループの比例制御ゲイン
$\kappa_{\mathrm{I,dR}}$, $\kappa_{\mathrm{I,qR}}$	d および q 軸の内側ループの積分制御ゲイン
DC リンク	
v_{dc}	DC 側の電圧
C_{dc}	DC リンクのキャパシタンス
G_{sw}	B2B コンバータのスイッチングロスを表すコンダクタンス
DC/DC コンバータ	
i_{dc}	DC/DC コンバータから DC リンクに流入する電流
v'_{dc}	DC コンバータの蓄電池側電圧
S	昇圧／降圧ゲイン
蓄電池	
v_{b}	蓄電池電圧
i'_{dc}	蓄電池から流出する電流
C_{b}	蓄電池のキャパシタンス
G_{b}	蓄電池の内部コンダクタンス
R_{b}, L_{b}	蓄電池等価回路の抵抗およびインダクタンス

タービン：

$$\begin{cases} J_{\mathrm{l}}\frac{d}{dt}\omega_{\mathrm{l}} = -(d_{\mathrm{c}}+B_{\mathrm{l}})\omega_{\mathrm{l}} + \frac{d_{\mathrm{c}}}{N_{\mathrm{g}}}\omega_{\mathrm{r}} - K_{\mathrm{c}}\theta_{\mathrm{T}} + \frac{P_{\mathrm{a}}}{\omega_{\mathrm{l}}}, \\ J_{\mathrm{r}}\frac{d}{dt}\omega_{\mathrm{r}} = \frac{d_{\mathrm{c}}}{N_{\mathrm{g}}}\omega_{\mathrm{l}} - \left(\frac{d_{\mathrm{c}}}{N_{\mathrm{g}}^2}+B_{\mathrm{r}}\right)\omega_{\mathrm{r}} + \frac{K_{\mathrm{c}}}{N_{\mathrm{g}}}\theta_{\mathrm{T}} - T, \\ \frac{d}{dt}\theta_{\mathrm{T}} = \bar{\omega}_{\mathrm{m}}\left(\omega_{\mathrm{l}} - \frac{1}{N_{\mathrm{g}}}\omega_{\mathrm{r}}\right) \end{cases} \tag{20}$$

ただし、T は式 (21) に従う。

DFIG：

$$\begin{cases} \frac{d}{dt}\boldsymbol{i} = \boldsymbol{A}_{\mathrm{i}}(\omega_{\mathrm{r}})\boldsymbol{i} + \boldsymbol{G}_{\mathrm{i}}[\mathrm{Re}(\dot{V}), \mathrm{Im}(\dot{V})]^{\top} + \boldsymbol{B}_{\mathrm{i}}[v_{\mathrm{dr}}, v_{\mathrm{qr}}]^{\top}, \\ T = X_{\mathrm{m}}\left(i_{\mathrm{ds}}i_{\mathrm{qr}} - i_{\mathrm{qs}}i_{\mathrm{dr}}\right), \\ P_{\mathrm{s}} + jQ_{\mathrm{s}} = \gamma_{\mathrm{W}}(\mathrm{Re}(\dot{V})i_{\mathrm{ds}} + \mathrm{Im}(\dot{V})i_{\mathrm{qs}}) + j\gamma_{\mathrm{W}}(\mathrm{Im}(\dot{V})i_{\mathrm{ds}} - \mathrm{Re}(\dot{V})i_{\mathrm{qs}}), \end{cases} \quad \boldsymbol{i} := \begin{bmatrix} i_{\mathrm{dr}} \\ i_{\mathrm{qr}} \\ i_{\mathrm{ds}} \\ i_{\mathrm{qs}} \end{bmatrix} \tag{21}$$

ただし、ω_{r} は式 (20)、v_{dr} および v_{qr} は式 (26) に従い、各行列は

$$\boldsymbol{A}_{\mathrm{i}}(\omega_{\mathrm{r}}) = \frac{1}{\beta}\begin{bmatrix} -R_{\mathrm{r}}X_{\mathrm{s}} & \beta-\omega_{\mathrm{r}}X_{\mathrm{s}}X_{\mathrm{r}} & R_{\mathrm{s}}X_{\mathrm{m}} & -\omega_{\mathrm{r}}X_{\mathrm{s}}X_{\mathrm{m}} \\ -\beta+\omega_{\mathrm{r}}X_{\mathrm{s}}X_{\mathrm{r}} & -R_{\mathrm{r}}X_{\mathrm{s}} & \omega_{\mathrm{r}}X_{\mathrm{s}}X_{\mathrm{m}} & R_{\mathrm{s}}X_{\mathrm{m}} \\ R_{\mathrm{r}}X_{\mathrm{m}} & \omega_{\mathrm{r}}X_{\mathrm{r}}X_{\mathrm{m}} & -R_{\mathrm{s}}X_{\mathrm{r}} & \beta+\omega_{\mathrm{r}}X_{\mathrm{m}}^2 \\ -\omega_{\mathrm{r}}X_{\mathrm{r}}X_{\mathrm{m}} & R_{\mathrm{r}}X_{\mathrm{m}} & -\beta-\omega_{\mathrm{r}}X_{\mathrm{m}}^2 & -R_{\mathrm{s}}X_{\mathrm{r}} \end{bmatrix}, \quad \boldsymbol{B}_{\mathrm{i}} = \frac{1}{\beta}\begin{bmatrix} -X_{\mathrm{s}} & 0 \\ 0 & -X_{\mathrm{s}} \\ X_{\mathrm{m}} & 0 \\ 0 & X_{\mathrm{m}} \end{bmatrix}$$

$$\boldsymbol{G}_{\mathrm{i}} = \frac{1}{\beta}\begin{bmatrix} X_{\mathrm{m}} & 0 & -X_{\mathrm{r}} & 0 \\ 0 & X_{\mathrm{m}} & 0 & -X_{\mathrm{r}} \end{bmatrix}^{\top}, \quad X_{\mathrm{s}} := X_{\mathrm{m}} + X_{\mathrm{ls}},\ X_{\mathrm{r}} := X_{\mathrm{m}} + X_{\mathrm{lr}},\ \beta := X_{\mathrm{s}}X_{\mathrm{r}} - X_{\mathrm{m}}^2 \tag{22}$$

とする。

GSC：

$$\begin{cases} \frac{L_{\mathrm{G}}}{\bar{\omega}}\frac{d}{dt}i_{\mathrm{dG}} = -R_{\mathrm{G}}i_{\mathrm{dG}} + L_{\mathrm{G}}i_{\mathrm{qG}} + \mathrm{Re}(\dot{V}) - \frac{m_{\mathrm{dG}}}{2}v_{\mathrm{dc}}, \\ \frac{L_{\mathrm{G}}}{\bar{\omega}}\frac{d}{dt}i_{\mathrm{qG}} = -R_{\mathrm{G}}i_{\mathrm{qG}} - L_{\mathrm{G}}i_{\mathrm{dG}} + \mathrm{Im}(\dot{V}) - \frac{m_{\mathrm{qG}}}{2}v_{\mathrm{dc}}, \\ P_{\mathrm{r}} + jQ_{\mathrm{r}} = \gamma_{\mathrm{W}}(\mathrm{Re}(\dot{V})i_{\mathrm{dG}} + \mathrm{Im}(\dot{V})i_{\mathrm{qG}}) + j\gamma_{\mathrm{W}}(\mathrm{Im}(\dot{V})i_{\mathrm{dG}} - \mathrm{Re}(\dot{V})i_{\mathrm{qG}}) \end{cases} \tag{23}$$

ただし、$\bar{\omega}$ は基準周波数、m_{dG} および m_{qG} は式(25)、v_{dc} は式(29)に従う。

GSCの外側ループ：

$$\begin{cases} \frac{d}{dt}\zeta_{\mathrm{dG}} = K_{\mathrm{I,dG}}(v_{\mathrm{dc}} - v_{\mathrm{dc}}^{\star}), \\ i_{\mathrm{dG}}^{\mathrm{ref}} = K_{\mathrm{P,dG}}(v_{\mathrm{dc}} - v_{\mathrm{dc}}^{\star}) + \zeta_{\mathrm{dG}}, \end{cases} \quad \begin{cases} \frac{d\zeta_{\mathrm{qG}}}{dt} = K_{\mathrm{I,qG}}(Q_{\mathrm{r}} - Q_{\mathrm{r}}^{\star}), \\ i_{\mathrm{qG}}^{\mathrm{ref}} = K_{\mathrm{P,qG}}(Q_{\mathrm{r}} - Q_{\mathrm{r}}^{\star}) + \zeta_{\mathrm{qG}} \end{cases} \tag{24}$$

ただし、Q_{r} および v_{dc} は式(23)および(29)に従う。

GSCの内側ループ：

$$\begin{cases} \tau_{\mathrm{G}}\frac{d}{dt}\chi_{\mathrm{dG}} = i_{\mathrm{dG}}^{\mathrm{ref}} - i_{\mathrm{dG}}, \\ m_{\mathrm{dG}} = \mathrm{sat}\left(\frac{2}{v_{\mathrm{dc}}}\left(\mathrm{Re}(\dot{V}) + L_{\mathrm{G}}i_{\mathrm{qG}} - R_{\mathrm{G}}\chi_{\mathrm{dG}} - \frac{L_{\mathrm{G}}}{\bar{\omega}\tau_{\mathrm{G}}}(i_{\mathrm{dG}}^{\mathrm{ref}} - i_{\mathrm{dG}}) + u_{\mathrm{dG}}\right)\right), \end{cases}$$
$$\begin{cases} \tau_{\mathrm{G}}\frac{d}{dt}\chi_{\mathrm{qG}} = i_{\mathrm{qG}}^{\mathrm{ref}} - i_{\mathrm{qG}}, \\ m_{\mathrm{qG}} = \mathrm{sat}\left(\frac{2}{v_{\mathrm{dc}}}\left(\mathrm{Im}(\dot{V}) - L_{\mathrm{G}}i_{\mathrm{dG}} - R_{\mathrm{G}}\chi_{\mathrm{qG}} - \frac{L_{\mathrm{G}}}{\bar{\omega}\tau_{\mathrm{G}}}(i_{\mathrm{qG}}^{\mathrm{ref}} - i_{\mathrm{qG}}) + u_{\mathrm{qG}}\right)\right) \end{cases} \tag{25}$$

ただし i_{dG} および i_{qG} は式(23)、$i_{\mathrm{dG}}^{\mathrm{ref}}$ および $i_{\mathrm{qG}}^{\mathrm{ref}}$ は式(24)、v_{dc} は式(29)に従い、$\mathrm{sat}(\cdot)$ はその出力を $[-1, 1]$ におさめる飽和関数とする。

RSC：

$$v_{\mathrm{dr}}=\frac{m_{\mathrm{dR}}}{2}v_{\mathrm{dc}},\quad v_{\mathrm{qr}}=\frac{m_{\mathrm{qR}}}{2}v_{\mathrm{dc}} \tag{26}$$

ただし、m_{dR} および m_{qR} は式 (28)、v_{dc} は式 (29) に従う。

RSC の外側ループ：

$$i_{\mathrm{dr}}^{\mathrm{ref}}=K_{\mathrm{P,dR}}(|\dot{V}|-|\dot{V}^{\star}|),\quad i_{\mathrm{qr}}^{\mathrm{ref}}=K_{\mathrm{P,qR}}(\omega_{\mathrm{r}}-\omega_{\mathrm{r}}^{\star}) \tag{27}$$

ただし ω_{r} は式 (20) に従う。

RSC の内側ループ：

$$\begin{cases}\frac{d}{dt}\chi_{\mathrm{dR}}&=\kappa_{\mathrm{I,dR}}(i_{\mathrm{dr}}-i_{\mathrm{dr}}^{\mathrm{ref}}),\\ m_{\mathrm{dR}}&=\mathrm{sat}\left(\frac{2}{v_{\mathrm{dc}}}\left(\kappa_{\mathrm{P,dR}}(i_{\mathrm{dr}}-i_{\mathrm{dr}}^{\mathrm{ref}})+\chi_{\mathrm{dR}}+u_{\mathrm{dR}}\right)\right),\end{cases}$$
$$\begin{cases}\frac{d}{dt}\chi_{\mathrm{qR}}&=\kappa_{\mathrm{I,qR}}(i_{\mathrm{qr}}-i_{\mathrm{qr}}^{\mathrm{ref}}),\\ m_{\mathrm{qR}}&=\mathrm{sat}\left(\frac{2}{v_{\mathrm{dc}}}\left(\kappa_{\mathrm{P,qR}}(i_{\mathrm{qr}}-i_{\mathrm{qr}}^{\mathrm{ref}})+\chi_{\mathrm{qR}}+u_{\mathrm{qR}}\right)\right)\end{cases} \tag{28}$$

ただし、i_{dr} および i_{qr} は式 (21)、$i_{\mathrm{dr}}^{\mathrm{ref}}$ および $i_{\mathrm{qr}}^{\mathrm{ref}}$ は式 (27)、v_{dc} は式 (29) に従う。

DC リンク：

$$\frac{C_{\mathrm{dc}}}{\bar{\omega}}\frac{d}{dt}v_{\mathrm{dc}}=\frac{1}{v_{\mathrm{dc}}}\left(\mathrm{Re}(\dot{V})i_{\mathrm{dG}}+\mathrm{Im}(\dot{V})i_{\mathrm{qG}}+v_{\mathrm{dr}}i_{\mathrm{dr}}+v_{\mathrm{qr}}i_{\mathrm{qr}}-R_{\mathrm{G}}(i_{\mathrm{dG}}^2+i_{\mathrm{qG}}^2)\right)-G_{\mathrm{sw}}v_{\mathrm{dc}}+i_{\mathrm{dc}} \tag{29}$$

ただし、$\bar{\omega}$ は基準周波数、i_{dG} は i_{qG} 式 (23)、v_{dr} および v_{qr} は式 (26)、i_{dr} および i_{qr} は式 (21)、i_{dc} は式 (30) に従う。蓄電池を用いない場合は $i_{\mathrm{dc}}=0$ とする。

DC/DC コンバータ：

$$v'_{\mathrm{dc}}=p(S+u_{\mathrm{S}})v_{\mathrm{dc}},\quad i_{\mathrm{dc}}=p(S+u_{\mathrm{S}})i'_{\mathrm{dc}},\quad p(x)=\begin{cases}x & x\geq 0\text{ のとき}\\ 0 & \text{それ以外}\end{cases} \tag{30}$$

ただし、v_{dc} および i'_{dc} は式 (29) および (31) にそれぞれ従う。

蓄電池：

$$\begin{cases}\frac{C_{\mathrm{b}}}{\bar{\omega}}\frac{d}{dt}v_{\mathrm{b}}&=-i'_{\mathrm{dc}}-G_{\mathrm{b}}v_{\mathrm{b}},\\ \frac{L_{\mathrm{b}}}{\bar{\omega}}\frac{d}{dt}i'_{\mathrm{dc}}&=v_{\mathrm{b}}-R_{\mathrm{b}}i'_{\mathrm{dc}}-v'_{\mathrm{dc}}\end{cases} \tag{31}$$

ただし、v'_{dc} は式 (30) に従う。

系統への連系：

$$P + jQ = (P_{\mathrm{s}} - P_{\mathrm{r}}) + j(Q_{\mathrm{s}} - Q_{\mathrm{r}}) \tag{32}$$

ただし、P_{s} および Q_{s} は式 (21)、P_{r} および Q_{r} は式 (23) に従うとする。

図 **A.4** から明らかに、上記の蓄電池付き風力発電機も、式 (1) の形式で表現可能である。このとき、状態 $\boldsymbol{x}_i$、制御入力 $\boldsymbol{u}_i$、パラメータ $\boldsymbol{\alpha}_i$ は、

$$\begin{aligned}
\boldsymbol{x}_i &:= [\omega_{\mathrm{l},i}, \omega_{\mathrm{r},i}, \theta_{\mathrm{T},i}, \boldsymbol{i}_i^\top, \boldsymbol{i}_{\mathrm{G},i}^\top, \boldsymbol{\chi}_{\mathrm{G},i}^\top, \boldsymbol{\zeta}_{\mathrm{G},i}^\top, \boldsymbol{\chi}_{\mathrm{R},i}^\top, v_{\mathrm{dc},i}, v_{\mathrm{b},i}, i'_{\mathrm{dc},i}]^\top \in \mathbb{R}^{18}, \\
\boldsymbol{\zeta}_{\mathrm{G},i} &:= [\zeta_{\mathrm{dG},i}, \zeta_{\mathrm{qG},i}]^\top, \quad \boldsymbol{i}_{\mathrm{G},i} := [i_{\mathrm{dG},i}, i_{\mathrm{qG},i}]^\top, \quad \boldsymbol{\chi}_{\bullet,i} := [\chi_{\mathrm{d}\bullet,i}, \chi_{\mathrm{q}\bullet,i}]^\top, \quad \bullet \in \{\mathrm{G},\mathrm{R}\}, \\
\boldsymbol{u}_i &:= [u_{\mathrm{dG},i}, u_{\mathrm{qG},i}, u_{\mathrm{dR},i}, u_{\mathrm{qR},i}, u_{\mathrm{S},i}]^\top \in \mathbb{R}^5, \quad \boldsymbol{\alpha}_i := [v_{\mathrm{dc},i}^\star, Q_{\mathrm{r},i}^\star, |\dot{V}_i^\star|, \omega_{\mathrm{r},i}^\star]^\top \in \mathbb{R}^4
\end{aligned} \tag{33}$$

であり、$\boldsymbol{g}_i(\cdot,\cdot,\cdot;\cdot)$ および $\boldsymbol{h}_i(\cdot,\cdot;\cdot)$ は式 (20)～式 (32) に対応するものとして定義される。また、風力発電機の内部状態計算手順は、以下の通りである。ここで、潮流計算により求められた $P_i^\star + jQ_i^\star$ に対して、式 (32) を満たす $P_{\mathrm{r},i}^\star + jQ_{\mathrm{r},i}^\star$ と $P_{\mathrm{s},i}^\star + jQ_{\mathrm{s},i}^\star$ の組は無数に存在することに注意されたい。したがって、組 $(\dot{V}_i^\star, P_i^\star, Q_i^\star)$ だけではなく $(P_{\mathrm{r},i}^\star, Q_{\mathrm{r},i}^\star)$ も含めて事前に指定する。このとき、式 (3) を満たす $(\boldsymbol{x}_i^\star, \boldsymbol{\alpha}_i)$ は一意に定まる。

A.2.5 太陽光発電

PV は、図 **A.5** に示すように、PV アレイ、DC/DC コンバータと内部制御器、DC/AC コンバータからなる[1), 20)]。それぞれの役割とモデル化は、以下の通りである。

PV アレイは、図 **A.6** (a) に示すように、n_{s} 個の PV セルが直列に接続したものを、さ

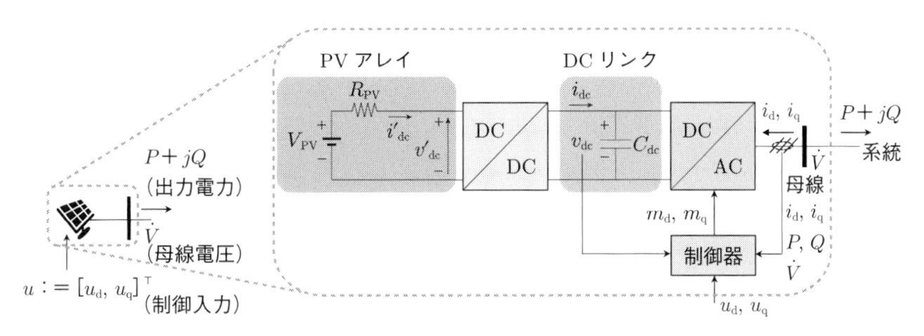

図 A.5 PV の構成図：ただし、PV アレイは最大電力点（MPP）付近で運転するものとし、定電圧源として近似した。

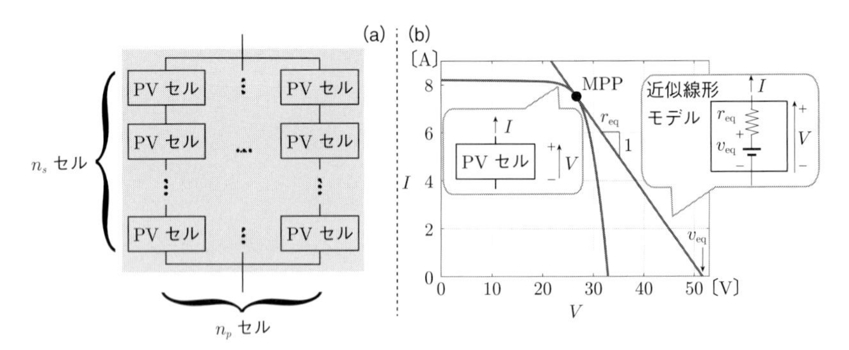

図 A.6　(a) PV アレイの構造、(b) PV セルの電流-電圧特性の一例[20]：PV アレイは複数の PV セルからなる (a)。PV アレイは最大電力点 (MPP) で通常運転され、その近傍での電流電圧特性は、(b) の直線で示すように定電圧源として近似的に表現できる (b)。

らに n_{p} 個並列につないだものとする[1]。各 PV セルは簡単化のため、同一であるとする。一般に、PV セルは図 **A.6** (b) に示すような非線形な電流-電圧特性を有している[20]。一方で、ほとんどの PV セルは、その出力が最大となる運転点 (Maximum Power Point：MPP) 近傍で運用される。したがって、図 **A.6** (b) の直線で示すように、MPP 近傍では PV セルは定電圧源として近似的に表現することができる。具体的には、その電圧は $V_{\mathrm{PV}} := n_{\mathrm{s}} v_{\mathrm{eq}}$、抵抗値は $R_{\mathrm{PV}} := (n_{\mathrm{s}}/n_{\mathrm{p}}) r_{\mathrm{eq}}$ となる。本付録では、この近似モデルを用いる。

DC/DC コンバータは PV アレイの運用点を MPP とするために用いられる。具体的には昇圧／降圧比を調整することで、PV アレイ側の電圧を MPP の電圧とする。

DC/AC コンバータとその制御器、DC リンク電圧は風力発電機のそれらと同様である。表 **A.4** に示す物理定数と変数を用いて、全体の数理モデルは以下の通りとなる。

PV アレイ：

$$i'_{\mathrm{dc}} = \frac{V_{\mathrm{PV}} - v'_{\mathrm{dc}}}{R_{\mathrm{PV}}} \tag{34}$$

ただし、v'_{dc} は式 (35) に従う。

DC/DC コンバータ：

$$v'_{\mathrm{dc}} = S v_{\mathrm{dc}}, \quad i_{\mathrm{dc}} = S i'_{\mathrm{dc}} \tag{35}$$

ただし、v_{dc} および i'_{dc} は式 (39) および (34) に従う。

表 A.4 PV モデルの状態変数と物理定数：電流と電力は図 A.5 の矢印の向きを正とする。

記号	説明
	DC/AC コンバータとその制御器
i_{d}, i_{q}	AC 側から DC 側に流れ込む d および q 軸電流
m_{d}, m_{q}	d および q 軸のデューティ比
$P+jQ$	母線から系統へ流出する電力
χ_{d}, χ_{q}	d および q 軸の内側ループの内部状態
ζ_{d}, ζ_{q}	d および q 軸の外側ループの内部状態
$i_{\mathrm{d}}^{\mathrm{ref}}$, $i_{\mathrm{q}}^{\mathrm{ref}}$	外側ループによって生成される i_{d} および i_{q} の目標信号
u_{d}, u_{q}	d および q 軸のデューティ比に加えられる補助制御信号
γ_{PV}	集約化した太陽光発電機の基数
L_{ac}, R_{ac}	DC/AC コンバータの内部インダクタンスと抵抗
$K_{\mathrm{P,d}}$, $K_{\mathrm{I,d}}$	d 軸外側ループの比例および積分制御ゲイン
$K_{\mathrm{P,q}}$, $K_{\mathrm{I,q}}$	q 軸外側ループの比例および積分制御ゲイン
τ_{ac}	内側ループによって整形後のコンバータダイナミクスの時定数
	DC リンク
v_{dc}	DC 電圧
C_{dc}	DC リンクの静電容量
G_{sw}	DC/AC コンバータのスイッチングロスを表すコンダクタンス
	DC/DC コンバータ
i_{dc}	DC/DC コンバータから DC リンクへ流出する電流
v'_{dc}	PV アレイ側の電圧
S	PV アレイを MPP で動作させるための昇圧/降圧ゲイン
	PV アレイ
i'_{dc}	PV アレイから DC リンクへ流出する電流
R_{PV}	MPP 近傍で近似した PV アレイの定電圧モデルの抵抗
V_{PV}	MPP 近傍で近似した PV アレイの定電圧モデルの電圧

DC/AC コンバータ：

$$\begin{cases} \frac{L_{\mathrm{ac}}}{\bar{\omega}}\frac{d}{dt}i_{\mathrm{d}} = -R_{\mathrm{ac}}i_{\mathrm{d}} + L_{\mathrm{ac}}i_{\mathrm{q}} + \mathrm{Re}(\dot{V}) - \frac{m_{\mathrm{d}}}{2}v_{\mathrm{dc}}, \\ \frac{L_{\mathrm{ac}}}{\bar{\omega}}\frac{d}{dt}i_{\mathrm{q}} = -R_{\mathrm{ac}}i_{\mathrm{q}} - L_{\mathrm{ac}}i_{\mathrm{d}} + \mathrm{Im}(\dot{V}) - \frac{m_{\mathrm{q}}}{2}v_{\mathrm{dc}}, \\ P + jQ = -\gamma_{\mathrm{PV}}(\mathrm{Re}(\dot{V})i_{\mathrm{d}} + \mathrm{Im}(\dot{V})i_{\mathrm{q}}) - j\gamma_{\mathrm{PV}}(\mathrm{Im}(\dot{V})i_{\mathrm{d}} - \mathrm{Re}(\dot{V})i_{\mathrm{q}}) \end{cases} \tag{36}$$

ただし、$\bar{\omega}$ は基準周波数、m_{d} および m_{q} は式 (38)、v_{dc} は式 (39) に従う。

DC/AC コンバータの外側ループ：

$$\begin{cases} \frac{d}{dt}\zeta_{\mathrm{d}} = K_{\mathrm{I,d}}(P^\star - P), \\ i_{\mathrm{d}}^{\mathrm{ref}} = K_{\mathrm{P,d}}(P^\star - P) + \zeta_{\mathrm{d}}, \end{cases} \quad \begin{cases} \frac{d}{dt}\zeta_{\mathrm{q}} = K_{\mathrm{I,q}}(Q^\star - Q), \\ i_{\mathrm{q}}^{\mathrm{ref}} = K_{\mathrm{P,q}}(Q^\star - Q) + \zeta_{\mathrm{q}} \end{cases} \tag{37}$$

ただし、P および Q は式 (36) に従う。

DC/AC コンバータの内側ループ：

$$\begin{cases} \tau_{\mathrm{ac}} \frac{d}{dt}\chi_{\mathrm{d}} = i_{\mathrm{d}}^{\mathrm{ref}} - i_{\mathrm{d}}, \\ m_{\mathrm{d}} = \mathrm{sat}\left(\frac{2}{v_{\mathrm{dc}}}\left(\mathrm{Re}(\dot{V}) + L_{\mathrm{ac}} i_{\mathrm{q}} - R_{\mathrm{ac}}\chi_{\mathrm{d}} - \frac{L_{\mathrm{ac}}}{\bar{\omega}\tau_{\mathrm{ac}}}(i_{\mathrm{d}}^{\mathrm{ref}} - i_{\mathrm{d}})\right) + u_{\mathrm{d}}\right), \end{cases}$$
$$\begin{cases} \tau_{\mathrm{ac}} \frac{d}{dt}\chi_{\mathrm{q}} = i_{\mathrm{q}}^{\mathrm{ref}} - i_{\mathrm{q}}, \\ m_{\mathrm{q}} = \mathrm{sat}\left(\frac{2}{v_{\mathrm{dc}}}\left(\mathrm{Im}(\dot{V}) - L_{\mathrm{ac}} i_{\mathrm{d}} - R_{\mathrm{ac}}\chi_{\mathrm{q}} - \frac{L_{\mathrm{ac}}}{\bar{\omega}\tau_{\mathrm{ac}}}(i_{\mathrm{q}}^{\mathrm{ref}} - i_{\mathrm{q}})\right) + u_{\mathrm{q}}\right) \end{cases} \tag{38}$$

ただし、i_{d} および i_{q} は式 (36)、$i_{\mathrm{d}}^{\mathrm{ref}}$ および $i_{\mathrm{q}}^{\mathrm{ref}}$ は式 (37)、v_{dc} は式 (39) に従う。

DC リンク：

$$\frac{C_{\mathrm{dc}}}{\bar{\omega}}\frac{d}{dt}v_{\mathrm{dc}} = \frac{1}{v_{\mathrm{dc}}}\left(\mathrm{Re}(\dot{V})i_{\mathrm{d}} + \mathrm{Im}(\dot{V})i_{\mathrm{q}} + v_{\mathrm{dc}}i_{\mathrm{dc}} - R_{\mathrm{ac}}(i_{\mathrm{d}}^2 + i_{\mathrm{q}}^2)\right) - G_{\mathrm{sw}}v_{\mathrm{dc}} \tag{39}$$

ただし、$\bar{\omega}$ は基準周波数、i_{d} および i_{q} は式 (36)、i_{dc} は式 (35) に従う。

図 **A.5** より明らかに、PV 発電機は式(1)の形式で表現することができる。このとき、$i \in \mathbb{N}_{\mathrm{S}}$ に対して、

$$\begin{aligned} \boldsymbol{x}_i &:= [i_{\mathrm{d},i}, i_{\mathrm{q},i}, \chi_{\mathrm{d},i}, \chi_{\mathrm{q},i}, \zeta_{\mathrm{d},i}, \zeta_{\mathrm{q},i}, v_{\mathrm{dc},i}]^\top \in \mathbb{R}^7, \\ \boldsymbol{u}_i &:= [u_{\mathrm{d},i}, u_{\mathrm{q},i}]^\top \in \mathbb{R}^2, \quad \boldsymbol{\alpha}_i := [P_i^\star, Q_i^\star, S_i]^\top \in \mathbb{R}^3 \end{aligned} \tag{40}$$

であり、$\boldsymbol{g}_i(\cdot,\cdot,\cdot;\cdot)$ および $\boldsymbol{h}_i(\cdot,\cdot;\cdot)$ は式 (34) ～式 (39) に従うものとして定義される。また、PV の内部状態計算手順は、次の通りである。いま、組 $(v_{\mathrm{dc},i}^{\prime\star}, i_{\mathrm{dc},i}^{\prime\star})$ は MPP であるとする。このとき、潮流計算により与えられた $V_i^\star$、$P_i^\star$、$Q_i^\star$ と上記 $v_{\mathrm{dc},i}^{\prime\star}$、$i_{\mathrm{dc},i}^{\prime\star}$ に対して、式 (3) を満たす組 $(\boldsymbol{x}_i^\star, \boldsymbol{\alpha}_i)$ は、$\boldsymbol{x}_i^\star = [i_{\mathrm{d},i}^\star, i_{\mathrm{q},i}^\star, \chi_{\mathrm{d},i}^\star, \chi_{\mathrm{q},i}^\star, \zeta_{\mathrm{d},i}^\star, \zeta_{\mathrm{q},i}^\star, v_{\mathrm{dc},i}^\star]^\top$ および、

$$\begin{aligned} &\begin{bmatrix} \zeta_{\mathrm{d},i}^\star \\ \zeta_{\mathrm{q},i}^\star \end{bmatrix} = \begin{bmatrix} \chi_{\mathrm{d},i}^\star \\ \chi_{\mathrm{q},i}^\star \end{bmatrix} = \begin{bmatrix} i_{\mathrm{d},i}^\star \\ i_{\mathrm{q},i}^\star \end{bmatrix} = \frac{1}{|\dot{V}_i^\star|^2}\begin{bmatrix} -\mathrm{Re}(\dot{V}_i^\star) & -\mathrm{Im}(\dot{V}_i^\star) \\ -\mathrm{Im}(\dot{V}_i^\star) & \mathrm{Re}(\dot{V}_i^\star) \end{bmatrix}\begin{bmatrix} \frac{P_i^\star}{\gamma_{\mathrm{PV},i}} \\ \frac{Q_i^\star}{\gamma_{\mathrm{PV},i}} \end{bmatrix}, \\ &v_{\mathrm{dc},i}^\star = \sqrt{\frac{v_{\mathrm{dc},i}^{\prime\star} i_{\mathrm{dc},i}^{\prime\star} - \left(\frac{P_i^\star}{\gamma_{\mathrm{PV},i}} + R_{\mathrm{ac},i}({i_{\mathrm{d},i}^\star}^2 + {i_{\mathrm{q},i}^\star}^2)\right)}{G_{\mathrm{sw},i}}}, \quad S_i = \frac{v_{\mathrm{dc},i}^{\prime\star}}{v_{\mathrm{dc},i}^\star} \end{aligned} \tag{41}$$

として一意に与えられる。

A.2.6 蓄電池システム

BESSは、図**A.7**に示すように、蓄電池、DC/DCコンバータ、DC/ACコンバータおよびその制御器から構成される[1)]。これらは、エネルギー貯蔵源、蓄電電圧の昇圧／降圧、直流から三相への変換、および出力電流の制御といった役割を担っている。なお、BESSがDC系統に接続される場合にはDC/ACコンバータは不要である。これらのダイナミクスはそれぞれ、式(31)、式(35)、式(36)～式(39)と同様である。

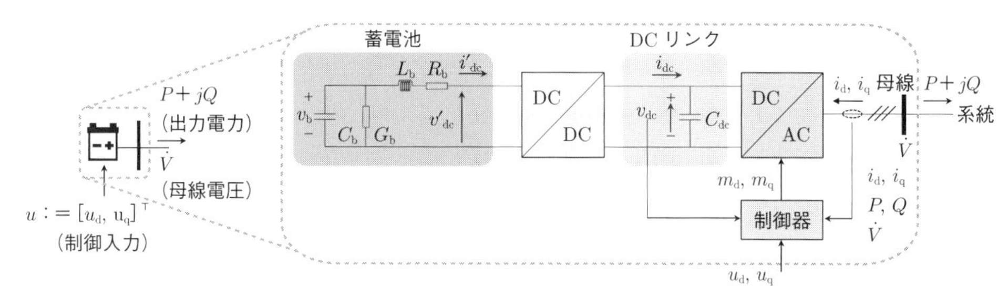

図A.7　蓄電池の構成図：蓄電池部分を除いて、図A.5に示すPVと同じ構成である。

参考文献・関連図書

1) T. Sadamoto, A. Chakrabortty, T. Ishizaki, and J. Imura (2019) "Dynamic modeling, stability, and control of power systems with distributed energy," IEEE Control Systems Magazine, vol.39, no.2, pp.34–65.

2) P. Kundur (1994)『Power system stability and control』McGraw-Hill Education.

3) B. Pal and B. Chaudhuri (2006)『Robust control in power systems』Springer Science & Business Media.

4) 電気学会 (—)「電力系統の標準モデル」, 〈http://denki.iee.jp/pes/?page_id=522〉(参照 2019-04-18).

5) J. Lavaei and S. H. Low (2011) "Zero duality gap in optimal power flow problem," IEEE Transactions on Power systems, vol.27, no.1, pp.92–107.

6) W. Dib, R. Ortega, A. Barabanov, and F. Lamnabhi-Lagarrigue (2009) "A "globally" convergent controller for multi-machine power systems using structure-preserving models," IEEE Transactions on Automatic Control, vol.54, no.9, pp.2179–2185.

7) A. R. Bergen and D. J. Hill (1981) "A structure preserving model for power system stability analysis," IEEE Transactions on Power Apparatus and Systems, no.1, pp.25–35.

8) J. H. Chow, G. E. Boukarim, and A. Murdoch (2004) "Power system stabilizers as undergraduate control design projects," IEEE Transactions on power systems, vol.19, no.1, pp.144–151.

9) P. W. Sauer, M. A. Pai, and J. H. Chow (2017)『Power System Dynamics and Stability: With Synchrophasor Measurement and Power System Toolbox』John Wiley & Sons.

10) F. P. Demello and C. Concordia (1969) "Concepts of synchronous machine stability as affected by excitation control," IEEE Transactions on Power Apparatus and Systems, vol.88, no.4, pp.316–329.

11) G. J. Dudgeon, W. E. Leithead, A. Dysko, J. o'Reilly, and J. R. McDonald (2007) "The effective role of AVR and PSS in power systems: Frequency response analysis," IEEE Transactions on Power Systems, vol.22, no.4, pp.1986–1994.

12) I. P. E. Society (2005) "IEEE recommended practice for excitation system models for power system stability studies," IEEE Standard 421.5.

13) N. Tsolas, A. Arapostathis, and P. Varaiya (1985) "A structure preserving energy function for power system transient stability analysis," IEEE Transactions on Circuits and Systems, vol.32, no.10, pp.1041–1049.

14) M. Jan, B. Janusz, and B. Jim (2008)『Power system dynamics: stability and control, 2nd Edition』John Wiley & Sons.

15) I. Hiskens and J. Milanovic (1995) "Load modelling in studies of power system damping," IEEE Transactions on Power Systems, vol.10, no.4, pp.1781–1788.

16) D. J. Hill (1993) "Nonlinear dynamic load models with recovery for voltage stability studies," IEEE Transactions on Power Systems, vol.8, no.1, pp.166–176.

17) O. Anaya-Lara, D. Campos-Gaona, E. Moreno-Goytia, and G. Adam (2014)『Offshore Wind Energy Generation: Control, Protection, and Integration to Electrical Systems』John Wiley & Sons.

18) C. E. Ugalde-Loo, J. B. Ekanayake, and N. Jenkins (2013) "State-space modeling of wind turbine generators for power system studies," IEEE Transactions on Industry Applications, vol.49, no.1, pp.223–232.

19) A. Ortega and F. Milano (2016) "Generalized model of vsc-based energy storage systems for transient stability analysis," IEEE Transactions on Power Systems, vol.31, no.5, pp.3369–3380.

20) M. G. Villalva, J. R. Gazoli, and E. Ruppert Filho (2009) "Comprehensive approach to modeling and simulation of photovoltaic arrays," IEEE Transactions on Power Electronics, vol.24, no.5, pp.1198–1208.

付録 B

制御理論に関わる基本事項

制御の目的は、対象とする動的システム（制御対象と呼ぶ）を望み通りに操ることであり、それを実現するための系統的な設計手法を提供することが制御理論の役割である。特に、望みの目標値とのずれ（偏差と呼ばれる）をフィードバックするという「フィードバック制御系」をどう設計するかが中心的なテーマで、その安定性を保証することが最も基本的かつ重要な要件である。なぜならば、安定な制御対象を安定な制御器でフィードバック制御したとしても、フィードバック制御系全体は必ずしも安定になるとは限らないからである。

体系的な制御理論を構築するためには、対象とするシステムの数理モデルに基づいて、必要となる本質的な性質を表す概念を明確に定義し、厳密な数学的手法によって、計算できる形の解析・設計手法を導出することが必要である。このような制御理論の利点の一つは、非常に広いクラスの対象に対して適用可能なことであり、電気工学に限らず、機械工学、化学工学、生物工学などへのさまざまな応用への展開ができることである。

付録 B は、制御理論に馴染みの薄い読者が、該当する節を読むための助けを与えることを目的として、線形制御理論に関する基本的な事項（概念や定義など）を簡単にまとめたものである。

本節の構成とポイントは以下の通りである（執筆は原）。

B.1 動的システムの表現

・状態空間表現と伝達関数表現。

・ブロック線図表現と LFT（Linear Fractional Transformation）表現。

B.2 システムの安定性

・内部安定性と BIBO 安定性。

B.3 システムの安定化

・状態フィードバックによる安定化。

・オブザーバ（観測器）。

・出力フィードバックによる安定化。

・可制御性・可観測性と極配置可能性。

B.4 制御システムの性能評価

・動的システムのノルム

B.5 制御システムの設計

・最適レギュレータ。

・H_2 制御と H_∞ 制御。

B.6 離散時間システム

上記以外の事項や上記事項の詳細については、参考文献[1)~3)]等を参照されたい。

B.1 動的システムの表現

制御理論が対象とするのは「動的システム」である。すなわち、システムの出力がその時刻の入力だけによって決まる「静的システム」とは異なり、時刻 $t > 0$ における挙動が、初期時刻 $t = 0$ における状態と時刻 t 以前に加えられた入力に依存して定まるシステムである。別の言い方をすると、システムは過去の履歴を蓄えておく「メモリ」持っているのが「動的システム」である。

状態空間表現：

その出力が過去の入力にも依存するという「動的システム」を表現するためには、過去の履歴を蓄えておく何らかの「メモリ」が必要である。これは、システムの状態と呼ばれる。いま、状態を n 次ベクトル $\boldsymbol{x}(t) \in \mathbb{R}^n$ で表すとすると、入力ベクトル $\boldsymbol{u}(t) \in \mathbb{R}^m$、出力ベクトル $\boldsymbol{y}(t) \in \mathbb{R}^p$ を持つ線形時不変システムは、

$$\frac{d}{dt}\boldsymbol{x}(t) = \boldsymbol{A}\boldsymbol{x}(t) + \boldsymbol{B}\boldsymbol{u}(t) \tag{1}$$

$$\boldsymbol{y}(t) = \boldsymbol{C}\boldsymbol{x}(t) + \boldsymbol{D}\boldsymbol{u}(t) \tag{2}$$

で表される。ただし、$\boldsymbol{A} \in \mathbb{R}^{n\times n}$、$\boldsymbol{B} \in \mathbb{R}^{n\times m}$、$\boldsymbol{C} \in \mathbb{R}^{p\times n}$、$\boldsymbol{D} \in \mathbb{R}^{p\times m}$ である。ここで、式 (1) を状態方程式、式 (2) を出力方程式と呼ぶ。また、この二つの式をまとめて、状態方程式と呼ぶ場合もある。これは、動的システムの状態空間表現（あるいは、内部記述）と呼ばれ、有限次元の因果的（プロパ）な線形時不変システムの標準な表現である。比較的よく現れるのは、$\boldsymbol{D} = \boldsymbol{0}$ の厳密にプロパと呼ばれるシステムで、入力が出力に直接的に影響を及ぼさないシステムである。実際、初期状態 $\boldsymbol{x}(0)$ で入力 $\boldsymbol{u}(\tau)$ を時刻 $t > 0$ まで印加したシステムの状態と出力は、以下のように求まる。

$$\boldsymbol{x}(t) = e^{\boldsymbol{A}t}\boldsymbol{x}(0) + \int_0^t e^{\boldsymbol{A}(t-\tau)}\boldsymbol{B}\boldsymbol{u}(\tau)\,d\tau$$

$$\boldsymbol{y}(t) = \boldsymbol{C}\boldsymbol{x}(t) + \boldsymbol{D}\boldsymbol{u}(t)$$

ここで、

$$e^{\boldsymbol{A}t} := \sum_{k=0}^{\infty} \boldsymbol{A}^k t^k/k! = \boldsymbol{E}_n + \boldsymbol{A}t + \boldsymbol{A}^2 t^2/2 + \cdots$$

は $e^{at} = \sum_{k=0}^{\infty} a^k t^k/k!$ の行列版で、$n \times n$ 正方行列 $\boldsymbol{A}$ の指数関数行列と呼ばれる。

伝達関数表現：

線形時不変システムのもう一つの標準的な表現は、外部記述（入力と出力の関係を直接的

に表す記述）と呼ばれる伝達関数である。これは、状態方程式を初期状態 $\boldsymbol{x}(0)$ がゼロであることを仮定して、入力ベクトル $\boldsymbol{u}(t)$ と出力出力ベクトル $\boldsymbol{y}(t)$ をラプラス変換することにより得られる。ここで、区間 $[0,\infty)$ で定義された区分的に連続な時間関数 $g(t)$ のラプラス変換 $G(s)$ は、$s \in \mathbb{C}$ に対して、

$$G(s) := \int_0^{\infty} g(t)e^{-st}dt$$

で定義され、$G(s) = \mathcal{L}[g(t)]$ と略記される。なお、s はラプラス演算子と呼ばれ、時間関数の微分演算に対応する。いま、式 (1) と式 (2) を $\boldsymbol{x}(0) = 0$ のもとでラプラス変換すると、

$$\begin{aligned} s\mathcal{L}[\boldsymbol{x}(t)] &= \boldsymbol{A}\mathcal{L}[\boldsymbol{x}(t)] + \boldsymbol{B}\mathcal{L}[\boldsymbol{u}(t)] \\ \mathcal{L}[\boldsymbol{x}(t)] &= \boldsymbol{C}\mathcal{L}[\boldsymbol{x}(t)] + \boldsymbol{D}\mathcal{L}[\boldsymbol{u}(t)] \end{aligned}$$

となる。ここで、$\mathcal{L}[\boldsymbol{x}(t)]$ を消去し、$\boldsymbol{U}(s) := \mathcal{L}[\boldsymbol{u}(t)]$ と $\boldsymbol{Y}(s) := \mathcal{L}[\boldsymbol{y}(t)]$ の関係を求めると、

$$\boldsymbol{Y}(s) = [\boldsymbol{C}(s\boldsymbol{E}_n - \boldsymbol{A})^{-1}\boldsymbol{B} + \boldsymbol{D}]\boldsymbol{U}(s)$$

を得る。よって、

$$\boldsymbol{G}(s) := \boldsymbol{C}(s\boldsymbol{E}_n - \boldsymbol{A})^{-1}\boldsymbol{B} + \boldsymbol{D} \tag{3}$$

をシステムの入力と出力の関係を表す伝達関数（行列）と呼ぶ。1 入力 1 出力系（$m = p = 1$ の場合）は、$\boldsymbol{G}(s)$ は s に関するプロパな有利関数（分子多項式の次数が分母多項式の次数を上回ることがない有利関数）となる。特に、$\boldsymbol{D} = 0$ の場合は、厳密にプロパな有利関数（分子多項式の次数が分母多項式の次数より小さい有利関数）となる。

伝達関数表現の利点の一つは、システムの周波数応答（正弦波入力に対する定常的な出力の特性）が、$\boldsymbol{G}(s)$ の s に $j\omega$ を代入することによって、

$$\boldsymbol{G}(j\omega) := \boldsymbol{C}(j\omega\boldsymbol{E}_n - \boldsymbol{A})^{-1}\boldsymbol{B} + \boldsymbol{D} \tag{4}$$

で与えられる点にある。特に 1 入力 1 出力系においては、複素数値を取る $G(j\omega)$ を極座標表現で、

$$G(j\omega) = \alpha(\omega)e^{j\phi(\omega)}$$

と書くことができる。ここで、$\alpha(\omega)$ (≥ 0) と $\phi(\omega)$ は、それぞれシステムのゲイン特性、位相特性と呼ばれる。これは、周波数 ω[1]の定常的な正弦波入力 $u(t) = \sin \omega t$ をシステムに加えたときの定常的な出力が、同じ周波数 ω を持つ正弦波 $y(t) = \alpha(\omega) \sin(\omega t + \phi(\omega))$ と表されることを意味している。

この周波数特性は、動的システムの特性を非常に的確に表しており、制御理論の最も基礎となる安定性や制御性能の評価にしばしば用いられる。特に 1 入力 1 出力系を対象とした古典制御理論においては、ナイキスト線図（$G(j\omega)$ を複素平面上にプロットしたもの）が安定性解析に、ボード線図（対数スケールの横軸を用いて、デシベル表現したゲイン特性と位相特性をプロット）がフィードバック制御系の設計によく用いられる。

ブロック線図表現：

制御システムは、少なくとも二つのシステム（制御対象と制御器）から構成されている。したがって、複数のシステムから構成されるシステムを統一的に表現する記法が必要となってくる。制御理論においては、「ブロック線図表現」がそれに当たる。ブロック線図は、システムの入出力関係（伝達関数、一般にはオペレータ）を表すブロックを入出力信号を表す矢印で結び付けたもので、それらに加え、信号の関係を表すための加算点と引出し点から構成されている。

まず、図 **B.1** に示す最も典型的なフィードバック制御系のブロック線図表現を紹介しておく。このシステムは、制御対象 $P(s)$ と制御器 $K(s)$ から構成されている。ここで、$u(t)$ は制御入力（操作量）を、$y(t)$ は制御対象の出力で、多くの場合被制御量（制御すべき量）となっている。また、ここでは簡単のため、$y(t)$ は観測出力（センサによって観測できる量）と同一であるとしている。このとき、制御器 $K(s)$ の入力は、偏差と呼ばれる目標入力 $r(t)$ と $y(t)$ との差 $e(t) := r(t) - y(t)$ で、$u(t)$ がその出力である。これが典型的なフィードバック制御系であり、この系の安定性を保証するとともに、目標入力 $r(t)$ への追従や、外乱入力 $d(t)$ の影響の低減を図るのが制御系設計の目的となる。

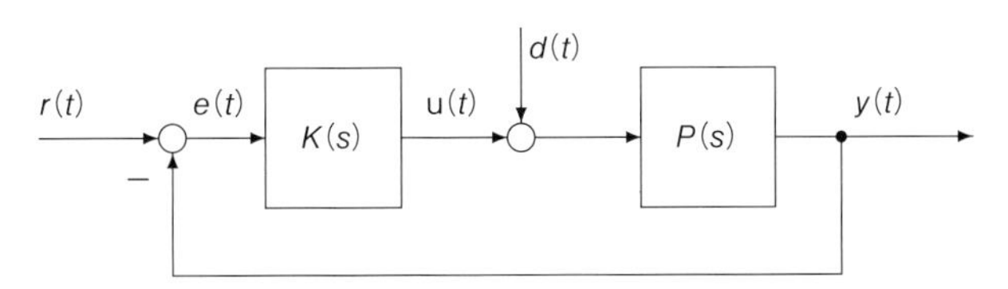

図 B.1 典型的なフィードバック制御系：最も典型的なフィードバック制御系は制御対象 $\boldsymbol{P(s)}$ と制御器 $\boldsymbol{K(s)}$ から構成されている。このように二つ以上のシステムの相互作用を図的に明確に表現するのがブロック線図である。

[1] 正確には、$f := \omega/(2\pi)$ を周波数と呼ぶべきであるが、制御理論においては、ω を便宜的に周波数と呼び、慣習的に複素数 s を周波数変数と呼ぶ。

次に、式 (1) で表される状態空間表現が、ある特殊な形のブロック線図で表現できることを示す。図 **B.2** において、上側のブロックは積分器で、$\frac{d}{dt}\boldsymbol{x}(t)$ と $\boldsymbol{x}(t)$ との関係を表している。一方、下側のブロックは、まさに状態方程式 (1) と出力方程式 (2) を表している。

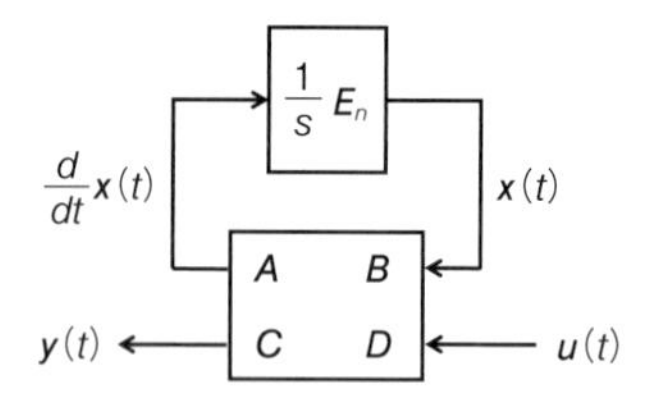

図 B.2　連続時間系の状態空間表現のブロック線図表現：ブロック線図は、状態空間表現を図的に示すのにも有効である。上側のブロックの積分器を用いて、下側のブロックで状態方程式と出力方程式を表している。

LFT（Linear Fractional Transformation）表現：

状態空間表現に対するブロック線図表現である図 **B.2** を一般化すると、LFT（Linear Fractional Transformation）表現が得られる。LFT 表現には、lower LFT と upper LFT の二つがあり、それぞれ以下のように定義される（それらのブロック線図表現は、図 **B.3** と図 **B.4** を参照）。

$$\text{lower LFT:}\quad \mathcal{F}_\ell(\boldsymbol{G},\boldsymbol{K}) := \boldsymbol{G}_{11}+\boldsymbol{G}_{12}(\boldsymbol{E}-\boldsymbol{K}\boldsymbol{G}_{22})^{-1}\boldsymbol{K}\boldsymbol{G}_{21} \tag{5}$$

$$\text{upper LFT:}\quad \mathcal{F}_u(\boldsymbol{G},\boldsymbol{H}) := \boldsymbol{G}_{22}+\boldsymbol{G}_{21}(\boldsymbol{E}-\boldsymbol{H}\boldsymbol{G}_{11})^{-1}\boldsymbol{H}\boldsymbol{G}_{12} \tag{6}$$

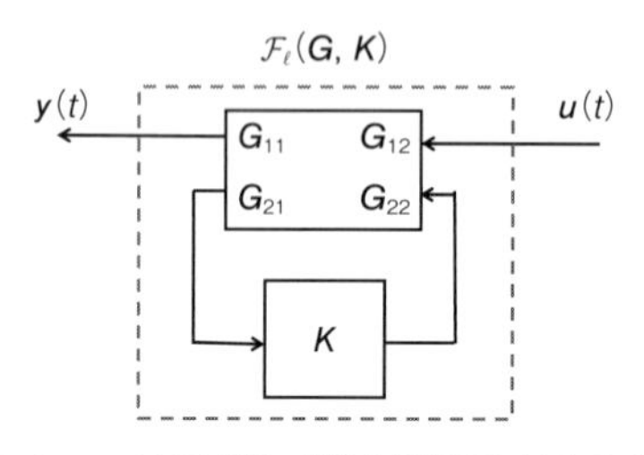

図 B.3　Lower LFT 表現：状態空間表現に対するブロック線図表現を一般化すると、LFT（Linear Fractional Transformation）表現が得られる。lower LFT は主に、伝達関数 $\boldsymbol{K}$ を持つ制御器を接続するときに用いられる。

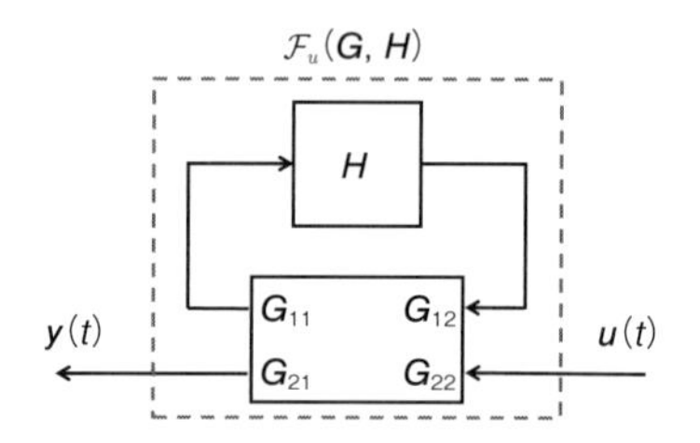

図 B.4　Upper LFT 表現：状態空間表現に対するブロック線図表現を一般化すると、LFT（Linear Fractional Transformation）表現が得られる。upper LFT は主に、伝達関数 $\boldsymbol{H}$ で表される不確実さを有するシステムのロバスト性の解析・設計の際に用いられる。

なお lower LFT と upper LFT の各要素 $\boldsymbol{G}$、$\boldsymbol{K}$（あるいは $\boldsymbol{H}$）は定数行列に限る必要はなく、伝達関数行列であっても構わない。

B.2 システムの安定性

動的システムの安定性の定義はいくつかある。ここでは、線形時不変システムに限定し、状態空間表現（内部記述表現）に基づく「内部安定性」と、伝達関数表現（外部記述表現）に基づく「BIBO（有界入力・有界出力）安定性」について紹介する。

内部安定性：

状態空間表現に基づく「内部安定性」の定義は、以下の通りである。入力項のない自由系

$$\frac{d}{dt}\boldsymbol{x}(t) = \boldsymbol{A}\boldsymbol{x}(t),\ \boldsymbol{x}(0) = \boldsymbol{x}_0 \tag{7}$$

が、任意の初期状態 $\boldsymbol{x}(0) = \boldsymbol{x}_0$ に対して、

$$\lim_{t\to\infty} \boldsymbol{x}(t) = \boldsymbol{0} \tag{8}$$

を満たすとき、システム (7) は、内部安定（あるいは、漸近安定）であると言う。

内部安定性の必要十分条件として、以下の二つがよく知られている。

・行列 $\boldsymbol{A}$ のすべての固有値の実部が負である。

・以下の等価な 2 つの線形行列不等式のいずれかを満たす正定対称行列 $\boldsymbol{X} = \boldsymbol{X}^T > \boldsymbol{0}$ が存在する[2]。

$$\boldsymbol{A}^T\boldsymbol{X} + \boldsymbol{X}\boldsymbol{A} < \boldsymbol{0} \tag{9}$$

$$\boldsymbol{A}\boldsymbol{X} + \boldsymbol{X}\boldsymbol{A}^T < \boldsymbol{0} \tag{10}$$

行列 $\boldsymbol{A}$ の固有値による条件は、$\boldsymbol{A}$ を対角化する（一般にはジョルダン標準形にする）と、$e^{\boldsymbol{A}t}$ の対角成分が $\boldsymbol{A}$ の固有値の指数関数で表されることから証明できる。一方、行列不等式に基づく条件は、リアプノフ関数を $V(\boldsymbol{x}(t)) := \boldsymbol{x}^T(t)\boldsymbol{X}\boldsymbol{x}(t)$ と定義し、その時間微分を計算すると、

$$\frac{d}{dt}V(\boldsymbol{x}(t)) = \boldsymbol{x}^T(t)(\boldsymbol{A}^T\boldsymbol{X} + \boldsymbol{X}\boldsymbol{A})\boldsymbol{x}(t)$$

となることを用いて示すことができる。式 (9)、式 (10) は、リアプノフ不等式と呼ばれる。また、システムの内部安定性を保証する行列 $\boldsymbol{A}$ は、安定行列と呼ばれることがある。

[2] 対称行列 $\boldsymbol{X} = \boldsymbol{X}^T$ は、すべての固有値が正（非負）であるとき、正定（半正定）行列と呼ばれ、$\boldsymbol{X} > 0$ ($\boldsymbol{X} \geq 0$) と表記される。また、$-X$ が正定（半正定）行列のとき、負定（半負定）と呼ばれ、$\boldsymbol{X} < 0$ ($\boldsymbol{X} \leq 0$) と表記される。

BIBO 安定性：

伝達関数表現に基づく BIBO（Bounded Input Bounded Output）安定性の概念は、任意の有界入力に対して出力が有界となるというものである。簡単のため、1 入力 1 出力系を考えると、伝達関数 $G(s)$ は s に関する有利多項式となり、$G(s) = n(s)/d(s)$ と書ける。ここで、$d(s) = 0$ を満たす解（根）はシステムの極と呼ばれ、$n(s) = 0$ を満たす解（根）はシステムの零点と呼ばれる。いま、$d(s)$ と $n(s)$ が既約（共通の根を持たない）とすると、システムのすべての極の実部が負であることが BIBO 安定性の必要十分条件となる。古典制御理論においては、極を求めることなく、与えられた分母多項式 $d(s)$ の係数の有限回の四則演算でシステムの安定性の判別が可能であることが知られている。最も有名な 2 つの方法は、ラウスの安定判別法とフルヴィッツの安定判別法である。

なお、後に述べるシステムの可制御性と可観測性を仮定すると、$d(s)$ と $n(s)$ は既約となる。また、この仮定のもとで、BIBO 安定性と内部安定性は等価となり、その場合は伝達関数の極は行列 $\boldsymbol{A}$ の固有値と一致する。

B.3 システムの安定化

状態フィードバックによる安定化：

与えられた制御対象が不安定な場合、フードバック制御の最も基本的な役割はフードバックによって対象システムを安定化することである。まず最初に、状態 $\boldsymbol{x}(t)$ がすべて測れるとして、

$$\boldsymbol{u}(t) = -\boldsymbol{K}\boldsymbol{x}(t) \tag{11}$$

で表される状態フィードバック制御による安定化を考えてみる。このとき、フードバック制御系の状態方程式は、

$$\frac{d}{dt}\boldsymbol{x}(t) = (\boldsymbol{A} - \boldsymbol{B}\boldsymbol{K})\boldsymbol{x}(t) \tag{12}$$

と書ける。よって、$\boldsymbol{A} - \boldsymbol{B}\boldsymbol{K}$ が安定行列になるように $\boldsymbol{K} \in \mathbb{R}^{m \times n}$ を選ぶことが、状態フィードバック制御による安定化である。そこで、式 (10) で表されるリアプノフ不等式を適用すると、

$$\begin{aligned}&(\boldsymbol{A} - \boldsymbol{B}\boldsymbol{K})\boldsymbol{X} + \boldsymbol{X}(\boldsymbol{A} - \boldsymbol{B}\boldsymbol{K})^T \\ &= \boldsymbol{A}\boldsymbol{X} - \boldsymbol{B}\boldsymbol{M} + \boldsymbol{X}\boldsymbol{A}^T - \boldsymbol{M}^T\boldsymbol{B}^T < \boldsymbol{0},\ \boldsymbol{M} := \boldsymbol{K}\boldsymbol{X}\end{aligned} \tag{13}$$

を得る。式 (13) は 2 つの変数 $\boldsymbol{X} = \boldsymbol{X}^T > \boldsymbol{0}$ と $\boldsymbol{M} \in \mathbb{R}^{m \times n}$ に関する線形行列不等式となっており、半正定値計画法（SDP: Semi-Definite Program）などの凸最適化手法を用いて厳密に解くことが可能である。いま、この行列不等式を満たす解が存在したとすると、システムを安定化する状態フィードバックゲイン $\boldsymbol{K}$ は、$\boldsymbol{K} = \boldsymbol{M}\boldsymbol{X}^{-1}$ として求めることができる。

なお、システムを安定可する状態フィードバックゲイン $\boldsymbol{K}$ が存在するための必要十分条件は、対 $(\boldsymbol{A}, \boldsymbol{B})$ が可安定、すなわち、以下の条件が成立することであることが知られている。

$$\mathrm{rank}[\boldsymbol{A} - \lambda\boldsymbol{E}_n \quad \boldsymbol{B}] = n,\ \forall\lambda \in \mathbb{C}_+ \tag{14}$$

ただし、$\mathbb{C}_+$ は実部が非負の複素集の集合を表す。ここで、行列 $\boldsymbol{A}$ の固有値以外の複素数 λ 以外の複数に対しては、$\mathrm{rank}[\boldsymbol{A} - \lambda\boldsymbol{E}_n] = n$ であることに注意すると、式 (14) の等価な条件として、以下を得る。

$$\mathrm{rank}[\boldsymbol{A} - \lambda\boldsymbol{E}_n \quad \boldsymbol{B}] = n,\ \forall\lambda \in \boldsymbol{\Lambda}_+(\boldsymbol{A}) \tag{15}$$

ただし、$\boldsymbol{\Lambda}_+(\cdot)$ は正方行列の固有値の中でその実部が非負のものの集合を表す。この条件を

用いると、可安定性の制御工学的意味が以下のように明らかになる。システムの安定極に対応するモード（行列 $\boldsymbol{A}$ の固有値のうち実部が負に対応するモード）は、すでに安定であるので制御を行う必要性はない。一方、不安定な極に対応するモード（行列 $\boldsymbol{A}$ の固有値のうち実部が非負に対応するモード）はすべて、制御によって安定化する必要がある。

オブザーバ（観測器）：

実際の応用を考えると、状態 $\boldsymbol{x}(t)$ の値がすべて観測できるとは限らず、多くの場合はその一部だけが観測できる状況であることが多い。このとき、もし何らかの形で状態 $\boldsymbol{x}(t)$ の推定値 $\hat{\boldsymbol{x}}(t)$ を求めることができるならば、式 (11) で与えられる状態フィードバック制御則の代わりに、

$$\boldsymbol{u}(t) = -\boldsymbol{K}\hat{\boldsymbol{x}}(t) \tag{16}$$

を用いることが考えられる。ここで、$\hat{\boldsymbol{x}}(t)$ は状態 $\boldsymbol{x}(t)$ の推定値で、少なくとも推定誤差 $\boldsymbol{e}_x(t) := \hat{\boldsymbol{x}}(t) - \boldsymbol{x}(t)$ が漸近的にゼロに近づいていくことが要請される。すなわち、

$$\lim_{t\to\infty} \boldsymbol{e}_x(t) = \lim_{t\to\infty} (\hat{\boldsymbol{x}}(t) - \boldsymbol{x}(t)) = \boldsymbol{0} \tag{17}$$

が成立することが望まれる。

このような性質を満たす最も標準的な手法は、オブザーバ（観測器）である。これは、定義されている対象システムの状態空間モデル (1) をベースに、以下で与えられる。

$$\frac{d}{dt}\hat{\boldsymbol{x}}(t) = \boldsymbol{A}\hat{\boldsymbol{x}}(t) + \boldsymbol{B}\boldsymbol{u}(t) + \boldsymbol{L}(\boldsymbol{y}(t) - \boldsymbol{C}\hat{\boldsymbol{x}}(t)) \tag{18}$$

ここで、重要となるのは右辺の最後の項で、観測可能な出力 $\boldsymbol{y}(t)$ を用いて、その推定誤差をフィードバックする形となっている。オブザーバの設計パラメータは、この推定誤差をフィードバックする際のゲインである $\boldsymbol{L} \in \mathbb{R}^{n\times p}$ で、オブザーバゲインと呼ばれる。

いま、式 (18) に $\boldsymbol{y}(t) = \boldsymbol{C}\boldsymbol{x}(t)$ を代入し、式 (1) との差分を取ると、以下のような推定誤差に関する微分方程式が得られる。

$$\frac{d}{dt}\boldsymbol{e}_x(t) = (\boldsymbol{A} - \boldsymbol{L}\boldsymbol{C})\boldsymbol{e}_x(t) \tag{19}$$

したがって、$\boldsymbol{A} - \boldsymbol{L}\boldsymbol{C}$ のすべての固有値の実部が負になるようにオブザーバゲイン $\boldsymbol{L}$ を決めればいいことになる。

このような $\boldsymbol{L}$ が存在するための必要十分条件は、可検出性の条件を用いて導くことができ

る。いま、$(\boldsymbol{A}-\boldsymbol{LC})^T=\boldsymbol{A}^T-\boldsymbol{C}^T\boldsymbol{L}^T$ の関係に着目すると、可安定性の条件との間には、

$$\boldsymbol{A}\leftrightarrow\boldsymbol{A}^T,\ \boldsymbol{B}\leftrightarrow\boldsymbol{C}^T,\ \boldsymbol{K}\leftrightarrow\boldsymbol{L}^T \tag{20}$$

の対応関係があることがわかる。これは、制御と観測の双対性と呼ばれ、推定誤差が漸近的にゼロに近づくようなオブザーバゲイン $\boldsymbol{L}$ が存在するための必要十分条件は、対 $(\boldsymbol{A},\boldsymbol{C})$ が可検出、すなわち、

$$\mathrm{rank}\begin{bmatrix}\boldsymbol{A}-\lambda\boldsymbol{E}_n\\ \boldsymbol{C}\end{bmatrix}=n,\ \forall\lambda\in\mathbb{C}_+ \tag{21}$$

の条件が成立することである。また、可安定性のときと同様、式(21)の等価な条件として以下を得る。

$$\mathrm{rank}\begin{bmatrix}\boldsymbol{A}-\lambda\boldsymbol{E}_n\\ \boldsymbol{C}\end{bmatrix}=n,\ \forall\lambda\in\boldsymbol{\Lambda}_+(\boldsymbol{A}) \tag{22}$$

出力フィードバックによる安定化：

それでは、オブザーバによる状態の推定値 $\hat{\boldsymbol{x}}(t)$ を用いて構成されたフィードバック制御系は、どのような挙動を示すであろうか。いま、式(1)と式(19)を併せて記述し、$\boldsymbol{u}(t)=-\boldsymbol{K}\hat{\boldsymbol{x}}(t)$ を代入し、$\boldsymbol{x}(t)$ と $\boldsymbol{e}_x(t)$ を状態とする方程式に書き換えると、

$$\frac{d}{dt}\begin{bmatrix}\boldsymbol{x}(t)\\ \boldsymbol{e}_x(t)\end{bmatrix}=\begin{bmatrix}\boldsymbol{A}-\boldsymbol{BK} & -\boldsymbol{BK}\\ \boldsymbol{0} & \boldsymbol{A}-\boldsymbol{LC}\end{bmatrix}\begin{bmatrix}\boldsymbol{x}(t)\\ \boldsymbol{e}_x(t)\end{bmatrix} \tag{23}$$

を得る。これは、状態フィードバックとオブザーバを併合したフィードバック制御系の状態方程式である。この 2×2 ブロック行列は上三角ブロック行列となっており、その固有値は対角行列の固有値からなる。この事実を用いると、このシステムの極は、$\boldsymbol{A}-\boldsymbol{BK}$ の極と $\boldsymbol{A}-\boldsymbol{LC}$ の極からなることがわかる。すなわち、状態フィードバックゲイン $\boldsymbol{K}$ とオブザーバゲイン $\boldsymbol{L}$ は独立に設定可能で、各々が安定行列になるように設定されるならば、フィードバック制御系の安定性が保証される。この性質は、推定機構の設計と制御器の設計の分離を可能とする重要な性質である。

可制御性・可観測性と極配置可能性：

上記では、可安定性と可検出性のもとで、フィードバック制御系を必ず安定化できること

を示した。しかし一般には、システムの安定化だけでは十分ではなく、何らかの制御性能（例えば、応答速度や減衰特性など）を設定し、それを高める必要がある。可安定性の定義では、制御対象の安定なモードに関しては何も制約を与えていない。したがって、非常に収束の遅い安定なモードが存在しても可安定と言える。望みの応答を実現するには、このような安定なモードであっても制御できることが望ましい。これに対応する概念が「可制御性」で、その定義は「任意の初期状態に対して、ある有限時刻で状態を原点に遷移させる入力 $\boldsymbol{u}(t)$ が存在する」である。

システム (1) が与えられたとき、その可制御性の性質は、対 $(\boldsymbol{A}, \boldsymbol{B})$ の性質となる。よって、システム (1) が可制御であるとき、対 $(\boldsymbol{A}, \boldsymbol{B})$ は可制御と呼ばれ、その必要十分条件は以下で与えられる。

$$\mathrm{rank}[\boldsymbol{A} - \lambda \boldsymbol{E}_n \quad \boldsymbol{B}] = n,\ \forall \lambda \in \mathbb{C} \tag{24}$$

あるいは、等価な条件として、

$$\mathrm{rank}[\boldsymbol{A} - \lambda \boldsymbol{E}_n \quad \boldsymbol{B}] = n,\ \forall \lambda \in \boldsymbol{\Lambda}(\boldsymbol{A}) \tag{25}$$

を得る。ただし、$\boldsymbol{\Lambda}(\cdot)$ は正方行列の固有値の集合を表す。さらに、以下の等価な条件も知られている。

$$\mathrm{rank}[\ \boldsymbol{B} \quad \boldsymbol{A}\boldsymbol{B} \quad \dots \quad \boldsymbol{A}^{n-1}\boldsymbol{B}\ ] = n \tag{26}$$

この条件を用いると、可制御性と極配置可能性（$\boldsymbol{A} - \boldsymbol{B}\boldsymbol{K}$ の固有値を任意に設定することができる）の等価性を示すことができる。

この可制御性の概念と双対の概念が「可観測性」である。これは、「有限時間区間の出力 $\boldsymbol{y}(t)$ の値から、初期状態 $\boldsymbol{x}(0)$ を唯一に定めることができる」という性質である。先に示した双対の関係式 (20) を用いると、対 $(\boldsymbol{A}, \boldsymbol{C})$ が可観測であるための必要十分条件は、以下のように求まる。

$$\mathrm{rank}\begin{bmatrix} \boldsymbol{A} - \lambda \boldsymbol{E}_n \\ \boldsymbol{C} \end{bmatrix} = n,\ \forall \lambda \in \mathbb{C} \tag{27}$$

あるいは、等価な条件として

$$\mathrm{rank}\begin{bmatrix} \boldsymbol{A}-\lambda\boldsymbol{E}_n \\ \boldsymbol{C} \end{bmatrix} = n,\ \forall\lambda\in\boldsymbol{\Lambda}(\boldsymbol{A}) \tag{28}$$

を得る。また、条件(29)に対応する等価な条件

$$\mathrm{rank}[\ \boldsymbol{C}^T\ \ \boldsymbol{A}^T\boldsymbol{C}^T\ \ \ldots\ \ \boldsymbol{A}^{T^{n-1}}\boldsymbol{C}^T\ ] = n \tag{29}$$

も得られる。

システムが可制御であるとき $\boldsymbol{A}-\boldsymbol{BK}$ の固有値を任意に設定する $\boldsymbol{K}$ が存在したのと同様に、システムが可観測であるときは $\boldsymbol{A}-\boldsymbol{LC}$ の固有値を任意に設定する $\boldsymbol{L}$ が存在する。このことと、オブザーバを併合したフィードバック制御系において、状態フィードバックゲイン $\boldsymbol{K}$ とオブザーバゲイン $\boldsymbol{L}$ は独立に設定可能であることを合わせると、システムが可制御・可観測であるならばフィードバック制御系の極配置が任意に行えることがわかる。

B.4 制御システムの性能評価

動的システムのノルム：

動的システムである制御システムに対する典型的な性能評価には、H_2 ノルムと H_∞ ノルムの二つがある。まず、伝達関数表現に基づいたこれらの定義を与え、物理的意味について説明する。ただし、簡単のため、ここでは１入力１出力系だけについて考えることとする。

H_2 ノルムは厳密にプロパーで安定な有理関数（伝達関数）$G(s)$ に対して、

$$\|G\|_2 := \left(\frac{1}{2\pi}\int_{-\infty}^{\infty}|G(j\omega)|^2\,d\omega\right)^{1/2} \tag{30}$$

で定義される。これは、各周波数のゲインの平均値に相当する評価指標である。

一方、プロパーで安定な有理関数（伝達関数）$G(s)$ に対する $H\infty$ ノルムは、

$$\|G\|_\infty := \sup_{\omega}|G(j\omega)| \tag{31}$$

で定義される。すなわち各周波数のゲインの最大値で与えられる。これは、各周波数のゲインの平均値で与えられる H_2 ノルムと対照をなしており、伝達関数の周波数領域での整形に役立っている。

以下、このことについてもう少し説明を加えよう。H_∞ ノルムはゲインの最大値として定義されているので、最大値を与えない周波数の情報を持っていない。よって、一見弱い条件のように見えるかもしれないが実はそうではない。ある安定な関数 $H(s)$ の周波数重み付き関数 $W(s)H(s)$ の $H\infty$ ノルム条件を考えてみると、このことがよく理解できる。いま、$\|WH\|_\infty < 1$ という条件を考える。この条件は、定義より、

$$|W(j\omega)H(j\omega)| < 1 \quad \Leftrightarrow \quad |H(j\omega)| < 1/|W(j\omega)| \ ; \ \forall\omega$$

である。すなわち、$H(s)$ のゲイン特性 $|H(j\omega)|$ をすべての周波数にわたって $1/|W(j\omega)|$ で押さえるという強い条件になっていることがわかる。このように、H_∞ ノルム条件はゲイン特性の整形条件として非常に有効な条件である。特に、システムの不確かさを許容するロバスト制御系の解析や設計において、各周波数帯域依存した不確かさを扱う際に有効である。実際、スモールゲイン条件によってロバスト安定性を保証する解析・設計においては、周波数重み付きの相補感度関数などの H_∞ ノルム条件が重要な役割を果たし、後述するように H_∞ 制御問題として確立されている。

H_2 ノルムと H_∞ ノルムは、時間領域でも解釈できる。厳密にプロパで安定なシステムの H_2 ノルムは、そのインパルス応答 $z(t)$ の L_2 ノルム

$$\|z\|_2 := \left(\int_{-\infty}^{\infty} z^2(t)\,dt\right)^{\frac{1}{2}}$$

として定義される。ここで、パーセバルの関係式を用いると、伝達関数表現に基づく定義(30)と一致することがわかる。

一方、プロパで安定なシステム $G(s)$ の H_∞ ノルムは、$z = Gw$ とすると、

$$\|\boldsymbol{G}\|_\infty = \sup_{\|w\|_2=1} \|\boldsymbol{G}w\|_2 = \sup_{\|w\|_2=1} \|z\|_2 \tag{32}$$

で与えられる。すなわち、$G(s)$ の H_∞ ノルムは、その L_2 誘導ノルムである。

このように、H_∞ ノルムと H_2 ノルムはともに制御量 $z(t)$ の L_2 ノルムで評価している点では違いはない。しかし、H_2 ノルムがデルタ関数という固定された外生信号 $w(t)$ に対してだけ評価しているのに対して、H_∞ ノルムでは入力信号 $w(t)$ を L_2 信号の中で変化させたときの最悪な入力に対する応答 $z(t)$ の L_2 ノルムで評価していることになっている。すなわち、H_∞ ノルムを評価規準に取る H_∞ 制御は、未知の外乱入力などに対する最悪ケース設計の一つとなっている。

B.5 制御システムの設計

<u>最適レギュレータ</u>：

線形時不変システム (1) において、2 次形式評価関数

$$J(\boldsymbol{u}, \boldsymbol{x}(0)) = \int_0^\infty (\boldsymbol{x}^T(t)\boldsymbol{Q}\boldsymbol{x}(t) + \boldsymbol{u}^T(t)\boldsymbol{R}\boldsymbol{u}(t))dt, \ \boldsymbol{Q} := \boldsymbol{C}_x^T\boldsymbol{C}_x \tag{33}$$

を最小にする制御則を求める問題は、最適レギュレータ問題と呼ばれる。ここで、評価関数の被積分項の第 1 項目は、制御したい信号（すなわち、可能な限り速やかにゼロに収束してほしい量）$\boldsymbol{C}_x\boldsymbol{x}(t)$ の L_2 ノルムである。一方、第 2 項目は、必要となる制御の大きさに対するペナルティ項である。ここで、$\boldsymbol{R} \in \mathbb{R}^{m\times m}$ は正定対称行列の範囲で任意に設定可能で、$\boldsymbol{R}$ が小さいほど大きな入力エネルギーで制御性能重視で制御することを意味している。

システム (1) に対して、状態 $\boldsymbol{x}(t)$ が観測できると仮定し、さらに対 $(\boldsymbol{A}, \boldsymbol{B})$ が可制御、対 $(\boldsymbol{A}, \boldsymbol{C}_x)$ が可観測と仮定する。このとき、閉ループ系を安定にし、かつ 2 次形式評価関数(33) を最小にする制御入力は、

$$\boldsymbol{u}_{opt}(t) = -\boldsymbol{K}_{opt}\boldsymbol{x}(t), \ \boldsymbol{K}_{opt} := \boldsymbol{R}^{-1}\boldsymbol{B}^T\boldsymbol{X} \tag{34}$$

で与えられる。ただし、$\boldsymbol{X} = \boldsymbol{X}^T$ は、リカッチ代数方程式と呼ばれる

$$\boldsymbol{X}\boldsymbol{A} + \boldsymbol{A}^T\boldsymbol{X} - \boldsymbol{X}\boldsymbol{B}^T\boldsymbol{R}^{-1}\boldsymbol{B}\boldsymbol{X} + \boldsymbol{Q} = \boldsymbol{0} \tag{35}$$

の正定対称解（安定化解：$\boldsymbol{A} - \boldsymbol{B}\boldsymbol{K}_{opt}$ が安定行列）である。また、評価関数の最小値は、

$$J(\boldsymbol{u}_{opt}, \boldsymbol{x}(0)) = \boldsymbol{x}^T(0)\boldsymbol{X}\boldsymbol{x}(0)$$

で与えられる。

なお、ステップ状の目標入力への追従を目的としたサーボ系の設計においては、目標値を発生するシステム（ステップ信号の場合は積分器）も組み込んだ拡大系を構築し、それに対する最適レギュレータ問題へ帰着する方法がいくつか提案されている。

<u>H_2 最適制御</u>：

最適レギュレータの設計法は、(i) 状態 $\boldsymbol{x}(t)$ が直接測定できない場合には使えない、(ii) 外乱入力の影響が考慮されていない、という二つの点で実用上十分とは言えない。これらを考慮した設計法は、以下に示す H_2 最適制御である。

システム外乱 $\boldsymbol{w}_1(t)$ と観測雑音 $\boldsymbol{w}_2(t)$ の加わった線形システム

$$\begin{cases} \frac{d}{dt}\boldsymbol{x}(t) = \boldsymbol{A}\boldsymbol{x}(t) + \boldsymbol{B}\boldsymbol{u}(t) + \boldsymbol{E}\boldsymbol{w}_1(t) \\ \boldsymbol{y}(t) = \boldsymbol{C}\boldsymbol{x}(t) + \boldsymbol{N}\boldsymbol{w}_2(t) \end{cases} \tag{36}$$

を考える。ここで、$\boldsymbol{y}(t)$ は観測出力で、$(\boldsymbol{A}, \boldsymbol{C})$ は可観測対とする。また、対 $(\boldsymbol{A}, \boldsymbol{E})$ の可制御性と $\boldsymbol{N} \in \mathbb{R}^{p\times p}$ の正則性（すなわち、すべての観測には観測雑音が加わっている）を仮定しておく。

ここで、上記システムの入力 $\boldsymbol{w}(t)$ と出力 $\boldsymbol{z}(t)$ を、

$$\boldsymbol{w}(t) := \begin{bmatrix} \boldsymbol{w}_1(t) \\ \boldsymbol{w}_2(t) \end{bmatrix},\ \boldsymbol{z}(t) := \begin{bmatrix} \boldsymbol{C}_x\boldsymbol{x}(t) \\ \boldsymbol{R}^{1/2}\boldsymbol{u}(t) \end{bmatrix} \tag{37}$$

と定義する[3]。このとき、初期状態ゼロ（$\boldsymbol{x}(0) = \boldsymbol{0}$）でインパルス入力の仮定のもとで定義される H_2 ノルムの最小化を目指す最適制御問題を考える。これが、H_2 最適制御問題で、基本的には、

$$J_2(\boldsymbol{u}(t)) = \int_0^\infty (\boldsymbol{x}(t)^T\boldsymbol{Q}\boldsymbol{x}(t) + \boldsymbol{u}(t)^T\boldsymbol{R}\boldsymbol{u})\,dt \tag{38}$$

の最小化問題に対応し、最適レギュレータ問題の拡張版と考えてよい。この問題の最適制御則は、オブザーバ形式で、

$$\begin{cases} \frac{d}{dt}\hat{\boldsymbol{x}}(t) = \boldsymbol{A}\hat{\boldsymbol{x}}(t) + \boldsymbol{B}\boldsymbol{u}(t) + \boldsymbol{L}_{opt}(\boldsymbol{y}(t) - \boldsymbol{C}\hat{\boldsymbol{x}}(t)) \\ \boldsymbol{u}_{opt}(t) = -\boldsymbol{K}_{opt}\hat{\boldsymbol{x}}(t) \end{cases} \tag{39}$$

で与えられる。ただし、$\boldsymbol{K}_{opt}$ は、式 (34) で定義される最適状態フィードバックゲインである。また、$\boldsymbol{L}_{opt}$ は、リカッチ代数方程式

$$\boldsymbol{A}\boldsymbol{Y} + \boldsymbol{Y}\boldsymbol{A}^T - \boldsymbol{Y}\boldsymbol{C}^T(\boldsymbol{N}\boldsymbol{N}^T)^{-1}\boldsymbol{C}\boldsymbol{Y} + \boldsymbol{E}\boldsymbol{E}^T = 0 \tag{40}$$

の正定対称解（安定化解：$\boldsymbol{A} - \boldsymbol{L}_{opt}\boldsymbol{C}$ が安定行列）$\boldsymbol{Y}$ を用いて、

$$\boldsymbol{L}_{opt} = \boldsymbol{Y}\boldsymbol{C}^T(\boldsymbol{N}\boldsymbol{N}^T)^{-1} \tag{41}$$

で与えられる最適オブザーバゲインである。すなわち、最適補償器の構造は「最適状態フィードバック＋最適オブザーバ」となっている。

[3] $\boldsymbol{R}^{1/2}$ は半正定対称行列 $\boldsymbol{R}$ の平方根行列と呼ばれる行列で、$\boldsymbol{R}^{1/2}\boldsymbol{R}^{1/2} = \boldsymbol{R}$ を満たす行列である。

H_∞ 制御：

上記の H_2 制御では、外生信号がインパルス信号と仮定した。まったく同じ設定で外生乱信号 $\boldsymbol{w}_1(t)$、$\boldsymbol{w}_2(t)$ をあらかじめ知ることができない確定的な L_2 信号と仮定し、最悪な外生信号に対する最適設計問題を考えることができる。これが H_∞ 制御である。すなわち、式 (36) で表されるシステムに対して、

$$J_\infty = \sup_{\boldsymbol{w}\in\mathcal{L}_2} \frac{\|\boldsymbol{z}\|_2}{\|\boldsymbol{w}\|_2} < \gamma \tag{42}$$

を満たす安定化補償器を求める問題である。ここで、$\gamma >$ は許容される制御性能レベルを表しており、その性能が L_2 誘導ノルムで表されている点が特徴である。評価している信号 $\boldsymbol{z}(t)$ そのものは H_2 最適制御問題のそれと同じであるが、外生信号 $\boldsymbol{w}(t)$ に課した仮定が異なっている点に注意しておく。これは、H_∞ ノルムの時間領域での定義に基づくものであるが、当然のこととして伝達関数（行列）に基づく H_∞ ノルムをベースに問題設定を行うことが可能で、ロバスト制御系設計の典型的な設計法となっている。

ここで、H_2 最適制御問題の場合と同じ仮定をおくと、式 (42) を満たす安定化補償器が存在するための必要十分条件は、

$$\boldsymbol{A}^T\boldsymbol{X}_\infty + \boldsymbol{X}_\infty\boldsymbol{A} + \boldsymbol{X}_\infty(\boldsymbol{E}\boldsymbol{E}^T/\gamma^2 - \boldsymbol{B}\boldsymbol{R}^{-1}\boldsymbol{B}^T)\boldsymbol{X}_\infty + \boldsymbol{Q} = 0 \tag{43}$$

$$\boldsymbol{A}\boldsymbol{Y}_\infty + \boldsymbol{Y}_\infty\boldsymbol{A}^T + \boldsymbol{Y}_\infty(\boldsymbol{Q}/\gamma^2 - \boldsymbol{C}^T(\boldsymbol{N}\boldsymbol{N}^T)^{-1}\boldsymbol{C})\boldsymbol{Y}_\infty + \boldsymbol{E}\boldsymbol{E}^T = 0 \tag{44}$$

の半正定な安定化解 $\boldsymbol{X}$ と $\boldsymbol{Y}$ が存在し、

$$\lambda_{max}(\boldsymbol{Y}\boldsymbol{X}) < \gamma^2 \tag{45}$$

を満たすことである。ここで、$\lambda_{max}(\boldsymbol{Y}\boldsymbol{X})$ は行列 $\boldsymbol{Y}\boldsymbol{X}$ の最大固有値を表している。このとき、中心解と呼ばれる H_∞ 補償器の一つの解は、

$$\begin{cases} \frac{d}{dt}\hat{\boldsymbol{x}}(t) = \boldsymbol{A}\hat{\boldsymbol{x}}(t) + \boldsymbol{E}\hat{\boldsymbol{w}}^{\#}(t) + \boldsymbol{B}\boldsymbol{u}(t) + \boldsymbol{Z}\boldsymbol{L}_\infty(\boldsymbol{y}(t) - \boldsymbol{C}\hat{\boldsymbol{x}}(t)) \\ \boldsymbol{u}(t) = -\boldsymbol{K}_\infty\hat{\boldsymbol{x}}(t) \end{cases} \tag{46}$$

で与えられる。ただし、

$$\boldsymbol{K}_\infty := \boldsymbol{R}^{-1}\boldsymbol{B}^T\boldsymbol{X}_\infty,\ \boldsymbol{L}_\infty := \boldsymbol{Y}_\infty\boldsymbol{C}^T(\boldsymbol{N}\boldsymbol{N}^T)^{-1}, \tag{47}$$

$$\boldsymbol{Z} := (\boldsymbol{E}_n - \boldsymbol{Y}\boldsymbol{X}/\gamma^2)^{-1} \tag{48}$$

で、$\boldsymbol{w}^{\#}(t) := (\boldsymbol{E}^T \boldsymbol{X}_\infty/\gamma^2)\hat{\boldsymbol{x}}(t)$ は最悪外乱の推定値を表している。すなわち、H_∞ 補償器の中心解は「H_∞ 状態フィードバック＋最悪外乱を想定した状態オブザーバ」という構造を持っていることがわかる。なお、上記の $\boldsymbol{K}_\infty$ は、状態がノイズの影響なく完全に観測できる場合は、H_∞ 最適状態フィードバックゲインである。

また、H_∞ 制御において、γ を無限大にする（すなわち、H_∞ ノルム制約を限りなく緩やかにする）と、その中心解は H_2 制御問題の解に近づいていくことが知られている。このことは、厳密な証明とはなっていないが、以下のように確認することができる。$\gamma \to \infty$ とすると、H_∞ 制御の二つのリカッチ方程式は、H_2 最適制御の二つのリカッチ方程式と一致する。さらに、これらの式で $\gamma \to \infty$ とすると、$\boldsymbol{Z} \to \boldsymbol{E}_n$ と $\boldsymbol{w}^{\#}(t) \to \boldsymbol{0}$ が成り立ち、H_2 最適補償器に近づくことも確認できる。

ここでは、特殊なケースの H_∞ 制御問題に対する代数リカッチ方程式に基づく解を与えた。一般的な問題設定の場合にも、適切な仮定のもとで、同様に二つの代数リカッチ方程式の解を用いた条件が得られている。また、二つの線形行列不等式の解に基づいた解法も提案されており、この場合は必要となる仮定を少し緩めることが可能である。

B.6 離散時間システム

これまでは、連続時間の線形時不変システムについて述べてきた。同様のことが、離散時間の線形時不変システムについても示すことができる。簡単に記載しておく。

状態空間表現は、微分方程式で表現される連続時間システムと異なり、以下で示すような差分方程式で表される。

$$\boldsymbol{x}(k+1) = \boldsymbol{A}_d\boldsymbol{x}(k) + \boldsymbol{B}_d\boldsymbol{u}(k) \tag{49}$$

$$\boldsymbol{y}(k) = \boldsymbol{C}_d\boldsymbol{x}(k) + \boldsymbol{D}_d\boldsymbol{u}(k) \tag{50}$$

ここで、k は非負の整数である。いま、このシステムにおいて、初期状態を $\boldsymbol{x}(0)$ とし、入力 $\boldsymbol{u}(k)$ を離散時刻 $k>0$ まで印加した場合を考える。このとき、時刻 $k>0$ におけるシステムの状態と出力は以下で与えられる。

$$\boldsymbol{x}(k) = \boldsymbol{A}_d^k\boldsymbol{x}(0) + \sum_{i=0}^{k-1}\boldsymbol{A}_d^{(k-1-i)}\boldsymbol{B}_d\boldsymbol{u}(i)$$

$$\boldsymbol{y}(k) = \boldsymbol{C}_d\boldsymbol{x}(k) + \boldsymbol{D}_d\boldsymbol{u}(k)$$

連続時間システムの伝達関数に対応するのはパルス伝達関数で、以下で定義される。

$$\boldsymbol{G}_d(z) := \boldsymbol{C}_d(z\boldsymbol{E}_n - \boldsymbol{A}_d)^{-1}\boldsymbol{B}_d + \boldsymbol{D}_d \tag{51}$$

これは、離散時間信号 $g_d(k)$ $k=1,2,\ldots$ の Z 変換

$$G_d(z) := \sum_{k=0}^{\infty} g_d(k)z^{-k}dt$$

をベースに入出力の関係を表したものである。ここで、z は 1 単位時間の進みを表す演算子で、$G_d(z) = \mathcal{Z}[g_d(k)]$ と略記される。パルス伝達関数は、形式的にはラプラス変換に基づいた連続時間システムに対する伝達関数表現とまったく同じものである。したがって、連続時間システムの LFT 表現（図 **B.2**）の s を z に置き換えると、離散時間システムの LFT 表現が得られる。一方、スカラのパルス伝達関数 $G_d(z)$ に基づく離散時間システムの周波数特性は、連続時間システムに対するそれとは異なり、$G_d(z)$ を単位円周上（$z=e^{j\theta}$）で評価したもので与えられる。すなわち、

$$G_d(e^{j\theta}) = \alpha_d(\theta)e^{j\phi_d(\theta)}$$

と表すとき、$\alpha_d(\theta)$ をゲイン、$\phi_d(\theta)$ を位相と呼ぶ。

離散時間システムの内部安定性は、以下のように定義される。いま、入力項のない自由系

$$\boldsymbol{x}(k+1) = \boldsymbol{A}_d \boldsymbol{x}(k),\ \boldsymbol{x}(0) = \boldsymbol{x}_0 \tag{52}$$

を考え、任意の初期状態 $\boldsymbol{x}(0) = \boldsymbol{x}_0$ に対して、

$$\lim_{k\to\infty} \boldsymbol{x}(k) = \boldsymbol{0} \tag{53}$$

を満たすとき、システム (52) は、内部安定（あるいは、漸近安定）であると言う。

内部安定性の必要十分条件として、以下の二つがよく知られている。

・行列 $\boldsymbol{A}_d$ のすべての固有値の絶対値が 1 未満である。

・以下の線形行列不等式を満たす正定対称行列 $\boldsymbol{X}_d = \boldsymbol{X}_d^T > \boldsymbol{0}$ が存在する。

$$\boldsymbol{A}_d^T \boldsymbol{X}_d \boldsymbol{A}_d - \boldsymbol{E}_n < \boldsymbol{0} \tag{54}$$

また、離散時間システムの BIBO 安定性は、すべての極が複素平面上の単位円内に存在することである。

離散時間システムに関する上記以外の事項や上記事項の詳細については、参考文献[4)]などを参照されたい。

参考文献・関連図書

1) 杉江俊治，藤田政之 (1989)『フィードバック制御入門』，コロナ社.
2) 小郷寛，美多勉 (1980)『システム制御理論入門』，実教出版.
3) 岩崎徹他 (1997)『LMI と制御』，昭晃堂.
4) 美多勉，原辰次，近藤良 (1987)『基礎ディジタル制御』，コロナ社.

索　引

■ さ

■た

■な

■は

■ま

[執筆者一覧]

※五十音順／（　）内は執筆時の所属先

東　　俊一（名古屋大学）
石崎　孝幸（東京工業大学）
井上　正樹（慶應義塾大学）
井村　順一（東京工業大学）
植田　　譲（東京理科大学）
宇野　史陸（産業技術総合研究所）
大関　　崇（産業技術総合研究所）
大竹　秀明（産業技術総合研究所）
太田　快人（京都大学）
川口　貴弘（東京工業大学）
小池　雅和（東京海洋大学）
児島　　晃（首都大学東京）
小島　千昭（富山県立大学）
小林　孝一（北海道大学）
崔　　錦丹（東京理科大学）
櫻間　一徳（京都大学）
佐々木崇宏（東京理科大学）
佐々木　豊（広島大学）
定本　知徳（電気通信大学）
佐藤　一宏（東京大学）
杉原　英治（大阪大学）
鈴木　秀幸（大阪大学）
関﨑　真也（広島大学）
造賀　芳文（広島大学）
津村　幸治（東京大学）
西田　　豪（日本大学）
端倉弘太郎（群馬大学）
原　　辰次（東京工業大学）
平田　研二（富山大学）
平田　祥人（筑波大学）
Joao Gari da Silva Fonseca Junior（東京大学）
益田　泰輔（名城大学）
南　　裕樹（大阪大学）
山口　順之（東京理科大学）

次世代電力システム設計論
―再生可能エネルギーを活かす予測と制御の調和―

2019年11月27日　第1版第1刷発行

編著者　井村順一
　　　　原　辰次
発行者　村上和夫
発行所　株式会社オーム社
郵便番号　101-8460
東京都千代田区神田錦町3-1
電話　03(3233)0641(代表)
URL　https://www.ohmsha.co.jp/

印刷・製本　三美印刷
ISBN 978-4-274-50753-3　Printed in Japan